编程改变生活

用Qt 6创建GUI程序 基础篇·微课视频版

邢世通 编著

清华大学出版社

北京

内 容 简 介

本书以 Qt 6 的实际应用为主线，以理论基础为核心，引导读者渐进式地学习 Qt 6 的编程基础和实际应用。

本书共 10 章，可分为 4 部分。第一部分（第 1 章）讲解 Qt 6 的历史与发展、Qt 6 编程环境搭建和 Qt 6 的基础知识，第二部分（第 2 章）应用 Qt Designer 设计 UI 界面，第三部分（第 3～8 章）介绍 Qt 6 中各种类的应用方法，第四部分（第 9 章和第 10 章）深入介绍元对象系统、信号/槽、多线程和比较底层的事件处理机制。

本书示例代码丰富，实用性和系统性较强，并配有视频讲解，帮助读者透彻理解书中的重点、难点。本书既适合初学者入门，精心设计的案例对于工作多年的开发者也有参考价值，并可作为高等院校和培训机构相关专业的教学参考书。

图书在版编目（CIP）数据

编程改变生活：用 Qt 6 创建 GUI 程序. 基础篇：微课视频版 / 邢世通编著.
北京：清华大学出版社，2025. 2. -- ISBN 978-7-302-68308-7

Ⅰ. TP311.561

中国国家版本馆 CIP 数据核字第 20252Y21L3 号

责任编辑：赵佳霓
封面设计：刘　键
责任校对：时翠兰
责任印制：沈　露

出版发行：清华大学出版社
　　　网　　　址：https://www.tup.com.cn，https://www.wqxuetang.com
　　　地　　　址：北京清华大学学研大厦 A 座　　　邮　　编：100084
　　　社 总 机：010-83470000　　　邮　　购：010-62786544
　　　投稿与读者服务：010-62776969，c-service@tup.tsinghua.edu.cn
　　　质量反馈：010-62772015，zhiliang@tup.tsinghua.edu.cn
　　　课件下载：https://www.tup.com.cn,010-83470236
印 装 者：三河市龙大印装有限公司
经　　销：全国新华书店
开　　本：186mm×240mm　　　印　张：40　　　　　　字　　数：898 千字
版　　次：2025 年 4 月第 1 版　　　　　　　　　　　印　　次：2025 年 4 月第 1 次印刷
印　　数：1～1500
定　　价：169.00 元

产品编号：106008-01

前言
PREFACE

Qt 6 是一个跨平台、高效的 GUI 框架，应用广泛，功能强大。Qt 6 也是使用 C++ 开发 GUI 程序时最常用、最高效的一种技术。使用 Qt 6 开发的程序，可以运行在 Windows、Linux、macOS 等桌面系统上，也可以运行在 Android、iOS、嵌入式设备上。

也许会有人问："Qt 6 功能强大，是否需要非常多的时间才能学会这个 GUI 框架？"其实这样的担心是多余的。任何一个 GUI 框架都是帮助开发者提高开发效率的工具，Qt 6 也不例外。学习 Qt 6 不是为了学习而学习，而是为了编写实用、稳定的 GUI 程序。如果我们用最短的时间掌握 Qt 6 的必要知识，然后持续地应用这些知识创建不同的 GUI 程序，则我们的学习效率会非常高，而且会体会到 Qt 6 的强大之处，并且在实际开发中，既可以使用 qmake 构建系统，也可以使用 CMake 构建系统。

本书中有丰富的案例，将语法知识和编程思路融入大量的典型案例，带领读者学会 Qt 6，并应用 Qt 6 解决实际问题。

本书主要内容

本书分 4 部分，共 10 章。

第一部分（第 1 章）主要讲解了 Qt 6 的历史与发展、Qt 6 编程环境搭建和学习 Qt 6 的必备知识；讲解了使用 Qt 6 创建简单的 GUI 程序，并介绍了信号/槽机制、模块、数据类型及 Qt 6 中的工具软件。

第二部分（第 2 章）主要讲解了应用 Qt Designer（或 Qt Creator 的设计模式）的方法，包括 Qt Designer 窗口介绍、窗口界面与业务逻辑分离的编程方法、设置信号与槽的关联；并介绍了在 Qt Designer 中设置布局管理、菜单栏、工具栏，添加图片的方法。

第三部分（第 3~8 章）主要讲解了 Qt 6 的各种窗口类、基础类、控件类、布局管理类的用法，并讲解了使用 QPainter 类绘图的方法。

第四部分（第 9 章和第 10 章）深入讲解了 Qt 6 的元对象系统、多线程，并讲解了事件处理方法：比较高级的信号/槽和比较底层的事件处理机制。

阅读建议

本书是一本基础入门加实战的书籍，既有基础知识，又有丰富的典型案例。这些典型案例贴近工作、学习、生活，应用性强。

建议读者先阅读第一部分,搭建好开发环境,并掌握必备的基础知识后,应用 Qt 6 编写最简单的 GUI 程序,然后在理解了信号/槽机制以后,便可编写能够处理简单事件的 GUI 程序。

阅读第二部分需要实际的操作,不仅能使用 Qt Designer(或 Qt Creator 设计模式)实践书中的案例,而且可根据开发需求独自设计 UI 界面,并掌握窗口界面和业务逻辑分离的编程方法。

第三部分属于比较有规律的部分,介绍了 Qt 6 的各种类的构造函数、方法(包括静态方法、内置槽函数)、信号,以及应用实例。

第四部分属于需要理解的部分,需要理解 Qt 元对象系统、比较高级的信号/槽机制和比较底层的事件处理机制,在实际开发中应用 Qt 元对象系统和这两种机制,能理解和应用多线程处理问题。

资源下载提示

素材(源码)等资源:扫描目录上方的二维码下载。

视频等资源:扫描封底的文泉云盘防盗码,再扫描书中相应章节的二维码,可以在线学习。

致谢

感谢我的家人、朋友,尤其感谢我的父母,由于你们的辛勤付出,我才可以全身心地投入写作工作中。

感谢清华大学出版社赵佳霓编辑,在本书的编写、出版过程中提供了非常多的建议,感谢参与本书出版的其他人员,没有你们的帮助,本书难以顺利出版。

感谢我的老师、同学,尤其感谢我的导师,在我的求学过程中,你们曾经给我很大的帮助。

感谢为本书付出辛勤工作的每个人。

由于编者水平有限,书中难免存在疏漏,请读者见谅,并提出宝贵意见。

邢世通

2024 年 12 月

目 录
CONTENTS

教学课件(PPT)　　　　本书源码

第 一 部 分

第 二 部 分

第 三 部 分

第 一 部 分

第1章

认识 Qt 6

Qt 是一个跨平台的应用开发框架，其本质上是应用 C++ 语言写的一套类库。应用 Qt 既可以编写控制台程序，也可以编写图形用户界面程序（Graphical User Interface），而且 Qt 具有跨平台的特性。应用 Qt 可以为桌面计算机、服务器、移动设备、嵌入式设备开发各种应用程序，特别是图形用户界面程序（GUI 程序）。

Qt 与其他图形用户开发库相比，更容易学习和掌握，而且开发者只需编写一次代码，就可以发布到其他平台上进行编译运行。Qt 创建于 1991 年，经过 30 多年的发展，Qt 的应用越来越广泛，功能越来越强大，已经成为跨平台开发的首选 C++ 框架。

Qt 6 是最新版本的 Qt，采用了 C++17 语言标准。本章首先介绍 Qt 6 的历史与发展、Qt 6 的开发环境安装，以及应用 Qt 6 的必备基础知识。

1.1 Qt 6 的历史与发展

C++ 是一门通用的计算机编程语言，Qt 的本质是用 C++ 语言编写的一套类库，功能强大，应用广泛。

1.1.1 Qt 6 简介

Qt 是一个跨平台的应用开发框架，1991 年由两个挪威人 Eirik Chambe-Eng 和 Haavard Nord 开发，他们后来成立了 Trolltech 公司，中文名是奇趣科技公司。

2008 年，奇趣科技公司被 Nokia（诺基亚）收购，更名为 Qt Software。2011 年，Nokia 将 Qt 的商业许可卖给了芬兰的 IT 服务公司 Digia。2012 年，Nokia 将 Qt 完全卖给了 Digia，Digia 在 2012 年底推出了 Qt 5。2014 年，Qt 公司从 Digia 独立出来。2016 年，Qt 公司在芬兰赫尔辛基上市，股票代码为 QTCOM。

2020 年 12 月 8 日，Qt 公司推出了 Qt 6。2021 年 9 月，Qt 6.2 发布，这是 Qt 6 系列的第 1 个长期支持（LTS）版本，具有 Qt 框架的所有模块。2023 年 4 月，Qt 6.5 正式发布，这是第 2 个长期支持（LTS）版本（目前已进入仅面向商业客户阶段）。2023 年 10 月，Qt 6.6 正式发布。本书将采用 Qt 6.6 版本进行介绍。

经过 30 多年的发展,Qt 的应用越来越广泛,功能越来越强大,已经成为跨平台 GUI 开发的首选 C++框架。

注意:GUI 的英文是 Graphical User Interface,即图形用户界面。GUI 是软件的视觉体验和互动操作部分,属于人机交互的课题。我们常用的 Office、WPS 都是 GUI 程序,而且 WPS 是用 Qt 开发的。

1.1.2　Qt 6 的特点

1. Qt 的特点

Qt 的一个重要特点就是具有跨平台开发能力。使用 Qt 可以为桌面计算机、服务器、移动设备开发应用程序。能够使用 Qt 进行开发的设备和平台如下:

(1) 桌面计算机的应用开发,支持的操作系统包括 Windows、桌面 Linux、macOS。

(2) 移动设备的应用开发,支持的操作系统包括 Android、iOS、Windows。

(3) 嵌入式设备的应用开发,支持的嵌入式操作系统包括 QNX、嵌入式 Linux、VxWorks。

(4) 单片机(Microcontroller Unit,MCU)的应用开发,支持实时操作系统 FreeRTOS 或无操作系统。由于单片机的处理能力弱、存储器资源有限,而且各种单片机系统的硬件差异大,所以当前 Qt 只支持 Infineon、NXP、Renesas 等公司的部分型号的单片机开发板,实际产品的开发需要深度定制。

使用 Qt 框架可采用面向对象的程序设计,Qt 具有良好的封装机制,而且模块化程度高,可重用性较好,易于扩张,易于维护。

Qt 框架使用信号/槽(Signal/Slot)机制进行通信,相比于其他框架使用的回调(Callback)机制,信号/槽机制更安全、更简洁、更方便。

Qt 框架包含了大量的类、各种窗口控件类,支持 GUI、数据库、图表、网络、多媒体等各种应用的编程。Qt 的技术文档很优秀、很完备。Qt 的技术文档详细地覆盖了 Qt 的方方面面,每个类都被详细地介绍。

2. Qt 6 的新增特点

2020 年 12 月 8 日,Qt 6 正式发布。Qt 6 对底层进行了比较大的更新,又尽量保持与 Qt 5 兼容。Qt 6 的新增特点如下:

(1) Qt 6 支持 C++17 标准,要求使用兼容 C++17 标准的编译器,以便使用 C++语言的新特点。

(2) 修改了 Qt 的核心库,重新设计了新的属性和绑定系统。字符串全面支持 Unicode,修改了 QList 类的实现方式,将 QVector 类和 QList 类合并为 QList 类。几乎完全改写了 QMetaType 类和 QVariant 类,这两个类是 Qt 元对象的基础。

(3) 使用新的图形架构。为了使用不同平台上的 3D 技术(微软公司的 Direct 3D、苹果公司的 Metal、Linux 系统的 Vulkan),Qt 6 设计了 3D 图形的渲染硬件接口(Rendering

Hardware Interface,RHI)。RHI 是 3D 图形系统的一个抽象层,这使 Qt 可使用平台本地化的 3D 图形的应用程序接口(Application Programming Interface,API)。

(4) 使用 CMake 构建系统。CMake 是一个开源、跨平台的编译工具,被用来构建、测试、打包软件。CMake 使用与平台无关的配置文件来控制软件编译过程,并生成所选择的编译环境中的项目文件。Qt 6 支持 CMake 构建系统,并且强烈建议新的项目使用 CMake,Qt 6 本身就是用 CMake 系统构建的。同时 Qt 公司声明仍然会在整个生命周期内支持 qmake 构建系统。

(5) 修改了 Qt 的其他模块,例如多媒体、网络、Qt Quick 3D。

1.1.3 Qt 的许可类型

Qt 的许可类型分为商业许可和开源许可。商业许可需要付费,Qt 公司目前采用的是按年付费的方式,商业许可允许开发者不公开项目的源代码。相比于开源许可的 Qt 安装包,商业许可的 Qt 安装包具有更多的模块。

Qt 的开源许可又分为 GPLv2/GPLv3 许可和 LGPLv3 许可,这两个开源许可的特点如下。

(1) GPLv2/GPLv3 许可:如果开发者编写的程序使用 GPL 许可的 Qt 代码,则程序也必须使用 GPL 许可,即程序的代码必须开源,但是允许商业化销售。GPLv3 许可还要求开发者公开相关的硬件信息。

(2) LGPLv3 许可:如果开发者编写的程序使用了 LGPL 协议许可的 Qt 代码,则该程序必须遵守 LGPL 许可,即程序代码必须开源,但是允许商业化销售;如果开发者编写的程序以库的形式链接或调用了 LGPL 协议许可的 Qt 代码,则该程序代码可以闭源,也可以商业化销售。

注意:GPL 表示 GNU 通用公共许可协议,是 GNU General Public License 的简写。它是由自由软件基金会(FSF)公布的自由软件许可证。GPLv3 是 2007 年发布的版本。LGPL 表示 GNU 宽通用公共许可证,是 GNU Lesser General Public License 的简称。它是由自由软件基金会(FSF)公布的自由软件许可证。LGPLv3 是 2007 年发布的版本。LGPL 和 GPL 不同:GPL 要求任何使用、修改、衍生之 GPL 类库的软件必须采用 GPL 协议;LGPL 允许商业软件通过引用(link)的方式使用 LGPL 类库而不需要开源商业软件的代码。这使采用 LGPL 协议的开源代码可以被商业软件作为类库引用并发布和销售。

1.2 搭建开发环境

工欲善其事,必先利其器。在正式学习 Qt 6 之前,需要搭建 Qt 6 的开发环境,并掌握查询 Qt 6 技术文档的方法。

1.2.1　安装 Qt Creator 及其他配套软件

搭建 Qt 6 的开发环境,也就是安装 Qt Creator 软件及其他配套软件。首先下载 Qt 安装包,然后安装 Qt Creator 软件。

1. 下载 Qt 安装包

(1) 打开浏览器,输入网址 www. qt. io,然后按 Enter 键,登录 Qt 的官方网站,如图 1-1 所示。

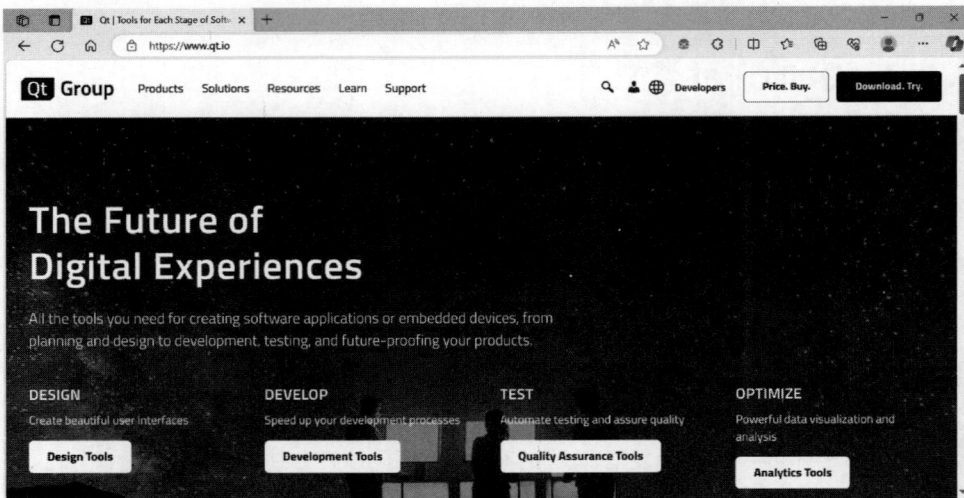

图 1-1　Qt 的官方网站

(2) 单击网页右上角的 Download Try 按钮,进入下一个页面,如图 1-2 所示。

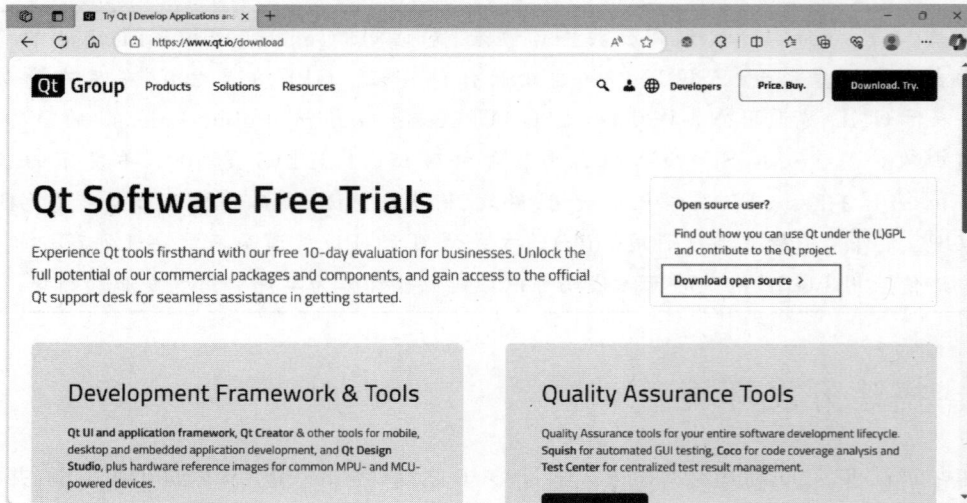

图 1-2　Qt 的官方网站的网页

（3）单击网页右侧的 Download open source 按钮，进入下一个网页，然后向下滑动网页，找到 Download the Qt Online Installer 按钮，如图 1-3 所示。

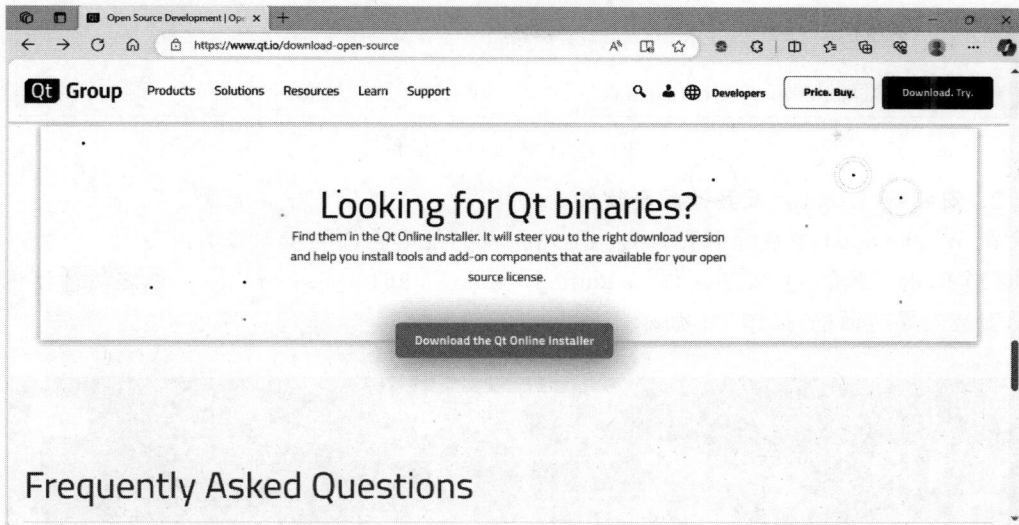

图 1-3　Qt 官方网站的网页

（4）单击网页中间的 Download the Qt Online Installer 按钮，进入下载页面，如图 1-4 所示。

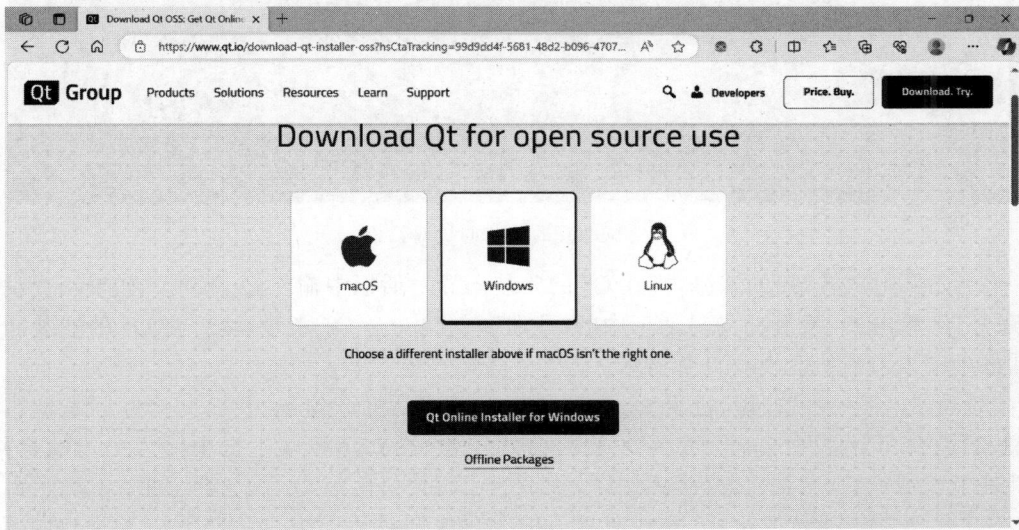

图 1-4　Qt 安装包的下载页面

（5）用户可根据自己计算机的操作系统选择 Qt 安装包。由于绝大多数用户使用 Windows 系统的计算机，所以本书选择下载 Windows 系统的 Qt 安装包。单击 Qt Online

Installer for Windows 按钮进行下载,下载的 Qt 安装包如图 1-5 所示。

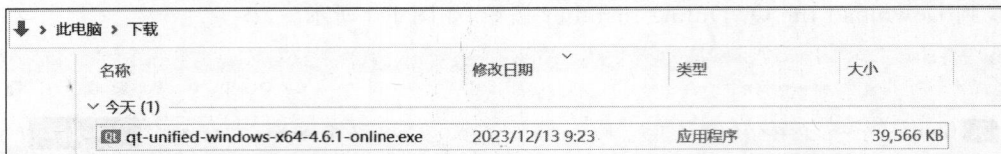

图 1-5　下载的 Qt 安装包

2. 安装 Qt Creator 及其他配套软件

在 Windows 64 位系统上安装 Qt Creator 及其配套软件的步骤如下:

(1) 双击下载的 Qt 安装文件 qt-unified-windows-x64-4.6.1-online.exe,之后计算机会显示安装向导对话框,如图 1-6 所示。

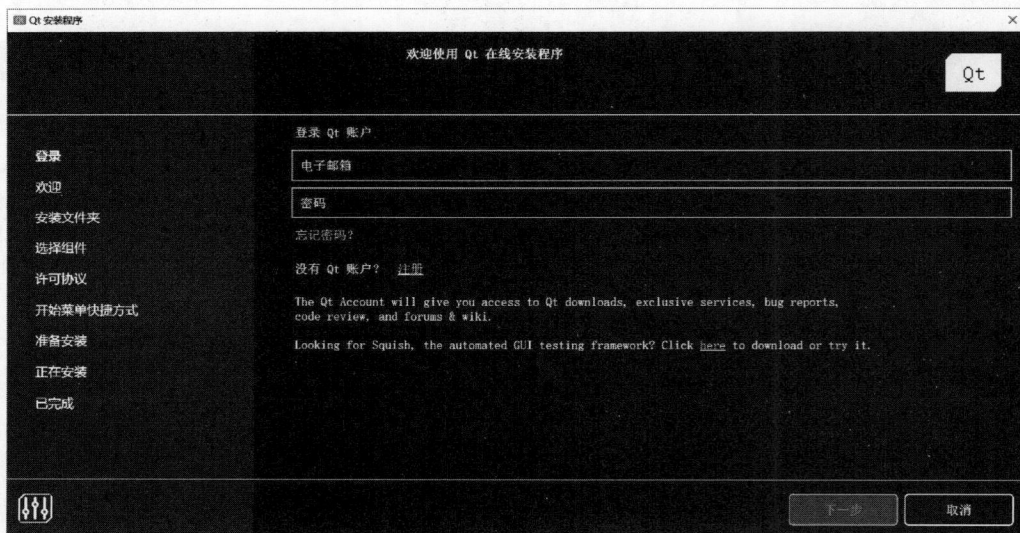

图 1-6　Qt 的安装向导对话框

(2) 如果用户有 Qt 的账号,则在 Qt 的安装向导对话框中输入 Qt 账号。如果用户没有 Qt 账号,则单击 Qt 安装向导对话框中的“注册”,创建一个 Qt 账号,然后在 Qt 的安装向导对话框中输入 Qt 账号,如图 1-7 所示。

(3) 单击“下一步”按钮,进入 Qt 开源使用义务对话框。勾选“我已阅读并同意使用开源 Qt 的条款和条件”复选框。如果用户是公司用户,则在单行文本框中输入公司的名称;如果是个人用户,则勾选“我是个人用户,我不为任何公司使用 Qt”复选框,如图 1-8 所示。

(4) 单击“下一步”按钮,进入欢迎对话框。在欢迎对话框中,单击“下一步”按钮,进入 Contribute to Qt Development 对话框。在 Contribute to Qt Development 对话框中,勾选 Disable sending pseudonymous usage statistics in Qt Creator 复选框,如图 1-9 和图 1-10 所示。

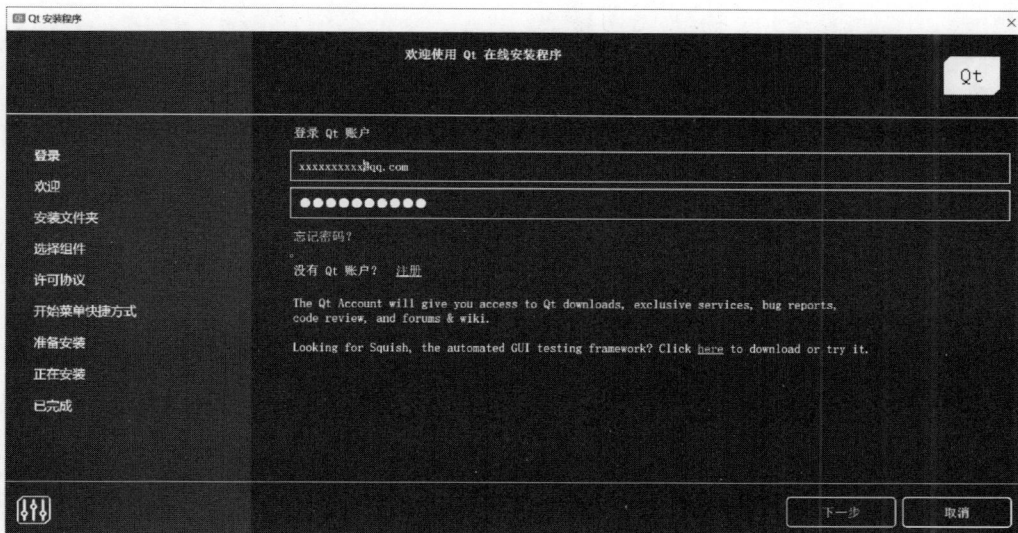

图 1-7 输入 Qt 账号的安装对话框

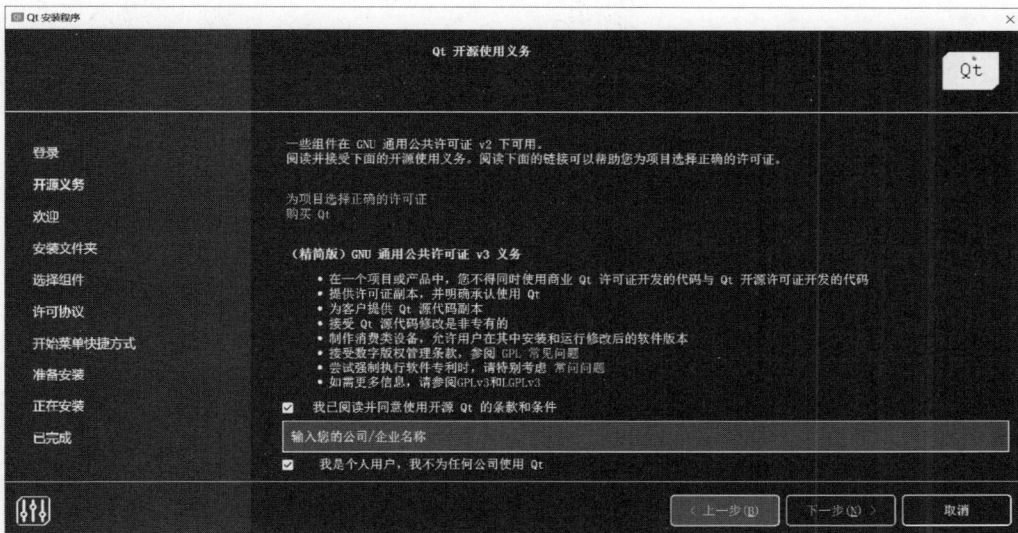

图 1-8 Qt 开源使用义务对话框

注意：如果勾选 Disable sending pseudonymous usage statistics in Qt Creator 复选框，则表示不会向 Qt 官方发送统计的用户使用数据。如果勾选 Help us to improve by enabling sending pseudonymous usage statistics in Qt Creator 复选框，则表示会向 Qt 官方发送统计的用户使用数据。

图 1-9　欢迎对话框

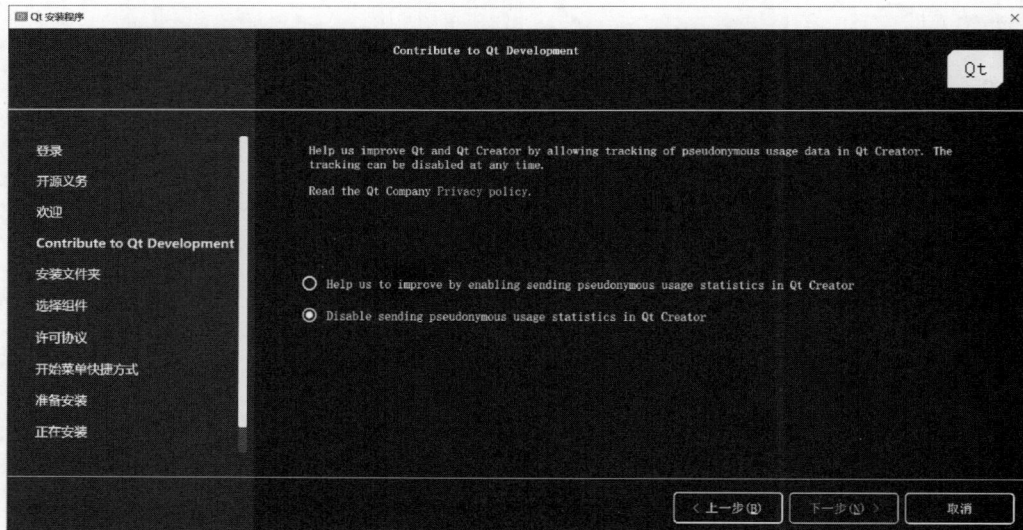

图 1-10　Contribute to Qt Development 对话框

（5）单击"下一步"按钮，进入安装文件对话框。在该对话框中，设置 Qt 的安装目录(目录文件名中避免添加空格)，其他选项保持默认，如图 1-11 所示。

注意：如果勾选 Custom Installation 复选框，则表示自定义安装；如果勾选 Qt Design Studio 复选框，则表示安装最新版本的 Qt Design Studio；如果勾选 Qt 6.6 for desktop development 复选框，则表示安装 MinGW 工具链和 MinGW 下的模块。

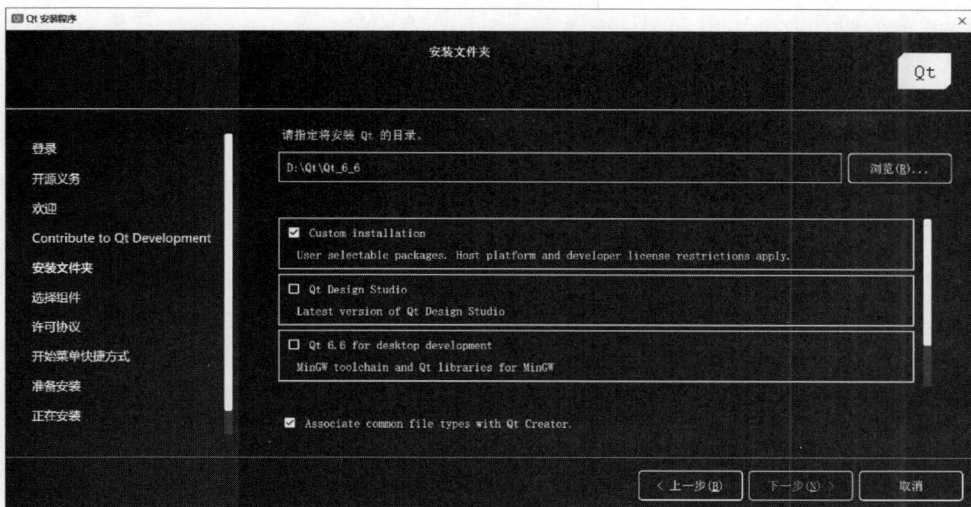

图 1-11　安装文件夹对话框

（6）单击"下一步"按钮，进入选择组件对话框，勾选 Qt 中 Qt 6.6.1 中的 MinGW 11.2.0 64-bit 复选框，如图 1-12 所示。

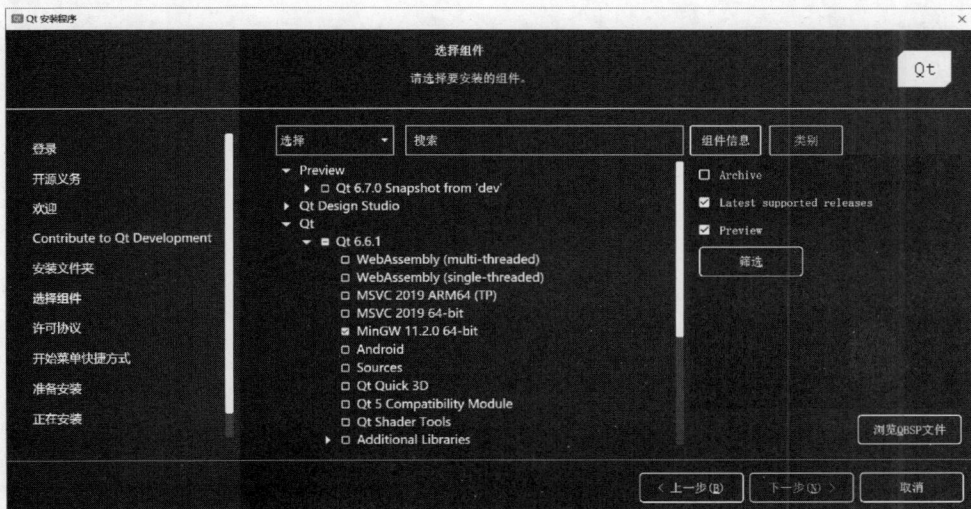

图 1-12　选择组件对话框

注意：MinGW 11.2.0 64-bit 表示用 MinGW 11.2.0 64 位工具集编译的 Qt 开发套件。MinGW 表示 Windows 系统上使用的 GNU 工具集（包含 GNU C++编译器）。通常在安装 Qt 时选择安装 MinGW，而且 MinGW 的安装文件相比于 Visual Studio 2019 要小很多。如果用户要在 Visual Studio 环境（C++）开发 Qt，则需要勾选 MSVC 2019 64-bit 复选框。MSVC 2019 ARM64（TP）表示 MSVC 2019 ARM64 编译器编译的 Qt 开发套件，通常

Windows 系统的计算机采用 AMD64 架构,而不是 ARM64 架构,不需要勾选 MSVC 2019 ARM64 复选框。如果用户使用 Qt 开发 Android 应用,则需要勾选 Android 复选框。对于其他组件,将在 1.6 节进行介绍。

(7) 单击"下一步"按钮,进入许可协议对话框,勾选 I have read and agree to the terms contained in the license agreements 复选框,如图 1-13 所示。

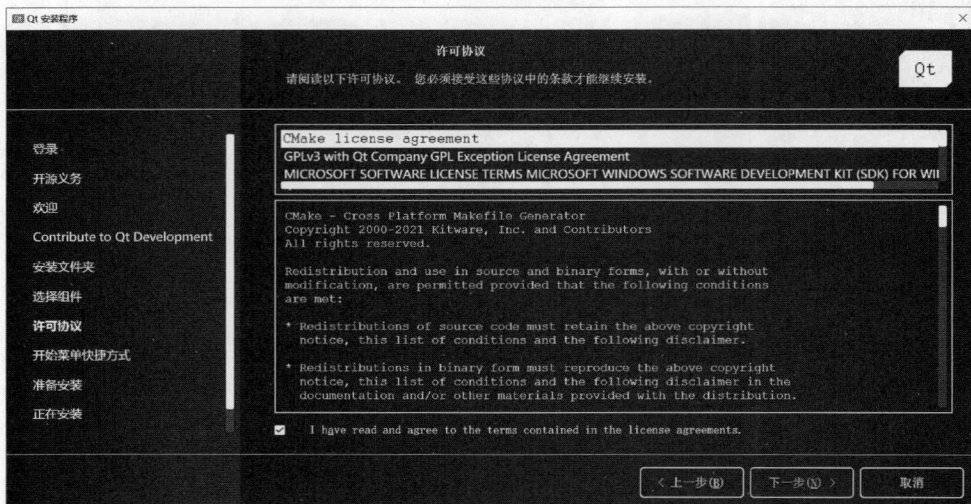

图 1-13　许可协议对话框

(8) 单击"下一步"按钮,进入开始菜单快捷方式对话框;保持默认,然后单击"下一步"按钮,进入准备安装对话框,如图 1-14 和图 1-15 所示。

图 1-14　开始菜单快捷方式对话框

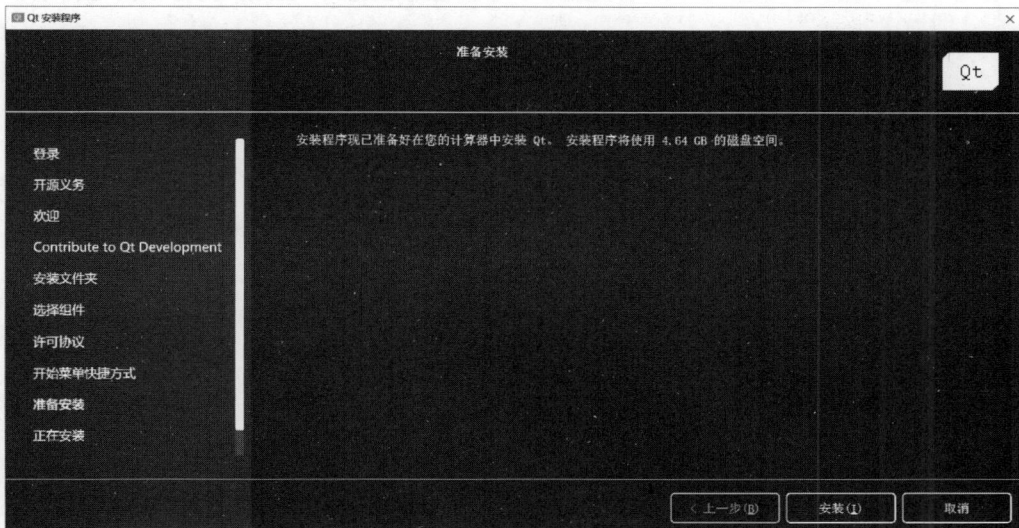

图 1-15　准备安装对话框

（9）单击"安装"按钮，开始安装。等待一段时间后（等待时间长短与网络速度有关），进入已完成对话框，如图 1-16 所示。

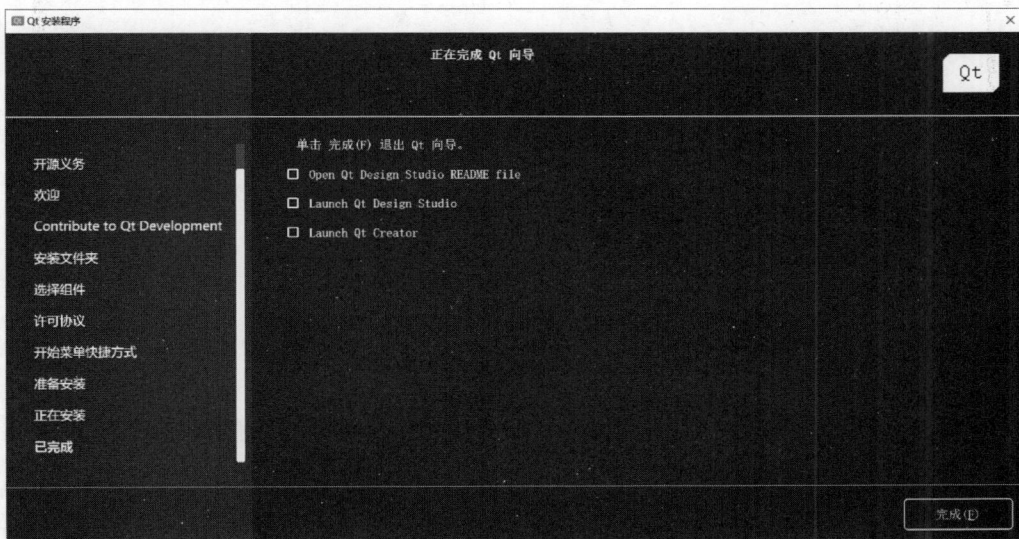

图 1-16　已完成对话框

（10）在已完成对话框中，取消勾选所有的复选框，单击"完成"按钮，就可以退出 Qt 安装程序，完成安装，然后在安装路径 D:\Qt\Qt_6_6\Tools\QtCreator\bin 下（读者需打开自己计算机的安装路径）找到 qtcreator.exe 文件，右击该文件，在弹出的菜单中选择"发送到"→"桌面快捷方式"。这样读者就可以方便、快捷地使用 Qt Creator 了，如图 1-17 和图 1-18 所示。

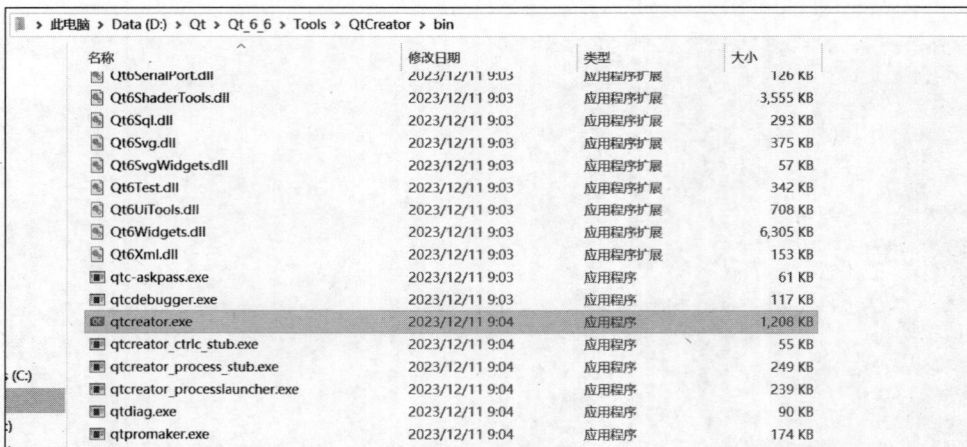

图 1-17　安装路径下的 qtcreator.exe 文件

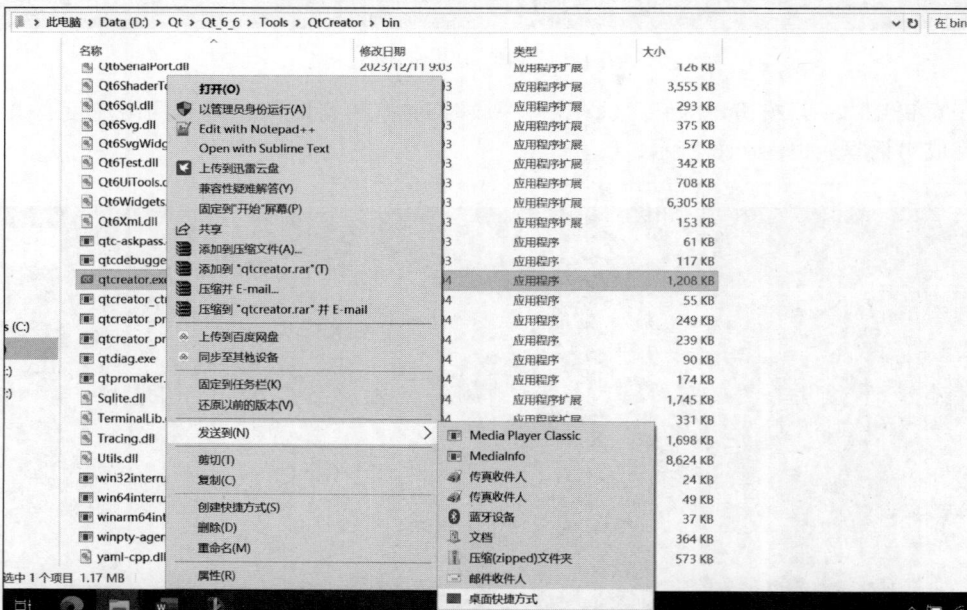

图 1-18　设置 qtcreator.exe 的桌面快捷方式

注意：读者如果仔细观察 Qt 安装路径下的文件名，则会发现 Qt 的安装文件名中没有空格。如果读者喜欢有空格的文件名，则可以单击开始菜单，在字母 Q 下找到 Qt Creator 12.0(Community)选项，然后右击 Qt Creator 12.0(Community)，在弹出的菜单中选择"更多"→"打开文件位置"，则会打开 Qt Creator 12.0(Community)快捷方式(在 C 盘下)，然后将 Qt Creator 快捷方式复制到桌面。

（11）双击桌面上的 qtcreator.exe 图标，便可以打开 Qt Creator 软件，如图 1-19 所示。

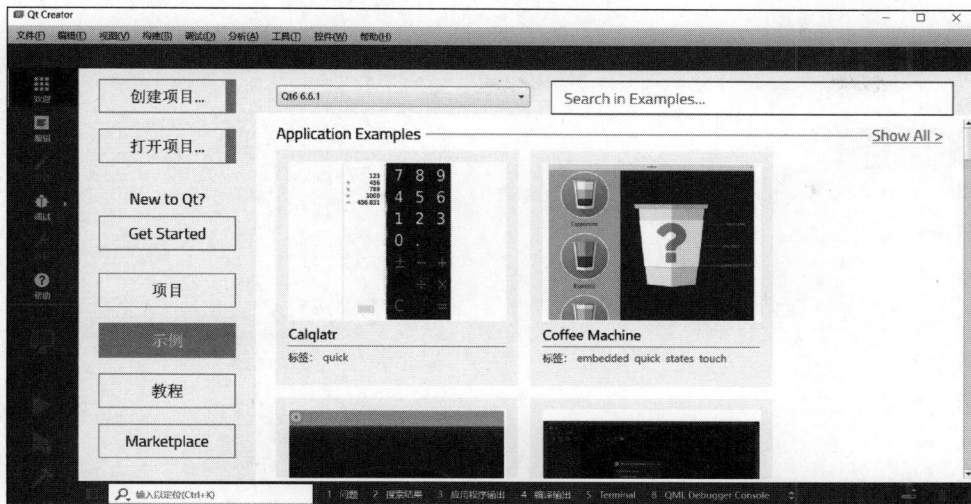

图 1-19 Qt Creator 的窗口

在安装 Qt Creator 软件的同时，也安装了配套软件 Assistant、Designer、Linguist（可在开始菜单中查看），本书将在后面的章节中逐一介绍这些配套软件的用法。

1.2.2 更改编辑器的颜色

Qt Creator 的默认编辑器颜色为白色，比较刺眼。针对此问题，可以更改 Qt Creator 编辑器的颜色，操作步骤如下：

（1）打开 Qt Creator 软件，在 Qt Creator 窗口的顶层菜单栏中有"工具"选项，选择"工具"→"外部"→"配置"选项，打开首选项对话框，如图 1-20 和图 1-21 所示。

图 1-20 打开 Qt Creator 的首选项对话框

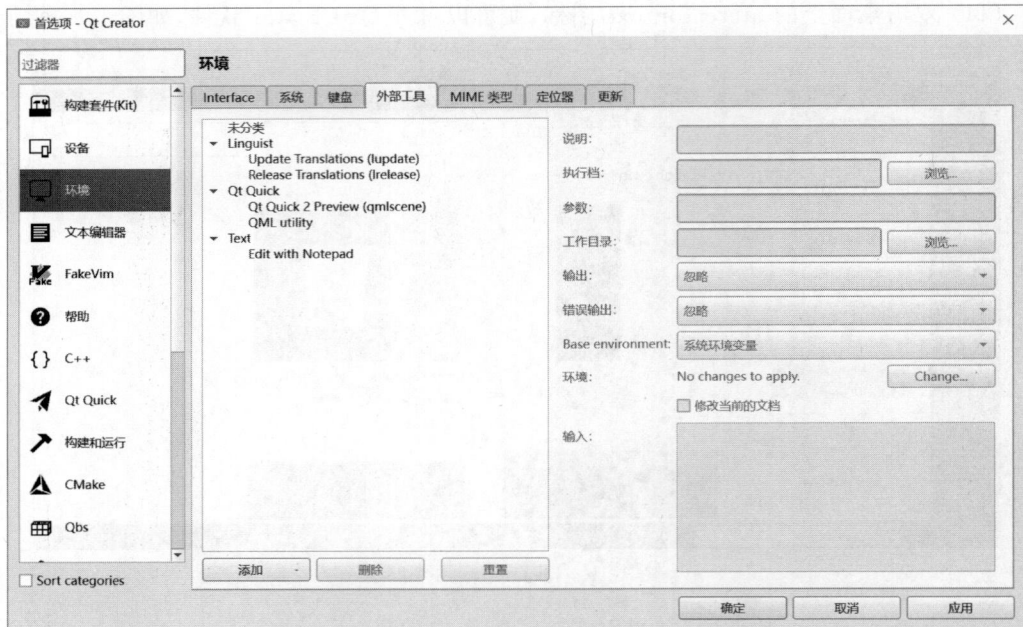

图 1-21　Qt Creator 的首选项对话框

（2）如果单击首选项对话框左侧的"文本编辑器"，则对话框右侧会显示文本编辑器的设置界面，如图 1-22 所示。

图 1-22　文本编辑器的设置界面

（3）单击图 1-22 中的 Default 下拉列表，在弹出的下拉列表中选择一种颜色主题，然后依次单击"应用"按钮、"确定"按钮，如图 1-23 所示。

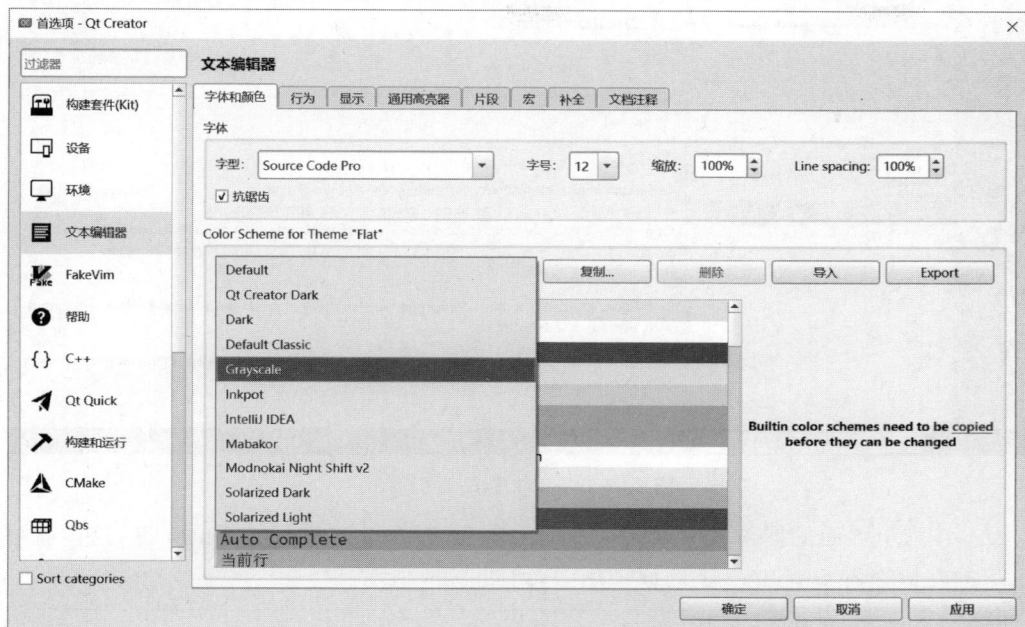

图 1-23 选择文本编辑器的主题颜色

1.2.3 Qt 帮助文档

Qt 6 提供了大量的类、各种窗口控件类。Qt 的帮助文档对这些类的用法进行了详细描述，可以通过 Qt Creator 的索引查询这些类的用法，具体的操作步骤如下：

（1）打开 Qt Creator 软件，在 Qt Creator 窗口的顶层菜单栏中有"帮助"选项，选择"帮助"→"索引"选项（或单击窗口左侧的"编辑"按钮），打开索引界面（或直接打开 Assistant 软件）如图 1-24 和图 1-25 所示。

图 1-24 打开 Qt Creator 的索引界面

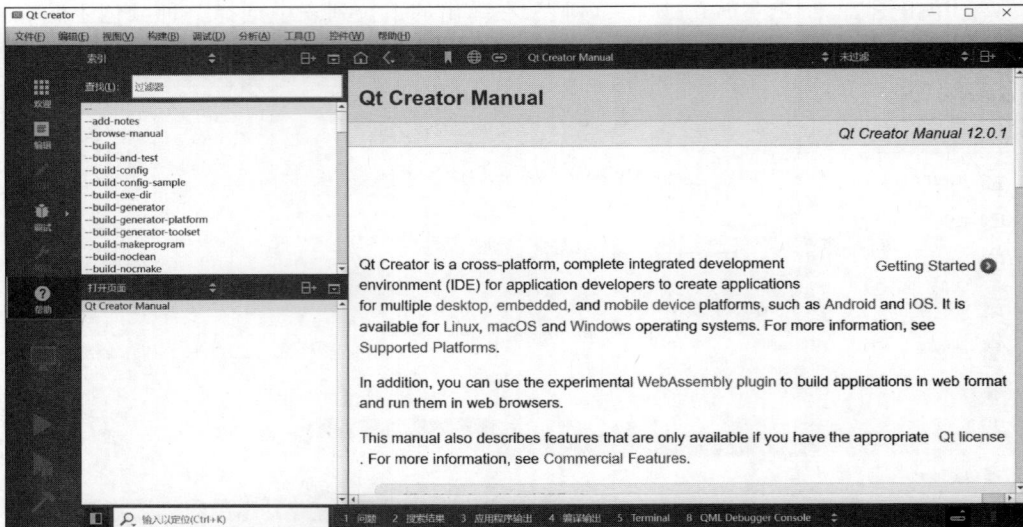

图 1-25　帮助文档的索引界面

　　(2) 在索引界面的搜索框中输入一个类的名字 QWidget，然后按 Enter 键，这样就可以在窗口的左侧查看 QWidget 类的详细用法，如图 1-26 所示。

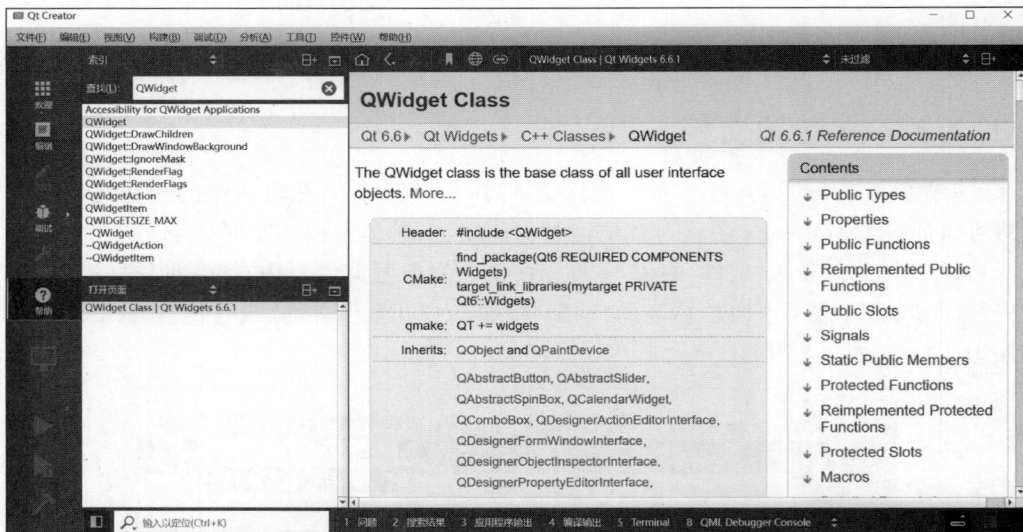

图 1-26　QWidget 类的详细用法

　　注意：读者可通过 Qt 帮助文档的索引查询到大多数 Qt 类的用法，但不能查询到所有 Qt 类的用法，例如使用 Qt 帮助文档的索引不能查询到 QAxObject 类的用法。如果不能查询到某个 Qt 类的用法，则可以通过搜索引擎来查询该类的用法。

1.2.4　qDebug()与 QString 类的简单用法

在 C++语言中,数据的输入和输出是通过 I/O 流实现的,cout 是预定义的流类对象,用来处理标准输出,通常为屏幕输出。在 Qt 中,通常使用 QDebug 类处理调试程序中的输出。

使用 QDebug 类,首先要在头文件中包含这个类,具体语法如下:

```
# include < QDebug >
```

然后使用 QDebug 类输出数据的语法格式如下:

```
qDebug()<<数据 1 <<数据 2 <<…
qDebug()<<表达式 1 <<表达式 2 <<…
```

字符串是任何编程都需要的一种数据类型,Qt 提供了 QString 类表示字符串。QString 类以 16 位的 Unicode 字符集进行编码,也就是 UTF-16 编码。在 UTF-16 编码中,一个字符包含 2 字节的数据,一个汉字表示一个字符。QString 类也提供了针对字符串的各种操作。

使用 QString 类,首先在头文件中包含这个类,具体语法如下:

```
# include < QString >
```

QString 类的构造函数如下:

```
QString()
QString(const QChar * unicode, int size = -1)
QString(QChar ch)
QString(int size, QChar ch)
QString(const char * str)
QString(const int * str)
QString(QLatin1StringView str)
```

注意:Unicode 是国际标准字符集,它为世界各种语言的每个字符定义一个唯一的编码,以满足跨语言、跨平台的文本信息转换。ASCII 字符集和 Latin1 字符集是 Unicode 字符集的子集。ASCII 字符集用数字 0～127 表示英文中的大小写字母、数字、标点符号、换行符、退格符、制表符等;Latin1 字符集是对 ASCII 字符集的扩展,它用数字 128～256 表示拉丁字母中特殊语言字符的编码。ASCII 和 Latin1 都是用 1 字节编码,最多只有 256 个字符,无法表示汉语、日语等其他语言中的字符,因此出现了 Unicode 字符集。Unicode 有多种编码规则,例如 UTF-8、UTF-16、UTF-32,其中,UTF-8 采用 1～4 字节编码,UTF-16 采用 2 字节或 4 字节编码。UTF-8 可以兼容 Latin1 编码,因此 UTF-8 被广泛使用。Qt Creator 存储的 C++语言头文件和源程序都默认使用 UTF-8 编码。

1.3　使用 Qt Creator 创建应用程序

在实际编程中,可以使用 Qt Creator 创建多种类型的应用程序,包括控制台程序、不包含.ui 文件的 GUI 程序、包含.ui 文件的 GUI 程序。本节将介绍使用 Qt Creator 创建这 3 种应用程序的方法。

1.3.1　创建控制台程序

【实例 1-1】　使用 Qt 6 创建一个简单的控制台程序,操作步骤如下:

(1) 打开 Qt Creator 软件,单击"创建项目"按钮,此时会弹出一个 New Project 对话框。在该对话框中,选中 Qt Console Application,如图 1-27 所示。

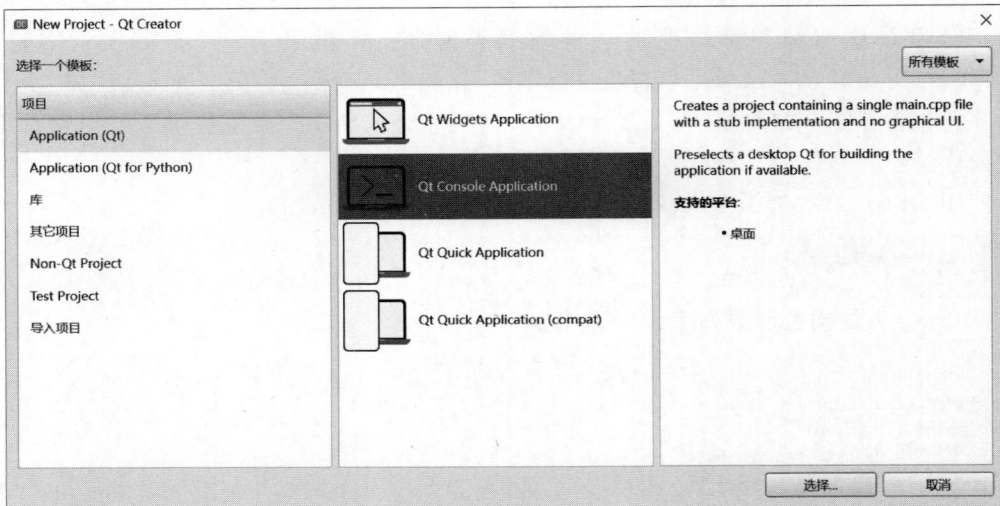

图 1-27　New Project 对话框

(2) 单击"选择"按钮,此时会进入 Location 对话框。在该对话框中填写项目的名称 demo1 和创建路径,如图 1-28 所示。

(3) 单击"下一步"按钮,此时会进入构建系统对话框,保持默认即可(使用 qmake 创建系统),如图 1-29 所示。

(4) 单击"下一步"按钮,此时会进入 Translation 对话框,保持默认即可,如图 1-30 所示。

(5) 单击"下一步"按钮,此时会进入构建套件对话框,保持默认即可(使用 64 位 MinGW 工具集编译的 Qt 开发套件),如图 1-31 所示。

(6) 单击"下一步"按钮,此时会进入汇总对话框,保持默认即可,如图 1-32 所示。

(7) 单击"完成"按钮,此时会进入项目 demo1 的窗口界面,窗口左侧为一列操作按钮(其中有一个运行按钮图标),这一列按钮的右侧为项目管理的目录树,窗口右侧为 main.cpp 的编辑界面,如图 1-33 所示。

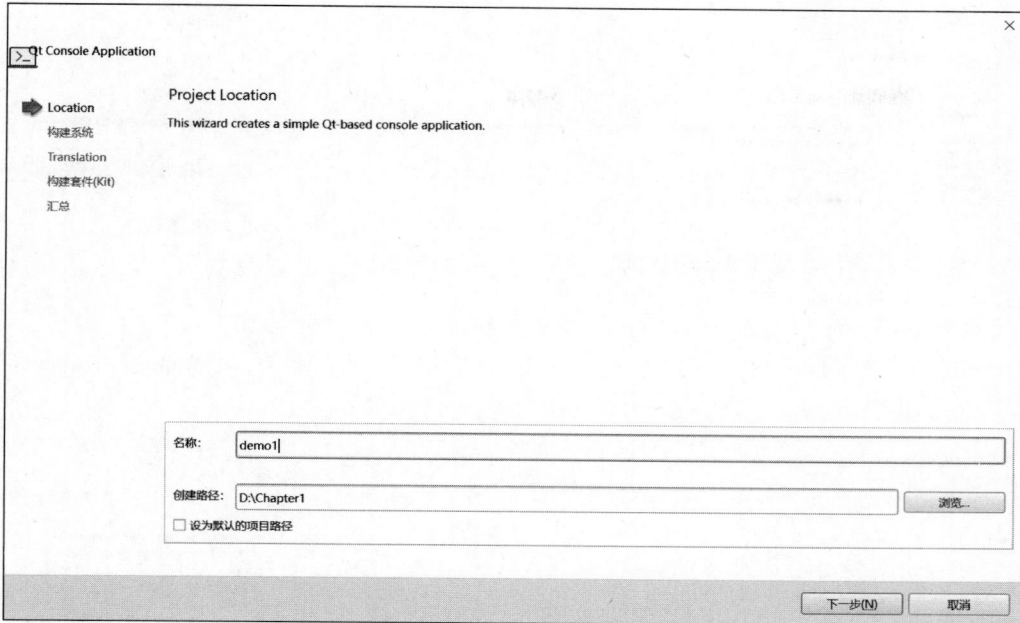

图 1-28 Location 对话框

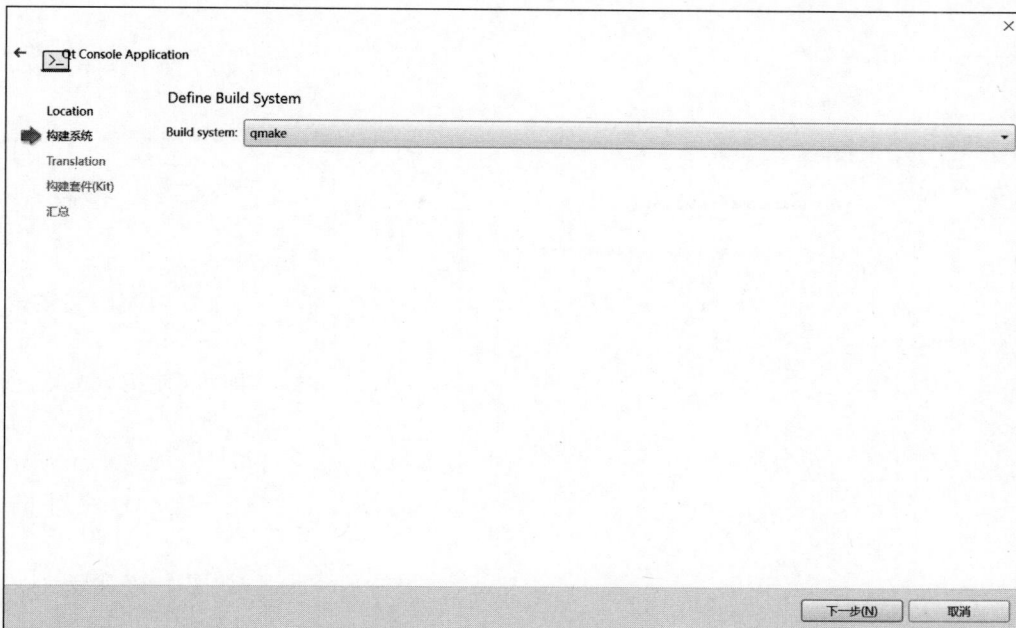

图 1-29 构建系统对话框

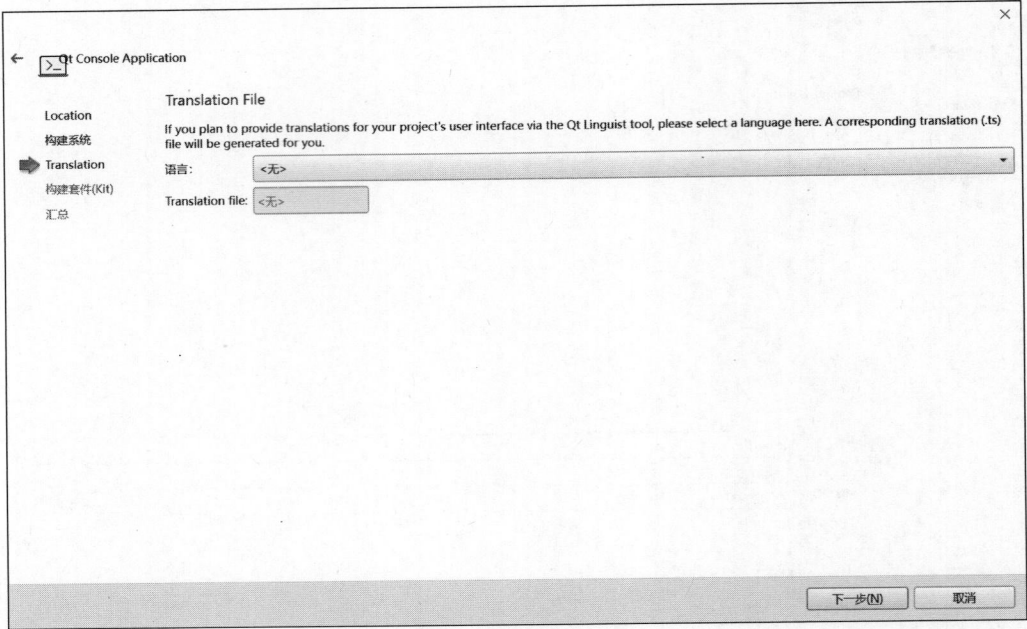

图 1-30　Translation 对话框

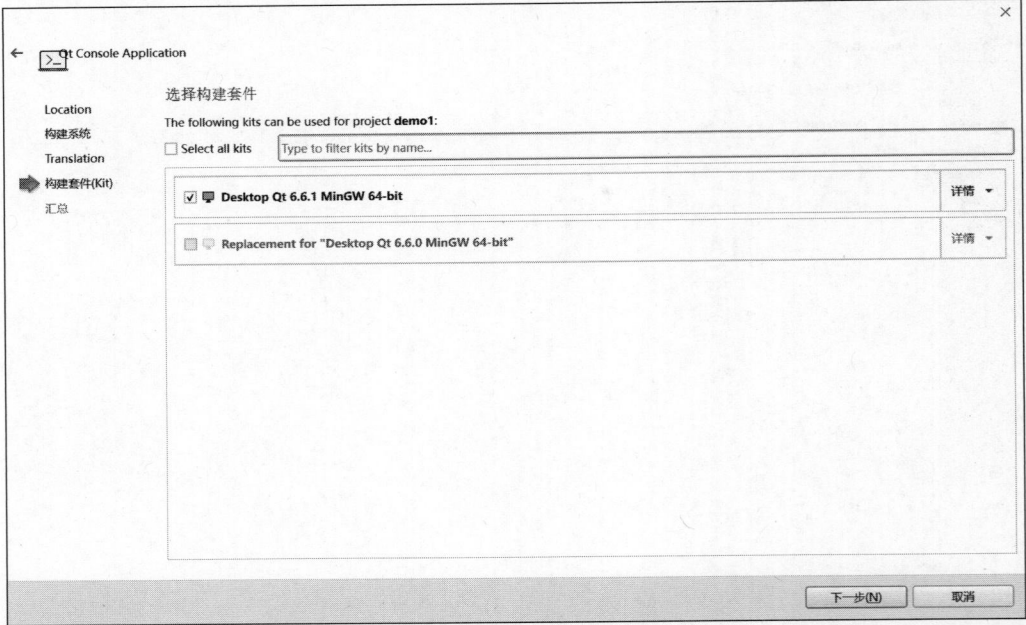

图 1-31　构建套件对话框

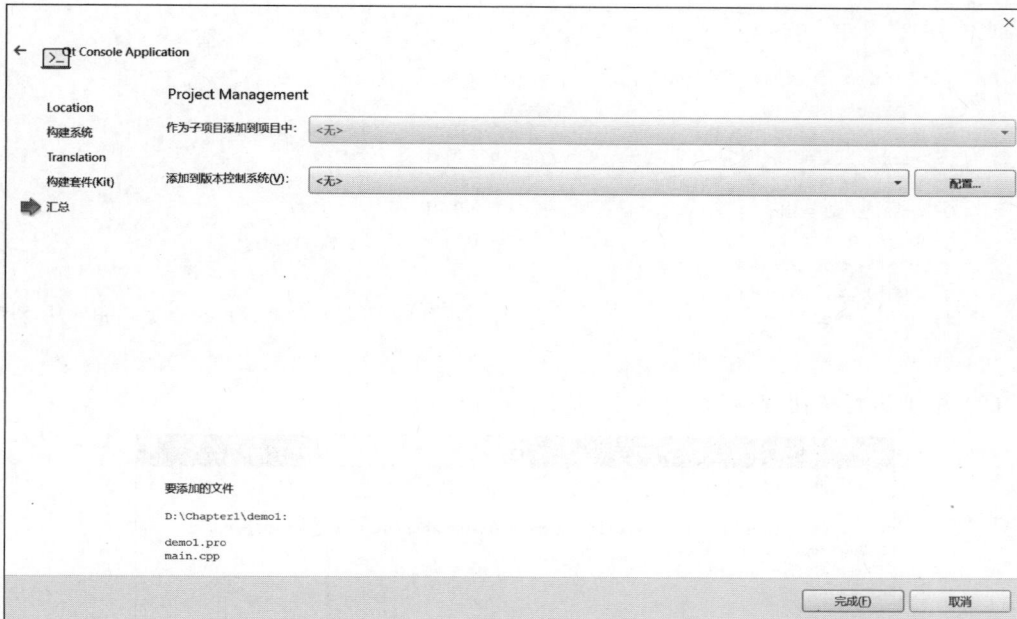

图 1-32 汇总对话框

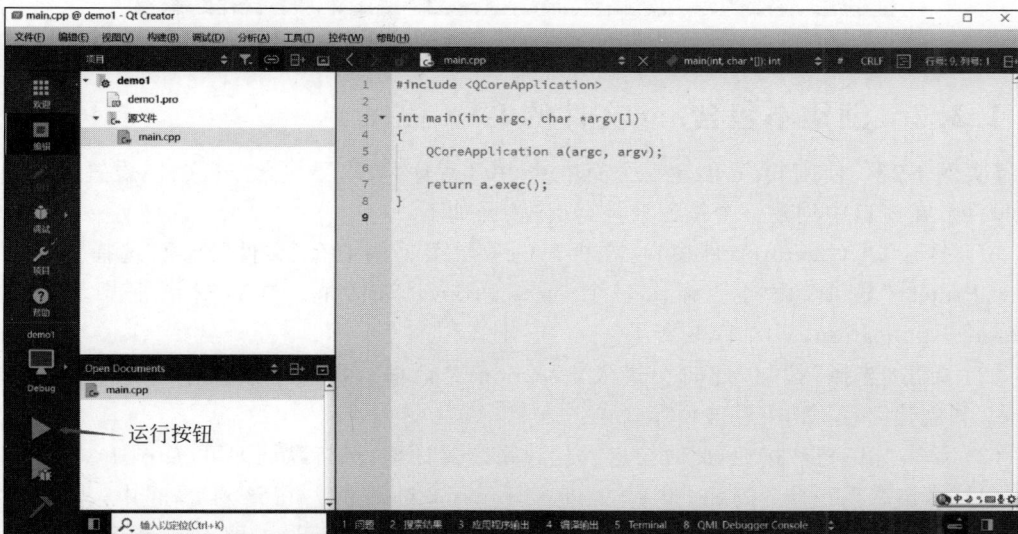

图 1-33 项目 demo1 的窗口界面

（8）在编辑界面中改写并保存代码，项目 demo1 中 main. cpp 的代码如下：

```
/* 第 1 章 demo1 main.cpp */
# include < QCoreApplication >
# include < QDebug >
```

```
#include <QString>

int main(int argc, char *argv[])
{
    QCoreApplication a(argc, argv);      //创建非 GUI 应用程序对象 a
    QString str1 = "学而时习之,";          //创建字符串
    QString str2 = "不亦说乎?";
    QString str3 = str1 + str2;          //拼接字符串
    qDebug()<< str1;                     //打印字符串
    qDebug()<< str2 << Qt::endl;
    qDebug()<< str3;
    return a.exec();                     //运行应用程序,开始应用程序的消息循环和事件处理
}
```

(9) 单击运行按钮图标,运行结果如图 1-34 所示。

图 1-34　项目 demo1 的运行结果

1.3.2　创建不包含.ui 文件的 GUI 程序

【实例 1-2】　使用 Qt 6 创建一个简单的 GUI 程序,要求不包含.ui 文件,设置窗口的宽度和高度,在窗口中创建一个按钮控件,操作步骤如下:

(1) 打开 Qt Creator 软件窗口,在窗口的顶层菜单栏中有"文件"选项,选择"文件"→"New Project"选项,此时会弹出一个 New Project 对话框。在该对话框中,选中 Qt Widgets Application,如图 1-35 所示。

(2) 单击"选择"按钮,此时会进入 Location 对话框。在该对话框中填写项目的名称 demo2 和创建路径,如图 1-36 所示。

(3) 单击"下一步"按钮,此时会进入构建系统对话框,保持默认即可,如图 1-37 所示。

(4) 单击"下一步"按钮,此时会进入 Details 对话框。在该对话框中,取消勾选 Generate form 复选框(表示不创建.ui 文件),其他保持默认即可,如图 1-38 所示。

注意:在图 1-38 中,Base class 右侧的下拉列表中有 3 个选项,分别为 QMainWindow、QWidget、QDialog,其中,QWidget 是 Qt 中所有窗口类的基类,QMainWindow 和 QDialog 都是 QWidget 类的子类,使用 QMainWindow 可以创建一个包含菜单栏、停靠窗口、状态栏的主应用程序窗口,使用 QDialog 可以创建对话框窗口。

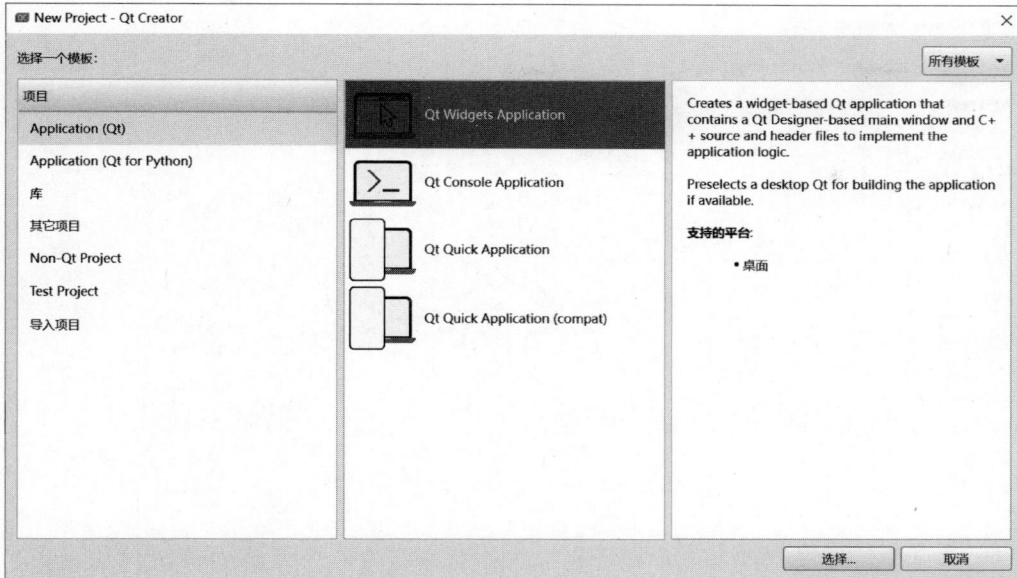

图 1-35　New Project 对话框

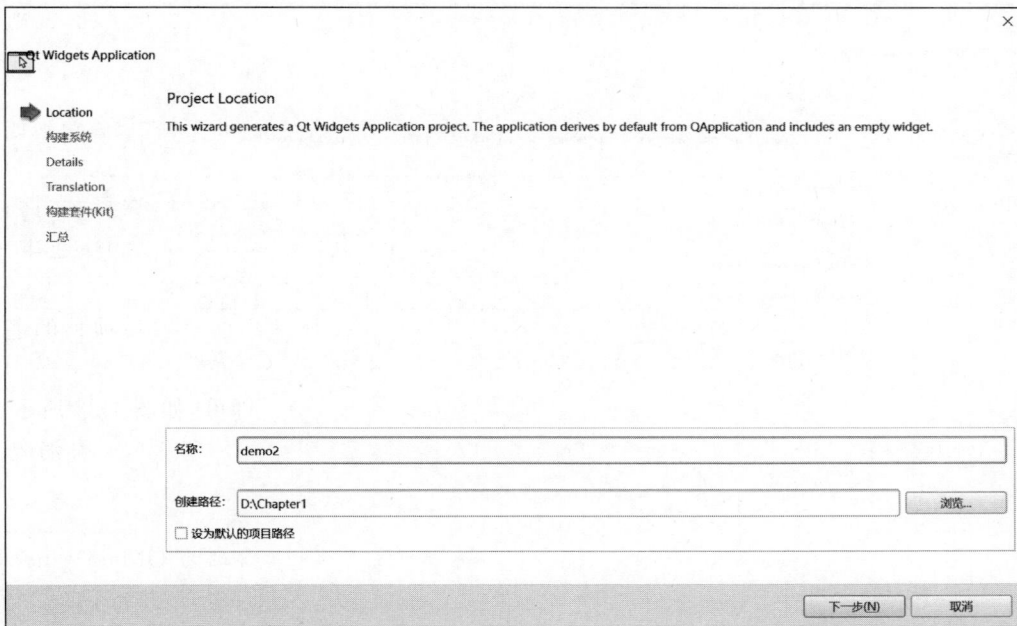

图 1-36　Location 对话框

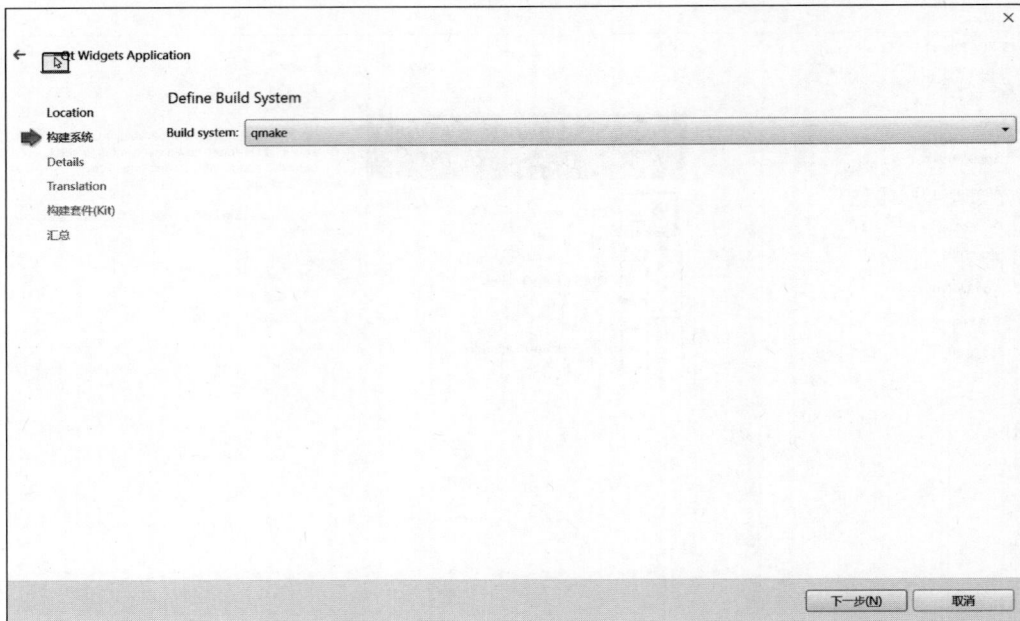

图 1-37　构建系统对话框

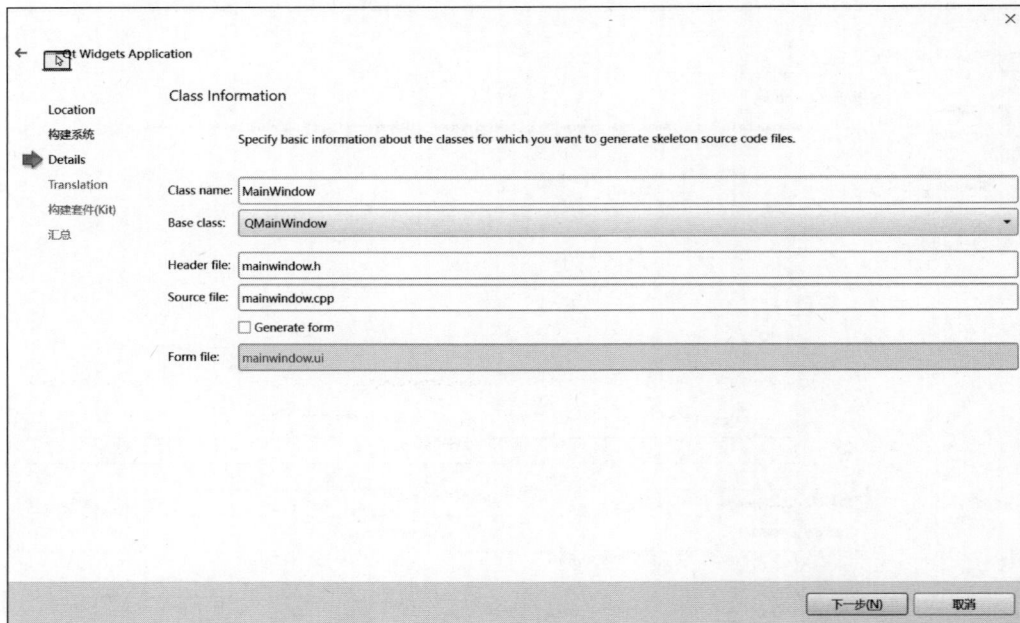

图 1-38　Details 对话框

（5）单击"下一步"按钮，此时会进入 Translation 对话框，保持默认即可，如图 1-39 所示。

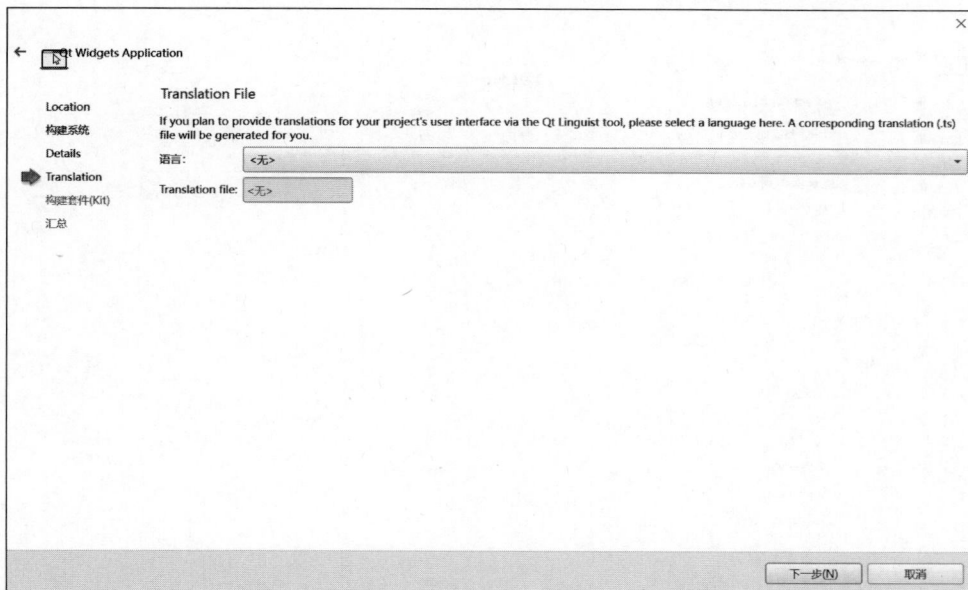

图 1-39　Translation 对话框

（6）单击"下一步"按钮，此时会进入构建套件对话框，保持默认即可（使用 64 位 MinGW 工具集编译的 Qt 开发套件），如图 1-40 所示。

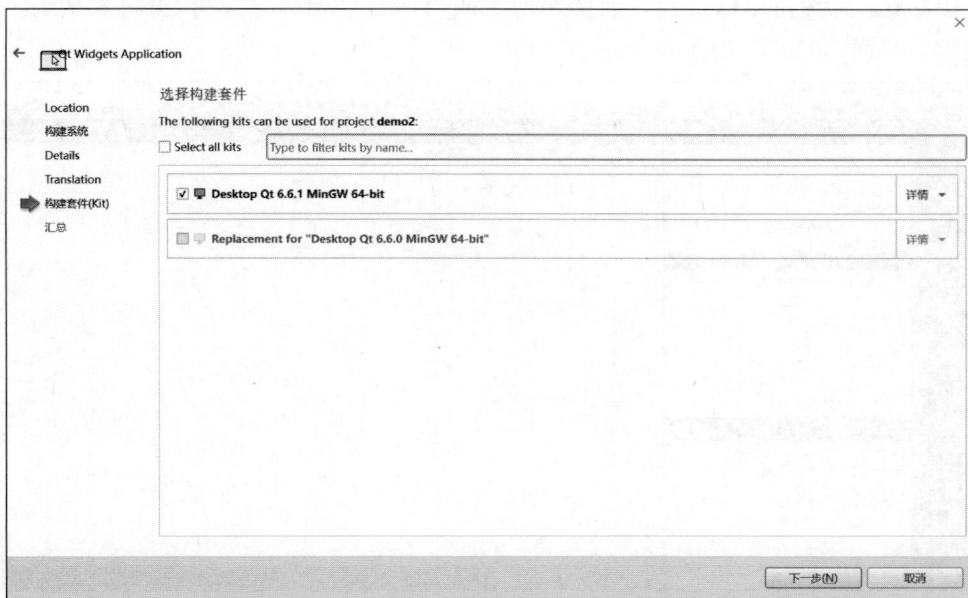

图 1-40　构建套件对话框

（7）单击"下一步"按钮，此时会进入汇总对话框，保持默认即可，如图 1-41 所示。

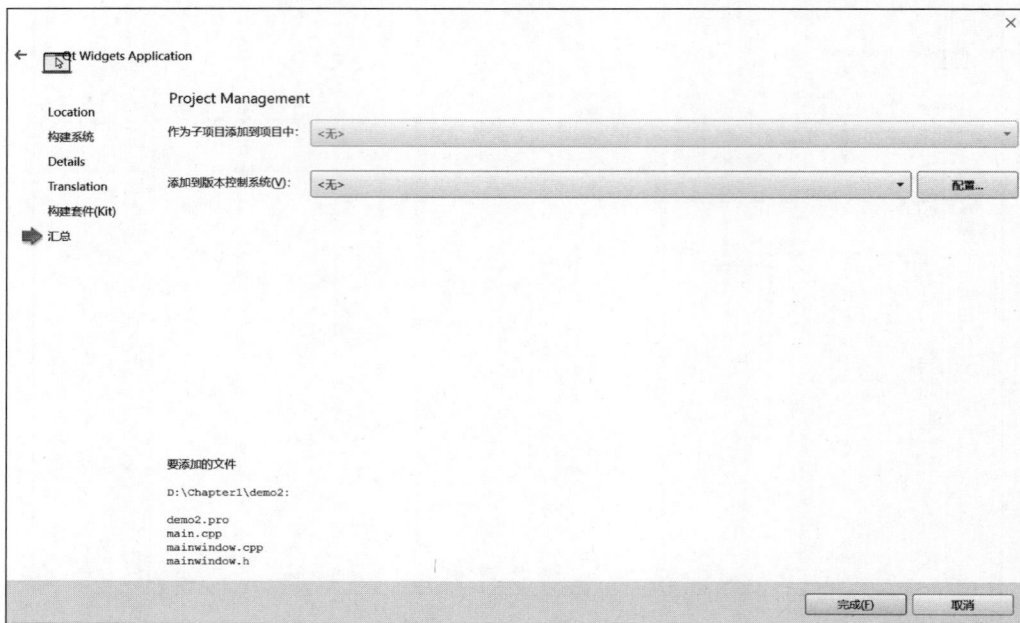

图 1-41　汇总对话框

（8）单击"完成"按钮，此时会进入项目 demo2 的窗口界面，窗口左侧为一列操作按钮（其中有一个运行按钮图标），这一列按钮的右侧为项目管理的目录树，窗口右侧为 main.cpp 的编辑界面，如图 1-42 所示。

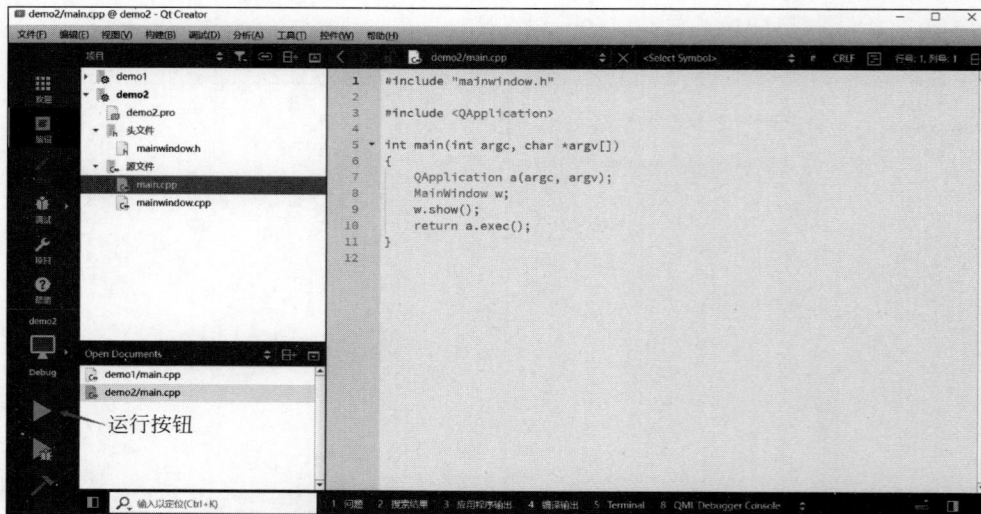

图 1-42　项目 demo2 的窗口界面

（9）改写 demo2 项目中的 mainwindow. h 和 mainwindow. cpp 文件中的代码，其中 mainwindow. h 文件中的代码如下：

```
/* 第 1 章 demo2 mainwindow.h */
#ifndef MAINWINDOW_H
#define MAINWINDOW_H

#include <QMainWindow>
#include <QPushButton>                         //引入 QPushButton 类

//定义了一个类 MainWindow,该类继承自 QMainWindow 类
class MainWindow : public QMainWindow
{
    Q_OBJECT
public:
    MainWindow(QWidget * parent = nullptr);   //构造函数
    ~MainWindow();                            //析构函数
private:
    QPushButton * btn;                        //使用 QPushButton 类创建一个对象指针
};
#endif //MAINWINDOW_H
```

其中 mainwindow. cpp 文件中的代码如下：

```
/* 第 1 章 demo2 mainwindow.cpp */
#include "mainwindow.h"

MainWindow::MainWindow(QWidget * parent):QMainWindow(parent)
{
    resize(560,220);                          //设置窗口的宽和高
    btn = new QPushButton(this);              //创建一个按钮控件
    btn->setText("这是一个按钮");              //设置按钮上显示的文本
}

MainWindow::~MainWindow() {}
```

（10）保持 demo2 项目中的 main. cpp 文件中的代码不变，main. cpp 文件的代码注释如下：

```
/* 第 1 章 demo2 main.cpp */
#include "mainwindow.h"
#include <QApplication>

int main(int argc, char * argv[])
{
    QApplication a(argc, argv);               //创建应用程序对象 a
    MainWindow w;                             //使用 MainWindow 类创建窗口对象 w
    w.show();                                 //显示窗口
    return a.exec();                          //运行应用程序,开始应用程序的消息循环和事件处理
}
```

（11）单击运行按钮图标，运行结果如图 1-43 所示。

图 1-43　demo2 的运行结果

1.3.3　创建包含 .ui 文件的 GUI 程序

【实例 1-3】　使用 Qt 6 创建一个简单的 GUI 程序，要求包含 .ui 文件，设置窗口的宽度和高度，在窗口中创建一个按钮控件，操作步骤如下：

（1）打开 Qt Creator 软件，单击"创建项目"按钮，此时会弹出一个 New Project 对话框。在该对话框中，选中 Qt Widgets Application，如图 1-44 所示。

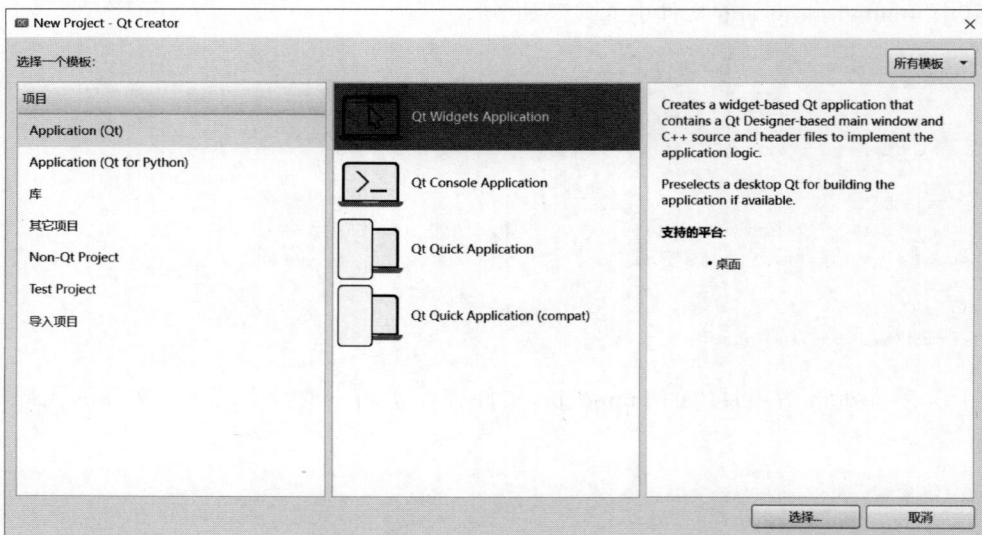

图 1-44　New Project 对话框

（2）单击"选择"按钮，此时会进入 Location 对话框。在该对话框中填写项目的名称 demo3 和创建路径，如图 1-45 所示。

（3）单击"下一步"按钮，此时会进入构建系统对话框，保持默认即可，如图 1-46 所示。

（4）单击"下一步"按钮，此时会进入 Details 对话框。在该对话框中，保持默认即可，如图 1-47 所示。

（5）单击"下一步"按钮，此时会进入 Translation 对话框，保持默认即可，如图 1-48 所示。

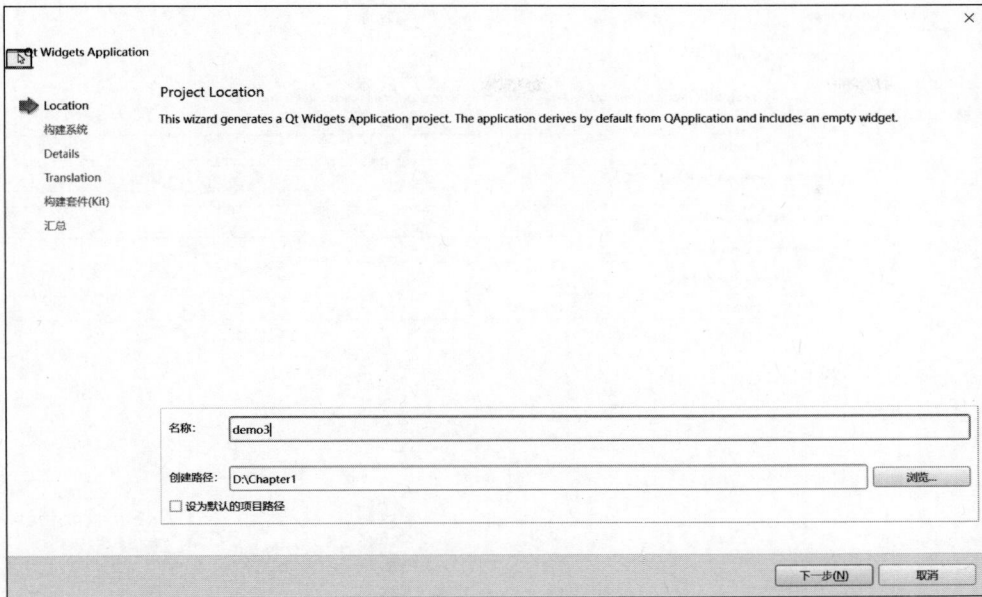

图 1-45 Location 对话框

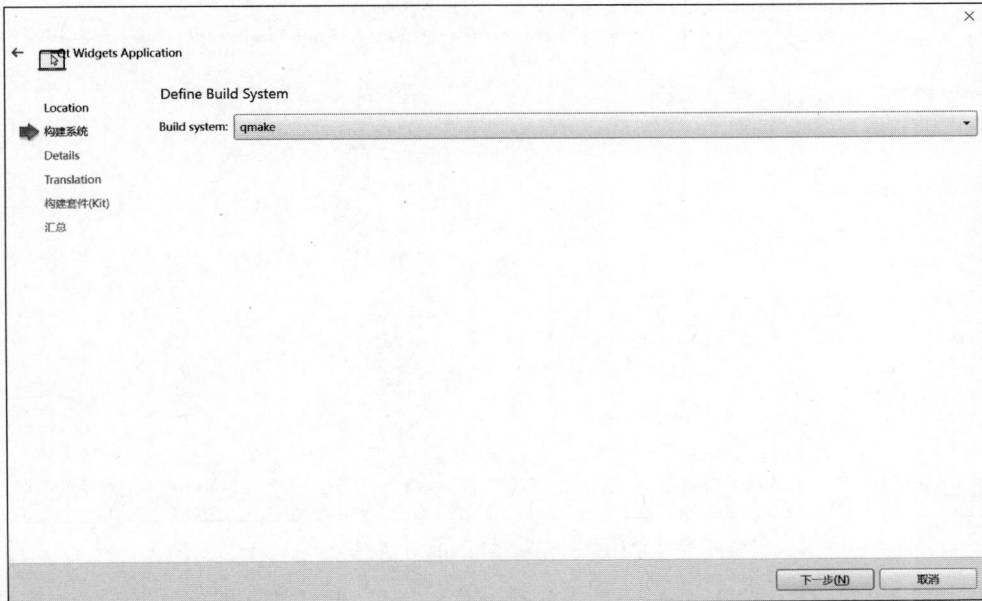

图 1-46 构建系统对话框

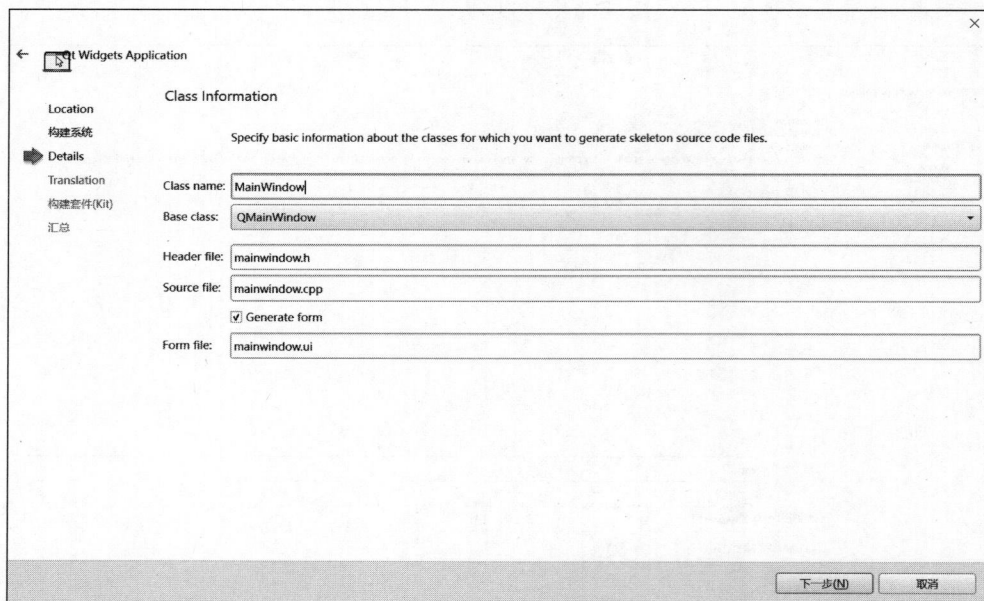

图 1-47   Details 对话框

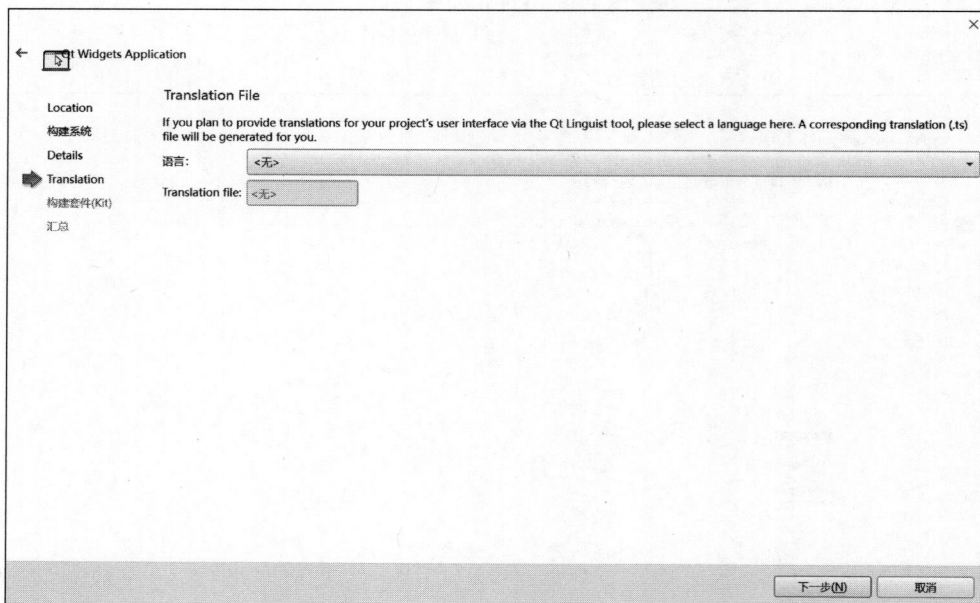

图 1-48   Translation 对话框

(6) 单击"下一步"按钮,此时会进入构建套件对话框,保持默认即可,如图 1-49 所示。

(7) 单击"下一步"按钮,此时会进入汇总对话框,保持默认即可,如图 1-50 所示。

(8) 单击"完成"按钮,进入项目 demo3 的窗口界面,窗口左侧为一列操作按钮(其中有

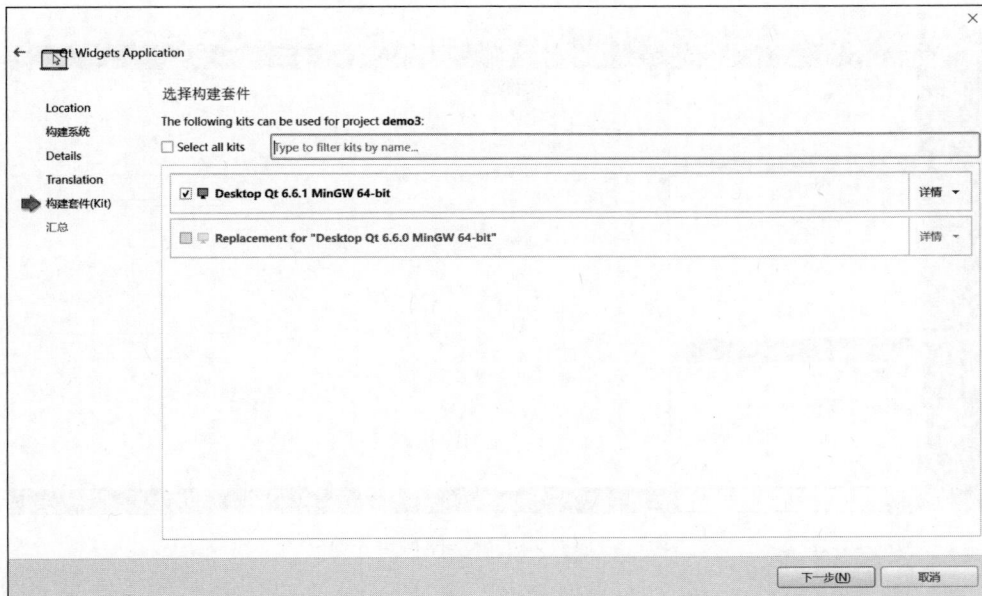

图 1-49　构建套件对话框

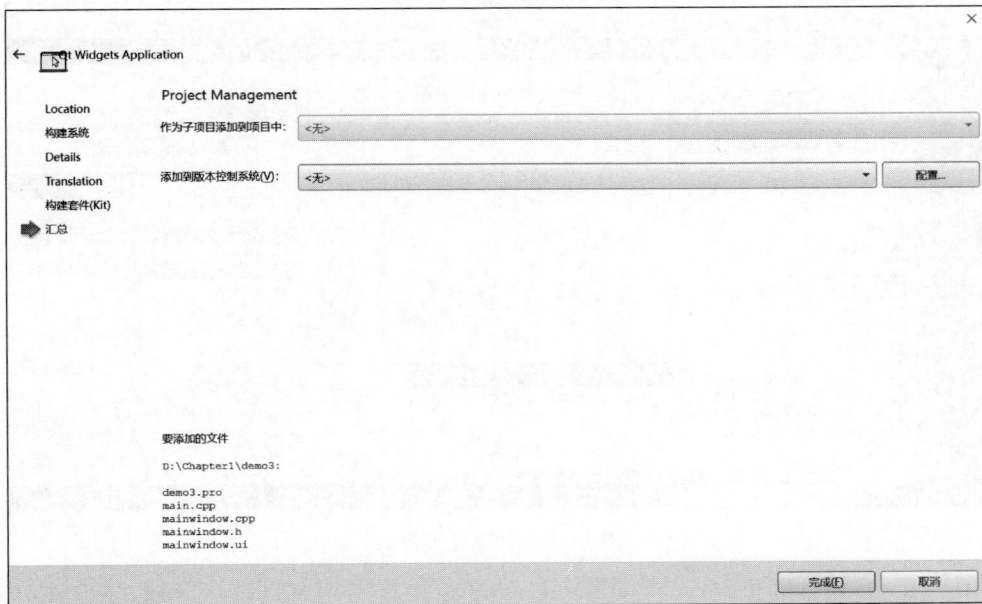

图 1-50　汇总对话框

一个运行按钮图标），这一列按钮的右侧为项目管理的目录树，窗口右侧为 main.cpp 的编辑界面。相比于项目 demo2 的文件列表，demo3 的文件列表中多了界面文件 mainwindow.ui，如图 1-51 所示。

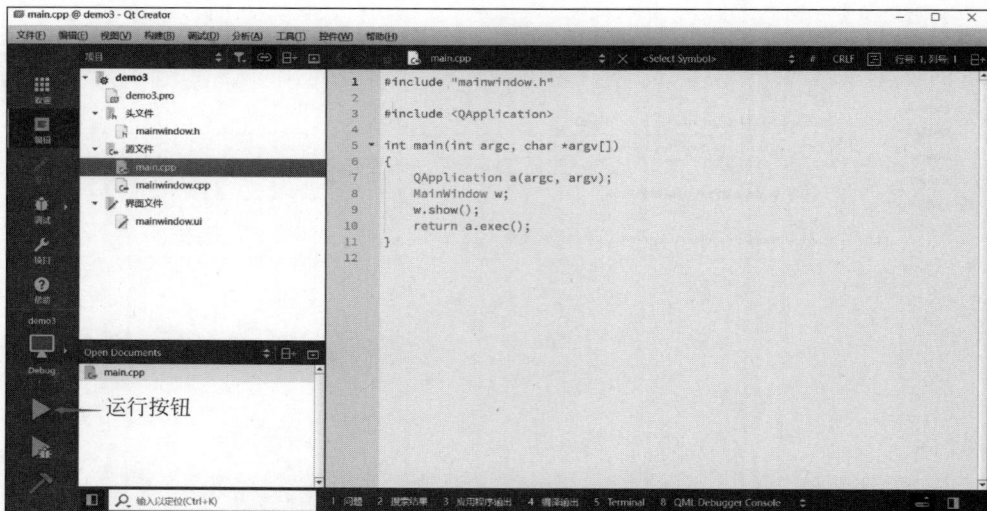

图 1-51   项目 demo3 的窗口界面

（9）双击 mainwindow. ui 文件，此时会进入 Qt Creator 的设计模式，窗口显示 Qt 设计师的界面，如图 1-52 所示。

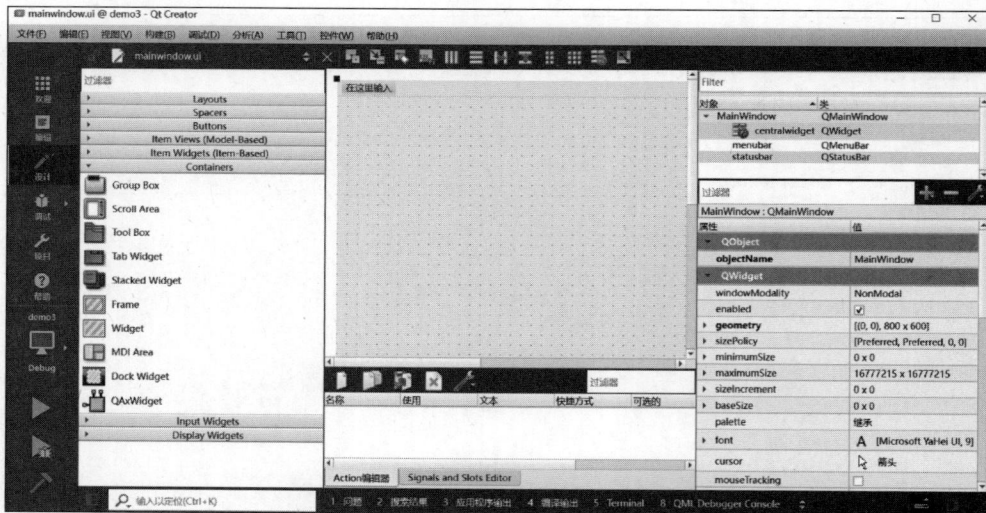

图 1-52   Qt 设计师界面

（10）在 Qt 设计师中，将一个 QPushButton 控件拖曳到窗口设计区域，该控件对象的名称为 PushButton，如图 1-53 所示。

（11）按快捷键 Ctrl＋S，保存设计的窗口界面，然后单击窗口左侧的"编辑"按钮，进入编辑界面，可在窗口的右侧查看 mainwindow. ui 文件的内容，如图 1-54 所示。

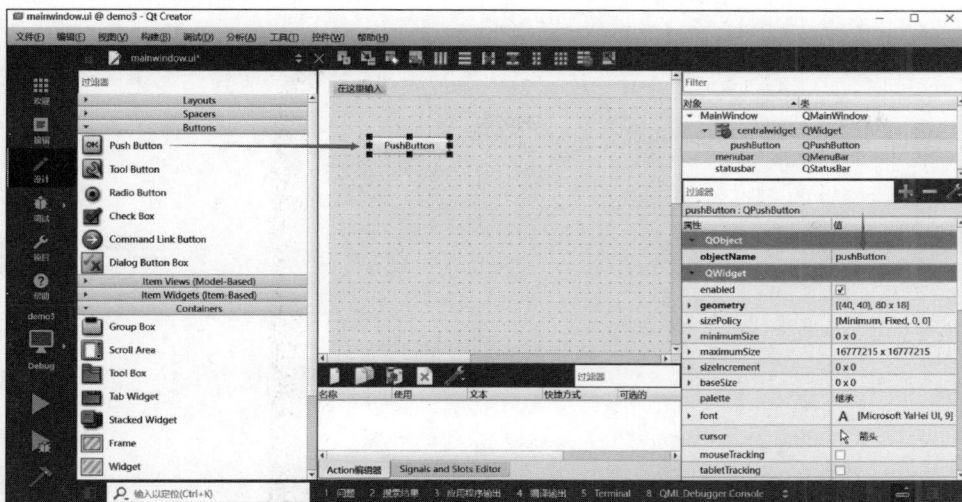

图 1-53 拖动 Push Button 控件

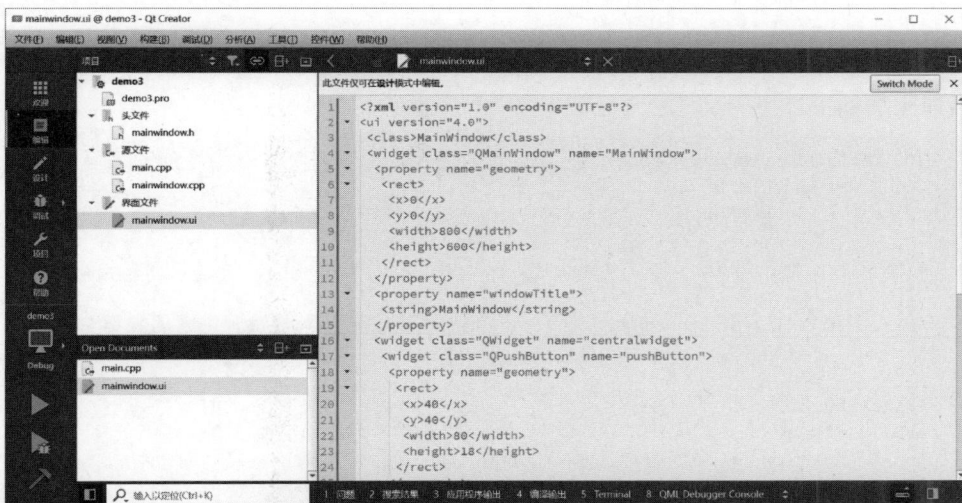

图 1-54 mainwindow. ui 文件的内容

注意：在图 1-54 中，mainwindow. ui 是窗口界面的定义文件，是一个 XML 文件。该文件定义了窗口上所有控件的属性、布局，以及其信号与槽函数的关联。如果单击编辑器右上角的按钮 Switch Mode，则可以切换到 Qt 设计师界面中。

（12）双击 mainwindow. h 文件，便可打开此文件，其代码和注释如下：

```
/* 第 1 章 demo3 mainwindow.h */
#ifndef MAINWINDOW_H
```

```
# define MAINWINDOW_H

# include < QMainWindow >

QT_BEGIN_NAMESPACE
namespace Ui {                              //一个命名空间,包含一个类 MainWindow
class MainWindow;
}
QT_END_NAMESPACE

//定义了一个类 MainWindow,该类继承自 QMainWindow 类
class MainWindow : public QMainWindow
{
    Q_OBJECT
public:
    MainWindow(QWidget * parent = nullptr); //构造函数
    ～MainWindow();                          //析构函数
private:
    Ui::MainWindow * ui;                    //使用 Ui::MainWindow 类创建一个对象指针
};
# endif //MAINWINDOW_H
```

(13) 双击 mainwindow.cpp 文件,打开此文件,更改 mainwindow.cpp 文件中的代码,其代码和注释如下:

```
/ * 第 1 章 demo3 mainwindow.cpp * /
# include "mainwindow.h"
# include "ui_mainwindow.h"

MainWindow::MainWindow(QWidget * parent):QMainWindow(parent),ui(new Ui::MainWindow)
{
    //运行对象指针 ui 的 setupUi()方法,将窗口的界面设置为 Qt 设计师创建的界面
    ui->setupUi(this);

    resize(560,220);                        //设置窗口的宽和高
    setWindowTitle("demo3");                //设置窗口的标题
    ui->pushButton->setText("这是一个按钮"); //设置窗口界面中按钮控件上的文本
}

MainWindow::～MainWindow()
{
    delete ui;
}
```

(14) 双击 main.cpp 文件,打开此文件,其代码和注释如下:

```
/ * 第 1 章 demo3 main.cpp * /
# include "mainwindow.h"
# include < QApplication >
```

```
int main( int argc, char * argv[])
{
    QApplication a(argc, argv);          //创建应用程序对象 a
    MainWindow w;                        //使用 MainWindow 类创建窗口对象 w
    w. show();                           //显示窗口
    return a. exec();                    //运行应用程序,开始应用程序的消息循环和事件处理
}
```

(15) 单击运行按钮图标,运行结果如图 1-55 所示。

图 1-55　demo3 的运行结果

1.3.4　直接运行生成的可执行文件

读者可在存放项目 demo3 的文件夹下查找编译成的可执行文件 demo3.exe,如图 1-56 所示。

▶5min

图 1-56　demo3.exe

如果读者双击可执行文件 demo3.exe,则会出现系统错误,如图 1-57 所示。

如果要直接运行可执行文件 demo3.exe,则需要将 Qt 6 安装目录下的 bin 路径加入系统 Path 环境变量中,具体操作步骤如下:

右击"我的计算机",选择"属性"→"高级系统设置"→"环境变量"→Path→"编辑",单击"新建"按钮,输入 Qt 6 安装目录下的 bin 路径 D:\Qt\Qt_6_6\6.6.1\mingw_64\bin(读者需设置自己的 Qt 6 的 bin 路径),然后单击"确定"按钮。注意,不同版本的 Windows 操作系统,添加环境变量的步骤稍有不同,一定要添加自己计算机下的 Qt 6 的 bin 路径。

操作完成后,再双击可执行文件 demo3.exe,则会运行成功,如图 1-58 所示。

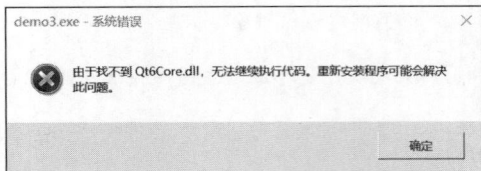

图 1-57　运行 demo3.exe 出现的错误

图 1-58　运行 demo3.exe 的结果

1.4　GUI 程序结构与编译过程

7min

在 1.3.3 节中介绍了创建包含.ui 文件的 GUI 项目程序的方法,本节将介绍 GUI 项目中各文件的内容和作用,以及编译过程。

1.4.1　项目文件组成

在实例 1-3 中,使用 Qt Creator 创建了一个 GUI 项目 demo3;在构建系统对话框中,选择了 qmake 构建系统(如图 1-46 所示);在 Details 对话框中,选择了 QMainWindow 作为基类,并勾选了 Generate form 复选框。创建的项目管理目录树如图 1-59 所示。

项目 demo3 包含如下文件。

(1) demo3.pro 是 qmake 构建系统的项目配置文件,该文件存储了项目的各种设置内容。

(2) mainwindow.ui 是 UI 文件(后缀名为.ui 的文件),该文件是用于窗口界面可视化设计的文件。

(3) mainwindow.h 是窗口类定义头文件,该文件用到了 UI 文件 mainwindow.ui 中的可视化设计的窗口界面。

(4) mainwindow.cpp 是对应于头文件 mainwindow.h 的源程序文件。

(5) main.cpp 是主程序文件,包含 main()函数。

在项目 demo3 的管理目录树中,可以为 demo3 添加新文件和现有文件。如果要添加新文件,则操作步骤如下:

(1) 右击 demo3,在弹出的菜单中选择"添加新文件",此时会弹出一个对话框,如图 1-60 和图 1-61 所示。

(2) 在新建文件对话框中,可以选择添加的文件和类。如果要添加资源文件 Qt Resource File,则可先单击窗口左侧的 Qt,然后选中窗口中间的 Qt Resource File,如图 1-62 所示。

图 1-59 项目 demo3 的管理目录树

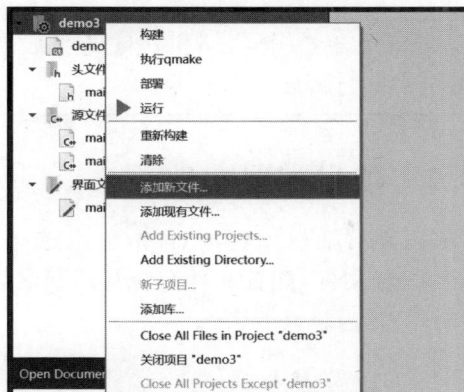

图 1-60 弹出的菜单

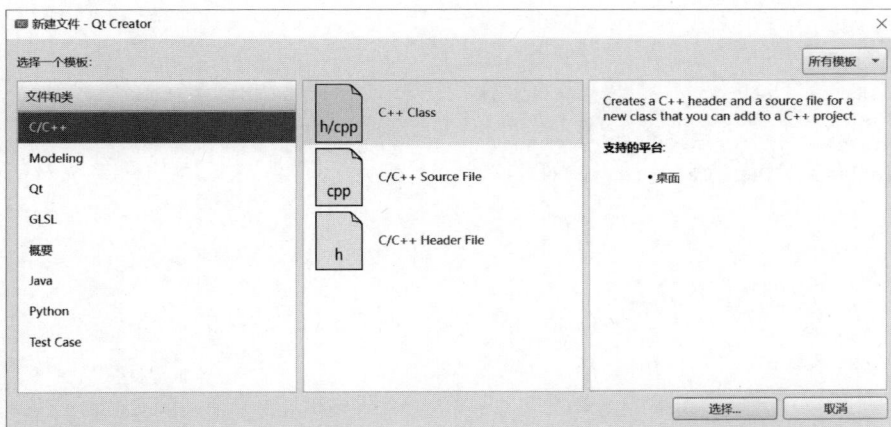

图 1-61 弹出的新建文件对话框

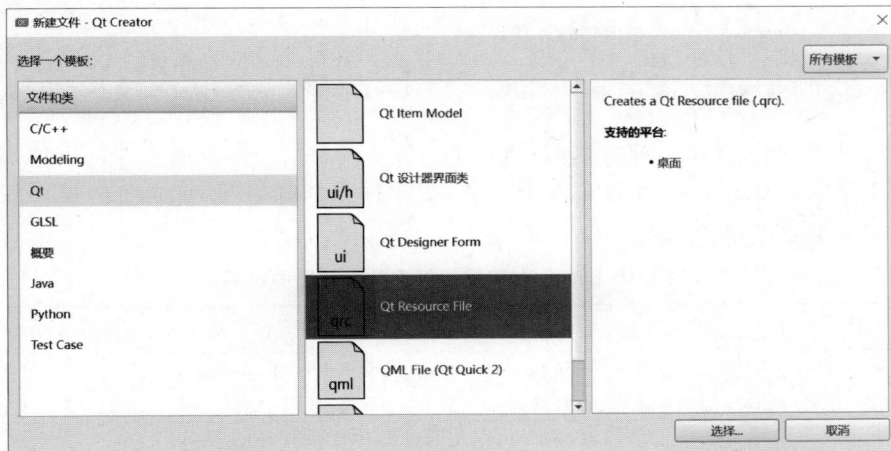

图 1-62 添加 Qt Resource File

注意：资源文件 Qt Resource File 是指后缀名为 . qrc 的文件，将在第 2 章中详细介绍 Qt Resource File 的用法。

1.4.2 项目配置文件

在使用向导对话框创建项目时，如果选择 qmake 构建系统，则会生成一个后缀名为 . pro 的项目配置文件，配置文件名就是项目名。例如项目 demo3 中的 demo3. pro 是该项目的配置文件，其内容如下：

```
/ * 第 1 章 demo3 demo3. pro * /
QT         += core gui

greaterThan(QT_MAJOR_VERSION, 4): QT += widgets

CONFIG += c++17

# You can make your code fail to compile if it uses deprecated APIs.
# In order to do so, uncomment the following line.
# DEFINES += QT_DISABLE_DEPRECATED_BEFORE = 0x060000
# disables all the APIs deprecated before Qt 6.0.0

SOURCES += \
   main.cpp \
   mainwindow.cpp

HEADERS += \
   mainwindow.h

FORMS += \
   mainwindow.ui

# Default rules for deployment.
qnx: target.path = /tmp/$$ {TARGET}/bin
else: unix:!android: target.path = /opt/$$ {TARGET}/bin
!isEmpty(target.path): INSTALLS += target
```

Qt 的项目配置文件是自动生成的，通常不需要手动修改。开发者需要能读懂项目配置文件的基本意义。在 qmake 配置文件中，"#"用于标识注释语句，全大写的单词表示文件的变量。常见变量的说明见表 1-1。

表 1-1 qmake 在配置文件中常见变量的说明

变 量	说 明
QT	项目使用的 Qt 模块列表，当用到某些模块时需手动添加
CONFIG	项目的通用配置选项
DEFINES	项目的预定义列表，例如可以定义一些用于预处理的宏
SOURCES	项目中的源程序文件(后缀名为 . cpp 的文件)列表

续表

变 量	说 明
HEADERS	项目中的头文件(后缀名为.h 的文件)列表
FROMS	项目中的 UI 文件(后缀名为.ui 的文件)列表
TARGET	项目构建后生成的应用程序可执行文件名称,默认与项目名称相同
TEMPLATE	项目使用的模板,项目模板可以是应用程序(app)或库(lib)。如果不设置,则默认为应用程序
RESOURCES	项目中的资源文件(后缀名为.qrc 的文件)列表
DESTDIR	目标可执行文件的路径
INCLUDEPATH	项目使用的其他头文件的搜索路径列表
DEPENDPATH	项目的其他依赖文件的搜索路径列表

在表 1-1 中,变量 QT 用于定义项目中用到的 Qt 模块,如果项目中用到 Qt 框架中的某些附加模块,则需要在项目配置文件中加入 QT 变量。例如,如果要在项目中使用 Qt Charts 模块,则必须在项目配置文件中添加一行语句,添加的语句如下:

```
QT   += charts
```

当开发者向项目中添加文件时,Qt Creator 会自动更新配置文件中的内容。在 Qt Creator 中,开发者可通过右击项目名称,在弹出的菜单中选择"添加现有文件",将现有文件添加到项目中,如图 1-60 所示。

qmake 是构建项目的工具软件,qmake 的作用是根据项目在配置文件中的设置生成 Makefile 文件,然后 C++ 编译器就根据 Makefile 文件进行编译和连接,而且 qmake 还会自动为元对象编译器(Meta-Object Compiler,MOC)和用户界面编译器(User Interface Compiler,UIC)生成构建规则。例如项目 demo3 中的 Makefile 文件,如图 1-63 所示。

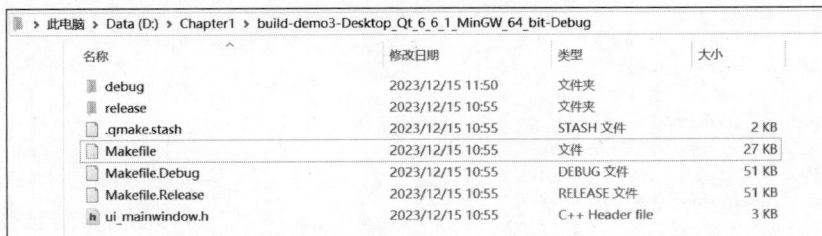

图 1-63　qmake 生成的 Makefile 文件和 ui_mainwindow.h 文件

为了在配置过程中处理变量和内置函数的值,qmake 提供了替换函数(Replace Function)。例如下面的一行语句:

```
qnx: target.path = /tmp/ $$ {TARGET}/bin
```

其中,"$$"是替换函数的前缀,"$$ {TARGET}"表示用变量 TARGET 的值替换。

如果读者要使用配置文件为程序窗口设置图标,则操作步骤如下:

(1) 将一个后缀名为.ico 的图标文件复制到项目 demo3 的根目录下,假设该图标文件

的名字为 title.ico。

（2）在项目配置文件中使用 RC_ICONS 设置图标文件名，即添加一行语句，添加的语句如下：

```
RC_ICONS = title.ico
```

（3）重新构建项目，生成的可执行文件的窗口图标被换成设置的图标。

如果读者想了解 qmake 更多的内容，可以查看 Qt 技术文档中的 qmake Manual 主题。

1.4.3　UI 文件

UI 文件是指后缀名为 .ui 的文件，例如本章项目 demo3 中的 demo3.ui。当 qmake 构建项目时，用户界面编译器（UIC）会根据 mainwindow.ui 编译成 ui_mainwindow.h，也就是将 UI 文件编译成 C++头文件 ui_mainwindow.h，如图 1-63 所示。

使用编辑器打开 ui_mainwindow.h 文件，其内容如下：

```
/* 第 1 章 demo3 ui_mainwindow.h */
/***********************************************************************
**********
** Form generated from reading UI file 'mainwindow.ui'
**
** Created by: Qt User Interface Compiler version 6.6.1
**
** WARNING! All changes made in this file will be lost when recompiling UI file!
***********************************************************************
********** */

#ifndef UI_MAINWINDOW_H
#define UI_MAINWINDOW_H

#include <QtCore/QVariant>
#include <QtWidgets/QApplication>
#include <QtWidgets/QMainWindow>
#include <QtWidgets/QMenuBar>
#include <QtWidgets/QPushButton>
#include <QtWidgets/QStatusBar>
#include <QtWidgets/QWidget>

QT_BEGIN_NAMESPACE

class Ui_MainWindow
{
public:
    QWidget *centralwidget;                  //创建中心控件指针
    QPushButton *pushButton;                 //创建按压按钮控件指针
    QMenuBar *menubar;                       //创建菜单栏控件指针
    QStatusBar *statusbar;                   //创建状态栏控件指针

    void setupUi(QMainWindow *MainWindow)
```

```
    {
        if (MainWindow->objectName().isEmpty())
            MainWindow->setObjectName("MainWindow");
        MainWindow->resize(800, 600);
        centralwidget = new QWidget(MainWindow);
        centralwidget->setObjectName("centralwidget");
        pushButton = new QPushButton(centralwidget);
        pushButton->setObjectName("pushButton");
        pushButton->setGeometry(QRect(40, 40, 80, 18));
        MainWindow->setCentralWidget(centralwidget);
        menubar = new QMenuBar(MainWindow);
        menubar->setObjectName("menubar");
        menubar->setGeometry(QRect(0, 0, 800, 17));
        MainWindow->setMenuBar(menubar);
        statusbar = new QStatusBar(MainWindow);
        statusbar->setObjectName("statusbar");
        MainWindow->setStatusBar(statusbar);

        retranslateUi(MainWindow);

        QMetaObject::connectSlotsByName(MainWindow);
    } //setupUi

    void retranslateUi(QMainWindow *MainWindow)
    {

        MainWindow->setWindowTitle(QCoreApplication::translate("MainWindow", "MainWindow",
nullptr));
        pushButton->setText(QCoreApplication::translate("MainWindow", "PushButton",
nullptr));
    } //retranslateUi

};
//声明一个命名空间 Ui,在该空间中,用 MainWindow 表示 Ui_MainWindow
namespace Ui {
    class MainWindow: public Ui_MainWindow {};
} //namespace Ui

QT_END_NAMESPACE

#endif //UI_MAINWINDOW_H
```

在 ui_mainwindow.h 文件中,定义了一个类 Ui_MainWindow。Ui_MainWindow 类封装了可视化设计的界面,并将该类声明在命名空间(Namespace)Ui 中,而这个命名空间正对应了项目 demo3 的 mainwindow.h 文件中的 Ui::MainWindow 类,对应的代码如下:

```
QT_BEGIN_NAMESPACE
namespace Ui {                          //一个命名空间,包含一个类 MainWindow
class MainWindow;
}
QT_END_NAMESPACE
...
Ui::MainWindow *ui;                     //使用 Ui::MainWindow 类创建一个对象指针
```

因此,开发者可以使用对象指针 ui 来调用 Ui_MainWindow 类中的各个控件。

注意:在 ui_mainwindow.h 文件中,由于 Ui_MainWindow 类没有父类,所以并不是一个完整的窗口类。如果开发者选择 QWidget 类作为基类创建项目 demo3,则 UIC 编译成的文件中没有菜单栏、状态栏等控件指针。

1.4.4　窗口类相关的文件

在本章项目 demo3 中,当使用 qmake 构建项目时,UIC 会根据 mainwindow.ui 编译成 ui_mainwindow.h。在 ui_mainwindow.h 文件中,定义了一个表示可视化窗口界面的类 Ui_MainWindow,而 Ui_MainWindow 类对应了项目文件 mainwindow.h 中的 Ui::MainWindow 类。

在 mainwindow.h 文件中,使用 Ui::MainWindow 类创建了一个对象指针 ui。使用 ui 指针可以调用可视化界面中的所有控件。

在 mainwindow.cpp 文件中,使用 MainWindow 类的构造函数将窗口的界面设置为可视化设计的界面(Qt 设计师设计的界面),对应的代码如下:

```
# include "mainwindow.h"
# include "ui_mainwindow.h"

MainWindow::MainWindow(QWidget * parent):QMainWindow(parent)
    ,ui(new Ui::MainWindow)
{
    //运行对象 ui 的 setupUi()方法,将窗口的界面设置为 Qt 设计师创建的界面
    ui->setupUi(this);
}
```

综上所述,当使用 qmake 构建本章项目 demo3 时,3 个文件 ui_mainwindow.h、mainwindow.h、mainwindow.cpp 构成了一个完整的窗口类 MainWindow。MainWindow 类有两个父类,分别是 QMainWindow、Ui::MainWindow。MainWindow 类有一个私有成员 ui,ui 是一个对象指针,使用 ui 可以调用可视化界面中的所有控件。

1.4.5　主程序文件

在本章项目 demo3 中,main.cpp 是主程序文件,包含 main()函数。在 main()函数中使用了 Qt 中的 QApplication 类创建应用程序对象,使用窗口类 MainWindow 创建窗口对象,然后显示窗口,运行应用程序。main.cpp 文件中的代码及注释如下:

```
# include "mainwindow.h"
# include < QApplication >

int main(int argc, char * argv[])
{
```

```
        QApplication a(argc, argv);        //创建应用程序对象 a
        MainWindow w;                      //使用 MainWindow 类创建窗口对象 w
        w.show();                          //显示窗口
        return a.exec();                   //运行应用程序,开始应用程序的消息循环和事件处理
    }
```

在后面的实例中,笔者主要介绍如何编写窗口类,对于主程序文件 main.cpp,则尽量保持不变。

注意:如果开发者选择 QWidget 类作为基类创建项目,则窗口类的名字为 Widget;如果开发者选择使用 QDialog 类作为基类创建项目,则窗口类的名字为 Dialog。如果选择创建包含 UI 文件的 GUI 项目,则窗口类中都有私有成员 ui(对象指针),使用 ui 可调用可视化界面中所有的控件。

1.4.6 Qt 项目的编译过程

当开发者选择使用 qmake 构建 Qt 项目时,不仅具有项目配置文件,还有 3 类文件:Qt C++编写的头文件和源程序文件、窗口 UI 文件、资源文件(后缀名为.qrc 的文件)。这三类文件会被分别编译成标准的 C++语言的程序文件,然后标准的 C++语言的程序文件被标准 C++编译器(GNU C++编译器或 MSVC 编译器)编译成可执行文件或库。编译的过程如图 1-64 所示。

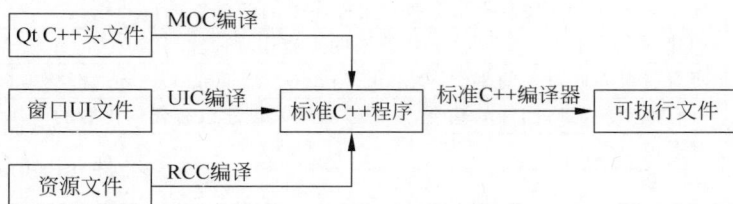

图 1-64 Qt 项目的编译过程

有的读者可能会对 Qt 项目的编译过程产生疑问,Qt C++头文件不是标准的 C++程序文件?

答案是 Qt C++头文件确实不是标准的 C++程序文件,这是因为 Qt 对标准 C++语言进行了扩展,引入了元对象系统(Meta-Object System,MOS)。Qt 中有一个基类 QObject,所有继承自 QObject 的派生类(例如 QMainWindow、QWidget、QDialog)都可以利用元对象系统。元对象系统支持信号与槽、属性、动态类型转换等特性。

开发者使用 Qt Creator 编写程序使用的是 C++语言,其本质是经过 Qt 扩展的 C++语言。例如在项目 demo3 中,MainWindow 类的定义中有一个宏 Q_OBJECT,这个宏是使用信号与槽机制必须引入的一个宏。如果开发者要编写自定义槽函数,则要使用 private slots 来定义私有槽函数,这些都是标准 C++语言中没有的特性。

因此 Qt 提供了元对象编译器(MOC)来编译 Qt C++头文件和源程序文件。

在图 1-64 中,UIC 表示用户界面编译器,RCC 表示资源编译器。使用 MOC、UIC、RCC 编译各种原始文件的过程称为预编译过程,预编译完成后生成的是标准的 C++语言的程序文件。标准的 C++程序文件会被标准的 C++编译器编译和连接,最终生成可执行文件。例如项目 demo3 构建后,debug 文件夹的文件如图 1-56 所示。

1.5 信号与槽简介

信号与槽是 Qt 特有的信息传输机制,是 Qt 编程的重要基础。信号与槽可以让互不干扰的控件或对象建立联系。信号和槽的本质都是类的成员函数。本节将介绍 Qt 中的信号与槽。

1.5.1 Qt 的常用类

在本章的项目中,应用了 Qt 中的多个类。Qt 中被经常用的类见表 1-2。

表 1-2 Qt 中常用的类

类	说 明
QObject	所有的 Qt 对象的基类
QPaintDevice	所有可绘制对象的基类
QApplication	用于管理图形用户界面应用程序的控制流和主要设置,包括主事件循环,对来自窗口系统和其他资源的所有事件进行处理和调度;也对应用程序的初始化和结束进行处理;还对绝大多数系统范围和应用程序范围的设置进行处理
QMainWindow	创建包含菜单栏、停靠窗口、状态栏的主应用程序窗口
QWidget	所有窗口界面对象的基类,QMainWindow、QDialog、QFrame 都继承自 QWidget 类
QFrame	所有框架的窗口控件的基类,它可以被用来创建没有任何内容的简单框架
QDialog	对话窗口类
QIcon	图标类

QObject 类有一个静态函数 connect(),也就是使用 connect()函数将信号与槽关联起来。

1.5.2 信号与槽

信号(Signal)是指 Qt 的控件(窗口、按钮、标签、文本框、列表框等)在某个动作下或状态改变时发出的一个指令或信号。例如一个按钮被单击时将发出一个信号 clicked()。

槽(Slot)是指系统对控件发出的信号进行响应,或者产生动作,通常使用函数来定义系统的响应或动作。槽就是一个函数,也称为槽函数。槽函数与一般的 C++函数相同,可以具有任何参数,也可以被直接调用。槽函数与一般函数的不同之处为槽函数可以与信号关联,当信号被发射时,与信号关联的槽函数可自动运行。

可以使用函数 QObject::connect()将信号与槽关联,该函数的基本格式如下:

```
QObject::connect( * sender,SIGNAL(signal()), * receiver,SLOT(slot()))
```

由于 QObject 类是绝大多数 Qt 类的基类,所以在实际应用 connect()时,可以忽略前面的限定符,因此 connect()函数的格式如下:

```
connect( * sender,SIGNAL(signal()), * receiver,SLOT(slot()))
```

其中,sender 表示发送信号的对象指针;signal()表示信号,如果有参数,则需要指明各参数类型;receiver 表示接收信号的对象指针;slot()表示槽函数,如果有参数,则需要指明各参数类型。SIGNAL 和 SLOT 是 Qt 的宏,分别标识信号和槽函数,并将它们的参数转换为对应的字符串。

在 Qt 中,一个信号可以关联多个槽函数,多个信号可以关联同一个槽函数,一个信号可以连接另一个信号。在定义和使用信号槽的类中,必须在类的定义中插入宏 Q_OBJECT。

1.5.3　应用信号与槽

开发者如果创建不包含 UI 文件的 GUI 程序,则需要编写自定义槽函数(包括定义和实现);如果创建包含 UI 文件的 GUI 程序,则不仅可以自己编写自定义槽函数,也可以自动生成自定义槽函数,开发者只需编写该槽函数的实现代码。

【实例 1-4】　使用 Qt 6 创建一个 GUI 程序,程序的窗口上有一个按钮(QPushButton 控件)、一个标签(QLabel 控件)。如果单击该按钮,则会更改标签上的文本。要求该程序不包含 UI 文件,操作步骤如下:

(1) 使用 Qt Creator 创建一个模板为 Qt Widgets Application 的项目,将该项目命名为 demo4,并保存在 D 盘的 Chapter1 文件夹下。在向导对话框中,选择 QWidget 作为基类,不勾选 Generate form 复选框。创建的项目 demo4 如图 1-65 所示。

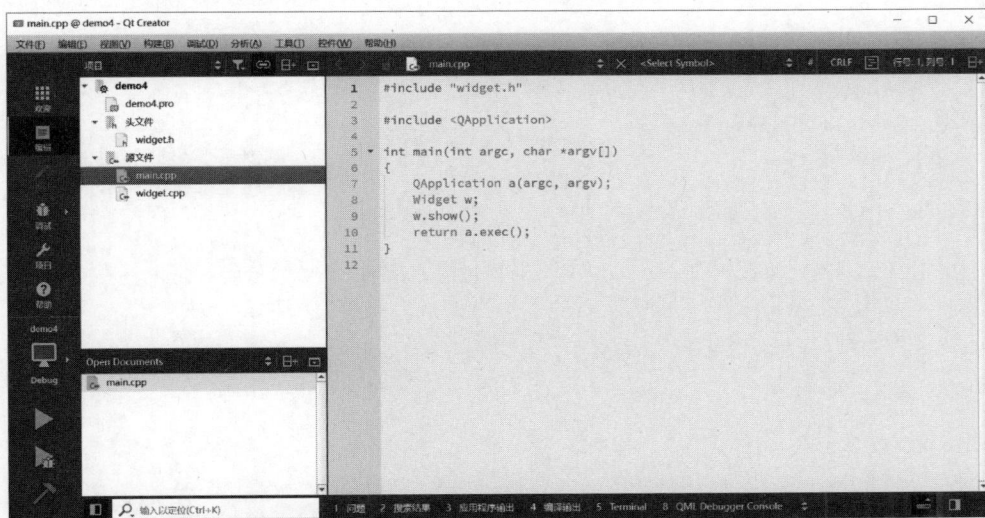

图 1-65　使用 Qt Creator 创建的项目 demo4

(2) 编写 widget.h 文件中的代码,代码如下:

```
/* 第1章 demo4 widget.h */
#ifndef WIDGET_H
#define WIDGET_H

#include <QWidget>
#include <QPushButton>          //引入 QPushButton 类
#include <QLabel>               //引入 QLabel 类

class Widget : public QWidget
{
    Q_OBJECT
public:
    Widget(QWidget * parent = nullptr);
    ~Widget();
private:
    QPushButton * button;       //使用 QPushButton 类创建一个指针对象
    QLabel * label;             //使用 QLabel 类创建一个指针对象
private slots:
    void change_label();        //创建自定义槽函数
};
#endif //WIDGET_H
```

(3) 编写 widget.cpp 文件中的代码,代码如下:

```
/* 第1章 demo4 widget.cpp */
#include "widget.h"

Widget::Widget(QWidget * parent):QWidget(parent)
{
    setWindowTitle("使用信号/槽");                       //设置窗口的标题
    resize(560,220);                                     //设置窗口的宽和高
    button = new QPushButton(this);                      //创建一个按钮控件
    label = new QLabel(this);                            //创建一个标签控件
    button->setText("单击我");                           //设置按钮上显示的文本
    label->setGeometry(90,50,300,20);                    //设置标签的位置、宽和高
    label->setText("猜一猜这句诗是谁写的?");             //设置标签上显示的文本
    //使用信号/槽,将按钮的 clicked()信号与窗口的 change_label()槽函数关联
    connect(button,SIGNAL(clicked()),this,SLOT(change_label()));
}

Widget::~Widget() {}

void Widget::change_label()
{
    label->setText("桃李春风一杯酒,江湖夜雨十年灯.");    //设置标签上显示的文本
}
```

（4）对于主程序文件 main.cpp，保持不变。运行结果如图 1-66 和图 1-67 所示。

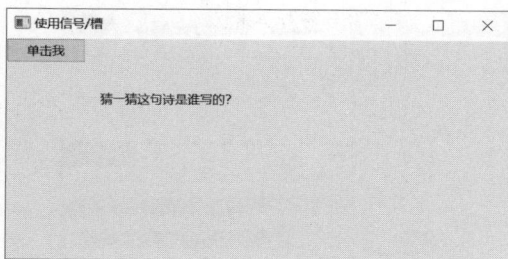

图 1-66　项目 demo4 的运行结果(1)

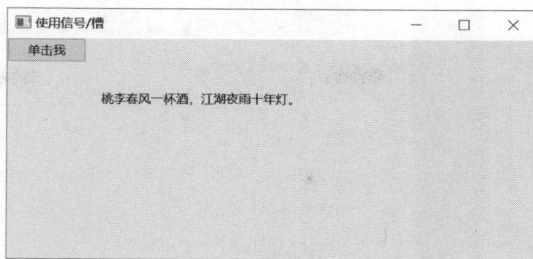

图 1-67　项目 demo4 的运行结果(2)

注意：在 widget.cpp 文件中，this 是一个特殊的指针，它表示当前类创建的实例对象。在 widget.h 文件中，创建一个自定义槽函数，需要在关键词 private 后添加 slots 标识符，slots 表示该函数为槽函数。

【实例 1-5】　使用 Qt 6 创建一个 GUI 程序，程序的窗口上有一个按钮（QPushButton 控件）。如果单击该按钮，则会更改窗口的标题。要求该程序包含 UI 文件，操作步骤如下：

（1）使用 Qt Creator 创建一个模板为 Qt Widgets Application 的项目，将该项目命名为 demo5，并保存在 D 盘的 Chapter1 文件夹下。在向导对话框中，选择 QDialog 作为基类，勾选 Generate form 复选框。创建的项目 demo5 如图 1-68 所示。

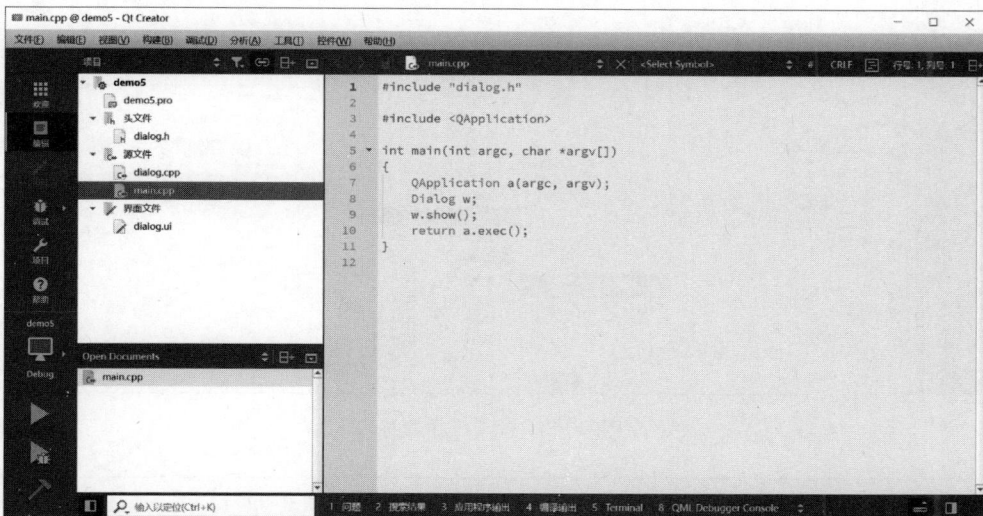

图 1-68　使用 Qt Creator 创建的项目 demo5

（2）双击 dialog.ui 文件，打开 Qt Designer 界面，然后从 Qt Designer 界面的左侧将一个 Push Button 拖动到窗口的设计区域，这个控件的对象名为 PushButton，如图 1-69 所示。

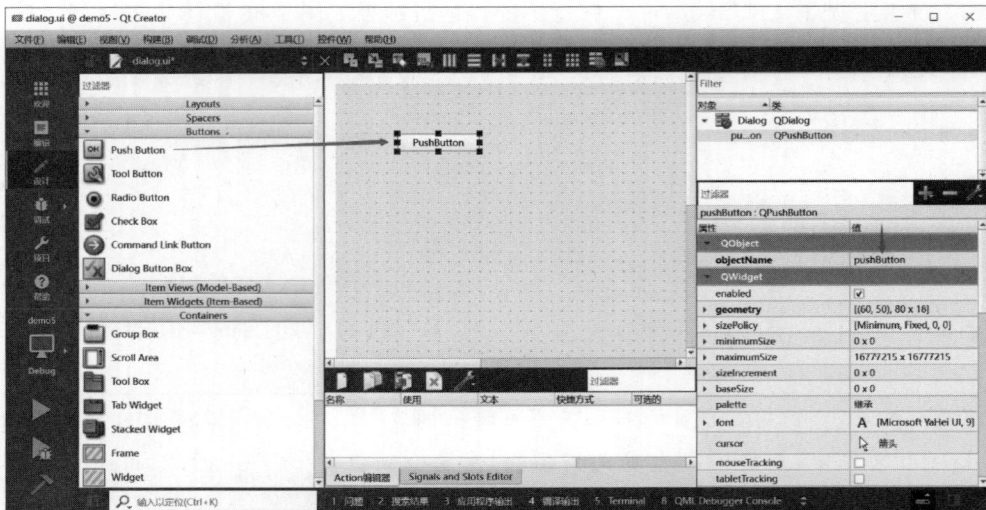

图 1-69　使用 Qt Designer 设计窗口界面

（3）右击按钮控件，在弹出的菜单中选择"转到槽"选项，然后会弹出一个"转到槽"对话框，如图 1-70 和图 1-71 所示。

图 1-70　右击按钮控件

　　　注意：在"转到槽"对话框中，有 Qt 各个类的信号，其中 QAbstractButton 类是 QPushButton 等按钮类的父类。

（4）在"转到槽"对话框中，选择 QAbstractButton 下的 clicked()信号，然后单击"确定"按钮，窗口会跳转到编辑页面，并在窗口左侧显示 dialog.cpp 文件中的内容，如图 1-72 所示。

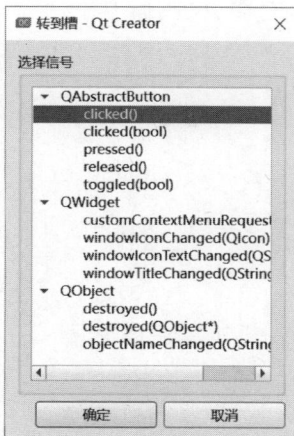

图 1-71 "转到槽"对话框

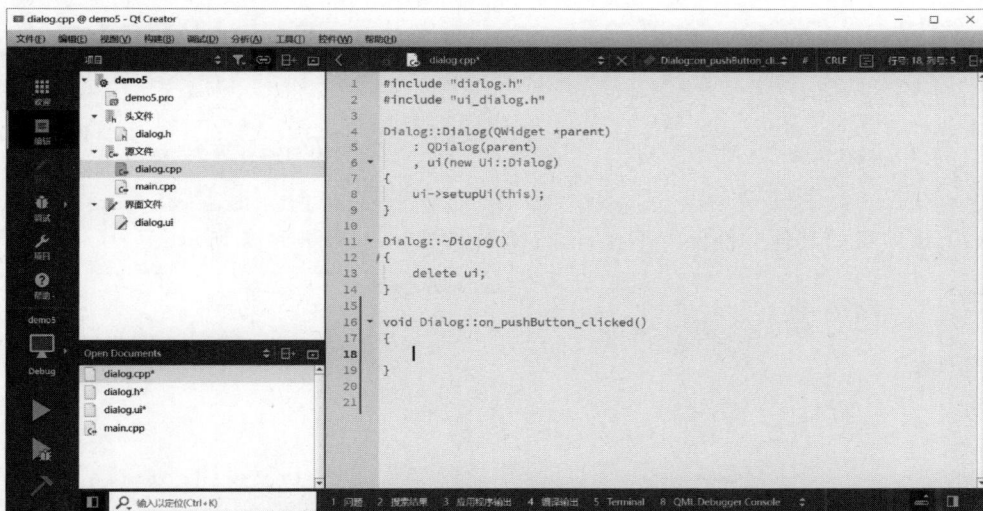

图 1-72 dialog.cpp 的内容

（5）经过以上操作，已经为 Dialog 类添加了一个槽函数 on_pushButton_clicked()。在 dialog.h 文件中，该槽函数的定义如图 1-73 所示。

图 1-73 槽函数 on_pushButton_clicked()的定义代码

(6) 编写 dialog.cpp 文件中的代码,代码如下:

```
/* 第1章 demo5 dialog.cpp */
#include "dialog.h"
#include "ui_dialog.h"

Dialog::Dialog(QWidget *parent):QDialog(parent),ui(new Ui::Dialog)
{
    //运行对象 ui 的 setupUi()方法,将窗口的界面设置为 Qt 设计师创建的界面
    ui->setupUi(this);
    resize(560,220);                              //设置窗口的宽和高
    ui->pushButton->setText("单击我");            //设置按钮上显示的文本
    //使用信号/槽,将按钮的 clicked()信号与窗口的槽 on_pushButton_clicked()关联
    connect(ui->pushButton,SIGNAL(clicked()),this,SLOT(
on_pushButton_clicked()));
}

Dialog::~Dialog()
{
    delete ui;
}

void Dialog::on_pushButton_clicked()
{
    setWindowTitle("使用信号/槽");                 //设置窗口的标题
}
```

(7) 该项目的其他文件保持不变,运行结果如图 1-74 和图 1-75 所示。

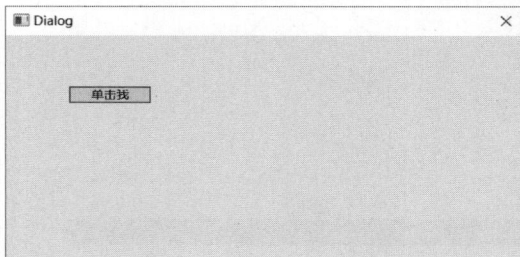

图 1-74 项目 demo5 的运行结果(1)

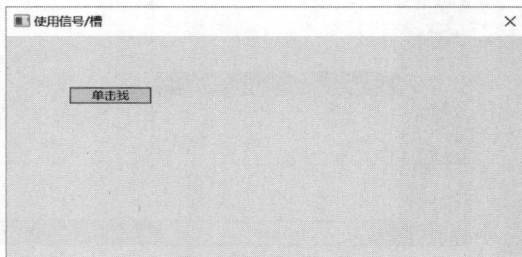

图 1-75 项目 demo5 的运行结果(2)

1.6 Qt 中的模块

Qt 是一个跨平台的开发框架,Qt 包含了非常多的功能模块。当在安装 Qt 6 时,可以选择安装需要的模块(如图 1-12 所示),也可以在 Qt Creator 中添加需要的模块。Qt 框架的模块可以分成两大类。

(1) Qt Essentials,即 Qt 框架的基础模块,这些模块提供了 Qt 在所有平台上的基础功能。在安装 Qt 时,这些模块是自动安装的,不需要选择。

（2）Qt Add-Ons，即 Qt 框架的附加模块，这些模块提供了一些特定的功能。在安装 Qt 6 时，可选的组件都是附加模块（如图 1-12 所示）。

1.6.1 Qt 的基础模块

Qt 框架的基础模块提供了 Qt 在所有平台上的基本功能，它在所有开发平台上都是可用的，并且在 Qt 6 的所有版本中源代码和二进制代码是兼容的。Qt 6.6 框架的基础模块及说明见表 1-3。

表 1-3 Qt 6.6 框架的基础模块

模　　块	说　　明
Qt Core	提供 Qt 框架的核心，定义了元对象系统对标准 C++进行扩展
Qt Widgets	提供用于创建图形用户界面的各种控件类
Qt GUI	提供 GUI 设计的一些基础类，这些类可用于窗口系统的集成、字体、图标等
Qt Network	提供网络编程的类，这些类使网络编程更容易、更可移植
Qt SQL	提供一些操作 SQL 数据库的类
Qt Test	提供对一些应用程序和库进行单元测试的类
Qt QML	提供 QML 编程的框架，包括 QML 类和基础引擎
Qt Quick	提供一个声明性框架，用于构建具有自定义用户界面的高度动态应用程序
Qt Quick Controls	提供轻量级 QML 控件，用于为桌面、嵌入式和移动设备创建高性能用户界面。这些控件采用简单的样式体系结构，非常高效
Qt Quick Dialogs	提供用于在 Qt Quick 应用程序中创建和交互系统对话框的类型
Qt Quick Layouts	提供用于管理用户界面布局的 QML 类型
Qt Quick Test	提供 QML 应用程序的单元测试框架
Qt D-Bus	提供通过 D-Bus 协议实现进程间通信的类，D-Bus 是实现进程间通信（Inter Process Communication，IPC）和远程过程调用（Remote Procedure Call，RPC）的一种通信协议

在 Qt 框架中，Qt Core 模块是 Qt 框架的核心，其他的模块都依赖于该模块；Qt GUI 模块提供用于创建 GUI 应用程序的必要类；Qt Widgets 模块提供用于创建用户界面的各种控件类，因此，在创建 GUI 项目时，qmake 项目配置文件（后缀名为.pro）中会自动加入如下语句：

```
QT       += core gui
QT += widgets
```

1.6.2 Qt 的附加模块

Qt 的附加模块是一些能够实现特定功能的模块。当用户安装 Qt 时，可以选择性地安装这些附加模块。

Qt 6.6 框架的部分附加模块及说明见表 1-4。

表 1-4　Qt 6.6框架的部分附加模块及说明

模　　块	说　　明
Active Qt	提供一些类,这些类可以应用 ActiveX 和 COM 来创建 Windows 应用程序
Qt 3D	支持二维和三维图形渲染,用于开发实时的仿真系统
Qt 5 Compatibility Module	提供一些 Qt 5 中有而 Qt 6 中没有的 API,这是为了向后兼容 Qt 5
Qt Charts	提供用于数据显示的一些二维图表类
Qt Concurrent	提供一些类,使用这些类可以编写多线程应用程序,而且不需要使用底层的线程控制
Qt Data Visualization	提供用于三维数据可视化显示的类
Qt Help Server	提供用于创建帮助文档,并将帮助文档集成到应用程序中的类
Qt Image Formats	提供附加图像格式的插件,图像格式包括 TIFF、MNG、TGA、WBMP
Qt Multimedia	提供处理多媒体内容的类,包括播放音频、视频,以及通过话筒和摄像头录制音频和视频
Qt Network Authorization	支持基于 QAuth 的在线服务授权,使 Qt 应用程序能访问在线账号或 HTTP 服务,并且不暴露用户密码
Qt PDF	用于呈现 PDF 文档的类和函数
Qt Positioning	提供对位置、卫星信息和区域监控类的访问
Qt Print Support	提供用于打印控制的类
Qt Remote Objects	提供一个易于使用的机制来在进程或设备之间共享 QObject 的 API(属性/信号/槽)
Qt SCXML	提供用于从 SCXML(有限状态机规范)文件创建状态机并将其嵌入应用程序的类和工具
Qt Sensors	提供访问传感器硬件的功能,传感器包括加速度计、陀螺仪等
Qt Serial Bus	提供访问串行工业总线接口,目前该模块支持 CAN 总线和 Modbus 协议
Qt Serial Port	提供与硬件和虚拟串行端口交互的类
Qt Speech	提供通用的跨平台 API 来访问和使用 Windows、Mac 等平台上的系统 TTS(文本到语音)引擎
Qt Shader Tools	为跨平台 Qt 着色器管道提供工具。这些工具可以处理图形和计算着色器,使它们可用于 Qt Quick 和 Qt 生态系统中的其他组件
Qt State Machine	提供用于创建和执行状态图的类
Qt SVG	提供显示 SVG 图像文件的类
Qt Virtual Keyboard	实现不同输入法的虚拟键盘
Qt Wayland Compositor	提供一个框架,用来开发 Wayland 显示服务
Qt WebChannel	用于实现服务器端(QML 或 C++ 应用程序)与客户端(HTML/JavaScript/QML 应用程序)进行 P2P 通信
Qt WebEngine	提供一些类和函数,使用这些类和函数可以通过 Chromium 浏览器项目实现在应用程序中嵌入显示动态网页
Qt WebSockets	提供 WebSocket 通信功能。WebSocket 是一种 Web 通信协议,可实现客户机程序和远程主机的双向通信
Qt WebView	通过平台原生 API 在 QML 应用程序中显示 Web 内容,而无须包含完整的 Web 浏览器堆栈
Qt XML	在文档对象模型(DOM) API 中处理 XML

Qt 中的模块很多,如果读者想要了解得更详细,则可以在技术文档中输入 All Modules 进行查询。本书将在后面的章节中介绍一些附件模块的应用方法。

1.6.3　安装 Qt 的附加模块

用户在安装 Qt 时,可以选择安装 Qt 的附加模块,也可以在 Qt Creator 中选择安装 Qt 的附加模块。在 Qt Creator 中安装 Qt 附加模块的操作步骤如下:

(1) 打开 Qt Creator 的窗口,在顶层菜单栏中有工具选项,选择"工具"→Qt Maintenance Tool→Start Maintenance Tool 选项,打开 Qt 维护工具的登录窗口,如图 1-76 和图 1-77 所示。

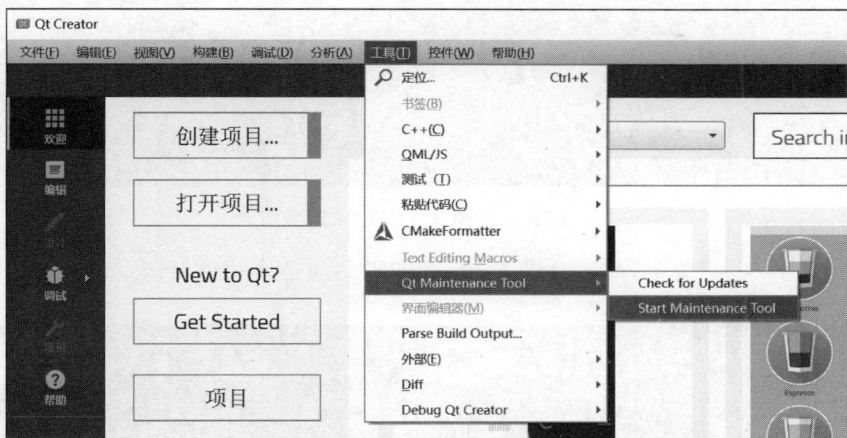

图 1-76　选择 Start Maintenance Tool

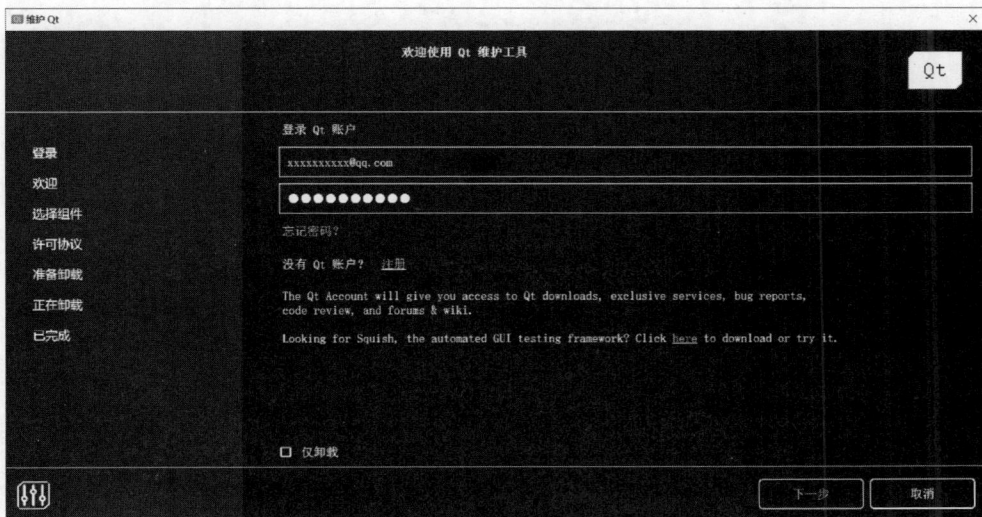

图 1-77　Qt 维护工具的登录窗口

（2）单击"下一步"按钮，此时会进入 Qt 维护工具的欢迎窗口，如图 1-78 所示。

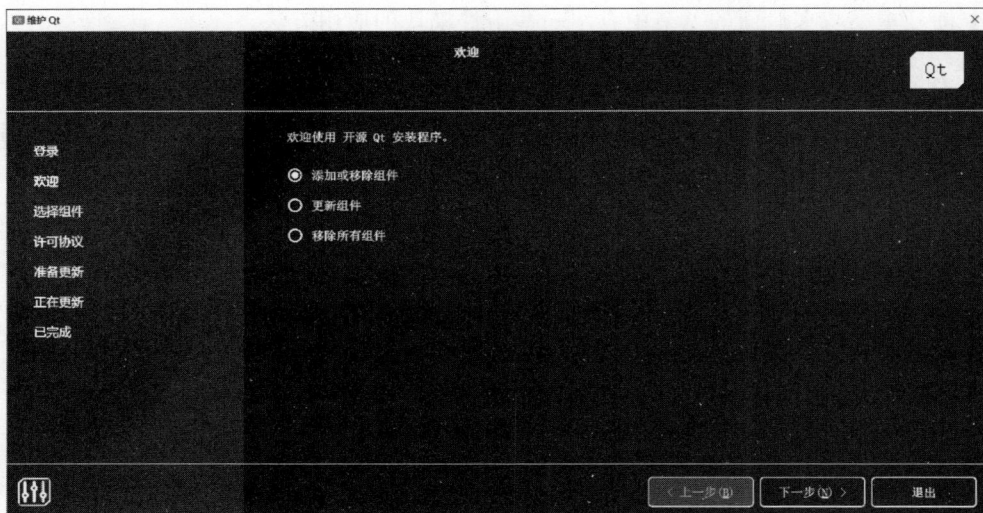

图 1-78　Qt 维护工具的欢迎窗口

（3）单击"下一步"按钮，此时会进入 Qt 维护工具的选择组件窗口，如图 1-79 所示。

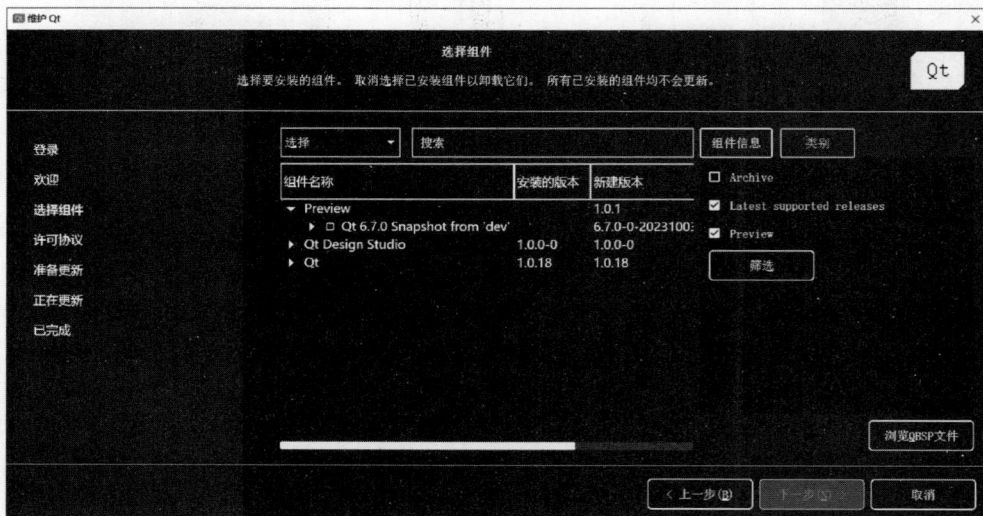

图 1-79　Qt 维护工具的选择窗口

（4）勾选 Archive 复选框，单击"筛选"按钮，获取最新的组件信息。更新组件完成后，在窗口的中间依次展开组件 Qt、Qt 6.6.1、Additional Libraries，然后勾选 Qt Charts 复选框，如图 1-80 所示。

（5）单击"下一步"按钮，此时会进入 Qt 维护工具的准备更新窗口，如图 1-81 所示。

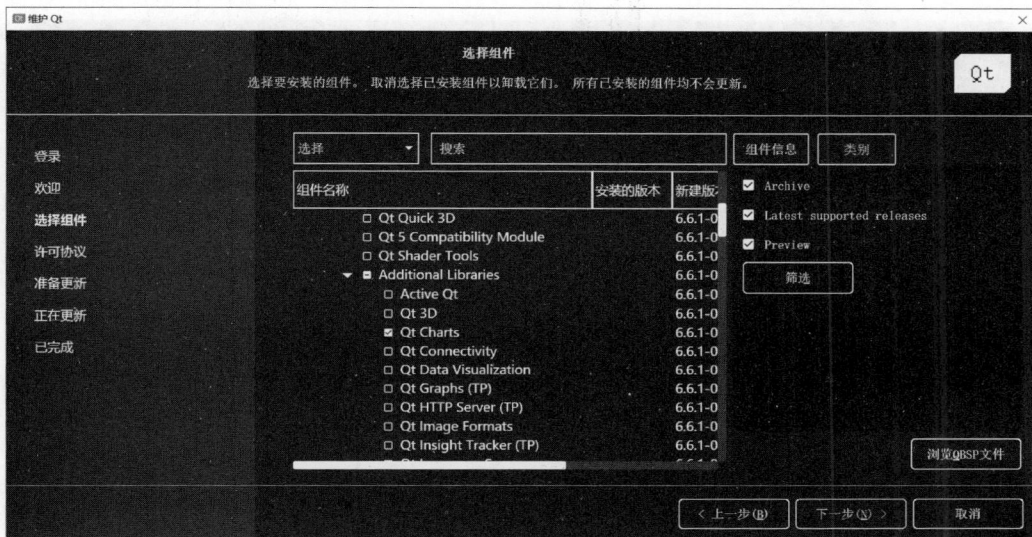

图 1-80 选择附件模块 Qt Charts

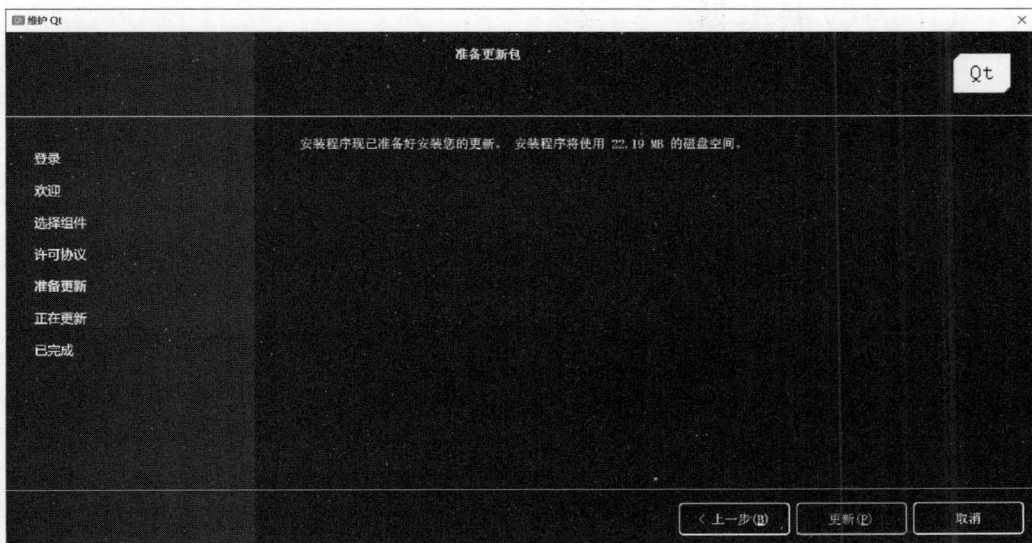

图 1-81 Qt 维护工具的准备更新窗口

（6）单击"更新"按钮，等待片刻，此时会进入 Qt 维护工具的已完成窗口，如图 1-82 所示。

（7）单击"完成"按钮，完成安装。这样就安装了 Qt 的附件模块 Qt Charts。

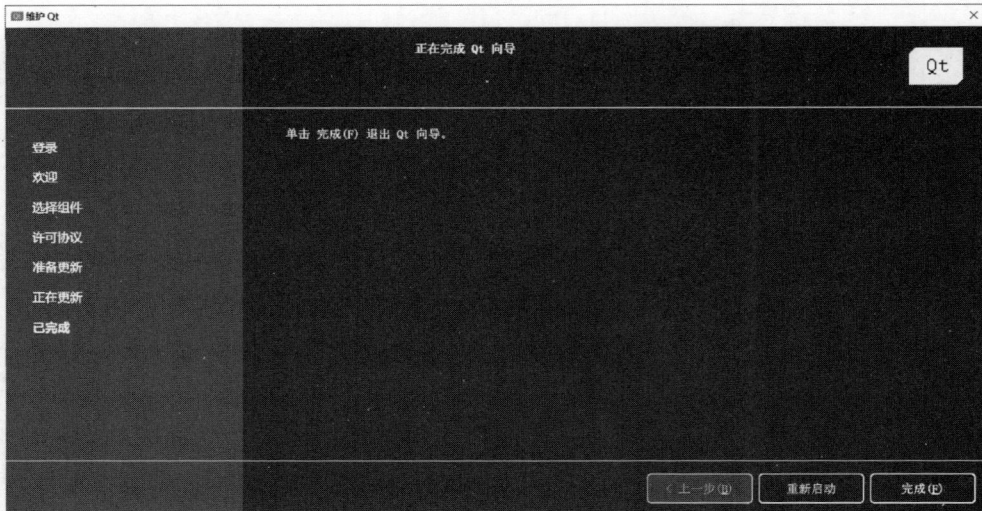

图 1-82　Qt 维护工具的已完成窗口

1.7　Qt 的数据类型

Qt 是一个跨平台的开发框架,Qt 中有自己的基本数据类型,并使用 QString 类表示字符串,使用 QChar 类表示字符,使用 QVariant 类表示任何类型的数据。

1.7.1　Qt 的基本数据类型

为了保证各个平台上各种基本数据类型有统一确定的长度,Qt 提供了各种基本数据类型定义的类型符号。

头文件< QtTypes >中定义的基本数据类型见表 1-5。

表 1-5　< QtTypes >中定义的基本数据类型

基本数据类型	POSIX 标准等效定义	字节数	说　　明
qint8	signed char	1	取值范围为−128～127
qint16	signed short	2	取值范围为−32 768～32 767
qint32	signed int	4	取值范围为$-2^{31} \sim 2^{31}-1$
qint64	long long int	8	取值范围为$-2^{63} \sim 2^{63}-1$
qlonglong	long long int	8	取值范围为$-2^{63} \sim 2^{63}-1$
qreal	double	8	默认为 8 字节,若使用-qreal float 选项配置,则表示 4 字节 float 类型的浮点数
qsizetype	ssize_t	8	该类型保证在 Qt 支持的所有平台上与 ssize_t 具有相同的大小,注意 qsizetype 是有符号的整型
quint8	unsigned char	1	取值范围为 0～255

续表

基本数据类型	POSIX 标准等效定义	字节数	说　　　明
quint16	unsigned short	2	取值范围为 0～65 535
quint32	unsigned int	4	取值范围为 $0～2^{32}-1$
quint64	unsigned long long int	8	取值范围为 $0～2^{64}-1$
qulonglong	unsigned long long int	8	取值范围为 $0～2^{64}-1$
uchar	unsigned char	1	取值范围为 0～255
ushort	unsigned short	2	取值范围为 0～65 535
uint	unsigned int	4	取值范围为 $0～2^{32}-1$
ulong	unsigned long	8	取值范围为 $0～2^{64}-1$

在表 1-5 中，double 浮点数的取值范围为 $1.7\times10^{-308}～1.7\times10^{308}$，float 浮点数的取值范围为 $3.4\times10^{-38}～3.4\times10^{38}$。

【实例 1-6】　使用 Qt 创建一个控制台程序，在该程序中，打印 qint8、qint16、qint32、qint64、qreal 数据类型存储的字节数，操作步骤如下：

（1）使用 Qt Creator 创建一个模板为 Qt Console Application 的项目，将该项目命名为 demo6，并保存在 D 盘的 Chapter1 文件夹下，选择使用 qmake 构建项目。

（2）编写 main.cpp 文件中的代码，代码如下：

```
/* 第 1 章 demo6 main.cpp */
# include < QCoreApplication >
# include < QtTypes >
# include < QtDebug >

int main(int argc, char * argv[])
{
    QCoreApplication a(argc, argv);
    qint8 n1;
    qint16 n2;
    qint32 n3;
    qint64 n4;
    qreal n5;
    qDebug()<<"qint8 的字节数是"<< sizeof(n1);
    qDebug()<<"qint16 的字节数是"<< sizeof(n2);
    qDebug()<<"qint32 的字节数是"<< sizeof(n3);
    qDebug()<<"qint64 的字节数是"<< sizeof(n4);
    qDebug()<<"qreal 的字节数是"<< sizeof(n5);
    return a.exec();
}
```

（3）运行结果如图 1-83 所示。

1.7.2　QString 类的常用方法

在 Qt 中，使用 QString 类表示字符串。QString 类封装了很多方法（包括静态方法、操作符），使用这些方法可以对字符串进行操作。QString 类常用的方法见表 1-6。

13min

```
demo6 ✕

15:10:46: Starting D:\Chapter1\build-demo6-Desktop_Qt_6_6_1_MinGW_64_bit-
Debug\debug\demo6.exe...
qint8的字节数是  1
qint16的字节数是  2
qint32的字节数是  4
qint64的字节数是  8
qreal的字节数是  8
```

图 1-83 项目 demo6 的运行结果

表 1-6 QString 类常用的方法

方 法	说 明	返回值类型
append(const QString &str)	在末尾添加字符串 str	QString &
prepend(const QString &str)	在开头添加字符串 str	QString &
insert(int pos, QString &str)	在索引 pos 处插入字符串 str	QString &
push_back(const QString &other)	提供此函数是为了兼容 STL,将给定的 other 字符串附加到该字符串的末尾	
push_front(const QString &other)	提供此函数是为了兼容 STL,将给定的 other 字符串添加到该字符串的开头	
operator+=(const QString &str)	拼接字符串	QString &
clear()	清空字符串	
chop(int n)	在字符串的末尾删除 n 个字符	
remove(int pos, int n)	在索引 pos 处移除 n 个字符	QString &
fill(QChar ch, int size=−1)	将字符串中的每个字符设置为字符 ch,若 size 不是−1(默认值),则事先将字符串大小调整为 size	QString &
replace(int pos, int n, QString &after)	将索引 pos 后的 n 个字符替换为字符串 after	QString &
truncate(int pos)	在索引 pos 处截断字符串,若 pos 为负值,则等于传递 0	
sliced(int pos, int n)	返回从索引 pos 开始的 n 个字符的字符串	QString
trimmed()	移除开始和结尾处的空格	QString
contains (const QString &str, Qt::CaseSensitivity cs)	如果该字符串包含字符串 str,则返回值为 true,否则返回值为 false。若 cs 为 Qt::CaseSensitive,则识别大小写	bool
endWith (const QString &str, Qt::CaseSensitivity cs)	若该字符串以 str 为结尾,则返回值为 true,否则返回值为 false。若 cs 为 Qt::CaseSensitive,则识别大小写	bool
indexOf(const QString &str, int from=0, Qt::CaseSensitivity cs)	从索引 from 处向前查询 str 第 1 次出现的位置,若查询到,则返回该索引,否则返回−1	int
lastIndexOf (const QString &str, int from, Qt::CaseSensitivity cs)	从索引 from 处向后查询 str 第 1 次出现的位置,若查询到,则返回该索引,否则返回−1	int
startsWith (const QString &str, Qt::CaseSensitivity cs)	如果该字符串以 str 开头,则返回值为 true,否则返回值为 false	bool

续表

方　法	说　明	返回值类型
endsWith（const QString &str, Qt:: CaseSensitivity cs）	如果该字符串以 str 结尾，则返回值为 true，否则返回值为 false	bool
begin()	返回一个 STL 风格的迭代器，指向字符串中的第 1 个字符	QString::const_ iterator
cbegin()	返回指向字符串中第 1 个字符的 STL 风格迭代器	QString::const_ iterator
cend()	返回指向字符串最后一个字符后的 STL 风格迭代器	QString::const_ iterator
capacity()	返回可以存储在字符串中而不强制重新分配的最大字符数	int
squeeze()	释放不需要用于存储字符数据的内存	
at(int pos)	获取指定索引处的字符	QChar
operator[](int pos)	获取指定索引处的字符	QChar
left(int n)	返回包含字符串最左边 n 个字符的子字符串	QString
mid(int pos,int n)	获取从索引 pos 开始的 n 个字符的字符串	QString
right(int n)	返回包含字符串最右边 n 个字符的子字符串	QString
split(const QString &sep,Qt:: SplitBehavior beh,Qt::CaseSensitivity cs）	在 sep 出现的地方将该字符串拆分为子字符串，并返回这些字符串的列表	QStringList
arg(const QString &a,int fieldWidth＝0, QChar fillChar＝u '')	格式化输出各种类型数据的字符串	QString
arg(int a,int fieldWidth＝0,int base＝10,QChar fillChar＝u '')	格式化输出各种类型数据的字符串，a 为要转换为字符串的整数；fieldWidth 为转换成的字符串占用最少空格数；base 为转换成的字符串显示的进制，默认为十进制；fillChar 表示当 fieldWidth 大于实际数位宽度时使用的填充字符，默认为空格	QString
[static] asprintf(const char * cformat)	用于格式化输出各种数据的字符串，类似于标准 C 语言中的函数 printf()	QString
compare（const QString &other, Qt:: CaseSensitivity cs）	将该字符串与 other 字符串进行比较，如果该字符串小于、等于或大于 other 字符串，则返回小于、等于或大于 0 的整数	int
localeAwareCompare(const QString &other)	将该字符串与 other 字符串进行比较，如果该字符串小于、等于或大于 other 字符串，则返回小于、等于或大于 0 的整数。比较是以语言环境和平台相关的方式执行的	int
operator＝(const QString &other)	将字符串 other 赋值给该字符串并返回对该字符串的引用	QString &
count(const QString &str,Qt:: CaseSensitivity cs)	返回该字符串中 str 出现的次数	int

续表

方　　法	说　　明	返回值类型
size()	获取该字符串中字符的个数	int
length()	获取该字符串中字符的个数	int
simplified()	去除字符串首尾的空格,并将字符串中的连续空格替换为一个空格	QString
isNull()	判断字符串是否为空,只有未赋值的字符串才返回值 true	bool
isEmpty()	判断字符串中是否有字符	bool
section(QChar sep,int start,int end=-1,SectionFlags flags=SectionDefault)	截取以 sep 为分隔符并从 start 开始到 end 结束的子字符串	QString

注意:在表 1-6 中,[static]表示这种方法是静态方法。本书的绝大部分中会省略关键字 const,另外如果返回值为空格,则表示该方法没有返回值。

【**实例 1-7**】　使用 Qt 创建一个控制台程序,在该程序中,要求使用 QString 类的 arg()、asprintf(),操作步骤如下:

(1) 使用 Qt Creator 创建一个模板为 Qt Console Application 的项目,将该项目命名为 demo7,并保存在 D 盘的 Chapter1 文件夹下,选择使用 qmake 构建项目。

(2) 编写 main.cpp 文件中的代码,代码如下:

```cpp
/* 第 1 章 demo7 main.cpp */
# include < QCoreApplication >
# include < QtDebug >
# include < QString >
# include < QChar >

int main(int argc, char * argv[])
{
    QCoreApplication a(argc, argv);

    int year = 2023, month = 12, day = 20;
    int base = 10;
    QChar ch('0');
    QString str1 = QString("今天是%1 年%2 月%3 日").arg(year).arg(month).arg(day);
    QString str2 = QString("%1 年%2 月%3 日").arg(year).arg(month, 2, base, ch).arg(day, 3,
base, ch);
    QString str3 = QString::asprintf("Year = % d, Month = % 2d, Day = % 2d",
year, month, day);

    qDebug() << str1;
    qDebug() << str2 << Qt::endl;
    qDebug() << str3;

    return a.exec();
}
```

（3）运行结果如图 1-84 所示。

```
demo7 ✕
15:18:09: Starting D:\Chapter1\build-demo7-Desktop_Qt_6_6_1_MinGW_64_bit-
Debug\debug\demo7.exe...
"今天是2023年12月20日"
"2023年12月020日"

"Year=2023,Month=12,Day=20"
```

图 1-84　项目 demo7 的运行结果

QString 类封装了进行数字转换、编码转换的方法。QString 类数字转换、编码转换的方法见表 1-7。

表 1-7　QString 类数字转换、编码转换的方法

方　　法	说　　明	返回值类型
setNum(int n,int base=10)	设置为指定数 n 的字符串,并返回对该字符串的引用。base 表示进制,默认为十进制	QString &
setNum(short n,int base=10)	设置为指定数 n 的字符串,并返回对该字符串的引用。base 表示进制,默认为十进制	QString &
setNum(ushort n,int base=10)	设置为指定数 n 的字符串,并返回对该字符串的引用。base 表示进制,默认为十进制	QString &
setNum(uint n,int base=10)	设置为指定数 n 的字符串,并返回对该字符串的引用。base 表示进制,默认为十进制	QString &
setNum(long n,int base=10)	设置为指定数 n 的字符串,并返回对该字符串的引用。base 表示进制,默认为十进制	QString &
setNum(ulong n,int base=10)	设置为指定数 n 的字符串,并返回对该字符串的引用。base 表示进制,默认为十进制	QString &
setNum(qlonglong n,int base=10)	设置为指定数 n 的字符串,并返回对该字符串的引用。base 表示进制,默认为十进制	QString &
setNum(qulonglong n,int base=10)	设置为指定数 n 的字符串,并返回对该字符串的引用。base 表示进制,默认为十进制	QString &
setNum(float n,char format= 'g',int precision=6)	设置为指定数 n 的字符串,并返回对该字符串的引用。base 表示进制,默认为十进制	QString &
setNum(double n,char format= 'g',int precision=6)	设置为指定数 n 的字符串,并返回对该字符串的引用。base 表示进制,默认为十进制	QString &
toShort(bool * ok=nullptr,int base=10)	将字符串转换为 short 型数字,若转换成功,则 * ok 为 true,否则 * ok 为 false,base 表示进制,默认为十进制	short

方　　法	说　　明	返回值类型
toInt(bool * ok＝nullptr,int base＝10)	将字符串转换为 int 型数字,若转换成功,则 * ok 为 true,否则 * ok 为 false,base 表示进制,默认为十进制	int
toLong(bool * ok＝nullptr,int base＝10)	将字符串转换为 long 型数字,若转换成功,则 * ok 为 true,否则 * ok 为 false,base 表示进制,默认为十进制	long
toLongLong(bool * ok＝nullptr,int base＝10)	将字符串转换为 qlonglong 型数字,若转换成功,则 * ok 为 true,否则 * ok 为 false,base 表示进制,默认为十进制	qlonglong
toUShort(bool * ok＝nullptr,int base＝10)	将字符串转换为 unsigned short 型数字,若转换成功,则 * ok 为 true,否则 * ok 为 false,base 表示进制,默认为十进制	ushort
toUInt(bool * ok＝nullptr,int base＝10)	将字符串转换为 unsigned int 型数字,若转换成功,则 * ok 为 true,否则 * ok 为 false,base 表示进制,默认为十进制	uint
toULong(bool * ok＝nullptr,int base＝10)	将字符串转换为 unsigned long 型数字,若转换成功,则 * ok 为 true,否则 * ok 为 false,base 表示进制,默认为十进制	ulong
toULongLong（bool * ok＝nullptr, int base＝10）	将字符串转换为 unsigned long long 型数字,若转换成功,则 * ok 为 true,否则 * ok 为 false,base 表示进制,默认为十进制	qulonglong
toFloat(bool * ok＝nullptr)	将字符串转换为 float 型数字,若转换成功,则 * ok 为 true,否则 * ok 为 false	float
toDouble(bool * ok＝nullptr)	将字符串转换为 double 型数字,若转换成功,则 * ok 为 true,否则 * ok 为 false	double
[static] number(long n,int base＝10)	根据指定的基数 base 返回一个与数字 n 等价的字符串	QString
[static] number(int n,int base＝10)	根据指定的基数 base 返回一个与数字 n 等价的字符串	QString
[static] number(uint n,int base＝10)	根据指定的基数 base 返回一个与数字 n 等价的字符串	QString
[static] number(ulong n,int base＝10)	根据指定的基数 base 返回一个与数字 n 等价的字符串	QString
[static] number(qlonglong n,int base＝10)	根据指定的基数 base 返回一个与数字 n 等价的字符串	QString

续表

方　　　　法	说　　　　明	返回值类型
[static] number(qulonglong n,int base＝10)	根据指定的基数 base 返回一个与数字 n 等价的字符串	QString
[static] number(double n,char format＝'g', int precision＝6)	返回一个表示浮点数 n 的字符串	QString
setRawData(QChar * unicode,int size)	使用数组 unicode 中前 size 个 Unicode 字符重置字符串	QString &
setUnicode(QChar * unicode,int size)	将字符串大小调整为 size,并将 unicode 复制到字符串中	QString &
setUtf16(ushort * unicode,int size)	将字符串大小调整为 size,并将 unicode 复制到字符串中	QString &
toUtf8()	返回字符串的 UTF-8 表示形式	QByteArray
toUcs4()	返回字符串的 UCS-4/UTF-32 表示形式	QList < uint >
toStdString()	返回一个 std∷string 对象,其中包含此 QString 对象中的数据。使用 toUtf8()函数将 Unicode 数据转换为 8 位字符	std∷string
toStdWString()	返回一个 std∷wstring 对象,其中包含此 QString 对象中的数据。std∷wstring 在 wchar_t 为 2 字节宽的平台(例如 Windows)上使用 UTF-16 编码,在 wchar_t 为 4 字节宽的平台(大多数 UNIX 系统)上使用 UCS-4 编码	std∷wstring
toWCharArray(wchar_t * array)	用该 QString 对象中包含的数据填充数组 array。该数组在 wchar_t 为 2 字节宽的平台(Windows)上使用 UTF-16 编码,在 wchar_t 为 4 字节宽的平台(大多数 UNIX 系统)上使用 UCS-4 编码	int
unicode()	返回字符串的 Unicode 表示形式。在字符串被修改之前,结果一直有效	QChar *
utf16()	将该字符串转换为以 '\0' 结尾的 unsigned short 型数组	ushort *
[static] fromRawData(QChar * unicode, int size)	使用数组 unicode 中前 size 个 Unicode 字符构造一个 QString 对象	QString
[static] fromStdString(std∷string &str)	返回该字符串的副本。假设给定的字符串以 UTF-8 编码,并使用 fromUtf8() 函数转换为 QString	QString

续表

方 法	说 明	返回值类型
[static] fromStdWString(std::wstring &str)	返回该字符串的副本。若 wchar_t 的大小为 2 字节(Windows),则假定用给定的字符串 UTF-16 编码,如果 wchar_t 的大小为 4 字节(大多数 UNIX 系统),则假定用 UCS-4 编码	QString
[static] fromUcs4(char32_t * unicode,int size=−1)	使用 unicode 的前 size 个字符构建 QString 对象	QString
[static] fromUtf8(char * str,int size)	使用 str 的前 size 个字符构建 QString 对象	QString
[static] fromUtf16(char16_t * unicode,int size=−1)	使用 unicode 的前 size 个字符构建 QString 对象	QString
[static] fromWCharArray(wchar_t * string,int=−1)	返回字符串的副本,其中 string 的编码取决于 wchar 的大小。若 wchar 是 4 字节,则字符串编码为 UCS-4,若 wchar 是 2 字节,则字符串编码为 UTF-16	QString
toLower()	将字符串中的大写字母转换为小写字母	QString
toUpper()	将字符串中的小写字母转换为大写字母	QString
toLocal8bit()	转换为以本地 8 位编码字符的 QByteArray 对象	QByteArray
toLatin1()	转换为以 Latin-1 编码字符的 QByteArray 对象	QByteArray

1.7.3 QChar 类

在 Qt 中,使用 QChar 类表示字符,QString 字符串中的每个字符都是 QChar 类型的字符。QChar 类采用 UTF-16 编码表示字符。

使用 QChar 类,首先在头文件中包含这个类,具体语法如下:

```
#include <QChar>
```

QChar 类的构造函数如下:

```
QChar()                    //构造一个空字符对象,即'\0'
QChar(int code)            //由整型数据 code 构造字符对象,code 采用 Unicode 编码
QChar(char ch)            //由字符数据 ch 构造字符对象,ch 采用 ASCII 或 Latin−1 编码
QChar(char16_t ch)        //由字符数据 ch 构造字符对象,ch 采用 UTF−16 编码
QChar(wchar_t ch)         //由宽字符数据 ch 构造字符对象,仅适用于 Windows 系统
QChar(QLatin1Char ch)     //由字符数据 ch 构造字符对象,ch 采用 ASCII 或 Latin−1 编码
```

QChar 类封装了很多操作字符的方法。QChar 类常用的方法见表 1-8。

表 1-8　QChar 类常用的方法

方　　法	说　　明	返回值类型
isDigit()	判断字符是否为 0~9 的数字	bool
isLetter()	判断字符是否为字母	bool
isLetterOrNumber()	判断字符是否为字母或数字	bool
isLower()	判断字符是否为小写字母	bool
isUpper()	判断字符是否为大写字母	bool
isMark()	判断字符是否为记号	bool
isNonCharacter()	判断字符是否为非文字字符	bool
isNull()	判断字符编码是否为 0x0000('\0')	bool
isNumber()	判断字符是否为一个数,表示数的字符不仅包括数字 0~9,还包括①、②等数字符号	bool
isPrint()	判断字符是否为可打印字符	bool
isPunc()	判断字符是否为标点符号	bool
isSpace()	判断字符是否为分隔符号,分隔符号表示空格、制表符	bool
isSymbol()	判断字符是否为符号,例如特殊符号±、←	bool
isSurrogate()	如果字符位于 UTF-16 代理范围的高位或低位,则返回值为 true	bool
toLatin1()	返回与 QChar 字符等效的 Latin1 字符,若无等效字符,则返回 0	char
toLower()	返回字符的小写形式,若字符不是字母,则返回其本身	QChar
toUpper()	返回字符的大写形式,若字符不是字母,则返回其本身	QChar
unicode()	返回字符的 16 位 Unicode 编码数值	char16_t
[static] fromLatin1(char c)	将 Latin1 字符 c 转换为 QChar 字符	QChar
[static] fromUcs2(char16_t c)	将字符 c 转换为 QChar 字符	QChar
digitValue()	若字符为数字,则转换为整型数字,否则返回−1	int
unicode()	返回字符的 Unicode 编码数值	char1_t
operator!=(QChar c1,QChar c2)	判断 c1 是否不等于 c2	bool
operator<(QChar c1,QChar c2)	判断 c1 是否小于 c2	bool
operator<=(QChar c1,QChar c2)	判断 c1 是否小于或等于 c2	bool
operator==(QChar c1,QChar c2)	判断 c1 是否等于 c2	bool
operator>(QChar c1,QChar c2)	判断 c1 是否大于 c2	bool
operator>=(QChar c1,QChar c2)	判断 c1 是否大于或等于 c2	bool
operator≪(QDataStream &out,QChar ch)	将字符写入数据流对象 out	QDataStream &
operator≫(QDataStream &in,QChar &ch)	将数据流对象 in 中的一个字符读入字符 ch	QDataStream &

【实例 1-8】　使用 Qt 创建一个控制台程序。在该程序中,创建两个 QString 字符串,这两个字符串分别为英文字符串和中文字符串。分别选择这两个字符串中的字符创建

QChar 字符,打印选择的字符及其编码,操作步骤如下:

(1) 使用 Qt Creator 创建一个模板为 Qt Console Application 的项目,将该项目命名为 demo8,并保存在 D 盘的 Chapter1 文件夹下,选择使用 qmake 构建项目。

(2) 编写 main.cpp 文件中的代码,代码如下:

```cpp
/* 第 1 章 demo8 main.cpp */
#include < QCoreApplication >
#include < QString >
#include < QChar >
#include < QtDebug >

int main(int argc, char * argv[])
{
    QCoreApplication a(argc, argv);

    QString str1 = "One Word,One World";
    QString str2 = "欢迎你来中国";

    QChar ch1 = str1[0],ch2 = str1.at(4);
    QChar ch3 = str2[0],ch4 = str2.at(4);

    qDebug()<< ch1 << ch1.toLatin1();
    qDebug()<< ch2 << ch2.toLatin1();
    qDebug()<< ch3 << ch3.unicode();
    qDebug()<< ch4 << ch4.unicode();

    return a.exec();
}
```

(3) 运行结果如图 1-85 所示。

```
demo8 ✕

11:32:13: Starting D:\Chapter1\build-demo8-Desktop_Qt_6_6_1_MinGW_64_bit-
Debug\debug\demo8.exe...
'O' O
'W' W
'\u6b22' '\u6b22'
'\u4e2d' '\u4e2d'
```

图 1-85   项目 demo8 的运行结果

1.7.4   QVariant 类

在 Qt 中,QVariant 类是一种万能数据类型,使用 QVariant 对象可以存储任何类型的数据。Qt 类库中很多函数的返回值为 QVariant 对象。

使用 QVariant 类,首先在头文件中包含这个类,具体语法如下:

```cpp
#include < QVariant >
```

QVariant 类的构造函数如下:

```
QVariant()
QVariant(int val)
QVariant(bool val)
QVariant(double val)
QVariant(float val)
QVariant(QChar c)
QVariant(QString &val)
QVariant(const char * val)
```

QVariant 类封装了方法。QVariant 类常用的方法见表 1-9。

表 1-9　QVariant 类常用的方法

方　　法	说　　明	返回值类型
canConvert(QMetaType type)	判断是否能转换为 type 类型的数据	bool
clear()	将对象转换为 QMetaType::Unknown 类型,并释放所使用的任何资源	
isNull()	判断对象是否为空	bool
isValid()	如果存储的数据类型不是 QMetaType::Unknown,则返回值为 true,否则返回值为 false	bool
setValue(T && value)	给该对象赋值,存储 value 的副本。如果 T 是 QVariant 不支持的类型,则使用 QMetaType 来存储该值。如果 QMetaType 不处理该类型,则将发生编译错误	
toBitArray()	转换为 QBitArray 对象	QBitArray
toBool()	转换为 bool 型数据	bool
toByteArray()	转换为 QByteArray 对象	QByteArray
toChar()	转换为 QChar 对象	QChar
toDouble(bool * ok=nullptr)	转换为 double 型数据	double
toFloat(bool * ok=nullptr)	转换为 float 型数据	float
toInt(bool * ok)	转换为 int 型数据	int
toReal(bool * ok=nullptr)	转换为 qreal 型数据	qreal
toString()	转换为 QString 对象	QString
toStringList()	转换为 QStringList 对象	QStringList
toUInt(bool * ok)	转换为 uint 型数据	uint
toTime()	转换为 QTime 对象	QTime
toULongLong(bool * ok=nullptr)	转换为 qulonglong 型数据	qulonglong
toUrl()	转换为 QUrl 对象	QUrl
operator=(const QVariant &variant)	赋值	QVariant &
operator=(QVariant &&other)	赋值	QVariant &
value()	转换为模板类型 T 的值	T

注意:QMetaType 类用来管理 Qt 元对象系统中的命名类型,QMetaType::Unknown 是 QMetaType::Type 的枚举常量,表示未知数据类型;对于 QMetaType::Type 的其他枚

举常量,读者可在技术文档中搜索 QMetaType 进行查看。

【实例 1-9】 使用 Qt 创建一个控制台程序。在该程序中,创建一个 QVariant 对象,然后将该对象转换为 QString 对象、QChar 对象、int 数据、float 数据,并打印转换后的对象或数据,操作步骤如下:

(1) 使用 Qt Creator 创建一个模板为 Qt Console Application 的项目,将该项目命名为 demo9,并保存在 D 盘的 Chapter1 文件夹下,选择使用 qmake 构建项目。

(2) 编写 main.cpp 文件中的代码,代码如下:

```cpp
/* 第 1 章 demo9 main.cpp */
# include < QCoreApplication >
# include < QVariant >
# include < QString >
# include < QChar >
# include < QtDebug >

int main( int argc, char * argv[])
{
    QCoreApplication a(argc, argv);

    QVariant data(3023);
    qDebug()<< data << Qt::endl;

    QString str = data.toString();
    QChar ch = data.toChar();
    qDebug()<< str << ch;
    int num1 = data.value < int >();
    float num2 = data.value < float >();
    qDebug()<< num1 << num2;

    return a.exec();
}
```

(3) 运行结果如图 1-86 所示。

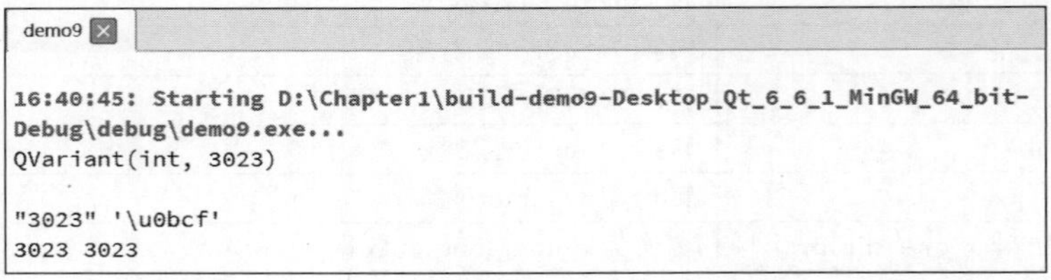

```
demo9 ✕

16:40:45: Starting D:\Chapter1\build-demo9-Desktop_Qt_6_6_1_MinGW_64_bit-
Debug\debug\demo9.exe...
QVariant(int, 3023)

"3023" '\u0bcf'
3023 3023
```

图 1-86　项目 demo9 的运行结果

1.8　使用 CMake 构建系统

▶ 4min

当使用 Qt Creator 新建项目时,既可以选择使用 qmake 构建系统,也可以选择使用 CMake 构建系统。在前面的实例中都使用 qmake 构建系统,本节介绍使用 CMake 构建系统。

1.8.1　CMake 简介

CMake 是一个跨平台的构建工具,而且功能强大。CMake 可以通过与平台和编译器无关的配置文件控制软件的构建过程,生成本地化的 makefile 文件或 IDE 项目。

CMake 是 Kiware 公司为了满足开源项目 TVK 的跨平台需求而研制出来的。CMake 是 Cross Platform Make 的缩写,其目的是代替 Linux 系统的 Make 工具(一种 Linux 系统的构建工具)。经过多年的发展,CMake 已成为一个独立的开源软件,而且适用于开源软件项目。Qt 6 就是使用 CMake 构建的。

CMake 功能强大,但使用起来比较复杂。CMake 适用于大型软件项目,因此本节会介绍 CMake 的用法,但在后续的实例中,会使用 qmake 构建系统。

【实例 1-10】　使用 Qt 创建一个 GUI 程序。要求使用 CMake 构建系统,并包含 UI 文件,操作步骤如下:

（1）使用 Qt Creator 创建一个模板为 Qt Widgets Application 的项目,将该项目命名为 demo10,并保存在 D 盘的 Chapter1 文件夹下,选择使用 CMake 构建系统。构建系统对话框如图 1-87 所示。

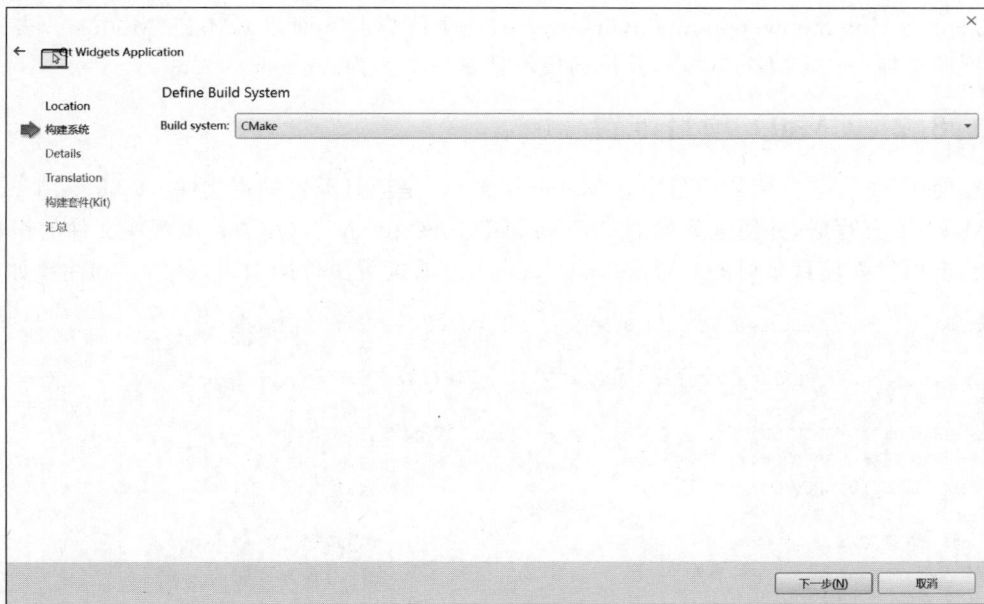

图 1-87　构建系统对话框

（2）选择 QMainWindow 为基类,并勾选 Generate form 复选框。项目创建完成后的窗口界面如图 1-88 所示。

（3）单击运行按钮,可运行窗口程序。

在图 1-88 中可查看项目 demo10 的管理目录树,其中 CMakeList.txt 是 CMake 项目的

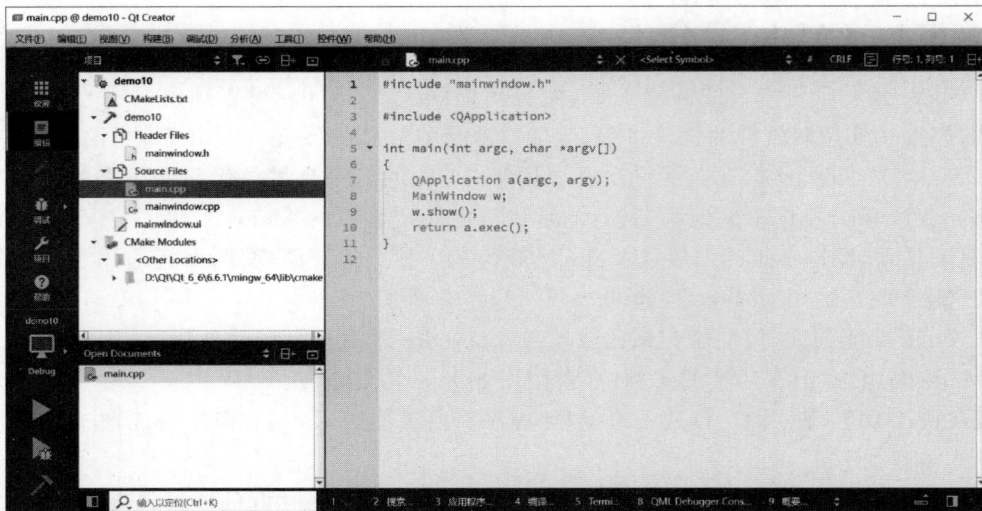

图 1-88　使用 CMake 构建的项目 demo10

配置文件；配置文件下面是 demo10 项目节点，包含 4 个源程序文件（mainwindow. h、main. cpp、mainwindow. cpp、mainwindow. ui）；项目节点下面是 CMake Modules，表示项目用到的其他一些 CMake 模块，具体的模块就是后缀名为.cmake 的文件。

1.8.2　CMake 项目配置

在使用 CMake 构建的项目中，CMakeLists. txt 是项目配置的主文件。CMakeLists. txt 由 CMake 语言写成，并用到大量的 CMake 函数。该文件位于 Qt 项目源程序文件的根目录下。双击项目管理目录树的 CMakeLists. txt，可查看配置文件的内容，其内容和注释如下：

```
cmake_minimum_required(VERSION 3.5)           #需要的 CMake 最低版本

project(demo10 VERSION 0.1 LANGUAGES CXX)      #项目版本为 0.1，编程语言是 C++

set(CMAKE_AUTOUIC ON)                          #UIC 能被自动执行
set(CMAKE_AUTOMOC ON)                          #MOC 能被自动执行
set(CMAKE_AUTORCC ON)                          #RCC 能被自动执行

set(CMAKE_CXX_STANDARD 17)                     #设置编译器满足 C++17 标准
set(CMAKE_CXX_STANDARD_REQUIRED ON)            #要求编译器满足 C++标准
#导入 Qt 6 的 Widgets 模块
find_package(QT NAMES Qt6 Qt5 REQUIRED COMPONENTS Widgets)
find_package(Qt $ {QT_VERSION_MAJOR} REQUIRED COMPONENTS Widgets)

set(PROJECT_SOURCES                            #将变量 PROJECT_SOURCES 设置为项目的源文件列表
    main.cpp
    mainwindow.cpp
    mainwindow.h
    mainwindow.ui
```

```
)
if( ${QT_VERSION_MAJOR} GREATER_EQUAL 6)          # 如果是 Qt 6 以上版本
    qt_add_executable(demo10                       # 创建可执行文件 demo10
        MANUAL_FINALIZATION                        # 可选参数,手动结束创建目标的过程
        ${PROJECT_SOURCES}                         # 文件列表来源于变量 PROJECT_SOURCES
    )
# Define target properties for Android with Qt 6 as:
# set_property(TARGET demo10 APPEND PROPERTY QT_ANDROID_PACKAGE_SOURCE_DIR
#     ${CMAKE_CURRENT_SOURCE_DIR}/android)
# For more information, see https://doc.qt.io/qt-6/qt-add-executable.html
# target-creation
else()
    if(ANDROID)
        add_library(demo10 SHARED
            ${PROJECT_SOURCES}
# Define properties for Android with Qt 5 after find_package() calls as:
# set(ANDROID_PACKAGE_SOURCE_DIR "${CMAKE_CURRENT_SOURCE_DIR}/android")
    else()
        add_executable(demo10
            ${PROJECT_SOURCES}
        )
    endif()
endif()
# 连接生成目标文件时,需要利用前面的 find_package()导入的 Widgets 模块
target_link_libraries(demo10 PRIVATE Qt${QT_VERSION_MAJOR}::Widgets)

# Qt for iOS sets MacOSX_BUNDLE_GUI_IDENTIFIER automatically since Qt 6.1.
# If you are developing for iOS or macOS you should consider setting an
# explicit, fixed bundle identifier manually though.
if(${QT_VERSION} VERSION_LESS 6.1.0)
    set(BUNDLE_ID_OPTION MacOSX_BUNDLE_GUI_IDENTIFIER com.example.demo10)
endif()
set_target_properties(demo10 PROPERTIES
    ${BUNDLE_ID_OPTION}
    MacOSX_BUNDLE_BUNDLE_VERSION ${PROJECT_VERSION}
    MacOSX_BUNDLE_SHORT_VERSION_STRING ${PROJECT_VERSION_MAJOR}.${PROJECT_VERSION_MINOR}
    MacOSX_BUNDLE TRUE
    WIN32_EXECUTABLE TRUE
)

include(GNUInstallDirs)
install(TARGETS demo10
    BUNDLE DESTINATION .
    LIBRARY DESTINATION ${CMAKE_INSTALL_LIBDIR}
    RUNTIME DESTINATION ${CMAKE_INSTALL_BINDIR}
)

if(QT_VERSION_MAJOR EQUAL 6)
    qt_finalize_executable(demo10)                 # 最后生成可执行文件 demo10
endif()
```

注意：在 CMakeLists.txt 文件中，有两段英文注释。这两段英文注释后的代码分别适用于 Android 平台、iOS 平台。

当使用 QMake 构建项目时，不需要对源文件进行特殊处理，这与使用 qmake 构建项目时相同。

1.8.3　使用 cmake-gui 生成 Visual Studio 项目

CMake 是一个强大的跨平台构建工具，一些大型的开源项目使用 CMake 构建系统，例如 OpenCV、VTK。

在 Windows 系统上，可以使用 CMake 工具为源代码生成一个 Visual Studio 解决方案，然后在 Visual Studio 中编译，生成在 Windows 平台上使用的动态库、静态库、头文件。当安装 Qt 6 时，会自动安装一个 CMake 工具软件 cmake-gui.exe，如图 1-89 所示。

【实例 1-11】　使用 CMake 工具软件 cmake-gui.exe，根据本章项目 demo10 的源代码，生成一个 Visual Studio 项目，操作步骤如下：

（1）在 D 盘 Chapter1 文件夹下创建一个文件夹 demo11，其次在 demo11 文件夹中创建两个文件夹，分别命名为 source、build，然后将项目 demo10 的源文件复制到文件夹 source 中，如图 1-90 所示。

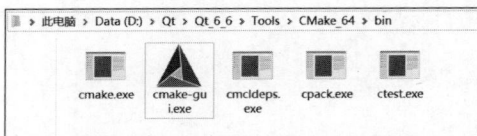

图 1-89　CMake 工具软件 cmake-gui.exe

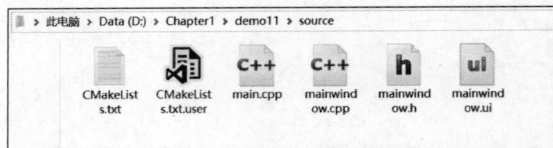

图 1-90　项目 demo11 中的源代码

（2）双击 cmake-gui.exe 文件打开 CMake 工具，其次单击窗口左侧的 Browse Source 按钮，添加项目源代码目录，然后单击窗口左侧的 Browse Build 按钮，添加构建项目的输出文件夹，如图 1-91 所示。

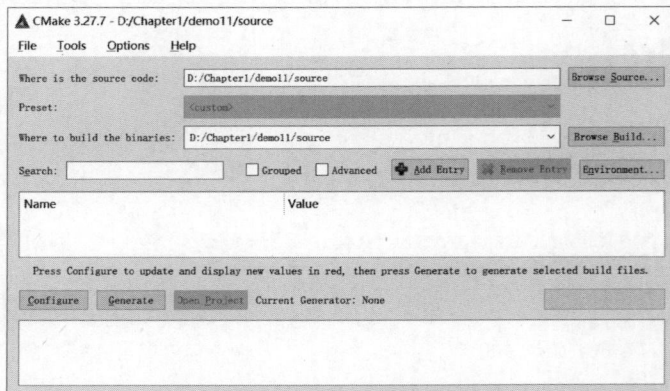

图 1-91　cmake-gui.exe 的窗口界面

（3）单击窗口左下角的 Configure 按钮，此时会弹出一个对话框；其次在第 1 个下拉列表中选择 Visual Studio 17 2022（要生成的构建项目类型），然后在第 2 个下拉列表中选择 x64（表示 64 位的系统）；最后单击 Finish 按钮，如图 1-92 所示。

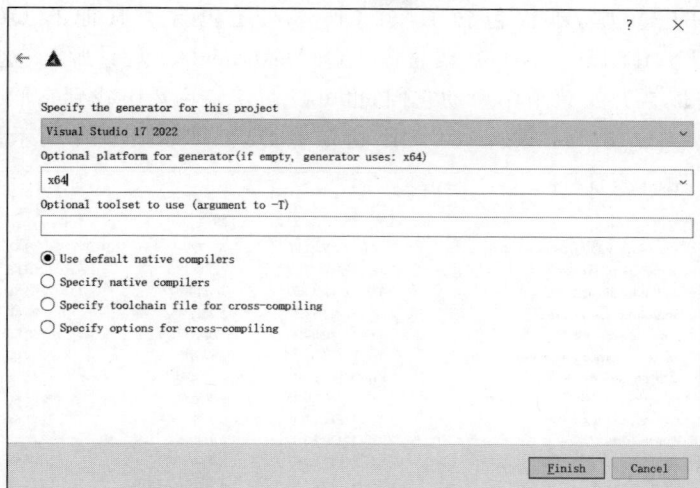

图 1-92　Configure 对话框窗口

注意：如果单击 Finish 按钮后出现错误，则错误的原因是没有将 Visual Studio 启动目录添加到系统的环境变量或没有找到 Qt 的相关路径，这需要开发者多次配置，直到不出现错误。

（4）在 CMake 工具窗口中，单击 Generate 按钮后就会生成 Visual Studio 解决方案 demo10.sln，如图 1-93 所示。

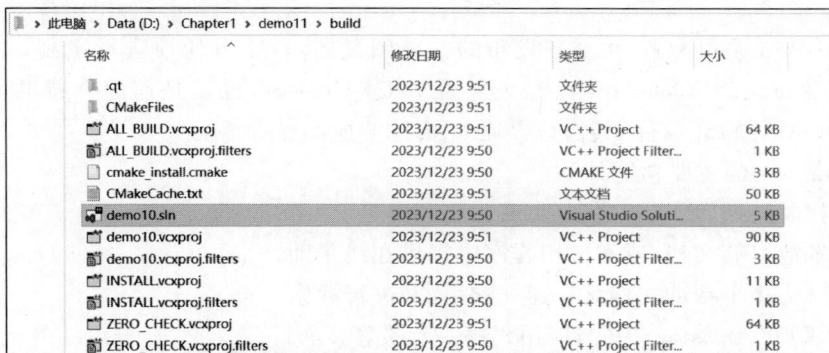

图 1-93　Visual Studio 解决方案 demo10.sln

如果开发者使用 Visual Studio 开发 Qt 项目，则需要在 Visual Studio 中安装 Qt Visual Studio Tools 插件。本书中的实例主要使用 Qt Creator 来创建。

1.9 Qt 工具软件简介

在前面安装的 Qt 中,不仅包含了 Qt Creator,还包含了其他的 Qt 工具,例如 Qt Assistant(Qt 助手)、Qt Linguist(Qt 语言家)、Qt Designer(Qt 设计师)。这 3 个 Qt 工具都有各自的用处,可以在开始菜单中启动它们,也可以在安装目录中找到它们。笔者的安装目录为 D:\Qt\Qt_6_6\6.6.1\mingw_64\bin,这 3 个 Qt 工具如图 1-94 所示。

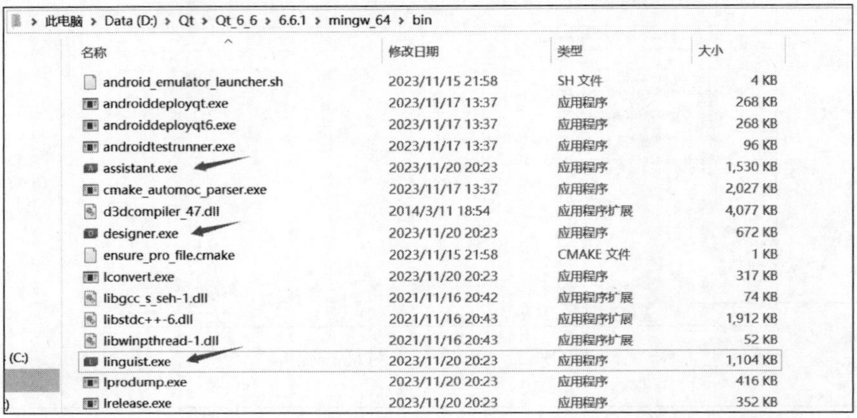

图 1-94   Qt 工具

如果开发者要经常用到这 3 款工具软件,则可以右击相关软件,在弹出的菜单中选择"发送到"→"桌面快捷方式",将该工具软件的快捷方式发送到桌面。

1.9.1   Qt Assistant(Qt 助手)

Qt Assistant 是可配置、可重新发布的文档阅读器,可以方便地进行定制,并与应用程序一起重新发布。Qt Assistant 已经被整合进 Qt Creator,也就是前面介绍的 Qt 帮助文档。打开 Qt Assistant 软件,其窗口界面如图 1-95 所示。

Qt Assistant 的主要功能如下:

(1) 查找关键词,全文本搜索,生成索引和书签。

(2) 在本地存储文档,或在应用程序中提供在线帮助。

(3) 同时为多个帮助文档集合建立索引,并进行搜索。

(4) 定制 Qt Assistant,并与应用程序一起重新发布。

1.9.2   Qt Linguist(Qt 语言家)

Qt Linguist 提供了一套加速应用程序翻译和国际化的工具。Qt 只需使用单一的源码树和应用程序二进制包,就可以同时支持多种语言和不同的书写系统。打开 Qt Linguist 软件,其窗口界面如图 1-96 所示。

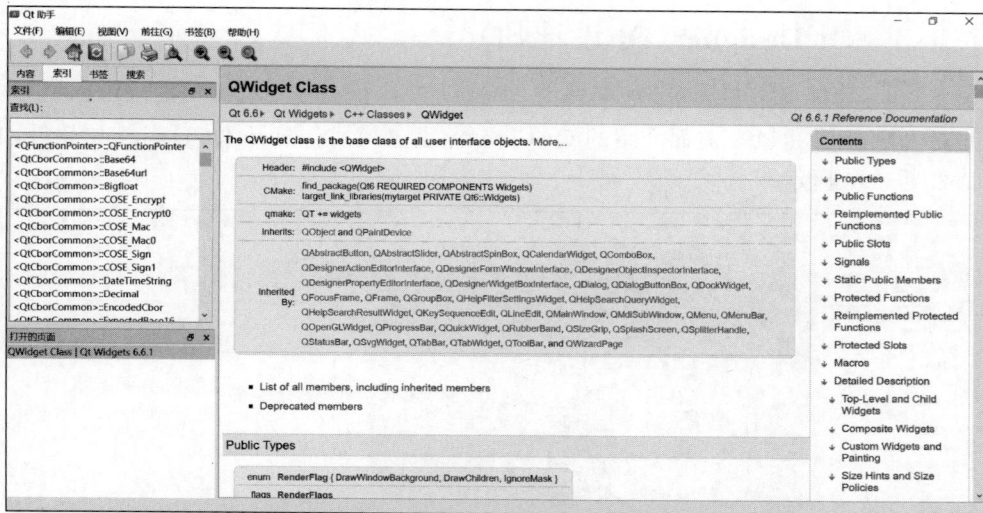

图 1-95　Qt Assistant

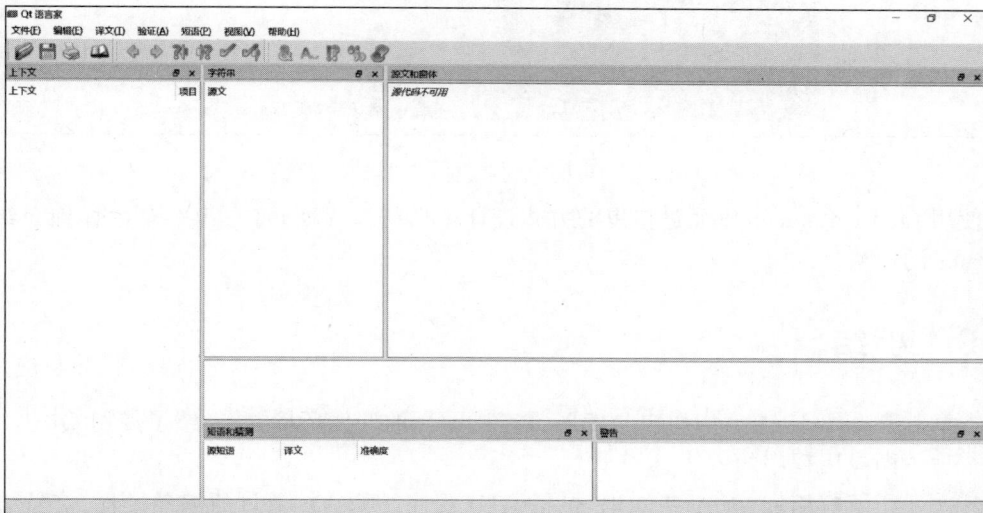

图 1-96　Qt Linguist

Qt Linguist 的主要功能如下：

（1）收集所有的 UI 文件，并通过简单的应用程序提供给翻译人员。

（2）通过智能的合并工具为现有应用程序增加新的语言。

（3）Unicode 编码支持世界上大多数文字，可以在一个文档中混合多种语言。

（4）运行时可将文字切换为从左到右或从右到左的顺序以供阅读。

1.9.3 Qt Designer(Qt 设计师)

Qt Designer 是一个强大的、跨平台的、灵活的可视化 GUI 设计工具。Qt Designer 被整合进 Qt Creator,也就是前面介绍的 Qt Creator 设计模式。打开 Qt Designer 软件,其窗口界面如图 1-97 所示。

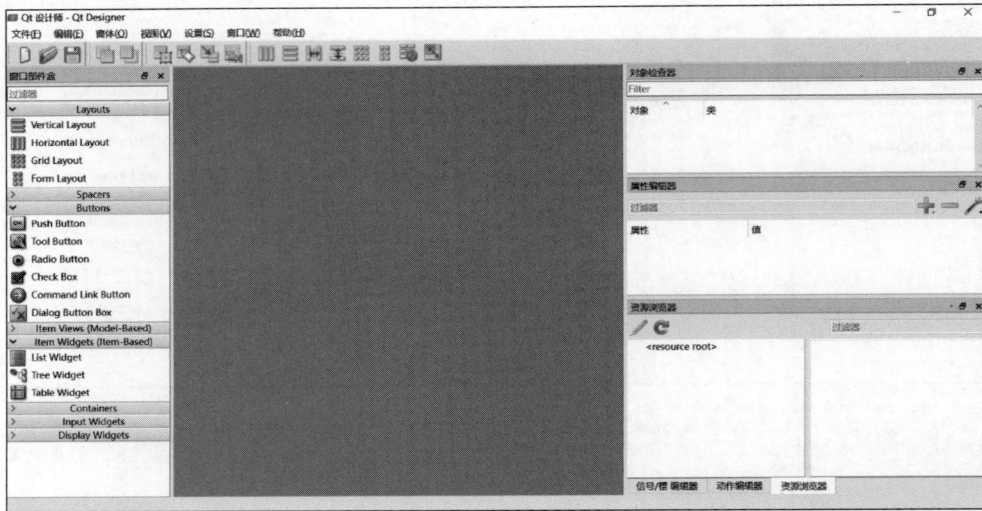

图 1-97   Qt Designer

使用 Qt Designer 可以通过拖曳的方式设计用户窗口界面,将在第 2 章中详细介绍 Qt Designer 的用法。

1.10   小结

本章首先介绍了 Qt 6 的历史与发展、搭建了 Qt 的开发环境,并介绍了使用 Qt Creator 创建 3 种不同应用程序的方法。

其次介绍了应用 Qt 的必备知识,包括 GUI 程序结构、Qt 项目的编译过程、信号与槽、基础模块与附件模块、Qt 的数据类型。

然后介绍了使用 CMake 构建系统的方法。CMake 功能强大,但应用复杂,比较适用于构建大型软件项目,因此本书主要采用 qmake 构建系统。

最后介绍了 3 个 Qt 工具软件: Qt Assistant、Qt Designer、Qt Linguist。

第 二 部 分

应用 Qt Designer 设计 UI 界面

学习任何一门学科或技能有没有一种快速入门的方法？这还真有，而且快速入门非常必要。如何快速入门？首先用最短的时间弄清楚这门学科或技能都有哪些必要知识？然后迅速地掌握它们，开始应用它们解决问题。第 1 章已经介绍了应用 Qt 6 的必要知识，本章将介绍使用 Qt Designer 设计 UI 界面的方法，这样开发者就可以在 Qt Creator 设计模式中通过拖曳控件的方法设计 UI 界面，这也是应用 Qt 6 的必要知识。

2.1　Qt Designer 简介

Qt Designer，即 Qt 设计师，是一个强大、灵活、跨平台的可视化 GUI 设计工具。通过 Qt Designer 设计 UI 界面，可以帮助开发者大大地提高开发效率。

Qt Designer 被整合进了 Qt Creator，即 Qt Creator 中的设计模式，具体来讲就是使用 Qt Creator 创建包含 UI 文件的项目，然后双击项目中的 UI 文件（后缀名为 . ui 的文件），这样就可以进入 Qt Creator 设计模式。开发者可以使用 Qt Designer 设计 UI 界面，并保存为 UI 文件，然后用户界面编译器（UIC）会将 UI 文件编译成标准 C++ 程序文件。

Qt Designer 符合 MVC（模型-视图-控制器）设计模式，将程序的显示和业务逻辑相分离。Qt Designer 应用起来非常简单，可以通过拖曳、单击完成复杂的界面设计，并且可以随时预览及查看效果图。

2.1.1　Qt Designer 的窗口介绍

Qt Designer 的启动文件为 designer. exe，默认在 Qt 安装目录下的文件夹中，如图 1-94 所示。双击文件 designer. exe 就可以打开 Qt Designer 窗口，在窗口顶层的菜单栏中有"文件"选项，选择"文件"→"新建"选项就可以打开"新建窗体"对话框，如图 2-1 所示。

在新建窗体对话框中有 5 种窗体类型，其中，Dialog with Buttons Bottom 表示按钮在底部的对话框窗口，如图 2-2 所示。

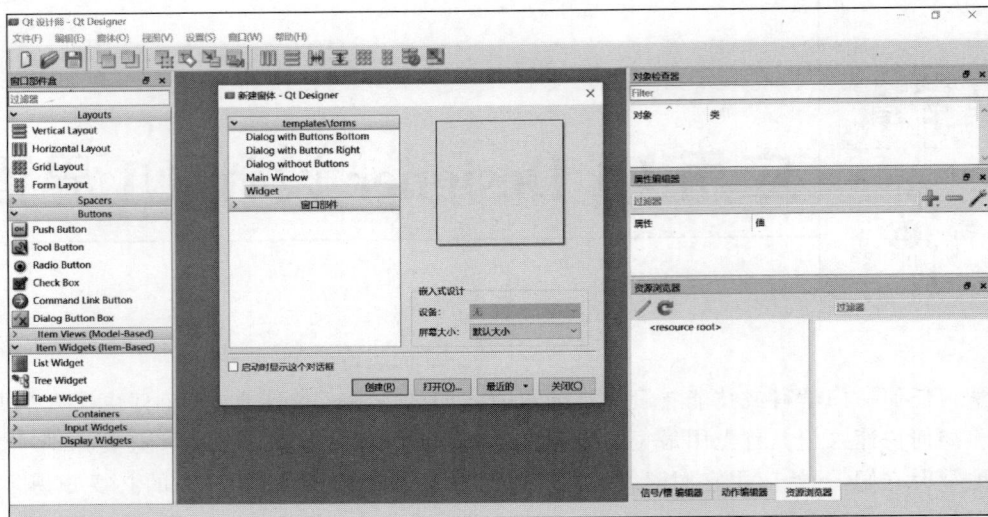

图 2-1 Qt Designer 窗口

Dialog with Buttons Right 表示按钮在右上角的对话框窗口,如图 2-3 所示。

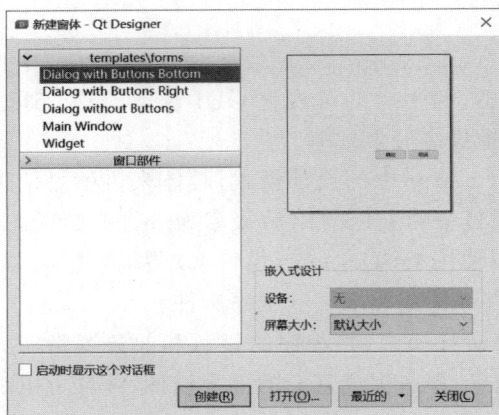

图 2-2 Dialog with Buttons Bottom 窗口及预览效果   图 2-3 Dialog with Buttons Right 窗口及预览效果

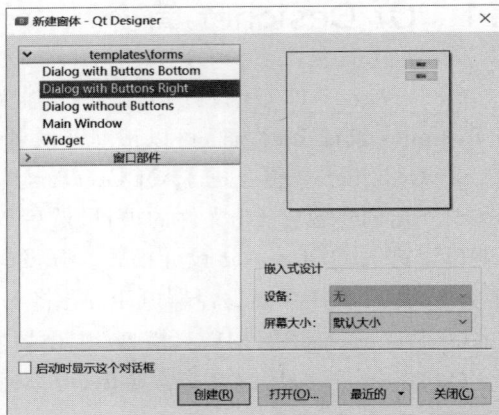

Dialog without Buttons 表示没有按钮的对话框窗口,如图 2-4 所示。

Main Window 表示一个有菜单栏、停靠窗口、状态栏的主窗口,如图 2-5 所示。

Widget 表示通用窗口,如图 2-6 所示。

2.1.2 Qt Designer 的组成部分

在 Qt Designer 的新建窗体对话框中选择 Main Window,然后单击"创建"按钮就可以创建一个主窗口。Qt Designer 的几个主要组成部分如图 2-7 所示。

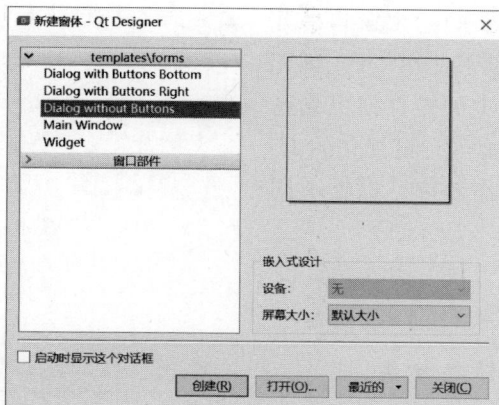

图 2-4　Dialog without Buttons 窗口及预览效果

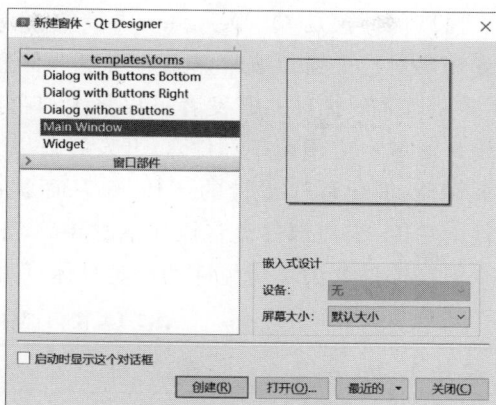

图 2-5　Main Window 窗口及预览效果

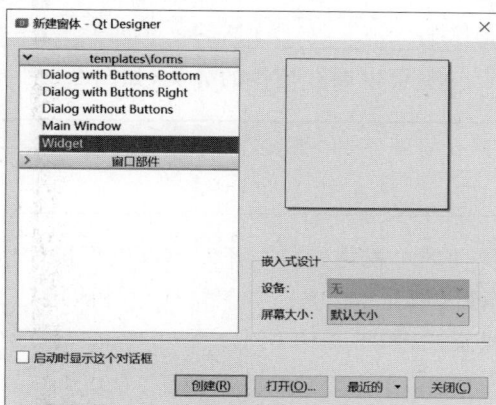

图 2-6　Widget 窗口及预览效果

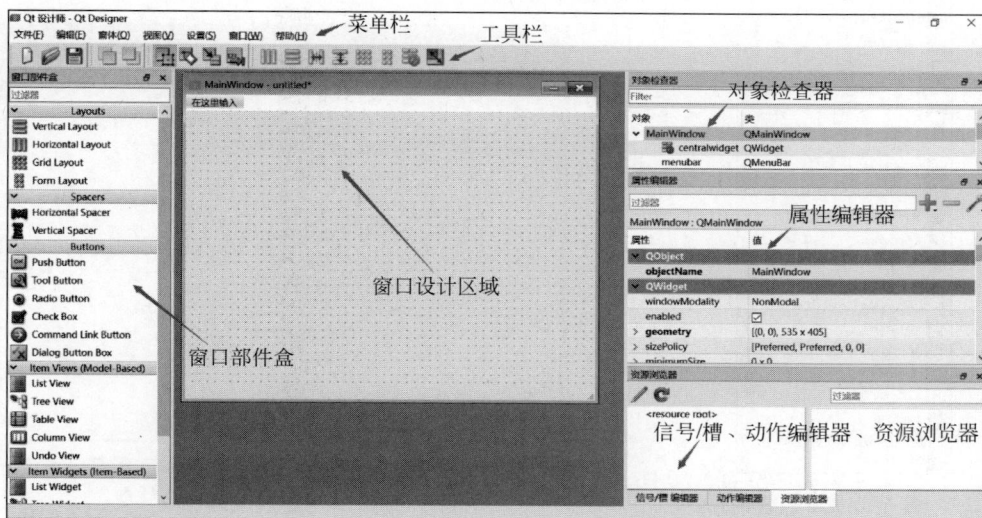

图 2-7　Qt Designer 的组成部分

窗口部件盒是 Qt Designer 中最常用、最重要的一个窗口。开发者需要对这个窗口非常熟悉。窗口部件盒提供了使用 Qt 6 创建 UI 界面所需的控件。开发者可以将窗口部件盒中的控件拖曳到窗口设计区域。应用窗口部件盒,开发者可以方便地进行可视化的 UI 界面设计,简化程序设计的工作量,从而提高工作效率。根据不同控件的功能,窗口部件盒将控件分成 8 类,如图 2-8 所示。

图 2-8 窗口部件盒中控件的分类

窗口部件盒中不同控件的分类具体见表 2-1。

表 2-1 窗口部件盒中不同控件的分类

控 件 分 类	说　明	控 件 分 类	说　明
Layouts	布局类控件	Item Widgets	基于项的控件
Spacers	间隔类控件,也称为垫片类控件	Containers	容器类控件
Buttons	按钮类控件	Input Widgets	输入类控件
Item Views	基于模型的控件	Display Widgets	显示类控件

单击图 2-8 中的符号(＞)就可以展开控件的分类,如图 2-9 所示。

注意:这些控件就是开发者手下的"士兵",作为一名"将军",不仅要记住这些"士兵"的名字,而且要应用它们。

窗口设计区域是 UI 界面的可视化窗口。开发者可以将控件拖曳到窗口设计区域。任何对窗口的改动都可以在该区域显示出来。如果窗口设计区域是 Main Window,则窗口默认显示一个菜单栏、一个状态栏,如图 2-10 所示。

图 2-9 每个分类下包含的控件

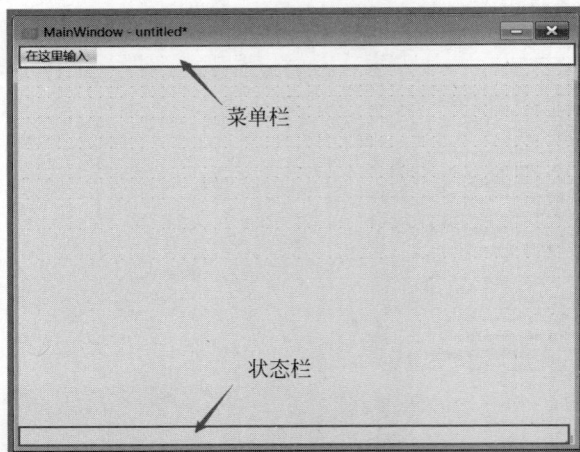

图 2-10 窗口设计区域

注意：在 Qt Designer 的菜单栏中，选择"窗体"→"预览"，或者按快捷键 Ctrl＋R 就可以看到窗口的预览效果。

对象检查器主要用来查看设计窗口中放置的对象列表，如图 2-11 所示。

属性编辑器是 Qt Designer 中另一个常用且重要的窗口，该窗口为 Qt 6 设计的 UI 界面中的窗口、控件、布局等相关属性提供了修改功能。设计窗口中的各个控件的属性都可以在属性编辑器中进行设置。属性编辑器如图 2-12 所示。

图 2-11 对象检查器

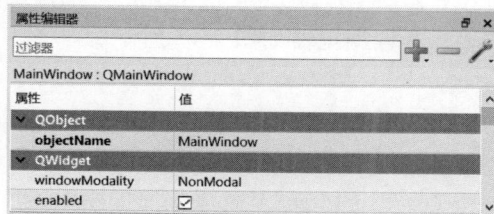

图 2-12 属性编辑器

由于 Qt 6 中的窗口、控件具有继承关系，因此 Qt 6 中的窗口、控件有很多相同的属性，其中常用的属性见表 2-2。

表 2-2 控件、窗口常用的属性

属 性	说 明
objectName	控件对象的名称
geometry	控件对象的相对坐标，以及长度、高度
sizePolicy	控件对象的大小策略
minimumSize	控件对象的最小宽度和最小高度
maximumSize	控件对象的最大宽度和最大高度。如果要固定控件对象的大小，则可以将控件对象的 minimumSize 属性和 maximumSize 属性设置为相同的数值
font	控件对象的字体
cursor	光标
windowTitle	窗口对象的标题
windowIcon	窗口对象的图标、控件对象的图标
iconSize	图标大小
toolTip	提示信息
statusTip	任务栏提示信息
text	控件对象的文本
shortcut	快捷键

注意：Qt 6 中这些控件的属性名字有描述性，而且非常有规律，采用了小驼峰的写法，即属性名字中的第 1 个单词的首字母小写，其他单词的首字母大写。继续向下学习会发现 Qt 6 中控件对象的方法名字也非常有描述性，而且有规律，例如控件对象的 geometry 属性对应的方法为 setGeometry()。

信号/槽编辑器主要用来编辑控件的信号和槽函数,也可以用来为控件添加自定义的信号和槽函数。信号/槽编辑器如图 2-13 所示。

动作编辑器主要用来对控件的动作进行编辑,包括提示文字、图标、图标主题、快捷键等。动作编辑器如图 2-14 所示。

在资源浏览器中,开发者可以为控件添加图片和图标,例如 Label、Button 等控件的背景图片。资源浏览器如图 2-15 所示。

图 2-13 信号/槽编辑器

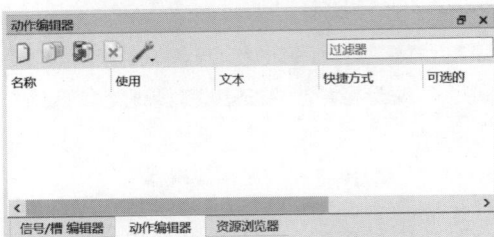

图 2-14 动作编辑器

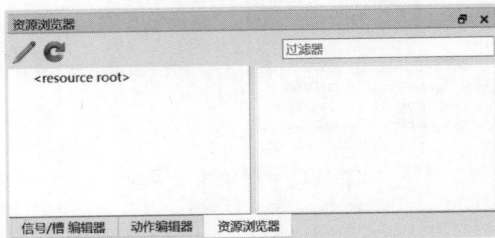

图 2-15 资源浏览器

2.2 窗口界面与业务逻辑分离的编程方法

如果想要构造出易于设计、构造、测试、扩展的系统,则正交性是一个非常重要的概念。"正交性"是从几何学借用来的术语。如果两条直线相交后构成直角,则它们是正交的。对于向量而言,这两条线相互独立。

在计算机科学中,正交性象征着独立性和解耦性。对于两个或多个事物,如果其中一个发生改变而不影响其他任何一个,则这些事物是正交的。在良好的设计系统中,业务逻辑代码应与窗口界面保持正交,即开发者改变窗口界面而不影响业务逻辑代码,同样开发者改变业务逻辑代码而不影响窗口界面。应用窗口界面和业务逻辑分离的编程方法,有 3 个主要的优势:提高编程效率、降低风险、易于修改。

2.2.1 设计 UI 界面

了解了 Qt Designer 的基本窗口后,开发者就可以使用 Qt Designer 或 Qt Creator 的设计模式设计 UI 界面,只需拖曳、单击、修改控件的属性。

【实例 2-1】 使用 Qt 创建一个窗口,该窗口上有一个按钮控件、一个标签控件,并将按钮控件上的文本字体大小设置为 16,将标签控件上的文本字体大小设置为 16。需设置窗口的宽度、高度和标题,操作步骤如下:

(1) 使用 Qt Creator 创建一个模板为 Qt Widgets Application 的项目,将该项目命名为

demo1,保存在 D 盘的 Chapter2 文件夹下。在向导对话框中,选择 QWidget 作为基类,勾选 Generate form 复选框。创建完成后,双击项目管理树中的 widget. ui 文件,进入 Qt Creator 的设计模式,如图 2-16 所示。

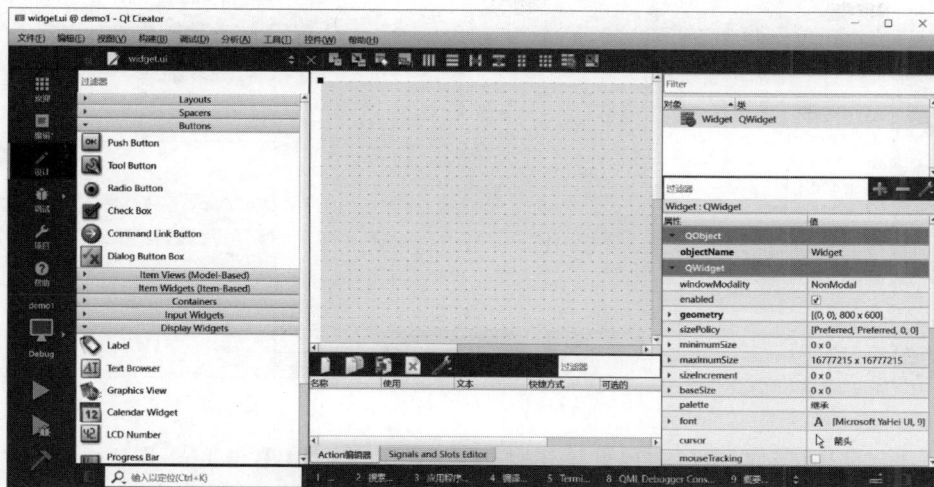

图 2-16　Qt Creator 的设计模式

注意:与图 2-7 对比,Qt Creator 设计模式中的 Qt Designer 窗口布局有些不同。例如动作编辑器和信号/槽编辑器被放置在窗口中间底部,资源浏览器被隐藏,而且所有组成窗口的标题栏都被隐藏。

（2）通过属性编辑器可查看 Widget 窗体的 objectName 属性为 Widget,以及可查看 geometry、windowTitle 等属性。将窗口的宽度设置为 340,将高度设置为 200,将窗口对象的标题设置为“Widget 窗体”,如图 2-17 所示。

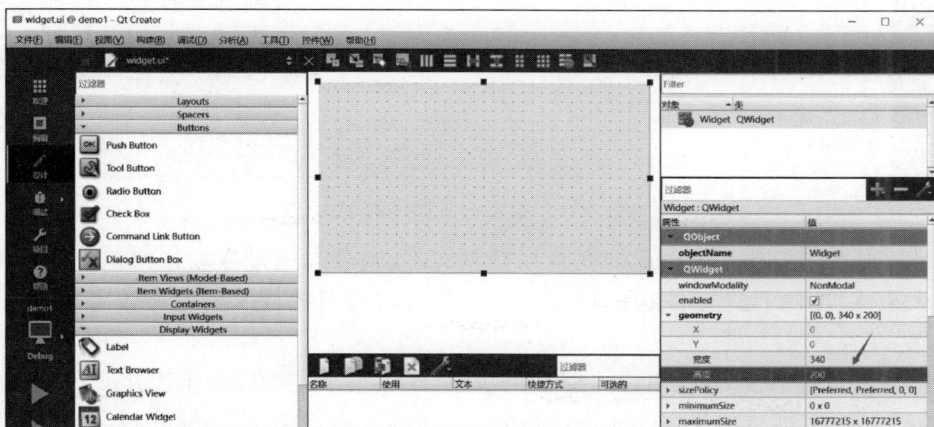

图 2-17　设置窗体的宽度、高度、标题

(3) 将窗口部件盒的 Push Button 控件拖曳到 Widget 窗体中,然后双击 Push Button 控件,并将 Push Button 控件上的文本修改为"猜一猜",如图 2-18 所示。

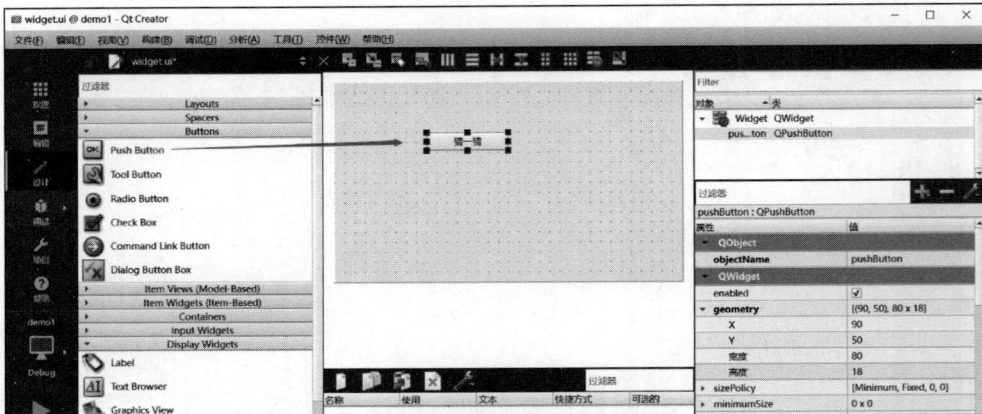

图 2-18　创建按钮控件并修改控件上的文本

(4) 选择按钮控件,然后在属性编辑框中找到 font 属性,单击 font 属性右边的"…"符号,此时会弹出一个"选择字体"对话。在"选择字体"对话框中,将字体的大小设置为 16,并单击"确定"按钮,如图 2-19 所示。

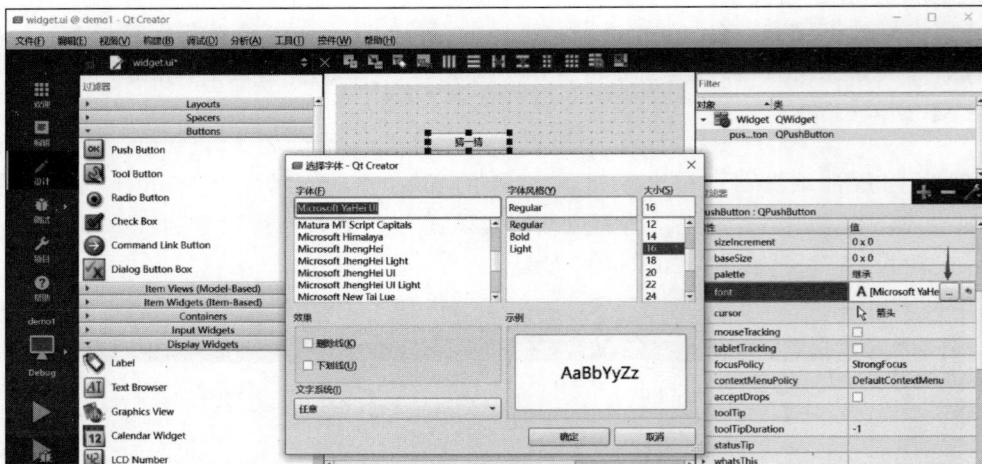

图 2-19　设置按钮控件的字体

(5) 如果按钮控件太小而不能完整地显示文本,则可以通过拖动按钮控件的边框调整控件的大小,让控件上的文本完整地显示出来,然后将按钮控件拖曳到窗体中的合适位置,如图 2-20 所示。

(6) 将窗口部件盒中的 Label 控件拖曳到 Widget 窗体中,双击 Label 控件,并修改 Label 控件上的文本。如果 Label 控件比较小,则可以通过拖动 Label 控件的边框来调整 Label 控件的大小,如图 2-21 所示。

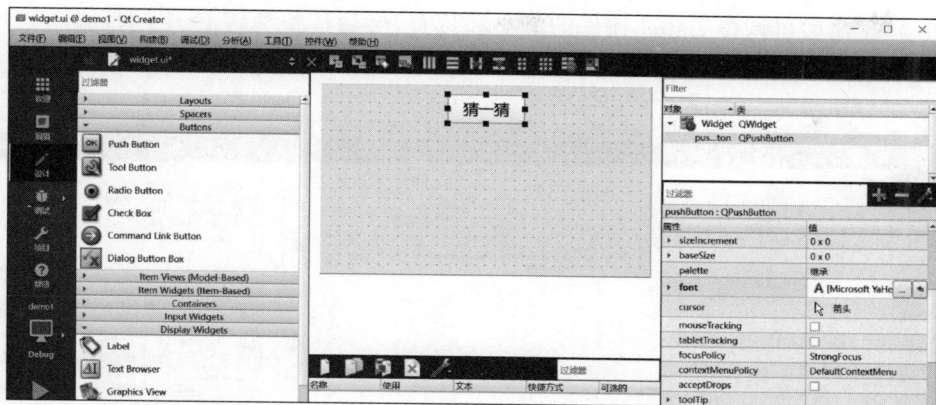

图 2-20　调整按钮控件的大小和位置

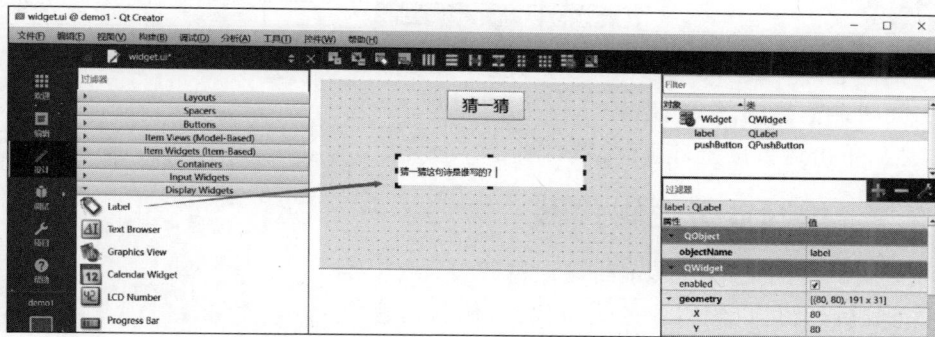

图 2-21　创建 Label 控件

（7）选中 Label 控件，然后在属性编辑框中找到 font 属性，单击 font 属性右边的"…"符号，此时会弹出一个"选择字体"对话框。在"选择字体"对话框中，将字体设置为楷体，将字体的大小设置为 16，并单击"确定"按钮，如图 2-22 所示。

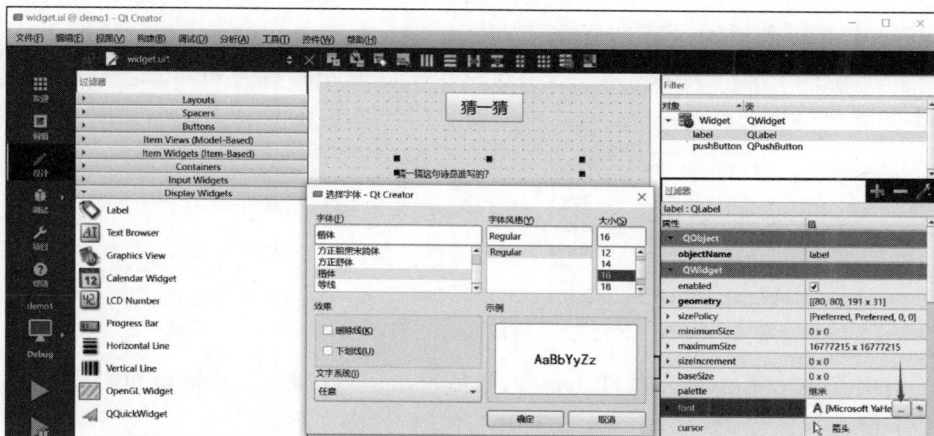

图 2-22　设置 Label 控件的字体

（8）通过拖动可调整 Label 控件的大小和位置，然后按快捷键 Ctrl＋R，这样就可以查看设计窗口的预览效果，如图 2-23 所示。

图 2-23　查看设计窗口的预览效果

（9）关闭预览窗口，按快捷键 Ctrl＋S 保存设计的窗口界面，然后单击运行按钮，运行结果如图 2-24 所示。

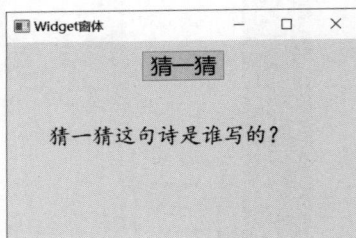

图 2-24　项目 demo1 的运行结果

2.2.2　编写业务逻辑代码

开发者可以使用 Qt Creator 的设计模式设计 UI 界面，设计完成后，就可以编写业务逻辑代码，例如创建信号与槽的连接。开发者既可以手动编写业务逻辑代码，也可以通过右击 UI 界面中的控件，在弹出的菜单中选择"转到槽"的方式编写业务逻辑代码（可参考实例 1-5 中的操作步骤）。

【实例 2-2】　使用 Qt 创建一个窗口，该窗口上有一个按钮控件、一个标签控件，并将按钮控件上的文本字体大小设置为 16，将标签控件上的文本字体大小设置为 16。若单击按钮，则会更改标签上的文本，操作步骤如下：

（1）在 D 盘的 Chapter2 文件夹下，创建一个文件夹并命名为 demo2，然后将本章项目 demo1 中的源代码复制到 demo2 中，并将配置文件名修改为 demo2.pro，如图 2-25 所示。

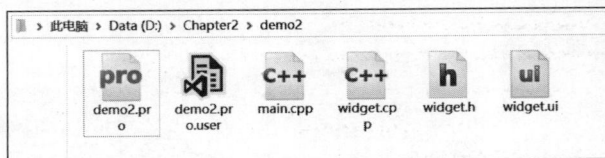

图 2-25　项目 demo2 中的文件

（2）使用 Qt Creator 打开项目 demo2，然后单击运行按钮，运行结果如图 2-26 所示。

（3）关闭运行窗口，编写 widget.h 文件的代码，代码如下：

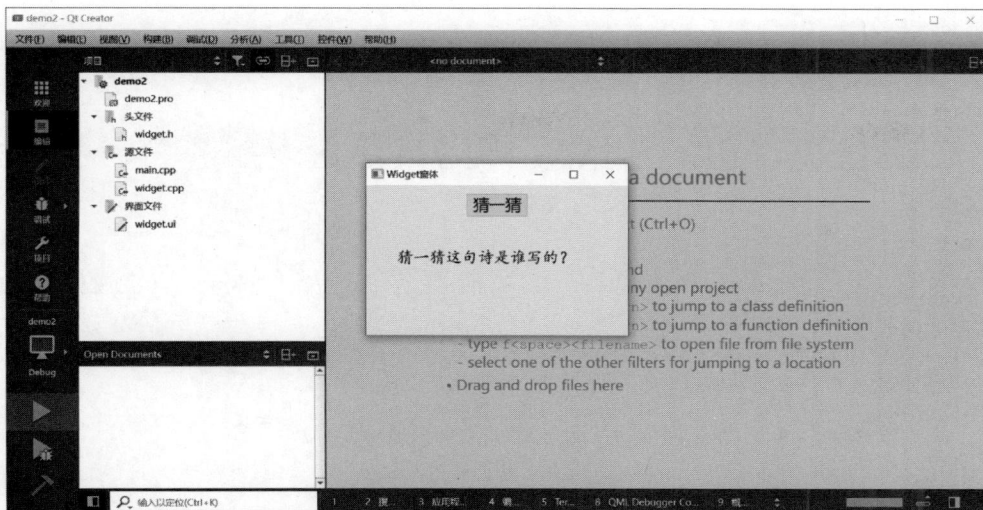

图 2-26 项目 demo2 中的运行窗口

```
/* 第 2 章 demo2 widget.h */
#ifndef WIDGET_H
#define WIDGET_H

#include < QWidget >

QT_BEGIN_NAMESPACE
namespace Ui {
class Widget;
}
QT_END_NAMESPACE

class Widget : public QWidget
{
    Q_OBJECT
public:
    Widget(QWidget * parent = nullptr);
    ~Widget();
private:
    Ui::Widget * ui;
private slots:
    void change_label();                    //创建自定义槽函数
};
#endif //WIDGET_H
```

（4）编写 widget.cpp 文件的代码，代码如下：

```
/* 第 2 章 demo2 widget.cpp */
#include "widget.h"
#include "ui_widget.h"
```

```
Widget::Widget(QWidget * parent):QWidget(parent),ui(new Ui::Widget)
{
    ui->setupUi(this);
    resize(560,220);                   //设置窗口的宽和高
    //使用信号/槽,将按钮的clicked()信号与窗口的change_label()函数关联
    connect(ui->pushButton,SIGNAL(clicked()),this,SLOT(change_label()));
}

Widget::~Widget()
{
    delete ui;
}
//自定义槽函数,修改标签上的文本
void Widget::change_label()
{
    ui->label->setText("问渠那得清如许?为有源头活水来。");
}
```

（5）单击运行按钮,运行结果如图 2-27 和图 2-28 所示。

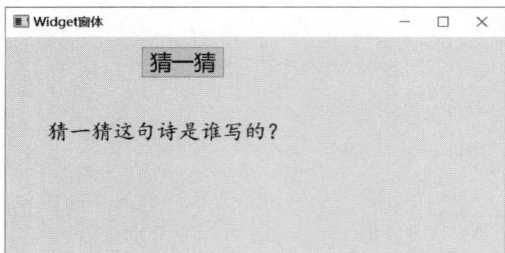

图 2-27 项目 demo2 的运行结果(1) 　　图 2-28 项目 demo2 的运行结果

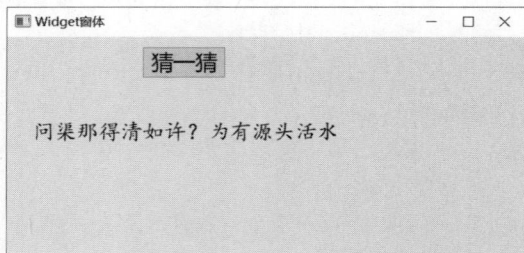

注意：如果读者将源代码 widget.cpp 与图 2-28 对比,则会发现图 2-28 中的标签控件少显示了两个字符“来。”。这是因为没有设置窗口和控件的布局方式,如果设置了布局方式,则控件的宽和高会随着窗口宽和高的改变而发生改变。

2.3　布局管理入门

在 Qt Designer 中,可以通过拖曳的方式向主窗口中添加控件。如果添加的控件比较多,则需要使用布局管理。Qt Designer 提供了多种布局管理方式。

2.3.1　绝对布局

在 Qt Designer 中,最简单的布局方法就是设置控件的 geometry 属性。geometry 属性主要用来设置控件在窗口中的绝对坐标与控件的宽度、高度,如图 2-29 所示。

▶4min

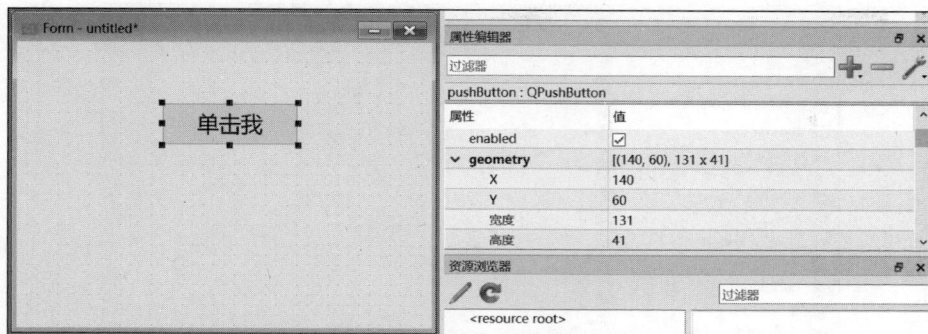

图 2-29　按钮控件的 geometry 属性

从图 2-29 可知,按钮控件的左上角距离主窗口左侧边缘 140 像素,距离主窗口上侧边缘 70 像素;按钮控件的宽度为 131 像素,高度为 41 像素。

2.3.2　使用布局管理器布局

在 Qt Designer 中,有 4 种窗口布局方式,分别为 Vertical Layout(垂直布局)、Horizontal Layout(水平布局)、Grid Layout(栅格布局或网格布局)、Form Layout(表单布局)。这 4 种方式位于窗口部件盒的 Layouts 栏中,如图 2-30 所示。

图 2-30　按钮控件的 geometry 属性

这 4 种布局方式的作用见表 2-3。

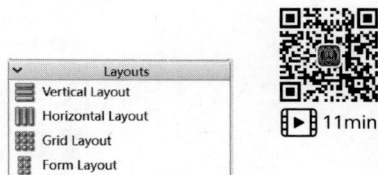

表 2-3　布局方式的作用

布局方式	作用
Vertical Layout	控件按照从上到下的顺序进行纵向排列
Horizontal Layout	控件按照从左到右的顺序进行横向排列
Grid Layout	将控件放置在栅格布局中,栅格布局会根据控件的所在位置划分为若干行(row)或列(column)。这样每个控件会被放置在栅格布局中的单元格中
Form Layout	控件以两列的形式分布在表单布局中,其中左列包含标签,右列包含输入控件

1. 垂直布局

在 Qt Designer 中,应用垂直布局有两种方法。第 1 种方法:可以先创建 Vertical Layout 控件,然后将其他控件添加到 Vertical Layout 控件中,如图 2-31 和图 2-32 所示。

第 2 种方法:可以先创建多个控件,然后选中这些控件并右击,在弹出的菜单中选择"布局"→"垂直布局",如图 2-33 和图 2-34 所示。

在 Qt Designer 中,可以在主窗口的空白区域右击,在弹出的菜单中选择"布局"→"垂直布局",这样就可以设置主窗口的垂直布局。设置完毕后如图 2-35 所示。

2. 水平布局

在 Qt Designer 中,应用水平布局有两种方法。第 1 种方法:可以先创建 Horizontal Layout 控件,然后将其他控件添加到 Horizontal Layout 控件中,如图 2-36 和图 2-37 所示。

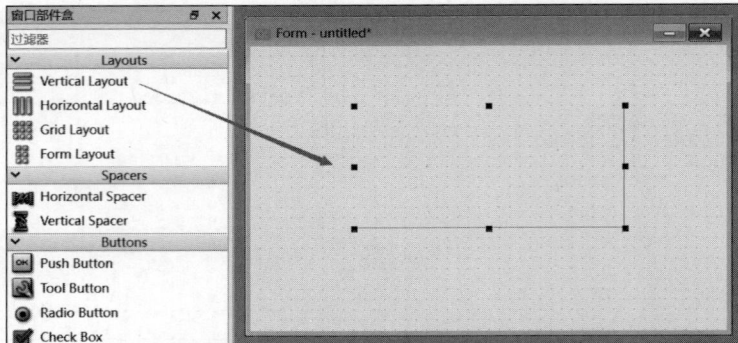

图 2-31　将 Vertical Layout 控件拖曳到主窗口上

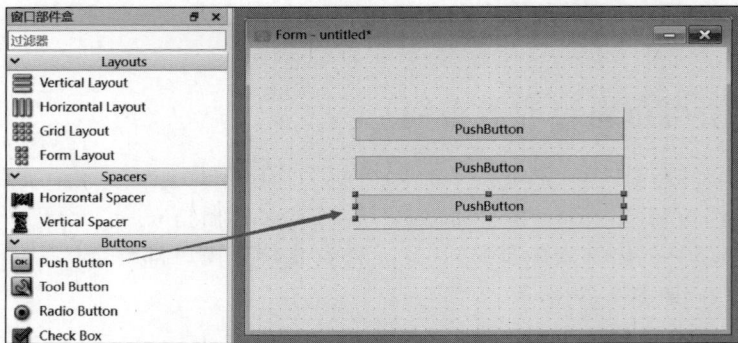

图 2-32　将多个 Push Button 控件拖曳到 Vertical Layout 控件中

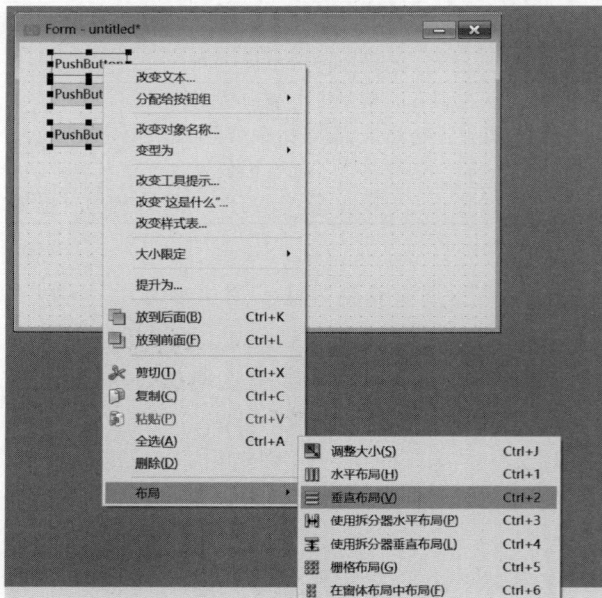

图 2-33　选择多个控件后右击,设置为垂直布局

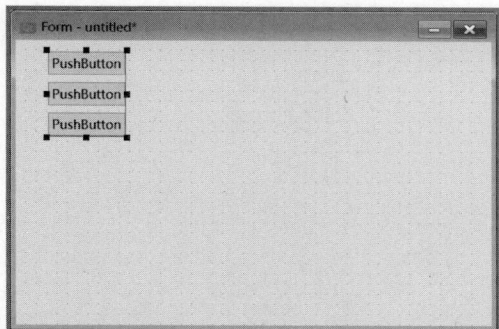

图 2-34　设置垂直布局后的按钮控件

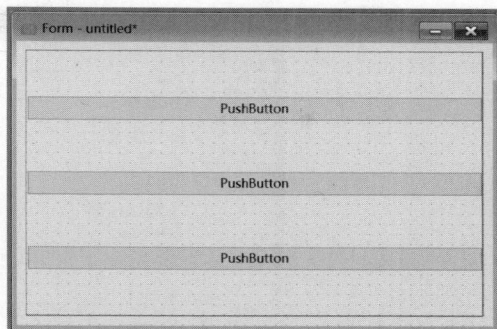

图 2-35　主窗口的垂直布局

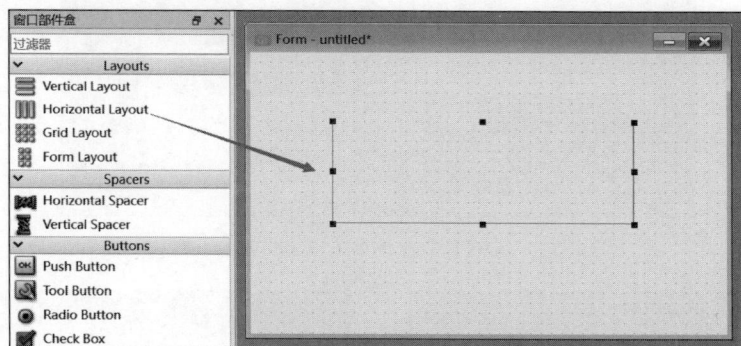

图 2-36　将 Horizontal Layout 控件拖曳到主窗口上

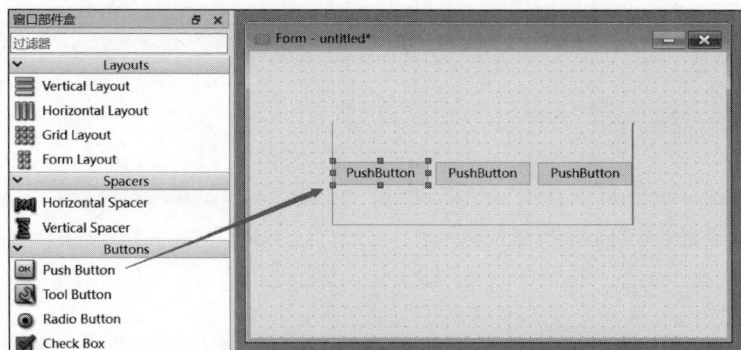

图 2-37　将多个 Push Button 控件拖曳到 Horizontal Layout 控件中

第 2 种方法：可以先创建多个控件，然后选中这些控件并右击，在弹出的菜单中选择"布局"→"水平布局"，如图 2-38 和图 2-39 所示。

在 Qt Designer 中，可以在主窗口的空白区域右击，在弹出的菜单中选择"布局"→"水平布局"，这样就可以设置窗口的水平布局。设置完毕后如图 2-40 所示。

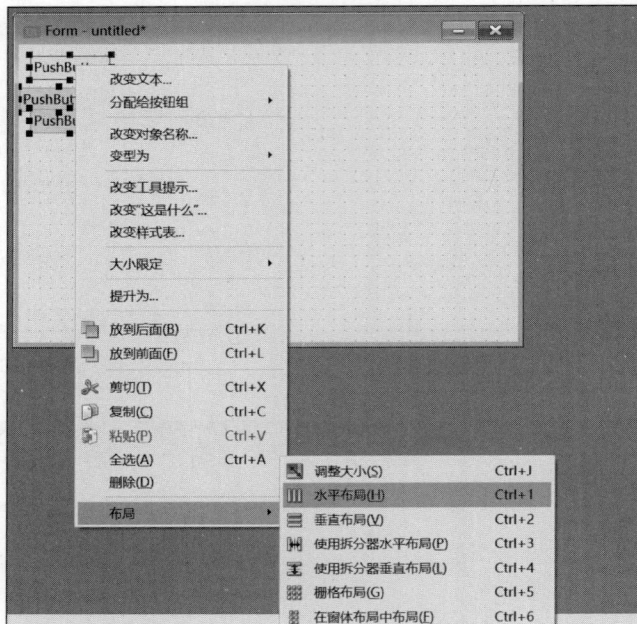

图 2-38　选中多个控件后右击,设置水平布局

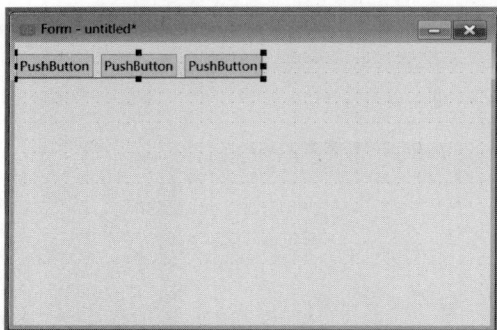

图 2-39　设置水平布局后的按钮控件　　　　　图 2-40　主窗口的水平布局

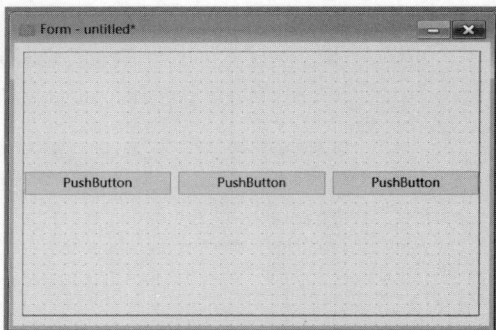

3. 栅格布局

在 Qt Designer 中,应用栅格布局有两种方法。第 1 种方法:可以先创建 Grid Layout 控件,然后将其他控件添加到 Grid Layout 控件中,如图 2-41 和图 2-42 所示。

第 2 种方法:可以先创建多个控件,然后选中这些控件并右击,在弹出的菜单中选择 "布局"→"栅格布局",如图 2-43 和图 2-44 所示。

在 Qt Designer 中,可以在主窗口的空白处右击,在弹出的菜单中选择"布局"→"栅格 布局",这样就可以设置主窗口的栅格布局。设置完毕后如图 2-45 所示。

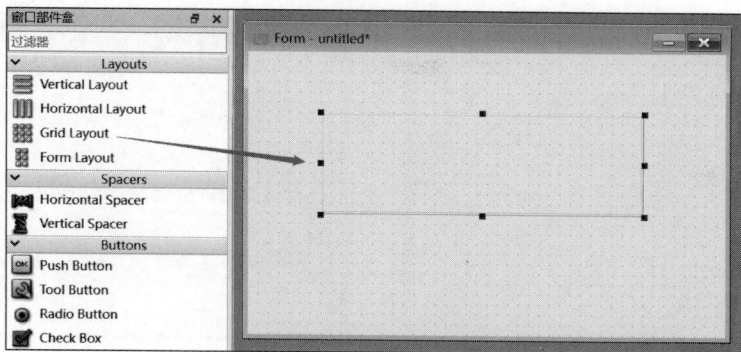

图 2-41 将 Grid Layout 控件拖曳到主窗口

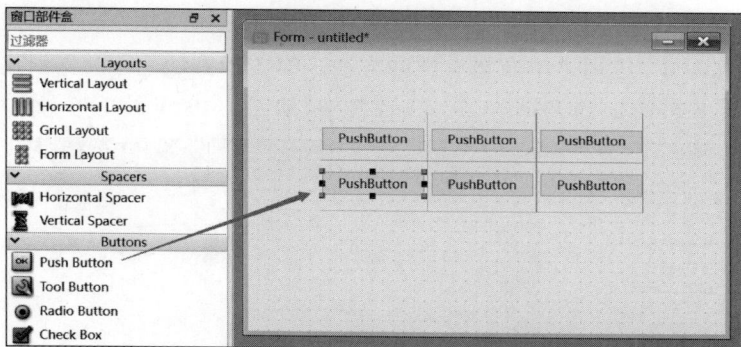

图 2-42 将多个 Push Button 控件拖曳到 Grid Layout 控件中

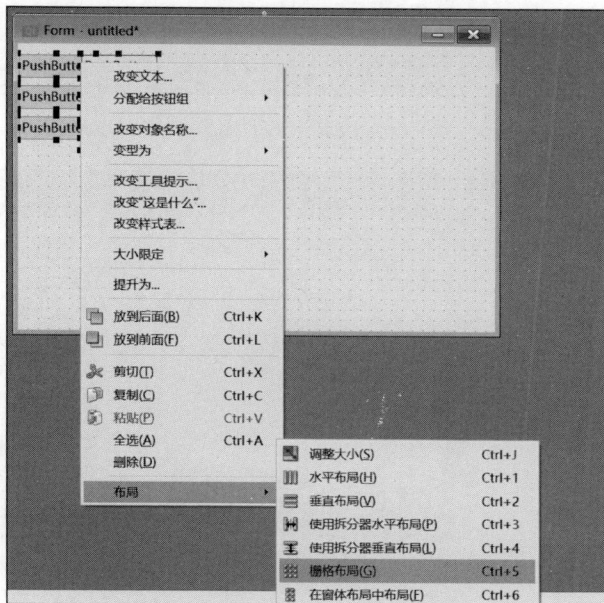

图 2-43 选中多个控件后右击,设置栅格布局

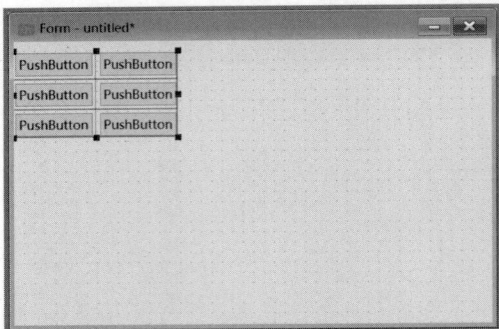

图 2-44　设置栅格布局后的按钮控件

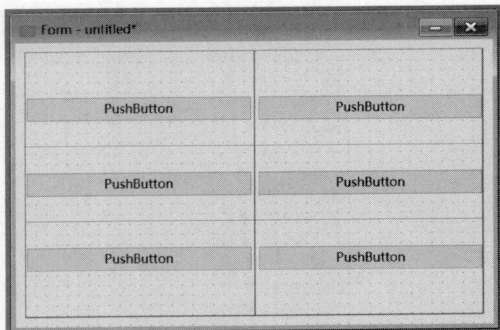

图 2-45　主窗口的栅格布局

4. 表单布局

在 Qt Designer 中,应用表单布局有两种方法。第 1 种方法:可以先创建 Form Layout 控件,然后将其他控件添加到 Form Layout 控件中,如图 2-46 和图 2-47 所示。

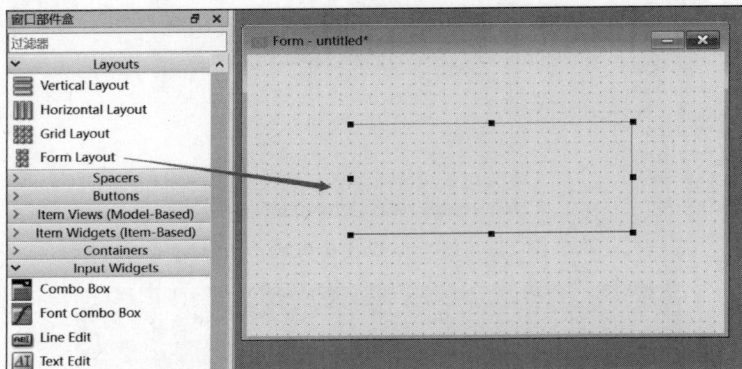

图 2-46　将 Form Layout 控件拖曳到主窗口上

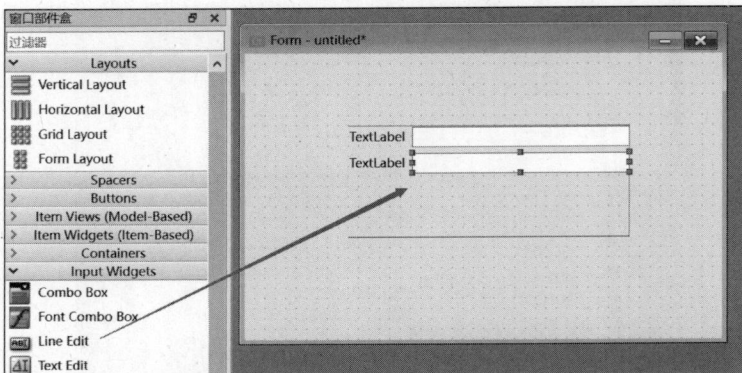

图 2-47　将不同类别的控件拖曳到 Form Layout 控件中

第2种方法：可以先创建多个控件，然后选中这些控件并右击，在弹出的菜单中选择"布局"→"在窗体布局中布局"，如图 2-48 和图 2-49 所示。

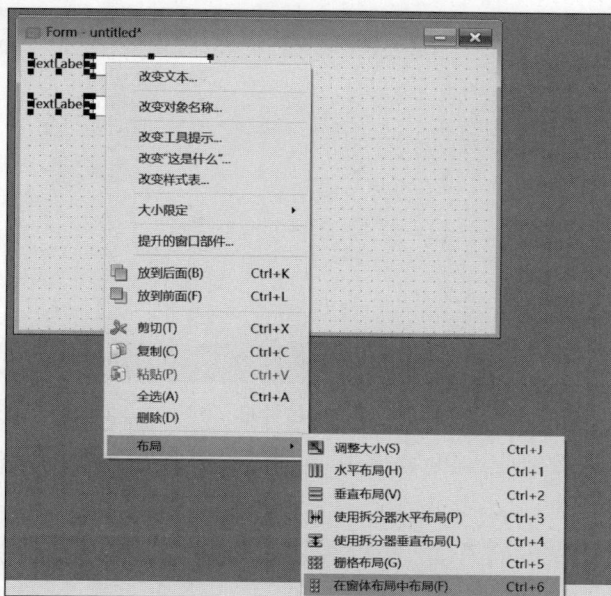

图 2-48　选中多个控件后右击，设置表单布局

在 Qt Designer 中，可以在主窗口的空白区域右击，在弹出的菜单中选择"布局"→"在窗体布局中布局"，这样就可以设置主窗口的表单布局。设置完毕后如图 2-50 所示。

图 2-49　设置表单布局后的控件

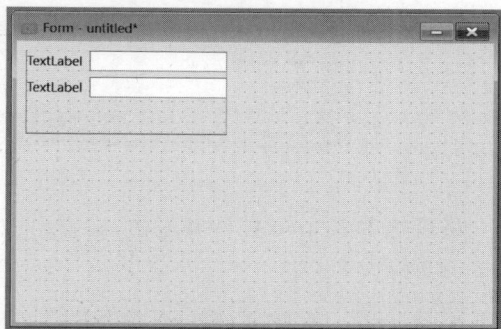

图 2-50　主窗口的表单布局

2.3.3　使用容器控件布局

容器控件是指能够容纳子控件的控件。使用容器控件可以将容器内的控件归为一类，用来与其他控件进行区分。当然，也可使用容器控件对其子控件进行布局，只不过这种方法没有布局管理器常用。

　　使用容器控件的方法:首先从窗口部件盒 Containers 栏中将 Frame 控件拖曳到主窗口,如图 2-51 所示。

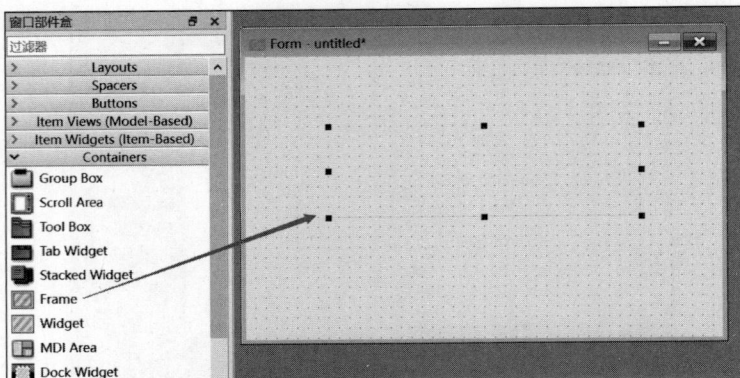

图 2-51　将 Frame 控件拖曳到主窗口

　　然后将多个控件拖曳到 Frame 控件中,包括 Label 控件、Push Button 控件、Line Edit 控件,如图 2-52 所示。

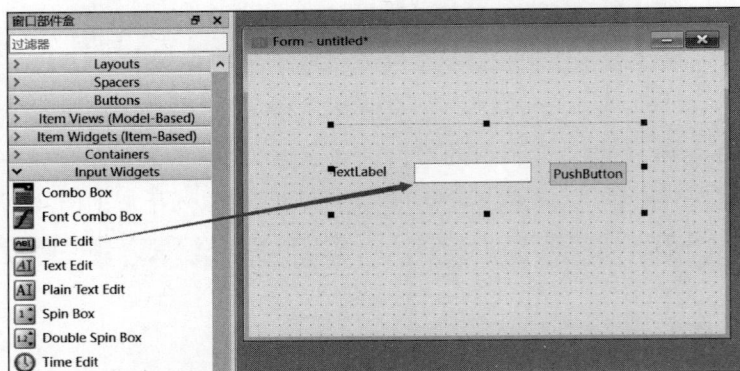

图 2-52　将多个控件拖曳到 Frame 控件中

　　最后选中 Frame 控件并右击,在弹出的菜单中选择"布局"→"水平布局",如图 2-53 和图 2-54 所示。

2.3.4　使用间隔控件进行布局

　　间隔控件也称为垫片控件、弹簧控件,位于窗口部件盒的 Spacers 栏中,包括 Horizontal Spacer(水平间隔控件)、Vertical Spacer(垂直间隔控件)。在布局中,间隔控件用于在不同的控件之间添加间隔,以辅助解决一些布局无法完美解决的布局排列问题。

　　使用间隔控件的方式是直接将 Horizontal Spacer 或 Vertical Spacer 拖曳到不同控件的间隔之间,如图 2-55 所示。

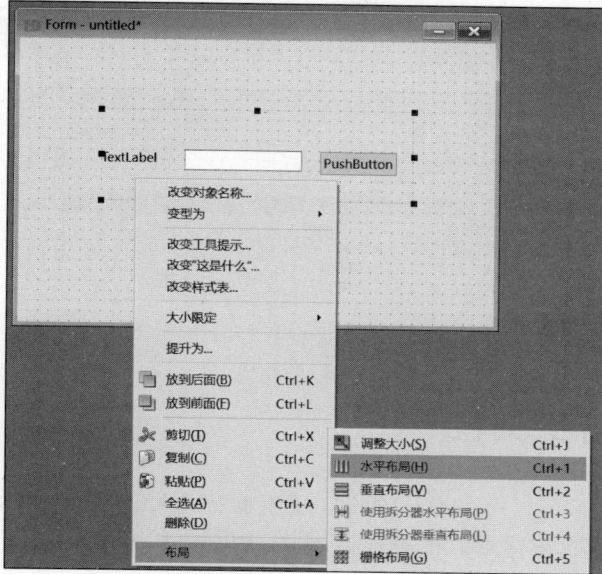

图 2-53　选中 Frame 控件，设置水平布局

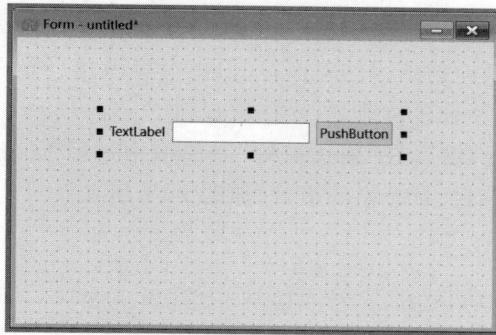

图 2-54　设置水平布局的 Frame 控件

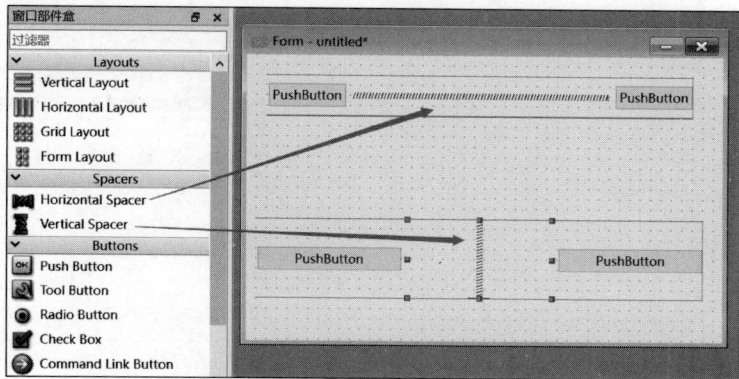

图 2-55　将间隔控件拖曳到不同控件的间隔之间

在 Qt 中,Spacer 控件对应于 QSpacerItem 类。Spacer 控件比较简单,除了自己的名字之外,只有 3 个属性,如图 2-56 所示。

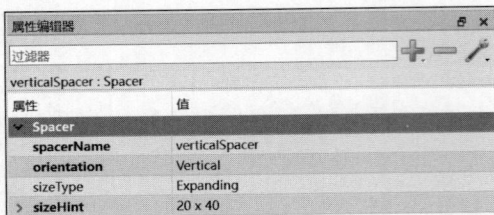

图 2-56　Spacer 控件的属性

2.4　菜单栏与工具栏

在 Qt Designer 中,可以向主设计窗口区域添加菜单栏、工具栏。如果要在主窗口区域添加菜单栏,则要在新建窗体对话框中选择 Main Window 类型的窗体。

2.4.1　添加菜单栏

【实例 2-3】　使用 Qt Designer 设计一个带有菜单的窗口,该窗口有"文件"菜单、"关于"菜单。"文件"菜单下包含新建、打开、保存、退出菜单选项,"关于"菜单下包含关于菜单选项。需要给每个菜单选项设置快捷键,操作步骤如下:

(1) 打开 Qt Designer 软件,在"新建窗体"对话框中选择 Main Window,然后单击"创建"按钮即可创建带有菜单栏、状态栏的窗口,如图 2-57 所示。

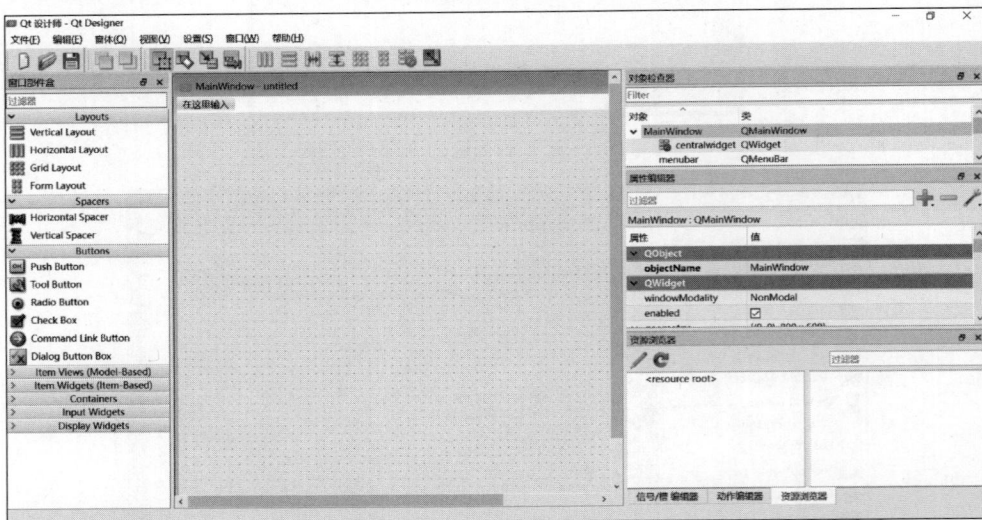

图 2-57　创建 Main Window 类型的窗体

（2）选中主窗口，然后在右侧的属性编辑框中将主窗口的宽度设置为 560 像素，将高度设置为 360 像素，如图 2-58 所示。

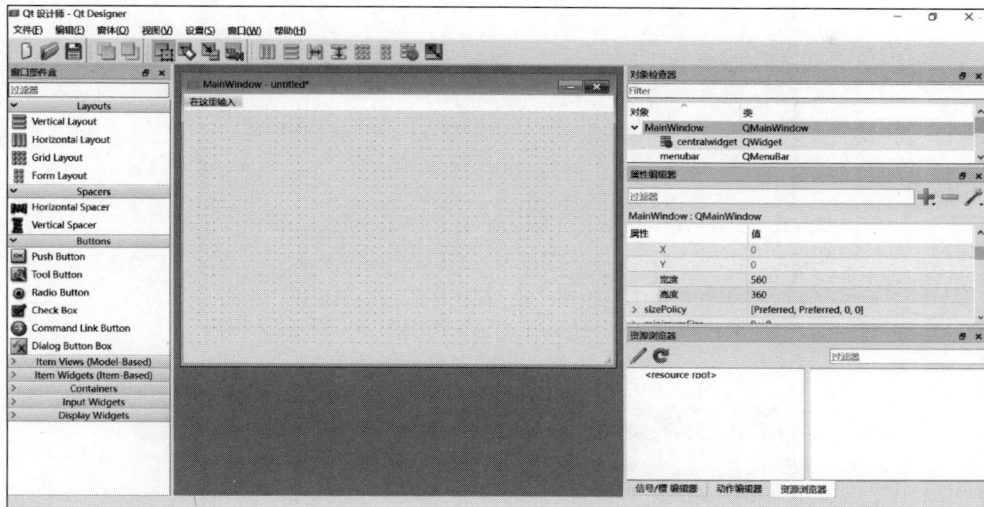

图 2-58　设置主窗口的宽度、高度

（3）双击菜单栏中的"在这里输入"，然后在其中输入"文件"，此时会显示下拉菜单，以及与"文件"并列的另一菜单选项，如图 2-59 所示。

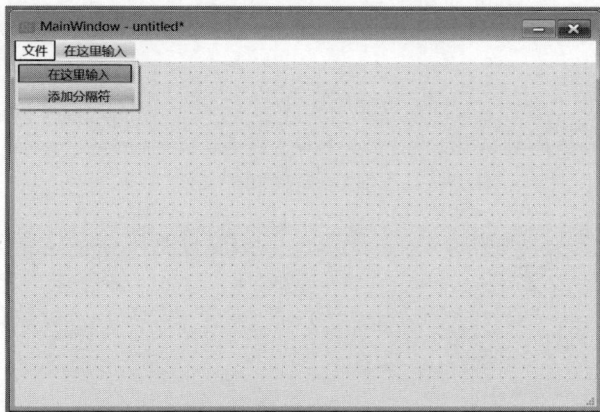

图 2-59　添加文件菜单

（4）在"文件"菜单下，一次添加 New、Open、Save 选项，如图 2-60 所示。

（5）双击"添加分隔符"，可以在 Save 菜单选项下添加一个分隔符，如图 2-61 所示。

（6）双击"在这里输入"，然后在其中输入 Quit，如图 2-62 所示。

（7）在菜单栏中，双击"在这里输入"，然后在其中输入"关于"，如图 2-63 所示。

（8）在"关于"菜单下，双击"在这里输入"，然后在其中输入 About，如图 2-64 所示。

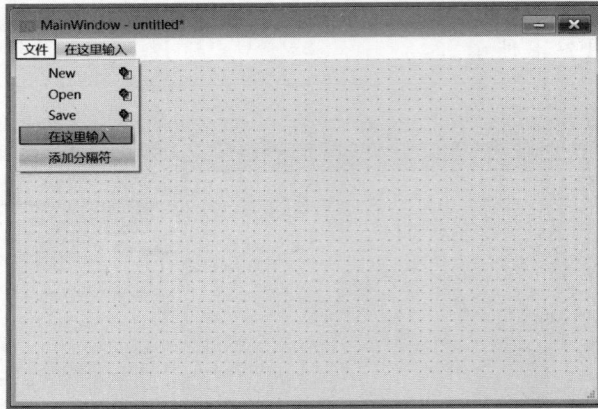

图 2-60　给"文件"菜单添加选项

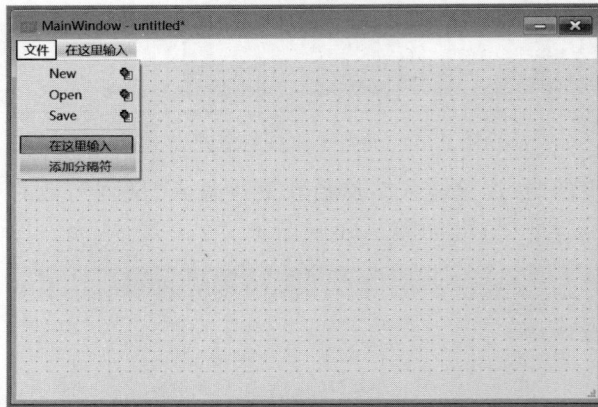

图 2-61　添加分隔符后的"文件"菜单

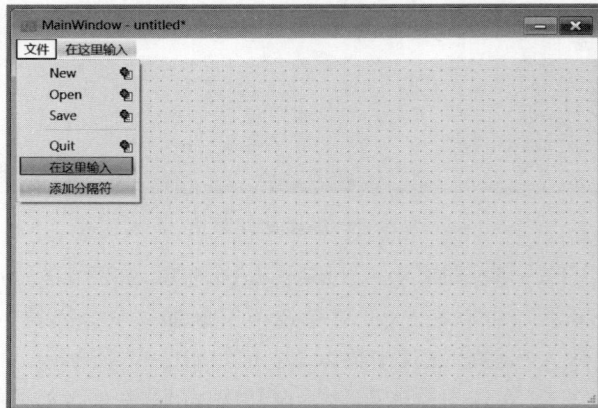

图 2-62　给"文件"菜单添加 Quit 选项

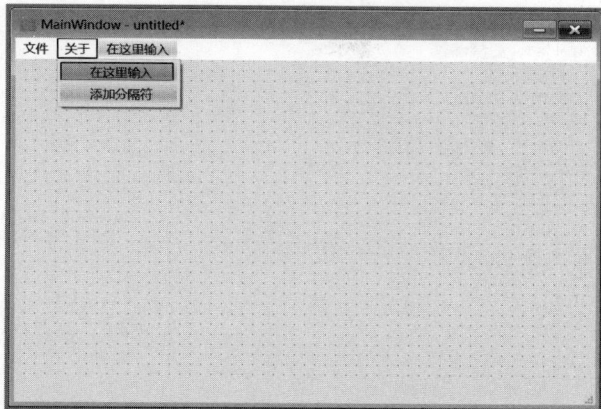

图 2-63　添加"关于"菜单

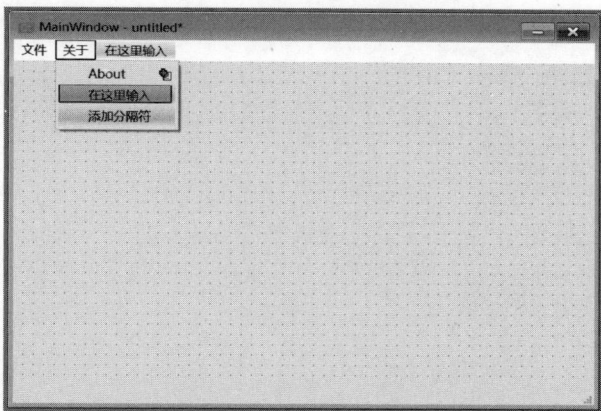

图 2-64　给"关于"菜单添加 About 选项

（9）选中"文件"菜单下的 New 菜单选项，然后在属性编辑器上将 text 属性修改为"新建"，然后选择 shortcut 属性，按快捷键 Ctrl＋N 就可以将 shortcut 属性设置为 Ctrl＋N，这表示为"新建"菜单选项添加了快捷键 Ctrl＋N，如图 2-65 和图 2-66 所示。

（10）将 Open 菜单选项的 text 属性修改为"打开"，将 shortcut 属性修改为快捷键 Ctrl＋O；将 Save 菜单选项的 text 属性修改为"保存"，将 shortcut 属性修改为快捷键 Ctrl＋S；将 Quit 菜单选项的 text 属性修改为"退出"，将 shortcut 属性修改为快捷键 Ctrl＋Q，如图 2-67 所示。

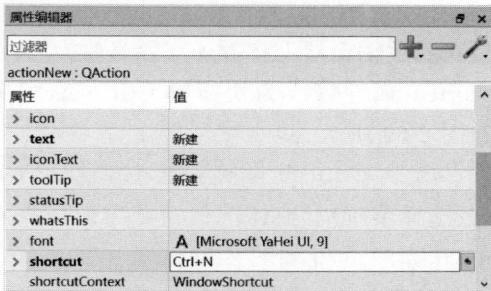

图 2-65　修改 New 菜单选项的 text、shortcut 属性

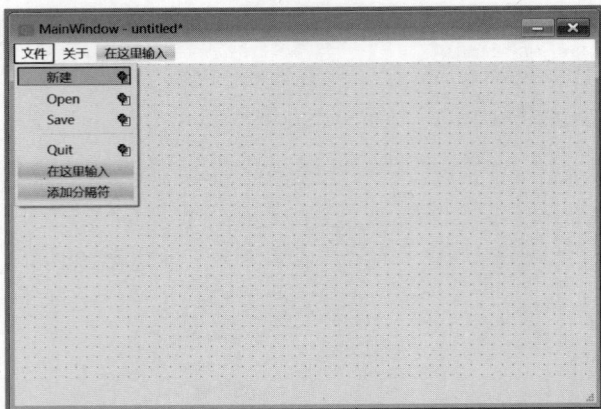

图 2-66 修改属性后的 New 菜单选项

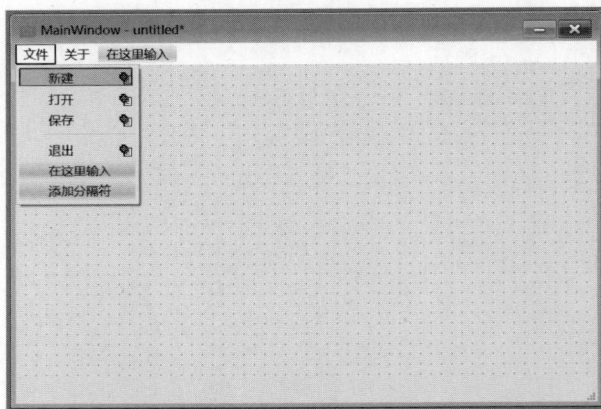

图 2-67 修改属性后的"文件"菜单选项

(11) 选中"关于"菜单下的 About 选项,然后在属性编辑器上将 text 属性修改为"关于",将 shortcut 属性修改为快捷键 Ctrl+A,如图 2-68 和图 2-69 所示。

(12) 在 Qt Designer 中,按快捷键 Ctrl+R (或选择菜单栏"窗体"→"预览")即可查看预览窗口,如图 2-70 和图 2-71 所示。

(13) 关闭预览窗口,单击 Qt Designer 窗口右下角的"动作编辑器"即可查看添加的动作,如图 2-72 所示。

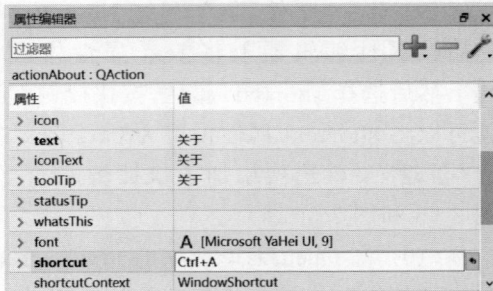

图 2-68 修改 About 菜单选项的属性

(14) 按快捷键 Ctrl+S,保存窗口界面,并将其保存在 D 盘的 Chapter2 文件夹下,命名为 demo3.ui。

图 2-69 修改属性后的"关于"菜单

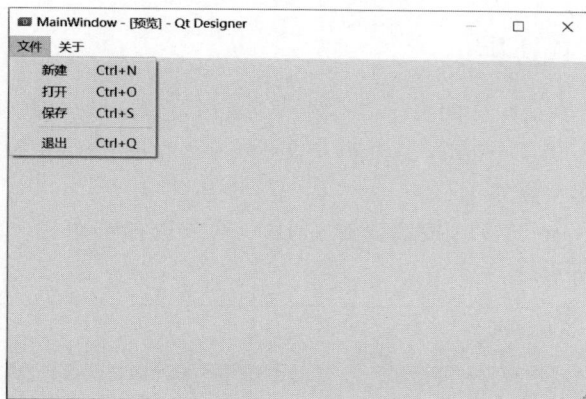

图 2-70 "文件"菜单的预览效果

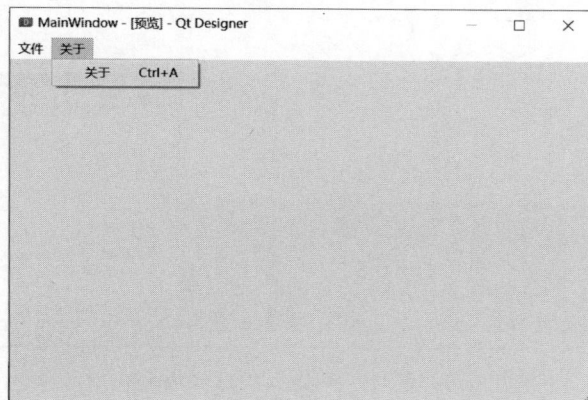

图 2-71 "关于"菜单的预览效果

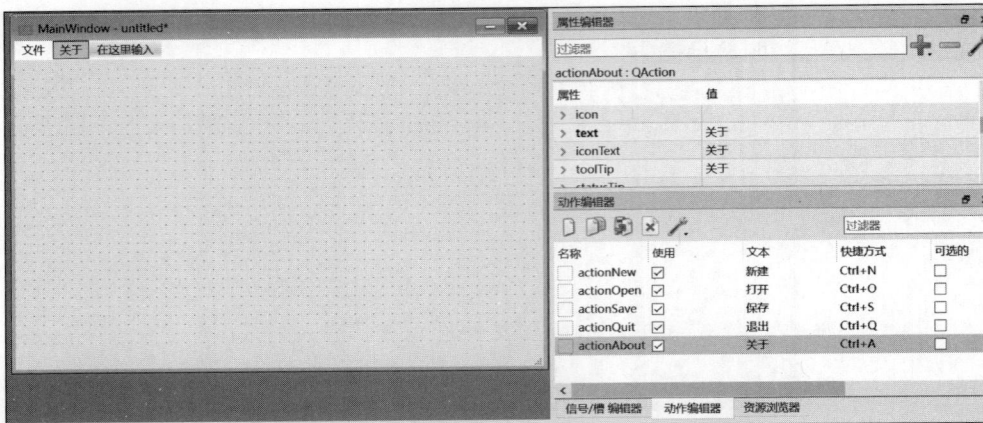

图 2-72　Qt Designer 中的动作编辑器

2.4.2　添加工具栏

在 Qt Designer 中,默认生成的主窗口不显示工具栏,但可以通过鼠标右键来添加工具栏。

【实例 2-4】　使用 Qt Designer 打开窗口文件 demo3.ui,并给主窗口添加工具栏,然后另存为 demo4.ui,操作步骤如下:

(1) 打开 Qt Designer 软件,按快捷键 Ctrl+O(或选择菜单栏"文件"→"打开")打开 demo3.ui,如图 2-73 所示。

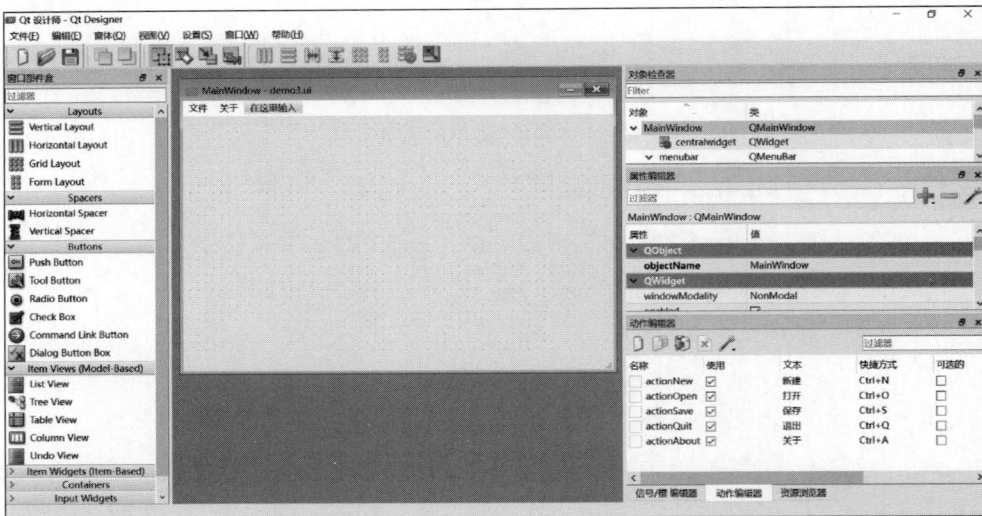

图 2-73　在 Qt Designer 中打开 demo3.ui

(2) 选择主窗口区域后右击,在弹出的菜单中选择"添加工具栏",如图 2-74 和图 2-75 所示。

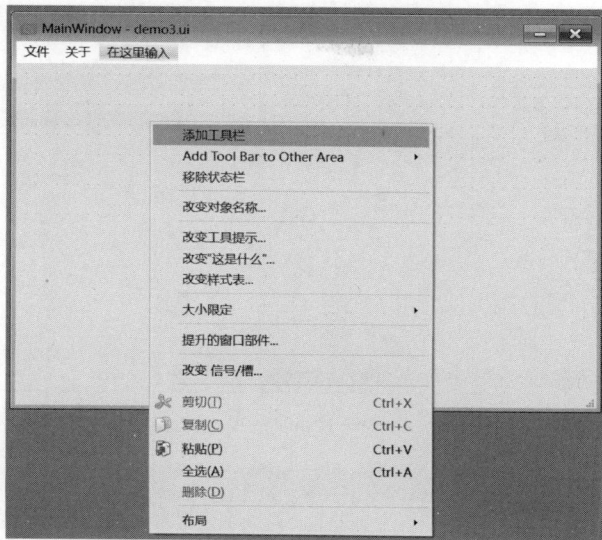

图 2-74　选择主窗口后右击

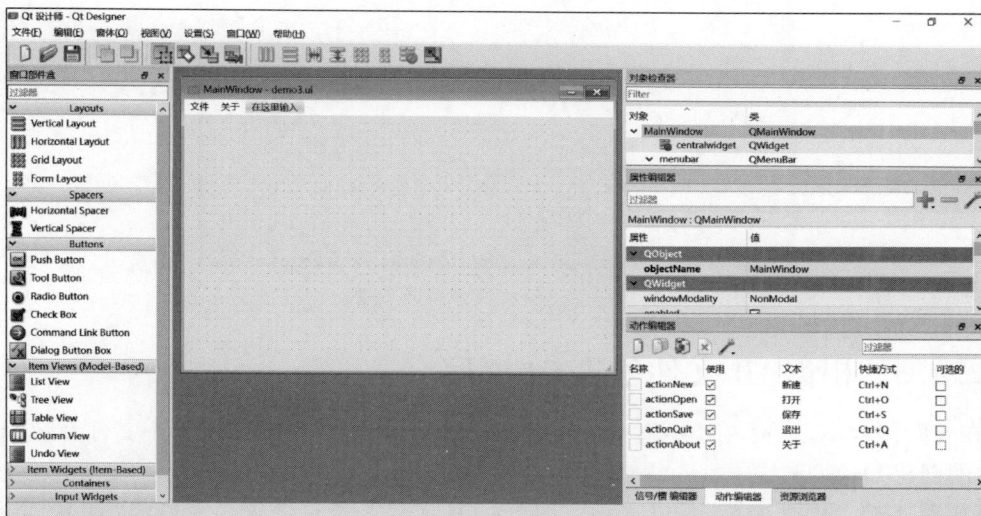

图 2-75　添加工具栏的主窗口

（3）将动作编辑器的 actionNew 拖曳到工具栏，这样就在工具栏添加了一个"新建"工具，如图 2-76 所示。

（4）依次将动作编辑器中的 actionOpen、actionSave、actionQuit、actionAbout 拖曳到工具栏中，完成后如图 2-77 所示。

（5）选择 Qt Designer 菜单栏的"文件"→"另存为"，将窗口文件保存在 D 盘的 Chapter2 文件夹下并命名为 demo4.ui。

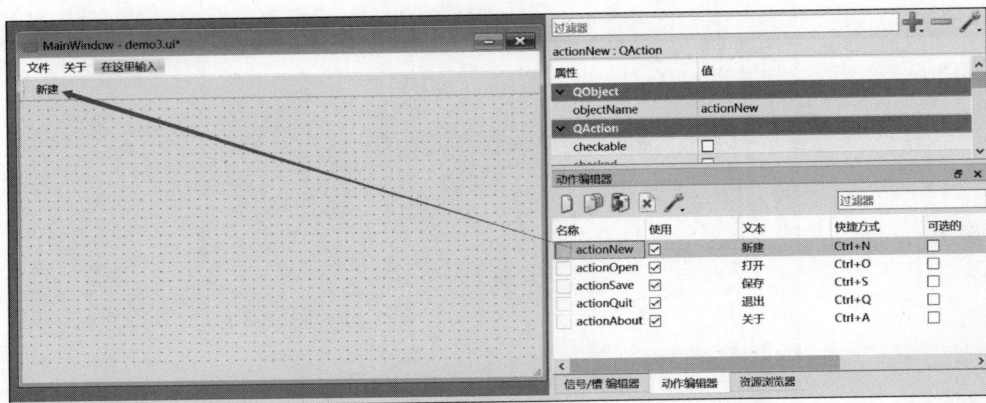

图 2-76 将 actionNew 拖曳到工具栏中

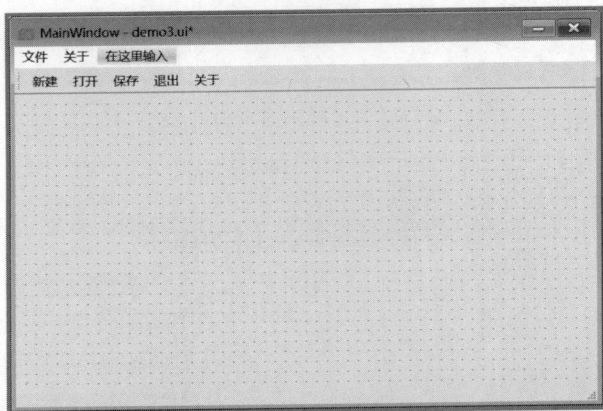

图 2-77 添加工具栏后的主窗口

2.4.3 根据 UI 文件创建 Qt 项目

在实际编程中,开发者可使用 Qt Designer 设计 UI 界面并保存为 UI 文件,然后根据 UI 文件创建 Qt 项目。

【实例 2-5】 根据 UI 文件 demo4.ui 创建 Qt 项目。若单击软件窗口的"退出"菜单选项,则关闭窗口,操作步骤如下:

(1) 使用 Qt Creator 创建一个模板为 Qt Widgets Application 的项目,将项目命名为 demo5,并保存在 D 盘的 Chapter2 文件夹下。在向导对话框中选择基类 QMainWindow,并勾选 Generate form 复选框,创建的项目 demo5 如图 2-78 所示。

(2) 删除项目 demo5 中的原 UI 文件,然后将 demo4.ui 文件复制到项目 demo5 中,并重命名为 mainwindow.ui,如图 2-79 所示。

(3) 在 Qt Creator 中,双击项目管理器中的 mainwindow.ui,可以在 Qt Creator 的设计模式中查看已经设计好的窗口界面,如图 2-80 所示。

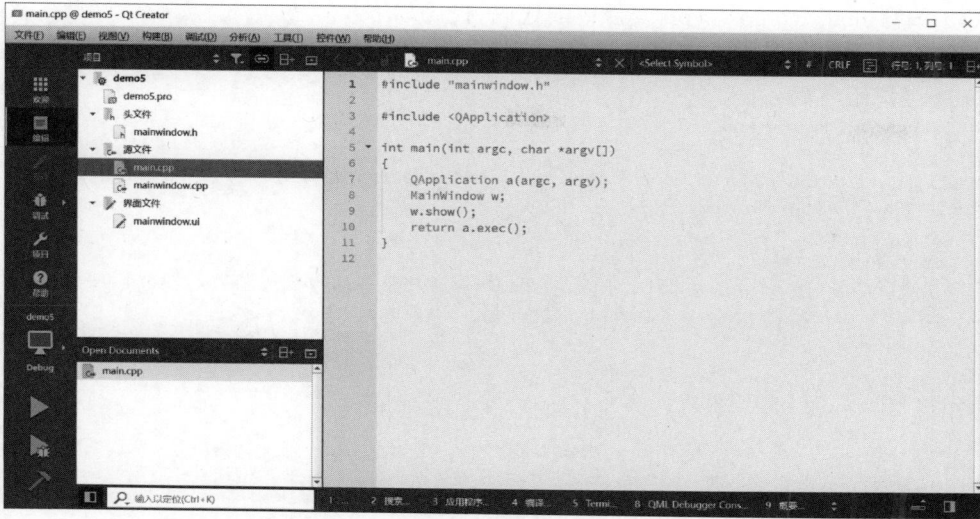

图 2-78   使用 Qt Creator 创建的项目 demo5

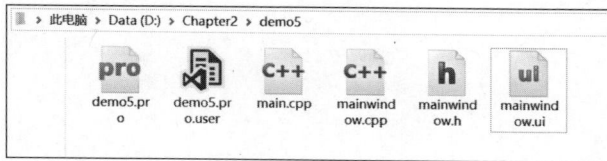

图 2-79   项目 demo5 中的文件

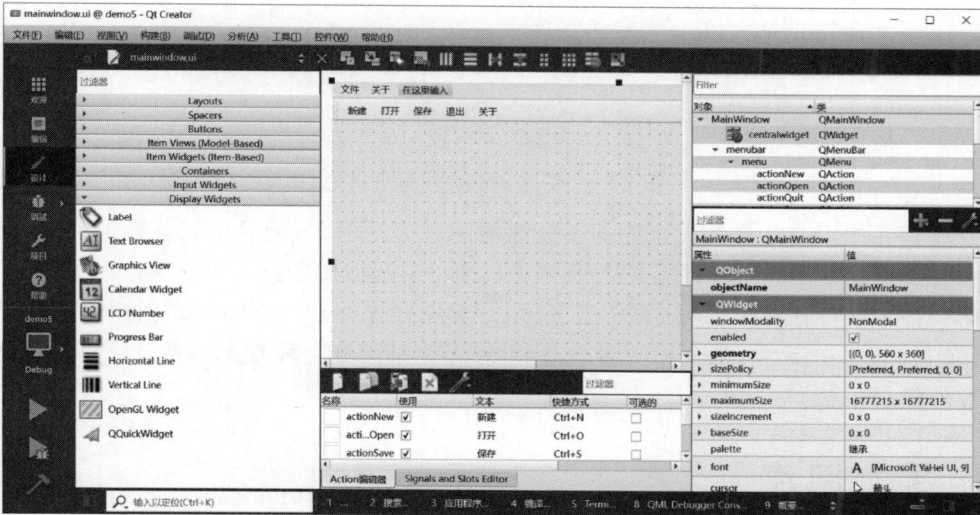

图 2-80   Qt Creator 设计模式中的窗口界面

(4) 编写 mainwindow.cpp 文件中的代码,代码如下:

```cpp
/* 第2章 demo5 mainwindow.cpp */
#include "mainwindow.h"
#include "ui_mainwindow.h"

MainWindow::MainWindow(QWidget * parent):QMainWindow(parent)
    ,ui(new Ui::MainWindow)
{
    ui->setupUi(this);
    //使用信号/槽,将 actionQuit 的 triggered()信号与窗口的内置槽函数 close()关联
    connect(ui->actionQuit,SIGNAL(triggered()),this,SLOT(close()));
}

MainWindow::~MainWindow()
{
    delete ui;
}
```

(5) 单击运行按钮,运行结果如图 2-81 所示。

图 2-81　项目 demo5 的运行结果

开发者在使用窗口界面与业务逻辑分离的编程方法时,有两种方法:第1种方法是在 Qt Creator 的设计模式中设计 UI 界面(例如实例 2-1 的操作步骤)。

第2种方法首先使用 Qt Designer 设计 UI 界面并保存 UI 文件,然后根据该 UI 文件创建 Qt 项目(例如实例 2-5 的操作步骤)。开发者无论采用哪一种方式都要记清楚 UI 界面中各个控件的对象名。

2.5　添加图片

在 Qt Designer 中,向控件或窗口中添加图片有两种方法。第1种方法是直接向控件或窗口中添加图片文件;第2种方法是通过创建资源文件的方法向控件或窗口中添加图片文件。

2.5.1　直接引入图片文件

【实例2-6】　使用 Qt Designer 设计一个窗口,将窗口的图标设置为 Qt 的图标,创建一个标签,给标签控件添加一张图片,操作步骤如下:

(1) 打开 Qt Designer 软件,选择菜单栏"文件"→"新建",在弹出的"新建窗体"对话框中选择 Dialog without Buttons,然后单击"创建"按钮即可创建主窗口,再将主窗口的宽度调整为 555 像素,将高度调整为 300 像素,如图 2-82 所示。

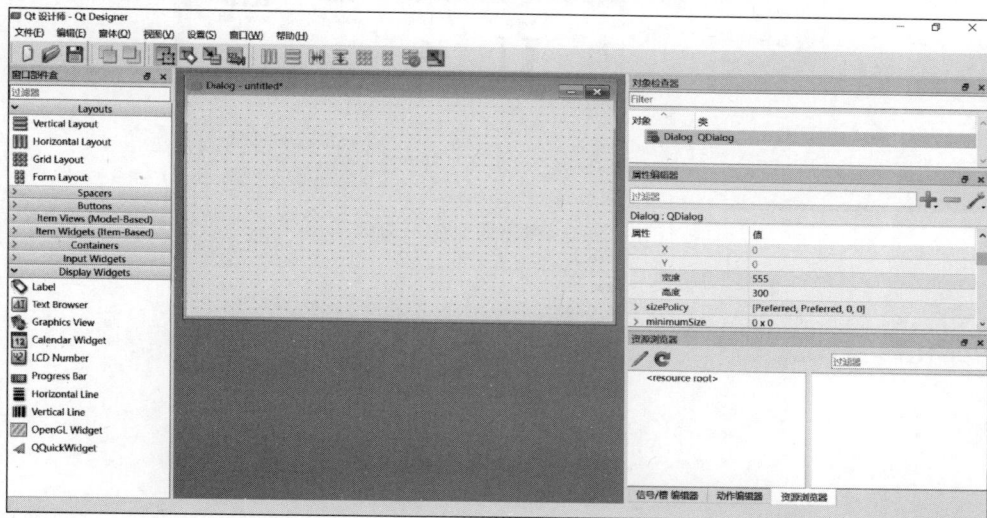

图 2-82　创建的 Dialog without Buttons 窗体

(2) 选中主窗口,在属性编辑器中找到 windowIcon 属性,单击 windowIcon 属性右侧的下三角符号,在弹出的菜单中单击"选择文件",此时会弹出一个文件对话框,如图 2-83 和图 2-84 所示。

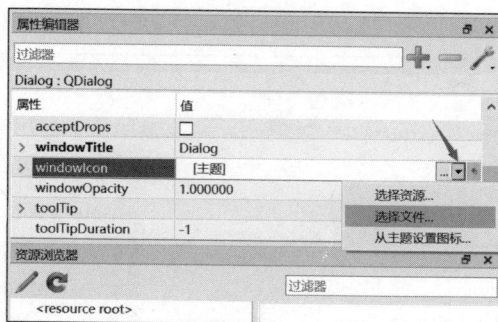

图 2-83　主窗口的 windowIcon 属性

(3) 在弹出的文件对话框中选择 title.ico,然后单击"打开"按钮,即可为主窗口添加图标。按快捷键 Ctrl+R(或选择菜单栏"窗体"→"预览")可查看预览窗口,如图 2-85 所示。

图 2-84　弹出的文件对话框

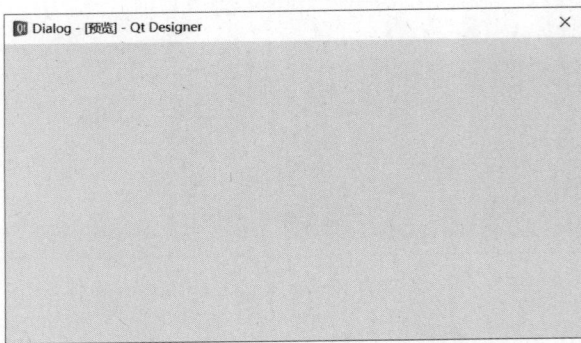

图 2-85　更换窗口图标后的预览效果

（4）关闭预览窗口，从工具箱中将 Label 控件拖曳到主窗口上，然后设置 Label 控件的宽度和高度，如图 2-86 所示。

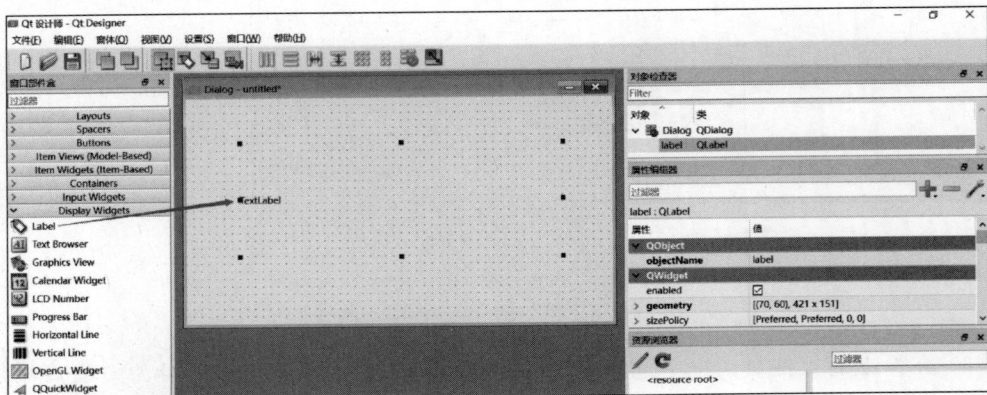

图 2-86　在主窗口上创建 Label 控件

（5）选中 Label 控件，在属性编辑器中找到 pixmap 属性，单击 pixmap 属性右侧的下三角符号，在弹出的菜单中选择"选择文件"，此时会弹出一个文件对话框，如图 2-87 和图 2-88 所示。

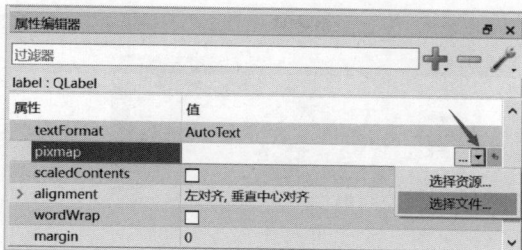

图 2-87　Label 控件的 pixmap 属性

图 2-88　弹出的文件对话框

（6）在弹出的文件对话框中选择 dog2.png，然后单击"打开"按钮就可以给 Label 控件添加图片了，如图 2-89 所示。

图 2-89　添加图片后的 Label 控件

(7) 按快捷键 Ctrl+R(或选择菜单栏"窗体"→"预览")可查看预览窗口,如图 2-90 所示。

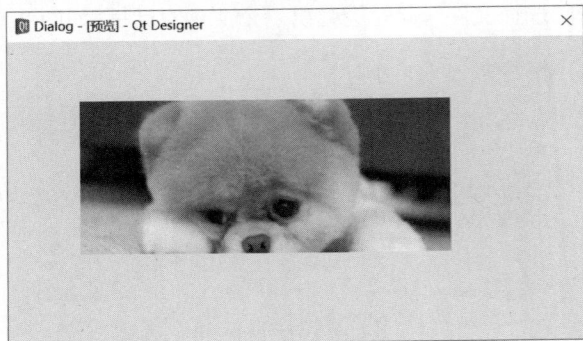

图 2-90　窗口的预览效果

(8) 按快捷键 Ctrl+S,将设计的主窗口文件保存在 D 盘的 Chapter2 文件夹下,并命名为 demo6.ui。

在 Qt Creator 设计模式中,如果开发者直接向控件或窗口中添加图片文件,则操作步骤与实例 2-6 的操作步骤基本相同。

2.5.2　创建和使用资源文件

【实例 2-7】　使用 Qt Designer 设计一个窗口,在窗口上添加 3 个 Tool Button 控件,需使用创建资源文件的方法,操作步骤如下:

(1) 打开 Qt Designer 软件,选择菜单栏"文件"→"新建",在弹出的"新建窗体"对话框中选择 Widget,然后单击"创建"按钮即可创建主窗口,再将主窗口的宽度调整为 555 像素,将高度调整为 290 像素,如图 2-91 所示。

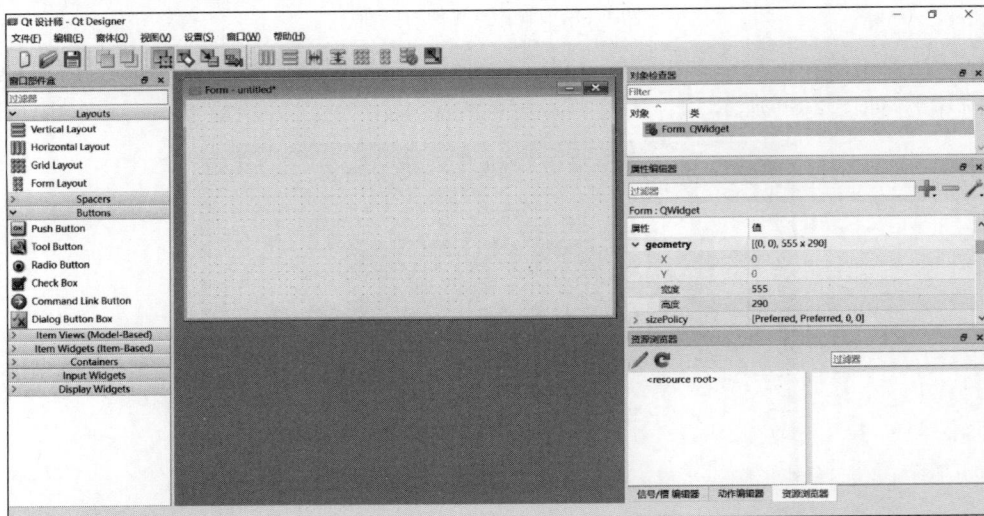

图 2-91　创建的 Widget 窗体

（2）将窗口部件盒中的 Tool Button 拖曳到主窗口上，并将 Tool Button 控件的宽度设置为 80 像素，将高度设置为 60 像素。连续操作 3 次，如图 2-92 所示。

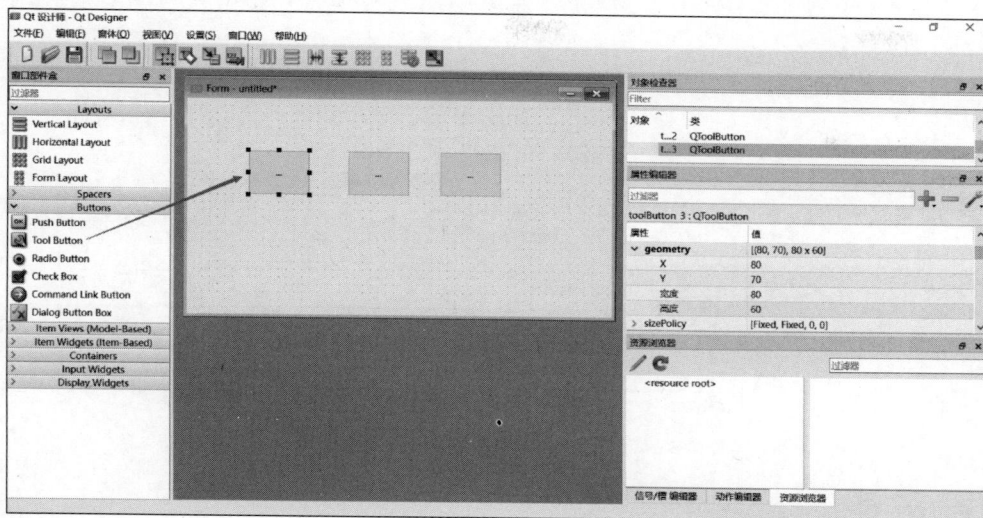

图 2-92　在主窗口上创建 3 个 Tool Button 控件

（3）单击资源浏览器左上角的铅笔图标，此时会弹出"编辑资源"对话框，如图 2-93 所示。

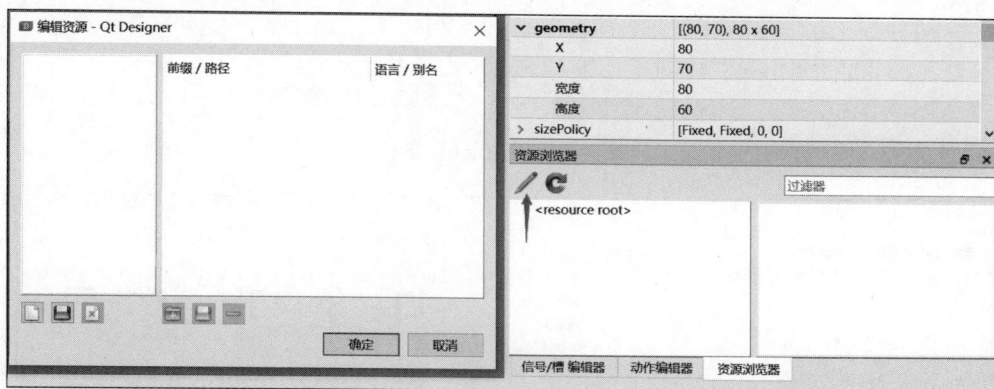

图 2-93　弹出的"编辑资源"对话框

（4）单击"编辑资源"对话框左下角的图标，此时会弹出一个"新建资源文件"对话框，创建 demo7.qrc 文件，并保存在 D 盘的 Chapter2 文件夹下，如图 2-94 所示。

（5）单击"编辑资源"对话框中的添加前缀按钮，为 demo7.qrc 文件添加前缀/路径 icons，如图 2-95 所示。

（6）单击"编辑资源"对话框中的添加文件按钮，此时会弹出一个"添加文件"对话框。在该对话框中，选择多张图片，并单击"打开"按钮，这样就为 demo7.qrc 文件添加了图片文件，如图 2-96 和图 2-97 所示。

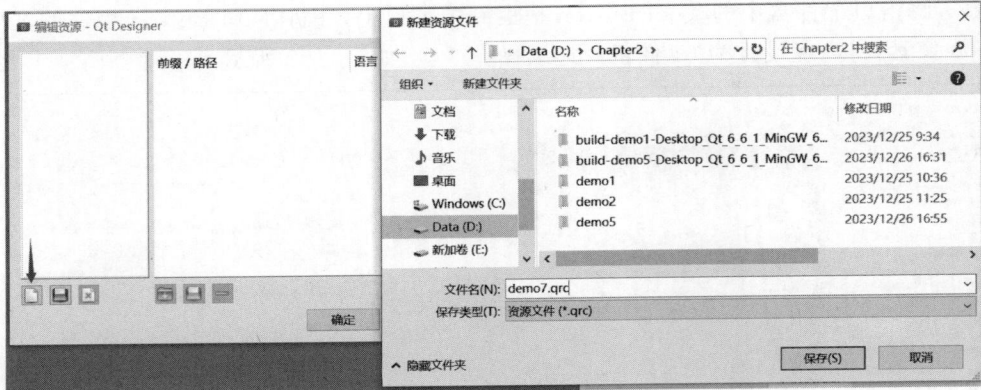

图 2-94 创建 demo7.qrc 文件

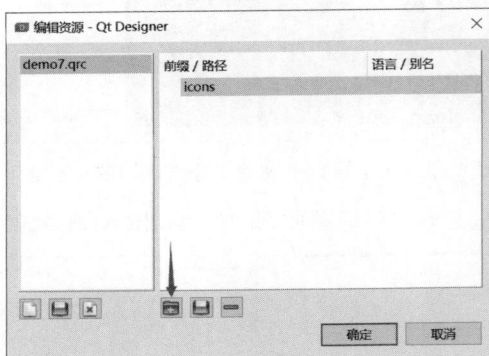

图 2-95 添加前缀/路径

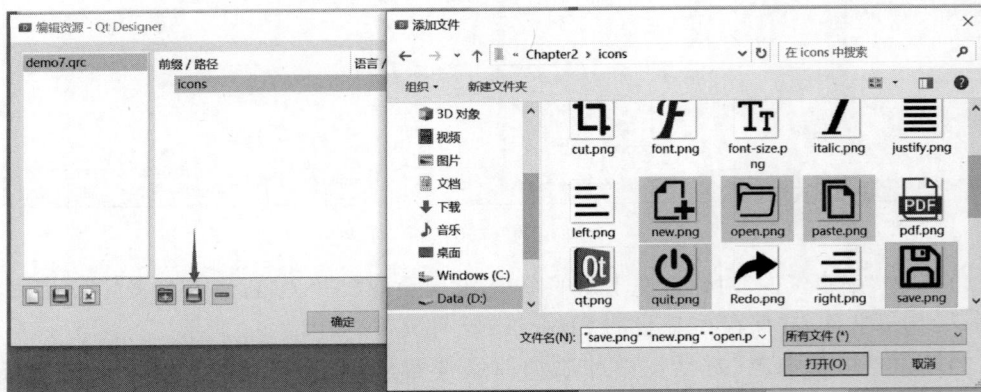

图 2-96 添加图片文件

（7）单击"编辑资源"对话框的"确定"按钮,这样就可以在 Qt Designer 的资源浏览器中查看要添加的图片,如图 2-98 所示。

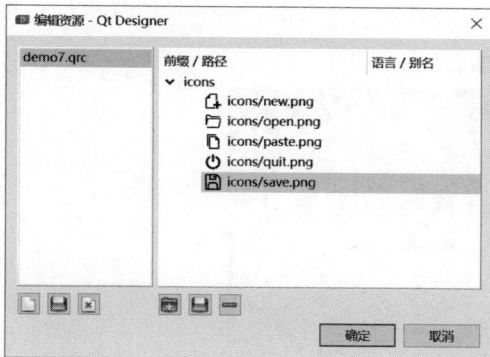

图 2-97　添加图片文件后的"编辑资源"对话框

图 2-98　添加图片后的资源浏览器

（8）选中主窗口的 Tool Button 控件，在属性编辑器中找到 icon 属性。单击 icon 属性右侧的下三角符号，在弹出的菜单中选择"选择资源"，此时会弹出一个"选择资源"对话框，如图 2-99 和图 2-100 所示。

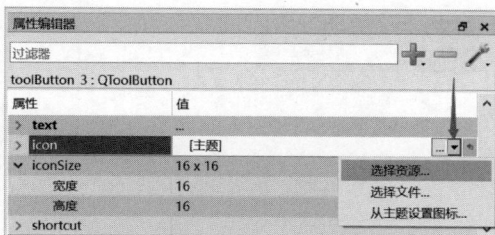

图 2-99　Tool Button 控件的 icon 属性

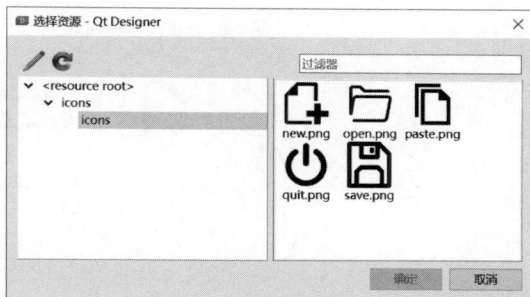

图 2-100　"选择资源"对话框

（9）在"选择资源"对话框中，选中 new.png 文件后单击"确定"按钮。由于 Tool Button 控件上的图标比较小，所以选中显示图标的 Tool Button 控件后需要在属性编辑器中将 iconSize 属性的宽度修改为 80 像素，将高度修改为 60 像素，如图 2-101 所示。

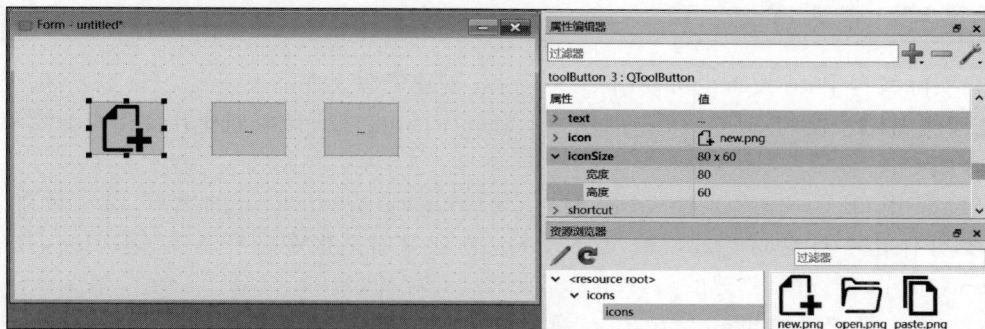

图 2-101　设置 iconSize 属性的宽度、高度

（10）按照步骤（8）和步骤（9）的操作，为主窗口的另外两个 Tool Button 控件添加图标，如图 2-102 所示。

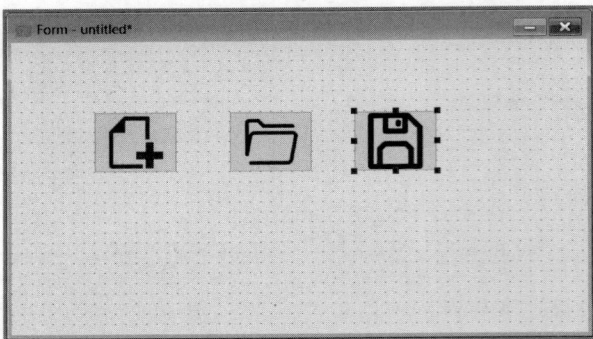

图 2-102　添加图标后的 Tool Button 控件

（11）按快捷键 Ctrl＋R(或选择菜单栏"窗体"→"预览")，可查看预览窗口，如图 2-103 所示。

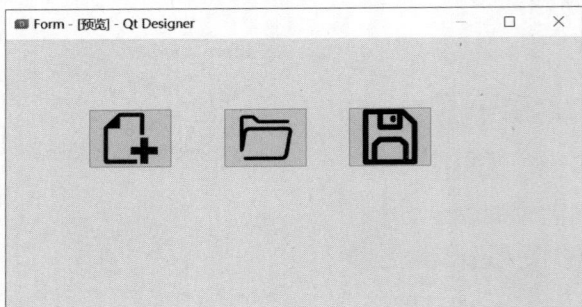

图 2-103　预览窗口

（12）关闭预览窗口，按快捷键 Ctrl＋S，将设计的窗口文件保存在 D 盘的 Chapter2 文件夹下，并命名为 demo7.ui。

注意：在创建资源文件时，开发者应尽量将图片文件与资源文件(后缀名为.qrc 的文件)保存在同一目录下。

在实际编程中，开发者也可使用 Qt Creator 创建资源文件。

【实例 2-8】　使用 Qt Creator 创建一个窗口项目，在该项目中创建并使用资源文件，操作步骤如下：

（1）使用 Qt Creator 创建一个模板为 Qt Widgets Application 的项目，将项目命名为 demo8，并保存在 D 盘的 Chapter2 文件夹下。在向导对话框中选择基类 QDialog，并勾选 Generate form 复选框，创建的项目 demo8 如图 2-104 所示。

（2）右击管理树的 demo8 节点，在弹出的菜单中选择"添加新文件"，此时会弹出一个"新建文件"对话框，如图 2-105 和图 2-106 所示。

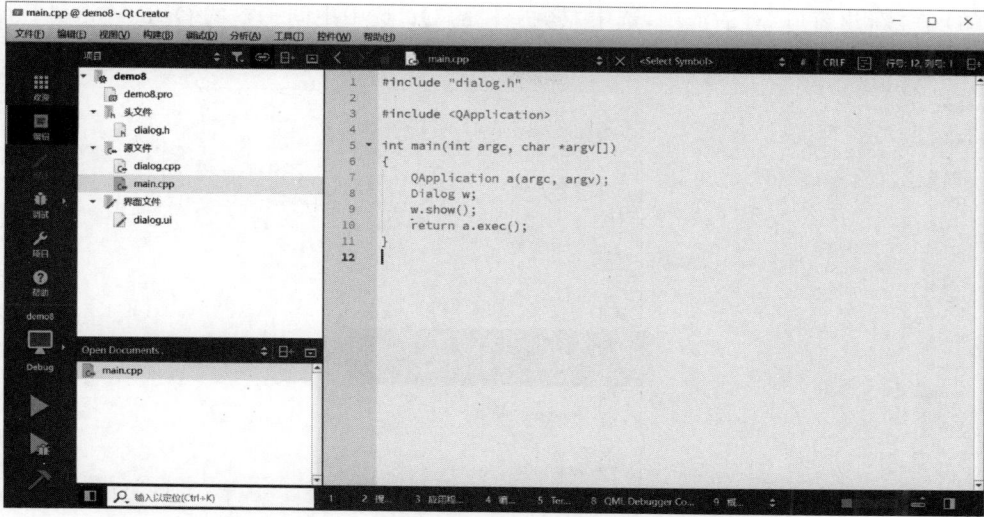

图 2-104 项目 demo8

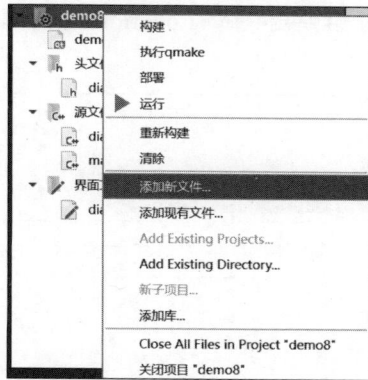

图 2-105 右击项目管理树 demo8 节点

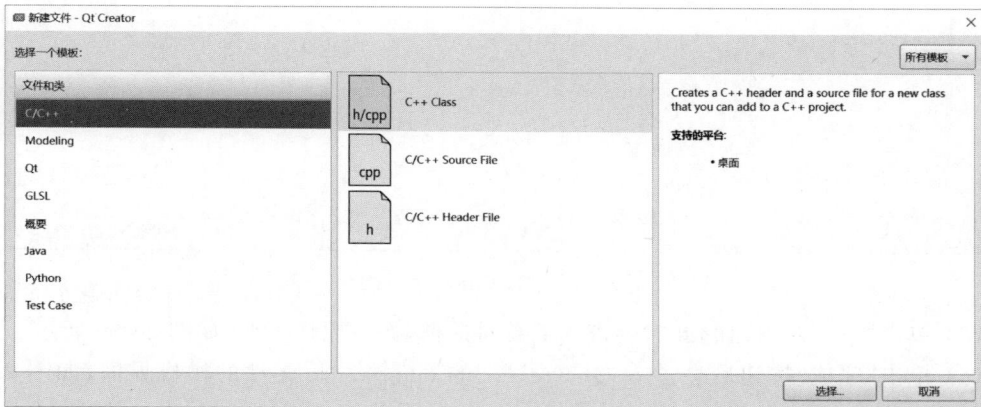

图 2-106 新建文件对话框

(3) 在"新建窗口"对话框中,选中左侧一栏的 Qt,选中中间一栏的 Qt Resource File,如图 2-107 所示。

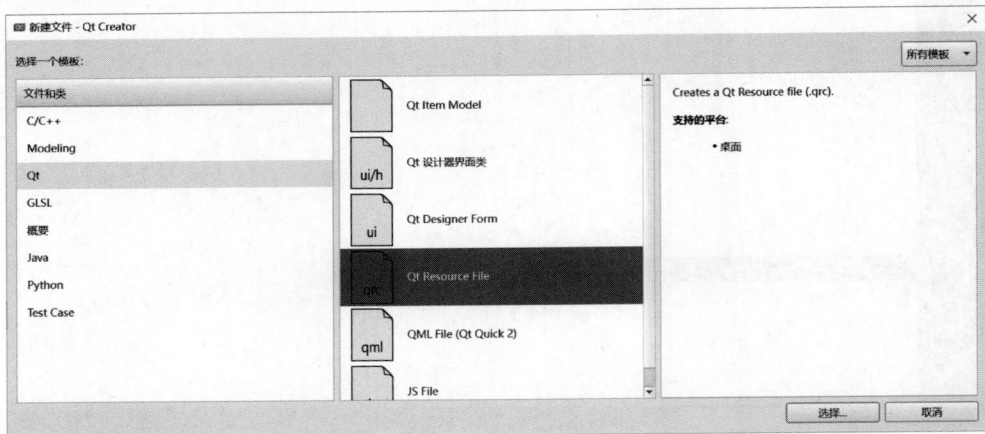

图 2-107　选中 Qt Resource File

(4) 单击"选择"按钮,此时会弹出一个 Location 对话框。在该对话框中输入文件名 demo8.qrc,如图 2-108 所示。

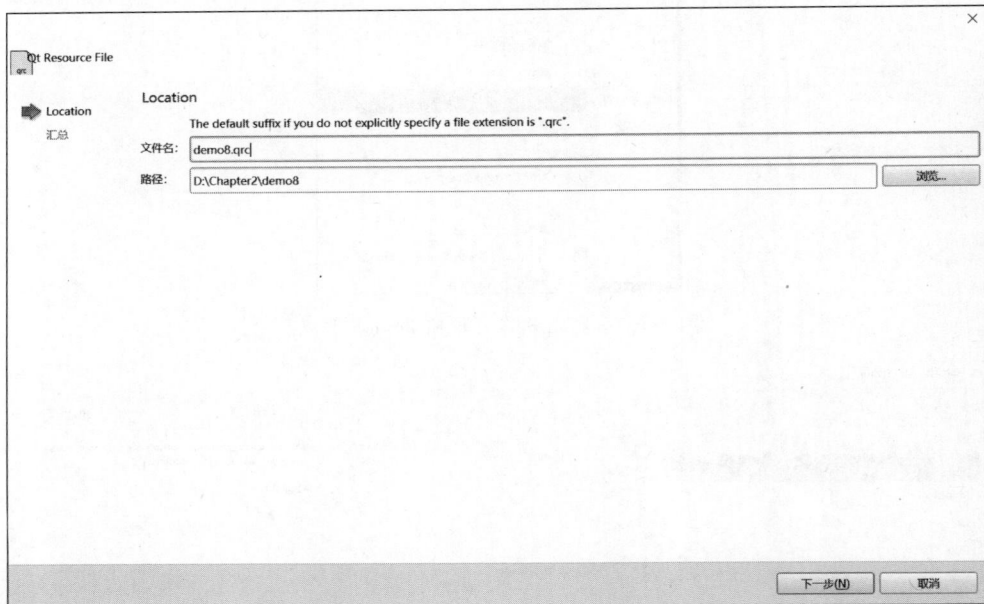

图 2-108　Location 对话框

(5) 单击"下一步"按钮,此时会进入汇总对话框,保持原样不变,如图 2-109 所示。

(6) 单击"完成"按钮后会进入 Qt Creator 的 demo8.qrc 文件的操作界面,如图 2-110 所示。

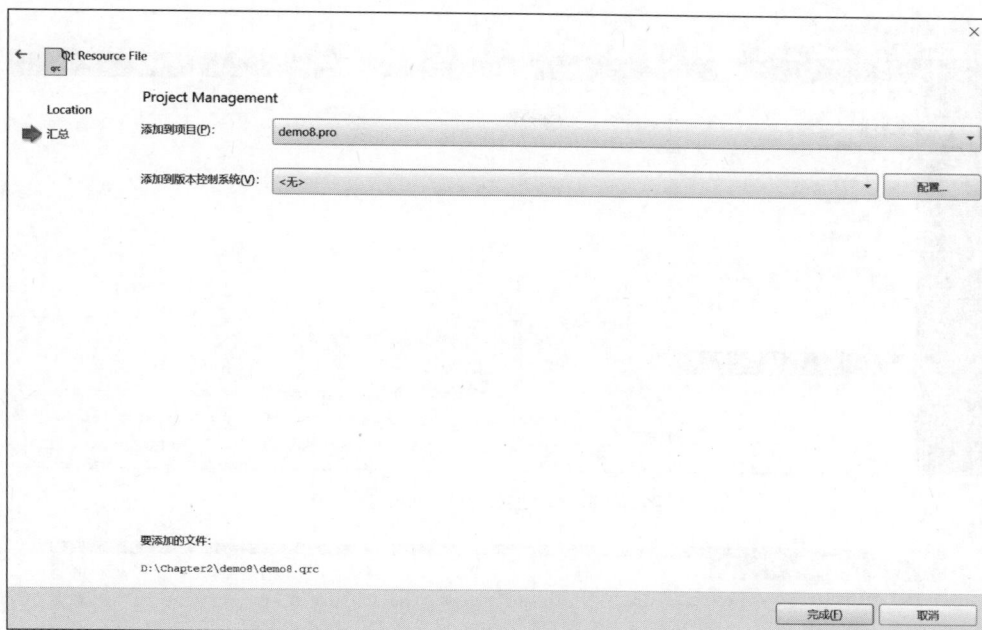

图 2-109 汇总对话框

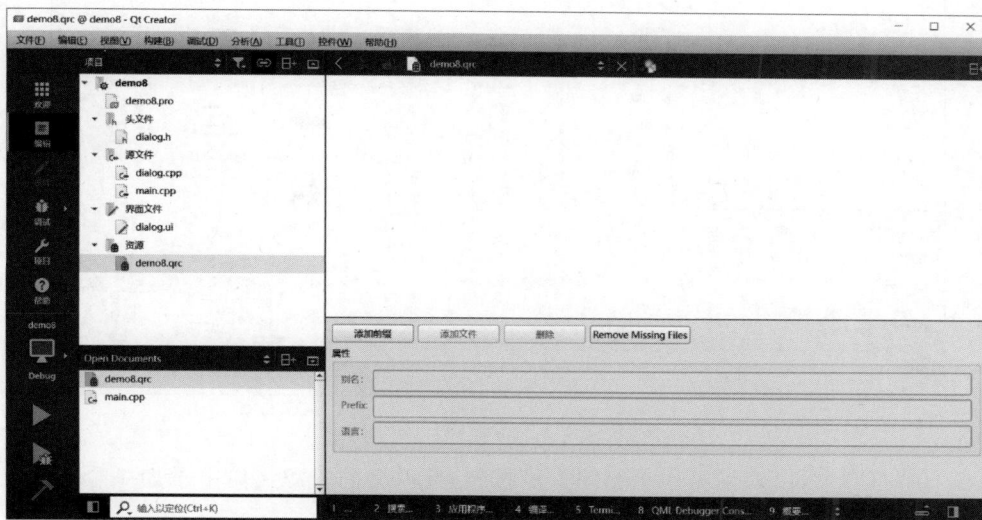

图 2-110 demo8.qrc 文件的操作界面

（7）单击"添加前缀"按钮，添加前缀/new/icons，如图 2-111 所示。

（8）单击"添加文件"按钮，此时会弹出一个"打开文件"对话框。在该对话框中，选择 4 个图片文件，如图 2-112 所示。

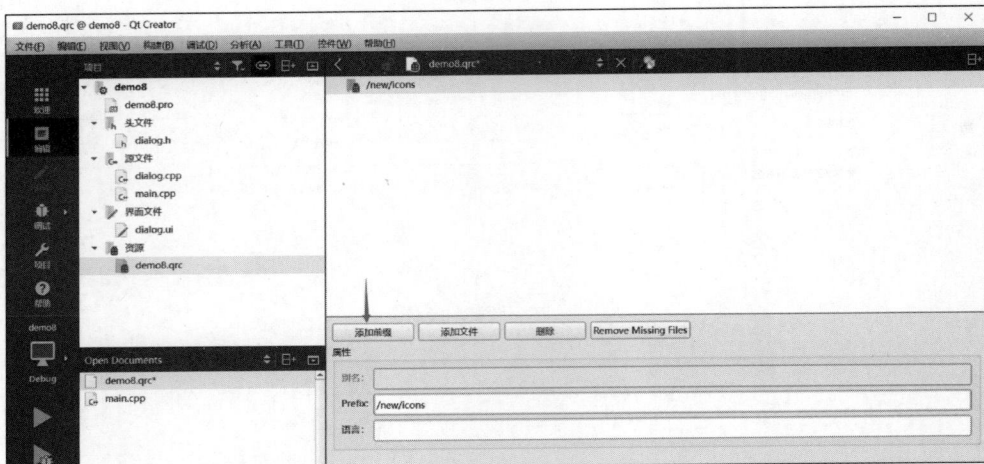

图 2-111　添加前缀/news/icons

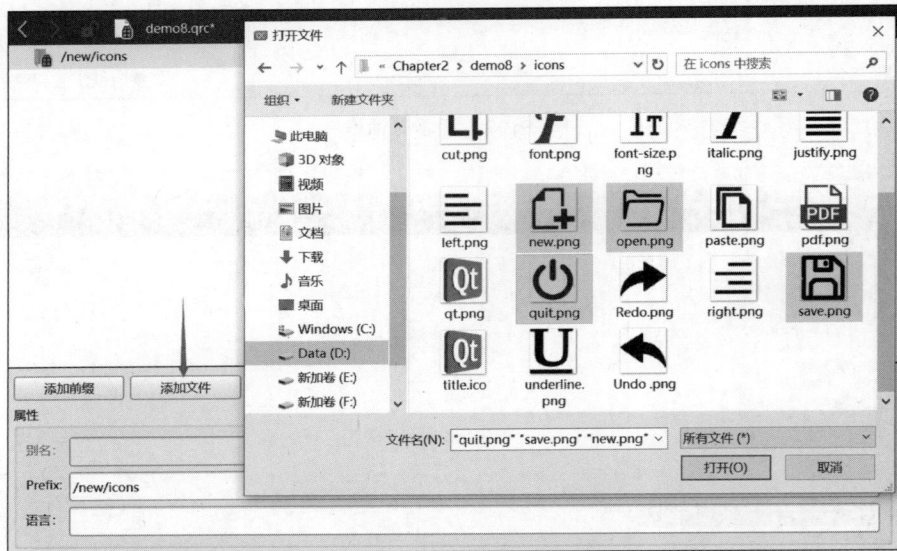

图 2-112　选择图片文件

(9) 在"打开文件"对话框中单击"打开"按钮,此时会向资源文件中添加 4 个图片文件,如图 2-113 所示。

(10) 按快捷键 Ctrl＋S 保存添加图片的文件 demo8. qrc,然后双击项目管理树中的 dialog. ui 进入 Qt Creator 的设计模式;选中主窗口,在属性编辑框中将窗口的宽度设置为 560 像素,将高度设置为 220 像素,如图 2-114 所示。

(11) 将窗口部件盒的 Tool Button 拖曳到主窗口上,选中 Tool Button 控件,在属性编辑框中将该控件的宽度修改为 80 像素,将高度修改为 60 像素,如图 2-115 所示。

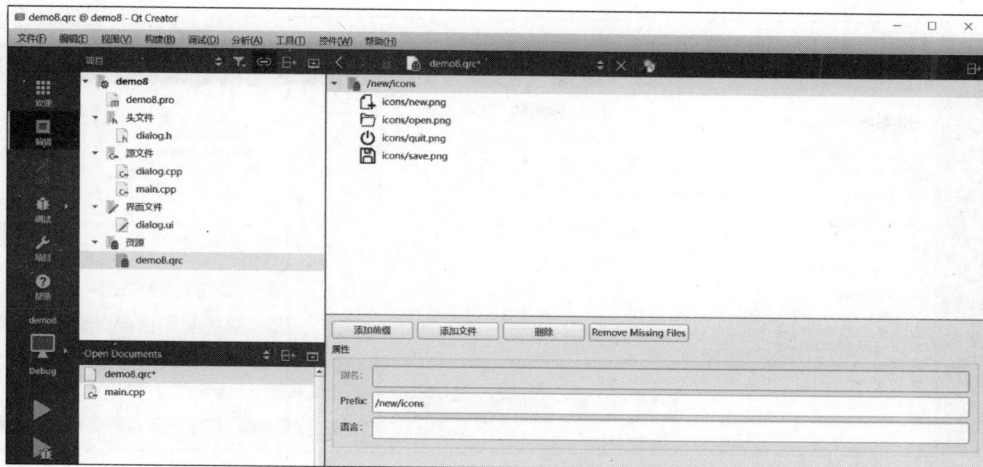

图 2-113 添加图片后的 demo8.qrc

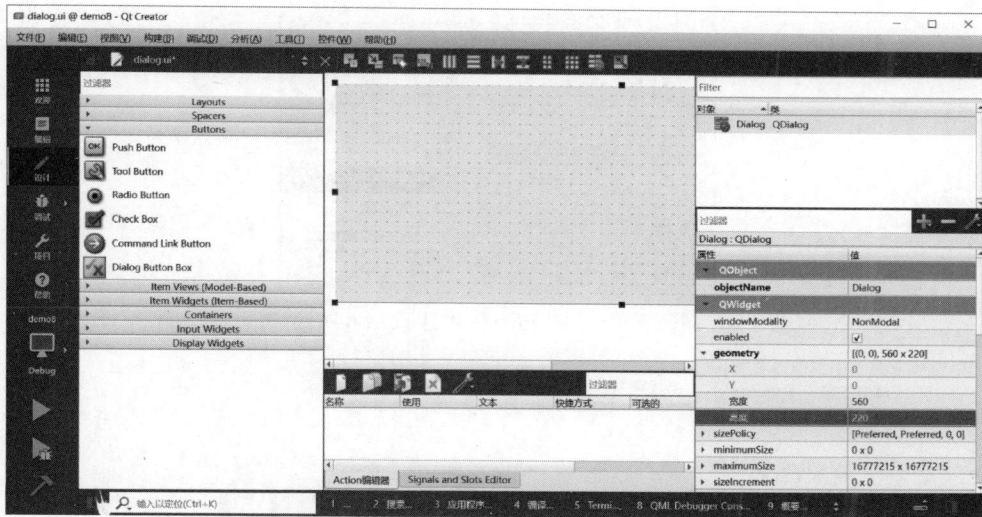

图 2-114 Qt Creator 的设计模式

（12）选中 Tool Button 控件，在属性编辑框中找到 icon 属性，单击右侧的倒三角图标，在弹出的菜单中选择"选择资源"选项，此时会弹出"选择资源"对话框，如图 2-116 和图 2-117所示。

（13）在"选择资源"对话框中，选中图片 new.png，然后单击"确定"按钮，如图 2-118所示。

（14）按快捷键 Ctrl＋S 保存 dialog.ui 文件，然后单击运行按钮，可查看运行结果。运行结果如图 2-119 所示。

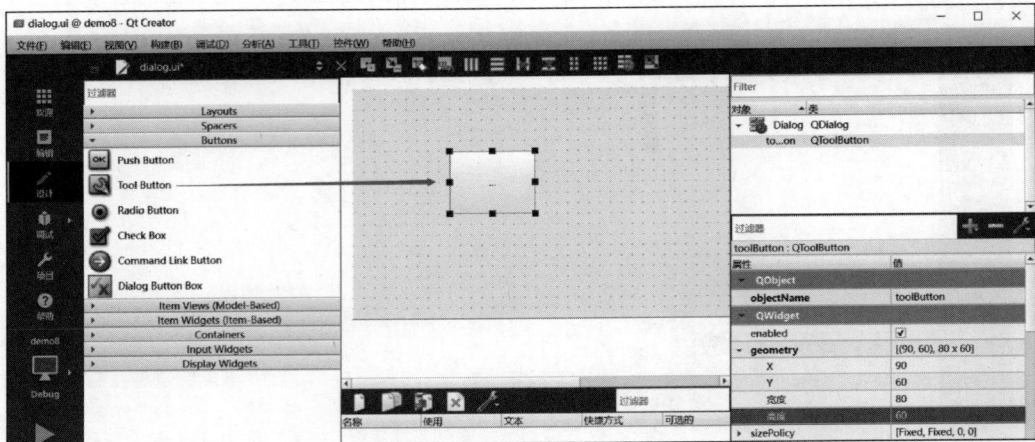

图 2-115　创建 Tool Button 控件

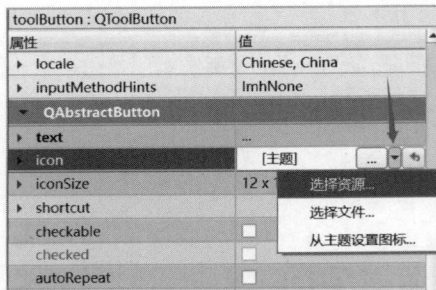

图 2-116　Tool Button 控件的 icon 属性

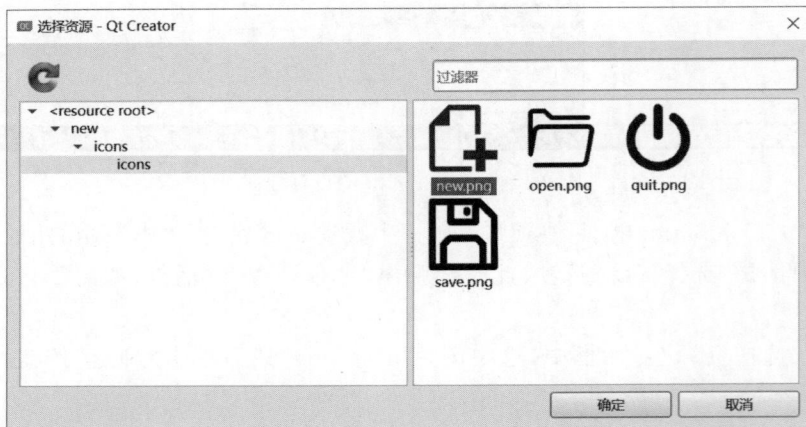

图 2-117　"选择资源"对话框

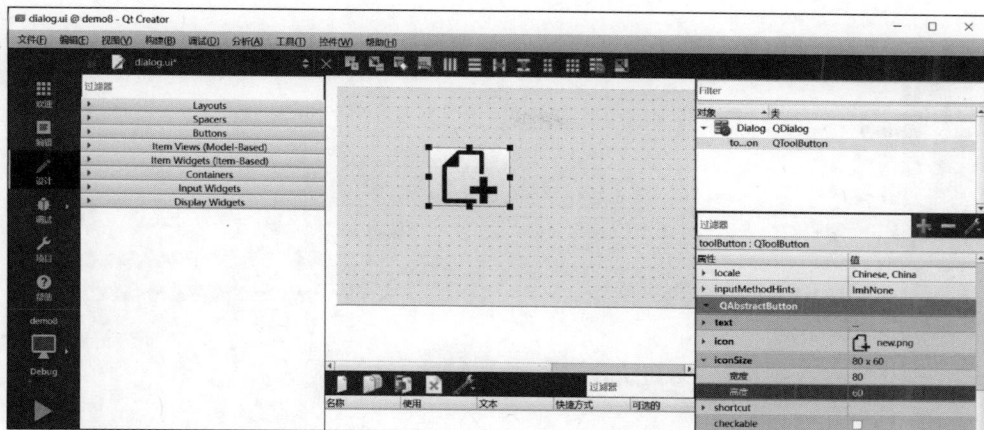

图 2-118 设置 iconSize 属性的宽度、高度

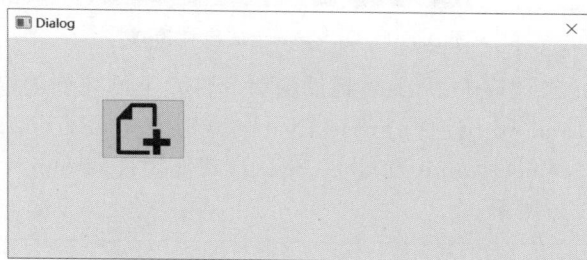

图 2-119 项目 demo8 的运行结果

2.6 典型应用

在 Qt 中,可以使用 Qt Designer(或 Qt Creator 的设计模式)设计窗口界面,然后手动编写业务逻辑代码。使用窗口界面和业务逻辑分离的编程方法可提高编程效率,但需要记住窗口界面中每个控件对象的名字(objectName)。

2.6.1 典型应用1

【实例 2-9】 使用 Qt 创建一个用户登录界面,包含 3 个 Label 控件(其中一个位于窗口下方,用于显示提示信息)、两个 Line Edit 控件、1 个 Push Button 控件,然后编写业务逻辑代码。要求无论是否登录成功,窗口底部的 Label 控件都显示对应的提示信息,操作步骤如下:

(1) 使用 Qt Creator 创建一个模板为 Qt Widgets Application 的项目,将该项目命名为 demo9,并保存在 D 盘的 Chapter2 文件夹下。在向导对话框中选择基类 QWidget,并勾选 Generate form 复选框。创建项目完成后,双击项目管理树的 widget.ui 进入 Qt Creator 的设计模式,如图 2-120 所示。

图 2-120　Qt Creator 的设计模式

（2）在 Qt Creator 设计模式中，通过拖动窗口部件盒上的控件创建登录界面，并设置相关控件的属性。两个 Line Edit 控件的 objectName 分别为 lineEdit_name、lineEdit_pwd，窗口底部的 Label 控件的 objectName 为 label_result，其他控件的 objectName 为默认值。创建的窗口界面如图 2-121 所示。

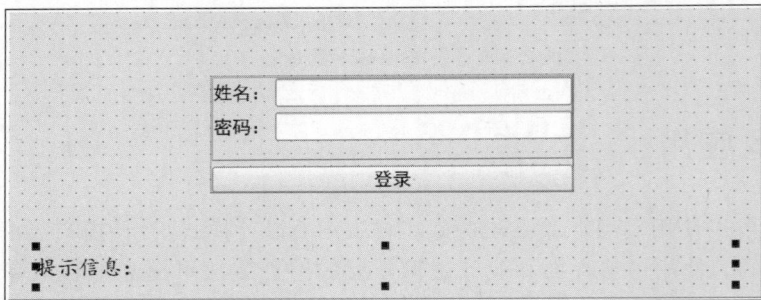

图 2-121　创建的窗口登录界面

（3）按快捷键 Ctrl＋S 保存设计的窗口界面，编写 widget.h 文件中的代码，代码如下：

```
/*第 2 章 demo9 widget.h*/
#ifndef WIDGET_H
#define WIDGET_H

#include <QWidget>
#include <QString>

QT_BEGIN_NAMESPACE
namespace Ui {
class Widget;
```

```
}
QT_END_NAMESPACE

class Widget : public QWidget
{
    Q_OBJECT
public:
    Widget(QWidget * parent = nullptr);
    ~Widget();
private:
    Ui::Widget * ui;
private slots:
    void log_on();
};
#endif //WIDGET_H
```

（4）编写 widget.cpp 文件中的代码，代码如下：

```
/* 第 2 章 demo9 widget.cpp */
#include "widget.h"
#include "ui_widget.h"

Widget::Widget(QWidget * parent):QWidget(parent),ui(new Ui::Widget)
{
    ui->setupUi(this);
    connect(ui->pushButton,SIGNAL(clicked()),this,SLOT(log_on()));
}

Widget::~Widget()
{
    delete ui;
}

void Widget::log_on()
{
    QString name = ui->lineEdit_name->text();
    QString pwd = ui->lineEdit_pwd->text();
    if (name == "" || pwd == "")
        ui->label_result->setText("输入内容不能为空,请继续输入。");
    else if (name == "孙悟空" && pwd == "wukong")
        ui->label_result->setText("姓名、密码正确,登录成功!");
    else
        ui->label_result->setText("姓名、密码有错误,请重新输入。");
}
```

（5）其他文件保持不变，运行结果如图 2-122 所示。

注意：在 Qt Designer（或 Qt Creator 的设计模式）中，可以通过将 Line Edit 控件的 echoMode 属性设置为 Password 来设置 Line Edit 控件的密码掩码。除此之外，还有其他方法，将在后面的章节中进行介绍。

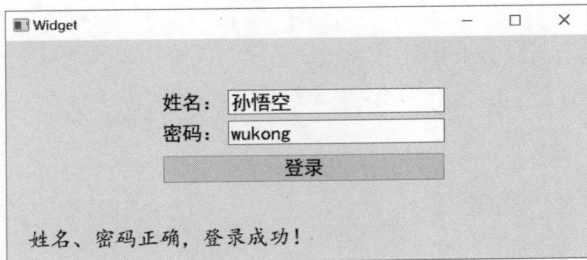

图 2-122　项目 demo9 的运行结果

2.6.2　典型应用 2

【实例 2-10】　使用 Qt 创建一个有菜单栏、工具栏的窗口界面,然后编写业务逻辑代码,如果单击菜单中的菜单选项,则窗口的状态栏会显示提示信息,操作步骤如下:

(1) 使用 Qt Creator 创建一个模板为 Qt Widgets Application 的项目,将该项目命名为 demo10,并保存在 D 盘的 Chapter2 文件夹下。在向导对话框中选择基类 QMainWindow,并勾选 Generate form 复选框。创建项目完成后,双击项目管理树的 mainwindow. ui 进入 Qt Creator 的设计模式,如图 2-123 所示。

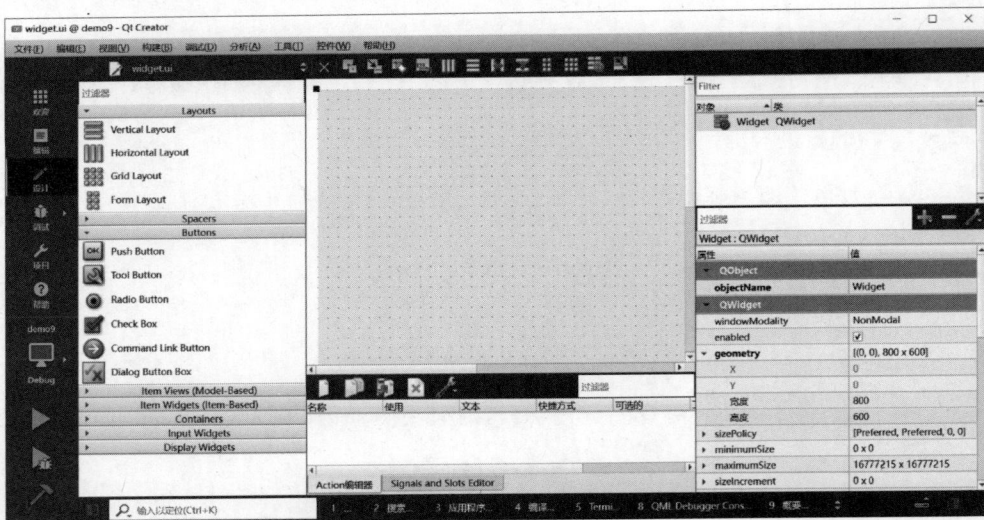

图 2-123　Qt Creator 的设计模式

(2) 将窗体的宽度设置为 560 像素,将高度设置为 300 像素,然后逐次为主窗口添加菜单,如图 2-124～图 2-126 所示。

(3) 逐次修改各个菜单选项的显示文本,并添加快捷键。预览效果如图 2-127～图 2-129 所示。

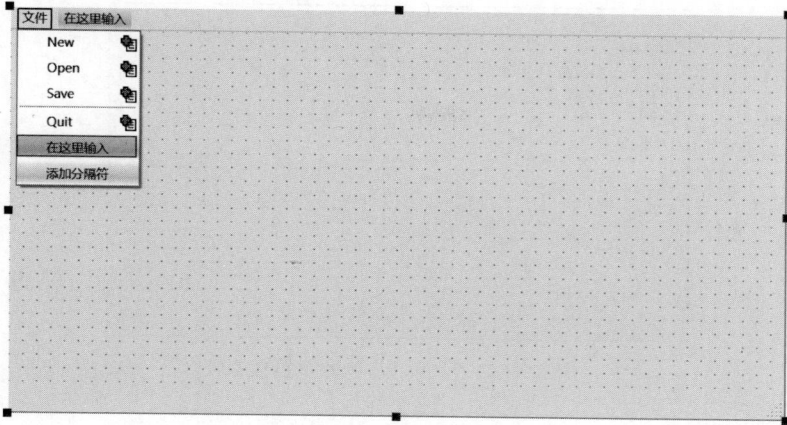

图 2-124　添加"文件"菜单

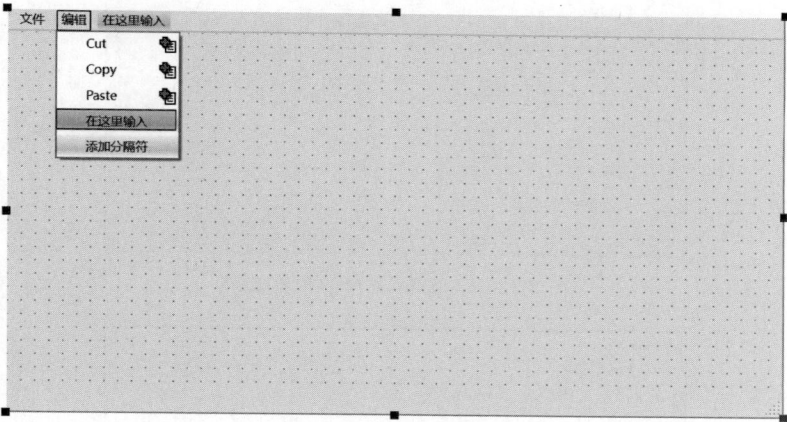

图 2-125　添加"编辑"菜单

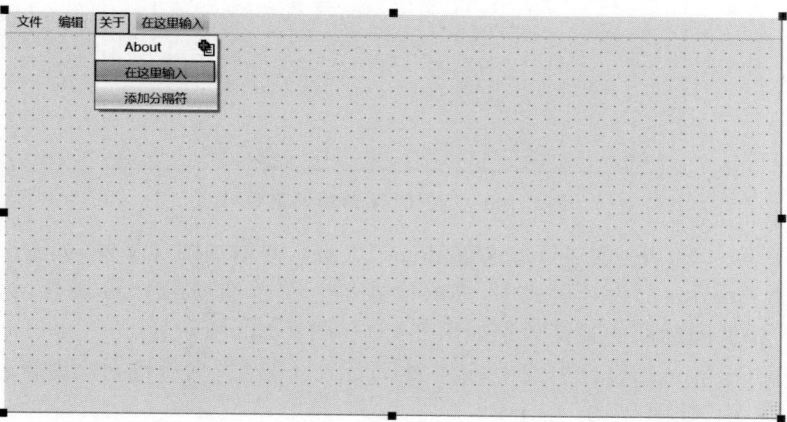

图 2-126　添加"关于"菜单

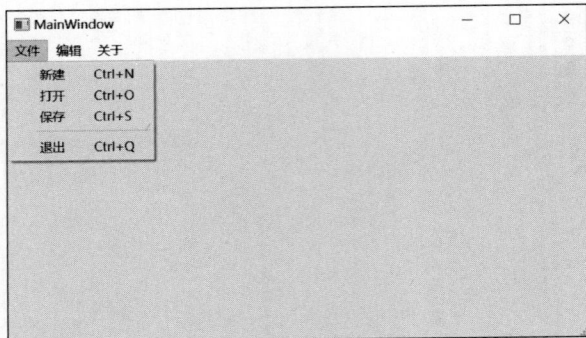

图 2-127　"文件"菜单的预览效果

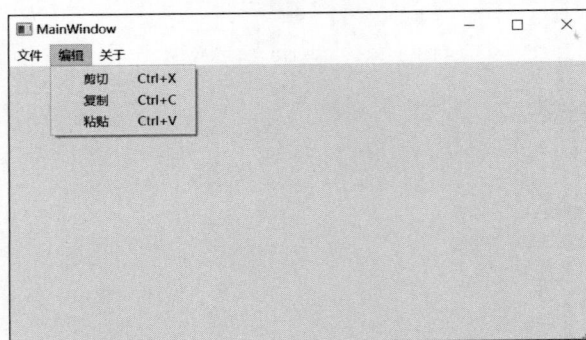

图 2-128　"编辑"菜单的预览效果

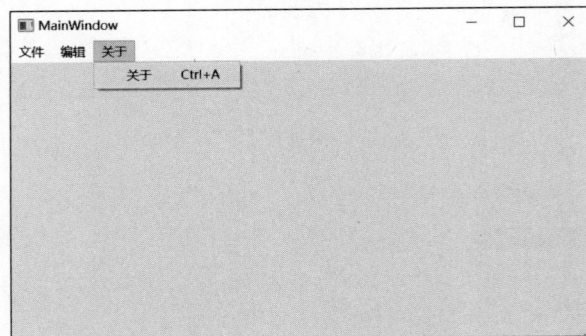

图 2-129　"关于"菜单的预览效果

（4）在 Qt Creator 中，创建资源文件 demo10.qrc，并添加图片文件，如图 2-130 所示。

（5）在 Qt Creator 的设计模式中，逐次设置各个菜单选项的 icon 属性，为每个菜单选项添加图标。添加图标后的预览效果如图 2-131～图 2-133 所示。

（6）在 Qt Creator 的设计模式中，给主窗口添加工具栏，然后将动作编辑器中的动作依次拖动到工具栏中，如图 2-134 所示。

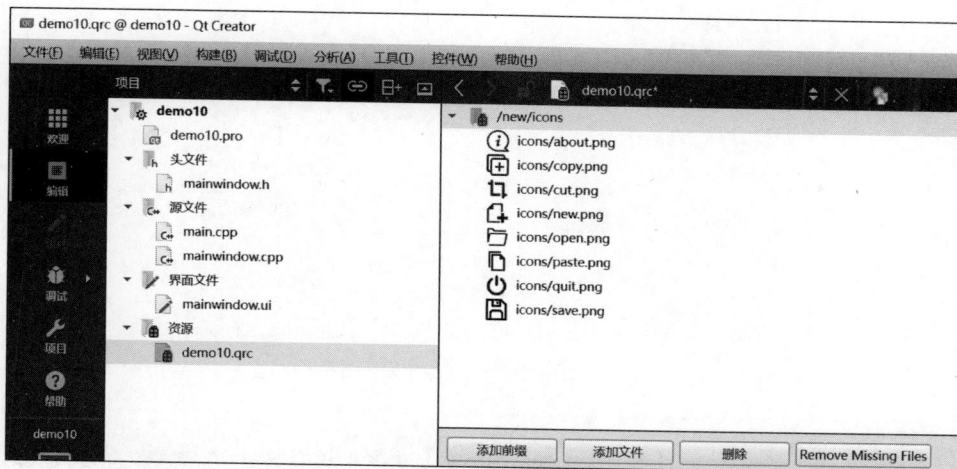

图 2-130　创建的资源文件 demo10.qrc

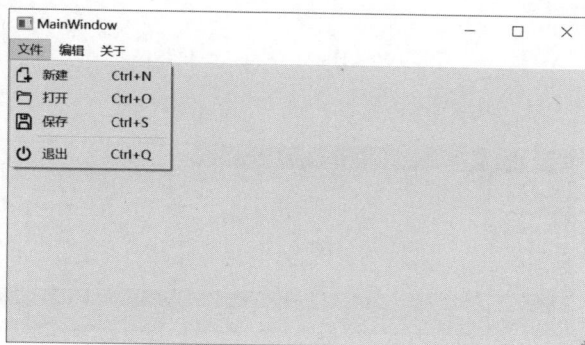

图 2-131　添加图标后的"文件"菜单

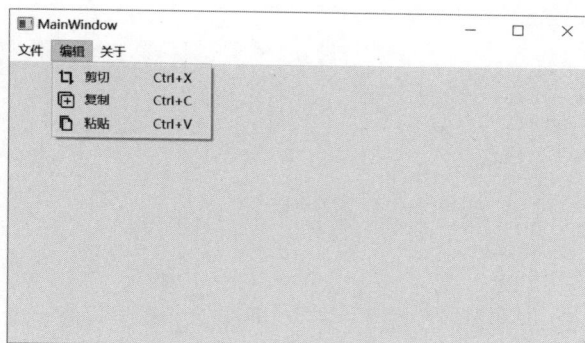

图 2-132　添加图标后的"编辑"菜单

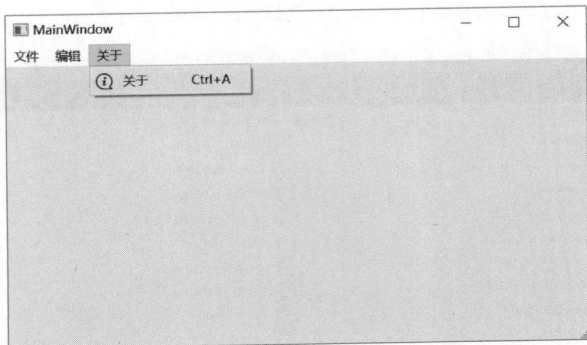

图 2-133　添加图标后的"关于"菜单

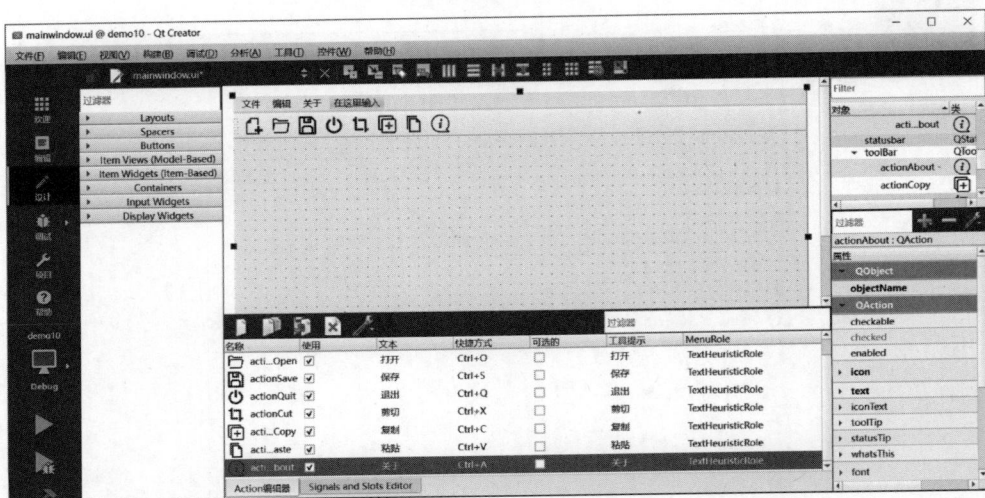

图 2-134　向工具栏中添加动作

(7) 按快捷键 Ctrl＋S 保存设计的窗口界面,编写 mainwindow.h 文件中的代码,代码如下:

```
/* 第 2 章 demo10 mainwindow.h */
#ifndef MAINWINDOW_H
#define MAINWINDOW_H
#include <QMainWindow>

QT_BEGIN_NAMESPACE
namespace Ui {
class MainWindow;
}
QT_END_NAMESPACE

class MainWindow : public QMainWindow
{
```

```
    Q_OBJECT
public:
    MainWindow(QWidget * parent = nullptr);
    ~MainWindow();
private:
    Ui::MainWindow * ui;
private slots:
    void slot_new();
    void slot_open();
    void slot_save();
    void slot_cut();
    void slot_copy();
    void slot_paste();
    void slot_about();
};
#endif //MAINWINDOW_H
```

（8）编写 mainwindow.cpp 文件中的代码，代码如下：

```
/* 第 2 章 demo10 mainwindow.cpp */
#include "mainwindow.h"
#include "ui_mainwindow.h"

MainWindow::MainWindow(QWidget * parent):QMainWindow(parent)
    , ui(new Ui::MainWindow)
{
    ui->setupUi(this);
    //使用信号/槽,关联自定义槽函数
    connect(ui->actionNew,SIGNAL(triggered()),this,SLOT(slot_new()));
    connect(ui->actionOpen,SIGNAL(triggered()),this,SLOT(slot_open()));
    connect(ui->actionSave,SIGNAL(triggered()),this,SLOT(slot_save()));
    connect(ui->actionCut,SIGNAL(triggered()),this,SLOT(slot_cut()));
    connect(ui->actionCopy,SIGNAL(triggered()),this,SLOT(slot_copy()));
    connect(ui->actionPaste,SIGNAL(triggered()),this,SLOT(slot_paste()));
    connect(ui->actionAbout,SIGNAL(triggered()),this,SLOT(slot_about()));
    //使用信号/槽,关联内置槽函数
    connect(ui->actionQuit,SIGNAL(triggered()),this,SLOT(close()));
}

MainWindow::~MainWindow()
{
    delete ui;
}

void MainWindow::slot_new(){
    ui->statusbar->showMessage("你单击了\'新建\'。");
}

void MainWindow::slot_open(){
    ui->statusbar->showMessage("你单击了\'打开\'。");
}

void MainWindow::slot_save(){
```

```
    ui->statusbar->showMessage("你单击了\'保存\'。");
}

void MainWindow::slot_cut(){
    ui->statusbar->showMessage("你单击了\'剪切\'。");
}

void MainWindow::slot_copy(){
    ui->statusbar->showMessage("你单击了\'复制\'。");
}

void MainWindow::slot_paste(){
    ui->statusbar->showMessage("你单击了\'粘贴\'。");
}

void MainWindow::slot_about(){
    ui->statusbar->showMessage("你单击了\'关于\'。");
}
```

(9) 其他文件保持不变,运行结果如图 2-135 所示。

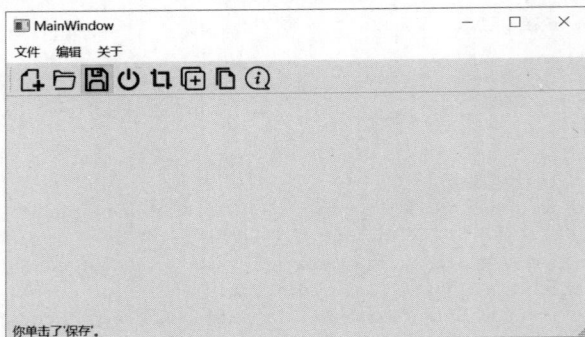

图 2-135　项目 demo10 的运行结果

2.7　小结

本章首先介绍了 Qt Designer 的新建窗体类型和窗口组成部分,其次介绍了窗口界面和业务逻辑相分离的编程方法,即使用 Qt Designer(或 Qt Creator 的设计模式)设计窗口界面,然后手动编写业务逻辑的方法。

本章介绍了在 Qt Designer 中进行布局管理的方法,以及如何给主窗口添加菜单栏、工具栏的方法。

本章分别介绍了使用 Qt Designer(或使用 Qt Creator 的设计模式)添加资源文件,并向窗口中添加图片的方法。最后介绍了两个典型应用。需要掌握使用 Qt Designer(或 Qt Creator 的设计模式)设计窗口界面,以及手动编写业务逻辑代码相结合的编程方法。

第 三 部 分

第3章

窗口类与标签控件

如果读者已经掌握使用 Qt Designer(或 Qt Creator 的设计模式)设计 UI 界面的方法,则会有一个疑问:在 Qt 6 中能否以手动编写代码的方式设计窗口界面?答案是可以的,而且非常有必要。因为 Qt 6 提供了丰富的类,可用来创建窗口控件。这些类不仅功能强大,而且这些类的方法名和属性名都非常有描述性,简单易学。

本章主要介绍使用 Qt 6 中的类创建窗口控件的方法,主要采用手动编写代码的方法,辅助以使用 Qt Designer(或 Qt Creator 的设计模式)设计 UI 界面的方法。

3.1 窗口类

当使用 Qt Designer 创建窗口界面时,可以创建 3 种类型的窗体,分别为 Widget、Main Window、Dialog,这 3 种窗体类型分别对应 Qt 6 中的 QWidget 类、QMainWindow 类、QDialog 类。

在 Qt 6 中,可以应用 QWidget 类、QMainWindow 类、QDialog 类创建独立窗口或窗口容器。

3.1.1 QWidget 类

在 Qt 6 中,QWidget 类是所有窗口控件类的基类,QWidget 类的父类为 QObject 类和 QPaintDevice 类,其继承关系图如图 3-1 所示。

可以使用 QWidget 类创建实例对象的方法来创建独立窗口或容器控件。QWidget 类的构造函数如下:

图 3-1　QWidget 类的继承关系

```
QWidget(QWidget * parent = nullptr,Qt::WindowFlags f = Qt::WindowFlags())
```

其中,parent 表示指向父窗口的对象指针,如果没有父窗口,则创建独立窗口,如果有父窗口,则创建容器控件;f 用于确定窗口的类型和外观,参数值为 Qt::WindowFlags 的枚举常量。窗口类型 Qt::WindowFlags 的枚举常量及说明见表 3-1。

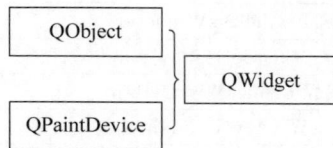

表 3-1　窗口类型 Qt∷WindowFlags 的枚举常量及说明

枚 举 常 量	说　明
Qt∷Widget	默认窗口类型,如果 QWidget 对象有父窗口,则创建一个没有标题栏的容器控件;如果 QWidget 对象没有父窗口,则创建一个独立窗口
Qt∷Window	无论 QWidget 对象是否有父窗口都创建一个有窗口框架和标题栏的窗口
Qt∷Dialog	创建的 QWidget 对象将成为一个对话框窗口(Dialog)。对话框窗口的标题栏通常没有最大化按钮、最小化按钮。如果从其他窗口中弹出对话框,则可以通过该对象的 setWindowModality() 方法将其设置为模式窗口。在关闭模式窗口之前,不允许对其他窗口进行操作
Qt∷Sheet	在 macOS 系统中,QWidget 对象是一个表单(Sheet)
Qt∷Drawer	在 macOS 系统中,QWidget 对象是一个抽屉(Drawer)
Qt∷Popup	QWidget 对象是一个弹出式顶层窗口,该窗口是个模式窗口,常用来实现弹出式菜单
Qt∷Tool	QWidget 对象是一个工具窗,工具窗有比正常窗口小的标题栏,可以在上面放置按钮。如果 QWidget 对象有父窗口,则 QWidget 对象始终在父窗口的顶层
Qt∷ToolTip	QWidget 对象是一个提示窗,提示窗没有标题栏和边框
Qt∷SplashScreen	QWidget 对象是一个欢迎窗,这是 QSplashScreen 的默认值
Qt∷SubWindow	QWidget 对象是子窗口,例如 QMidSubWindow 窗口
Qt∷ForeignWindow	QWidget 对象是其他程序创建的句柄窗口
Qt∷CoverWindow	QWidget 对象是一个封面窗口,当程序最小化时显示该窗口
Qt∷MSWindowsFixedSizeDialogHint	对于不可调整尺寸的对话框 QDialog 添加窄的边框
Qt∷MSWindowsOwnDC	为 Windows 系统的窗口添加上下文菜单
Qt∷BypassWindowManagerHint	窗口不受窗口管理协议的约束,与具体的操作系统有关
Qt∷X11BypassWindowManagerHint	无边框窗口,不受任务管理器的管理,如果没有用 activeWindow() 方法激活,则接受键盘输入
Qt∷FramelessWindowHint	无边框和标题栏窗口
Qt∷NoDropShadowWindowHint	不支持拖放操作的窗口
Qt∷CusmizeWindowHint	自定义窗口标题栏,不显示窗口的默认提示值
Qt∷WindowTitleHint	有标题栏的窗口
Qt∷WindowSystemMenuHint	有系统菜单的窗口
Qt∷WindowMinimizeButtonHint	有最小化按钮的窗口
Qt∷WindowMaximizeButtonHint	有最大化按钮的窗口
Qt∷WindowMinMaxButtonsHint	有最小化和最大化按钮的窗口
Qt∷WindowCloseButtonHint	有关闭按钮的窗口
Qt∷WindowContextHelpButtonHint	有帮助按钮的窗口
Qt∷MacWindowToolBarButtonHint	在 macOS 系统中,添加工具栏按钮
Qt∷WindowFullscreenButtonHint	在 macOS 系统中,添加全屏按钮

续表

枚 举 常 量	说　　明
Qt::BypassGraphicsProxyWidget	防止窗口及其子窗口自动嵌入 QGraphicsProxyWidget(如果父窗口已经嵌入)中
Qt::WindowShadeButtonHint	在最小化按钮处添加背景按钮
Qt::WindowStaysOnTopHint	始终在最前面的窗口
Qt::WindowStaysOnBottomHint	始终在最后面的窗口
Qt::WindowTransparentForInput	只用于输出,不能用于输入的窗口
Qt::WindowOveridesSystemGestures	通知窗口系统这个窗口实现了它自己的一组手势,例如三指桌面切换,应该被禁用
Qt::WindowDoesNotAcceptFocus	不接收输入焦点的窗口
Qt::MaximizeUsingFullscreenGeometryHint	窗口最大化时,最大化地占据屏幕

注意:如果同时选择多个 Qt::WindowFlags 的取值,则可以使用"|"将多个参数值连接在一起。窗口的类型、外观与操作系统有关,窗口的显示效果取决于操作系统是否支持窗口的类型或外观。

【实例 3-1】　使用 QWidget 类创建一个通用窗口,要求宽度为 560 像素,高度为 220 像素,并设置该窗口的标题,操作步骤如下:

(1)使用 Qt Creator 创建一个模板为 Qt Widgets Application 的项目,将该项目命名为 demo1,并保存在 D 盘的 Chapter3 文件夹下;在向导对话框中选择基类 QWidget,不勾选 Generate form 复选框。

(2)编写 main.cpp 文件中的代码,代码如下:

```cpp
/* 第3章 demo1 main.cpp */
#include <QWidget>
#include <QApplication>

int main(int argc, char *argv[])
{
    QApplication a(argc, argv);
    QWidget w;                          //创建 QWidget 对象
    w.resize(560,220);                  //设置窗口的宽度、高度
    w.setWindowTitle("QWidget");        //设置窗口的标题
    w.show();                           //显示窗口
    return a.exec();
}
```

(3)其他文件保持不变,运行结果如图 3-2 所示。

在 Qt 6 中,QWidget 类封装了很多方法,包括内置槽函数、静态方法。内置槽函数是指可直接作为 connect()方法参数的函数,如 connect(ui->actionQuit,SIGNAL(triggered()),this, SLOT(close()))中的 close()函数就是内置槽函数。在表格中,内置槽函数前面有标识 [slot],静态方法有标识[static],QWidget 类中常用的方法见表 3-2。

图 3-2　项目 demo1 的运行结果

表 3-2　QWidget 类中常用的方法

方法及参数类型	说　　明	返回值的类型
[static] createWindowContainer (QWindow * window,QWidget * parent,Qt∷WindowFlags flags)	创建一个 QWidget 窗口对象,可以将该窗口对象嵌入基于 QWidget 的应用程序中	QWidget *
[static]find(int)	根据控件的识别 ID 号或句柄 ID 号获取控件指针	QWidget *
[static]keyboardGrabber()	返回键盘获取的控件指针	QWidget *
[static]mouseGrabber()	返回鼠标获取的控件指针	QWidget *
[static]setTabOrder(QWidget * first,QWidget * second)	设置窗口上控件的 Tab 键顺序	
[slot]close()	关闭窗口,如果成功则返回值为 true	bool
[slot]hide()	隐藏窗口	
[slot]lower()	降低控件,放到控件栈的底部	
[slot]raise()	提升控件,放到控件栈的顶部	
[slot]repaint()	调用 paintEvent 事件重新绘制窗口	
[slot]show()	显示窗口及其子窗口	
[slot]setHidden(bool)	设置隐藏状态	
[slot]setDisabled(bool)	设置失效状态	
[slot]setEnabled(bool)	设置是否激活状态	
[slot]setFocus()	设置获得焦点	
[slot]setStyleSheet(QString &style)	设置窗口或控件的样式表	
[slot]showFullScreen()	全屏显示	
[slot]showMaximized()	最大化显示	
[slot]showMinimized()	最小化显示	
[slot]showNormal()	最大化或最小化显示后回到正常显示	
[slot]update()	刷新窗口	
[slot]updateMicroFocus(Qt∷InputMethodQuery query=Qt∷ImQueryAll)	更新小部件的微焦点,并通知输入方法查询指定的状态已更改	
[slot]setWindowModified(bool)	设置文档是否被修改过,可根据此在退出程序时提示是否保存	

续表

方法及参数类型	说　　明	返回值的类型
〔slot〕setVisible(bool)	设置窗口是否可见	
acceptDrops()	获取是否接收鼠标的拖放事件	bool
setWindowIcon(QIcon &icon)	设置窗口的图标	
windowIcon()	获取窗口的图标	QIcon
setWindowTitle(QString &title)	设置窗口的标题文字	
windowTitle()	获取窗口标题的文字	QString
isWindowModified()	判断窗口内容是否被修改过	bool
setWindowModality(Qt::WindowModality)	设置窗口的模式特征	
isModal()	判断窗口是否有模式特征	bool
setWindowOpacity(float)	设置窗口的不透明度,参数值为 0～1 的浮点数	
windowOpacity()	获取窗口的不透明度	float
setWindowState(Qt::WindowState)	设置窗口的状态	
windowState()	获取窗口的状态	Qt::WindowStates
windowType()	获取窗口类型	Qt::WindowType
activateWindow()	设置成活动窗口,活动窗口可以获得键盘输入	
isActiveWindow()	判断窗口是否为活动窗口	bool
setMaximumWidth(int maxw)	设置窗口或控件的最大宽度	
setMaximumHeight(int maxht)	设置窗口或控件的最大高度	
setMaximumSize(int maxw,int maxh)	设置窗口或控件的最大宽度和高度	
setMaximumSize(QSize &s)	同上,参数为 QSize 对象的引用	
setMinimumWidth(int minw)	设置窗口或控件的最小宽度	
setMinimumHeight(int minh)	设置窗口或控件的最小高度	
setMinimumSize(int minw,int minh)	设置窗口或控件的最小宽度和高度	
setMinimumSize(QSize &s)	同上,参数为 QSize 对象的引用	
setFixedHeight(int h)	设置窗口或控件的固定高度	
setFixedWidth(int w)	设置窗口或控件的固定宽度	
setFixedSize(int w,int h)	设置窗口或控件的固定宽度和高度	
setFixedSize(QSize &s)	同上,参数为 QSize 对象的引用	
isMaximized()	是否处于最大化状态	bool
isMinimized()	是否处于最小化状态	bool
isFullScreen()	判断窗口是否为全屏状态	bool
setAutoFillBackGround(bool)	设置是否自动填充背景	
autoFillBackGround()	判断是否自动填充背景	bool
setObjectName(QString &name)	设置窗口或控件的名称	
setFont(QFont &f)	设置字体	
font()	获取字体	QFont &
setPalette(QPalette &p)	设置调色板	

续表

方法及参数类型	说　　明	返回值的类型
palette()	获取调色板	QPalette &
setUpdateEnabled(bool)	设置是否可以对窗口进行刷新	
update(QRect &r)	刷新窗口的指定区域	
update(int x,int y;int w,int h)	刷新窗口的指定区域	
update(QRegion &r)	刷新窗口的指定区域	
setCursor(QCursor &cursor)	设置光标	
cursor()	获取光标	QCursor
unsetCursor()	重置光标,使用父窗口的光标	
setContextMenuPolicy(Qt::ContextMenuPolicy policy)	设置右键上下文菜单的弹出策略	
addAction(QAction * action)	添加动作,以形成右键快捷菜单	
addActions(QList < QAction * > &actions)	添加多个动作	
insertAction(QAction * before,QAction * action)	插入动作	
insertActions(QAction * before,QList < QAction * > &actions)	插入多个动作	
actions()	获取窗口或控件的动作列表	QList < QAction * >
repaint(int x,int y,int w,int h)	重新绘制指定区域	
repaint(QRect &rect)	重新绘制指定区域	
repaint(QRegion &rgn)	重新绘制指定区域	
scroll(int dx,int dy)	窗口中的控件向左、向下移动指定的像素,参数可为负数	
scroll(int dx,int dy,QRect &r)	窗口中的指定区域向左、向下移动指定的像素	
resize(int w,int h)	重新设置窗口工作区的宽度和高度	
resize(QSize &s)	同上,参数为 QSize 对象的引用	
size()	获取窗口工作区的尺寸	QSize
move(int x,int y)	将窗口的左上角移动到指定位置	
move(QPoint &p)	同上,参数为 QPoint 对象的引用	
x()、y()	获取窗口左上角的 x 坐标、y 坐标	int
pos()	获取窗口左上角的位置	QPoint
frameGeometry()	获取包含标题栏的外框架区域	QRect
frameSize()	获取包含标题栏的外框架尺寸	QSize
setGeometry(int x,int y,int w,int h)	设置窗口工作区的矩形区域	
setGeometry(QRect &r)	同上,参数为 QRect 对象的引用	
geometry()	获取不包含框架和标题栏的工作区域	QRect &
width()、height()	获取工作区域的宽度和高度	int
rect()	获取工作区域	QRect
childrenRect()	获取子控件占据的区域	QRect

续表

方法及参数类型	说　明	返回值的类型
baseSize()	如果设置了 sizeIncrement 属性,则获取控件的合适尺寸	QSize
setBaseSize(int basew,int baseh)	设置控件的合适尺寸	
setBaseSize(QSize &s)	同上,参数为 QSize 对象的引用	
sizeHint()	获取系统推荐的尺寸	QSize
isVisible()	判断窗口是否可见	bool
isEnabled()	判断激活状态	bool
isWindow()	判断是否为独立窗口	bool
window()	返回控件所在的独立窗口	QWidget *
setToolTip(QString &str)	设置提示信息	
toolTip()	获取提示信息	QString
setToolTipDuration(int)	设置提示信息持续的时间,单位为毫秒	
toolTipDuration()	获取提示信息持续的时间	int
childAt(int x,int y)	获取指定位置处的控件	QWidget *
childAt(QPoint &p)	同上,参数为 QPoint 对象的引用	QWidget *
setLayout(QLayout * layout)	设置窗口或控件内的布局	
layout()	获取窗口或控件内的布局	QLayout *
setLayoutDirection(Qt::LayoutDirection direction)	设置布局的排列方向	
layoutDirection()	获取布局的排列方向	Qt::LayoutDirection
unsetLayoutDirection()	重置布局的排列方向	
setParent(QWidget * parent)	设置控件的父窗口	
setParent(QWidget * parent,Qt::WindowFlags f)	设置控件的父窗口	
parentWidget()	获取父窗口	QWidget *
setSizeIncrement(int w,int h)	设置窗口变化时的增量值	
setSizeIncrement(QSize &s)	同上,参数值为 QSize 对象的引用	
sizeIncrement()	设置窗口变化时的增量值	QSize
setMask(QBitmap &bitmap)	设置遮掩,白色部分不显示,黑色部分显示	
setStyle(QStyle * style)	设置窗口的风格	
setContentsMargins(int left,int top,int right,int bottom)	设置左、上、右、下的页边距	
setContentsMargins(QMargins &margins)	同上,参数为 QMargins 对象的引用	
setAttribute(Qt::WidgetAttribute, attri, bool on=true)	设置窗口或控件的属性	
setAcceptDrops(bool)	设置是否接受鼠标的拖放事件	
setWhatsThis(QString &str)	设置按 Shift+F1 键时的提示信息	
whatsThis()	获取按 Shift+F1 键时的提示信息	QString

续表

方法及参数类型	说　明	返回值的类型
setMouseTracking(bool enable)	设置是否跟踪鼠标的跟踪事件	bool
hasMouseTracking()	判断是否有鼠标跟踪事件	bool
underMouse()	判断控件是否处于光标之下	bool
setWindowFilePath(QString &filePath)	在窗口上记录一个路径,例如打开文件的路径	
mapFrom(QWidget * parent,QPointF &pos)	将父容器中的点映射成控件坐标系下的点	QPointF
mapFrom(QWidget * parent. QPoint &pos)	将父容器中的点映射成控件坐标系下的点	QPoint
mapFromGlobal(QPoint &pos)	将屏幕坐标系中的点映射成控件的点	QPoint
mapFromGlobal(QPointF &pos)	将屏幕坐标系中的点映射成控件的点	QPointF
mapFromParent(QPoint &pos)	将父容器坐标系中的点映射成控件的点	QPoint
mapFromParent(QPointF &pos)	将父容器坐标系中的点映射成控件的点	QPointF
mapTo(QWidget * parent,QPoint &pos)	将控件的点映射到父容器坐标系下的点	QPoint
mapTo(QWidget * parent,QPointF &pos)	将控件的点映射到父容器坐标系下的点	QPoint
mapToGlobal(QPoint &pos)	将控件的点映射到屏幕坐标系下的点	QPoint
mapToGlobal(QPointF &pos)	将控件的点映射到屏幕坐标系下的点	QPointF
mapToParent(QPoint &pos)	将控件的点映射到父容器坐标系下的点	QPoint
mapToParent(QPointF &pos)	将控件的点映射到父容器坐标系下的点	QPointF
grab(QRect &rectangle = QRect(QPoint (0,0),QSize(−1,−1)))	截取控件指定范围的图像,默认值为整个控件	QPixmap
grabKeyboard()	获取所有的键盘输入事件直到releaseKeyboard()被调用,其他控件不再接受键盘输入事件	
releaseKeyboard()	不再接受键盘输入事件	
grabMouse()	获取所有的鼠标输入事件直到releaseMouse()被调用,其他控件不再接受鼠标输入事件	
grabMouse(QCursor &cursor)	获取所有的鼠标输入事件并改变光标形状	
releaseMouse()	不再获取鼠标输入事件	

注意:在表 3-2 中,省略了关键词 const;在后面的表格中也会省略关键词 const。

在表 3-2 中,Qt∷InputMethodQuery、Qt∷WidgetAttribute、Qt∷ContextMenuPolicy 都是 Qt 6 预定义的枚举常量,它们都有具体的含义,并且都能在 Qt 6 的帮助文档中查看各自的枚举常量和说明。例如 Qt∷ContextMenuPolicy 表示弹出上下文菜单的策略和处理方式,Qt∷ContextMenuPolicy 的枚举常量见表 3-3。

表 3-3　Qt::ContextMenuPolicy 的枚举常量

枚 举 常 量	说　　　明
Qt::NoContextMenu	控件没有自己独有的上下文菜单,使用控件父窗口或父容器的上下文菜单
Qt::DefaultContextMenu	将鼠标的右击事件交给控件的 contextMenuEvent()函数处理
Qt::ActionContextMenu	右击的上下文菜单表示控件或窗口的 actions()方法获取的动作
Qt::CustomsContextMenu	用户自定义上下文菜单,右击鼠标时发射 customContextMenuRequested（QPoint &pos)信号,其中 pos 表示鼠标右击时光标所在的位置
Qt::PreventContextMenu	将鼠标右击事件交给控件的 mousePressEvent()和 mouseReleaseEvent()函数进行处理

　　QWidget 类的方法名和 Qt Designer 中的窗口属性名都采用了小驼峰的写法,即第 1 个单词的首字母小写,其他单词的首字母大写。QWidget 类的方法名很有描述性,如果方法名的首字符为 is,则表示判断;如果方法名的首字母为 set,则表示设置;即便如此,表 3-2 中的方法也太多了,所以有必要对 QWidget 类的方法进行分类。QWidget 类中方法的分类见表 3-4。

表 3-4　QWidget 类中方法的分类

分　　类	方　法　名
窗口的功能	show()、hide()、raise()、lower()、close()
顶层窗口	windowModified()、windowTitle()、windowIcon()、isActiveWindow()、activateWindow()、minimized()、showMinimized()、maximized()、showMaximized()、fullScreen()、showFullScreen()、showNormal()
窗口的内容	update()、repaint()、scroll()
窗口的位置与尺寸	pos()、x()、y()、rect()、size()、width()、height()、move()、resize()、sizePolicy()、sizeHint()、minimumSizeHint()、updateGeometry()、layout()、frameGeometry()、geometry()、childrenRect()、childrenRegion()、adjustSize()、mapFromGlobal()、mapToGlobal()、mapFromParent()、mapToParent()、maximumSize()、minimumSize()、sizeIncrement()、baseSize()、setFixedSize()
窗口的状态	visible()、isVisibleTo()、enabled()、isEnabledTo()、modal()、isWindow()、mouseTracking()、updatesEnabled()、visibleRegion()
外观和感觉	style()、setStyle()、styleSheet()、setStyleSheet()、cursor()、font()、palette()、backgroundRole()、setBackgroundRole()、fontInfo()、fontMetrics()
键盘焦点功能	focus()、focusPolicy()、setFocus()、clearFocus()、setTabOrder()、setFocusProxy()、focusNextChild()、focusPreviousChild()
鼠标和键盘抓取	grabMouse()、releaseMouse()、grabKeyboard()、releaseKeyboard()、mouseGrabber()、keyboardGrabber()
事件句柄	event()、mousePressEvent()、mouseReleaseEvent()、mouseDoubleClickEvent()、mouseMoveEvent()、keyPressEvent()、keyReleaseEvent()、focusInEvent()、focusOutEvent()、wheelEvent()、enterEvent()、leaveEvent()、paintEvent()、moveEvent()、resizeEvent()、closeEvent()、dragEnterEvent()、dragMoveEvent()、dragLeaveEvent()、dropEvent()、childEvent()、showEvent()、hideEvent()、customEvent()、changeEvent()

续表

分　　类	方　法　名
系统功能	parentWidget()、window()、setParent()、winId()、find()、metric()
右击菜单	contextMenuPolicy()、contextMenuEvent()、customContextMenuRequested()、actions()
互动式帮助	setToolTip()、setWhatsThis()

在 Qt 6 中,可以使用 QWidget 类创建实例对象,然后调用 QWidget 类的方法;可以创建 QWidget 类的子类,在子类中调用 QWidget 类的方法。

【实例 3-2】　使用 QWidget 类创建一个窗口,设置该窗口的标题和图标。要求该窗口的左上角相对于屏幕左上角的坐标为(200,200),窗口的宽度为 560 像素,高度为 220 像素,背景色为蓝色,操作步骤如下:

(1) 使用 Qt Creator 创建一个模板为 Qt Widgets Application 的项目,将该项目命名为 demo2,并保存在 D 盘的 Chapter3 文件夹下;在向导对话框中选择基类 QWidget,不勾选 Generate form 复选框。

(2) 编写 widget.h 文件中的代码,代码如下:

```
/* 第 3 章 demo2 widget.h */
# ifndef WIDGET_H
# define WIDGET_H

# include <QWidget>
# include <QIcon>

class Widget : public QWidget
{
    Q_OBJECT
public:
    Widget(QWidget * parent = nullptr);
    ~Widget();
};
# endif //WIDGET_H
```

(3) 编写 widget.cpp 文件中的代码,代码如下:

```
/* 第 3 章 demo2 widget.cpp */
# include "widget.h"

Widget::Widget(QWidget * parent):QWidget(parent)
{
    setGeometry(200,200,560,280);
    setWindowTitle("QWidget 类");
    setWindowIcon(QIcon("D:/Chapter3/icons/qt.png"));
    setStyleSheet("background-color:blue");
}


Widget::~Widget() {}
```

（4）其他文件保持不变，运行结果如图 3-3 所示。

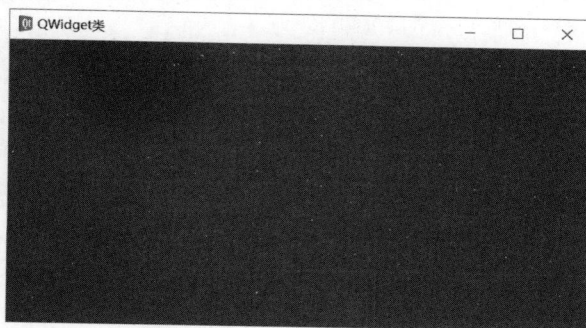

图 3-3　项目 demo2 的运行结果

在 Qt 6 中，使用 QWidget 类创建的实例对象是一个 QWidget 窗口。QWidget 窗口在某个动作或状态发生改变时会发出一个信号。QWidget 窗口的信号见表 3-5。

表 3-5　QWidget 窗口的信号

QWidget 的信号及参数类型	说　明
objectNameChanged(QString &.name)	当控件的名称发生改变时发送信号
windowIconChanged(QIcon &.icon)	当窗口图标发生改变时发送信号
windowTitleChanged(QString &.title)	当窗口标题发生改变时发送信号
customContextMenuRequested(QPoint &.pos)	通过 setContextMenuPolicy(Qt::CustomContextMenu) 方法设置上下文菜单来创建自定义菜单，此时右击鼠标时发送信号，参数为鼠标右击时的光标位置
destroyed(QObject * obj=nullptr)	QObject 对象析构时，先发送信号，然后析构它的所有控件

【实例 3-3】　使用 QWidget 类创建一个窗口，该窗口包含一个按钮控件。如果单击按钮，则会更改窗口的标题。如果窗口的标题被更改，则打印输出文字，操作步骤如下：

（1）使用 Qt Creator 创建一个模板为 Qt Widgets Application 的项目，将该项目命名为 demo3，并保存在 D 盘的 Chapter3 文件夹下；在向导对话框中选择基类 QWidget，不勾选 Generate form 复选框。

（2）编写 widget.h 文件中的代码，代码如下：

```
/* 第 3 章 demo3 widget.h */
#ifndef WIDGET_H
#define WIDGET_H

#include <QWidget>
#include <QPushButton>
#include <QIcon>
#include <QDebug>

class Widget : public QWidget
{
    Q_OBJECT
```

```
public:
    Widget(QWidget * parent = nullptr);
    ~Widget();
private:
    QPushButton * btn;
private slots:
    void change_title();
    void echo_text();
};
#endif //WIDGET_H
```

(3) 编写 widget.cpp 文件中的代码,代码如下:

```
/* 第 3 章 demo3 widget.cpp */
#include "widget.h"

Widget::Widget(QWidget * parent):QWidget(parent)
{
    setGeometry(200,200,500,200);
    setWindowTitle("QWidget 类创建的窗口");
    setWindowIcon(QIcon("D:/Chapter3/icons/qt.png"));
    btn = new QPushButton("单击我",this);
    //使用信号/槽机制,将按钮的单击信号与自定义槽函数关联
    connect(btn,SIGNAL(clicked()),this,SLOT(change_title()));
    //使用信号/槽机制,将窗口的信号与自定义槽函数关联
    connect(this,SIGNAL(windowTitleChanged(QString)),this,
SLOT(echo_text()));
}

Widget::~Widget() {}

void Widget::change_title(){
    setWindowTitle("The Widget Window");
}

void Widget::echo_text(){
    qDebug()<<"你更改了窗口标题。";
}
```

(4) 其他文件保持不变,运行结果如图 3-4 所示。

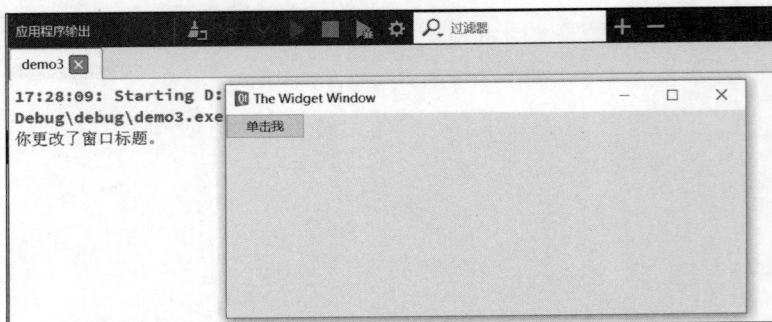

图 3-4　项目 demo3 的运行结果

3.1.2 QMainWindow 类

在 Qt 6 中,QMainWindow 类是 QWidget 类的子类,可以使用 QMainWindow 类创建 Main Window 类型的窗体,QMainWindow 类的构造函数如下:

```
QMainWindow(QWidget * parent = nullptr,Qt::WindowFlags flags = Qt::WindowFlags())
```

其中,parent 表示指向父窗口的对象指针;flags 用于确定窗口的类型和外观,参数值为 Qt::WindowFlags 的枚举常量。窗口类型 Qt::WindowFlags 的枚举常量及说明见表 3-1。

【实例 3-4】 使用 QMainWindow 类创建一个窗口,设置窗口的标题。要求宽度为 560 像素,高度为 220 像素,操作步骤如下:

(1) 使用 Qt Creator 创建一个模板为 Qt Widgets Application 的项目,将该项目命名为 demo4,并保存在 D 盘的 Chapter3 文件夹下;在向导对话框中选择基类 QMainWindow,不勾选 Generate form 复选框。

(2) 编写 main.cpp 文件中的代码,代码如下:

```
/* 第 3 章 demo4 main.cpp */
# include < QMainWindow >
# include < QApplication >

int main(int argc, char * argv[])
{
    QApplication a(argc, argv);
    QMainWindow w;                          //创建 QMainWindow 对象
    w.resize(560,220);                      //设置窗口的宽度、高度
    w.setWindowTitle("QMainWindow类");      //设置窗口的标题
    w.show();                               //显示窗口
    return a.exec();
}
```

(3) 运行结果如图 3-5 所示。

从图 3-5 可以得知,使用 QMainWindow 类创建的窗体并没有菜单栏、状态栏、停靠控件。如果要为窗体添加这些控件,则与 Qt Designer 中的方法类似,需要开发者自己添加。使用编程的方式为 QMainWindow 窗体添加菜单栏、状态栏、停靠控件方法将在后面的章节中介绍。QMainWindow 类创建的窗体布局如图 3-6 所示。

图 3-5 项目 demo4 的运行结果

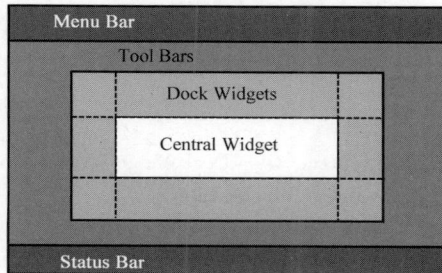

图 3-6 QMainWindow 类创建的窗体布局

QMainWindow 类中封装了很多方法。QMainWindow 类常用的方法见表3-6。

表 3-6　**QMainWindow 类常用的方法**

方法及参数类型	说　明	返回值的类型
[slot]setDockNestingEnabled(bool enabled)	设置停靠区是否可容纳多个控件	
[slot]setAnimated(bool enabled)	设置动画状态,动画状态下腾出停靠区比较连贯,否则捕捉停靠区	
[slot]setUnifiedTitleAndToolBarOnMac(bool set)	设置窗口是否使用 macOS 上的统一标题和工具栏外观	
setCentralWidget(QWidget * widget)	设置中心控件	
centralWidget()	获取中心控件	QWidget *
takeCentralWidget()	将中心控件从布局中移除	QWidget *
setMenuBar(QMenuBar * menuBar)	设置菜单栏	
menuBar()	新建菜单栏,并返回菜单栏	QMenuBar *
setMenuWidget(QWidget * menuBar)	设置菜单栏中的控件	
menuWidget()	获取菜单栏中的控件	QWidget *
createPopupMenu()	创建弹出菜单,并返回该菜单对象	QMenu *
setStatusBar(QStatusBar * statusbar)	设置状态栏	
statusBar()	获取状态栏,如果状态栏不存在,则创建新状态栏	QStatusBar *
addToolBar(Qt::ToolBarArea area, QToolBar * toolbar)	在指定位置添加工具栏	
addToolBar(QToolBar * toolbar)	在顶部添加工具栏	
addToolBar(QString &title)	添加工具栏并返回新创建的工具栏对象	QToolBar *
insertToolBar(QToolBar * before, QToolBar * toolbar)	在工具条 before 前插入工具条 toolbar	
addToolBarBreak(Qt::ToolBarArea area= Qt::TopToolBarArea)	添加工具条放置区域,两个工具栏可以并排或并列显示	
insertToolBarBreak(QToolBar * before)	在某个工具条前插入放置区域	
removeToolBarBreak(QToolBar * before)	移除工具栏前的放置区域	
toolBarArea(QToolBar * toolbar)	获取工具栏的停靠区	Qt::ToolBarArea
toolBarBreak(QToolBar * toolbar)	判断工具栏是否分割	bool
removeToolBar(QToolBar * toolbar)	从布局中移除工具栏	
setToolButtonStyle(Qt::ToolButtonStyle)	设置按钮样式	
toolButtonStyle()	获取按钮样式	Qt::ToolButton Style
addDockWidget(Qt::DockWidgetArea area, QDorkWidget * dockwidget)	在指定停靠区域添加停靠控件	
addDockWidget(Qt::DockWidgetArea area, QDockWidget * dock, Qt::Orientation orientation)	在指定停靠区域添加停靠控件,同时设置方向	

续表

方法及参数类型	说　　明	返回值的类型
removeDockWidget(QDockWidget * dock)	从布局中移除停靠控件	
dockWidgetArea(QDockWidget * dock)	获取停靠控件的停靠位置	Qt::DockWidget Area
isDockNestingEnabled()	判断停靠区是否只可放一个控件	bool
restoreDockWidget(QDockWidget * dock)	停靠控件复位,若成功,则返回值为 true	bool
saveState(int version=0)	保存界面状态	QByteArray
restoreState(QByteArray &state,int version=0)	界面状态复位,若成功,则返回值为 true	bool
isAnimated()	判断是否为动画状态	bool
setCorner(Qt::Corner,Qt::DockWidgetArea)	设置某个角落处于指定停靠区的一部分	
corner()	获取角落所属的停靠区域	Qt::DockWidget Area
setDockOptions(QMainWindow::DockOption)	设置停靠参数	
setDocumentModel(bool enabled)	设置 Tab 标签是否为文档模式	
documentModel()	获取 Tab 标签是否为文档模式	bool
setIconSize(QSize &iconSize)	设置工具栏上的按钮图标大小	
iconSize()	获取图标大小	QSize
setTabPosition(Qt::DockWidgetAreas areas, QTabWidget::TabPosition tabPosition)	当多个停靠控件重叠时,设置 Tab 标签的位置,默认在底部	
setTabShape(QTabWidget::TabShape)	当多个停靠控件重叠时,设置 Tab 标签的形状	
splitDockWidget(QDockWidget * first, QDockWidget * second,Qt::Orientation orientation)	将被挡住的停靠控件分成两部分	
tabifiedDockWidgets(QDockWidget * dockwidget)	获取停靠区域中停靠控件的列表	QList < QDockWidget * >
tabifiedDockWidget(QDockWidget * first, QDockWidget * second)	将第 2 个停靠控件放在第 1 个停靠控件的上部,通常创建停靠区	

　　由于 QMainWindow 类是 QWidget 类的子类,所以创建的 QMainWindow 对象或其子类也可以调用 QWidget 类的方法。

　　【实例 3-5】　使用 QMainWindow 类创建一个窗口,设置窗口图标、窗口标题。要求宽度为 560 像素,高度为 280 像素,并要求将背景设置为一张图片,操作步骤如下:

　　(1) 使用 Qt Creator 创建一个模板为 Qt Widgets Application 的项目,将该项目命名为 demo5,并保存在 D 盘的 Chapter3 文件夹下;在向导对话框中选择基类 QMainWindow,不勾选 Generate form 复选框。

　　(2) 编写 mainwindow.h 文件中的代码,代码如下:

```
/* 第 3 章 demo5 mainwindow.h */
#ifndef MAINWINDOW_H
```

```
#define MAINWINDOW_H

#include <QMainWindow>
#include <QIcon>

class MainWindow : public QMainWindow
{
    Q_OBJECT
public:
    MainWindow(QWidget *parent = nullptr);
    ~MainWindow();
};
#endif //MAINWINDOW_H
```

(3) 编写 mainwindow.cpp 文件中的代码,代码如下:

```
/* 第3章 demo5 mainwindow.cpp */
#include "mainwindow.h"

MainWindow::MainWindow(QWidget *parent):QMainWindow(parent)
{
    setGeometry(200,200,560,280);
    setWindowTitle("QMainWindow类");
    setWindowIcon(QIcon("D:/Chapter3/icons/qt.png"));
    setStyleSheet("background-image:url(D:/Chapter3/images/hill.png)");
}

MainWindow::~MainWindow() {}
```

(4) 其他文件保持不变,运行结果如图 3-7 所示。

图 3-7   项目 demo5 的运行结果

在 Qt 6 中,使用 QMainWindow 类可以创建 QMainWindow 窗口。QMainWindow 窗口的信号见表 3-7。

由于 QMainWindow 类是 QWidget 类的子类,所以创建的 QMainWindow 对象或其子类也可以接受 QWidget 类的信号。

表 3-7 QMainWindow 窗口的信号

QMainWindow 的信号及参数类型	说 明
iconSizeChanged(QSize &iconSize)	当图标大小发生变化时发送信号
tabifiedDockWidgetActivated(QDockWidget * dock)	当重叠的按钮激活时发送信号
toolButtonStyleChanged(Qt::ToolButtonStyle toolStyle)	当工具栏按钮的样式发生变化时发送信号

【实例3-6】 使用 QMainWindow 类创建一个窗口,该窗口包含一个按钮控件。如果单击按钮,则会更改窗口的图标。如果窗口的图标被更改,则打印输出文字,操作步骤如下:

(1) 使用 Qt Creator 创建一个模板为 Qt Widgets Application 的项目,将该项目命名为 demo6,并保存在 D 盘的 Chapter3 文件夹下;在向导对话框中选择基类 QMainWindow,不勾选 Generate form 复选框。

(2) 编写 mainwindow.h 文件中的代码,代码如下:

```
/* 第 3 章 demo6 mainwindow.h */
#ifndef MAINWINDOW_H
#define MAINWINDOW_H

#include < QMainWindow >
#include < QPushButton >
#include < QIcon >
#include < QDebug >

class MainWindow : public QMainWindow
{
    Q_OBJECT
public:
    MainWindow(QWidget * parent = nullptr);
    ~MainWindow();
private:
    QPushButton * btn;
private slots:
    void change_icon();
    void echo_text();
};
#endif //MAINWINDOW_H
```

(3) 编写 mainwindow.cpp 文件中的代码,代码如下:

```
/* 第 3 章 demo6 mainwindow.cpp */
#include "mainwindow.h"

MainWindow::MainWindow(QWidget * parent):QMainWindow(parent)
{
    setGeometry(200,200,560,220);
    setWindowTitle("QMainWindow类");
    btn = new QPushButton("单击我",this);
    //使用信号/槽机制,将按钮的单击信号和自定义槽函数关联
    connect(btn,SIGNAL(clicked()),this,SLOT(change_icon()));
    //使用信号/槽机制,将窗口的信号和自定义槽函数关联
```

```
        connect(this,SIGNAL(windowIconChanged(QIcon)),this,
SLOT(echo_text()));
}

MainWindow::~MainWindow() {}

void MainWindow::change_icon(){
        setWindowIcon(QIcon("D:/Chapter3/icons/qt.png"));
}

void MainWindow::echo_text(){
        qDebug()<<"你更改了窗口图标。";
}
```

(4) 其他文件保持不变,运行结果如图 3-8 所示。

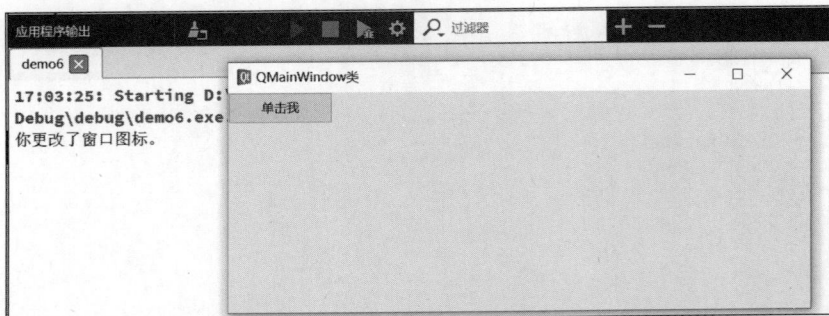

图 3-8   项目 demo6 的运行结果

3.1.3   QDialog 类

在 Qt 6 中,QDialog 类是 QWidget 类的子类,可以使用 QDialog 类创建对话框窗口(一个用来完成简单任务的顶层窗口),QDialog 类的构造函数如下:

```
QDialog(QWidget * parent = nullptr,Qt::WindowFlags flags = Qt::WindowFlags())
```

其中,parent 表示指向父窗口的对象指针;flags 用于确定窗口的类型和外观,是一个参数值为 Qt::WindowFlags 的枚举常量。窗口类型 Qt::WindowFlags 的枚举常量及说明见表 3-1。

【实例 3-7】   使用 QDialog 类创建一个窗口。要求宽度为 560 像素,高度为 220 像素,操作步骤如下:

(1) 使用 Qt Creator 创建一个模板为 Qt Widgets Application 的项目,将该项目命名为 demo7,并保存在 D 盘的 Chapter3 文件夹下;在向导对话框中选择基类 QDialog,不勾选 Generate form 复选框。

(2) 编写 main.cpp 文件中的代码,代码如下:

```
/* 第3章 demo7 main.cpp */
#include<QDialog>
#include<QApplication>

int main(int argc, char *argv[])
{
    QApplication a(argc, argv);
    QDialog w;                          //创建 QDialog 对象
    w.resize(560,220);                  //设置窗口的宽度、高度
    w.setWindowTitle("QDialog 类");     //设置窗口的标题
    w.show();                           //显示窗口
    return a.exec();
}
```

（3）其他文件保持不变，运行结果如图 3-9 所示。

图 3-9　项目 demo7 的运行结果

在 Qt 6 中，QDialog 类封装了多种方法。QDialog 类常用的方法见表 3-8。

表 3-8　QDialog 类常用的方法

方法及参数类型	说　　　明	返回值的类型
[slot]open()	以模式方法显示对话框	
[slot]exec()	以模式方法显示对话框，并返回对话框的值	int
[slot]accept()	隐藏对话框，并将结束值设置为 QDialog::Accepted，同时发送 accepted() 和 finish(int)信号	
[slot]done(int r)	隐藏对话框，并将结束值设置成 r，并发送 finished(int)信号	
[slot]reject()	隐藏对话框，并将结束值设置成 QDialog::Rejected，并发送 accepted() 和 finished(int)信号	
setModal(bool)	将对话框设置为模式对话框	
isModal()	判断对话框是否为模式对话框	bool
setResult(int i)	设置对话框的返回值	
result()	获取对话框的返回值	int
setSizeGripEnabled(bool)	设置对话框的右下角是否有三角形	
isSizeGripEnabled()	判断对话框的右下角是否有三角形	bool
setVisible(bool)	设置对话框是否隐藏	

由于 QDialog 类是 QWidget 类的子类,所以创建 QDialog 的对象或其子类也可以调用 QWidget 类的方法。

【实例 3-8】 使用 QDialog 类创建一个窗口,设置窗口图标、窗口标题。要求宽度为 560 像素,高度为 280 像素,并要求将背景设置为一张图片,操作步骤如下:

(1) 使用 Qt Creator 创建一个模板为 Qt Widgets Application 的项目,将该项目命名为 demo8,并保存在 D 盘的 Chapter3 文件夹下;在向导对话框中选择基类 QDialog,不勾选 Generate form 复选框。

(2) 编写 dialog.h 文件中的代码,代码如下:

```
/* 第 3 章 demo8 dialog.h */
#ifndef DIALOG_H
#define DIALOG_H

#include <QDialog>
#include <QIcon>

class Dialog : public QDialog
{
    Q_OBJECT
public:
    Dialog(QWidget *parent = nullptr);
    ~Dialog();
};
#endif //DIALOG_H
```

(3) 编写 dialog.cpp 文件中的代码,代码如下:

```
/* 第 3 章 demo8 dialog.cpp */
#include "dialog.h"

Dialog::Dialog(QWidget *parent):QDialog(parent)
{
    setGeometry(200,200,560,280);
    setWindowTitle("QDialog 类");
    setWindowIcon(QIcon("D:/Chapter3/icons/qt.png"));
    setStyleSheet("border-image:url(D:/Chapter3/images/hill.png)");
}

Dialog::~Dialog() {}
```

(4) 其他文件保持不变,运行结果如图 3-10 所示。

注意:如果对图 3-10 和图 3-7 进行对比,则会发现以 background-image 方式设置背景图片会平铺显示,而以 border-image 方式设置背景图片会显示完整的图片,更加重要的是使用 QDialog 类创建的窗口没有最大化和最小化按钮图标。

在 Qt 6 中,使用 QDialog 类可以创建 QDialog 窗口。QDialog 窗口的信号见表 3-9。

图 3-10 项目 demo8 的运行结果

表 3-9 QDialog 窗口的信号

信号及参数类型	说 明
accepted()	当执行 accept()和 done(int)方法时发送信号
finished(int result)	当执行 accept()、reject()、done(int)方法时发送信号
rejected()	当执行 reject()、done(int)方法时发送信号

由于 QDialog 类是 QWidget 类的子类,所以创建的 QDialog 对象或其子类也可以接收 QWidget 类的信号。

【实例 3-9】 使用 QDialog 类创建一个窗口,该窗口包含一个按钮控件。如果单击按钮,则会更改窗口的图标。如果窗口的图标被更改,则打印输出文字,操作步骤如下:

(1)使用 Qt Creator 创建一个模板为 Qt Widgets Application 的项目,将该项目命名为 demo9,并保存在 D 盘的 Chapter3 文件夹下;在向导对话框中选择基类 QDialog,不勾选 Generate form 复选框。

(2)编写 dialog.h 文件中的代码,代码如下:

```
/* 第3章 demo9 dialog.h */
#ifndef DIALOG_H
#define DIALOG_H

#include <QDialog>
#include <QPushButton>
#include <QIcon>
#include <QDebug>

class Dialog : public QDialog
{
    Q_OBJECT
public:
    Dialog(QWidget * parent = nullptr);
    ~Dialog();
private:
    QPushButton * btn;
private slots:
```

```
    void change_icon();
    void echo_text();
};
# endif //DIALOG_H
```

（3）编写 dialog.cpp 文件中的代码，代码如下：

```
/* 第3章 demo9 dialog.cpp */
# include "dialog.h"

Dialog::Dialog(QWidget * parent):QDialog(parent)
{
    setGeometry(200,200,560,220);
    setWindowTitle("QDialog 类");
    btn = new QPushButton("单击我",this);
    //使用信号/槽机制，将按钮的单击信号和自定义槽函数连接
    connect(btn,SIGNAL(clicked(bool)),this,SLOT(change_icon()));
    //使用信号/槽机制，将窗口的信号和自定义槽函数连接
    connect(this,SIGNAL(windowIconChanged(QIcon)),this,
SLOT(echo_text()));
}

Dialog::~Dialog() {}

void Dialog::change_icon(){
    setWindowIcon(QIcon("D:/Chapter3/icons/qt.png"));
}

void Dialog::echo_text(){
    qDebug()<<"你更改了窗口图标。";
}
```

（4）其他文件保持不变，运行结果如图 3-11 所示。

图 3-11 项目 demo9 的运行结果

3.1.4 更改样式表

在 Qt 6 中，可以通过 QWidget 类的方法 setStyleSheet()更改样式表。同样，在 Qt Designer(或 Qt Creator 的设计模式)中也可以使用这种方法。这主要使用了 QSS 设置 Qt

样式表,QSS 的全称为 Qt Style Sheet,用来自定义控件外观。

QSS 参考了大量 CSS(Cascading Style Sheets)的内容,但 QSS 的功能要弱于 CSS。QSS 使窗口的样式与代码层分开,便于代码的维护和编写。

1. QSS 的基本语法规则

QSS 的语法规则与 CSS 的语法规则基本相同。QSS 样式表由两部分组成:一部分是选择器(Selector),用于指定哪些控件会受到影响;另一部分是声明(Declaration),用于指定控件的哪些属性被设置。声明部分由一系列的"属性:值"组成,不同的"属性:值"之间使用分号隔开,举例如下:

```
QLabel{
        background:red;
        color:yellow;
        font: 18px '楷体'
}
QPushButton{ color:black }
```

其中,QLabel、QPushButton 表示选择器;花括号中的内部表示声明部分。

2. QSS 样式表的选择器

在 QSS 样式表中,可以选择多种选择器来选择控件。各种选择器及其使用方法见表 3-10。

表 3-10　各种选择器及其使用方法

类　型	举　例	说　明
全局选择器	*	选择所有的控件
类型选择器	QWidget	选择 QWidget 类及其子类创建的控件
属性选择器	QLabel[color:red]	选择属性 color 的值为 red 的 QLabel 控件
类选择器	. QLabel	选择 QLabel 但不选择器子类创建的控件
ID 选择器	#btnExit	选择名称为 btnExit 的所有控件,可以使用控件的 setObjectName("btnExit")方法设置名称
后代选择器	QWidget QLabel	选择 QWidget 后代中所有的 QLabel
子对象选择器	QWidget>QLabel	选择直接从属于 QWidget 的 QLabel 控件

3. QSS 样式表的属性值

在 QSS 样式表中,可以设置控件的多种属性。控件的常用属性及其值类型见表 3-11。

表 3-11　常用属性及其值类型

属性及其值类型	说　明
height:Length	设置控件的高度
width:Length	设置控件的宽度
max-height:Length	设置控件的最大高度
min-height:Length	设置控件的最小高度
max-width:Length	设置控件的最大宽度

属性及其值类型	说　　明
min-width：Length	设置控件的最小宽度
spacing：Length	设置控件的间距
color：QBrush	设置控件文本的颜色
opacity：float	设置控件的透明度
background-color：QBrush	设置控件的背景色
background-image：Url	设置控件的背景图像
background-repeat：Repeat	设置如何平铺背景图像
background-origin：Origin	设置背景图像的区域
background-position：Alignment	设置背景图像的原点，默认值为 topleft
background：Background	设置背景的简便写法，相当于 background-color、background-image、background-repeat、background-position
background-attachment：Attachment	设置背景图像在视口中是固定的还是滚动的
selection-color：QBrush	设置所选文本或项的前景色
selection-background-color：QBrush	设置所选文本或项的背景色
border：Border	设置边框的简写方法，相当于 border-color、border-style、border-width
border-top：Border	设置控件顶部边框的简写方法，相当于 border-top-color、border-top-style、border-top-width
border-bottom：Border	设置控件底部边框的简写方法，相当于 border-bottom-color、border-bottom-style、border-bottom-width
border-right：Border	设置控件右边框的简写方法，相当于 border-right-color、border-right-style、border-right-width
border-left：Border	设置控件左边框的简写方法，相当于 border-left-color、border-left-style、border-left-width
border-color：Box Colors	设置控件边界线的颜色，相当于 border-top-color、border-bottom-color、border-left-color、border-right-color
border-top-color：Brush	设置控件顶部边界线的颜色
border-bottom-color：Brush	设置控件底部边界线的颜色
border-left-color：Brush	设置控件左侧边界线的颜色
border-right-color：Brush	设置控件右侧边界线的颜色
border-radius：Radius	设置控件边框角度的半径，相当于 border-top-left-radius、border-top-right-radius、border-bottom-left-radius、border-bottom-right-radius，默认值为 0
border-top-left-radius：Radius	设置边框左上角的半径
border-top-right-radius：Radius	设置边框右上角的半径
border-bottom-left-radius：Radius	设置边框左下角的半径
border-bottom-right-radius：Radius	设置边框右下角的半径
border-style：Border Style	设置控件边界线的样式(虚线、实线、点画线等)，默认为 None
border-top-style：Border Style	设置控件顶部边界线的样式

续表

属性及其值类型	说　明
border-right-style：Border Style	设置控件右侧边界线的样式
border-bottom-style：Border Style	设置控件底部边界线的样式
border-left-style：Border Style	设置控件左侧边界线的样式
border-width：Border Lengths	设置控件边界线的宽度，相当于 border-top-width、border-bottom-width、border-left-width、border-right-width
border-top-width：Length	设置控件顶部边界线的宽度
border-bottom-width：Length	设置控件底部边界线的宽度
border-left-width：Length	设置控件左侧边界线的宽度
border-right-width：Length	设置控件右侧边界线的宽度
margin：Margin	设置控件的边距，相当于 margin-top、margin-right、margin-bottom、margin-left，默认值为 0
margin-top：Length	设置控件的上边距
margin-right：Length	设置控件的右边距
margin-bottom：Length	设置控件的底边距
margin-left：Length	设置控件的左边距

注意：QSS 也可以像 CSS 一样设置控件的状态，例如活跃（active）、激活（enabled）、失效（disabled）。控件与状态之间使用冒号隔开，例如 QPushButton：active。

【**实例 3-10**】　使用 Qt Creator 的设计模式设计一个窗口，该窗口上有一个按钮。修改样式表，将窗口的背景色设置为黄色，将按钮的背景色设置为红色，操作步骤如下：

（1）使用 Qt Creator 创建一个模板为 Qt Widgets Application 的项目，将该项目命名为demo10，并保存在 D 盘的 Chapter3 文件夹下；在向导对话框中选择基类 QWidget，勾选Generate form 复选框。

（2）在 Qt Creator 的设计模式中设计一个窗口，该窗口包含一个按钮控件，如图 3-12所示。

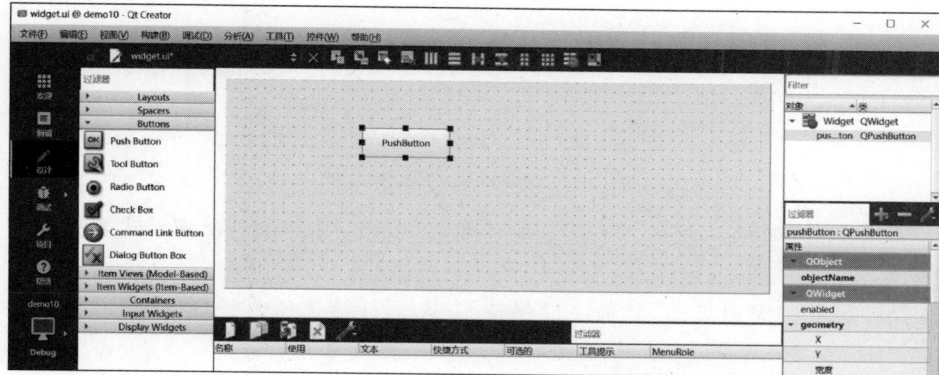

图 3-12　Qt Creator 设计模式中的窗口

(3)将鼠标移到主窗口上右击,在弹出的菜单中选择"更改样式表",此时会弹出一个"编辑样式表"对话框。在对话框中输入以下语句:

```
#Widget{
background-color:yellow
}
#pushButton{
background-color:red
}
```

运行结果如图 3-13 和图 3-14 所示。

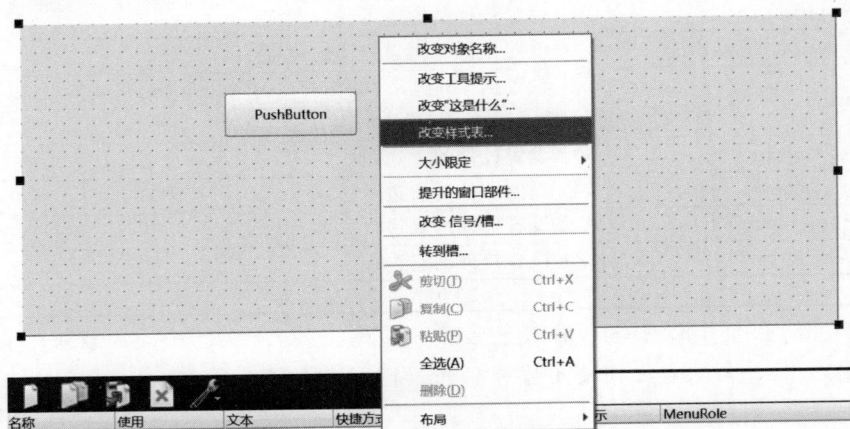

图 3-13　右击主窗口

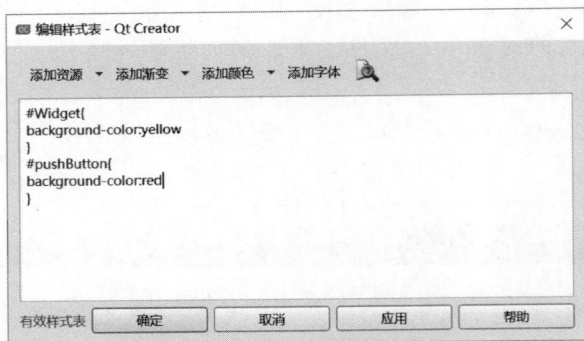

图 3-14　"编辑样式表"对话框

(4)如果单击"编辑样式表"对话框中的"确定"按钮,则会看到修改样式表后的窗口,如图 3-15 所示。

(5)保存设计的窗口界面,其他文件保持不变,运行结果如图 3-16 所示。

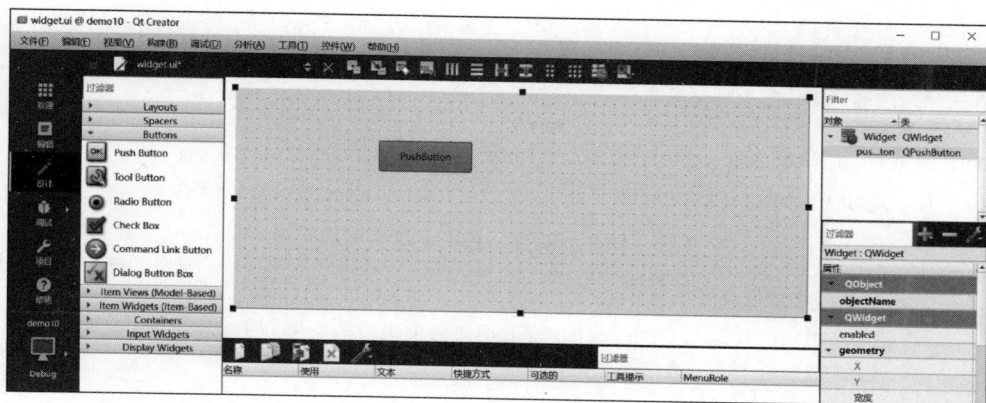

图 3-15　修改样式表后的窗口

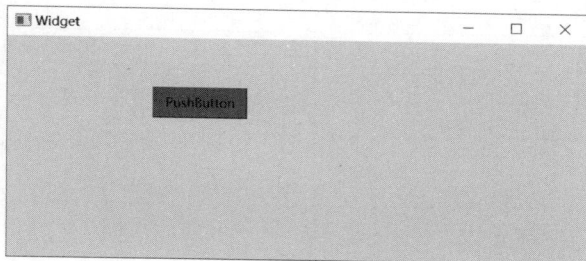

图 3-16　项目 demo10 的运行结果

3.2　基础类

如果读者仔细读表 3-2,则会发现很多方法返回的数据类型是 Qt 6 中的类。这些类通常用于表示坐标点、宽和高、矩形框、页边距和图标、光标。这些类在创建 GUI 程序的过程中经常会被用到。

3.2.1　坐标点类(QPoint 和 QPointF)

在 Qt 6 中,如果要确定屏幕上某个点的位置或坐标,则需要使用 QPoint 类或 QPointF 类。计算机屏幕坐标系的原点位于屏幕的左上角,x 轴沿从左到右的方向,y 轴沿从上到下的方向,如图 3-17 所示。

在 Qt 6 中,QPoint 类用整数值来表示 x 坐标值、y 坐标值,QPointF 类用浮点数表示 x 坐标值、y 坐标值。这两个类的构造函数如下:

图 3-17　计算机屏幕的坐标系

```
QPoint()
QPoint(int xpos, int ypos)
```

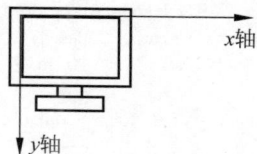

```
QPointF()
QPointF(float xpos,float ypos)
QPointF(const QPoint &point)
```

其中,xpos 表示 x 坐标值;ypos 表示 y 坐标值。

QPoint 类和 QPointF 类中封装了一些方法,其中常用方法见表 3-12。

表 3-12　QPoint 类和 QPointF 类常用的方法

方法及参数类型	说　　明
[static]dotProduct(QPointF &p1,QPointF &p2)	返回两个坐标的点乘,即 x1 * x2+y1 * y2
[static]dotProduct(QPoint &p1,QPoint &p2)	同上
setX(int x)、setX(float x)	设置 x 坐标值
setY(int y)、setY(float y)	设置 y 坐标值
x()、y()	获取 x 坐标值、获取 y 坐标值
isNull()	如果坐标值 $x=y=0$,则返回值为 true
manhattanLength()	返回坐标值 x 和 y 的绝对值之和
transposed()	将坐标值 x、y 对调
toPoint()	只适用于 QPointF 类,用四舍五入法将 QPointF 对象转换为 QPoint 对象
toPointF()	只适用于 QPoint 类,将 QPoint 对象转换为 QPointF 对象

【实例 3-11】　创建一个窗口,该窗口包含一个按钮。如果单击该按钮,则打印该窗口左上角的位置坐标,操作步骤如下:

(1) 使用 Qt Creator 创建一个模板为 Qt Widgets Application 的项目,将该项目命名为demo11,并保存在 D 盘的 Chapter3 文件夹下;在向导对话框中选择基类 QWidget,不勾选Generate form 复选框。

(2) 编写 widget.h 文件中的代码,代码如下:

```cpp
/* 第 3 章 demo11 widget.h */
#ifndef WIDGET_H
#define WIDGET_H

#include <QWidget>
#include <QPushButton>
#include <QDebug>
#include <QPoint>

class Widget : public QWidget
{
    Q_OBJECT
public:
    Widget(QWidget * parent = nullptr);
    ~Widget();
private:
```

```
    QPushButton * btn;
private slots:
    void echo_pos();
};
# endif //WIDGET_H
```

（3）编写 widget.cpp 文件中的代码，代码如下：

```
/* 第3章 demo11 widget.cpp */
# include "widget.h"

Widget::Widget(QWidget * parent):QWidget(parent)
{
    setGeometry(200,200,500,200);
    setWindowTitle("QPoint 类");
    btn = new QPushButton("单击我",this);
    //使用信号/槽机制,将按钮的单击信号和自定义槽函数连接
    connect(btn,SIGNAL(clicked(bool)),this,SLOT(echo_pos()));
}

Widget::~Widget() {}

void Widget::echo_pos(){
    QPoint pos1 = pos();
    qDebug()<<"x 坐标为"<< pos1.x();
    qDebug()<<"y 坐标为"<< pos1.y();
}
```

（4）其他文件保持不变，运行结果如图 3-18 所示。

图 3-18 项目 demo11 的运行结果

3.2.2 尺寸类（QSize 和 QSizeF）

在 Qt 6 中，使用 QSize 类或 QSizeF 类来定义一个控件或窗口的宽度和高度。QSize 类和 QSizeF 类的构造函数如下：

```
QSize()
QSize(int width, int height)
```

```
QSizeF()
QSizeF(float width,float height)
QSizeF(const QSize &size)
```

其中,width 表示宽度;height 表示高度;int 表示整型数字;float 表示浮点型数字。

QSize 类和 QSizeF 类中封装了一些方法,QSize 类与 QSizeF 类的方法基本相同。QSizeF 类常用的方法见表 3-13。

表 3-13　QSizeF 类常用的方法

方法及参数类型	说　　明	返回值类型
setWidth(float)、setHeight(float)	设置宽度、设置高度	
width()、height()	获取宽度、获取高度	float
shrunkBy(QMarginsF margins)	在原 QSizeF 基础上根据页边距收缩得到新的 QSizeF	QSizeF
grownBy(QMarginsF margins)	在原 QSizeF 基础上根据页边距扩充得到新的 QSizeF	QSizeF
boundedTo(QSizeF &otherSize)	新的 QSizeF 中的宽度是自身和参数宽度中比较小的宽度,高度亦如此	QSizeF
expandedTo(QSizeF &otherSize)	新的 QSizeF 中的宽度是自身和参数宽度中比较大的宽度,高度亦如此	QSizeF
isEmpty()	如果宽度或高度有一个小于或等于 0,则返回值为 true,否则返回值为 false	bool
isNull()	如果宽度或高度都等于 0,则返回值为 true,否则返回值为 false	bool
isValid()	如果宽度和高度都大于或等于 0,则返回值为 true,否则返回值为 false	bool
transpose()	宽度和高度对换	
transposed()	返回的 QSizeF 的高度是原 QSizeF 的宽度,宽度是原 QSizeF 的高度	QSizeF
scale(float width,float height,Qt::AspectRadioMode)	根据宽度、高度的比值参数 Qt::AspectRadioMode,重新设置原 QSizeF 的宽度、高度	
scale(QSizeF &size,Qt::AspectRadioMode)	根据宽度、高度的比值参数 Qt::AspectRadioMode,重新设置原 QSizeF 的宽度、高度	
scaled(float width,float height,Qt::AspectRadioMode)	根据宽度、高度的比值参数 Qt::AspectRadioMode,返回新的 QSizeF	QSizeF
scaled(QSizeF &s,Qt::AspectRadioMode)	根据宽度、高度的比值参数 Qt::AspectRadioMode,返回新的 QSizeF	QSizeF
toSize()	将 QSizeF 对象转换成 QSize 对象	QSize

【实例 3-12】　创建一个窗口,该窗口包含一个按钮。如果单击该按钮,则打印包含外框架的窗口的宽度和高度,操作步骤如下:

(1) 使用 Qt Creator 创建一个模板为 Qt Widgets Application 的项目,将该项目命名为

demo12,并保存在 D 盘的 Chapter3 文件夹下；在向导对话框中选择基类 QWidget,不勾选 Generate form 复选框。

（2）编写 widget.h 文件中的代码,代码如下：

```
/* 第3章 demo12 widget.h */
#ifndef WIDGET_H
#define WIDGET_H

#include <QWidget>
#include <QSize>
#include <QPushButton>
#include <QDebug>

class Widget : public QWidget
{
    Q_OBJECT
public:
    Widget(QWidget *parent = nullptr);
    ~Widget();
private:
    QPushButton *btn;
private slots:
    void echo_size();
};
#endif //WIDGET_H
```

（3）编写 widget.cpp 文件中的代码,代码如下：

```
/* 第3章 demo12 widget.cpp */
#include "widget.h"

Widget::Widget(QWidget *parent):QWidget(parent)
{
    setGeometry(200,200,500,200);
    setWindowTitle("QSize类");
    btn = new QPushButton("单击我",this);
    //使用信号/槽机制,将按钮的单击信号和自定义槽函数连接
    connect(btn,SIGNAL(clicked(bool)),this,SLOT(echo_size()));
}

Widget::~Widget() {}

void Widget::echo_size(){
    QSize size1 = frameSize();
    qDebug()<<"宽度为"<< size1.width();
    qDebug()<<"高度为"<< size1.height();
}
```

（4）其他文件保持不变，运行结果如图 3-19 所示。

图 3-19　项目 demo12 的运行结果

3.2.3　矩形类（QRect 和 QRectF）

在 Qt 6 中，使用矩形类定义一个矩形区域。矩形区域的左上角是一个位置坐标，可以使用 QPoint 类表示。矩形区域的宽度、高度可以使用 QSize 类表示。

矩形类分为 QRect 类、QRectF 类。QRect 类使用整型数字，QRectF 类使用浮点型数字。这两个类的构造函数如下：

```
QRect()
QRect(const QPoint &topLeft,const QPoint &bottomRight)
QRect(const QPoint &topLeft,const QSize &size)
QRect(int x,int y,int width,int height)
QRectF()
QRectF(const QPointF &topLeft,const QPointF &bottomRight)
QRectF(const QPointF &topLeft,const QSizeF &size)
QRectF(float x,float y,float width,float height)
QRectF(const QRect &rectangle)
```

其中，x、y 表示矩形区域左上角位置的坐标；width、height 表示矩形区域的宽度、高度。

QRect 类和 QRectF 类封装了一些方法，QRect 类与 QRectF 类的方法基本相同。QRect 类常用的方法具体见表 3-14。

表 3-14　QRect 类常用的方法

方法及参数类型	说　　明	返回值类型
setLeft(int x)	设置左边的 x 坐标值，其他位置不变	
setRight(int x)	设置右边的 x 坐标值，其他位置不变	
setTop(int y)	设置上边的 y 坐标值，其他位置不变	
setBottom(int y)	设置底部的 y 坐标值，其他位置不变	
setBottomLeft(QPoint &position)	设置左下角位置，其他位置不变	
setBottomRight(QPoint &position)	设置右下角位置，其他位置不变	
setCoords(int x1,int y1,int x2,int y2)	设置左上角坐标(x1,y1)和右下角坐标(x2,y2)，实际的右下角坐标都要加 1	

续表

方法及参数类型	说　明	返回值类型
getCoords(int ＊ x1,int ＊ y1,int ＊ x2,int ＊ y2)	返回左上角坐标(＊x1,＊y1)和右下角坐标(＊x2,＊y2),实际的右下角的坐标都要减1	
setWidth(int w)、setHeight(int h)	设置宽度、设置高度,其他位置不变	
setSize(QSize ＆size)	设置宽度和高度	
size()	获取宽度和高度	QSize
width()、height()	返回宽度值、返回高度值	int
setRect(int x,int y,int w,int h)	设置矩形的左上角位置,以及宽度、高度	
setTopLeft(QPoint ＆pos)	设置左上角位置,其他位置不变	
setTopRight(QPoint ＆pos)	设置右上角位置,其他位置不变	
setX(int x)、setY(int y)	设置左上角的 x 值、y 值,其他位置不变	
x()、y()	返回左上角的 x 值、y 值,其他位置不变	int
bottomLeft()	返回左下角的 QPoint,y 值需减 1	QPoint
bottomRight()	返回右下角的 QPoint,y 值需减 1	QPoint
center()	返回中心点的位置	QPoint
getRect(int ＊ x,int ＊ y,int ＊ width,int ＊ height)	返回左上角坐标(＊x,＊y),以及宽和高元组(＊width,＊height)	
isEmpty()	如果宽度或高度有一个小于或等于 0,则返回值为 true,否则返回值为 false	bool
isNull()	如果宽度和高度都为 0,则返回值为 true,否则返回值为 false	bool
isValid()	如果宽度和高度都大于 0,则返回值为 true,否则返回值为 false	bool
adjust(int dx1,int dy1,int dx2,int dy2)	调整位置,左上角的坐标为(x1＋dx1,y1＋dy1),右下角的坐标为(x2＋dx2,y2＋dy2)	
adjusted(int x1,int y1,int x2,int y2)	调整新位置,并返回新的 QRect 对象	QRect
moveBottomLeft(QPoint ＆pos)	将左下角移动到 pos 位置,宽度和高度不变	
moveBottomRight(QPoint ＆pos)	将右下角移动到 pos 位置,宽度和高度不变	
moveCenter(QPoint ＆pos)	将中心移动到 pos 位置,宽度和高度不变	
moveLeft(int x)	将左边移动到 x 值,宽度和高度不变	
moveRight(int x)	将右边移动到 $x＋1$ 值,宽度和高度不变	
moveTop(int y)	将上边移动到 y 值,宽度和高度不变	
moveBottom(y)	将底部移动到 $y＋1$ 值,宽度和高度不变	
moveTopLeft(QPoint ＆pos)	将左上角移动到 pos,宽度和高度不变	
moveTopRight(QPoint ＆pos)	将右上角移动到 pos,宽度和高度不变	
left()、right()	返回左边的 x 值、右边的 $x－1$ 值	int
top()、bottom()	返回左上角的 y 值、底部的 $y－1$ 值	int
topLeft()、topRight()	返回左上角的 QPoint、右上角的 QPoint	QPoint
intersected(QRect ＆rectangle)	返回两个矩形的公共交叉矩形 QRect	QRect
intersects(QRect ＆rectangle)	判断两个矩形是否有公共交叉矩形 QRect	bool

续表

方法及参数类型	说　　明	返回值类型
united(QRect &rectangle)	返回由两个矩形的边组成的新矩形	QRect
translate(int dx,int dy)	矩形整体平移 dx、dy	
translate(QPoint &offset)	矩形整体平移 offset. x()、offset. y()	
translated(int dx,int dy)	返回平移 dx、dy 后的新的 QRect	QRect
translated(QPoint &offset)	返回平移 offset. x()、offset. y()后的新的 QRect	QRect
transposed()	返回宽度和高度对换后的新的 QRect	QRect

【实例 3-13】 创建一个窗口,该窗口包含一个按钮。如果单击该按钮,则打印窗口左上角的坐标,以及该窗口的宽度、高度,操作步骤如下:

(1) 使用 Qt Creator 创建一个模板为 Qt Widgets Application 的项目,将该项目命名为 demo13,并保存在 D 盘的 Chapter3 文件夹下;在向导对话框中选择基类 QWidget,不勾选 Generate form 复选框。

(2) 编写 widget. h 文件中的代码,代码如下:

```
/* 第 3 章 demo13 widget.h */
#ifndef WIDGET_H
#define WIDGET_H

#include <QWidget>
#include <QPushButton>
#include <QRect>
#include <QDebug>

class Widget : public QWidget
{
    Q_OBJECT
public:
    Widget(QWidget * parent = nullptr);
    ~Widget();
private:
    QPushButton * btn;
private slots:
    void echo_rect();
};
#endif //WIDGET_H
```

(3) 编写 widget. cpp 文件中的代码,代码如下:

```
/* 第 3 章 demo13 widget.cpp */
#include "widget.h"

Widget::Widget(QWidget * parent):QWidget(parent)
{
    setGeometry(200,200,500,200);
    setWindowTitle("QRect 类");
    btn = new QPushButton("单击我",this);
```

```
//使用信号/槽机制,将按钮的单击信号和自定义槽函数连接
connect(btn,SIGNAL(clicked(bool)),this,SLOT(echo_rect()));
}

Widget::~Widget() {}

void Widget::echo_rect(){
    QRect rect1 = geometry();
    int x1 = rect1.x();
    int y1 = rect1.y();
    qDebug()<<"左上角的坐标为"<< x1 <<" "<< y1;
    qDebug()<<"宽度为"<< rect1.width();
    qDebug()<<"高度为"<< rect1.height();
}
```

（4）其他文件保持不变,运行结果如图 3-20 所示。

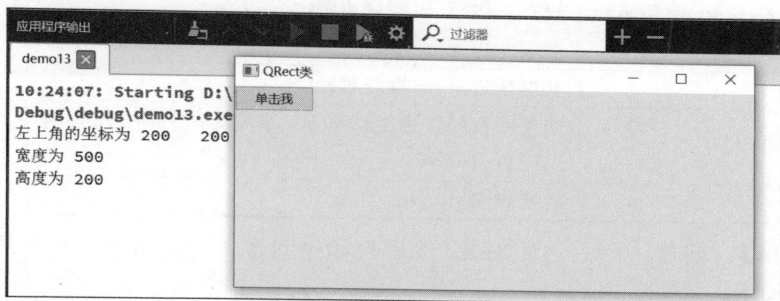

图 3-20　项目 demo13 的运行结果

3.2.4　页边距类（QMargins 和 QMarginsF）

页边距类通常应用在窗口、布局、打印页面中,被用来设置布局或窗口内的工作区。工作区的左边、右边、顶部、底部的距离如图 3-21 所示。

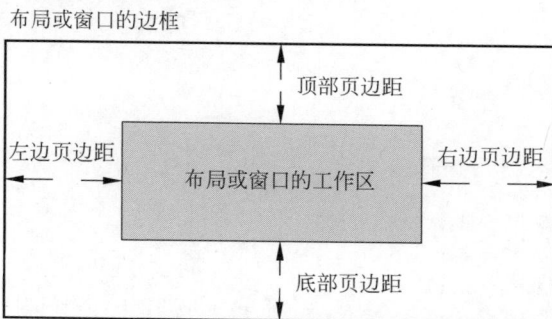

图 3-21　布局或窗口的页边距

在 Qt 6 中,使用 QMargins 类和 QMarginsF 类表示页边距。QMargins 类定义的页边距使用整型数字,QMarginsF 类定义的页边距使用浮点型数字。这两个类的构造函数如下:

```
QMargins()
QMargins(int left,int top,int right,int bottom)
QMarginsF()
QMarginsF(float left,float top,float right,float bottom)
QMarginsF(const QMargins &margins)
```

其中,left 表示左边距;top 表示顶边距;right 表示右边距;bottom 表示底边距。

QMargins 类和 QMarginsF 类封装的方法基本相同,QMarginsF 类常用的方法见表 3-15。

表 3-15　QMarginsF 类常用的方法

方法及参数类型	说　　明	返回值的类型
setLeft(float)、setRight(float)	设置左边距、设置右边距	
setTop(float)、setBottom(float)	设置顶边距、设置底边距	
left()、right()	获取左边距、获取右边距	float
top()、bottom()	获取顶边距、获取底边距	float
isNull()	如果所有的页边距都接近 0,则返回值为 true,否则返回值为 false	bool
toMargins()	转换成 QMargins 对象	QMargins

【实例 3-14】　创建一个页边距对象,然后打印该对象的左边距、右边距、顶边距、底边距,操作步骤如下:

(1) 使用 Qt Creator 创建一个模板为 Qt Console Application 的项目,将该项目命名为 demo14,并保存在 D 盘的 Chapter3 文件夹下。

(2) 编写 main.cpp 文件中的代码,代码如下:

```
/* 第 3 章 demo14 main.cpp */
# include < QCoreApplication >
# include < QMargins >
# include < QDebug >

int main(int argc, char * argv[])
{
    QCoreApplication a(argc, argv);
    QMargins * mar1 = new QMargins(10,20,20,10);
    qDebug()<<"左边距为"<< mar1 -> left();
    qDebug()<<"右边距为"<< mar1 -> right();
    qDebug()<<"顶边距为"<< mar1 -> top();
    qDebug()<<"底边距为"<< mar1 -> bottom();
    return a.exec();
}
```

（3）其他文件保持不变，运行结果如图 3-22 所示。

```
demo14 ✕

11:39:51: Starting D:\Chapter3\build-demo14-Desktop_Qt_6_6_1_MinGW_64_bit-
Debug\debug\demo14.exe...
左边距为 10
右边距为 20
顶边距为 20
底边距为 10
```

图 3-22　项目 demo14 的运行结果

3.2.5　图标类（QIcon）

在 Qt 6 中，使用 QIcon 类表示图标。为了增加窗口界面的美观性，通常为窗口添加图标。QIcon 类的构造方法如下：

```
QIcon()
QIcon(const QPixmap &pixmap)
QIcon(const QString &fileName)
```

其中，pixmap 表示 QPixmap 对象，是一种表示图像的对象；fileName 表示文件路径和文件名。

QIcon 图标通常有 4 种状态（Mode），分别为 QIcon::Normal、QIcon::Active、QIcon::Disabled、QIcon::Selected。QIcon 类常用的方法见表 3-16。

表 3-16　QIcon 类常用的方法

方法及参数类型	说　　　明	返回值类型
actualSize(QSize &size, QIcon::Mode mode = Normal, QIcon::State state=Off)	获取图标的真实尺寸	QSize
addFile(QString &fileName, QSize &size, QIcon::Mode mode=Normal, QIcon::State state=Off)	添加文件	
name()	返回图标的名称	QString
addPixmap(QPixmap &pix, QIcon::Mode mode = Normal, QIcon::Statestate=Off)	添加图像	
isNull()	判断图标是否为无像素图像	bool
isMask()	判断图标是否为掩码图像	bool

【实例 3-15】　创建一个窗口，该窗口包含一个按钮。如果单击该按钮，则给窗口添加图标，操作步骤如下：

（1）使用 Qt Creator 创建一个模板为 Qt Widgets Application 的项目，将该项目命名为 demo15，并保存在 D 盘的 Chapter3 文件夹下；在向导对话框中选择基类 QWidget，不勾选 Generate form 复选框。

（2）编写 widget.h 文件中的代码，代码如下：

```
/* 第 3 章 demo15 widget.h */
#ifndef WIDGET_H
```

```
#define WIDGET_H

#include <QWidget>
#include <QPushButton>
#include <QIcon>

class Widget : public QWidget
{
    Q_OBJECT
public:
    Widget(QWidget *parent = nullptr);
    ~Widget();
private:
    QPushButton *btn;
private slots:
    void add_icon();
};
#endif //WIDGET_H
```

(3) 编写 widget.cpp 文件中的代码,代码如下:

```
/* 第 3 章 demo15 widget.cpp */
#include "widget.h"

Widget::Widget(QWidget *parent):QWidget(parent)
{
    setGeometry(200,200,500,200);
    setWindowTitle("QIcon类");
    btn = new QPushButton("单击我",this);
    //使用信号/槽机制,将按钮的单击信号和自定义槽函数连接
    connect(btn,SIGNAL(clicked(bool)),this,SLOT(add_icon()));
}

Widget::~Widget() {}

void Widget::add_icon(){
    QIcon icon1 = QIcon("D:/Chapter3/icons/qt.png");
    setWindowIcon(icon1);
}
```

(4) 其他文件保持不变,运行结果如图 3-23 所示。

图 3-23　项目 demo15 的运行结果

3.2.6　字体类(QFont)

在 Qt 6 中,使用 QFont 类表示窗口或控件上的字体。字体的属性包括字体名称、大小、粗体、斜体、上画线、下画线、删除线等。如果选择的字体在系统中没有对应的文字文件,则 Qt 6 会自动选择最接近的字体。如果要显示的字符不存在,则该字符会被显示为一个空心字符。

QFont 类的构造方法如下:

```
QFont()
QFont(const QString &family,int pointSize = -1,int weight = -1,bool italic = false)
QFont(const QStringList &families,int pointSize = -1,int weight = -1,bool italic = false)
QFont(const QFont &font)
```

其中,family、families 表示字体类型;pointSize 表示字体大小,若取值为负数或 0,则字体大小与系统有关,通常为 12;weight 表示字体的粗细程度;italic 表示是否为斜体。

QFont 类封装了比较多的方法,QFont 类常用的方法见表 3-17。

表 3-17　QFont 类常用的方法

方法及参数类型	说　明	返回值类型
setBold(bool enable)	设置粗体	
bold()	如果字体的 weight() 值大于 QFont::Medium 值,则返回值为 true,否则返回值为 false	bool
setCapitalization(QFont::Capitalization caps)	设置字体大小写	
capitalization()	获取字体大小写状态	QFont::Capitalization
setFamilies(QStringList &families)	设置字体类型	
families()	获取字体类型名称	QStringList
setFamily(QString &family)	设置字体类型	
family()	获取字体类型名称	QString
setFixedPitch(bool enable)	是否设置固定宽度	
fixedPitch()	获取是否设置了固定宽度	bool
setItalic(bool enable)	设置斜体	
italic()	获取是否设置了斜体	bool
setKerning(bool enable)	设置字距,a 的宽度+b 的宽度不一定等于 ab 的宽度	
kerning()	获取是否设置了字距属性	bool
setLetterSpacing(QFont::SpacingType type,float spacing)	设置字符间隙	
letterSpacing()	获取字符间隙	float
setOverline(bool enable)	设置上画线	
overline()	获取是否设置了上画线	bool

方法及参数类型	说　　明	返回值类型
setPixelSize(int pixelSize)	设置像素尺寸	
pixelSize()	获取像素尺寸	int
setPointSize(int)	设置点尺寸	
pointSize()	获取点尺寸	int
setPointSizeF(float)	设置点尺寸,参数为浮点型数字	
pointSizeF()	获取点尺寸	float
setStretch(int)	设置拉伸百分比	
stretch()	获取拉伸百分比	int
setStrikeOut(bool)	设置删除线	
strikeOut()	获取是否设置了删除线	bool
setStyle(QFont::Style)	设置字体风格	
style()	获取字体风格	QFont::Style
setUnderline(bool)	设置下画线	
underline()	获取是否设置了下画线	bool
setWeight(QFont::Weight weight)	设置字体的粗细程度	
weight()	获取字体的粗细程度	QFont::Weight
setWordSpacing(float)	设置字间距离	
wordSpacing()	获取字间距	float
toString()	将字体属性以字符串的形式输出	QString
fromString()	从字符串中读取属性,若成功,则返回值为 true	bool

【实例 3-16】 创建一个窗口,该窗口包含一个按钮。如果单击该按钮,则更改窗口字体,操作步骤如下:

(1) 使用 Qt Creator 创建一个模板为 Qt Widgets Application 的项目,将该项目命名为demo16,并保存在 D 盘的 Chapter3 文件夹下;在向导对话框中选择基类 QWidget,不勾选Generate form 复选框。

(2) 编写 widget.h 文件中的代码,代码如下:

```
/* 第 3 章 demo16 widget.h */
#ifndef WIDGET_H
#define WIDGET_H

#include <QWidget>
#include <QPushButton>
#include <QFont>

class Widget : public QWidget
{
    Q_OBJECT
public:
    Widget(QWidget * parent = nullptr);
```

```
    ~Widget();
private:
    QPushButton * btn;
private slots:
    void change_font();
};
#endif //WIDGET_H
```

（3）编写 widget.cpp 文件中的代码，代码如下：

```
/* 第 3 章 demo16 widget.cpp */
#include "widget.h"

Widget::Widget(QWidget * parent):QWidget(parent)
{
    setGeometry(200,200,560,220);
    setWindowTitle("QFont 类");
    btn = new QPushButton("单击我",this);
    //使用信号/槽机制，将按钮的单击信号与自定义槽函数连接
    connect(btn,SIGNAL(clicked(bool)),this,SLOT(change_font()));
}

Widget::~Widget() {}

void Widget::change_font(){
    QFont font1("黑体",16);
    font1.setBold(true);
    setFont(font1);
}
```

（4）其他文件保持不变，运行结果如图 3-24 所示。

图 3-24 项目 demo16 的运行结果

3.2.7 颜色类（QColor）

在 Qt 6 中，使用 QColor 类表示颜色。颜色有 4 种定义方法，分别为 RGB(Red：红色；Green：绿色；Blue：蓝色)、HSV(Hue：色相；Saturation：饱和度；Value：值)、CMYK(Cyan：青色；Magenta：品红；Yellow：黄色；Black：黑色)、HSL(Hue：色相；Saturation：饱和度；Lightness：亮度)。

RGB 和 HSV 可以用于计算机屏幕的颜色显示。RGB 这 3 种颜色的取值范围都为 0～255，值越大表示这种颜色的分量越大。HSV 中的 H 取值范围为 0～359，S 和 V 的取值范围为 0～255。除此之外，使用 alpha 通道值表示颜色的透明度，取值范围为 0～255，值越大表示越不透明。CMYK 通常应用于印刷领域。

QColor 类的构造方法如下：

```
QColor()
QColor(const QString &name)
QColor(Qt::GlobalColor color)
QColor(int r, int g, int b, int a = 255)
QColor(QRgb color)
QColor(QRgba64 rgba64)
QColor(const char * name)
```

其中，name 表示颜色名称；Qt::GlobalColor 表示颜色的枚举常量，具体见表 3-18。

表 3-18　Qt::GlobalColor 中的颜色常量

颜 色 常 量	说　　明	颜 色 常 量	说　　明
Qt::white	白色	Qt::black	黑色
Qt::red	红色	Qt::darkRed	暗红
Qt::blue	蓝色	Qt::cyan	青色
Qt::magenta	品红	Qt::gray	灰色
Qt::yellow	黄色	Qt::darkYellow	暗黄

在 Qt 6 中，QColor 类一般不直接定义控件的颜色，而是和调色板或画刷一起使用。QColor 类封装了比较多的方法，QColor 类常用的方法见表 3-19。

表 3-19　QColor 类常用的方法

方法及参数类型	说　　明	返回值类型
setRed(int)	设置 RGB 中的 R 值	
setRedF(float)	同上，参数为浮点型数字	
red()	获取 RGB 中的 R 值	int
redF()	获取 RGB 中的 R 值	float
setGreen(int)	设置 RGB 中的 G 值	
setGreenF(float)	设置 RGB 中的 G 值，参数为浮点型数字	
green()	获取 RGB 中的 G 值	int
greenF()	获取 RGB 中的 G 值	float
setBlue(int)	设置 RGB 中的 B 值	
setBlueF(float)	设置 RGB 中的 B 值，参数为浮点型数字	
blue()	获取 RGB 中的 B 值	int
blueF()	获取 RGB 中的 B 值	float
setAlpha(int)	设置透明度 alpha 的值	

续表

方法及参数类型	说　明	返回值类型
setAlphaF(float)	设置透明度 alpha 的值,参数为浮点型数字	
alpha()	获取透明度 alpha 的值	int
alphaF()	获取透明度 alpha 的值	float
setRgb(int r,int g,int b,int a=255)	设置 R、G、B、A 值	
setRgbF(float r,float g,float b,float a=1.0)	设置 R、G、B、A 值,参数为浮点型数字	
getRgb(int * r,int * g,int * b,int * a=nullptr)	获取 R、G、B、A 值	
getRgbF(float * r,float * g,float * b,float * a=nullptr)	获取 R、G、B、A 值	
setHsl(int h,int s,int l,int a=255)	设置 HSL 值	
setHslF(float h,float s,float l,float a=1.0)	设置 HSL 值,参数为浮点型数字	
getHsl(int * h,int * s,int * l,int * a=nullptr)	获取 H、S、L、A 值	
getHslF(float * h,float * s,float * l,float * a=nullptr)	获取 H、S、L、A 值	
setHsv(int h,int s,int v,int a=255)	设置 HSV 值	
setHsvF(float h,float s,float v,float a=1.0)	设置 HSV 值,参数为浮点型数字	
getHsv(int * h,int * s,int * v,int * a=nullptr)	获取 H、S、V、A 值	
getHsvF(float * h,float * s,float * v,float * a=nullptr)	获取 H、S、V、A 值	
setCmyk(int c,int m,int y,int k,int a=255)	设置 CMYK 值	
setCmykF(float c,float m, float y,float k,float a=1.0)	设置 CMYK 值,参数为浮点型数字	
getCmyk(int * c,int * m,int * y,int * k,int * a=nullptr)	获取 C、M、Y、K、A 值	
getCmykF(float * c,float * m, float * y, float * k,float * a=nullptr)	获取 C、M、Y、K、A 值	
setRgb(int r,int g,int b,int a=255)	设置 RGB 值	
setRgbF(float r,float g,float b,float a=1.0)	设置 RGB 值,参数值为浮点型数字	
setRgba64(QRgba64 rgba)	设置 RGBA 值	
rgb()	获取 RGB 值	QRgb
rgba()	获取 RGBA 值	QRgb
setNameColor(QString &name)	设置颜色名称,例如 "#AARRGGBB"	
name(QColor::NameFormat format=QColor::HexRgb)	获取颜色名称,例如 "#AARRGGBB"	QString
convertTo(QColor::Spec colorSpec)	获取指定格式的颜色副本	QColor
spec()	获取颜色输出的格式	QColor::Spec
isValid()	获取颜色是否有效	bool
toCmyk()	转换成 CMYK 表示的颜色	QColor
toHsl()	转换成 HSL 表示的颜色	QColor
toHsv()	转换成 HSV 表示的颜色	QColor
toRgb()	转换成 RGB 表示的颜色	QColor
[static]fromCmyk(int c,int m,int y,int k,int a=255)	从 C、M、Y、K 值中创建颜色	QColor

续表

方法及参数类型	说　　明	返回值类型
[static]fromCmykF(float c,float m,float y,float k,float a＝1.0)	从 C、M、Y、K 值中创建颜色,参数为浮点型数字	QColor
[static]fromHsl(int h,int s,int l,int a＝255)	从 H、S、L、A 值中创建颜色	QColor
[static]fromHslF(float h,float s,float l,float a＝1.0)	从 H、S、L、A 值中创建颜色,参数为浮点型数字	QColor
[static]fromHsv(int h,int s,int v,int a ＝255)	从 H、S、V、A 值中创建颜色	QColor
[static]fromHsvF(float h,float s,float v,float a＝1.0)	从 H、S、V、A 值中创建颜色,参数为浮点型数字	QColor
[static]fromRgb(int r,int g,int b,int a＝255)	从 R、G、B、A 值中创建颜色	QColor
[static]fromRgbF(float r,float g,float b,float a＝0)	从 R、G、B、A 值中创建颜色,参数为浮点型数字	QColor
[static]fromRgb(int r,int g,int b,int a＝255)	从 RGB 值中创建颜色	QColor
[static]fromRgba(QRgb rgb)	从 RGBA 值中创建颜色	QColor
[static]isValidColorName(QAnyStringView name)	获取文本表示颜色值是否有效	bool

在表 3-19 中,QColor::Spec 表示颜色的格式,QColor::Spec 的枚举常量包括 QColor::
Rgb、QColor::Hsv、QColor::Cmyk、QColor::Hsl、QColor::ExtendedRgb、QColor::Invalid。

【实例 3-17】 使用 QColor 类的方法获取并打印红色、绿色的 RGBA 值,操作步骤如下:

(1) 使用 Qt Creator 创建一个模板为 Qt Console Application 的项目,将该项目命名为
demo17,并保存在 D 盘的 Chapter3 文件夹下。

(2) 在配置文件 demo17.pro 中添加下面一行语句:

```
QT + = gui
```

(3) 编写 main.cpp 文件中的代码,代码如下:

```cpp
/* 第 3 章 demo17 main.cpp */
# include <QCoreApplication>
# include <QColor>
# include <QDebug>

int main(int argc, char * argv[])
{
    QCoreApplication a(argc, argv);
    QColor color1(Qt::red);
    int r1 = color1.red();
    int g1 = color1.green();
    int b1 = color1.blue();
    int a1 = color1.alpha();
    qDebug()<<"红色的 RGBA 值分别为"<< r1 << g1 << b1 << a1;
    QColor color2(Qt::green);
    int r2 = color2.red();
    int g2 = color2.green();
    int b2 = color2.blue();
    int a2 = color2.alpha();
```

```
    qDebug()<<"绿色的 RGBA 值分别为"<< r2 << g2 << b2 << a2;
    return a.exec();
}
```

（4）运行结果如图 3-25 所示。

```
demo17 ✕

15:45:42: Starting D:\Chapter3\build-demo17-Desktop_Qt_6_6_1_MinGW_64_bit-
Debug\debug\demo17.exe...
红色的RGBA值分别为 255 0 0 255
绿色的RGBA值分别为 0 255 0 255
```

图 3-25　项目 demo17 的运行结果

3.3　标签控件（QLabel）

标签控件是窗口界面最常用的控件之一，可以使用标签控件显示文本信息和图像文件、GIF 格式的动画。

3.3.1　创建标签控件

在 Qt 6 中，使用 QLabel 类创建 QLabel 对象并表示标签控件。QLabel 类的继承关系如图 3-26 所示。

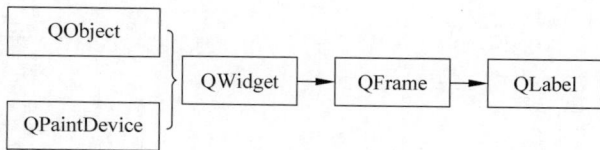

图 3-26　QLabel 类的继承关系

QLabel 类的构造方法如下：

```
QLabel(QWidget * parent = nullptr,Qt::WindowFlags f = Qt::WindowFlags())
QLabel(const QString &text,QWidget * parent,Qt::WindowFlags f =
Qt::WindowFlags())
```

其中，parent 表示指向父窗口或父容器的对象指针；text 表示要显示的文本；f 表示窗口的类型和外观，是一个参数值为 Qt::WindowFlags 的枚举常量，具体见表 3-1。

【实例 3-18】　创建一个窗口，窗口中包含一个标签控件，在标签控件中显示一段文本，操作步骤如下：

（1）使用 Qt Creator 创建一个模板为 Qt Widgets Application 的项目，将该项目命名为 demo18，并保存在 D 盘的 Chapter3 文件夹下；在向导对话框中选择基类 QWidget，不勾选 Generate form 复选框。

（2）编写 widget.h 文件中的代码，代码如下：

```
/* 第 3 章 demo18 widget.h */
#ifndef WIDGET_H
#define WIDGET_H

#include <QWidget>
#include <QLabel>
#include <QString>

class Widget : public QWidget
{
    Q_OBJECT
public:
    Widget(QWidget * parent = nullptr);
    ~Widget();
private:
    QLabel * label_1;
};
#endif //WIDGET_H
```

(3)编写 widget.cpp 文件中的代码,代码如下:

```
/* 第 3 章 demo18 widget.cpp */
#include "widget.h"

Widget::Widget(QWidget * parent):QWidget(parent)
{
    setGeometry(200,200,560,220);
    setWindowTitle("QLabel 类");
    QString str1 = "半亩方塘一鉴开,天光云影共徘徊。问渠那得清如许?为有源头活水来。";
    label_1 = new QLabel(str1,this);
}

Widget::~Widget() {}
```

(4)其他文件保持不变,运行结果如图 3-27 所示。

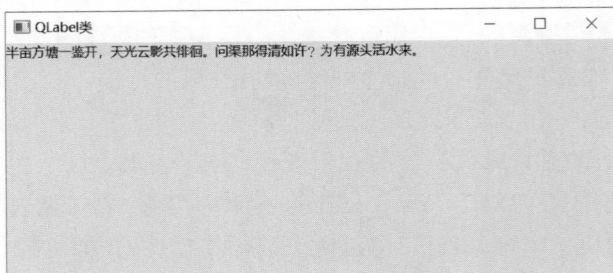

图 3-27 项目 demo18 的运行结果

3.3.2 QLabel 类的方法和信号

在 Qt 6 中,QLabel 类封装了很多方法,其中常用的方法见表 3-20。

表 3-20 QLabel 类常用的方法

方法及参数类型	说 明	返回值类型
［slot］setText(QString &str)	设置显示的文字	
［slot］setNum(double)	设置要显示的数值	
［slot］setNum(int)	同上，参数为整型数字	
［slot］clear()	清空显示的内容	
［slot］setPixmap(QPixmap &pix)	设置图像	
［slot］setPicture(QPicture &pic)	设置图像	
［slot］setMovie(QMovie * movie)	设置动画	
text()	获取 QLabel 控件中的文字	QString
setTextFormat(Qt::TextFormat)	设置文本格式	
setParent(QWidget * parent)	设置标签所在的父容器	
setSelection(int start,int length)	根据文字的开始和终止索引选中对应的文字	
selectedText()	获取被选中的文字	QString
hasSelectedText()	判断是否有选中的文字	bool
selectionStart()	获取被选中文字开始位置的索引，−1 表示没有选中的文字	int
setIndent(int)	设置缩进量	
indent()	获取缩进量	int
pixmap()	获取图像	QPixmap
setToolTip(QString &str)	当光标放置到标签上，设置显示的提示信息	
setWordWrap(bool)	设置是否可以换行	
wordWrap()	获取是否可以换行	bool
setAlignment(Qt::Alignment)	设置文字在水平和竖直方向上的对齐方式，其中 Qt::AlignLeft 表示水平方向靠左对齐 Qt::AlignRight 表示水平方向靠右对齐 Qt::AlignHCenter 表示水平方向居中对齐 Qt::AlignJustify 表示水平方向调整间距两端对齐 Qt::AlignTop 表示垂直方向靠上对齐 Qt::AlignBottom 表示垂直方向靠下对齐 Qt::AlignVCenter 表示垂直方向居中对齐 Qt::AlignBaseline 表示与基线对齐 Qt::AlignCenter 表示水平、垂直方向上都居中对齐	
setOpenExternalLinks(bool)	设置是否打开超链接	
setFont(QFont &f)	设置字体	
font()	获取字体	QFont &
setPalette(QPalette &p)	设置调色板	
palette()	获取调色板	QPalette &
setGeometry(QRect &r)	设置标签在父窗口中的范围	
geometry()	获取标签的范围	QRect
setBuddy(QWidget * buddy)	设置具有伙伴关系的控件	

方法及参数类型	说　明	返回值类型
buddy()	获取具有伙伴关系的控件	QWidget *
minimunSizeHint()	获取最小尺寸	QSize
setScaledContents(bool)	设置显示的图片是否充满整个标签控件的空间	
setMargin(int)	设置内部文字边框和外边框的距离,默认值为 0	
setEnabled(bool)	设置是否激活标签控件	
setAutoFillBackground(bool)	设置是否自动填充背景色	

【实例 3-19】　创建一个窗口,窗口中包含一个标签控件,在标签控件中显示一段文本。需设置标签控件的字体、区域范围并可以换行,操作步骤如下:

(1) 使用 Qt Creator 创建一个模板为 Qt Widgets Application 的项目,将该项目命名为 demo19,并保存在 D 盘的 Chapter3 文件夹下；在向导对话框中选择基类 QWidget,不勾选 Generate form 复选框。

(2) 编写 widget.h 文件中的代码,代码如下:

```
/* 第 3 章 demo19 widget.h */
#ifndef WIDGET_H
#define WIDGET_H

#include <QWidget>
#include <QLabel>
#include <QRect>
#include <QString>
#include <QFont>

class Widget : public QWidget
{
    Q_OBJECT
public:
    Widget(QWidget * parent = nullptr);
    ~Widget();
private:
    QLabel * label_1;
};
#endif //WIDGET_H
```

(3) 编写 widget.cpp 文件中的代码,代码如下:

```
/* 第 3 章 demo19 widget.cpp */
#include "widget.h"

Widget::Widget(QWidget * parent):QWidget(parent)
{
    setGeometry(200,200,560,220);
    setWindowTitle("QLabel 类");
    QString str1 = "半亩方塘一鉴开,天光云影共徘徊。问渠那得清如许?为有源头活水来。";
    label_1 = new QLabel(str1,this);
```

```
        QRect rect1(20,20,520,100);
        label_1 -> setGeometry(rect1);
        QFont font1("楷体",16);
        font1.setBold(true);
        label_1 -> setFont(font1);
        label_1 -> setWordWrap(true);
}

Widget::~Widget() {}
```

（4）其他文件保持不变，运行结果如图 3-28 所示。

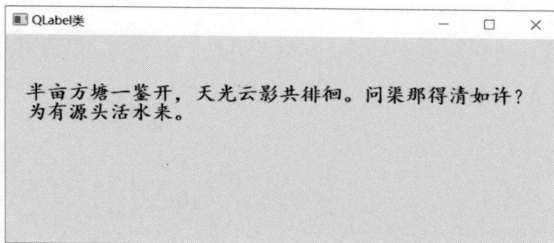

图 3-28 项目 demo19 的运行结果

在 Qt 6 中，QLabel 类的信号见表 3-21。

表 3-21 QLabel 类的信号

信号及参数	说　　明
linkActivated(QString &link)	当单击文字中嵌入的超链接时发送信号，传递参数 link 为链接地址。如果要打开超链接，则使用 setOpenExternalLinks(true)设置
linkHovered (QString &link)	当光标放置在文字的超链接上时发送信号，传递参数 link 为链接地址

【实例 3-20】 创建一个窗口，窗口中包含两个标签控件。设置这两个控件带有超链接的文本。当单击第 1 个控件的超链接时，发送信号并打印信息；当光标滑过第 2 个控件的超链接时，发送信号并打印信息，操作步骤如下：

（1）使用 Qt Creator 创建一个模板为 Qt Widgets Application 的项目，将该项目命名为 demo20，并保存在 D 盘的 Chapter3 文件夹下；在向导对话框中选择基类 QWidget，不勾选 Generate form 复选框。

（2）编写 widget.h 文件中的代码，代码如下：

```
/* 第 3 章 demo20 widget.h */
#ifndef WIDGET_H
#define WIDGET_H

#include < QWidget >
#include < QLabel >
#include < QRect >
#include < QString >
#include < QDebug >
```

```
class Widget : public QWidget
{
    Q_OBJECT
public:
    Widget(QWidget * parent = nullptr);
    ~Widget();
private:
    QLabel * label_1, * label_2;
private slots:
    void click_link(QString link);
    void hover_link(QString link);
};
#endif //WIDGET_H
```

(3) 编写 widget.cpp 文件中的代码,代码如下:

```
/* 第 3 章 demo20 widget.cpp */
#include "widget.h"

Widget::Widget(QWidget * parent):QWidget(parent)
{
    setGeometry(200,200,500,200);
    setWindowTitle("QLabel 类");
    //创建标签控件
    label_1 = new QLabel(this);
    label_2 = new QLabel(this);
    //设置标签 1
    QRect rect1(20,15,460,20);
    label_1 -> setGeometry(rect1);
    QString str1 = "< a href = 'www.qt.io'>欢迎访问 Qt 官网</a>";
    label_1 -> setText(str1);
    label_1 -> setAlignment(Qt::AlignCenter);
    //如果要打开超链接,则需要设置为 true
    label_1 -> setOpenExternalLinks(false);
    //设置标签 2
    QRect rect2(20,40,460,20);
    label_2 -> setGeometry(rect2);
    QString str2 = "< a href = 'www.tup.tsinghua.edu.cn'>欢迎访问清华大学出版社</a>";
    label_2 -> setText(str2);
    label_2 -> setOpenExternalLinks(true);
    //使用信号/槽机制
    connect(label_1,SIGNAL(linkActivated(QString)),this,SLOT(click_link(QString)));
    connect(label_2,SIGNAL(linkHovered(QString)),this,SLOT(hover_link(QString)));
}

Widget::~Widget() {}

void Widget::click_link(QString link){
    qDebug()<<"单击了链接"<< link;
}
```

```
void Widget::hover_link(QString link){
    qDebug()<<"光标滑过了链接"<< link;
}
```

（4）其他文件保持不变，运行结果如图 3-29 所示。

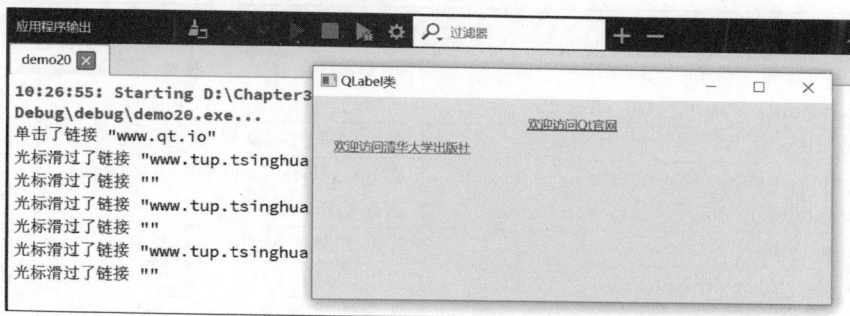

图 3-29 项目 demo20 的运行结果

3.4 图像类

在 Qt 6 中，可以使用标签控件显示图像文件，但这需要使用 Qt 6 中的图像类。Qt 6 中的图像类有 QPixmap、QImage、QPicture、QBitmap。这 4 个类都继承自 QPaintDevice 类，它们的继承关系如图 3-30 所示。

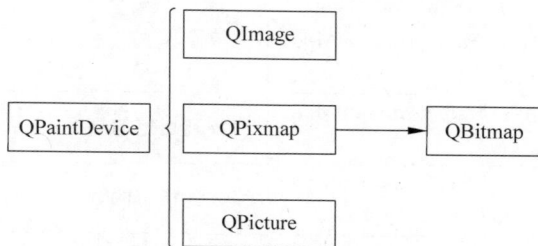

图 3-30 图像类的继承关系

3.4.1 QPixmap 类

在 Qt 6 中，可以使用 QPixmap 类打开 PNG、JPEG 等格式的图像文件，并将图像显示出来。QPixmap 类的构造函数如下：

```
QPixmap()
QPixmap(int width, int height)
QPixmap(const QSize &size)
QPixmap(QString &fileName, const char * format = nullptr, Qt::ImageConversion flags = Qt::
AutoColor)
QPixmap(const QPixmap &pixmap)
```

其中,width 表示图像的宽度,单位为像素;height 表示图像的高度,单位为像素;size 表示图像的宽和高,单位为像素;fileName 表示图像文件的路径和名称。

QPixmap 类中封装了比较多的方法,其中常用的方法见表 3-22。

表 3-22　QPixmap 类常用的方法

方法及参数类型	说　　　明	返回值类型
[static]fromImage(QImage &im,Qt:: ImageConversionFlags flags=Qt::AutoColor)	将 QImage 图像转换成 QPixmap 图像	QPixmap
[static] defaultDepth()	获取图像的默认深度	int
[static] fromImageReader(QImageReader * im,Qt:: ImageConversionFlags flags=Qt::AutoColor)	从 imageReader 对象中读取图像以创建 QPixmap 对象	QPixmap
copy(QRect &rect)	深度复制图像的局部区域	QPixmap
copy(int x,int y,int width,int height)	同上,参数类型为整型数字	QPixmap
load(QString &fileName,char * format=nullptr, Qt::ImageConversionFlags flags=Qt::AutoColor)	从文件中加载图像,若成功,则返回值为 true	bool
save(QIODevice * device,char * format=nullptr, int quality=−1)	将图像保存到设备中,若成功,则返回值为 true	bool
save(QString &fileName,char * format=nullptr, int quality=−1)	将图像保存到文件中,若成功,则返回值为 true	bool
scaled(QSize &size,Qt::AspectRadioMode asp= Qt::IgnoreAspectRadio,Qt::TransformationMode tran=Qt::FastTransformation)	缩放图像	QPixmap
scaled(int w,int h, Qt::AspectRadioMode asp= Qt::IgnoreAspectRadio,Qt::TransformationMode tran=Qt::FastTransformation)	缩放图像	QPixmap
scaledToHeight(int h, Qt::TransformationMode tran=Qt::FastTransformation)	缩放到指定的高度	QPixmap
scaledToWidth(int w, Qt::TransformationMode tran=Qt::FastTransformation)	缩放到指定的宽度	QPixmap
setMask(QBitmap &mask)	设置遮掩图,黑色区域显示,白色区域不显示	
mask()	获取遮掩图	QBitmap
swap(QPixmap &other)	与其他图像进行替换	
toImage()	转换成 QImage 图像	QImage
convertFromImage(QImage &image,Qt:: ImageConversionFlags flags=Qt::AutoColor)	将 QImage 图像转换成 QPixmap 图像,若成功,则返回值为 true	bool
transformed(QTransform &tran,Qt:: TransformationMode mode=Qt::FastTransformation)	对图像进行旋转、缩放、平移、错切等变换	QPixmap
rect()	获取图像的矩形区域	QRect
size()	获取图像的宽和高	QSize
width()、height()	获取图像的宽度、获取图像的高度	int

续表

方法及参数类型	说　　明	返回值类型
fill(QColor &color＝Qt::white)	使用某种颜色填充图像	
hasAlpha()	判断是否有 alpha 通道值	bool
depth()	获取图像的深度,例如 16 位图的深度为 16	int
isQBitmap()	判断是否为 QBitmap 图	bool

在表 3-22 中,Qt::ImageConversionFlags 的枚举值为 Qt::AutoColor(系统自动决定)、Qt::ColorOnly(彩色模式)、Qt::MonoOnly(单色模式)。

在 Qt 6 中,QPixmap 可以读写的图像格式见表 3-23。

表 3-23　QPixmap 可以读写的图像格式

图 像 格 式	是否可以读写	图 像 格 式	是否可以读写
BMP	Read/Write	PBM	Read
GIF	Read	PGM	Read
JPG	Read/Write	PPM	Read/Write
JPEG	Read/Write	XBM	Read/Write
PNG	Read/Write	XPM	Read/Write

【实例 3-21】　创建一个窗口,该窗口中有一个标签控件,要求在该标签控件中完整地显示一张图片,并打印图像的宽度和高度,操作步骤如下:

(1) 使用 Qt Creator 创建一个模板为 Qt Widgets Application 的项目,将该项目命名为 demo21,并保存在 D 盘的 Chapter3 文件夹下;在向导对话框中选择基类 QWidget,不勾选 Generate form 复选框。

(2) 编写 widget.h 文件中的代码,代码如下:

```
/* 第3章 demo21 widget.h */
#ifndef WIDGET_H
#define WIDGET_H

#include <QWidget>
#include <QLabel>
#include <QRect>
#include <QPixmap>
#include <QDebug>

class Widget : public QWidget
{
    Q_OBJECT
public:
    Widget(QWidget * parent = nullptr);
    ~Widget();
private:
    QLabel * label_1;
```

```
};
#endif //WIDGET_H
```

(3) 编写 widget.cpp 文件中的代码,代码如下:

```
/* 第3章 demo21 widget.cpp */
#include "widget.h"

Widget::Widget(QWidget *parent):QWidget(parent)
{
    setGeometry(200,200,560,220);
    setWindowTitle("QPixmap类");
    //创建一个标签控件
    label_1 = new QLabel(this);
    //设置标签的区域
    QRect rect1(50,0,460,220);
    label_1 -> setGeometry(rect1);
    //创建QPixmap对象,并对图像进行缩放
    QPixmap pixmap1("D:/Chapter3/images/cat1.png");
    QPixmap pix1 = pixmap1.scaled(520,220);
    //设置图像
    label_1 -> setPixmap(pix1);
    //获取原图像的宽、高
    QSize size1 = pixmap1.size();
    int wid = size1.width();
    int hei = size1.height();
    qDebug()<<"原图像的宽、高分别为"<< wid <<"像素、"<< hei <<"像素";
}

Widget::~Widget() {}
```

(4) 其他文件保持不变,运行结果如图 3-31 所示。

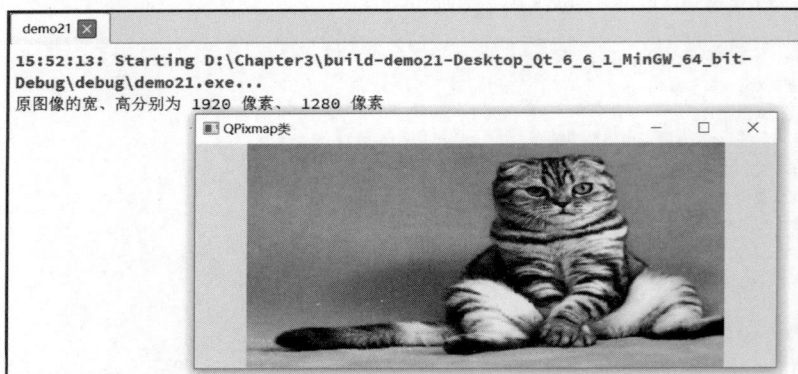

图 3-31 项目 demo21 的运行结果

3.4.2 QImage 类

在 Qt 6 中,使用 QImage 类专门读取像素文件,其存储独立于硬件。由于 QImage 类是

QPaintDevice 类的子类,所以可以使用 QPainter 类在 QImage 类上绘制图像,并且是在另一个线程中运行,而不是在 GUI 线程中运行。使用这种方法,可以提高 GUI 的响应速度。如果图像文件比较小,则可以使用 QPixmap 类加载;如果图像文件比较大,则建议使用 QImage 类加载,这样速度会比较快,而且占用内存比较小。

在 Qt 6 中,QImage 类的构造函数如下:

```
QImage()
QImage(const QString &fileName,const char * format = nullptr)
QImage(const QSize &size,QImage::Format format)
QImage(int width, int height,QImage::Format format)
QImage(uchar * data,int width, int height,QImage::Format format,
QImageCleanupFuction cleanupFunction = nullptr,void * cleanupInfo = nullptr)
QImage(const QString &fileName,const char * format)
```

其中,width 表示图像的宽度;height 表示图像的高度;QSize 表示图像的宽和高,单位为像素;fileName 表示图像文件的路径和名称;format 表示 QImage 图像文件的格式,是一个参数值为 QImage::Format 的枚举常量。QImage::Format 的枚举常量见表 3-24。

表 3-24　QImage::Format 的枚举常量

QImage::Format 的枚举常量	QImage::Format 的枚举常量	QImage::Format 的枚举常量
QImage::Format_Invalid	QImage::Format_RGB444	QImage::Format_ARGB32_Premultiplied
QImage::Format_Mono	QImage::Format_RGBX8888	QImage::Format_ARGB8565_Premultiplied
QImage::Format_MonoLSB	QImage::Format_RGBA8888	QImage::Format_ARGB6666_Premultiplied
QImage::Format_Indexed8	QImage::Format_BGR30	QImage::Format_ARGB8555_Premultiplied
QImage::Format_RGB32	QImage::Format_RGB30	QImage::Format_ARGB4444_Premultiplied
QImage::Format_ARGB32	QImage::Format_Alpha8	QImage::Format_RGBA8888_Premultiplied
QImage::Format_RGB16	QImage::Format_Grayscale8	QImage::Format_A2BGR30_Premultiplied
QImage::Format_RGB666	QImage::Format_Grayscale16	QImage::Format_A2RGB30_Premultiplied
QImage::Format_RGB555	QImage::Format_RGBX64	QImage::Format_RGBA64_Premultiplied
QImage::Format_RGB888	QImage::Format_RGBA16FPx4	QImage::Format_RGBA16FPx4_Premultiplied
QImage::Format_BGR888	QImage::Format_RGBX16FPx4	QImage::Format_RGBA32FPx4
QImage::Format_RGBA64	QImage::Format_RGBX32FPx4	QImage::Format_RGBA32FPx4_Premultiplied

QImage 类中封装了比较多的方法,其中常用的方法见表 3-25。

表 3-25　QImage 类常用的方法

方法及参数类型	说　　明	返回值类型
format()	获取图像格式	QImage::Format
convertTo(QImage::Format format,Qt::ImageConversionFlags flags＝Qt::AutoColor)	转换成指定的格式	
copy(int,int,int,int)、copy(QRect &rect)	从指定的位置区域复制图像	QImage
fill(QColor &color)	填充颜色	
load(QString &name,char * format＝nullptr)	从文件中加载图像,若成功,则返回值为 true	bool
save(QString &name,char * format＝nullptr,int quality＝−1)	保存图像,若成功,则返回值为 true	bool
save(QIODevice * device,char * format＝nullptr,int quality＝−1)	保存图像,若成功,则返回值为 true,参数类型不同	bool
scaled(QSize &size,Qt::AspectRatioMode aspe＝Qt::IgnoreAspectRatio, Qt::TransformationMode tran＝Qt::FastTransformation)	将图像的宽度和高度缩放到新的度和高度,并返回新的 QImage 对象	QImage
scaled(int w,int h, Qt::AspectRatioMode aspe＝Qt::IgnoreAspectRatio, Qt::TransformationMode tran＝Qt::FastTransformation)	将图像的宽度和高度缩放到新的度和高度,并返回新的 QImage 对象,参数类型不同	QImage
scaledToHeight(int h,Qt::TransformationMode mode＝Qt::FastTransformation)	缩放到指定的高度	QImage
scaledToWidth(int w,Qt::TransformationMode mode＝Qt::FastTransformation)	缩放到指定的宽度	QImage
size()	获取图像的宽度和高度	QSize
width()、height()	获取图像的宽度、获取图像的高度	int
setPixelColor(int x,int y,QColor &color)	设置指定位置处的颜色	
setPixelColor(QPoint &pos,QColor &color)	同上,参数类型不同	
pixelColor(int,int)、pixelColor(QPoint &p)	获取指定位置处的颜色值	QColor
pixelIndex(int,int)、pixelIndex(QPoint &p)	获取指定位置处的像素索引	int
setText(QString &key,QString &text)	嵌入字符串	
text(QString &key)	根据关键字获取字符串	QString
textKeys()	获取关键字	QStringList
rgbSwap()	颜色翻转,颜色由 RGB 转换成 BGR	
rgbSwapped()	获取颜色翻转后的图像,颜色由 RGB 转换成 BGR	QImage
invertPixels（QImage::InvertMode mode＝InvertRgb)	获取颜色翻转后的图像,其中 QImage::InvertRgb: 翻转 RGB 值,A 值不变; QImage::InvertRgba: 翻转 RGBA 值,颜色由 RGBA 值转换成(255-R,255-G,255-B,255-A)	

续表

方法及参数类型	说　明	返回值类型
transformed(QTransform &mat,Qt::Transformation Mode mode=Qt::FastTransformation)	对图像进行变换	QImage
mirror(bool horizontal = false,bool vertical = true)	对图像进行镜像操作	
mirrored(bool horizontally= false,bool vertically= true)	获取镜像翻转后的图像	QImage
setColorTable(QList<QRgb> &colors)	设置颜色表,仅用于单色或8位图像	
colorTable()	获取颜色表中的颜色	QList<QRgb>
color(in i)	根据索引值获取索引表中的颜色	QRgb
setPixel(QPoint &pos,uint index_or_rgb)	设置指定位置处的颜色值或索引	
setPixel(int x,int y,uint index_or_rgb)	设置指定位置处的颜色值或索引,参数类型不同	
pixel(QPoint &pos)	获取指定位置处的颜色值	QRgb
pixel(int x,int y)	获取指定位置处的颜色值,参数类型不同	QRgb
pixelIndex(QPoint &pos)	获取指定位置处的颜色索引值	int
pixelIndex(int x,int y)	获取指定位置处的颜色索引值,参数类型不同	int

【实例3-22】 创建一个窗口,该窗口中有两个标签控件,这两个标签分别用于显示原图像、左右镜面翻转后的图像,操作步骤如下:

(1) 使用 Qt Creator 创建一个模板为 Qt Widgets Application 的项目,将该项目命名为 demo22,并保存在 D 盘的 Chapter3 文件夹下;在向导对话框中选择基类 QWidget,不勾选 Generate form 复选框。

(2) 编写 widget.h 文件中的代码,代码如下:

```
/* 第3章 demo22 widget.h */
#ifndef WIDGET_H
#define WIDGET_H

#include <QWidget>
#include <QLabel>
#include <QPixmap>
#include <QImage>

class Widget : public QWidget
{
    Q_OBJECT
public:
    Widget(QWidget *parent = nullptr);
    ~Widget();
private:
    QLabel *label1, *label2;
};
#endif //WIDGET_H
```

（3）编写 widget.cpp 文件中的代码，代码如下：

```
/* 第 3 章 demo22 widget.cpp */
#include "widget.h"

Widget::Widget(QWidget * parent):QWidget(parent)
{
    setGeometry(200,200,560,220);
    setWindowTitle("QImage 类");
    //创建标签控件
    label1 = new QLabel(this);
    label2 = new QLabel(this);
    //设置标签的区域
    QRect rect1(0,0,280,220);
    label1 -> setGeometry(rect1);
    QRect rect2(280,0,280,220);
    label2 -> setGeometry(rect2);
    //创建 QImage 对象,并对图像进行缩放
    QImage image1("D:/Chapter3/images/cat1.png");
    QImage img1 = image1.scaled(280,220);
    //对图像进行镜面翻转
    QImage img2 = img1.mirrored(true,false);
    //转换成 QPixmap 对象
    QPixmap pix1 = QPixmap::fromImage(img1);
    QPixmap pix2 = QPixmap::fromImage(img2);
    //显示图像
    label1 -> setPixmap(pix1);
    label2 -> setPixmap(pix2);
}

Widget::~Widget() {}
```

（4）其他文件保持不变，运行结果如图 3-32 所示。

图 3-32　项目 demo22 的运行结果

3.4.3　QPicture 类

在 Qt 6 中，QPicture 类可以当作一个可记录、重现 QPainter 命令的绘图设备，还可以保存 QPainter 绘制的图像。QPicture 类可以将 QPainter 的命令序列化到一个 IO 设备上，并可以保存为一个独立于平台的文件格式。QPicture 类与平台无关，可以应用到多种设备上，例如 SVG、PDF、PS、打印机、显示屏幕等。

15min

在 Qt 6 中,QPicture 类的构造函数如下:

```
QPicture( int formatVersion = - 1)
QPicture( const QPicture &pic)
```

其中,formatVersion 用于设置或匹配早期的 Qt 版本,-1 表示当前版本。QPicture 类常用的方法见表 3-26。

表 3-26　QPicture 类常用的方法

方法及参数类型	说　　明	返回值类型
play(QPainter * painter)	重新执行 QPainter 的绘图命令,若成功,则返回值为 true	bool
load(QString &fileName)	从文件中加载图像,若成功,则返回值为 true	bool
load(QIODevice * dev)	从设备中加载图像,若成功,则返回值为 true	bool
save(QString &fileName)	将图像保存到文件,若成功,则返回值为 true	bool
save(QIODevice * dev)	将图像保存到设备,若成功,则返回值为 true	bool
setBoundingRect(QRect &r)	设置绘图区域	
boundingRect()	返回绘图区域	QRect
setData(char * data,uint size)	设置图像上的数据和数量	
data()	返回指向数据的指针	char *
size()	返回数据的数量	uint
swap(QPicture &other)	与其他图像进行替换	

【实例 3-23】　创建一个后缀名为 .pic 的图像文件,在该图像文件中绘制一个椭圆,操作步骤如下:

(1) 使用 Qt Creator 创建一个模板为 Qt Console Application 的项目,将该项目命名为 demo22,并保存在 D 盘的 Chapter3 文件夹下。

(2) 在项目配置文件 demo23.pro 中添加下面一行语句:

```
QT + = gui
```

(3) 编写 main.cpp 文件中的代码,代码如下:

```cpp
/* 第 3 章 demo23 main.cpp */
# include < QCoreApplication >
# include < QPicture >
# include < QPainter >

int main( int argc, char * argv[ ])
{
    QCoreApplication a( argc, argv);
    QPicture pic1;                                  //创建 QPicture 对象
    QPainter paint1;                                //创建 QPainter 对象
    paint1.begin(&pic1);                            //开始绘制图像
    paint1.drawEllipse(0,0,500,200);               //画椭圆
    paint1.end();                                   //结束绘制
    pic1.save("D:/Chapter3/images/drawing.pic");    //保存图画
    return a.exec();
}
```

（4）运行结果如图 3-33 所示。

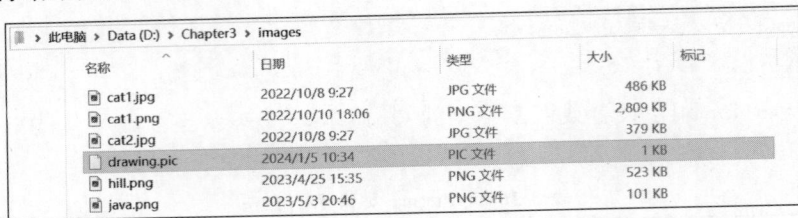

图 3-33　项目 demo23 创建的图像文件

注意：将在后面的章节中介绍 Qt 6 中 QPainter 类的相关知识和方法。

【**实例 3-24**】　创建一个窗口，该窗口包含一个标签控件。在标签中，显示扩展名为 .pic 的图像文件，操作步骤如下：

（1）使用 Qt Creator 创建一个模板为 Qt Widgets Application 的项目，将该项目命名为 demo24，并保存在 D 盘的 Chapter3 文件夹下；在向导对话框中选择基类 QWidget，不勾选 Generate form 复选框。

（2）编写 widget.h 文件中的代码，代码如下：

```
/* 第 3 章 demo24 widget.h */
#ifndef WIDGET_H
#define WIDGET_H

#include <QWidget>
#include <QLabel>
#include <QPicture>
#include <QRect>

class Widget : public QWidget
{
    Q_OBJECT
public:
    Widget(QWidget * parent = nullptr);
    ~Widget();
private:
    QLabel * label_1;
};
#endif //WIDGET_H
```

（3）编写 widget.cpp 文件中的代码，代码如下：

```
/* 第 3 章 demo24 widget.cpp */
#include "widget.h"

Widget::Widget(QWidget * parent):QWidget(parent)
```

```
{
    setGeometry(200,200,560,220);
    setWindowTitle("QPicture类");
    //创建一个标签控件
    label_1 = new QLabel(this);
    //设置标签的区域
    QRect rect1(10,0,540,220);
    label_1 -> setGeometry(rect1);
    //创建 QPicture 对象
    QPicture pic1;
    pic1.load("D:/Chapter3/images/drawing.pic");
    label_1 -> setPicture(pic1);
}

Widget::~Widget() {}
```

（4）其他文件保持不变，运行结果如图 3-34 所示。

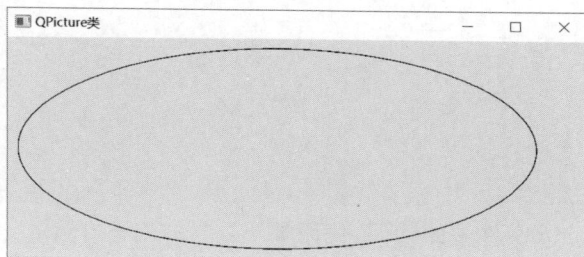

图 3-34　项目 demo24 的运行结果

3.4.4　QBitmap 类

在 Qt 6 中，QBitmap 类是 QPixmap 类的一个子类，其色深为 1 位，颜色只有黑白两种。QBitmap 类可以存储黑白图像的位图，也可以用于制作光标（QCursor）或画刷（QBrush）。QBitmap 可以从 QPixmap 或 QImage 转换过来，也可以使用 QPainter 来绘制。

在 Qt 6 中，QBitmap 类的构造函数如下：

```
QBitmap()
QBitmap(int width, int height)
QBitmap(const QString &fileName, const char * format = nullptr)
```

其中，fileName 表示图像文件的路径和文件名。

由于 QBitmap 类是 QPixmap 类的子类，所以继承了 QPixmap 类的方法。另外，QBitmap 类中的 clear()方法可以清空图像内容。

【实例 3-25】　创建一个窗口，该窗口包含一个标签控件。使用 QBitmap 类在标签中显示一张黑白位图，操作步骤如下：

（1）使用 Qt Creator 创建一个模板为 Qt Widgets Application 的项目，将该项目命名为

demo25,并保存在 D 盘的 Chapter3 文件夹下；在向导对话框中选择基类 QWidget,不勾选 Generate form 复选框。

（2）编写 widget.h 文件中的代码,代码如下：

```
/* 第3章 demo25 widget.h */
#ifndef WIDGET_H
#define WIDGET_H

#include <QWidget>
#include <QLabel>
#include <QRect>
#include <QBitmap>

class Widget : public QWidget
{
    Q_OBJECT
public:
    Widget(QWidget * parent = nullptr);
    ~Widget();
private:
    QLabel * label_1;
};
#endif //WIDGET_H
```

（3）编写 widget.cpp 文件中的代码,代码如下：

```
/* 第3章 demo25 widget.cpp */
#include "widget.h"

Widget::Widget(QWidget * parent):QWidget(parent)
{
    setGeometry(200,200,560,220);
    setWindowTitle("QBitmap 类");
    //创建一个标签控件
    label_1 = new QLabel(this);
    //设置标签的区域
    QRect rect1(50,0,460,220);
    label_1 -> setGeometry(rect1);
    //创建 QBitmap 对象
    QBitmap bit1("D:/Chapter3/images/cat1.png");
    QBitmap bit2;
    bit2 = bit1.scaled(460,220);
    label_1 -> setPixmap(bit2);
}

Widget::~Widget() {}
```

（4）其他文件保持不变,运行结果如图 3-35 所示。

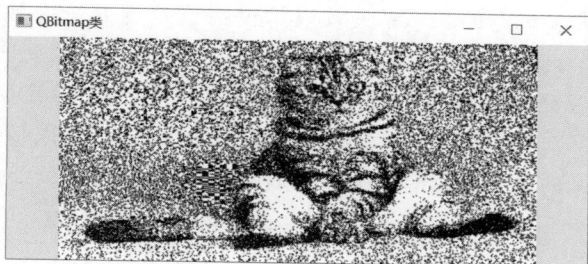

图 3-35　项目 demo25 的运行结果

3.5　其他基础类

在 Qt 6 中,通常使用调色板类(QPalette)定义各种控件或窗口的颜色,可以使用光标类(QCursor)定义光标形状,使用 URL 网址类(QUrl)定义网站的 URL 网址。这 3 个类都是 Qt 6 的基础类。

3.5.1　调色板类(QPalette)

在 Qt Designer 中,可以选中窗体或某个控件,然后在属性编辑器中单击 palette 属性,打开"编辑调色板"对话框,如图 3-36 所示。

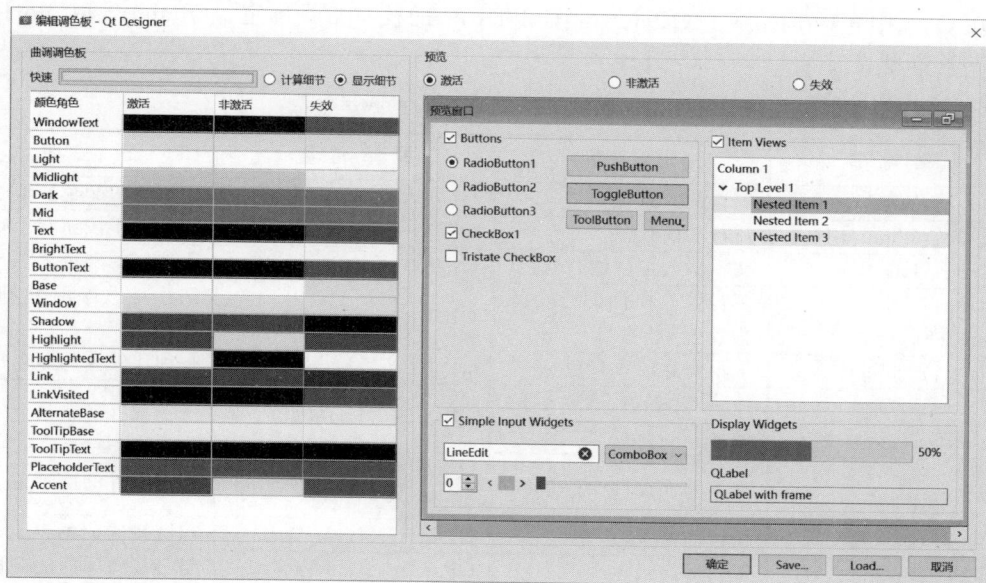

图 3-36　"编辑调色板"对话框

从图 3-36 可以看出"编辑调色板"对话框分为颜色角色(ColorRole)和颜色组(ColorGroup)两部分。颜色组分为激活(Active)、非激活(Inactive)、失效(Disabled)。激活表示获得焦点的状态；非激活表示失去焦点的状态；失效表示窗口或控件处于失效状态。可在"编辑调色板"对话框的预览部分查看预览效果。

颜色角色表示给控件或窗口的不同部分分别设置颜色，例如标签控件，可以设置其文本的颜色，也可以设置其背景的颜色。一个窗口由多个控件组成，可以使用 ColorRole 为窗口和窗口的控件定义不同的颜色，如图 3-37 所示。

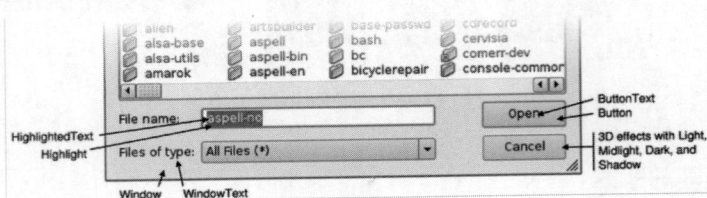

图 3-37　文件对话框不同部分的颜色角色

在 Qt 6 中，ColorGroup 由 QPalette∷ColorGroup 的枚举常量确定。QPalette∷ColorGroup 的枚举常量见表 3-27。

表 3-27　QPalette∷ColorGroup 的枚举常量

枚 举 常 量	说　　明	枚 举 常 量	说　　明
QPalette∷Active	激活状态	QPalette∷Normal	激活状态
QPalette∷Inactive	非激活状态	QPalette∷Disabled	失效状态

在 Qt 6 中，ColorRole 由 QPalette∷ColorRole 的枚举常量确定。QPalette∷ColorRole 的枚举常量见表 3-28。

表 3-28　QPalette∷ColorRole 的枚举常量

枚 举 常 量	说　　明	枚 举 常 量	说　　明
QPalette∷Window	窗口的背景色	QPalette∷Light	比按钮的颜色要淡
QPalette∷WindowText	窗口的前景色	QPalette∷Midlight	颜色介于按钮和 Light
QPalette∷Base	文本输入控件的背景色	QPalette∷Dark	比按钮的颜色要深
QPalette∷AlternateBase	多行输入控件的行交替背景色	QPalette∷Mid	颜色介于按钮和 Dark 之间
QPalette∷ToolTipBase	提示信息的背景色	QPalette∷Shadow	一种比较深的颜色
QPalette∷PlaceholderText	输入框中占位文本的颜色	QPalette∷Highlight	所选控件的背景色
QPalette∷Text	文本输入控件的前景色	QPalette∷HighlightedText	所选控件的前景色
QPalette∷Button	按钮的背景色	QPalette∷Link	超链接的颜色
QPalette∷ButtonText	按钮的前景色	QPalette∷LinkVisited	超链接访问后的颜色
QPalette∷BrightText	文本的对比色	QPalette∷ToolTipText	提示信息的前景色
QPalette∷Accent	一种用来对比或补充基础色、窗口色和按钮色的颜色(Qt 6.6 新增)		

在 Qt 6 中，QPalette 类的构造函数如下：

```
QPalette()
QPalette(const QColor &button)
QPalette(Qt::GlobalColor button)
QPalette(const QColor &button,const QColor &window)
QPalette(const QBrush &windowText,const QBrush &button,const QBrush &light,
const QBrush &dark,const QBrush &mid,const QBrush &text,const QBrush
&bright_text,const QBrush &base,const QBrush &window)
QPalette(const QPalette &p)
```

其中，QBrush 表示画刷类，将在后面的章节中进行介绍。

在 Qt 6 中，QPalette 类常用的方法见表 3-29。

表 3-29　QPalette 类常用的方法

方法及参数类型	说　　明	返回值类型
setColor(QPalette::ColorGroup g, QPalette::ColorRole r, QColor &color)	设置颜色，需 3 个参数	
setColor(QPalette::ColorRole role, QColor &color)	设置颜色，需两个参数	
setBrush(QPalette::ColorGroup group, QPalette::ColorRole role, QBrush &brush)	设置画刷，需 3 个参数	
setBrush(QPalette::ColorRole role, QBrush &brush)	设置画刷，需两个参数	
color(QPalette::ColorGroup group, QPalette::ColorRole role)	获取颜色	QColor &
color(QPalette::ColorRole role)	获取颜色	QColor &
brush(QPalette::ColorGroup group, QPalette::ColorRole role)	获取画刷	QBrush &
brush(QPalette::ColorRole role)	获取画刷	QBrush &
setCurrentColorGroup(QPalette::ColorGroup cg)	设置当前颜色组	
currentColorGroup()	获取当前颜色组	QPalette::ColorGroup
base()	获取文本输入控件的背景色	QBrush &
brightText()	获取文本的对比色	QBrush &
button()	获取按钮的背景色	QBrush &
buttonText()	获取按钮的前景色	QBrush &
hightlight()	获取所选控件的背景色	QBrush &
highlightedText()	获取所选控件的前景色	QBrush &
link()	获取超链接的颜色	QBrush &
linkVisited()	获取超链接访问后的颜色	QBrush &
placeholderText()	获取输入框中占位文本的颜色	QBrush &
text()	获取文本输入控件的前景色	QBrush &
toolTipBase()	获取提示信息的背景色	QBrush &
toolTipText()	获取提示信息的前景色	QBrush &
window()	获取窗口的背景色	QBrush &
windowText()	获取窗口的前景色	QBrush &

方法及参数类型	说　　明	返回值类型
isBrushSet(QPalette::ColorGroup cg, QPalette::ColorRole cr)	如果颜色组和颜色角色已经在调色板中设置了,则返回值为 true	bool
isEqual(QPalette::ColorGroup cg1, QPalette::ColorGroup cg2)	如果颜色组 cr1 和 cr2 相同,则返回值为 true	bool

在 Qt 6 中,可以通过窗口或控件的 setPalette(QPalette &p)方法设置调色板,使用 palette()方法获取窗口或控件的调色板。

【实例 3-26】 创建 QPalette 对象,并获取该 QPalette 对象的 6 种颜色角色的 Color 值,操作步骤如下:

(1) 使用 Qt Creator 创建一个模板为 Qt Console Application 的项目,将该项目命名为 demo26,并保存在 D 盘的 Chapter3 文件夹下。

(2) 在配置文件 demo26.pro 中添加下面一行代码:

```
QT += gui
```

(3) 编写 main.cpp 文件中的代码,代码如下:

```
/* 第 3 章 demo26 main.cpp */
#include <QCoreApplication>
#include <QPalette>
#include <QColor>
#include <QDebug>

int main(int argc, char *argv[])
{
    QCoreApplication a(argc, argv);
    QPalette palet1(Qt::gray);
    QColor color1 = palet1.color(QPalette::Window);
    QColor color2 = palet1.color(QPalette::WindowText);
    QColor color3 = palet1.color(QPalette::Text);
    QColor color4 = palet1.color(QPalette::Button);
    QColor color5 = palet1.color(QPalette::ButtonText);
    QColor color6 = palet1.color(QPalette::BrightText);
    qDebug()<< color1;
    qDebug()<< color2;
    qDebug()<< color3;
    qDebug()<< color4;
    qDebug()<< color5;
    qDebug()<< color6;
    return a.exec();
}
```

(4) 运行结果如图 3-38 所示。

【实例 3-27】 创建一个窗口,获取该窗口的调色板,并从调色板中获取并打印 4 种颜色角色,操作步骤如下:

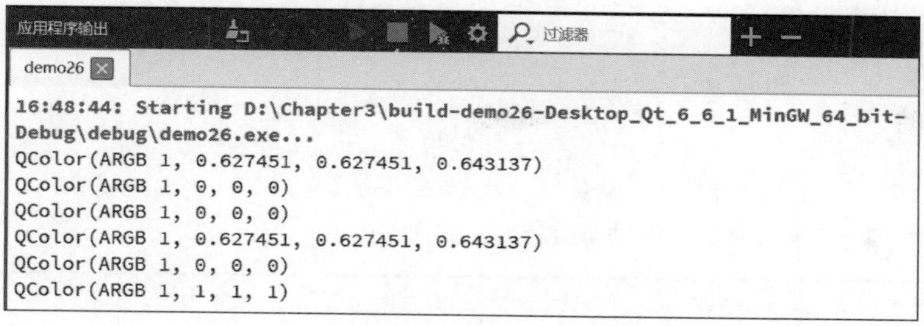

```
应用程序输出          过滤器                     ＋  －

demo26 ✕

16:48:44: Starting D:\Chapter3\build-demo26-Desktop_Qt_6_6_1_MinGW_64_bit-
Debug\debug\demo26.exe...
QColor(ARGB 1, 0.627451, 0.627451, 0.643137)
QColor(ARGB 1, 0, 0, 0)
QColor(ARGB 1, 0, 0, 0)
QColor(ARGB 1, 0.627451, 0.627451, 0.643137)
QColor(ARGB 1, 0, 0, 0)
QColor(ARGB 1, 1, 1, 1)
```

图 3-38　项目 demo26 的运行结果

（1）使用 Qt Creator 创建一个模板为 Qt Widgets Application 的项目，将该项目命名为 demo27，并保存在 D 盘的 Chapter3 文件夹下；在向导对话框中选择基类 QWidget，不勾选 Generate form 复选框。

（2）编写 widget.h 文件中的代码，代码如下：

```cpp
/* 第 3 章 demo27 widget.h */
#ifndef WIDGET_H
#define WIDGET_H

#include <QWidget>
#include <QPalette>
#include <QBrush>
#include <QDebug>

class Widget : public QWidget
{
    Q_OBJECT
public:
    Widget(QWidget *parent = nullptr);
    ~Widget();
};
#endif //WIDGET_H
```

（3）编写 widget.cpp 文件中的代码，代码如下：

```cpp
/* 第 3 章 demo27 widget.cpp */
#include "widget.h"

Widget::Widget(QWidget *parent):QWidget(parent)
{
    setGeometry(200,200,500,200);
    setWindowTitle("QPalette 类");
    QPalette palet1 = palette();
    QBrush color1 = palet1.window();
    QBrush color2 = palet1.windowText();
    QBrush color3 = palet1.text();
    QBrush color4 = palet1.button();
    qDebug()<< color1;
    qDebug()<< color2;
```

```
    qDebug()<< color3;
    qDebug()<< color4;
}

Widget::~Widget() {}
```

(4) 其他文件保持不变,运行结果如图 3-39 所示。

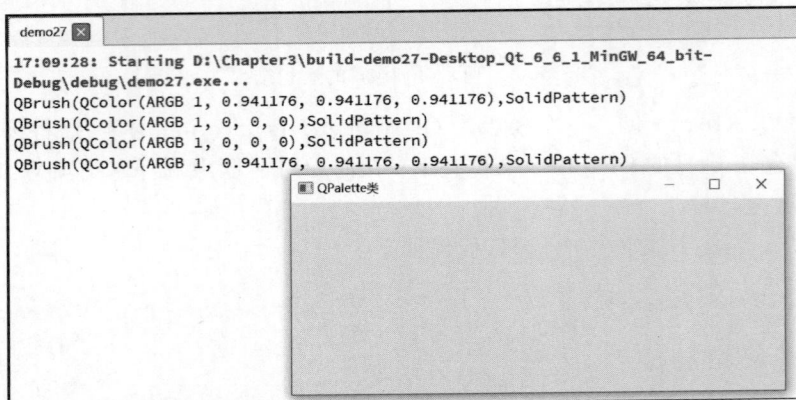

图 3-39　项目 demo27 的运行结果

3.5.2　光标类(QCursor)

在 Qt 6 中,可以使用 QCursor 类定义光标的形状,使用 QCursor 类为控件设置不同的光标形状。QCursor 类的构造函数如下:

```
QCursor()
QCursor(Qt::CursorShape shape)
QCursor(const QPixmap &pixmap, int hotX = -1, int hotY = -1)
QCursor(const QBitmap &bit, const QBitmap &mask, int hotX = -1, int hotY = -1)
QCursor(QCursor &c)
```

其中,shape 表示使用标准的光标形状,其参数值为 Qt::CursorShape 的枚举常量;pixmap、bitmap 表示使用图片来自定义光标的形状。如果使用图片来自定义光标形状,则需要将光标的热点 hotX、hotY,hotX、hotY 的值设置为整数。如果其值为负数,则表示以图片的中心为热点,即 hotX=bitmap().width()/2、hotY=bitmap().height()/2。

构造函数的最后一个参数 mask 表示遮掩图像,可以使用 QBitmap 类的 setMask(QBitmap &mask)设置遮掩图。光标位图 bitmap(B)和遮掩位图 mask(M)的组合见表 3-30。

表 3-30　bitmap(B)与 mask(M)的组合

B	M	结　果	B	M	结　　果
1	1	黑色	0	0	透明
0	1	白色	0	1	XOR 运算的结果

在 Qt 6 中，Qt::CursorShape 的枚举常量见表 3-31。

表 3-31　Qt::CursorShape 的枚举常量

常　　量	光标形状	常　　量	光标形状
Qt::ArrowCursor	↖	Qt::SizeVerCursor	↕
Qt::UpArrowCursor	↑	Qt::SizeHorCursor	↔
Qt::CrossCursor	┼	Qt::SizeBDiagCursor	↗
Qt::IBeamCursor	Ⅰ	Qt::SizeFDiagCursor	↖
Qt::WaitCursor	⌛	Qt::SizeAllCursor	✥
Qt::BusyCursor	▨	Qt::SplitVCursor	÷
Qt::ForbiddenCursor	⊘	Qt::SplitHCursor	╫
Qt::PointingHandCursor	☝	Qt::OpenHandCursor	✋
Qt::WhatsThisCursor	☞?	Qt::ClosedHandCursor	↻

在 Qt 6 中，QCursor 类常用的方法见表 3-32。

表 3-32　QCursor 类常用的方法

方法及参数类型	说　　明	返回值类型
[static]setPos(int x,int y)	在屏幕坐标系下设置光标位置的指定位置	
[static]setPos(QPoint &p)	同上，参数类型不同	
[static]pos()	获取光标热点在屏幕坐标系下的位置	
setShape(Qt::CursorShape shape)	设置光标形状	
shape()	获取光标形状	Qt::CursorShape
bitmap()	获取 QBitmap 对象	QBitmap
pixmap()	获取 QPixmap 对象	QPixmap
hotSpot()	获取热点位置	QPoint
mask()	获取遮掩图	QBitmap

【实例 3-28】　创建一个窗口，获取该窗口的光标，打印该光标的类型，然后更改窗口的光标类型，操作步骤如下：

（1）使用 Qt Creator 创建一个模板为 Qt Widgets Application 的项目，将该项目命名为 demo28，并保存在 D 盘的 Chapter3 文件夹下；在向导对话框中选择基类 QWidget，不勾选 Generate form 复选框。

（2）编写 widget.h 文件中的代码，代码如下：

```
/* 第 3 章 demo28 widget.h */
#ifndef WIDGET_H
#define WIDGET_H

#include <QWidget>
#include <QCursor>
```

```
class Widget : public QWidget
{
    Q_OBJECT
public:
    Widget(QWidget * parent = nullptr);
    ~Widget();
};
# endif //WIDGET_H
```

(3) 编写 widget.cpp 文件中的代码,代码如下:

```
/* 第 3 章 demo28 widget.cpp */
# include "widget.h"

Widget::Widget(QWidget * parent):QWidget(parent)
{
    setGeometry(200,200,500,200);
    setWindowTitle("QCursor 类");
    QCursor cursor1 = cursor();
    qDebug()<< cursor1.shape();
    setCursor(Qt::CrossCursor);
}

Widget::~Widget() {}
```

(4) 其他文件保持不变,运行结果如图 3-40 所示。

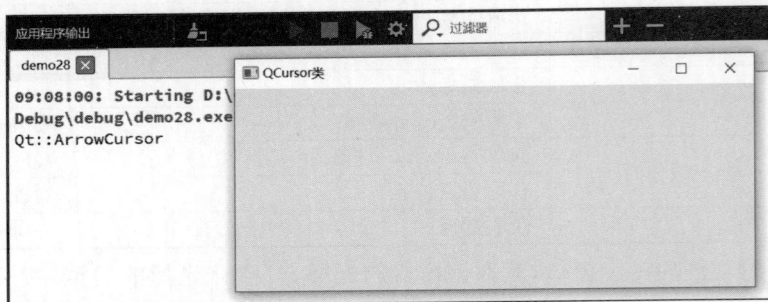

图 3-40   项目 demo28 的运行结果

【实例 3-29】 创建一个窗口,然后创建 QBitmap 图像,使用 QBitmap 图像作为光标,操作步骤如下:

(1) 使用 Qt Creator 创建一个模板为 Qt Widgets Application 的项目,将该项目命名为 demo29,并保存在 D 盘的 Chapter3 文件夹下; 在向导对话框中选择基类 QWidget,不勾选 Generate form 复选框。

(2) 编写 widget.h 文件中的代码,代码如下:

```
/* 第 3 章 demo29 widget.h */
# ifndef WIDGET_H
```

```
#define WIDGET_H

#include <QWidget>
#include <QCursor>
#include <QBitmap>

class Widget : public QWidget
{
    Q_OBJECT
public:
    Widget(QWidget *parent = nullptr);
    ~Widget();
};
#endif //WIDGET_H
```

（3）编写 widget.cpp 文件中的代码，代码如下：

```
/* 第3章 demo29 widget.cpp */
#include "widget.h"

Widget::Widget(QWidget *parent):QWidget(parent)
{
    setGeometry(200,200,500,200);
    setWindowTitle("QCursor 类");
    QBitmap bit1(32,32);
    QBitmap bit1_mask(32,32);
    bit1.fill(Qt::black);
    bit1_mask.fill(Qt::white);
    QCursor cursor1(bit1,bit1_mask);
    setCursor(cursor1);
}

Widget::~Widget() {}
```

（4）其他文件保持不变，运行项目 demo29 可看到窗口上的光标为正方形的位图。

3.5.3　地址类（QUrl）

在 Qt 6 中，可以使用 QUrl 类表示 URL 网址。URL 的构成如图 3-41 所示。

schema://username:password@host[:port]/path/…/[?query][#fragment]

网络片段（比如锚点）

查询字符串

资源路径

传输协议的端口号

用户信息

服务器域名或IP地址或主机名

底层协议（比如
HTTP、HTTPS、FTP）

图 3-41　URL 的构成

其中,用户信息、服务器域名、服务器端口号组成了 authority 信息。在 Qt 6 中,schema 可以使用的传输协议见表 3-33。

表 3-33 schema 可使用的传输协议

协 议	说 明
file	访问本地计算机上的资源,格式为 file://
HTTP	通过 HTTP 协议访问资源,格式为 HTTP://
HTTPS	通过 HTTPS 协议访问资源,格式为 HTTPS://
FTP	通过 FTP 协议访问资源,格式为 FTP://
mailto	通过 SMTP 协议访问电子邮件地址,格式为 mailto:
MMS	通过 MMS(媒体流)协议访问资源,格式为 MMS://
ed2k	通过支持 ed2k(专用下载链接)协议的 P2P 软件(如电驴)访问资源,格式为 ed2k://
Flashget	通过支持 Flashget(专用下载链接)协议的 P2P 软件(如快车)访问资源,格式为 Flashget://
thunder	通过支持 thunder(专用下载链接)协议的 P2P 软件(如迅雷)访问资源,格式为 thunder://
Gopher	通过 Gopher 协议访问资源

QUrl 类的构造函数如下:

```
QUrl()
QUrl(const QString &url,QUrl::ParsingMode parsingMode = QUrl::TolerantMode)
```

其中,url 是被用来表示 URL 的文本字符串;parsingMode 表示解析模式,其参数值为 QUrl::ParsingMode 中的枚举常量,包括 QUrl::TolerantMode(修正地址中的错误)、QUrl::StrictMode(只使用有效的地址)、QUrl::DecodedMode(解码模式)。

在 Qt 6 中,QUrl 类常用的方法见表 3-34。

表 3-34 QUrl 类常用的方法

方法及参数类型	说 明	返回值类型
[static]fromLocalFile(QString &localFile)	将本机地址转换成 QUrl	QUrl
[static]fromStringList(QStringList &urls,QUrl::ParsingMode mode=Qt::TolerantMode)	将多个地址转换成 QUrl	QList < QUrl >
[static] fromUserInput (QString &userInput, QString &workingDirectory,QUrl::UserInputResolutionOptions options=Qt::DefaultResolution)	将不是很规则的文本转换成 QUrl	QUrl
[static] fromEncoded (QByteArray &input, QUrl::ParsingMode mode=QUrl::TolerantMode)	将编码的二进制数据转换成 QUrl	QUrl
[static] toStringList (QList < QUrl > &urls, QUrl::Formattingoptions options)	转换为字符串列表	QStringList
setScheme(QString &scheme)	设置传输协议	
setUserName(QString &userName,QUrl::ParsingMode mode=QUrl::DecodeMode)	设置用户名	
setPassword (QString &password, QUrl::ParsingMode mode=QUrl::DecodedMode)	设置密码	

续表

方法及参数类型	说　　明	返回值类型
setHost（QString &host，QUrl::ParsingMode mode＝QUrl::DecodedMode）	设置主机名	
setPath（QString &path，QUrl::ParsingMode mode＝QUrl::DecodedMode）	设置路径	
setPort(int port)	设置端口	
setFragment（QString &fragment，QUrl::ParsingMode mode＝QUrl::TolerantMode）	设置片段	
setQuery(QString &query，QUrl::ParsingMode mode＝QUrl::TolerantMode）	设置查询	
setUserInfo（QString &userName，QUrl::ParsingMode mode＝QUrl::TolerantMode）	设置用户名和密码	
setAuthority（QString &authority，QUrl::ParsingMode mode＝QUrl::TolerantMode）	设置用户信息、主机名、端口号	
setUrl(QString &url，QUrl::ParsingMode mode＝QUrl::TolerantMode）	设置整个 URL 值	
toDisplayString(QUrl::FormattingOptions options＝FormattingOptions(PrettyDecoded))	转换为字符串	QString
toLocalFile()	转换为本机地址	QString
toString(QUrl::FormattingOptions options＝FormattingOptions(PrettyDecoded))	转换为字符串	QString
toEncoded(QUrl::FormattingOptions options＝FullyEncoded)	转换成编码形式	QByteArray
isLocalFile()	判断是否为本机文件	bool
isValid()	判断 URL 网址是否有效	bool
isEmpty()	判断 URL 网址是否为空	bool
errorString()	获取解析地址时的出错信息	QString
clear()	清空内容	

【实例 3-30】　创建一个 QUrl 对象，打印该对象。将该对象转换成字符串、编码形式，然后打印字符串、编码形式，操作步骤如下：

（1）使用 Qt Creator 创建一个模板为 Qt Console Application 的项目，将该项目命名为 demo30，并保存在 D 盘的 Chapter3 文件夹下。

（2）编写 main.cpp 文件中的代码，代码如下：

```
/* 第 3 章 demo30 main.cpp */
# include <QCoreApplication>
# include <QUrl>
# include <QString>
# include <QByteArray>
# include <QDebug>
```

```
int main( int argc, char * argv[])
{
    QCoreApplication a(argc, argv);
    QUrl url_1("www.qt.io");
    QString str_1 = url_1.toDisplayString();
    QByteArray byte_1 = url_1.toEncoded(QUrl::FullyDecoded);
    qDebug()<< url_1;
    qDebug()<< str_1;
    qDebug()<< byte_1;
    return a.exec();
}
```

(3) 其他文件保持不变,运行结果如图 3-42 所示。

```
demo30 ☒

11:14:59: Starting D:\Chapter3\build-demo30-Desktop_Qt_6_6_1_MinGW_64_bit-
Debug\debug\demo30.exe...
QUrl("www.qt.io")
"www.qt.io"
"www.qt.io"
```

图 3-42 项目 demo30 的运行结果

3.6 基于模板的容器类

Qt 6 提供了多个基于模板的容器类,这些容器类可用于存储指定类型的数据项,例如常用的容器类 QList < T >,T 是一种具体的类型,可以是 int、float、uint 等简单数据类型,也可以是 QString、QUrl 等类。T 必须是一种可赋值的类型,即 T 必须提供一个默认的构造函数、一个可复制的构造函数及一个赋值运算符。

Qt 6 中的容器类比 C++标准模板库(Standard Template Library)中的容器类更轻巧、更易用、更安全。这些容器类是隐式共享的,并且可重入,它们在速度和存储上进行了优化,所以可以减少可执行文件的大小。另外,这些容器类是线程安全的,当它们作为只读容器时,可以被多个线程访问。

Qt 6 中的容器类可分为顺序容器(Sequential Container)类和关联容器(Associative Container)类。容器迭代器(Iterator)为遍历访问容器里的数据项提供了统一的方法。

3.6.1 顺序容器类

Qt 6 提供的顺序容器类有 QList、QStack、QQueue、QStringList,其中,QVector 是 QList 的别名,即 QVector 就是 QList,QList 的底层实现采用了 Qt 5 中 QVector 的机制。这些类的继承关系如图 3-43 所示。

图 3-43 容器类的继承关系

1. QList 类

QList 类是比较常用的容器类,该类用连续的存储空

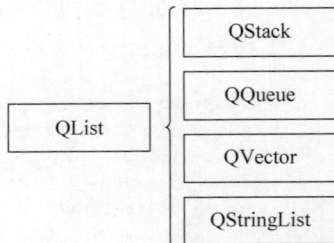

⏯8min

间存储一个列表的数据,可以通过索引访问列表的数据。如果数据比较大,则在列表的开始或中间插入数据会比较慢(因为需要移动大量数据以腾出存储位置),而在列表的末尾添加数据会比较快。

开发者可使用 QList < T >定义一个元素类型为 T 的列表,当定义列表时可以初始化列表数据或列表大小。QList 类的构造函数如下:

```
QList()
QList(int size)
QList(int size,QList::parameter_type value)
QList(const QList < T > &other)
```

其中,size 表示元素的个数;value 表示元素的初始值;other 表示另一个 QList 对象。

具体的语法格式如下:

```
QList < int > list                          //定义一个 int 类型的数据列表
QList < float > list = {1.1,2.2,3.3,4.0,5.0}    //初始化列表数据
QList < int > list(200)                      //创建有 200 个元素的列表,所有元素的初始值为 0
QList < QString > strList(10, "ok")          //创建有 10 个元素的字符串列表,元素初始值为"ok"
```

向列表末端添加数据比较快,可以使用流操作符"<<"或 append()方法向列表中添加数据。QList 提供了以索引的方式访问列表数据(与访问数组的方式相同),也可以使用 at()方法访问列表数据。

【实例 3-31】 创建一个 QList 对象,向该对象中添加数据,并访问该对象中的数据,要求分别使用两种方法,操作步骤如下:

(1) 使用 Qt Creator 创建一个模板为 Qt Console Application 的项目,将该项目命名为demo31,并保存在 D 盘的 Chapter3 文件夹下。

(2) 编写 main.cpp 文件中的代码,代码如下:

```
/* 第 3 章 demo31 main.cpp */
# include < QCoreApplication >
# include < QList >
# include < QString >
# include < QDebug >

int main(int argc, char * argv[])
{
    QCoreApplication a(argc, argv);
    QList < QString > list;
    list <<"First"<<"第二"<<"Third"<<"第四";
    list.append("Fifth");
    QString str1 = list[0];
    QString str2 = list.at(1);
    qDebug()<< str1;
    qDebug()<< str2;
    return a.exec();
}
```

（3）其他文件保持不变，运行结果如图 3-44 所示。

```
demo31 ☒
16:10:48: Starting D:\Chapter3\build-demo31-Desktop_Qt_6_6_1_MinGW_64_bit-
Debug\debug\demo31.exe...
"First"
"第二"
```

图 3-44 项目 demo31 的运行结果

在 Qt 6 中，QList 类中封装的方法比较多，QList 类常用的方法见表 3-35。

表 3-35 QList 类常用的方法

方法及参数类型	说　明	返回值类型
append(QList::parameter_type value)	在尾部添加数据	
append(QList<T>&value)	同上，参数类型不同	
at(int i)	获取指定索引对应的元素数据	QList::const_reference
clear()	清空所有元素，元素个数变为 0	
count(AT &value)	获取指定数据在列表中出现的次数	int
insert(int i,QList::parameter_type value)	在指定索引处插入数据	QList::iterator
prepend(QList::parameter_type value)	在列表的头部添加数据	
replace(int i QList::parameter_type value)	替换指定索引处的数据	
size()	获取列表中的元素个数	int
resize(int size)	重新设置列表的元素个数	
reserve(int size)	给列表预先分配内存，但不改变列表长度	
isEmpty()	若列表元素的个数为 0，则返回值为 true，否则返回值为 false	bool
remove(int i,int n=1)	移除自索引 i 开始的 n 个元素	
removeAll(AT &t)	移除与 t 相同的所有元素，并返回移除元素的个数	int
removeAt(int i)	移除指定索引处的元素	
removeFirst()	移除列表中的第 1 个元素	
removeLast()	移除列表中的最后一个元素	
removeOne(AT &t)	移除列表中第 1 个与 t 相同的元素，若成功，则返回值为 true，否则返回值为 false	bool
takeAt(int i)	移除指定索引处的元素，并返回该元素	T
takeFirst()	移除列表中的第 1 个元素，并返回该元素	QList::value_type
takeLast()	移除列表中的最后一个元素，并返回该元素	QList::value_type
move(int from,int to)	将元素从索引 from 移动到索引 to	
swap(QList<T>&other)	将列表与另一个列表替换	
swapItemsAt(int i,int j)	对索引 i 和索引 j 处的元素进行替换	
indexOf(AT &value,int from=0)	获取列表中第 1 个与 value 相同的元素的索引	int
contains(AT &value)	判断列表中是否包含元素 value	bool

在 Qt 6 中，QList 类是最常用的容器类。很多方法的返回值是 QList 列表，例如 QWidget

类的 actions()方法的返回值为 QList < QAction ＊>,即元素为 QAction 对象指针的 QList
列表。

2. QStack 类

QStack 类是 QList 类的子类,QStack 类提供了类似于栈的后进先出(LIFO)操作的容
器。可以使用 QStack < T >创建一个元素类型为 T 的栈。

在 Qt 6 中,QStack 类不仅继承了 QList 类的方法,还有自己独有的方法。QStack 类的
独有方法见表 3-36。

表 3-36　QStack 类的独有方法

方法及参数类型	说　明	返回值类型
pop()	从栈中弹出元素	T
push(T &t)	向栈中压入元素	
swap(QStack < T > &other)	与另一个栈交换	
top()	获取栈中最顶端的元素	T&

【实例 3-32】　创建一个 QStack 对象,向该对象中压入数据,并打印弹出的数据,操作
步骤如下:

(1) 使用 Qt Creator 创建一个模板为 Qt Console Application 的项目,将该项目命名为
demo32,并保存在 D 盘的 Chapter3 文件夹下。

(2) 编写 main.cpp 文件中的代码,代码如下:

```cpp
/＊ 第 3 章 demo32 main.cpp ＊/
＃include < QCoreApplication >
＃include < QStack >
＃include < QDebug >

int main(int argc, char ＊ argv[])
{
    QCoreApplication a(argc, argv);
    QStack < int > stack;
    stack.push(100);
    stack.push(200);
    stack.push(300);
    while(!stack.isEmpty())
        qDebug()<< stack.pop();
    return a.exec();
}
```

(3) 其他文件保持不变,运行结果如图 3-45 所示。

3. QQueue 类

QQueue 类是 QList 类的子类,QQueue 类提供了类似于队列的先进先出(FIFO)操作
的容器。可以使用 QQueue < T >创建一个元素类型为 T 的栈。

在 Qt 6 中,QQueue 类不仅继承了 QList 类的方法,还有自己独有的方法。QQueue 类
的独有方法见表 3-37。

```
demo32
18:30:50: Starting D:\Chapter3\build-demo32-Desktop_Qt_6_6_1_MinGW_64_bit-Debug\debug\demo32.exe...
300
200
100
```

图 3-45 项目 demo32 的运行结果

表 3-37 QQueue 类的独有方法

方法及参数类型	说　明	返回值类型
dequeue()	从队列中取出元素	T
enqueue(T &t)	向队列中添加元素	
head()	获取队列中头部的元素	T &
swap(QQueue<T> &other)	与另一个队列交换	

【实例 3-33】 创建一个 QQueue 对象，向该对象中添加数据，并打印取出的数据，操作步骤如下：

(1) 使用 Qt Creator 创建一个模板为 Qt Console Application 的项目，将该项目命名为 demo33，并保存在 D 盘的 Chapter3 文件夹下。

(2) 编写 main.cpp 文件中的代码，代码如下：

```
/* 第 3 章 demo33 main.cpp */
#include <QCoreApplication>
#include <QQueue>
#include <QDebug>

int main(int argc, char *argv[])
{
    QCoreApplication a(argc, argv);
    QQueue<int> queue;
    queue.enqueue(100);
    queue.enqueue(200);
    queue.enqueue(300);
    while(!queue.isEmpty())
        qDebug()<< queue.dequeue();
    return a.exec();
}
```

(3) 其他文件保持不变，运行结果如图 3-46 所示。

```
demo33
08:45:14: Starting D:\Chapter3\build-demo33-Desktop_Qt_6_6_1_MinGW_64_bit-Debug\debug\demo33.exe...
100
200
300
```

图 3-46 项目 demo33 的运行结果

4. QStringList 类

QStringList 类是 QList 类的子类,使用 QStringList 类可创建字符串列表对象。QStringList 类是一个非常高效的类,在处理多个字符串的问题时,使用 QStringList 类有时会起到事半功倍的效果。

在 Qt 6 中,QStringList 类不仅继承了 QList 类的方法,还有自己独有的方法。QStringList 类的独有方法见表 3-38。

表 3-38   QStringList 类的独有方法

方法及参数类型	说　　明	返回值类型
contains(QString &str,Qt::CaseSensitivity cs＝Qt::CaseSensitive)	若列表中包含字符串 str,则返回值为 true,否则返回值为 false。如果 cs 是 Qt::CaseSensitive(默认值),则字符串区分大小写,否则不区分大小写	bool
filter(QRegularExpression &re)	返回匹配正则表达式 re 的字符串列表	QStringList
filter(QString &str, Qt::CaseSensitivity cs＝Qt::CaseSensitive)	提取一个新的字符串列表,该列表的每个元素包含字符串 str	QStringList
indexOf (QRegularExpression &re, int from＝0)	返回第 1 个匹配正则表达式 re 的字符串索引	int
join(QString &separator)	将列表元素都合并为一个字符串,并且以 separator 为分隔符	QString
removeDuplicates()	移除重复的字符串元素,并返回对应的索引	int
replaceInStrings(QString &before, QString &after Qt::CaseSensitivity cs＝Qt::CaseSensitive)	将字符串元素中的 before 文本替换成 after 文本	QStringList &
sort(Qt::CaseSensitivity cs＝Qt:: CaseSensitive)	按升序对字符串列表进行排序	
operator＋(QStringList &other)	拼接其他字符串列表	QStringList
operator <<(QString &str)	添加字符串	QStringList&
operator <<(QStringList &other)	添加其他字符串列表	QStringList&

在表 3-38 中,Qt::CaseSensitivity 有两个枚举常量:Qt::CaseInsensitive(不区分字母大小写)、Qt::CaseSensitive(区分字母大小写)。

在 Qt 6 中,可以使用 QString 类中的 split()方法将 QString 字符串拆分成 QStringList 对象,该函数的语法格式如下:

```
QStringList split(const QString &sep,Qt::SplitBehavior behavior = Qt::
KeepEmptyParts,Qt::CaseSensitivity cs = Qt::CaseSensitive)
```

其中,sep 表示分隔符;behavior 表示是否忽略空字符串;cs 表示是否区分字母大小写。

【实例3-34】 创建一个 QStringList 对象,向该对象中添加数据,并打印该对象中的数据,操作步骤如下:

（1）使用 Qt Creator 创建一个模板为 Qt Console Application 的项目，将该项目命名为 demo34，并保存在 D 盘的 Chapter3 文件夹下。

（2）编写 main.cpp 文件中的代码，代码如下：

```cpp
/ * 第 3 章 demo34 main.cpp * /
# include < QCoreApplication >
# include < QStringList >
# include < QString >
# include < QDebug >

int main( int argc, char * argv[ ] )
{
    QCoreApplication a(argc, argv);
    QStringList month;
    month <<"January"<<"February";
    month. append("三月");
    for( int i = 0; i < month. size( ); i++)
    {
        QString tmp = month. at( i);
        qDebug( )<< tmp;
    }
    return a. exec( );
}
```

（3）其他文件保持不变，运行结果如图 3-47 所示。

```
demo34 ☒
09:39:20: Starting D:\Chapter3\build-demo34-Desktop_Qt_6_6_1_MinGW_64_bit-
Debug\debug\demo34.exe...
"January"
"February"
"三月"
```

图 3-47 项目 demo34 的运行结果

3.6.2 关联容器类

Qt 6 提供的关联容器类有 QSet、QMap、QMultiMap、QHash、QMultiHash，其中 QMultiMap 类和 QMultiHash 类支持一个键关联多个值，QHash 类和 QMultiHash 类使用哈希(hash)查找，查找速度更快。

1. QSet 类

QSet 类是基于哈希表的集合模板类，该类存储数据的顺序是不确定的，查找值的速度非常快。可以使用 QSet < T >创建集合容器，QSet < T >内部是用 QHash 类实现的。

使用 QSet < T >创建集合容器，并添加数据的示例代码如下：

```cpp
QSet < QString > set;              //创建集合容器
set <<"One"<<"Two"<<"Three";       //添加数据
set. insert("悟空");               //添加数据
```

判断一个值是否存在于某个集合,可以使用 contains()方法,示例代码如下:

```
If (!set.contains("One"))
   …
```

2. QMap 类

QMap < Key, T >是一个泛型容器类,使用该类可创建字典容器(也称为关联数组)。QMap 类存储键-值对(一个键对应一个值),并提供按键快速查找的方法。

使用 QMap < QString,int >创建集合容器,并添加数据的示例代码如下:

```
QMap < QString, int > map;          //创建字典容器
map["one"] = 100;                   //添加数据
map["two"] = 200;                   //添加数据
map["three"] = 300;                 //添加数据
```

可以使用 insert()方法向集合容器中添加数据,也可以使用 remove()方法移除键-值对,示例代码如下:

```
map.insert("four",4);               //添加数据
map.remove("three");                //移除键-值对
```

可以使用运算符"[]"或 value()方法根据键查找集合容器中的对应值,示例代码如下:

```
int num1 = map["one"]               //根据键查找值
int num2 = map.value("two")         //根据键查找值
```

如果在字典容器中没有与指定键对应的值,则会返回一个默认的构造值,例如若该值的类型是字符串,则返回一个空字符串。

当使用 value()方法查找值时,可以指定一个默认值,示例代码如下:

```
int num = map.value("yi",10)        //若找到与"yi"对应的值,则返回该值,否则返回10
```

3. QHash 类

QHash < Key, T >是一个泛型容器类,使用该类可创建基于哈希表的字典容器(也称为关联数组),即 QHash 类存储键-值对(一个键对应一个值),而且查找 QHash < Key,T >存储的键-值对速度很快。

QHash 类与 QMap 类的功能和用法相同,主要区别如下:

(1) QHash 比 QMap 的查找速度快。

(2) 当遍历 QMap 时,数据项是按照键排序的,而 QHash 的数据项是任意排序的。

(3) QMap 的键必须提供"<"运算符,而 QHash 的键必须提供"=="运算符和一个名为 qHash()的全局哈希函数。

4. QMultiMap 类

QMultiMap < Key, T >是一个泛型容器类,使用该类可创建多值映射表,即一个键可以对应多个值。

使用 QMultiMap < QString,int >创建多值映射表,并添加数据的示例代码如下:

```
QMultiMap < QString, int > map1,map2,map3;          //创建多值映射表
map1.insert("a",10);                                //map1 的键 - 值对个数为 1
map1.insert("a",100);                               //map1 的键 - 值对个数为 2
map2.insert("a",20);                                //map2 的键 - 值对个数为 1
map3 = map1 + map2;                                  //map3 的键 - 值对个数为 3
```

QMultiMap 没有提供"[ ]"运算符,但提供了 value()方法,用于访问最新插入键的单个值;如果要获取某个键对应的所有值,则可以使用 values()方法,该方法的返回值为 QList < T >类型。

【实例 3-35】 创建一个 QMultiMap 对象,向该对象中添加一个键对应多个值的数据,并打印该对象中的这个数据,操作步骤如下:

(1) 使用 Qt Creator 创建一个模板为 Qt Console Application 的项目,将该项目命名为 demo35,并保存在 D 盘的 Chapter3 文件夹下。

(2) 编写 main.cpp 文件中的代码,代码如下:

```
/ * 第 3 章 demo35 main.cpp * /
# include < QCoreApplication >
# include < QMultiMap >
# include < QString >
# include < QList >
# include < QDebug >

int main(int argc, char * argv[])
{
    QCoreApplication a(argc, argv);
    QMultiMap < QString,QString > map;
    map.insert("员工","悟空");
    map.insert("员工","八戒");
    map.insert("员工","沙僧");
    QList < QString > values = map.values("员工");
    for(int i = 0;i < values.size();i++)
        qDebug()<< values.at(i);
    return a.exec();
}
```

(3) 其他文件保持不变,运行结果如图 3-48 所示。

```
demo35 ✕
17:02:05: Starting D:\Chapter3\build-demo35-Desktop_Qt_6_6_1_MinGW_64_bit-
Debug\debug\demo35.exe...
"沙僧"
"八戒"
"悟空"
```

图 3-48 项目 demo35 的运行结果

注意：QSet、QMap、QHash、QMultiMap 等关联容器类中封装了很多方法，有兴趣的读者可查看 Qt 6 的帮助文档。

3.6.3 遍历容器的数据

迭代器提供了访问容器中每个元素的方法。Qt 6 提供了两类迭代器：STL 类型的迭代器和 Java 类型的迭代器。STL 类型的迭代器效率更高，Java 类型的迭代器可以向后兼容。Qt 6 推荐使用 STL 类型的迭代器，因此本节主要介绍 STL 类型的迭代器。

1. STL 类型的迭代器

每种容器类都有两个 STL 类型的迭代器：一个用于只读访问，另一个用于读写访问。如果不修改数据，则尽量使用只读迭代器，这样访问速度更快。

STL 类型的迭代器是数组的指针，因此可以使用"++"运算符来获得指向下一个元素的迭代器，可以使用"*"运算符访问一个迭代器所指向的元素。如果元素的类型是类或结构体，则可以使用"->"运算符直接访问该元素的第 1 个成员。

在 Qt 6 中，常用的 STL 类型的迭代器见表 3-39。

表 3-39　STL 类型的迭代器

容 器 类	只读迭代器	读写迭代器
QList＜T＞、QStack＜T＞、QQueue＜T＞	QList＜T＞::const_iterator	QList＜T＞::iterator
QSet＜T＞	QSet＜T＞::const_iterator	QSet＜T＞::iterator
QMap＜Key,T＞、QMultiMap＜Key,T＞	QMap＜Key,T＞::const_iterator	QMap＜Key,T＞::iterator
QHash＜Key,T＞、QMultiHash＜Key,T＞	QHash＜Key,T＞::const_iterator	QHash＜Key,T＞::iterator

在表 3-39 中，使用 const_iterator 定义只读迭代器，使用 iterator 定义读写迭代器。除此之外，还可以使用 const_reverse_iterator、reverse_iterator 定义对应的反向迭代器。

在容器类中，与 STL 类型迭代器相关的方法见表 3-40。

表 3-40　与 STL 类型迭代器相关的方法

方 法	说 明
begin()	指向容器的第 1 个元素，用于读写迭代器
cbegin()	指向容器的第 1 个元素，用于只读迭代器
constBegin()	同上
end()	指向容器的末尾（最后一个元素的下一个位置），用于读写迭代器
cend()	指向容器的末尾（最后一个元素的下一个位置），用于只读迭代器
constEnd()	同上
crbegin()	指向容器的第 1 个元素，用于反向的只读迭代器，仅适用于顺序容器
crend()	指向容器的末尾（最后一个元素的下一个位置），用于反向的只读迭代器
rbegin()	指向容器的第 1 个元素，用于反向的读写迭代器，仅适用于顺序容器
rend()	指向容器的末尾（最后一个元素的下一个位置），用于反向的读写迭代器

2. 顺序容器类的迭代器的用法

【实例 3-36】 创建一个 QList 对象,向该对象中添加多个数据,并使用迭代器输出数据,操作步骤如下:

(1) 使用 Qt Creator 创建一个模板为 Qt Console Application 的项目,将该项目命名为 demo36,并保存在 D 盘的 Chapter3 文件夹下。

(2) 编写 main.cpp 文件中的代码,代码如下:

```cpp
/* 第 3 章 demo36 main.cpp */
#include <QCoreApplication>
#include <QList>
#include <QDebug>
#include <QString>

int main(int argc, char *argv[])
{
    QCoreApplication a(argc, argv);
    QList <QString> list;
    list <<"李白"<<"杜甫"<<"白居易";
    QList <QString>::const_iterator i;
    for(i = list.cbegin(); i!= list.cend(); i++)
        qDebug()<< *i; //i 为 QString 类型的指针
    return a.exec();
}
```

(3) 其他文件保持不变,运行结果如图 3-49 所示。

```
demo36 ☒
08:54:11: Starting D:\Chapter3\build-demo36-Desktop_Qt_6_6_1_MinGW_64_bit-
Debug\debug\demo36.exe...
"李白"
"杜甫"
"白居易"
```

图 3-49 项目 demo36 的运行结果

3. 关联容器类的迭代器的用法

【实例 3-37】 创建一个 QMap 对象,向该对象中添加多个数据,并使用迭代器输出数据,操作步骤如下:

(1) 使用 Qt Creator 创建一个模板为 Qt Console Application 的项目,将该项目命名为 demo37,并保存在 D 盘的 Chapter3 文件夹下。

(2) 编写 main.cpp 文件中的代码,代码如下:

```cpp
/* 第 3 章 demo37 main.cpp */
#include <QCoreApplication>
#include <QMap>
#include <QString>
#include <QDebug>
```

```
int main(int argc, char * argv[])
{
    QCoreApplication a(argc, argv);
    QMap< QString,QString > map;
    map["姓名"] = "孙悟空";
    map.insert("年龄","500");
    map["名号"] = "齐天大圣";
    QMap< QString,QString >::const_iterator i;
    for(i = map.cbegin();i!= map.cend();i++)
        qDebug()<< i.key()<<":"<< i.value();
    return a.exec();
}
```

（3）其他文件保持不变，运行结果如图 3-50 所示。

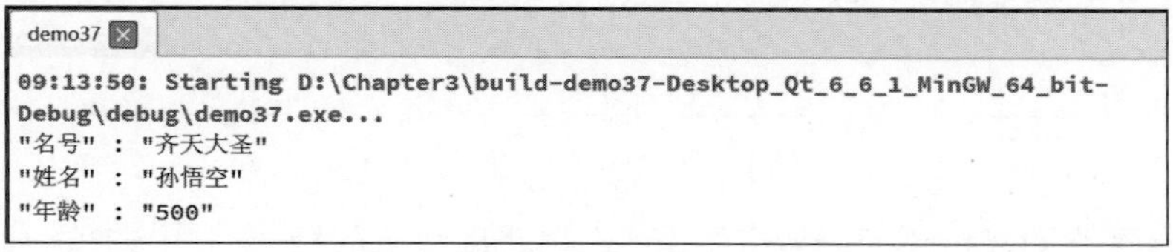

demo37

```
09:13:50: Starting D:\Chapter3\build-demo37-Desktop_Qt_6_6_1_MinGW_64_bit-
Debug\debug\demo37.exe...
"名号" : "齐天大圣"
"姓名" : "孙悟空"
"年龄" : "500"
```

图 3-50 项目 demo37 的运行结果

4. 使用 foreach 遍历容器

如果开发者只是遍历容器中的元素，则可以使用宏 foreach，这是< QtGlobal >头文件中定义的一个宏。foreach 的用法如下：

```
foreach (variable,container){
    ...}
```

其中，variable 表示变量；container 表示容器，而且 variable 的类型必须是容器 container 的元素类型

【实例 3-38】 创建一个 QList 对象，向该对象中添加多个数据，并使用 foreach 输出数据，操作步骤如下：

（1）使用 Qt Creator 创建一个模板为 Qt Console Application 的项目，将该项目命名为 demo38，并保存在 D 盘的 Chapter3 文件夹下。

（2）编写 main.cpp 文件中的代码，代码如下：

```
/ * 第 3 章 demo38 main.cpp * /
# include < QCoreApplication >
# include < QList >
# include < QDebug >
# include < QString >
# include < QtGlobal >

int main(int argc, char * argv[])
{
```

```
    QCoreApplication a(argc, argv);
    QList < QString > list;
    list << "One" << "Two" << "Three";
    QString str;
    foreach (str, list) {
        qDebug() << str;
    }
    return a.exec();
}
```

(3) 其他文件保持不变,运行结果如图 3-51 所示。

```
demo38 ✕

09:28:49: Starting D:\Chapter3\build-demo38-Desktop_Qt_6_6_1_MinGW_64_bit-
Debug\debug\demo38.exe...
"One"
"Two"
"Three"
```

图 3-51　项目 demo38 的运行结果

对于字典容器 QMap、QHash,由于 foreach 会自动访问键-值对中的值,所以不需要调用 values()方法。如果需要访问键,则可以使用 keys()方法。

【实例 3-39】　创建一个 QMap 对象,向该对象中添加多个数据,并使用 foreach 分别输出值和键-值对,操作步骤如下:

(1) 使用 Qt Creator 创建一个模板为 Qt Console Application 的项目,将该项目命名为 demo39,并保存在 D 盘的 Chapter3 文件夹下。

(2) 编写 main.cpp 文件中的代码,代码如下:

```
/* 第 3 章 demo39 main.cpp */
# include < QCoreApplication >
# include < QMap >
# include < QString >
# include < QDebug >
# include < QtGlobal >

int main(int argc, char * argv[])
{
    QCoreApplication a(argc, argv);
    QMap < QString, QString > map;
    map["姓名"] = "猪八戒";
    map["职称"] = "天蓬元帅";
    foreach (const QString str, map) {
        qDebug() << str;
    }
    foreach (const QString str, map.keys()) {
        qDebug() << str << ":" << map.value(str);
    }
    return a.exec();
}
```

(3) 其他文件保持不变,运行结果如图 3-52 所示。

```
demo39 ⊠
10:07:32: Starting D:\Chapter3\build-demo39-Desktop_Qt_6_6_1_MinGW_64_bit-
Debug\debug\demo39.exe...
"猪八戒"
"天蓬元帅"
"姓名" : "猪八戒"
"职称" : "天蓬元帅"
```

图 3-52 项目 demo39 的运行结果

对于多值映射表 QMultiMap、QMultiHash,则可以使用双重 foreach 语句。

【实例 3-40】 创建一个 QMultiMap 对象,向该对象中添加多个数据,并使用 foreach 分别输出键-值对,操作步骤如下:

(1) 使用 Qt Creator 创建一个模板为 Qt Console Application 的项目,将该项目命名为 demo40,并保存在 D 盘的 Chapter3 文件夹下。

(2) 编写 main. cpp 文件中的代码,代码如下:

```cpp
// * 第 3 章 demo40 main.cpp * /
# include < QCoreApplication >
# include < QMultiMap >
# include < QString >
# include < QtGlobal >
# include < QDebug >

int main( int argc, char * argv[])
{
    QCoreApplication a(argc, argv);
    QMultiMap < QString,QString > map;
    map. insert("东北","黑龙江");
    map. insert("东北","吉林");
    map. insert("东北","辽宁");
    map. insert("西南","四川");
    map. insert("西南","云南");
    map. insert("西南","贵州");
    foreach (const QString str1, map.uniqueKeys()) {
        foreach (const QString str2, map.values(str1)){
            qDebug()<< str1 <<":"<< str2;
        }
    }
    return a.exec();
}
```

(3) 其他文件保持不变,运行结果如图 3-53 所示。

注意:foreach 是在 C++11 规范出现之前引入 Qt 的。Qt 官方从 Qt 5.7 后不建议使用 foreach,但 foreach 应用起来比较简洁,因此介绍给读者。

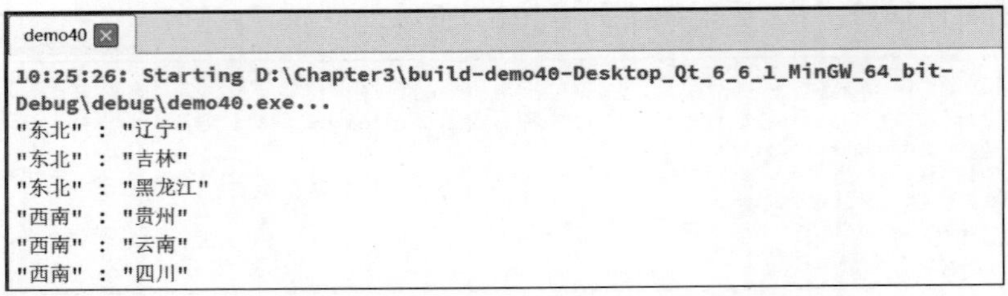

```
demo40 ☒
10:25:26: Starting D:\Chapter3\build-demo40-Desktop_Qt_6_6_1_MinGW_64_bit-
Debug\debug\demo40.exe...
"东北" : "辽宁"
"东北" : "吉林"
"东北" : "黑龙江"
"西南" : "贵州"
"西南" : "云南"
"西南" : "四川"
```

图 3-53   项目 demo40 的运行结果

3.6.4   QFlag 类

在 Qt 6 中,QFlag < Enum >是一个模板类,其中 Enum 是枚举类型。QFlags 类被用于定义枚举常量,以及其运算组合。例如 QLabel 类有一个 alignment 属性,其读写方法如下:

```
Qt::Alignment alignment()
void setAlignment(Qt::Alignment)
```

其中,alignment 的属性值是 Qt::Alignment 类型。在 Qt 帮助文档中 Qt::Alignment 的定义方法如下:

```
enum Qt::AlignmentFlag                          //枚举类型
flags Qt::Alignment                             //标志类型
```

这表明 Qt::Alignment 是 QFlags < Qt::AlignmentFlag >类型,但 Qt 中没有实际的类型 Qt::Alignment,也就是不存在如下的定义方法:

```
typedef QFlags < Qt::AlignmentFlag > Qt::Alignment      //不存在该定义方法
```

对于 Qt::AlignmentFlag 的枚举常量,见表 3-20,而由于 Qt::Alignment 是多个 Qt::AlignmentFlag 类型枚举常量的组合,这是一种特性标志,所以 Qt::Alignment 是枚举类型 Qt::AlignmentFlag 的组合类型。

如果设置 QLabel 控件 label 的对齐方式,则示例代码如下:

```
label - > setAlignment(Qt::AlignRight|Qt::AlignHCenter);
```

实际上这是创建了一个 Qt::Alignment 类型的临时变量,相当于如下的代码:

```
QFlags < Qt::AlignmentFlag > flags = Qt::AlignRight|Qt::AlignHCenter;
label - > setAlignment(flags);
```

QFlags 类支持与或、异或等位运算,示例代码如下:

```
QFlags < Qt::AlignmentFlag > flags = label - > alignment();
flags = flags|Qt::AlignCenter;
Label - > setAlignment(flags);
```

这表明 setAlignment()方法的参数不是枚举类型,而是标志类型(枚举常量的组合),即 enum Qt::AlignmentFlag 和 Flags Qt::Alignment 是不同的类型。

QFlags 类中有一个 testFlag()方法,使用该方法可测试某个枚举常量是否包含在该标志变量中,示例代码如下:

```
QFlags < Qt::AlignmentFlag > flags = label -> alignment();
bool isCenter = flags.testFlag(Qt::AlignmentCenter);
```

QFlags 类中还封装了其他的方法,有兴趣的读者可查看帮助文档。

【实例 3-41】　创建一个窗口,该窗口中包含一个标签控件,要求使用两种方法设置标签的对齐方式,操作步骤如下:

(1) 使用 Qt Creator 创建一个模板为 Qt Widgets Application 的项目,将该项目命名为 demo41,并保存在 D 盘的 Chapter3 文件夹下;在向导对话框中选择基类 QWidget,不勾选 Generate form 复选框。

(2) 编写 widget.h 文件中的代码,代码如下:

```
/* 第3章 demo41 widget.h */
#ifndef WIDGET_H
#define WIDGET_H

#include < QWidget >
#include < QLabel >
#include < QRect >
#include < QString >
#include < QFlags >
#include < QFont >

class Widget : public QWidget
{
    Q_OBJECT
public:
    Widget(QWidget * parent = nullptr);
    ~Widget();
private:
    QLabel * label_1;
};
#endif //WIDGET_H
```

(3) 编写 widget.cpp 文件中的代码,代码如下:

```
/* 第3章 demo41 widget.cpp */
#include "widget.h"

Widget::Widget(QWidget * parent):QWidget(parent)
{
    setGeometry(200,200,560,220);
    setWindowTitle("QFlags 类");
```

```
        QString str1 = "长风破浪会有时,直挂云帆济沧海。";
        //创建一个标签控件
        label_1 = new QLabel(str1,this);
        //设置标签的区域
        QRect rect1 = QRect(6,0,530,200);
        label_1 -> setGeometry(rect1);
        //设置标签中的字体
        QFont font1 = QFont("楷体",16);
        label_1 -> setFont(font1);
        //设置对齐方式的第 1 种方法
        QFlags < Qt::AlignmentFlag > flags = Qt::AlignRight|Qt::AlignVCenter;
        label_1 -> setAlignment(flags);
        //设置对齐方式的第 2 种方法
        //label_1 -> setAlignment(Qt::AlignLeft|Qt::AlignVCenter);
}

Widget::~Widget() {}
```

(4) 其他文件保持不变,运行结果如图 3-54 所示。

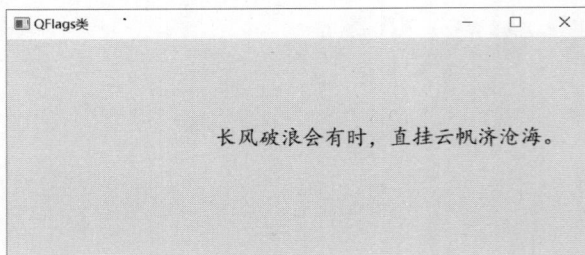

图 3-54　项目 demo41 的运行结果

注意:在实例 3-41 中,第 1 种设置对齐方式的方法只是为了展示 QFlags 类的用法。在实际编程中,应采用第 2 种设置对齐方式的方法,第 2 种方法更简洁。

3.7　小结

本章首先介绍了 Qt 6 中的窗口类(包括方法、信号),以及应用窗口类创建窗口的方法,然后介绍了 Qt 6 中的基础类,包括坐标点类、尺寸类、矩形类、页边距类、图标类、字体类、颜色类。

其次介绍了 Qt 6 中的标签控件(QLabel 类),以及 QLabel 类中的方法、信号,然后介绍了 Qt 6 中的图像类,包括 QPixmap 类、QImage 类、QPicture 类、QBitmap 类。

最后介绍了 Qt 6 中的其他基础类(QPalette 类、QCursor 类、QUrl 类)和基于模板的类(顺序容器类、关联容器类、QFlag 类)。

（3）编写 widget.cpp 文件中的代码，代码如下：

```
/* 第 4 章 demo2 widget.cpp */
# include "widget.h"

Widget::Widget(QWidget * parent):QWidget(parent)
{
    setGeometry(200,200,500,200);
    setWindowTitle("QLineEdit 类");
    lineEdit1 = new QLineEdit(this);
    lineEdit1->setGeometry(100,10,200,30);
    lineEdit1->setPlaceholderText("请输入文字");
    btn1 = new QPushButton("单击我",this);
    //使用信号/槽机制,将按钮的单击信号和自定义槽函数连接
    connect(btn1,SIGNAL(clicked(bool)),this,SLOT(echo_text()));
}

Widget::~Widget() {}

void Widget::echo_text(){
    if (lineEdit1->displayText()!= ""){
        lineEdit1->setSelection(0,8);
        qDebug()<< lineEdit1->selectedText();
    }
}
```

（4）其他文件保持不变，运行结果如图 4-2 所示。

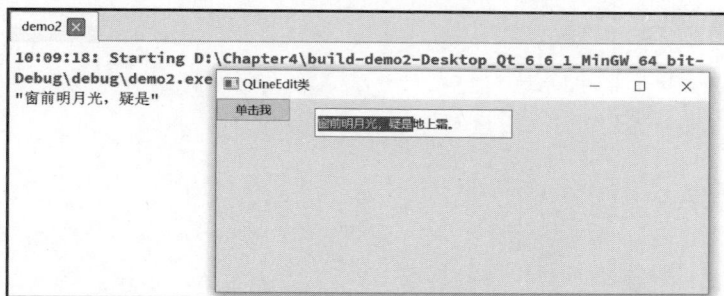

图 4-2　项目 demo2 的运行结果

在 Qt 6 中，使用编码的方式在单行文本框中选择文字或插入文字时，需要定位光标的位置。QLineEdit 类的光标方法见表 4-3。

表 4-3　QLineEdit 类的光标方法

方法及参数类型	说　明	返回值类型
setCursorPosition(int)	将光标移动到指定的位置	
cursorPosition()	获取光标位置	int
cursorPositionAt(QPoint &pos)	获取指定位置处的光标位置	int
home(bool mark)	将光标移动到行首,若 mark 为 true,则带选中效果	
end(bool mark)	将光标移动到行尾,若 mark 为 true,则带选中效果	

续表

方法及参数类型	说　　　明	返回值类型
cursorBackward(bool mark,int steps=1)	向左移动 steps 个字符,若 mark 为 true,则带选中效果	
cursorForward(bool mark,int steps=1)	向右移动 steps 个字符,若 mark 为 true,则带选中效果	
cursorWordBackward(bool mark)	向左移动一个单词的长度,若 mark 为 true,则带选中效果	
cursorWordForward(bool mark)	向右移动一个单词的长度,若 mark 为 true,则带选中效果	

【实例 4-3】 创建一个窗口,该窗口包含 1 个文本输入框、1 个按钮。在文本框中输入文本。如果单击按钮,则输出文本输入框中的前 8 个字符,需使用移动光标的方法,操作步骤如下:

(1) 使用 Qt Creator 创建一个模板为 Qt Widgets Application 的项目,将该项目命名为 demo3,并保存在 D 盘的 Chapter4 文件夹下;在向导对话框中选择基类 QWidget,不勾选 Generate form 复选框。

(2) 编写 widget.h 文件中的代码,代码如下:

```
/* 第 4 章 demo3 widget.h */
#ifndef WIDGET_H
#define WIDGET_H

#include <QWidget>
#include <QPushButton>
#include <QLineEdit>
#include <QDebug>

class Widget : public QWidget
{
    Q_OBJECT
public:
    Widget(QWidget * parent = nullptr);
    ~Widget();
private:
    QLineEdit * lineEdit1;
    QPushButton * btn1;
private slots:
    void echo_text();
};
#endif //WIDGET_H
```

(3) 编写 widget.h 文件中的代码,代码如下:

```
/* 第 4 章 demo3 widget.h */
#include "widget.h"

Widget::Widget(QWidget * parent):QWidget(parent)
{
    setGeometry(200,200,500,200);
```

```
    setWindowTitle("QLineEdit 类");
    lineEdit1 = new QLineEdit(this);
    lineEdit1 -> setGeometry(100,10,200,30);
    lineEdit1 -> setPlaceholderText("请输入文字");
    btn1 = new QPushButton("单击我",this);
    //使用信号/槽机制,将按钮的单击信号和自定义槽函数连接
    connect(btn1,SIGNAL(clicked(bool)),this,SLOT(echo_text()));
}

Widget::~Widget() {}

void Widget::echo_text(){
    if (lineEdit1 -> displayText()!= ""){
        lineEdit1 -> setCursorPosition(0);
        lineEdit1 -> cursorForward(true,8);
        qDebug()<< lineEdit1 -> selectedText();
    }
}
```

(4) 其他文件保持不变,运行结果如图 4-3 所示。

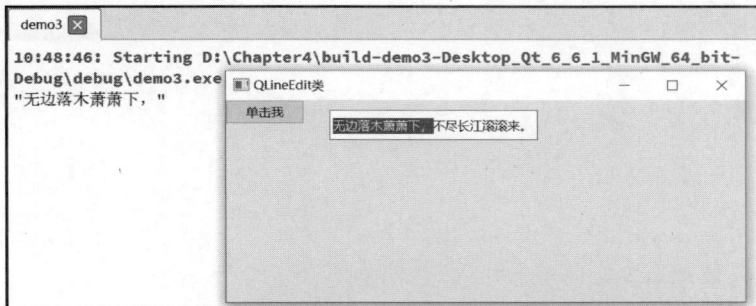

图 4-3 项目 demo3 的运行结果

4.1.3 QLineEdit 类的信号

在 Qt 6 中,QLineEdit 类的信号见表 4-4。

表 4-4 QLineEdit 类的信号

信号及参数类型	说 明
textEdited(QString &text)	当文本被编辑时发送信号,不包括 setText()方法引起的文本改变
textChanged(QString &text)	当文本发生变化时发送信号,包括 setText()方法引起的文本改变
returnPressed()	按 Enter 键时发送信号
editingFinished()	按 Enter 键或失去焦点时发送信号
selectionChanged()	当选中的文本发生变化时发送信号
cursorPositionChanged(int oldPos, int newPos)	当光标位置发生变化时发送信号,第 1 个参数表示光标的原位置,第 2 个参数表示光标移动后的位置
inputRejected()	拒绝输入时发送信号

【实例 4-4】 创建一个窗口,该窗口包含 1 个文本输入框。在文本框中输入字符时,自动打印光标的原位置和新位置,操作步骤如下:

(1) 使用 Qt Creator 创建一个模板为 Qt Widgets Application 的项目,将该项目命名为 demo4,并保存在 D 盘的 Chapter4 文件夹下;在向导对话框中选择基类 QWidget,不勾选 Generate form 复选框。

(2) 编写 widget.h 文件中的代码,代码如下:

```
/* 第 4 章 demo4 widget.h */
#ifndef WIDGET_H
#define WIDGET_H

#include <QWidget>
#include <QLineEdit>
#include <QDebug>

class Widget : public QWidget
{
    Q_OBJECT
public:
    Widget(QWidget * parent = nullptr);
    ~Widget();
private:
    QLineEdit * lineEdit1;
private slots:
    void echo_text(int oldPos, int newPos);
};
#endif //WIDGET_H
```

(3) 编写 widget.cpp 文件中的代码,代码如下:

```
/* 第 4 章 demo4 widget.cpp */
#include "widget.h"

Widget::Widget(QWidget * parent):QWidget(parent)
{
    setGeometry(200,200,500,200);
    setWindowTitle("QLineEdit 类");
    lineEdit1 = new QLineEdit(this);
    lineEdit1 -> setGeometry(100,10,200,30);
    lineEdit1 -> setPlaceholderText("请输入文字");
    //使用信号/槽机制,将光标位置变化的信号和自定义槽函数连接
    connect(lineEdit1,SIGNAL(cursorPositionChanged(int,int)),this,SLOT(echo_text(int,int)));
}

Widget::~Widget() {}

void Widget::echo_text(int oldPos, int newPos){
    qDebug()<<"光标原位置:"<< oldPos;
    qDebug()<<"光标新位置:"<< newPos;
}
```

（4）其他文件保持不变，运行结果如图 4-4 所示。

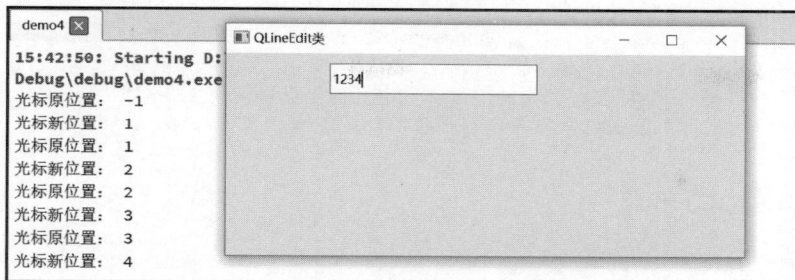

图 4-4　项目 demo4 的运行结果

【实例 4-5】　创建一个窗口，该窗口包含 1 个文本输入框。当文本输入框中的文本发生改变时，打印文本输入框中的文本，操作步骤如下：

（1）使用 Qt Creator 创建一个模板为 Qt Widgets Application 的项目，将该项目命名为 demo5，并保存在 D 盘的 Chapter4 文件夹下；在向导对话框中选择基类 QWidget，不勾选 Generate form 复选框。

（2）编写 widget.h 文件中的代码，代码如下：

```
/* 第 4 章 demo5 widget.h */
#ifndef WIDGET_H
#define WIDGET_H

#include <QWidget>
#include <QLineEdit>
#include <QDebug>

class Widget : public QWidget
{
    Q_OBJECT
public:
    Widget(QWidget *parent = nullptr);
    ~Widget();
private:
    QLineEdit *lineEdit1;
private slots:
    void echo_text(QString str);
};
#endif //WIDGET_H
```

（3）编写 widget.cpp 文件中的代码，代码如下：

```
/* 第 4 章 demo5 widget.cpp */
#include "widget.h"

Widget::Widget(QWidget *parent):QWidget(parent)
{
    setGeometry(200,200,500,200);
```

```
    setWindowTitle("QLineEdit类");
    lineEdit1 = new QLineEdit(this);
    lineEdit1->setGeometry(100,10,200,30);
    lineEdit1->setPlaceholderText("请输入文字");
    //使用信号/槽机制,将文字变化的信号和自定义槽函数连接
    connect(lineEdit1,SIGNAL(textChanged(QString)),this,SLOT(echo_text(QString)));
}

Widget::~Widget() {}

void Widget::echo_text(QString str){
    qDebug()<< str;
}
```

(4) 其他文件保持不变,运行结果如图 4-5 所示。

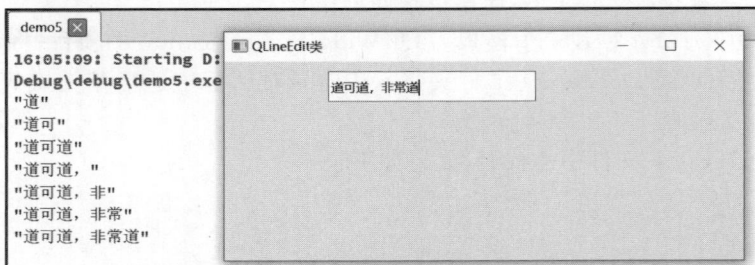

图 4-5　项目 demo5 的运行结果

4.1.4　设置文本的固定格式

在实际应用中,经常需要输入固定格式的文本,例如 IP 地址、MAC 地址、许可证号、日期等。对于这样的情况,可以使用 QLineEdit 类的 setInputMask()方法定义这种格式。设置固定格式的掩码见表 4-5。

表 4-5　设置固定格式的掩码

掩　码	说　明
000.000.000.000;_	IP 地址,空白字符是"_"
HH:HH:HH:HH:HH:HH;	MAC 地址
0000-00-00	日期,空白字符是空格
>AAAAA- AAAAA- AAAAA- AAAAA- AAAAA;#	许可证号,空白字符是"-",所有字母转换为大写

【实例 4-6】　创建一个窗口,该窗口包含 4 个文本输入框。要求给这 4 个文本输入框设置 IP 地址、MAC 地址、日期、许可证号的固定格式,并输入文本,操作步骤如下:

(1) 使用 Qt Creator 创建一个模板为 Qt Widgets Application 的项目,将该项目命名为 demo6,并保存在 D 盘的 Chapter4 文件夹下;在向导对话框中选择基类 QWidget,不勾选 Generate form 复选框。

(2) 编写 widget.h 文件中的代码,代码如下:

```
/* 第 4 章 demo6 widget.h */
#ifndef WIDGET_H
#define WIDGET_H

#include < QWidget >
#include < QLineEdit >
#include < QDebug >

class Widget : public QWidget
{
    Q_OBJECT
public:
    Widget(QWidget * parent = nullptr);
    ~Widget();
private:
    QLineEdit * lineEdit1, * lineEdit2, * lineEdit3, * lineEdit4;
};
#endif //WIDGET_H
```

(3) 编写 widget.cpp 文件中的代码,代码如下:

```
/* 第 4 章 demo6 widget.cpp */
#include "widget.h"

Widget::Widget(QWidget * parent):QWidget(parent)
{
    setGeometry(200,200,500,200);
    setWindowTitle("QLineEdit 类");
    lineEdit1 = new QLineEdit(this);
    lineEdit2 = new QLineEdit(this);
    lineEdit3 = new QLineEdit(this);
    lineEdit4 = new QLineEdit(this);
    //设置布局
    lineEdit1 -> setGeometry(100,10,200,30);
    lineEdit2 -> setGeometry(100,60,200,30);
    lineEdit3 -> setGeometry(100,110,200,30);
    lineEdit4 -> setGeometry(100,160,200,30);
    //设置固定格式
    lineEdit1 -> setInputMask("000.000.000.000_");
    lineEdit2 -> setInputMask("HH:HH:HH:HH:HH:HH_");
    lineEdit3 -> setInputMask("0000 - 00 - 00");
    lineEdit4 -> setInputMask("> AAAAA - AAAAA - AAAAA - AAAAA - AAAAA#");
}

Widget::~Widget() {}
```

(4) 其他文件保持不变,运行结果如图 4-6 所示。

在 Qt 6 中,用于设置固定格式的字符见表 4-6。

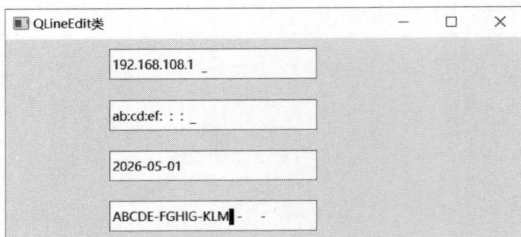

图 4-6　项目 demo6 的运行结果

表 4-6　设置固定格式的字符

字　符	说　明
A	ASCII 字母字符是必须输入的,取值范围为 A~Z、a~z
a	ASCII 字母字符是允许输入的,但不是必需的
N	ASCII 字母字符是必须输入的,取值范围为 A~Z、a~z、0~9
n	ASCII 字母字符是允许输入的,但不是必需的
X	任何字符都是必须输入的
x	任何字符都是允许输入的,但不是必需的
9	ASCII 数字字符是必须输入的,取值范围为 0~9
0	ASCII 数字字符是允许输入的,但不是必需的
D	ASCII 数字字符是必须输入的,取值范围为 1~9
d	ASCII 数字字符是允许输入的,但不是必需的,取值范围为 1~9
#	ASCII 数字字符或加号、减号是允许输入的,但不是必需的
H	十六进制格式字符是必须输入的,取值范围为 A~Z、a~z、0~9
h	十六进制格式字符是允许输入的,但不是必需的
B	二进制格式字符是必须输入的,取值为 0、1
b	二进制格式字符是允许输入的,但不是必需的
>	所有的字母字符都是大写的
<	所有的字母字符都是小写的
!	关闭大小写转换
\	使用字符"\"转义上面列举的字符
;c	终止输入遮掩,并把空余输入设置为字符 c

4.1.5　QValidator 验证器的用法

在 Qt 6 中,使用 QValidator 类创建验证器对象。QValidator 类有 3 个子类,即 QIntValidator 类、QDoubleValidator 类、QRegularExpressionValidator 类,分别表示整型验证器、浮点型验证器、正则验证器。QIntValidator 类的构造函数如下:

```
QIntValidator(QObject * parent = nullptr)
QIntValidator(int min,int max,QObject * parent = nullptr)
```

其中,parent 表示父对象指针;min 表示最小值;max 表示最大值。

QDoubleValidator 类的构造函数如下：

```
QDoubleValidator(QObject * parent = nullptr)
QDoubleValidator(double bottom,double top, int decimals,QObject * parent = nullptr)
```

其中，parent 表示父对象指针；bottom 表示最小值；top 表示最大值；decimals 表示小数点后数字的位数。

QRegularExpressionValidator 类的构造函数如下：

```
QRegularExpressionValidator(QObject * parent = nullptr)
QRegularExpressionValidator(const QRegularExpression &re,QObject * parent = nullptr)
```

其中，parent 表示父对象指针；re 表示正则表达式。

在 Qt 6 中，可以使用 QLineEdit 类的 setValidator(const Validator * v)方法设置验证器。

【实例 4-7】 创建一个窗口，该窗口包含 3 个文本输入框。要求将这 3 个文本输入框分别设置为整型验证器、浮点型验证器、正则验证器，操作步骤如下：

（1）使用 Qt Creator 创建一个模板为 Qt Widgets Application 的项目，将该项目命名为 demo7，并保存在 D 盘的 Chapter4 文件夹下；在向导对话框中选择基类 QWidget，不勾选 Generate form 复选框。

（2）编写 widget.h 文件中的代码，代码如下：

```
/* 第 4 章 demo7 widget.h */
#ifndef WIDGET_H
#define WIDGET_H

#include < QWidget >
#include < QLineEdit >
#include < QIntValidator >
#include < QDoubleValidator >
#include < QRegularExpressionValidator >
#include < QRegularExpression >

class Widget : public QWidget
{
    Q_OBJECT
public:
    Widget(QWidget * parent = nullptr);
    ~Widget();
private:
    QLineEdit * lineEdit1, * lineEdit2, * lineEdit3;
};
#endif //WIDGET_H
```

（3）编写 widget.cpp 文件中的代码，代码如下：

```
/* 第 4 章 demo7 widget.cpp */
#include "widget.h"
```

```cpp
Widget::Widget(QWidget * parent):QWidget(parent)
{
    setGeometry(200,200,560,220);
    setWindowTitle("QLineEdit 类");
    //创建文本输入框
    lineEdit1 = new QLineEdit(this);
    lineEdit2 = new QLineEdit(this);
    lineEdit3 = new QLineEdit(this);
    //设置布局
    lineEdit1 -> setGeometry(100,10,200,30);
    lineEdit2 -> setGeometry(100,60,200,30);
    lineEdit3 -> setGeometry(100,110,200,30);
    //创建整型验证器
    QIntValidator * v_int = new QIntValidator(this);
    v_int -> setRange(1,999);
    //创建浮点型验证器
    QDoubleValidator * v_double = new QDoubleValidator(this);
    v_double -> setRange(-999.99,999.99);
    v_double -> setNotation(QDoubleValidator::StandardNotation);
    v_double -> setDecimals(2);
    //创建正则验证器对象
    QRegularExpressionValidator * v_regular = new QRegularExpressionValidator
    (this);
    //创建正则表达式,表示数字和字母
    QRegularExpression reg("[a-zA-Z0-9]+ $ ");
    v_regular -> setRegularExpression(reg);
    //设置验证器
    lineEdit1 -> setValidator(v_int);
    lineEdit2 -> setValidator(v_double);
    lineEdit3 -> setValidator(v_regular);
}

Widget::~Widget() {}
```

(4) 其他文件保持不变,运行结果如图 4-7 所示。

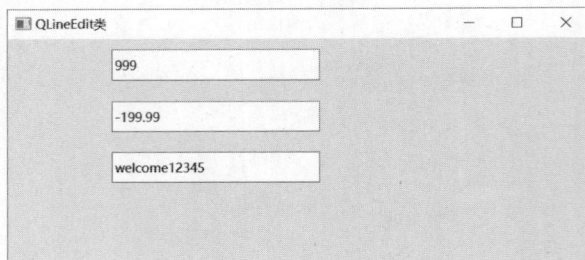

图 4-7 项目 demo7 的运行结果

注意: 由于篇幅关系,笔者没有介绍 QIntValidator 类、QDoubleValidator 类、QRegularExpressionValidator 类的方法,有兴趣的读者可查看 Qt 6 的帮助文档。

4.1.6　快捷键

在 Qt 6 中,使用 QLineEdit 类可以创建单行文本框。当单行文本框作为编辑器使用时,绑定了一些快捷键。单行文本框的快捷键见表 4-7。

表 4-7　单行文本框的快捷键

快　捷　键	说　　明	快　捷　键	说　　明
←	将光标向左移动一个字符	快捷键 Ctrl+C	将选定的文本复制到剪贴板中
Shift+←	将光标向左移动一个字符并选择文本	Ctrl+X	删除所选文本并将其复制到剪贴板中
→	将光标向右移动一个字符	Ctrl+Insert	将选定的文本复制到剪贴板中
Shift+→	将光标向右移动一个字符并选择文本	Shift+Delete	删除所选文本并将其复制到剪贴板中
Home	将光标移动到行首	Ctrl+K	删除到行尾
End	将光标移动到行尾	Ctrl+V	将剪贴板文本粘贴到编辑器中
Backspace	删除光标左侧的字符	Shift+Insert	将剪贴板文本插入编辑器中
Ctrl+Backspace	删除光标左侧的单词	Ctrl+Z	撤销上次的操作
Delete	删除光标右侧的字符	Ctrl+Y	重做上次的操作
Ctrl+Delete	删除光标右侧的单词	Ctrl+A	选中编辑器中的全部文本

4.2　多行文本框(QTextEdit)

多行文本框也称为多行文本控件。在 Qt 6 中,使用 QTextEdit 类创建的对象表示多行文本框。多行文本框可以用于编辑、显示多行文本和图片,支持富文本,并对文本进行格式化。当多行文本框中的内容超出控件的范围时,可以显示水平滚动条、竖直滚动条。多行文本框不仅可以显示文本、图片,也可以显示 HTML 文档。

QTextEdit 类的继承关系如图 4-8 所示。

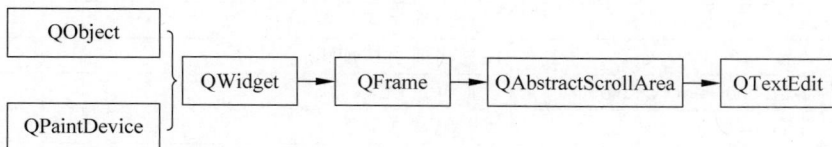

图 4-8　QTextEdit 类的继承关系

QTextEdit 类的构造函数如下:

```
QTextEdit(QWidget * parent = nullptr)
QTextEdit(const QString &text,QWidget * parent = nullptr)
```

其中,parent 表示指向父窗口或父容器对象指针;text 表示要显示的文本。

4.2.1 QTextEdit 类的常用方法

在 Qt 6 中,QTextEdit 类常用的方法见表 4-8。

表 4-8 QTextEdit 类常用的方法

方法及参数类型	说　　明	返回值的类型
[slot]setText(QString &text)	设置要显示的文本文字	
[slot]append(QString &text)	添加文本	
[slot]setPlainText(QString &text)	设置纯文本文字	
[slot]setHtml(QString &text)	设置 HTML 格式的文字	
[slot]insertHtml(QString &text)	插入 HTML 格式的文字	
[slot]paste()	粘贴	
[slot]undo()	撤销上一步操作	
[slot]redo()	重复上一步操作	
[slot]zoomOut(int range=1)	缩小	
[slot]selectAll()	全选	
[slot]clear()	清空全部内容	
[slot]copy()	复制选中的内容	
[slot]cut()	剪切选中的内容	
[slot]zoomIn(int range=1)	放大	
[slot]setTextColor(QColor &c)	设置文字颜色	
[slot]setAlignment(Qt::Alignment)	设置文本的对齐方式,其中 Qt::AlignLeft 表示左对齐;Qt::AlignRight 表示右对齐;Qt::AlignCenter 表示居中对齐;Qt::Justify 表示两端对齐	
[slot]setCurrentFont(QFont &f)	设置当前字体	
[slot]setFontFamily(QString &font)	设置当前字体的名称	
[slot]setFontItalic(bool)	设置当前字体是否为斜体	
[slot]setFontPointSize(float)	设置当前字体的大小	
[slot]setFontUnderline(bool)	设置当前字体是否有下画线	
[slot]setFontWeight(int)	设置当前字体加粗	
[slot]setTextBackgroundColor(QColor &c)	设置背景色	
[slot]insertPlainText(QString &text)	插入纯文本文字	
toHtml()	获取纯 HTML 格式的文字	QString
toPlainText()	获取纯文本文字	QString
createStandardContextMenu(QPoint &p)	创建标准的右键快捷菜单	QMenu *
setCurrentCharFormat(QTextCharFormat &f)	设置当前的文本格式	
find(QString &exp,QTextDocument::FindFlags ops)	查找文本,若找到,则返回值为 true	bool
print(QPagePaintDevice * p)	打印文本	
setAcceptRichText(bool)	设置是否接受富文本	

续表

方法及参数类型	说　明	返回值的类型
acceptRichText()	判断是否接受富文本	bool
setCursorWidth(int)	设置光标的宽度(像素)	
setTextCursor(QTextCursor &c)	设置文本光标	
textCursor()	获取文本光标	QTextCursor
setHorizontalScrollBarPolicy(Qt::ScrollBarPolicy)	设置水平滚动条的策略	
setDocument(QTextDocument * d)	设置文档	
setDocumentTitle(QString &t)	设置文档标题	
currentFont()	获取当前字体	QFont
fontFamily()	获取当前字体的名称	QString
fontItalic()	判断当前字体是否为斜体	bool
fontPointSize()	获取当前字体的大小	float
fontUndeline()	判断当前字体是否有下画线	bool
fontWeight()	获取当前字体的粗细值	int
setOverwriteMode(bool)	设置是否有替换模式	
overwriteMode()	判断是否有替换模式	bool
setPlaceholderText(QAtring &p)	设置占位文本	
placeholderText()	获取占位文本	QString
setReadOnly(bool)	设置是否为只读	
isReadOnly()	判断是否为只读	bool
setTabStopDistance(float)	设置按下 Tab 键时的后退距离(像素)	
tabStopDistance()	获取按下 Tab 键时的后退距离(像素)	float
textBackgroundColor()	获取背景色	QColor
textColor()	获取文字颜色	QColor
setUndoRedoEnabled(bool)	设置是否可以撤销、恢复操作	
isUndoRedoEnabled()	判断是否可以进行撤销、恢复操作	bool
setWordWrapMode(QTextOption::WrapMode)	设置长单词换行到下一行的模式	
setVerticalScrollBarPolicy(Qt::ScrollBarPolicy)	设置竖直滚动条的策略	
canPaste()	查询是否可以粘贴	bool

【实例 4-8】　创建一个窗口,该窗口包含 1 个多行文本输入框。要求该文本输入框中的字体为楷体,文本居中显示,操作步骤如下:

(1) 使用 Qt Creator 创建一个模板为 Qt Widgets Application 的项目,将该项目命名为 demo8,并保存在 D 盘的 Chapter4 文件夹下;在向导对话框中选择基类 QWidget,不勾选 Generate form 复选框。

(2) 编写 widget.h 文件中的代码,代码如下:

```
/* 第4章 demo8 widget.h */
#ifndef WIDGET_H
#define WIDGET_H
```

```
#include <QWidget>
#include <QTextEdit>
#include <QFont>

class Widget : public QWidget
{
    Q_OBJECT
public:
    Widget(QWidget * parent = nullptr);
    ~Widget();
private:
    QTextEdit * textEdit1;
};
#endif //WIDGET_H
```

(3)编写 widget.cpp 文件中的代码,代码如下:

```
/* 第 4 章 demo8 widget.cpp */
#include "widget.h"

Widget::Widget(QWidget * parent):QWidget(parent)
{
    setGeometry(200,200,560,220);
    setWindowTitle("QTextEdit 类");
    textEdit1 = new QTextEdit(this);
    textEdit1 -> setGeometry(20,0,520,220);
    QFont font1("楷体",18);
    textEdit1 -> setCurrentFont(font1);
    textEdit1 -> setAlignment(Qt::AlignCenter);
}

Widget::~Widget() {}
```

(4)其他文件保存不变,运行结果如图 4-9 所示。

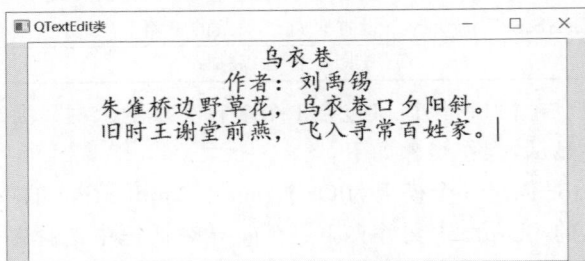

图 4-9 项目 demo8 的运行结果

4.2.2 QTextEdit 类的信号

在 Qt 6 中,QTextEdit 类的信号见表 4-9。

表 4-9   QTextEdit 类的信号

信号及参数类型	说　　明
copyAvailable(bool)	可以进行复制时发送信号
textChanged()	当文本内容发生变化时发送信号
selectionChanged()	当选中的内容发生变化时发送信号
redoAvailable(bool)	可以重复操作时发送信号
undoAvailable(bool)	可以撤销操作时发送信号
cursorPositionChanged()	当光标位置发生变化时发送信号
currentCharFormatChanged(QTextCharFormat &f)	当文字格式发生变化时发送信号

【实例 4-9】　创建一个窗口,该窗口包含 1 个多行文本输入框。如果该输入框中的文本发生变化,则打印提示信息,操作步骤如下:

(1) 使用 Qt Creator 创建一个模板为 Qt Widgets Application 的项目,将该项目命名为 demo9,并保存在 D 盘的 Chapter4 文件夹下; 在向导对话框中选择基类 QWidget,不勾选 Generate form 复选框。

(2) 编写 widget.h 文件中的代码,代码如下:

```
/* 第 4 章 demo9 widget.h */
#ifndef WIDGET_H
#define WIDGET_H

#include <QWidget>
#include <QTextEdit>
#include <QFont>
#include <QDebug>

class Widget : public QWidget
{
    Q_OBJECT
public:
    Widget(QWidget * parent = nullptr);
    ~Widget();
private:
    QTextEdit * textEdit1;
private slots:
    void echo_text();
};
#endif //WIDGET_H
```

(3) 编写 widget.cpp 文件中的代码,代码如下:

```
/* 第 4 章 demo9 widget.cpp */
#include "widget.h"

Widget::Widget(QWidget * parent):QWidget(parent)
{
    setGeometry(200,200,500,200);
    setWindowTitle("QTextEdit 类");
```

```
textEdit1 = new QTextEdit(this);
textEdit1->setGeometry(10,0,480,200);
QFont font1("楷体",18);
textEdit1->setCurrentFont(font1);
//使用信号/槽机制,将文本内容变化的信号和自定义槽函数连接
connect(textEdit1,SIGNAL(textChanged()),this,SLOT(echo_text()));
}

Widget::~Widget() {}

void Widget::echo_text(){
    qDebug()<<"文本发生改变。";
}
```

(4) 其他文件保持不变,运行结果如图 4-10 所示。

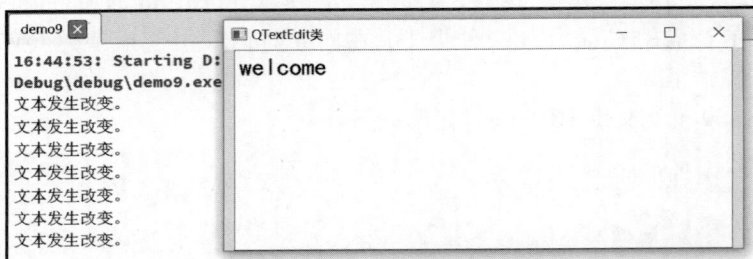

图 4-10　项目 demo9 的运行结果

4.2.3　文字格式(QTextCharFormat)

在 QTextEdit 类中,可以使用 setCurrentCharFormat(QTextCharFormat &f)设置当前文本的文字格式,该方法的参数值为 QTextCharFormat 类创建的对象,表示字体格式。

QTextCharFormat 类的构造函数如下:

```
QTextCharFormat()
```

在 Qt 6 中,QTextCharFormat 类是 QTextFormat 类的子类。QTextCharFormat 类常用的方法见表 4-10。

表 4-10　QTextCharFormat 类常用的方法

方法及参数类型	说　　明
setFont(QFont &f,QTextCharFormat::FontPropertiesInheritance BeHavior b=QTextCharFormat::FontPropertiesAll)	设置字体
setFontCapitalization(QFont::Capitalization)	设置大小写
setFontFamilies(QStringList &f)	设置字体名称
setFontFixedPitch(bool fixedPitch)	是否设置固定宽度
setFontItalic(bool italic)	是否设置斜体

续表

方法及参数类型	说　　明
setFontKerning(bool enable)	是否设置字距
setFontLetterSpacing(float)	设置字符间隙
setFontLetterSpacingType(QFont::SpacingType)	设置字符间隙样式
setFontOverline(bool overline)	是否设置上画线
setFontPointSize(float size)	设置字体大小
setFontStretch(int factor)	设置拉伸百分比
serFontStrikeOut(bool strikeOut)	设置删除线
setFontUnderline(bool underline)	设置下画线
setFontWeight(int weight)	设置字体粗细程度
setFontWordSpacing(float spacing)	设置字间距
setSubScriptBaseline(float baseline=16.67)	设置下标位置(字体高度百分比值)
setSuperScriptBaseline(float baseline=50)	设置上标位置(字体高度百分比值)
setTextOutline(QPen &p)	设置轮廓线的颜色
setBaselineOffset(float baseline)	设置文字上下偏移的百分比,正值表示向上移动,负值表示向下移动
setToolTip(QString &text)	设置文字的提示信息
setUnderlineColor(QColor &c)	设置下画线的颜色
setUnderlineStyle(QTextCharFormat::UnderlineStyle)	设置下画线的样式
setVerticalAlignment(QTextCharFormat::VerticalAlignment)	设置文字竖直方向的对齐样式
setAnchor(bool anchor)	是否设置锚点
setAnchorHref(QString &v)	给指定文本设置超链接
setAnchorNames(QStringList &names)	设置超链接名,前提是目标必须用 setAnchor()和 setAnchorHref()方法设置过

【实例 4-10】　创建一个窗口,该窗口包含 1 个多行文本输入框。需使用 QTextCharFormat 设置字体格式,操作步骤如下:

(1) 使用 Qt Creator 创建一个模板为 Qt Widgets Application 的项目,将该项目命名为 demo10,并保存在 D 盘的 Chapter4 文件夹下;在向导对话框中选择基类 QWidget,不勾选 Generate form 复选框。

(2) 编写 widget.h 文件中的代码,代码如下:

```
/* 第 4 章 demo10 widget.h */
#ifndef WIDGET_H
#define WIDGET_H

#include <QWidget>
#include <QTextEdit>
#include <QTextCharFormat>
#include <QFont>

class Widget : public QWidget
```

```
{
    Q_OBJECT
public:
    Widget(QWidget * parent = nullptr);
    ～Widget();
private:
    QTextEdit * textEdit1;
};
#endif //WIDGET_H
```

(3) 编写 widget.cpp 文件中的代码,代码如下:

```
/* 第 4 章 demo10 widget.cpp */
#include "widget.h"

Widget::Widget(QWidget * parent):QWidget(parent)
{
    setGeometry(200,200,560,220);
    setWindowTitle("QTextEdit 类");
    textEdit1 = new QTextEdit(this);
    textEdit1 -> setGeometry(20,0,520,220);
    //创建 QTextCharFormat 对象
    QTextCharFormat charFormat;
    charFormat.setFont(QFont("黑体",18));
    charFormat.setFontUnderline(true);
    textEdit1 -> setCurrentCharFormat(charFormat);
}

Widget::～Widget() {}
```

(4) 其他文件保持不变,运行结果如图 4-11 所示。

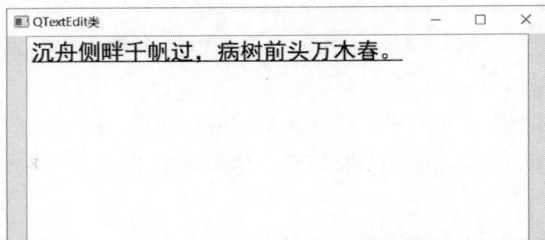

图 4-11　项目 demo10 的运行结果

有的读者可能会产生疑问,QTextEdit 类中已经有关于字体设置的方法,为什么还需要 QTextCharFormat? 如果读者将 QTextCharFormat 类中的方法和 QTextEdit 类中关于字体的方法做对比,就会发现 QTextCharFormat 类中的方法更细致、更强大。

4.2.4　文本光标(QTextCursor)

在 Qt 6 中,使用 QTextCursor 类创建的对象表示多行文本框中的光标。QTextCursor 对象可以用于捕获光标在文档中的位置,选择文字,在光标位置处插入文本、图像、段落、表格。

11min

QTextCursor 类位于 Qt 6 的 Qt GUI 子模块下,其构造函数如下:

```
QTextCursor()
QTextCursor(const QTextBlock &block)
QTextCursor(QTextDocument * document)
QTextCursor(QTextFrame * frame)
```

其中,block 表示 QTextBlock 类创建的文字块对象;document 表示 QTextDocument 类创建的文档对象指针;frame 表示 QTextFrame 类创建的图文框对象指针。

在 Qt 6 中,QTextCursor 类常用的方法见表 4-11。

表 4-11 QTextCursor 类常用的方法

方法及参数类型	说 明	返回值的类型
setCharFormat(QTextCharFormat &f)	设置文本的字体格式	
setPosition(int pos,QTextCursor::MoveMode m= QTextCursor::MoveAnchor)	将光标或锚点移动到指定的位置	
setBlockCharFormat(QTextCharFormat &f)	设置内文本或文字块的格式	
setBlockFormat(QTextBlockFormat &f)	设置段落块的格式	
insertText(QString &text)	插入文本	
insertText(QString &t,QTextCharFormat &f)	插入带格式的文本	
insertBlock()	插入文字块	
insertBlock(QTextBlockFormat &f)	插入带格式的文字块	
insertFragment(QTextDocumentFragment &f)	插入文本片段	
insertFrame(QTextFrameFormat &f)	插入图文框架	QTextFrame *
insertHtml(QString &h)	插入 HTML 格式文本	
insertImage(QTextImageFormat &f)	插入带格式的图像文件	
insertImage(QImage &i,QString &n)	插入图像文件	
insertImage(QString &name)	同上	
insertList(QTextListFormat &f)	插入列表标识	QTextList *
insertList(QTextListFormat::Style s)	插入列表标识	QTextList *
insertTable(int rows,int cols)	插入表格	QTextTable *
insertTable(int rows,int cols,QTextTableFormat &f)	插入带格式的表格	QTextTable *
atBlockStart()	判断光标是否在文字块的开始位置	bool
atBlockEnd()	判断光标是否在文字块的末尾	bool
atEnd()	判断光标是否在文档的末尾	bool
atStart()	判断光标是否在文档的开始位置	bool
block()	获取光标所在的文字块或段落	QTextBlock
blockCharFormat()	获取文字块的字体格式	QTextCharFormat
blockFormat()	获取文字块或段落的格式	QTextBlockFormat
charFormat()	获取字体格式	QTextCharFormat
clearSelection()	清除选择,将锚点移动到光标位置	
deleteChar()	删除选中的或当前的文字	
deletePreviousChar()	删除选中的或光标之前的文字	

续表

方法及参数类型	说　　明	返回值的类型
document()	获取文档	QTextDocument ＊
position()	获取光标的绝对位置	int
positionInBlock()	获取光标在文字块中的位置	int
removeSelectedText()	删除选中的文字	
selectedText()	获取选中的文字	QString

【实例 4-11】 　创建一个窗口,该窗口包含 1 个多行文本输入框。使用 QTextCursor 类的方法向多行文本框中插入图像文件,操作步骤如下:

(1) 使用 Qt Creator 创建一个模板为 Qt Widgets Application 的项目,将该项目命名为 demo11,并保存在 D 盘的 Chapter4 文件夹下; 在向导对话框中选择基类 QWidget,不勾选 Generate form 复选框。

(2) 编写 widget.h 文件中的代码,代码如下:

```
/＊ 第 4 章 demo11 widget.h ＊/
＃ifndef WIDGET_H
＃define WIDGET_H

＃include < QWidget >
＃include < QTextCursor >
＃include < QTextEdit >
＃include < QTextImageFormat >

class Widget : public QWidget
{
    Q_OBJECT
public:
    Widget(QWidget ＊ parent = nullptr);
    ～Widget();
private:
    QTextEdit ＊ textEdit1;
};
＃endif //WIDGET_H
```

(3) 编写 widget.cpp 文件中的代码,代码如下:

```
/＊ 第 4 章 demo11 widget.cpp ＊/
＃include "widget.h"

Widget::Widget(QWidget ＊ parent):QWidget(parent)
{
    setGeometry(200,200,560,220);
    setWindowTitle("QTextEdit 类");
    textEdit1 = new QTextEdit(this);
    textEdit1 -> setGeometry(20,0,520,220);
    //创建 QTextImageFormat 对象
    QTextImageFormat pic1;
    pic1.setName("D:/Chapter4/images/cat1.png");
```

```
    pic1.setHeight(160);
    pic1.setWidth(220);
    //获取光标对象
    QTextCursor textCursor1 = textEdit1 -> textCursor();
    textCursor1.setPosition(0);
    //插入图像文件
    textCursor1.insertImage(pic1);
}

Widget::~Widget() {}
```

（4）其他文件保持不变，运行结果如图 4-12 所示。

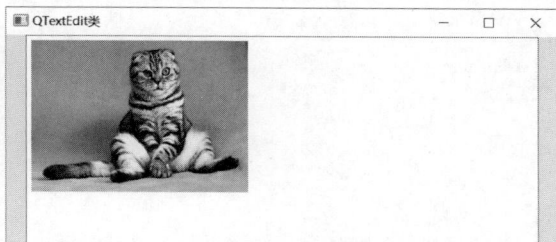

图 4-12　项目 demo11 的运行结果

【实例 4-12】　创建一个窗口，该窗口包含 1 个多行文本输入框。向多行文本框插入 3 行 5 列的表格，并输入文本，操作步骤如下：

（1）使用 Qt Creator 创建一个模板为 Qt Widgets Application 的项目，将该项目命名为 demo12，并保存在 D 盘的 Chapter4 文件夹下；在向导对话框中选择基类 QWidget，不勾选 Generate form 复选框。

（2）编写 widget.h 文件中的代码，代码如下：

```
/* 第 4 章 demo12 widget.h */
# ifndef WIDGET_H
# define WIDGET_H

# include < QWidget >
# include < QTextEdit >
# include < QTextCursor >
# include < QTextTableFormat >

class Widget : public QWidget
{
    Q_OBJECT
public:
    Widget(QWidget * parent = nullptr);
    ~Widget();
private:
    QTextEdit * textEdit1;
};
# endif //WIDGET_H
```

(3) 编写 widget.cpp 文件中的代码,代码如下:

```
/* 第 4 章 demo12 widget.cpp */
# include "widget.h"

Widget::Widget(QWidget * parent):QWidget(parent)
{
    setGeometry(200,200,560,220);
    setWindowTitle("QTextEdit 类");
    textEdit1 = new QTextEdit(this);
    textEdit1 - > setGeometry(20,0,520,220);
    //获取光标对象
    QTextCursor textCursor1 = textEdit1 - > textCursor();
    textCursor1.setPosition(0);
    //创建文本表格对象
    QTextTableFormat tableFormat1;
    tableFormat1.setCellSpacing(6);
    //插入表格
    textCursor1.insertTable(3,5,tableFormat1);
}

Widget::~Widget() {}
```

(4) 其他文件保持不变,运行结果如图 4-13 所示。

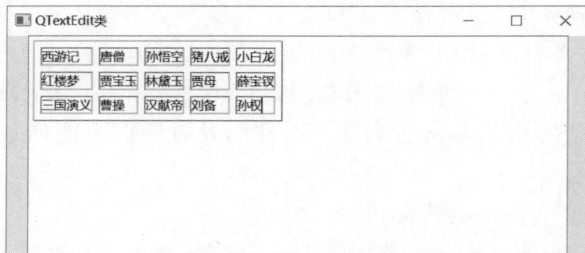

图 4-13 项目 demo12 的运行结果

注意:在 Qt 6 中,可通过 QTextTableFormat 类创建的对象来设置文本表格的格式。有兴趣的读者可查看其帮助文档。如果读者对排版、文字格式有更高的要求,则需要其他类的帮助,如 QTextBlock、QTextBlockFormat、QTextBlockGroup、QTextBlockUserData、QTextDocument、QTextDocumentFragment、QTextDocumentWriter、QTextFragment、QTextFrame、QTextFrameFormat、QTextInlineObject、QTextItem、QTextLayout、QText-Length、QTextLine、QTextList、QTextListFormat、QTextObject、QTextObjectInterface、QTextOption、QTextTable、QTextTableCell、QTextTableCellFormat。有兴趣的读者可查看其官方文档。如果读者认为这部分内容过多且难以掌握,则可以思考如何用 QTextEdit 类创建一个类似 Word 软件的字处理软件。

4.2.5 高亮显示(QSyntaxHighlighter)

在 Qt 6 中,使用 QSyntaxHighlighter 类实现高亮显示的效果。要设置高亮显示,首先要创建继承 QSyntaxHighlighter 的类,然后重新实现 highlightBlock()方法。最后使用该类的 setDocument()方法将语法高亮传递给多行文本框的文档,语法格式如下:

```
QTextEdit * editor = new QTextEdit();
MyHighlighter * highlighter = new MyHighlighter(editor->document);
```

其中,highlighter 表示高亮显示对象指针;editor 表示多行文本框对象指针。

【实例 4-13】 创建一个窗口,该窗口包含 1 个多行文本输入框。设置该文本框以实现语法高亮显示,并输入 C++代码进行验证,操作步骤如下:

(1) 使用 Qt Creator 创建一个模板为 Qt Widgets Application 的项目,将该项目命名为 demo13,并保存在 D 盘的 Chapter4 文件夹下;在向导对话框中选择基类 QWidget,不勾选 Generate form 复选框。

(2) 向项目中添加一个类 MyHighlighter,其中 myhighlighter.h 文件中的代码如下:

```
/* 第 4 章 demo13 myhighlighter.h */
#ifndef MYHIGHLIGHTER_H
#define MYHIGHLIGHTER_H

#include < QSyntaxHighlighter >
#include < QTextCharFormat >
#include < QRegularExpression >
#include < QRegularExpressionMatchIterator >
#include < QTextDocument >
#include < QString >

class MyHighlighter : public QSyntaxHighlighter
{
public:
    MyHighlighter(QTextDocument * parent);
    void highlightBlock(const QString &text);
};
#endif //MYHIGHLIGHTER_H
```

myhighlighter.cpp 文件中的代码如下:

```
/* 第 4 章 demo13 myhighlighter.cpp */
#include "myhighlighter.h"

MyHighlighter::MyHighlighter(QTextDocument * parent):QSyntaxHighlighter(parent){}

void MyHighlighter::highlightBlock(const QString &text)
{
    QTextCharFormat myClassFormat;
    myClassFormat.setFontWeight(QFont::Bold);
    myClassFormat.setForeground(Qt::darkMagenta);
```

```cpp
    //编写/*...*/之间的高亮显示
    QTextCharFormat multiLineCommentFormat;
    multiLineCommentFormat.setForeground(Qt::red);

    QRegularExpression startExpression("/\\*");
    QRegularExpression endExpression("\\*/");

    setCurrentBlockState(0);

    int startIndex = 0;
    if (previousBlockState() != 1)
        startIndex = text.indexOf(startExpression);

    while (startIndex >= 0) {
        QRegularExpressionMatch endMatch;
        int endIndex = text.indexOf(endExpression, startIndex, &endMatch);
        int commentLength;
        if (endIndex == -1) {
            setCurrentBlockState(1);
            commentLength = text.length() - startIndex;
        } else {
            commentLength = endIndex - startIndex
                        + endMatch.capturedLength();
        }
        setFormat(startIndex, commentLength, multiLineCommentFormat);
        startIndex = text.indexOf(startExpression,
                    startIndex + commentLength);
    }

    QRegularExpression expression("\\bMy[A-Za-z]+\\b");
    QRegularExpressionMatchIterator i = expression.globalMatch(text);
    while (i.hasNext()) {
        QRegularExpressionMatch match = i.next();
        setFormat(match.capturedStart(), match.capturedLength(), myClassFormat);
    }
}
```

(3) 编写 widget.h 文件中的代码,代码如下:

```cpp
/* 第4章 demo13 widget.h */
#ifndef WIDGET_H
#define WIDGET_H

#include <QWidget>
#include <QTextEdit>
#include "myhighlighter.h"

class Widget : public QWidget
{
    Q_OBJECT
public:
    Widget(QWidget *parent = nullptr);
```

```
    ~Widget();
private:
    QTextEdit * editor;
    MyHighlighter * highlighter;
};
#endif //WIDGET_H
```

（4）编写 widget.cpp 文件中的代码，代码如下：

```
/* 第4章 demo13 widget.cpp */
#include "widget.h"

Widget::Widget(QWidget * parent):QWidget(parent)
{
    setGeometry(200,200,560,220);
    setWindowTitle("高亮显示");
    editor = new QTextEdit(this);
    editor -> setGeometry(20,0,520,220);
    highlighter = new MyHighlighter(editor -> document());
}

Widget::~Widget() {}
```

（5）其他文件保持不变，运行结果如图 4-14 所示。

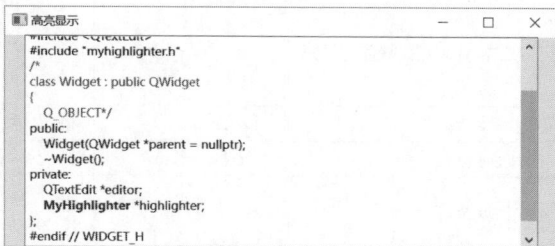

图 4-14　项目 demo13 的运行结果

4.2.6　快捷键

在 Qt 6 中，QTextEdit 类创建的多行文本框既可以作为阅读器使用，也可以作为编辑器使用。如果将 QTextEdit 对象作为阅读器使用，则需要将 setReadOnly(true)设置为只读模式。只读模式下的多行文本框绑定的快捷键仅限于导航，并且只能使用鼠标选择文本。只读模式下的多行文本框绑定的常用快捷键见表 4-12。

表 4-12　只读模式下的常用快捷键

按　　键	说　　明	按　　键	说　　明
↑	向上移动一行	→	向右移动一个字符
↓	向下移动一行	PageUp	向上移动一页(视口)
←	向左移动一个字符	PageDown	向下移动一页(视口)

按　键	说　明	按　键	说　明
Home	移动到文本的开头	Ctrl＋Wheel	缩放文本
End	移动到文本的末尾	Ctrl＋A	选择所有文本
Alt＋Wheel	水平滚动页面,Wheel 是鼠标滚轮		

编辑模式下的多行文本框绑定的常用快捷键见表 4-13。

表 4-13　编辑模式下的常用快捷键

按　键	说　明	按　键	说　明
Backspace	删除光标左侧的字符	Ctrl＋Y	重复执行上一步操作
Delete	删除光标右侧的字符	←	将光标向左移动一个字符
快捷键 Ctrl＋C	将选中的文本复制到剪贴板	Ctrl＋←	将光标向左移动一个字
Ctrl＋Insert	将所选的文本插入剪贴板	→	将光标向右移动一个字符
Ctrl＋K	删除到行尾	Ctrl＋→	将光标向右移动一个字
Ctrl＋V	将剪贴板文本粘贴到文本编辑器中	↑	将光标向上移动一行
Shift＋Insert	将剪贴板文本插入文本编辑器中	↓	将光标向下移动一行
Ctrl＋X	删除所选文本并将其复制到剪贴板	PageUp	将光标向上移动一页
Shift＋Delete	删除所选文本并将其复制到剪贴板	PageDown	将光标向下移动一页
Ctrl＋Z	撤销上一步操作	Home	将光标移动到行首
End	将光标移动到行尾	Ctrl＋Home	将光标移动到文本的开头
Ctrl＋End	将光标移动到文本的末尾	Alt＋Wheel	水平滚动页面,Wheel 是鼠标滚轮

4.3　多行纯文本框(QPlainTextEdit)

多行纯文本框也称为多行纯文本控件。在 Qt 6 中,使用 QPlainTextEdit 类创建的对象表示多行纯文本框。多行纯文本框可以用于编辑、显示多行纯文本,不支持富文本。

QPlainTextEdit 类位于 Qt 6 的 Qt Widgets 子模块下。QPlainTextEdit 类的继承关系如图 4-15 所示。

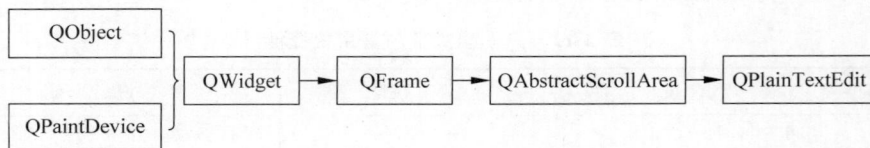

图 4-15　QPlainTextEdit 类的继承关系

QPlainTextEdit 类的构造函数如下:

```
QPlainTextEdit(QWidget * parent = nullptr)
QPlainTextEdit(const QString &text,QWidget * parent = nullptr)
```

其中,parent 表示指向父窗口或父容器的对象指针;text 表示要显示的文本。

4.3.1　QPlainTextEdit 类的常用方法

在 Qt 6 中,QPlainTextEdit 类的大部分方法与 QPlainText 类的方法类似。QPlainTextEdit
类的常用方法见表 4-14。

表 4-14　QPlainTextEdit 类的常用方法

方法及参数类型	说　明	返回值的类型
[slot]setPlainText(QString &text)	设置纯文本	
[slot]insertPlainText(QString &text)	在光标处插入文本	
[slot]appendPlainText(QString &text)	在末尾添加文本	
[slot]appendHtml(QString &html)	在末尾处添加 HTML 格式的文本	
[slot]centerCursor()	将光标移到竖直中间位置	
[slot]selectAll()	选中所有文本	
[slot]undo()	撤销上一步操作	
[slot]redo()	重复执行上一步操作	
[slot]clear()	清空内容	
[slot]copy()	复制选中的文本内容	
[slot]cut()	剪切选中的文本内容	
[slot]paste()	粘贴文本内容	
[slot]zoomIn(int range=1)	放大	
[slot]zoomOut(int range=1)	缩小	
toPlainText()	获取纯文本	QString
setCenterOnScroll(bool)	移动竖直滚动条以使光标所在的位置可见	
setBackgroundVisible(bool)	设置文档区之外调色板背景是否可见	
setTapStopDistance(float)	设置按下 Tab 键后光标移动的距离(像素)	
setDocument(QTextDocument * doc)	设置文档	
setDocumentTitle(QString &title)	设置文档标题	
setCursorWidth(int)	设置光标宽度(像素)	
setReadOnly(bool)	设置是否为只读模式	
setUndoRedoEnabled(bool)	设置是否可以撤销、重复操作	
setPlaceholderText(QString &p)	设置占位符文本	
setOverwriteMode(bool)	设置是否为覆盖模式	
setTextCursor(QTextCursor &c)	设置文本光标	

【实例 4-14】　创建一个窗口,该窗口包含 1 个多行纯文本框,然后在多行纯文本框中输
入一段文字,操作步骤如下:

（1）使用 Qt Creator 创建一个模板为 Qt Widgets Application 的项目，将该项目命名为 demo14，并保存在 D 盘的 Chapter4 文件夹下；在向导对话框中选择基类 QWidget，不勾选 Generate form 复选框。

（2）编写 widget.h 文件中的代码，代码如下：

```
/* 第 4 章 demo14 widget.h */
#ifndef WIDGET_H
#define WIDGET_H

#include < QWidget >
#include < QPlainTextEdit >

class Widget : public QWidget
{
    Q_OBJECT
public:
    Widget(QWidget * parent = nullptr);
    ~Widget();
private:
    QPlainTextEdit * textEdit1;
};
#endif //WIDGET_H
```

（3）编写 widget.cpp 文件中的代码，代码如下：

```
/* 第 4 章 demo14 widget.cpp */
#include "widget.h"

Widget::Widget(QWidget * parent):QWidget(parent)
{
    setGeometry(200,200,560,220);
    setWindowTitle("QPlainTextEdit 类");
    textEdit1 = new QPlainTextEdit(this);
    textEdit1 -> setGeometry(20,0,520,220);
}

Widget::~Widget() {}
```

（4）其他文件保持不变，运行结果如图 4-16 所示。

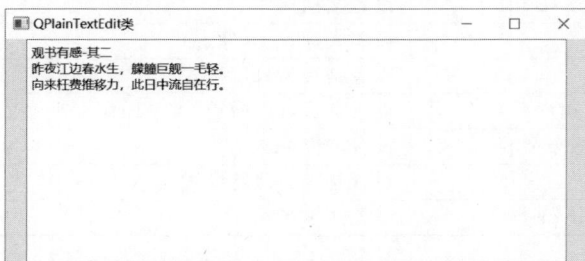

图 4-16　项目 demo14 的运行结果

4.3.2 QPlainTextEdit 类的信号

在 Qt 6 中，QPlainTextEdit 类的信号见表 4-15。

表 4-15 QPlainTextEdit 类的信号

信号及参数类型	说 明
copyAvailable(bool yes)	当选中文本时发送信号
blockCountChanged(int newBlockCount)	当文本块或段落数量发生变化时发送信号
cursorPositionChanged()	当光标位置发生变化时发送信号
modificationChanged(bool changed)	当修改状态发生变化时发送信号
redoAvailable(bool available)	可以重复执行时发送信号
selectionChanged()	选中的文本内容发生变化时发送信号
textChanged()	当文本内容发生变化时发送信号
undoAvailable(bool available)	可以撤销操作时发送信号
updateRequest(QRect &rect, int dy)	当文本框的宽和高发生变化时发送信号

【实例 4-15】 创建一个窗口,该窗口包含 1 个多行纯文本输入框。当多行纯文本框中的段落数量发生变化时,打印段落数量。在纯文本框中输入 3 段文本,进行验证,操作步骤如下:

（1）使用 Qt Creator 创建一个模板为 Qt Widgets Application 的项目,将该项目命名为 demo15,并保存在 D 盘的 Chapter4 文件夹下；在向导对话框中选择基类 QWidget,不勾选 Generate form 复选框。

（2）编写 widget.h 文件中的代码,代码如下:

```
/* 第 4 章 demo15 widget.h */
# ifndef WIDGET_H
# define WIDGET_H

# include < QWidget >
# include < QPlainTextEdit >
# include < QDebug >

class Widget : public QWidget
{
    Q_OBJECT
public:
    Widget(QWidget * parent = nullptr);
    ~Widget();
private:
    QPlainTextEdit * textEdit1;
private slots:
    void echo_text(int newBlockCount);
};
# endif //WIDGET_H
```

（3）编写 widget.cpp 文件中的代码,代码如下:

```
/* 第 4 章 demo15 widget.cpp */
# include "widget.h"
```

```
Widget::Widget(QWidget * parent):QWidget(parent)
{
    setGeometry(200,200,500,200);
    setWindowTitle("QPlainTextEdit类");
    textEdit1 = new QPlainTextEdit(this);
    textEdit1 -> setGeometry(20,0,460,220);
    //使用信号/槽机制,将段落数量变化的信号和自定义槽函数连接
    connect(textEdit1,SIGNAL(blockCountChanged(int)),this,SLOT(echo_text(int)));
}

Widget::~Widget() {}

void Widget::echo_text(int newBlockCount){
    qDebug()<<"段落数量为"<< newBlockCount;
}
```

(4)其他文件保持不变,运行结果如图 4-17 所示。

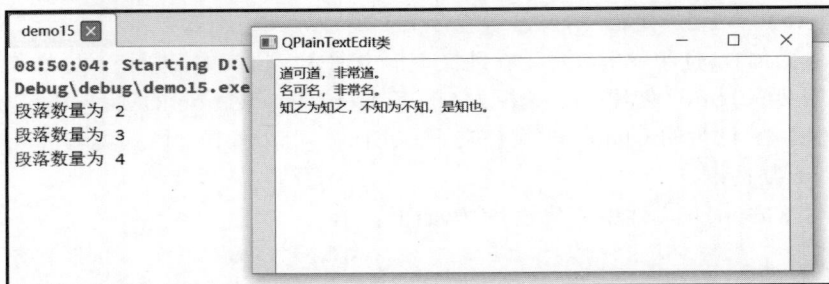

图 4-17 项目 demo15 的运行结果

4.3.3 快捷键

在 Qt 6 中,QPlainTextEdit 类创建的多行文本框既可以作为阅读器使用,也可以作为编辑器使用。如果将 QPlainTextEdit 对象作为阅读器使用,则需要将 setReadOnly(true)为设置只读模式。多行纯文本框绑定的快捷键与 QTextEdit 类绑定的快捷键相同。只读模式下的多行纯文本框绑定的常用快捷键可查看 4.2.6 节中的表 4-12。编辑模式下的多行纯文本框绑定的常用快捷键可查看 4.2.6 节中的表 4-13。

4.4 按钮类控件

按钮是窗口界面中经常用到的控件之一。在 Qt 6 中,与按钮控件相关的类主要有 QAbstractButton 类、QPushButton 类、QRadioButton 类、QCheckBox 类、QToolButton 类,这 4 个类的继承关系如图 4-18 所示。

其中,QAbstractButton 类是所有按钮类的基类,不能直接使用。QAbstractButton 类为其

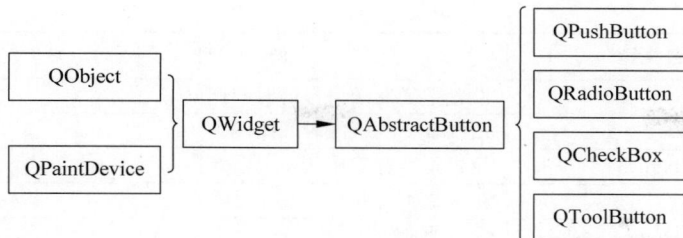

图 4-18　按钮相关类的继承关系

他按钮类提供了共同的属性、方法、信号。QPushButton 类用于创建按压按钮控件，QRadioButton 类用于创建单选按钮控件，QCheckbox 类用于创建复选框控件，QToolButton 类用于创建工具按钮控件。本节主要介绍 QPushButton 类、QRadioButton 类、QCheckBox 类，以及 QPushButton 类的子类 QCommandLinkButton 类。QToolButton 类将在第 7 章介绍。

4.4.1　抽象按钮类(QAbstractButton)

在 Qt 6 中，QAbstractButton 类也称为抽象按钮类，它是所有的按钮类控件的基类。虽然不能直接使用该类创建按钮控件，但该类为其他按钮类控件提供了共同的属性、方法、信号。QAbstractButton 类为其他按钮类提供的方法见表 4-16。

表 4-16　QAbstractButton 类为其他按钮类提供的方法

方法及参数类型	说　　明	返回值的类型
[slot]setIconSize(QSize &s)	设置图标的宽和高	
[slot]setChecked(bool)	设置按钮是否处于选中或标记状态	
[slot]animateClick()	用代码执行一次按钮被按下的动作，并发送对应的信号	
[slot]click()	同上，如果按钮可以勾选，则勾选状态发生变化	
[slot]toggle()	用代码切换按钮的勾选状态	
setText(QString &text)	设置按钮上的文字	
text()	获取按钮上的文字	QString
setIcon(QIcon &i)	设置图标	
icon()	获取图标	QIcon
iconSize()	获取图标的宽和高	QSize
setCheckable(bool)	设置按钮是否可以被选中或被标记	
isCheckable()	获取按钮是否可以被选中	bool
isChecked()	获取选中状态	bool
setAutoRepeat(bool)	设置用户长时间按按钮时，是否可以自动发送信号	
autoRepeat()	获取是否可以重复执行	bool
setAutoRepeatDelay(int)	设置首次重复发送信号的延迟时间	
autoRepeatDelay()	获取重复执行的延迟时间	int

续表

方法及参数类型	说　　明	返回值的类型
setAutoRepeatInterval(int)	设置重复发送信号的时间间隔	
autoRepeatInterval()	获取重复执行的时间间隔	int
setAutoExcelusive(bool)	设置是否有互斥状态	
autoExcelusive()	获取是否有互斥状态	int
setShortcut(QKeySequence &key)	设置快捷键	
shortcut()	获取快捷键	QKeySequence
setDown(bool)	设置是否为按下状态,若参数值为 true,则不会发送 pressed()或 clicked()信号	
isDown()	获取按钮是否处于被按下状态	bool
hitButton(QPoint &pos)	若 QPoint 点在按钮内部,则返回值为 true	bool

注意:如果按钮文字中有"&",则"&"后的字母是快捷键,运行窗口界面时按 Alt+快捷键会发送按钮的信号。如果要在按钮中显示符号"&",则需要使用"&&"显示"&"。

在 Qt 6 中,QAbstractButton 类为其他按钮类提供的信号见表 4-17。

表 4-17　QAbstractButton 类为其他按钮类提供的信号

信　　号	说　　明
pressed()	当光标在按钮上并单击鼠标左键时发送信号
released()	当鼠标被释放时发送信号
clicked()	当光标在按钮上并先按下鼠标后释放时,或快捷键被触发时,或 click()、animateClick()被调用时,发送信号
clicked(bool checked=false)	同上
toggled(bool)	按钮处于可切换状态下,当按钮状态发生改变时发送信号

4.4.2　按压按钮(QPushButton)

在 Qt 6 中,使用 QPushButton 类创建的对象表示按压按钮控件。按压按钮最常用的动作就是单击,用来触发动作或命令,以便实现用户与窗口的交互操作。QPushButton 类的构造函数如下:

```
QPushButton(QWidget * parent = nullptr)
QPushButton(const QString &text,QWidget * parent = nullptr)
QPushButton(const QIcon &icon,const QString &text,QWidget * parent = nullptr)
```

其中,parent 表示指向父窗口或父容器的对象指针;text 表示要显示的文本;icon 表示要显示的图标。

在 Qt 6 中,QPushButton 类不仅继承了 QAbstractButton 类的方法,也有自己独有的方法。QPushButton 类独有的方法见表 4-18。

表 4-18 QPushButton 类独有的方法

方法及参数类型	说　　明	返回值的类型
［slot］showMenu()	弹出菜单	
setMenu(QMenu * m)	设置菜单	
menu()	获取菜单	QMenu *
setAutoDefault(bool)	设置按钮是否为自动默认按钮	
autoDefault()	获取按钮是否为自动默认按钮	bool
setDefault(bool)	设置按钮是否为默认按钮,若按 Enter 键,则发送该按钮的信号	
isDefault()	获取按钮是否为默认按钮	bool
setFlat(bool)	设置按钮是否没有凸起效果	
isFlat()	获取按钮是否没有凸起效果	bool

【实例 4-16】 创建一个窗口,该窗口包含 1 个按压按钮。需设置按钮显示文本的字体格式,并设置按钮显示的图标,操作步骤如下:

(1) 使用 Qt Creator 创建一个模板为 Qt Widgets Application 的项目,将该项目命名为 demo16,并保存在 D 盘的 Chapter4 文件夹下;在向导对话框中选择基类 QWidget,不勾选 Generate form 复选框。

(2) 编写 widget.h 文件中的代码,代码如下:

```
/* 第 4 章 demo16 widget.h */
#ifndef WIDGET_H
#define WIDGET_H

#include <QWidget>
#include <QPushButton>
#include <QFont>
#include <QIcon>
#include <QSize>

class Widget : public QWidget
{
    Q_OBJECT
public:
    Widget(QWidget * parent = nullptr);
    ~Widget();
private:
    QPushButton * btn1;
};
#endif //WIDGET_H
```

(3) 编写 widget.cpp 文件中的代码,代码如下:

```
/* 第 4 章 demo16 widget.cpp */
#include "widget.h"

Widget::Widget(QWidget * parent):QWidget(parent)
{
```

```
    setGeometry(200,200,560,220);
    setWindowTitle("QPushButton 类");
    btn1 = new QPushButton("单击我",this);
    btn1 -> setGeometry(200,30,120,120);
    btn1 -> setFont(QFont("楷体",14,QFont::ExtraBold));
    btn1 -> setIcon(QIcon("D:/Chapter4/images/qt.png"));
    btn1 -> setIconSize(QSize(40,40));
}

Widget::~Widget() {}
```

(4) 其他文件保持不变,运行结果如图 4-19 所示。

图 4-19　项目 demo16 的运行结果

【实例 4-17】　创建一个窗口,该窗口包含 1 个按压按钮。单击该按钮会弹出一个菜单,操作步骤如下:

(1) 使用 Qt Creator 创建一个模板为 Qt Widgets Application 的项目,将该项目命名为 demo17,并保存在 D 盘的 Chapter4 文件夹下;在向导对话框中选择基类 QWidget,不勾选 Generate form 复选框。

(2) 编写 widget.h 文件中的代码,代码如下:

```
/* 第 4 章 demo17 widget.h */
#ifndef WIDGET_H
#define WIDGET_H

#include <QWidget>
#include <QPushButton>
#include <QMenu>
#include <QFont>
#include <QIcon>
#include <QSize>

class Widget : public QWidget
{
    Q_OBJECT
public:
    Widget(QWidget * parent = nullptr);
    ~Widget();
private:
```

```
    QPushButton * btn1;
private slots:
    void create_menu();
};
#endif //WIDGET_H
```

（3）编写 widget.cpp 文件中的代码，代码如下：

```
/* 第 4 章 demo17 widget.cpp */
#include "widget.h"

Widget::Widget(QWidget * parent):QWidget(parent)
{
    setGeometry(200,200,560,220);
    setWindowTitle("QPushButton 类");
    btn1 = new QPushButton("单击我",this);
    btn1 -> setGeometry(200,0,120,80);
    btn1 -> setFont(QFont("楷体",14,QFont::ExtraBold));
    btn1 -> setIcon(QIcon("D:/Chapter4/images/qt.png"));
    btn1 -> setIconSize(QSize(40,40));
    //使用信号/槽机制，将按钮的单击信号和自定义槽函数连接
    connect(btn1,SIGNAL(clicked()),this,SLOT(create_menu()));
}

Widget::~Widget() {}

void Widget::create_menu(){
    QMenu * menu1 = new QMenu();
    menu1 -> setFont(QFont("黑体",14,QFont::ExtraBold));
    menu1 -> addAction("Copy");
    menu1 -> addAction("Cut");
    menu1 -> addAction("Paste");
    //设置菜单
    btn1 -> setMenu(menu1);
    //显示菜单
    btn1 -> showMenu();
}
```

（4）其他文件保持不变，运行结果如图 4-20 所示。

图 4-20　项目 demo17 的运行结果

4.4.3　单选按钮(**QRadioButton**)

在 Qt 6 中,使用 QRadioButton 类创建的对象表示单选按钮控件。单选按钮可以为用户提供多个选项,通常情况下只能选择一个。在一个窗口或容器中,如果有多个单选按钮,则这些按钮通常是互斥的,即当选择其中一个按钮时,其他按钮会取消选择。

QRadioButton 类继承了 QAbstractButton 类的属性、方法、信号。QRadioButton 类的构造函数如下:

```
QRadioButton(QWidget * parent = nullptr)
QRadioButton(const QString &text, QWidget * parent = nullptr)
```

其中,parent 表示指向父窗口或父容器的对象指针; text 表示要显示的文本。

【实例 4-18】　创建一个窗口,该窗口包含 3 个单选按钮。单选按钮需添加图标,并选中其中一个单选按钮,操作步骤如下:

(1) 使用 Qt Creator 创建一个模板为 Qt Widgets Application 的项目,将该项目命名为 demo18,并保存在 D 盘的 Chapter4 文件夹下;在向导对话框中选择基类 QWidget,不勾选 Generate form 复选框。

(2) 编写 widget.h 文件中的代码,代码如下:

```
/* 第 4 章 demo18 widget.h */
#ifndef WIDGET_H
#define WIDGET_H

#include <QWidget>
#include <QRadioButton>
#include <QFont>
#include <QIcon>
#include <QSize>

class Widget : public QWidget
{
    Q_OBJECT
public:
    Widget(QWidget * parent = nullptr);
    ~Widget();
private:
    QRadioButton * radio1, * radio2, * radio3;
};
#endif //WIDGET_H
```

(3) 编写 widget.cpp 文件中的代码,代码如下:

```
/* 第 4 章 demo18 widget.cpp */
#include "widget.h"

Widget::Widget(QWidget * parent):QWidget(parent)
{
```

```
    setGeometry(200,200,560,220);
    setWindowTitle("QRadioButton 类");
    radio1 = new QRadioButton("Python",this);
    radio1 -> setGeometry(200,20,140,40);
    radio1 -> setFont(QFont("黑体",14,QFont::ExtraBold));
    radio1 -> setIcon(QIcon("D:/Chapter4/images/python.png"));
    radio1 -> setIconSize(QSize(40,40));
    radio1 -> setChecked(true);

    radio2 = new QRadioButton("Java",this);
    radio2 -> setGeometry(200,70,140,40);
    radio2 -> setFont(QFont("黑体",14,QFont::ExtraBold));
    radio2 -> setIcon(QIcon("D:/Chapter4/images/java.png"));
    radio2 -> setIconSize(QSize(40,40));

    radio3 = new QRadioButton("PHP",this);
    radio3 -> setGeometry(200,120,140,40);
    radio3 -> setFont(QFont("黑体",14,QFont::ExtraBold));
    radio3 -> setIcon(QIcon("D:/Chapter4/images/php.png"));
    radio3 -> setIconSize(QSize(40,40));
}

Widget::~Widget() {}
```

（4）其他文件保持不变，运行结果如图 4-21 所示。

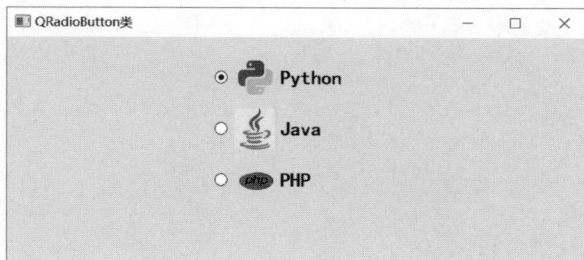

图 4-21 项目 demo18 的运行结果

【实例 4-19】 创建一个窗口，该窗口包含 3 个单选按钮。当选中某个单选按钮时，需打印该按钮的文本，操作步骤如下：

（1）使用 Qt Creator 创建一个模板为 Qt Widgets Application 的项目，将该项目命名为 demo19，并保存在 D 盘的 Chapter4 文件夹下；在向导对话框中选择基类 QWidget，不勾选 Generate form 复选框。

（2）编写 widget.h 文件中的代码，代码如下：

```
/* 第 4 章 demo19 widget.h */
# ifndef WIDGET_H
# define WIDGET_H

# include < QWidget >
```

```
# include < QRadioButton >
# include < QFont >
# include < QSize >
# include < QDebug >

class Widget : public QWidget
{
    Q_OBJECT
public:
    Widget(QWidget * parent = nullptr);
    ~Widget();
private:
    QRadioButton * radio1, * radio2, * radio3;
private slots:
    void radio_selected();
};
# endif //WIDGET_H
```

(3) 编写 widget.cpp 文件中的代码,代码如下:

```
/* 第 4 章 demo19 widget.cpp */
# include "widget.h"

Widget::Widget(QWidget * parent):QWidget(parent)
{
    setGeometry(200,200,560,220);
    setWindowTitle("QRadioButton 类");
    radio1 = new QRadioButton("Python",this);
    radio1 -> setGeometry(200,20,140,40);
    radio1 -> setFont(QFont("黑体",14,QFont::ExtraBold));
    radio1 -> setIconSize(QSize(40,40));
    //使用信号/槽机制
    connect(radio1,SIGNAL(toggled(bool)),this,SLOT(radio_selected()));

    radio2 = new QRadioButton("Java",this);
    radio2 -> setGeometry(200,70,140,40);
    radio2 -> setFont(QFont("黑体",14,QFont::ExtraBold));
    radio2 -> setIconSize(QSize(40,40));
    //使用信号/槽机制
    connect(radio2,SIGNAL(toggled(bool)),this,SLOT(radio_selected()));

    radio3 = new QRadioButton("JavaScript",this);
    radio3 -> setGeometry(200,120,140,40);
    radio3 -> setFont(QFont("黑体",14,QFont::ExtraBold));
    radio3 -> setIconSize(QSize(40,40));
    //使用信号/槽机制
    connect(radio3,SIGNAL(toggled(bool)),this,SLOT(radio_selected()));
}

Widget::~Widget() {}

void Widget::radio_selected(){
```

```
    QRadioButton * radio_btn = (QRadioButton * )sender();
    if (radio_btn - > isChecked())
        qDebug()<< radio_btn - > text()<<"被选中";
}
```

(4) 其他文件保持不变,运行结果如图 4-22 所示。

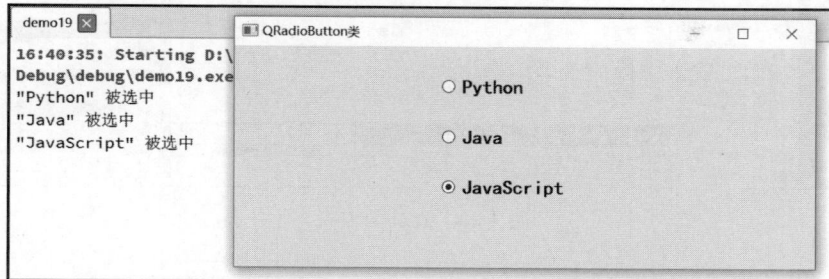

图 4-22 项目 demo19 的运行结果

在 Qt 6 中,如果一组 QRadioButton 对象有相同的父窗口,则这组按钮具有互斥性。如果要在一个窗体中表达多组单选按钮的效果,则需要显式地对它们进行分组,分组时可以使用 QGroupBox 类或 QButtonGroup 类。

使用 QButtonGroup 类可创建一个容器控件,这个控件没有任何视觉表现,并且对于包含在它里面的按钮类控件,QButtonGroup 类提供方便的信号/槽操作。QButtonGroup 类的构造函数如下:

```
QButtonGroup(QObject * parent = nullptr)
```

其中,parent 表示指向父窗口或父容器的对象指针。可以使用 QButtonGroup 类的 addButton()方法向容器中添加按钮,具体语法如下:

```
void addButton(QAbstractButton * btn, int id =- 1)
```

【实例 4-20】 使用 Qt Creator 设计一个窗口,该窗口包含两组单选按钮、3 个标签控件。当选中某个单选按钮时,窗口底部的标签会显示提示信息,操作步骤如下:

(1) 使用 Qt Creator 创建一个模板为 Qt Widgets Application 的项目,将该项目命名为 demo20,并保存在 D 盘的 Chapter4 文件夹下;在向导对话框中选择基类 QWidget,勾选 Generate form 复选框。

(2) 在 Qt Creator 的设计模式中,设计窗口界面。飞机舱位的 3 个单选按钮使用水平布局,付款方式的 4 个单选按钮使用水平布局,窗口整体使用垂直布局,如图 4-23 和图 4-24 所示。

(3) 编写 widget.h 文件中的代码,代码如下:

```
/ * 第 4 章 demo20 widget.h * /
# ifndef WIDGET_H
# define WIDGET_H
```

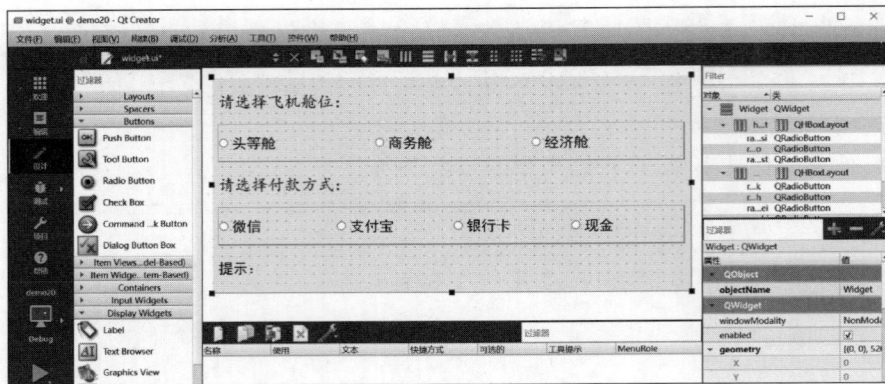

图 4-23　设计的窗口

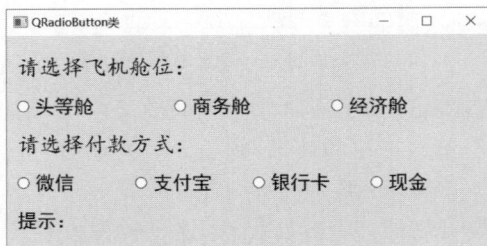

图 4-24　预览窗口

```cpp
#include <QWidget>
#include <QString>
#include <QButtonGroup>

QT_BEGIN_NAMESPACE
namespace Ui {
class Widget;
}
QT_END_NAMESPACE

class Widget : public QWidget
{
    Q_OBJECT
public:
    Widget(QWidget * parent = nullptr);
    ~Widget();
private:
    Ui::Widget * ui;
    QButtonGroup * group1, * group2;
private slots:
    void radio_selected();
};
#endif //WIDGET_H
```

（4）编写 widget.cpp 文件中的代码，代码如下：

```
/* 第4章 demo20 widget.cpp */
#include "widget.h"
#include "ui_widget.h"

Widget::Widget(QWidget * parent):QWidget(parent),ui(new Ui::Widget)
{
    ui->setupUi(this);
    //创建 QButtonGroup 对象，并添加一组按钮
    group1 = new QButtonGroup(this);
    group1->addButton(ui->radioButton_first);
    group1->addButton(ui->radioButton_busi);
    group1->addButton(ui->radioButton_eco);
    //创建 QButtonGroup 对象，并添加一组按钮
    group2 = new QButtonGroup(this);
    group2->addButton(ui->radioButton_wei);
    group2->addButton(ui->radioButton_zhi);
    group2->addButton(ui->radioButton_bank);
    group2->addButton(ui->radioButton_cash);
    //使用信号/槽机制
    connect(ui->radioButton_first,SIGNAL(toggled(bool)),this,SLOT(radio_selected()));
    connect(ui->radioButton_busi,SIGNAL(toggled(bool)),this,SLOT(radio_selected()));
    connect(ui->radioButton_eco,SIGNAL(toggled(bool)),this,SLOT(radio_selected()));
    //使用信号/槽机制
    connect(ui->radioButton_wei,SIGNAL(toggled(bool)),this,SLOT(radio_selected()));
    connect(ui->radioButton_zhi,SIGNAL(toggled(bool)),this,SLOT(radio_selected()));
    connect(ui->radioButton_bank,SIGNAL(toggled(bool)),this,SLOT(radio_selected()));
    connect(ui->radioButton_cash,SIGNAL(toggled(bool)),this,SLOT(radio_selected()));
}

Widget::~Widget()
{
    delete ui;
}

void Widget::radio_selected(){
    QString str1 = "";
    QString str2 = "";
    if (ui->radioButton_first->isChecked() == true)
        str1 = "头等舱";
    if (ui->radioButton_busi->isChecked() == true)
        str1 = "商务舱";
    if (ui->radioButton_eco->isChecked() == true)
        str1 = "经济舱";
    if (ui->radioButton_wei->isChecked() == true)
        str2 = "微信";
```

```
        if (ui -> radioButton_zhi -> isChecked() == true)
            str2 = "支付宝";
        if (ui -> radioButton_bank -> isChecked() == true)
            str2 = "银行卡";
        if (ui -> radioButton_cash -> isChecked() == true)
            str2 = "现金";
        ui -> label_result -> setText("提示:选择了" + str1 + " " + str2);
    }
```

(5)其他文件保持不变,运行结果如图 4-25 所示。

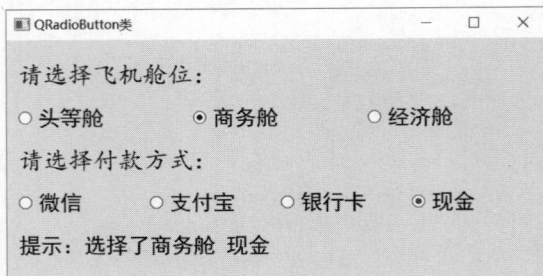

图 4-25   项目 demo20 的运行结果

注意:在实例 4-20 中,主要使用 QButtonGroup 类对单选按钮进行分组管理。除此之外,也可以使用 QGroupBox 类对单选按钮进行分组管理,有兴趣的读者可查看其帮助文档。

4.4.4   复选框控件(QCheckBox)

在 Qt 6 中,使用 QCheckBox 类创建的对象表示复选框按钮控件。QCheckBox 类的构造函数如下:

```
QCheckBox(QWidget * parent = nullptr)
QCheckBox(const QString &text, QWidget * parent = nullptr)
```

其中,parent 表示指向父窗口或父控件的对象指针;text 表示要显示的文本。

在 Qt 6 中,QCheckBox 类是 QAbstractButton 类的子类,QCheckBox 类不仅继承了 QAbstractButton 类的属性、方法、信号,也有自己独有的方法。QCheckBox 类独有的方法见表 4-19。

表 4-19   QCheckBox 类独有的方法

方法及参数类型	说　明	返回值的类型
setTristate(bool y=true)	设置是否有不确定状态(第 3 种状态)	
isTristate()	获取是否有不确定状态	bool

续表

方法及参数类型	说 明	返回值的类型
setCheckState(Qt::CheckState)	设置当前选中状态,参数值为 Qt::Unchecked、Qt::Checked、Qt::PartiallyChecked 分别表示未选中、选中、部分选中	
checkState()	获取当前的选择状态	Qt::CheckState
nextCheckState()	设置当前状态的下一种状态	

在 Qt 6 中,QCheckBox 类除了有继承自 QAbstractButton 类的信号,还有一个独有的 stateChanged(int)信号:当状态发生变化时发送信号,而 toggled(bool)信号在从不确定状态转向确定状态时不发送信号,其他信号与 QAbstractButton 类的信号相同。

【实例 4-21】 创建一个窗口,该窗口包含 3 个复选框按钮。设置复选框按钮的文本、图标,操作步骤如下:

(1) 使用 Qt Creator 创建一个模板为 Qt Widgets Application 的项目,将该项目命名为 demo21,并保存在 D 盘的 Chapter4 文件夹下;在向导对话框中选择基类 QWidget,不勾选 Generate form 复选框。

(2) 编写 widget.h 文件中的代码,代码如下:

```
/* 第 4 章 demo21 widget.h */
#ifndef WIDGET_H
#define WIDGET_H

#include <QWidget>
#include <QCheckBox>
#include <QFont>
#include <QIcon>
#include <QSize>

class Widget : public QWidget
{
    Q_OBJECT
public:
    Widget(QWidget * parent = nullptr);
    ~Widget();
private:
    QCheckBox * check1, * check2, * check3;
};
#endif //WIDGET_H
```

(3) 编写 widget.cpp 文件中的代码,代码如下:

```
/* 第 4 章 demo21 widget.cpp */
#include "widget.h"

Widget::Widget(QWidget * parent):QWidget(parent)
{
    setGeometry(200,200,560,220);
```

```
    setWindowTitle("QCheckBox 类");
    check1 = new QCheckBox("Python",this);
    check1 -> setGeometry(200,20,140,40);
    check1 -> setFont(QFont("黑体",14,QFont::ExtraBold));
    check1 -> setIcon(QIcon("D:/Chapter4/images/python.png"));
    check1 -> setIconSize(QSize(40,40));
    check1 -> setChecked(true);

    check2 = new QCheckBox("Java",this);
    check2 -> setGeometry(200,70,140,40);
    check2 -> setFont(QFont("黑体",14,QFont::ExtraBold));
    check2 -> setIcon(QIcon("D:/Chapter4/images/java.png"));
    check2 -> setIconSize(QSize(40,40));

    check3 = new QCheckBox("PHP",this);
    check3 -> setGeometry(200,120,140,40);
    check3 -> setFont(QFont("黑体",14,QFont::ExtraBold));
    check3 -> setIcon(QIcon("D:/Chapter4/images/php.png"));
    check3 -> setIconSize(QSize(40,40));
}

Widget::~Widget() {}
```

(4) 其他文件保持不变,运行结果如图 4-26 所示。

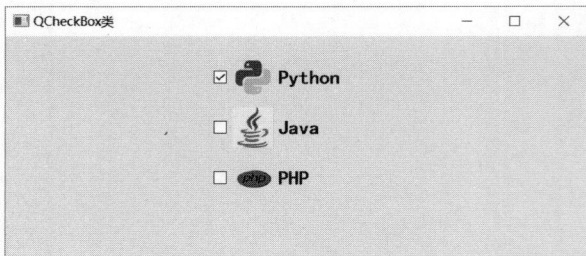

图 4-26   项目 demo21 的运行结果

【实例 4-22】 创建一个窗口,该窗口包含 3 个复选框按钮。当勾选某个复选框时,打印提示信息,操作步骤如下:

(1) 使用 Qt Creator 创建一个模板为 Qt Widgets Application 的项目,将该项目命名为 demo22,并保存在 D 盘的 Chapter4 文件夹下;在向导对话框中选择基类 QWidget,不勾选 Generate form 复选框。

(2) 编写 widget.h 文件中的代码,代码如下:

```
/* 第 4 章 demo22 widget.h */
# ifndef WIDGET_H
# define WIDGET_H

# include < QWidget >
# include < QCheckBox >
```

```
# include < QFont >
# include < QSize >
# include < QString >
# include < QDebug >

class Widget : public QWidget
{
    Q_OBJECT
public:
    Widget(QWidget * parent = nullptr);
    ~Widget();
private:
    QCheckBox * check1, * check2, * check3;
private slots:
    void item_selected();
};
# endif //WIDGET_H
```

（3）编写 widget.cpp 文件中的代码，代码如下：

```
/* 第 4 章 demo22 widget.cpp */
# include "widget.h"

Widget::Widget(QWidget * parent):QWidget(parent)
{
    setGeometry(200,200,500,200);
    setWindowTitle("QCheckBox 类");
    check1 = new QCheckBox("C 语言",this);
    check1 -> setGeometry(200,20,140,40);
    check1 -> setFont(QFont("黑体",14,QFont::ExtraBold));
    //使用信号/槽机制
    connect(check1,SIGNAL(stateChanged(int)),this,SLOT(item_selected()));

    check2 = new QCheckBox("C++",this);
    check2 -> setGeometry(200,70,140,40);
    check2 -> setFont(QFont("黑体",14,QFont::ExtraBold));
    //使用信号/槽机制
    connect(check2,SIGNAL(stateChanged(int)),this,SLOT(item_selected()));

    check3 = new QCheckBox("Java",this);
    check3 -> setGeometry(200,120,140,40);
    check3 -> setFont(QFont("黑体",14,QFont::ExtraBold));
    //使用信号/槽机制
    connect(check3,SIGNAL(stateChanged(int)),this,SLOT(item_selected()));
}

Widget::~Widget() {}

void Widget::item_selected(){
    QString value = "";
    if (check1 -> isChecked())
        value = check1 -> text();
```

```
        if (check2 -> isChecked())
            value = check2 -> text();
        if (check3 -> isChecked())
            value = check3 -> text();
        qDebug()<< value <<"被选中";
}
```

(4) 其他文件保持不变,运行结果如图 4-27 所示。

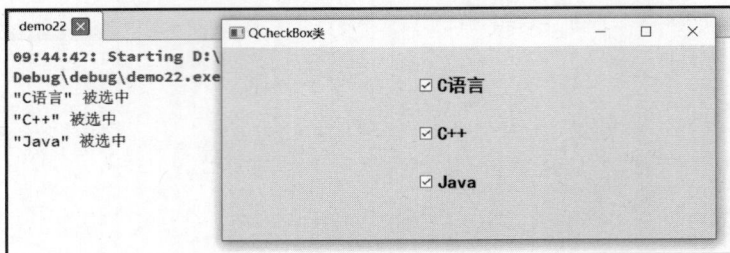

图 4-27 项目 demo22 的运行结果

【实例 4-23】 使用 Qt Creator 设计一个窗口,该窗口包含 3 个复选框按钮、3 个标签控件。当勾选某个复选框时,窗口底部的标签显示价格信息,操作步骤如下:

(1) 使用 Qt Creator 创建一个模板为 Qt Widgets Application 的项目,将该项目命名为demo23,并保存在 D 盘的 Chapter4 文件夹下;在向导对话框中选择基类 QWidget,勾选Generate form 复选框。

(2) 在 Qt Creator 的设计模式中,设计窗口界面。3 个复选框控件使用水平布局,整个窗口使用垂直布局,如图 4-28 和图 4-29 所示。

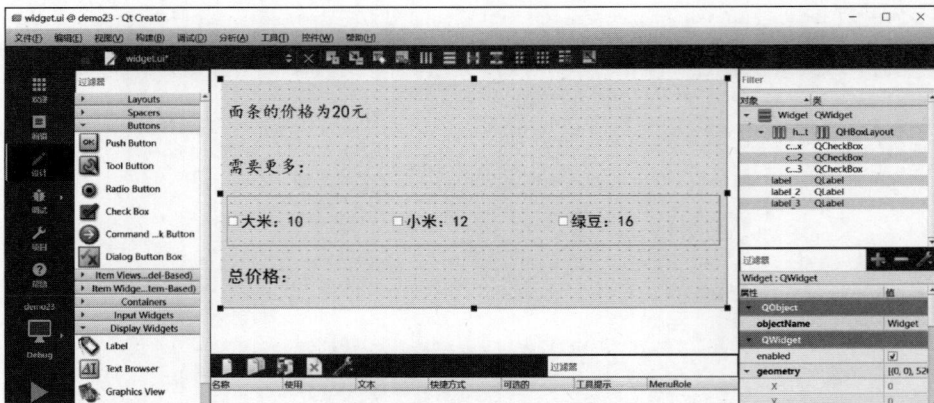

图 4-28 设计的窗口

(3) 编写 widget.h 文件中的代码,代码如下:

```
/* 第 4 章 demo23 widget.h */
#ifndef WIDGET_H
```

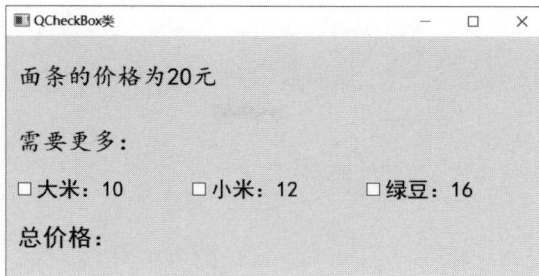

图 4-29 预览窗口

```
#define WIDGET_H

#include <QWidget>
#include <QString>

QT_BEGIN_NAMESPACE
namespace Ui {
class Widget;
}
QT_END_NAMESPACE

class Widget : public QWidget
{
    Q_OBJECT
public:
    Widget(QWidget * parent = nullptr);
    ~Widget();
private:
    Ui::Widget * ui;
private slots:
    void item_selected();
};
#endif //WIDGET_H
```

（4）编写 widget.cpp 文件中的代码，代码如下：

```
/* 第 4 章 demo23 widget.cpp */
#include "widget.h"
#include "ui_widget.h"

Widget::Widget(QWidget * parent):QWidget(parent),ui(new Ui::Widget)
{
    ui->setupUi(this);
    //使用信号/槽机制
    connect(ui->checkBox_rice,SIGNAL(stateChanged(int)),this,SLOT(
item_selected()));
    connect(ui->checkBox_millet,SIGNAL(stateChanged(int)),this,SLOT(
item_selected()));
    connect(ui->checkBox_bean,SIGNAL(stateChanged(int)),this,SLOT(
```

```
item_selected()));
}

Widget::~Widget()
{
    delete ui;
}

void Widget::item_selected(){
    int price = 20;
    if (ui->checkBox_rice->isChecked())
        price = price + 10;
    if (ui->checkBox_millet->isChecked())
        price = price + 12;
    if (ui->checkBox_bean->isChecked())
        price = price + 16;
    QString str1 = QString::number(price);
    ui->label_price->setText("总价格:" + str1 + "元");
}
```

(5) 其他文件保持不变,运行结果如图4-30所示。

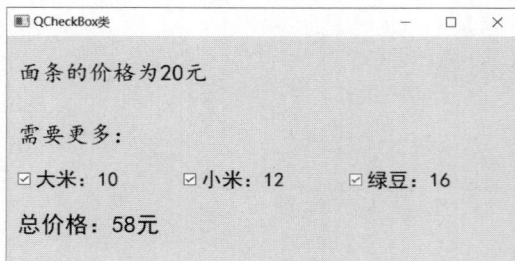

图 4-30　项目 demo23 的运行结果

4.4.5　命令连接按钮(QCommandLinkButton)

在 Qt 6 中,使用 QCommandLinkButton 类创建的对象表示命令连接按钮。命令连接按钮主要用于向导对话框中,其外观类似于平面按钮,默认状态下有一个向右的箭头。QCommandLinkButton 类的构造函数如下:

```
QCommandLinkButton(QWidget *parent = nullptr)
QCommandLinkButton(const QString &text, QWidget *parent = nullptr)
QCommandLinkButton(const QString &text,const QString &description,QWidget *parent = nullptr)
```

其中,parent 表示指向父窗口或父容器的对象指针;text 表示要显示的文本;description 表示功能性描述文本。

QCommandLinkButton 类是 QPushButton 类的子类,因此继承了 QPushButton 类的属性、方法、信号。除此之外,可以使用 QCommandLinkButton 类独有的 setDescription (QString &des)方法设置描述性文本,可以使用该类独有的 description()方法获取描述性文本。

【实例 4-24】　创建一个窗口,该窗口包含一个命令连接按钮,操作步骤如下:

(1) 使用 Qt Creator 创建一个模板为 Qt Widgets Application 的项目,将该项目命名为 demo24,并保存在 D 盘的 Chapter4 文件夹下;在向导对话框中选择基类 QWidget,不勾选 Generate form 复选框。

(2) 编写 widget.h 文件中的代码,代码如下:

```
/* 第 4 章 demo24 widget.h */
#ifndef WIDGET_H
#define WIDGET_H

#include <QWidget>
#include <QCommandLinkButton>
#include <QFont>

class Widget : public QWidget
{
    Q_OBJECT
public:
    Widget(QWidget * parent = nullptr);
    ~Widget();
private:
    QCommandLinkButton * btn1;
};
#endif //WIDGET_H
```

(3) 编写 widget.cpp 文件中的代码,代码如下:

```
/* 第 4 章 demo24 widget.cpp */
#include "widget.h"

Widget::Widget(QWidget * parent):QWidget(parent)
{
    setGeometry(200,200,560,220);
    setWindowTitle("QCommandLinkButton 类");
    btn1 = new QCommandLinkButton("Qt 的安装步骤",this);
    btn1 -> setGeometry(100,20,260,80);
    btn1 -> setFont(QFont("黑体",14,QFont::ExtraBold));
}

Widget::~Widget() {}
```

(4) 其他文件保持不变,运行结果如图 4-31 所示。

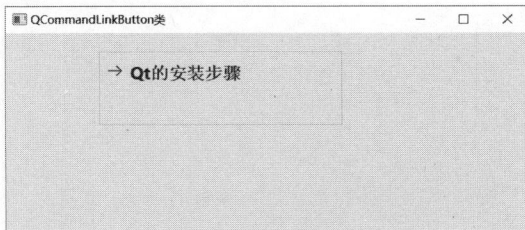

图 4-31　项目 demo24 的运行结果

【实例 4-25】 创建一个窗口,该窗口包含一个命令连接按钮。设置该按钮的图标。如果单击该按钮,则显示描述性文本,操作步骤如下:

(1) 使用 Qt Creator 创建一个模板为 Qt Widgets Application 的项目,将该项目命名为 demo25,并保存在 D 盘的 Chapter4 文件夹下;在向导对话框中选择基类 QWidget,不勾选 Generate form 复选框。

(2) 编写 widget.h 文件中的代码,代码如下:

```
/* 第 4 章 demo25 widget.h */
#ifndef WIDGET_H
#define WIDGET_H

#include <QWidget>
#include <QCommandLinkButton>
#include <QIcon>
#include <QSize>

class Widget : public QWidget
{
    Q_OBJECT
public:
    Widget(QWidget * parent = nullptr);
    ~Widget();
private:
    QCommandLinkButton * btn1;
private slots:
    void show_description();
};
#endif //WIDGET_H
```

(3) 编写 widget.cpp 文件中的代码,代码如下:

```
/* 第 4 章 demo25 widget.cpp */
#include "widget.h"

Widget::Widget(QWidget * parent):QWidget(parent)
{
    setGeometry(200,200,560,220);
    setWindowTitle("QCommandLinkButton 类");
    btn1 = new QCommandLinkButton("Qt 的安装步骤",this);
    btn1 -> setGeometry(100,20,360,80);
    btn1 -> setFont(QFont("黑体",14,QFont::ExtraBold));
    btn1 -> setIcon(QIcon("D:/Chapter4/images/qt.png"));
    btn1 -> setIconSize(QSize(40,40));
    //使用信号/槽机制
    connect(btn1,SIGNAL(clicked(bool)),this,SLOT(show_description()));
}

Widget::~Widget() {}

void Widget::show_description(){
    btn1 -> setDescription("(注意:按照指定的步骤操作)");
}
```

（4）其他文件保持不变，运行结果如图 4-32 所示。

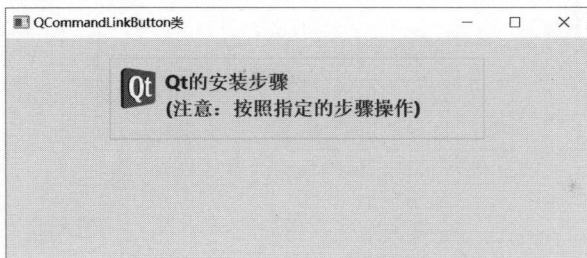

图 4-32 项目 demo25 的运行结果

4.5 数字输入控件(QSpinBox/QDoubleSpinBox)

在 Qt 6 中，使用 QSpinBox 类创建的对象表示输入值为整数的数字输入控件，使用 QDoubleSpinBox 类创建的对象表示输入值为小数的数字输入控件。这两个类都继承自抽象类 QAbstractSpinBox。这两个类的继承关系如图 4-33 所示。

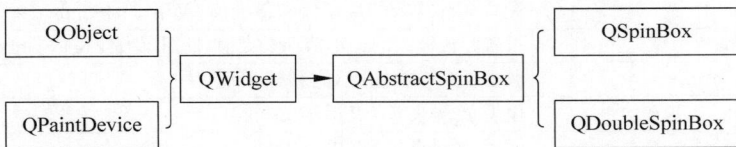

图 4-33 QSpinBox 类和 QDoubleSpinBox 类的继承关系

其中，QAbstractSpinBox 类是由 QLineEdit 类和按钮类组合而成的，它是一个抽象类，不能直接使用。

在 Qt 6 中，QSpinBox 类的构造函数如下：

```
QSpinBox(QWidget * parent = nullptr)
```

其中，parent 表示指向父窗口或父容器的对象指针。

在 Qt 6 中，QDoubleSpinBox 类的构造函数如下：

```
QDoubleSpinBox(QWidget * parent = nullptr)
```

其中，parent 表示指向父窗口或父容器的对象指针。

4.5.1 QSpinBox 类和 QDoubleSpinBox 类的常用方法

由于 QSpinBox 类和 QDoubleSpinBox 类都继承自抽象类 QAbstractSpinBox，所以 QSpinBox 类和 QDoubleSpinBox 类具有相同的属性、方法、信号。QSpinBox 类和 QDoubleSpinBox 类常用的方法见表 4-20。

表 4-20　QSpinBox 类和 QDoubleSpinBox 类常用的方法

方法及参数类型	说　明	返回值类型
[slot]setValue(int)	设置当前的数值,仅用于 QSpinBox	
[slot]setValue(float)	设置当前的数值,仅用于 QDoubleSpinBox	
[slot]selectAll()	选择显示的值,不包括前缀和后缀	
[slot]clear()	清空内容,不包括前缀和后缀	
[slot]stepDown()	减小数值	
[slot]stepUp()	增大数值	
value()	获取当前的数值	int/double
setDisplayIntegerBase(int)	设置整数的进位值,例如 2、4、6、8、10	
displayIntegerBase()	获取整数的进位值,仅用于 QSpinBox	int
setDecimals(int)	设置允许的小数位数,仅用于 QDoubleSpinBox	
decimals()	获取允许的小数位数,仅用于 QDoubleSpinBox	int
setMaximun(int)	设置允许输入的最大值,仅用于 QSpinBox	
setMaximun(float)	设置允许输入的最大值,仅用于 QDoubleSpinBox	
setMinimum(int)	设置允许输入的最小值,仅用于 QSpinBox	
setMinimum(float)	设置允许输入的最小值,仅用于 QDoubleSpinBox	
setRange(int,int)	设置允许输入的最小值和最大值,仅用于 QSpinBox	
setRange(float,float)	设置允许输入的最小值和最大值,仅用于 QDoubleSpinBox	
minimum()、maximum()	获取允许输入最小值和最大值	int/double
setSingleStep(int)	设置微调步长,仅用于 QSpinBox	
setSingleStep(float)	设置微调步长,仅用于 QDoubleSpinBox	
singleStep()	获取微调步长	int/double
setPrefix(QString &p)	设置前缀符号,例如 'a'	
setSuffix(QString &s)	设置后缀符号,例如 'abc'	
cleanText()	获取不含前缀和后缀的文本	QString
text()	获取包含前缀和后缀的文本	QString
setAlignment(Qt::Alignment)	设置对齐方式	
setButtonSymbols(QAbstractSpinBox::ButtonSymbols)	设置右侧的按钮样式	
setCorrectionMode(QAbstractSpinBox::CorrectionMode)	设置自动修正模式	
setFrame(bool)	设置是否有外边框	
setGroupSeparatorShown(bool)	设置是否每隔 3 位用逗号隔开	
setKeyboardTracking(bool)	设置是否每次跟踪键盘的输入	
setReadOnly(bool)	设置是否为只读模式	
setSpecialValueText(QString &t)	设置特殊文本,当显示的值等于允许的最小值时,显示该文本	
setWrapping(bool)	设置是否为循环显示,即最大值再增大则变成最小值,最小值再减小则变成最大值	
setAccelerated(bool)	当按住增大或减小按钮时,是否加速显示值	

【实例 4-26】 创建一个窗口,该窗口包含两个数字输入控件,一个用于输入数字,另一个用于输入小数,操作步骤如下:

(1) 使用 Qt Creator 创建一个模板为 Qt Widgets Application 的项目,将该项目命名为 demo26,并保存在 D 盘的 Chapter4 文件夹下;在向导对话框中选择基类 QWidget,不勾选 Generate form 复选框。

(2) 编写 widget.h 文件中的代码,代码如下:

```
/* 第 4 章 demo26 widget.h */
#ifndef WIDGET_H
#define WIDGET_H

#include <QWidget>
#include <QSpinBox>
#include <QDoubleSpinBox>
#include <QFont>

class Widget : public QWidget
{
    Q_OBJECT
public:
    Widget(QWidget * parent = nullptr);
    ~Widget();
private:
    QSpinBox * spinbox;
    QDoubleSpinBox * doublespin;
};
#endif //WIDGET_H
```

(3) 编写 widget.cpp 文件中的代码,代码如下:

```
/* 第 4 章 demo26 widget.cpp */
#include "widget.h"

Widget::Widget(QWidget * parent):QWidget(parent)
{
    setGeometry(200,200,560,220);
    setWindowTitle("QSpinBox 类、QDoubleSpinBox 类");
    spinbox = new QSpinBox(this);
    spinbox->setGeometry(100,20,80,30);
    spinbox->setFont(QFont("黑体",14,QFont::ExtraBold));

    doublespin = new QDoubleSpinBox(this);
    doublespin->setGeometry(100,80,80,30);
    doublespin->setFont(QFont("黑体",14,QFont::ExtraBold));
}

Widget::~Widget() {}
```

（4）其他文件保持不变,运行结果如图 4-34 所示。

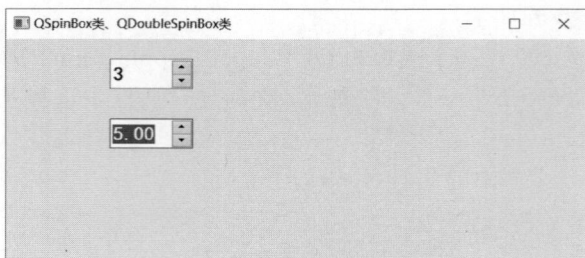

图 4-34　项目 demo26 的运行结果

4.5.2　QSpinBox 类和 QDoubleSpinBox 类的信号

16min

由于 QSpinBox 类和 QDoubleSpinBox 类都继承自抽象类 QAbstractSpinBox,所以 QSpinBox 类和 QDoubleSpinBox 类具有相同的属性、方法、信号。QSpinBox 类和 QDoubleSpinBox 类常用的信号见表 4-21。

表 4-21　QSpinBox 类和 QDoubleSpinBox 类常用的信号

信号及参数类型	说　明
editingFinished()	输入完成后,当按 Enter 键或失去焦点时发送信号
textChanged(QString &t)	当文本发生变化时发送信号
valueChanged(int)	当数值发生变化时发送信号,适用于 QSpinBox
valueChanged(double)	当数值发生变化时发送信号,适用于 QDoubleSpinBox

【实例 4-27】　创建一个窗口,该窗口包含两个数字输入控件,一个用于输入数字,另一个用于输入小数。当数字输入控件的数值发生变化时,打印该数值,操作步骤如下:

（1）使用 Qt Creator 创建一个模板为 Qt Widgets Application 的项目,将该项目命名为 demo27,并保存在 D 盘的 Chapter4 文件夹下;在向导对话框中选择基类 QWidget,不勾选 Generate form 复选框。

（2）编写 widget.h 文件中的代码,代码如下:

```
/* 第 4 章 demo27 widget.h */
#ifndef WIDGET_H
#define WIDGET_H

#include <QWidget>
#include <QSpinBox>
#include <QDoubleSpinBox>
#include <QFont>
#include <QDebug>

class Widget : public QWidget
{
    Q_OBJECT
```

```
public:
    Widget(QWidget * parent = nullptr);
    ～Widget();
private:
    QSpinBox * spinbox;
    QDoubleSpinBox * doublespin;
private slots:
    void echo_int(int num);
    void echo_double(double num);
};
#endif //WIDGET_H
```

(3) 编写 widget.cpp 文件中的代码,代码如下:

```
/* 第 4 章 demo27 widget.cpp */
#include "widget.h"

Widget::Widget(QWidget * parent):QWidget(parent)
{
    setGeometry(200,200,500,200);
    setWindowTitle("QSpinBox 类、QDoubleSpinBox 类");
    spinbox = new QSpinBox(this);
    spinbox -> setGeometry(100,20,80,30);
    spinbox -> setFont(QFont("黑体",14,QFont::ExtraBold));
    //使用信号/槽机制
    connect(spinbox,SIGNAL(valueChanged(int)),this,SLOT(echo_int(int)));

    doublespin = new QDoubleSpinBox(this);
    doublespin -> setGeometry(100,80,80,30);
    doublespin -> setFont(QFont("黑体",14,QFont::ExtraBold));
    //使用信号槽机制
    connect(doublespin,SIGNAL(valueChanged(double)),this,SLOT(
echo_double(double)));
}

Widget::～Widget() {}

void Widget::echo_int(int num){
    qDebug()<< num;
}

void Widget::echo_double(double num){
    qDebug()<< num;
}
```

(4) 其他文件保持不变,运行结果如图 4-35 所示。

【实例 4-28】 创建一个窗口,该窗口包含 1 个标签、两个单行文本框、一个数字输入控件。在第 1 个单行文本框中输入手机价格,在数字输入控件输入手机数目,当光标离开数字输入控件时第 2 个单行文本框显示总价格,操作步骤如下:

(1) 使用 Qt Creator 创建一个模板为 Qt Widgets Application 的项目,将该项目命名为 demo28,并保存在 D 盘的 Chapter4 文件夹下;在向导对话框中选择基类 QWidget,不勾选

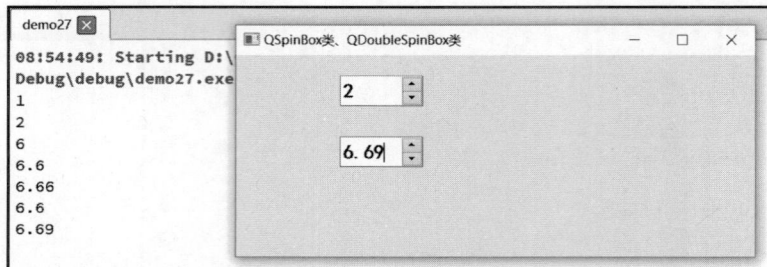

图 4-35   项目 demo27 的运行结果

Generate form 复选框。

(2) 编写 widget.h 文件中的代码,代码如下:

```cpp
/* 第 4 章 demo28 widget.h */
#ifndef WIDGET_H
#define WIDGET_H

#include <QWidget>
#include <QSpinBox>
#include <QLabel>
#include <QLineEdit>
#include <QString>

class Widget : public QWidget
{
    Q_OBJECT
public:
    Widget(QWidget * parent = nullptr);
    ~Widget();
private:
    QLabel * label;
    QLineEdit * lineEdit1, * lineEdit2;
    QSpinBox * spinbox;
private slots:
    void spin_edit();
};
#endif //WIDGET_H
```

(3) 编写 widget.cpp 文件中的代码,代码如下:

```cpp
/* 第 4 章 demo28 widget.cpp */
#include "widget.h"

Widget::Widget(QWidget * parent):QWidget(parent)
{
    setGeometry(200,200,560,220);
    setWindowTitle("QSpinBox 类");

    label = new QLabel("手机价格:",this);
```

```
    label -> setGeometry(10,80,70,30);

    lineEdit1 = new QLineEdit(this);
    lineEdit1 -> setGeometry(80,80,150,30);

    spinbox = new QSpinBox(this);
    spinbox -> setGeometry(240,80,40,30);
    //使用信号/槽
    connect(spinbox,SIGNAL(editingFinished()),this,SLOT(spin_edit()));

    lineEdit2 = new QLineEdit(this);
    lineEdit2 -> setGeometry(290,80,150,30);
}

Widget::~Widget() {}

void Widget::spin_edit(){
    if (lineEdit1 -> text()!= ""){
        QString price = lineEdit1 -> text();
        int pri = price.toInt();
        int val = spinbox -> value();
        int total = pri * val;
        QString str1 = QString::number(total);
        lineEdit2 -> setText(str1);
    }
}
```

（4）其他文件保持不变，运行结果如图 4-36 所示。

图 4-36　项目 demo28 的运行结果

【实例 4-29】　使用 Qt Creator 设计一个窗口，该窗口可以根据输入的价格和数量自动计算两种商品的总价格，操作步骤如下：

（1）使用 Qt Creator 创建一个模板为 Qt Widgets Application 的项目，将该项目命名为 demo29，并保存在 D 盘的 Chapter4 文件夹下；在向导对话框中选择基类 QWidget，勾选 Generate form 复选框。

（2）在 Qt Creator 的设计模式中，每种产品的标签、价格、数量、总价格使用水平布局，整体窗口使用垂直布局，如图 4-37 和图 4-38 所示。

（3）编写 widget.h 文件中的代码，代码如下：

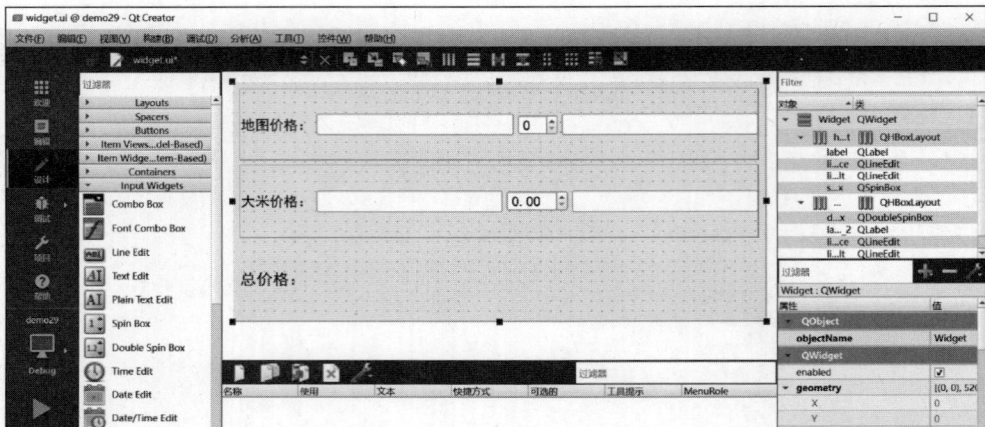

图 4-37　设计的窗口

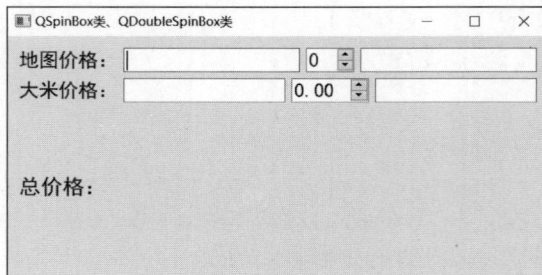

图 4-38　预览窗口

```
/* 第 4 章 demo29 widget.h */
#ifndef WIDGET_H
#define WIDGET_H

#include <QWidget>
#include <QString>

QT_BEGIN_NAMESPACE
namespace Ui {
class Widget;
}
QT_END_NAMESPACE

class Widget : public QWidget
{
    Q_OBJECT
public:
    Widget(QWidget * parent = nullptr);
    ~Widget();
private:
    Ui::Widget * ui;
```

```
private slots:
    void first_edited();
    void second_edited();
};
#endif //WIDGET_H
```

（4）编写 widget.cpp 文件中的代码，代码如下：

```
/* 第 4 章 demo29 widget.cpp */
#include "widget.h"
#include "ui_widget.h"

Widget::Widget(QWidget *parent):QWidget(parent),ui(new Ui::Widget)
{
    ui->setupUi(this);
    //使用信号/槽机制
    connect(ui->spinBox,SIGNAL(editingFinished()),this,SLOT(
first_edited()));
    connect(ui->doubleSpinBox,SIGNAL(editingFinished()),this,SLOT(
second_edited()));
}

Widget::~Widget()
{
    delete ui;
}

void Widget::first_edited(){
    if (ui->lineEdit_mapPrice->text()!= ""){
        QString price1 = ui->lineEdit_mapPrice->text();
        int pri1 = price1.toInt();
        int num1 = ui->spinBox->value();
        int result1 = pri1 * num1;
        QString str1 = QString::number(result1);
        ui->lineEdit_mapResult->setText(str1);
    }
}

void Widget::second_edited(){
    if (ui->lineEdit_ricePrice->text()!= ""){
        QString price2 = ui->lineEdit_ricePrice->text();
        double pri2 = price2.toDouble();
        double num2 = ui->doubleSpinBox->value();
        double result2 = pri2 * num2;
        ui->lineEdit_riceResult->setText(QString::number(result2));
        int result1 = (ui->lineEdit_mapResult->text()).toInt();
        double result3 = result1 + result2;
        QString str = "总价格:" + QString::number(result3) + "元";
        ui->label_3->setText(str);
    }
}
```

（5）其他文件保持不变，运行结果如图 4-39 所示。

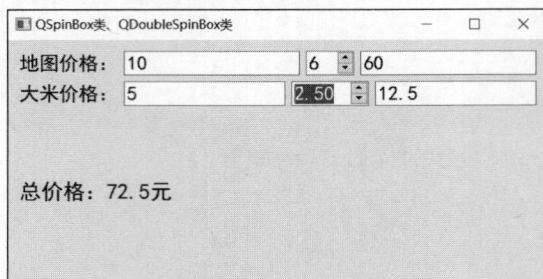

图 4-39　项目 demo29 的运行结果

4.6　下拉列表（QComboBox）

在 Qt 6 中，使用 QComboBox 类创建的对象表示下拉列表控件。下拉列表控件是一个集按钮和下拉选项为一体的控件，可以为用户提供一个下拉式的选项列表，最大限度地减少所占窗口的面积。

在 Qt 6 中，QComboBox 类直接继承自 QWidget 类。QComboBox 类的构造函数如下：

```
QComboBox(QWidget * parent = nullptr)
```

其中，parent 表示指向父窗口或父容器的对象指针。

4.6.1　QComboBox 类的用法

在 Qt 6 中，由 QComboBox 类创建的下拉列表由一列多行内容构成，每行称为一项（Item）。QComboBox 类中有添加项、插入项、移除项的方法。QComboBox 类的常用方法见表 4-22。

表 4-22　QComboBox 类的常用方法

方法及参数类型	说　　明	返回值类型
［slot］setCurrentText(QString &t)	设置当前显示的文本	
［slot］setCurrentIndex(int)	根据索引设置为当前项	
［slot］setEditText(QString &t)	设置编辑文本	
［slot］clear()	从控件中清空所有的项	
［slot］clearEditText()	只清空可编辑的文字，不影响项	
addItem(QString &t,QVariant &u)	添加项，可以设置关联的任意类型的数据	
addItem(QIcon &i,QString &t,QVariant &u)	添加带图标的项	
addItems(QStringList &t)	使用字符串列表添加多个项	
insertItem(int,QString &t,QVariant &u)	在指定索引处插入项	
insertItem(int,QIcon &i,QString &t,QVariant &u)	在指定索引处插入带图标的项	

续表

方法及参数类型	说　明	返回值类型
insertItems(int,QStringList &list)	在指定索引处插入多个项	
removeItem(int)	根据索引移除项	
count()	返回项的数量	int
currentIndex()	返回当前项的索引	int
currentText()	返回当前项的文本	QString
setEditable(bool)	设置是否可编辑	
setIconSize(QSize &s)	设置图标的尺寸	
setInsertPolicy(QComboBox::InsertPolicy)	设置插入项的策略,其中 QComboBox::NoInsert:不允许插入项 QComboBox::InsertAtTop:在顶部插入项 QComboBox::InsertAtCurrent:在当前位置插入项 QComboBox::InsertAtBottom:在底部插入项 QComboBox::InsertAfterCurrent:在当前项之后插入 QComboBox::InsertBeforeCurrent:在当前项之后插入 QComboBox::InsertAlphabetically:根据字母顺序插入	
setItemData(int,QVariant &v,int role=Qt::UserRole)	根据索引设置关联数据	
setItemIcon(int,QIcon &i)	根据索引设置图标	
setItemText(int,QString &t)	根据索引设置文本	
setMaxCount(int)	设置项的最大数量,超过部分不显示	
setMaxVisibleItems(int)	设置最多能显示项的数量,若超过,则显示滚动条	
setMinimumContentsLength(int)	设置子项目显示的最小长度	
setSizeAdjustPolicy(QComoBox::SizeAdjustPolicy)	设置宽度和高度的调整策略	
setValidator(QValidator * v)	设置输入内容的合法性验证	
currentData(int role=Qt::UserRole)	获取当前项关联的数据	QVariant
iconSize()	返回图标大小	QSize
itemIcon(int)	根据索引获取图标 QIcon	QIcon
itemText(int)	根据索引获取项的文本	QString
showPopup()	显示列表	
itemData(int,int role=Qt::UserRole)	根据索引获取关联项的数据	QVariant
hidePopup()	隐藏列表	

在表 4-22 中,QComboBox::SizeAdjustPolicy 的枚举常量为 QComboBox::AdjustToContents (根据内容调整)、QComboBox::AdjustToContentsOnFirstShow(根据第 1 次的显示内容调整)、

QComboBox::AdjustToMinimumContentsLengthWithIcon(根据最小长度调整)。

【实例4-30】 创建一个窗口,该窗口包含一个下拉列表。下拉列表中有4个选项,将其中一个设置为当前选项,操作步骤如下:

(1) 使用Qt Creator创建一个模板为Qt Widgets Application的项目,将该项目命名为demo30,并保存在D盘的Chapter4文件夹下;在向导对话框中选择基类QWidget,不勾选Generate form复选框。

(2) 编写widget.h文件中的代码,代码如下:

```cpp
/* 第4章 demo30 widget.h */
#ifndef WIDGET_H
#define WIDGET_H

#include <QWidget>
#include <QComboBox>
#include <QFont>

class Widget : public QWidget
{
    Q_OBJECT
public:
    Widget(QWidget * parent = nullptr);
    ~Widget();
private:
    QComboBox * combo1;
};
#endif //WIDGET_H
```

(3) 编写widget.cpp文件中的代码,代码如下:

```cpp
/* 第4章 demo30 widget.cpp */
#include "widget.h"

Widget::Widget(QWidget * parent):QWidget(parent)
{
    setGeometry(200,200,560,220);
    setWindowTitle("QComboBox类");
    combo1 = new QComboBox(this);
    combo1 -> setGeometry(100,30,120,40);
    combo1 -> setFont(QFont("黑体",14,QFont::ExtraBold));
    combo1 -> addItem("三国演义");
    combo1 -> addItem("水浒传");
    combo1 -> addItem("西游记");
    combo1 -> addItem("红楼梦");
    combo1 -> setCurrentIndex(3);
}

Widget::~Widget() {}
```

（4）其他文件保持不变，运行结果如图 4-40 所示。

图 4-40　项目 demo30 的运行结果

4.6.2　QComboBox 类的信号

在 Qt 6 中，QComboBox 类的信号见表 4-23。

表 4-23　QComboBox 类的信号

信号及参数类型	说　明
activated(int)	当用户激活某项时发送信号
textActivated(QString &t)	同上，参数类型不同
currentIndexChanged(int)	当用户或程序改变当前项的索引时发送信号
currentTextChanged(QString &t)	当用户或程序改变当前项的文本时发送信号
editTextChanged(QString &t)	在可编辑状态下，当改变可编辑文本时发送信号
highlighted(int)	当光标经过列表的项时发送信号
textHighlighted(QString &t)	同上，参数类型不同

【实例 4-31】　创建一个窗口，该窗口包含一个下拉列表。下拉列表中有 4 个选项，当选择其中的一个选项时，打印选择信息，操作步骤如下：

（1）使用 Qt Creator 创建一个模板为 Qt Widgets Application 的项目，将该项目命名为 demo31，并保存在 D 盘的 Chapter4 文件夹下；在向导对话框中选择基类 QWidget，不勾选 Generate form 复选框。

（2）编写 widget.h 文件中的代码，代码如下：

```
/* 第 4 章 demo31 widget.h */
#ifndef WIDGET_H
#define WIDGET_H

#include <QWidget>
#include <QComboBox>
#include <QFont>
#include <QDebug>

class Widget : public QWidget
{
    Q_OBJECT
```

```
public:
    Widget(QWidget * parent = nullptr);
    ~Widget();
private:
    QComboBox * combo1;
private slots:
    void echo_text(QString str);
};
# endif //WIDGET_H
```

(3) 编写 widget.cpp 文件中的代码,代码如下:

```
/* 第 4 章 demo31 widget.cpp */
# include "widget.h"

Widget::Widget(QWidget * parent):QWidget(parent)
{
    setGeometry(200,200,500,200);
    setWindowTitle("QComboBox 类");
    combo1 = new QComboBox(this);
    combo1 -> setGeometry(100,30,120,40);
    combo1 -> setFont(QFont("黑体",14,QFont::ExtraBold));
    combo1 -> addItem("三国演义");
    combo1 -> addItem("水浒传");
    combo1 -> addItem("西游记");
    combo1 -> addItem("红楼梦");
    combo1 -> setCurrentIndex(3);
    //使用信号/槽机制
    connect(combo1,SIGNAL(currentTextChanged(QString)),this,SLOT(
echo_text(QString)));
}

Widget::~Widget() {}

void Widget::echo_text(QString str){
    qDebug()<<"选择了"<< str;
}
```

(4) 其他文件保持不变,运行结果如图 4-41 所示。

图 4-41 项目 demo31 的运行结果

【**实例 4-32**】　创建一个窗口,该窗口包含 1 个下拉列表、1 个标签控件。下拉列表中有 4 个选项,当选择其中的一个选项时,标签中显示选择信息,操作步骤如下:

(1) 使用 Qt Creator 创建一个模板为 Qt Widgets Application 的项目,将该项目命名为 demo32,并保存在 D 盘的 Chapter4 文件夹下;在向导对话框中选择基类 QWidget,不勾选 Generate form 复选框。

(2) 编写 widget.h 文件中的代码,代码如下:

```
/* 第 4 章 demo32 widget.h */
#ifndef WIDGET_H
#define WIDGET_H

#include <QWidget>
#include <QComboBox>
#include <QFont>
#include <QLabel>
#include <QString>

class Widget : public QWidget
{
    Q_OBJECT
public:
    Widget(QWidget * parent = nullptr);
    ~Widget();
private:
    QComboBox * combo1;
    QLabel * label;
private slots:
    void combo_changed();
};
#endif //WIDGET_H
```

(3) 编写 widget.cpp 文件中的代码,代码如下:

```
/* 第 4 章 demo32 widget.cpp */
#include "widget.h"

Widget::Widget(QWidget * parent):QWidget(parent)
{
    setGeometry(200,200,560,220);
    setWindowTitle("QComboBox 类");
    combo1 = new QComboBox(this);
    combo1 -> setGeometry(100,30,120,40);
    combo1 -> setFont(QFont("黑体",14,QFont::ExtraBold));
    combo1 -> addItem("三国演义");
    combo1 -> addItem("水浒传");
    combo1 -> addItem("西游记");
    combo1 -> addItem("红楼梦");
    combo1 -> setCurrentIndex(3);
    //使用信号/槽机制
    connect(combo1,SIGNAL(currentTextChanged(QString)),this,SLOT(
```

```
combo_changed()));
    label = new QLabel(this);
    label -> setGeometry(100,100,200,40);
    label -> setFont(QFont("楷体",20,QFont::ExtraBold));
}

Widget::~Widget() {}

void Widget::combo_changed(){
    QString item = combo1 -> currentText();
    QString str = "选择了" + item;
    label -> setText(str);
}
```

(4) 其他文件保持不变,运行结果如图 4-42 所示。

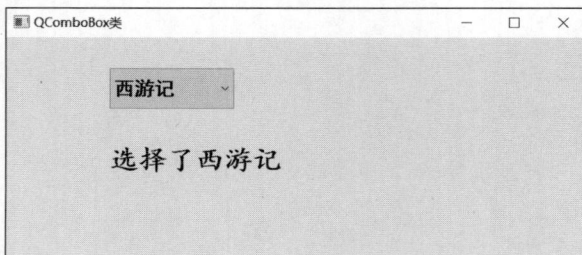

图 4-42　项目 demo32 的运行结果

4.6.3　使用 Qt Designer 创建下拉列表

在 Qt 6 中,可以使用 Qt Designer 创建下拉列表,操作步骤如下:

(1) 打开 Qt Designer 软件,从窗口部件盒中将 Combo Box 控件拖曳到主窗口上,如图 4-43 所示。

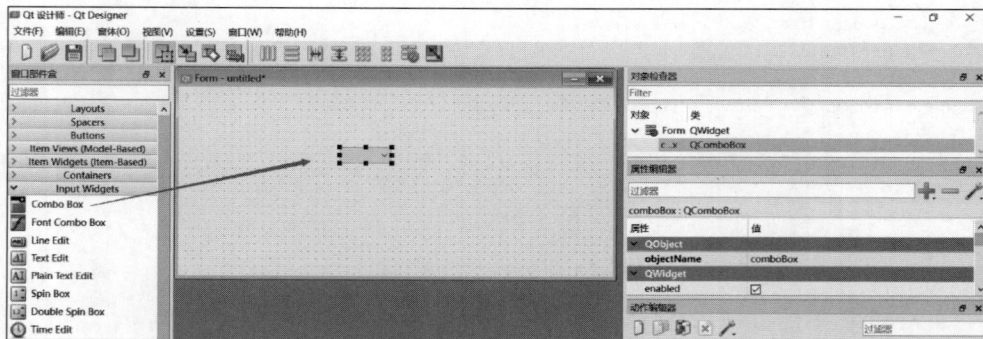

图 4-43　拖曳 Combo Box 控件

(2) 双击主窗口上的 Combo Box 控件,此时会弹出一个编辑组合框对话框。单击对话框右下角的加号,可以为下拉列表添加选项,如图 4-44 和图 4-45 所示。

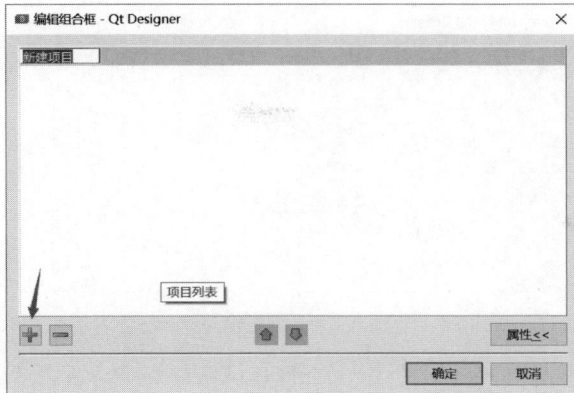

图 4-44　添加选项(1)

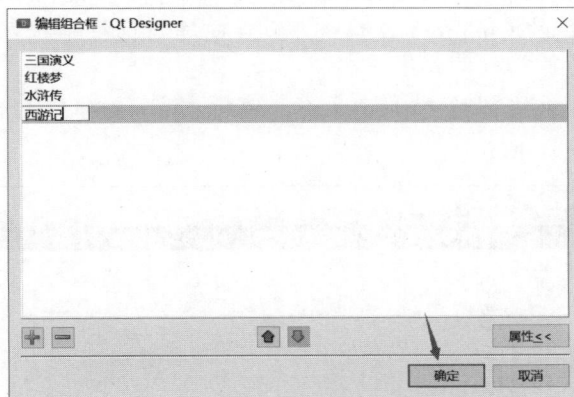

图 4-45　添加选项(2)

（3）在编辑组合框对话框中，添加完选项后，单击"确定"按钮，这样就为下拉列表添加了选项，如图 4-46 所示。

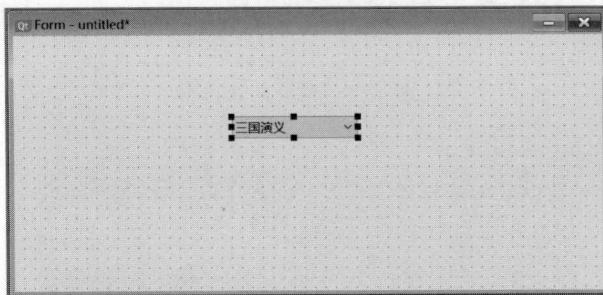

图 4-46　添加选项(3)

（4）按快捷键 Ctrl＋R，就可以查看预览效果了，如图 4-47 所示。

在 Qt Creator 的设计模式中，可按照同样的步骤创建下拉列表。

图 4-47 预览窗口

【**实例 4-33**】 使用 Qt Creator 设计一个窗口,该窗口包含 1 个下拉列表、两个标签控件。下拉列表中有 4 个选项,当选择其中的一个选项时,在标签中显示选择信息,操作步骤如下:

(1) 使用 Qt Creator 创建一个模板为 Qt Widgets Application 的项目,将该项目命名为 demo33,并保存在 D 盘的 Chapter4 文件夹下;在向导对话框中选择基类 QWidget,勾选 Generate form 复选框。

(2) 在 Qt Creator 的设计模式中,第 1 个标签和下拉列表使用水平布局,窗口使用垂直布局,如图 4-48 和图 4-49 所示。

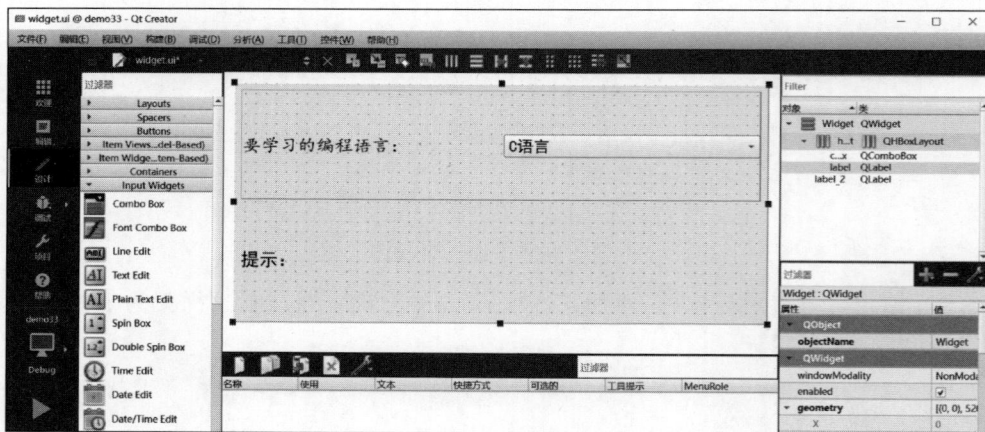

图 4-48 设计的窗口

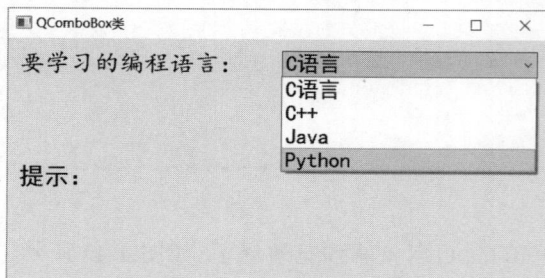

图 4-49 预览窗口

（3）编写 widget.h 文件中的代码,代码如下:

```
/* 第 4 章 demo33 widget.h */
# ifndef WIDGET_H
# define WIDGET_H

# include < QWidget >
# include < QString >

QT_BEGIN_NAMESPACE
namespace Ui {
class Widget;
}
QT_END_NAMESPACE

class Widget : public QWidget
{
    Q_OBJECT
public:
    Widget(QWidget * parent = nullptr);
    ~Widget();
private:
    Ui::Widget * ui;
private slots:
    void combo_changed();
};
# endif //WIDGET_H
```

（4）编写 widget.cpp 文件中的代码,代码如下:

```
/* 第 4 章 demo33 widget.cpp */
# include "widget.h"
# include "ui_widget.h"

Widget::Widget(QWidget * parent):QWidget(parent),ui(new Ui::Widget)
{
    ui -> setupUi(this);
    //使用信号/槽机制
    connect(ui -> comboBox,SIGNAL(currentTextChanged(QString)),this,SLOT(
combo_changed()));
}

Widget::~Widget()
{
    delete ui;
}

void Widget::combo_changed(){
    QString str1 = ui -> comboBox -> currentText();
    QString str2 = "提示:选择了" + str1;
    ui -> label_2 -> setText(str2);
}
```

（5）其他文件保持不变，运行结果如图 4-50 所示。

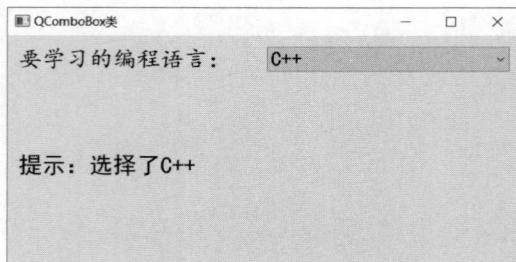

图 4-50　项目 demo33 的运行结果

4.6.4　字体下拉列表

在 Qt 6 中，可以使用 QFontComboBox 类创建的对象表示字体下拉列表，列表的内容是操作系统支持的字体，字体下拉列表主要用于选择字体。QFontComboBox 类是 ComboBox 类的子类，其继承关系如图 4-51 所示。

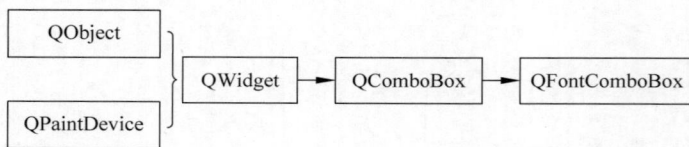

图 4-51　QFontComboBox 类的继承关系

QFontComboBox 类的构造函数如下：

```
QFontComboBox(QWidget * parent = nullptr)
```

其中，parent 表示指向父窗口或父容器的对象指针。

在 Qt 6 中，由于 QFontComboBox 类是 QComboBox 类的子类，所以继承了 QComboBox 类的属性、方法、信号。除此之外，QFontComboBox 类有自己独有的方法。QFontComboBox 类的独有方法见表 4-24。

表 4-24　QFontComboBox 类的独有方法

方法及参数类型	说　明	返回值类型
［slot］setCurrentFont(QFont &f)	设置当前字体	
currentFont()	获取当前字体	QFont
setFontFilters(QFontComboBox::FontFilter)	设置字体列表的过滤器，其中 QFontComboBox::AllFonts：显示所有字体 QFontComboBox::ScalableFonts：显示可缩放字体 QFontComboBox::NonScalableFonts：显示不可缩放字体 QFontComboBox::MonospacedFonts：显示等宽字体 QFontComboBox::ProportionalFonts：显示等比例字体	

续表

方法及参数类型	说　　明	返回值类型
setWritingSystem （QFontDatabase：：WritingSystem）	显示特定书写系统的字体,例如 QFontDatabase：：SimplifiedChinese；简体中文 QFontDatabase：：TraditionalChinese：繁体中文 QFontDatabase：：Korean：显示朝鲜文 QFontDatabase：：Japanese：显示日文 QFontDatabase：：Greek：显示希腊文 QFontDatabase：：Latin：显示拉丁文 QFontDatabase：：Vietnamese：显示越南文	

【**实例4-34**】　创建一个窗口,该窗口包含1个字体下拉列表,要求只显示简体中文的字体,操作步骤如下:

(1) 使用 Qt Creator 创建一个模板为 Qt Widgets Application 的项目,将该项目命名为 demo34,并保存在 D 盘的 Chapter4 文件夹下;在向导对话框中选择基类 QWidget,不勾选 Generate form 复选框。

(2) 编写 widget.h 文件中的代码,代码如下:

```
/* 第 4 章 demo34 widget.h */
#ifndef WIDGET_H
#define WIDGET_H

#include <QWidget>
#include <QFontComboBox>
#include <QFontDatabase>

class Widget : public QWidget
{
    Q_OBJECT
public:
    Widget(QWidget * parent = nullptr);
    ~Widget();
private:
    QFontComboBox * fontcombo1;
};
#endif //WIDGET_H
```

(3) 编写 widget.cpp 文件中的代码,代码如下:

```
/* 第 4 章 demo34 widget.cpp */
#include "widget.h"

Widget::Widget(QWidget * parent):QWidget(parent)
{
    setGeometry(200,200,580,300);
    setWindowTitle("QFontComboBox 类");
    fontcombo1 = new QFontComboBox(this);
    fontcombo1 -> setGeometry(100,10,220,40);
    fontcombo1 -> setWritingSystem(QFontDatabase::SimplifiedChinese);
```

```
    }

Widget::~Widget() {}
```

(4) 其他文件保持不变,运行结果如图 4-52 所示。

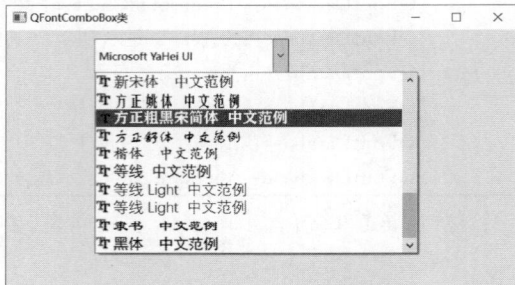

图 4-52　项目 demo34 的运行结果

在 Qt 6 中,QFontComboBox 类独有的信号为 currentFontChanged(QFont &f),表示当前字体发生变化时发送信号。

【实例 4-35】　创建一个窗口,该窗口包含 1 个字体下拉列表、1 个标签控件。当选择字体时,标签会显示选择信息,操作步骤如下:

(1) 使用 Qt Creator 创建一个模板为 Qt Widgets Application 的项目,将该项目命名为 demo35,并保存在 D 盘的 Chapter4 文件夹下;在向导对话框中选择基类 QWidget,不勾选 Generate form 复选框。

(2) 编写 widget.h 文件中的代码,代码如下:

```
/* 第 4 章 demo35 widget.h */
#ifndef WIDGET_H
#define WIDGET_H

#include <QWidget>
#include <QFontComboBox>
#include <QLabel>
#include <QFont>
#include <QString>

class Widget : public QWidget
{
    Q_OBJECT
public:
    Widget(QWidget *parent = nullptr);
    ~Widget();
private:
    QFontComboBox *fontcombo1;
    QLabel *label;
private slots:
    void font_selected(QFont font);
};
#endif //WIDGET_H
```

（3）编写 widget.cpp 文件中的代码，代码如下：

```
/* 第 4 章 demo35 widget.cpp */
# include "widget.h"

Widget::Widget(QWidget * parent):QWidget(parent)
{
    setGeometry(200,200,580,300);
    setWindowTitle("QFontComboBox 类");
    fontcombo1 = new QFontComboBox(this);
    fontcombo1 -> setGeometry(100,10,220,40);
    //使用信号/槽
    connect(fontcombo1,SIGNAL(currentFontChanged(QFont)),this,SLOT(
font_selected(QFont)));
    label = new QLabel("提示:",this);
    label -> setGeometry(0,200,220,30);
    label -> setFont(QFont("黑体",14));
}

Widget::~Widget() {}

void Widget::font_selected(QFont font){
    QString name = font.family();
    QString str1 = "提示:选择了" + name;
    label -> setText(str1);
}
```

（4）其他文件保持不变，运行结果如图 4-53 所示。

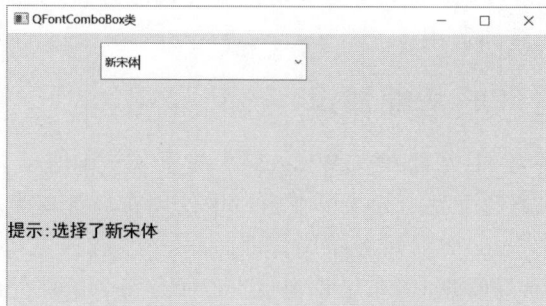

图 4-53　项目 demo35 的运行结果

4.7　小结

本章介绍了 Qt 6 中的常用控件，包括单行文本框、多行文本框、多行纯文本框、按钮类控件、数字输入控件、下拉列表。

在这些控件中最复杂的控件是多行文本框，如果能掌握最复杂的控件，则掌握其他的控件就会相对轻松一些。当然只有经常实践应用，才能比较好地掌握这些控件。

第 5 章

布局管理与容器

在前面的章节中，已经介绍了多种控件。如何在一个窗口中布局多个控件，如何整齐地排列多个控件，更改窗口大小后，如何自动地调整控件的位置，以及宽和高，这些问题都是开发者要考虑的问题。

针对这些问题，Qt 6 提供了布局管理类和容器类。布局管理类可以自动定位控件并调整控件的宽和高。容器类不仅可以装载更多的控件，而且能美观地显示控件。

5.1　布局管理

在 Qt 6 中，有一组布局管理类。布局管理类可以描述控件在窗口中的布局方式。当控件的可用空间发生变化时，这些布局类会自动定位并调整控件的宽和高，确保它们排列一致，让窗口界面作为一个整体可用。

5.1.1　布局管理的基础知识

在 Qt 6 中，所有的控件类都是 QWidget 类的子类，其他窗口类（QMainWindow、QDialog）也是 QWidget 类的子类。如果要在窗口中使用布局管理类，则需要使用窗口类的 setLayout(QLayout * layout)方法设置布局管理。

当在窗口中设置了布局管理时，布局管理负责以下任务：子控件的定位、合理化窗口的默认尺寸、合理化窗口的最小尺寸、调整窗口的大小、窗口内容更改时自动更新。自动更新的内容包括子控件的字号、文本或其他内容，以及隐藏或显示小控件、删除小空间。

在 Qt 6 中，常用的布局管理类见表 5-1。

表 5-1　常用的布局管理类

布　局　类	说　　　明
QLayoutItem	QLayout 操作的抽象项，一般不会单独使用
QLayout	所有布局管理类的基类，一般不会单独使用
QBoxLayout	垂直或水平排列控件，有两个子类：QHBoxLayout、QVBoxLayout
QHBoxLayout	水平排列控件

续表

布 局 类	说 明
QVBoxLayout	垂直排列控件
QGridLayout	在网格中排列控件
QFormLayout	在表单中排列控件,即以 2 列多行的形式排列控件,其中 1 列显示标签
QStackedLayout	堆叠排列控件,即一次只能看见一部分控件,其他控件被隐藏了

在 Qt 6 中,这些布局管理类有继承关系,其继承关系如图 5-1 所示。

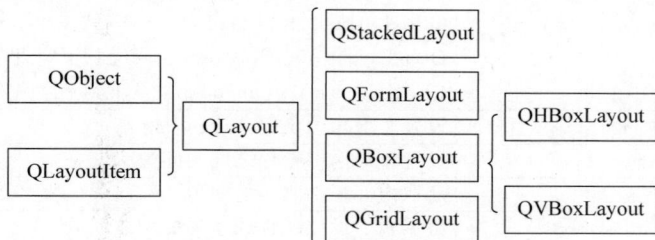

图 5-1 布局管理类的继承关系

5.1.2 水平布局与垂直布局(QHBoxLayout/QVBoxLayout)

在 Qt 6 中,使用 QHBoxLayout 类表示水平布局,使用 QVBoxLayout 类表示垂直布局。这两个类的构造函数如下:

```
QHBoxLayout(QWidget * parent = nullptr)
QVBoxLayout(QWidget * parent = nullptr)
```

其中,parent 表示指向父窗口或父容器的对象指针。

由于 QHBoxLayout 类和 QVBoxLayout 类都是 QBoxLayout 类的子类,所以这两个类具有相同的方法。QHBoxLayout 类和 QVBoxLayout 类的常用方法见表 5-2。

表 5-2 QHBoxLayout 类和 QVBoxLayout 类的常用方法

方法及参数类型	说 明	返回值类型
addWidget(QWidget * w,int stretch=0, Qt::Alignment)	添加控件,可设置伸缩系数和对齐方式	
addLayout(QLayout * lay,int stretch=0)	添加子布局	
addSpacing(int)	添加固定长度的占位空间	
addStretch(int stretch=0)	添加可伸缩空间	
addStruct(int)	设置竖直方向的最小值	
insertWidget(int index,QWidget * w,int stretch=0,Qt::Alignment)	根据索引插入控件,可设置伸缩系数和对齐方式	
insertLayout(int index, QLayout * lay,int stretch=0)	根据索引插入子布局,可设置伸缩系数和对齐方式	
insertSpacing(int index,int size)	根据索引插入固定长度和占位空间	

续表

方法及参数类型	说　明	返回值类型
insertStretch(int index,int stretch＝0)	根据索引插入可伸缩空间	
count()	获取控件、布局、占位空间的数量	int
maximumSize()	获取最大尺寸	QSize
minimumSize()	获取最小尺寸	QSize
setDirection(QBoxLayout::Direction)	设置布局的方向,其中 QBoxLayout::LeftToRight:从左到右水平布局 QBoxLayout::RightToLeft:从右到左水平布局 QBoxLayout::TopToBottom:从上到下竖直布局 QBoxLayout::BottomToTop:从下到上竖直布局	
setGeometry(QRect &r)	设置左上角的位置,以及宽度、高度	
setSpacing(int spacing)	设置布局内部控件之间的间隙	
spacing()	获取内部控件之间的间隙	int
setStretch(int index,int stretch)	根据索引设置控件或布局的伸缩系数	
stretch(int index)	根据索引获取某个控件的伸缩系数	int
setStretchFactor(QWidget * w,int stretch)	设置控件的伸缩系数,若成功,则返回值为 true	bool
setStretchFactor(QLayout * l,int stretch)	设置布局的伸缩系数,若成功,则返回值为 true	bool
setContentsMargins(int,int,int,int)	设置布局内的控件与边框的页边距	
setContentsMargins(QMargins &m)	同上	
setSizeConstraint(QLayout::SizeConstraint)	设置控件随窗口宽和高改变的变化方式	

在 Qt 6 中,QLayout::SizeConstraint 的枚举常量见表 5-3。

表 5-3　QLayout::SizeConstraint 的枚举常量

枚 举 常 量	说　明
QLayout::SetDefaultConstraint	控件的最小宽和高根据 setMinimumSize()方法确定
QLayout::SetNoConstraint	控件的宽和高的变化量不受限制
QLayout::SetMinimumSize	控件的宽和高为 setMinimumSize()方法设定的宽和高
QLayout::SetMaximumSize	控件的宽和高为 setMaximumSize()方法设定的宽和高
QLayout::SetMinAndMaxSize	控件的宽和高在最大值和最小值之间变化
QLayout::SetFixedSize	控件的宽和高为 sizeHint()方法确定,不能再更改

【实例 5-1】　创建一个窗口,该窗口包含 4 个按压按钮,并设置水平布局,操作步骤如下:

(1) 使用 Qt Creator 创建一个模板为 Qt Widgets Application 的项目,将该项目命名为 demo1,并保存在 D 盘的 Chapter5 文件夹下;在向导对话框中选择基类 QWidget,不勾选 Generate form 复选框。

(2) 编写 widget.h 文件中的代码,代码如下:

```
/* 第 5 章 demo1 widget.h */
#ifndef WIDGET_H
#define WIDGET_H

#include < QWidget >
```

```
# include < QPushButton >
# include < QHBoxLayout >

class Widget : public QWidget
{
    Q_OBJECT
public:
    Widget(QWidget * parent = nullptr);
    ~Widget();
private:
    QPushButton * btn1, * btn2, * btn3, * btn4;
    QHBoxLayout * hbox;
};
# endif //WIDGET_H
```

（3）编写 widget.cpp 文件中的代码，代码如下：

```
/ * 第 5 章 demo1 widget.cpp * /
# include "widget.h"

Widget::Widget(QWidget * parent):QWidget(parent)
{
    setGeometry(200,200,560,220);
    setWindowTitle("QHBoxLayout 类");
    //创建 4 个按压按钮
    btn1 = new QPushButton("东方");
    btn2 = new QPushButton("西方");
    btn3 = new QPushButton("南部");
    btn4 = new QPushButton("北部");
    //创建水平布局对象
    hbox = new QHBoxLayout();
    //添加控件
    hbox -> addWidget(btn1);
    hbox -> addWidget(btn2);
    hbox -> addWidget(btn3);
    hbox -> addWidget(btn4);
    //设置主窗口的布局方式
    setLayout(hbox);
}

Widget::~Widget() {}
```

（4）其他文件保持不变，运行结果如图 5-2 所示。

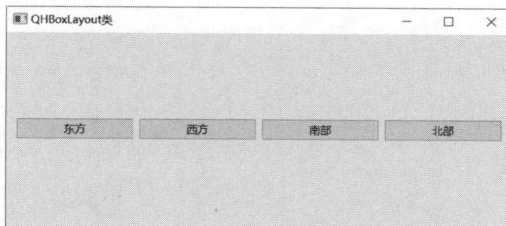

图 5-2 项目 demo1 的运行结果

【实例 5-2】 创建一个窗口,该窗口包含 4 个按压按钮,并设置垂直布局,操作步骤如下:

(1) 使用 Qt Creator 创建一个模板为 Qt Widgets Application 的项目,将该项目命名为 demo2,并保存在 D 盘的 Chapter5 文件夹下;在向导对话框中选择基类 QWidget,不勾选 Generate form 复选框。

(2) 编写 widget.h 文件中的代码,代码如下:

```
/* 第5章 demo2 widget.h */
#ifndef WIDGET_H
#define WIDGET_H

#include <QWidget>
#include <QPushButton>
#include <QVBoxLayout>

class Widget : public QWidget
{
    Q_OBJECT
public:
    Widget(QWidget * parent = nullptr);
    ~Widget();
private:
    QPushButton * btn1, * btn2, * btn3, * btn4;
    QVBoxLayout * vbox;
};
#endif //WIDGET_H
```

(3) 编写 widget.cpp 文件中的代码,代码如下:

```
/* 第5章 demo2 widget.cpp */
#include "widget.h"

Widget::Widget(QWidget * parent):QWidget(parent)
{
    setGeometry(200,200,560,220);
    setWindowTitle("QVBoxLayout 类");
    //创建 4 个按压按钮
    btn1 = new QPushButton("东方");
    btn2 = new QPushButton("西方");
    btn3 = new QPushButton("南部");
    btn4 = new QPushButton("北部");
    //创建垂直布局对象
    vbox = new QVBoxLayout();
    //添加控件
    vbox -> addWidget(btn1);
    vbox -> addWidget(btn2);
    vbox -> addWidget(btn3);
    vbox -> addWidget(btn4);
    //设置主窗口的布局方式
    setLayout(vbox);
}

Widget::~Widget() {}
```

（4）其他文件保持不变，运行结果如图 5-3 所示。

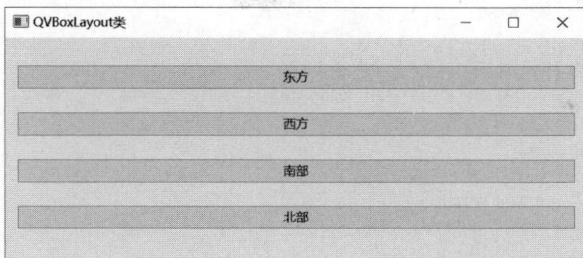

图 5-3 项目 demo2 的运行结果

在 Qt 6 中，可以根据实际情况嵌套使用水平布局和垂直布局，即在垂直布局下使用水平布局，或在水平布局下使用垂直布局。

【实例 5-3】 创建一个窗口，该窗口包含 8 个按压按钮，前 4 个按钮使用水平布局，后 4 个按钮也使用水平布局，但总体使用垂直布局，操作步骤如下：

（1）使用 Qt Creator 创建一个模板为 Qt Widgets Application 的项目，将该项目命名为 demo3，并保存在 D 盘的 Chapter5 文件夹下；在向导对话框中选择基类 QWidget，不勾选 Generate form 复选框。

（2）编写 widget.h 文件中的代码，代码如下：

```cpp
/* 第 5 章 demo3 widget.h */
#ifndef WIDGET_H
#define WIDGET_H

#include <QWidget>
#include <QPushButton>
#include <QHBoxLayout>
#include <QVBoxLayout>

class Widget : public QWidget
{
    Q_OBJECT
public:
    Widget(QWidget * parent = nullptr);
    ~Widget();
private :
    QPushButton * btn1, * btn2, * btn3, * btn4;
    QPushButton * btn5, * btn6, * btn7, * btn8;
    QHBoxLayout * hbox1, * hbox2;
    QVBoxLayout * vbox;
};
#endif //WIDGET_H
```

（3）编写 widget.cpp 文件中的代码，代码如下：

```cpp
/* 第 5 章 demo3 widget.cpp */
#include "widget.h"
```

```cpp
Widget::Widget(QWidget * parent):QWidget(parent)
{
    setGeometry(200,200,560,220);
    setWindowTitle("QHBoxLayout 类、QVBoxLayout 类");
    //创建 8 个按压按钮
    btn1 = new QPushButton("东方");
    btn2 = new QPushButton("西方");
    btn3 = new QPushButton("南部");
    btn4 = new QPushButton("北部");
    btn5 = new QPushButton("甲型");
    btn6 = new QPushButton("乙型");
    btn7 = new QPushButton("丙型");
    btn8 = new QPushButton("丁型");
    //创建水平布局对象 1
    hbox1 = new QHBoxLayout();
    hbox1 -> addWidget(btn1);
    hbox1 -> addWidget(btn2);
    hbox1 -> addWidget(btn3);
    hbox1 -> addWidget(btn4);
    //创建水平布局对象 2
    hbox2 = new QHBoxLayout();
    hbox2 -> addWidget(btn5);
    hbox2 -> addWidget(btn6);
    hbox2 -> addWidget(btn7);
    hbox2 -> addWidget(btn8);
    //创建垂直布局对象
    vbox = new QVBoxLayout();
    //添加子布局对象
    vbox -> addLayout(hbox1);
    vbox -> addLayout(hbox2);
    //设置主窗口的布局方式
    setLayout(vbox);
}

Widget::~Widget() {}
```

(4) 其他文件保持不变,运行结果如图 5-4 所示。

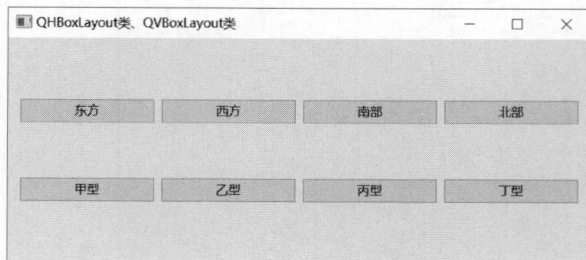

图 5-4 项目 demo3 的运行结果

【实例 5-4】 创建一个窗口,该窗口包含 8 个按压按钮,前 4 个按钮使用垂直布局,后 4 个按钮也使用垂直布局,但总体使用水平布局,操作步骤如下:

（1）使用 Qt Creator 创建一个模板为 Qt Widgets Application 的项目，将该项目命名为 demo4，并保存在 D 盘的 Chapter5 文件夹下；在向导对话框中选择基类 QWidget，不勾选 Generate form 复选框。

（2）编写 widget.h 文件中的代码，代码如下：

```
/* 第5章 demo4 widget.h */
#ifndef WIDGET_H
#define WIDGET_H

#include <QWidget>
#include <QWidget>
#include <QPushButton>
#include <QHBoxLayout>
#include <QVBoxLayout>

class Widget : public QWidget
{
    Q_OBJECT
public:
    Widget(QWidget *parent = nullptr);
    ~Widget();
private:
    QPushButton *btn1, *btn2, *btn3, *btn4;
    QPushButton *btn5, *btn6, *btn7, *btn8;
    QHBoxLayout *hbox;
    QVBoxLayout *vbox1, *vbox2;
};
#endif //WIDGET_H
```

（3）编写 widget.cpp 文件中的代码，代码如下：

```
/* 第5章 demo4 widget.cpp */
#include "widget.h"

Widget::Widget(QWidget *parent):QWidget(parent)
{
    setGeometry(200,200,560,220);
    setWindowTitle("QHBoxLayout类、QVBoxLayout类");
    //创建8个按压按钮
    btn1 = new QPushButton("东方");
    btn2 = new QPushButton("西方");
    btn3 = new QPushButton("南部");
    btn4 = new QPushButton("北部");
    btn5 = new QPushButton("甲型");
    btn6 = new QPushButton("乙型");
    btn7 = new QPushButton("丙型");
    btn8 = new QPushButton("丁型");
    //创建垂直布局对象1
    vbox1 = new QVBoxLayout();
    vbox1->addWidget(btn1);
    vbox1->addWidget(btn2);
```

```
        vbox1 -> addWidget(btn3);
        vbox1 -> addWidget(btn4);
        //创建垂直布局对象 2
        vbox2 = new QVBoxLayout();
        vbox2 -> addWidget(btn5);
        vbox2 -> addWidget(btn6);
        vbox2 -> addWidget(btn7);
        vbox2 -> addWidget(btn8);
        //创建水平布局对象
        hbox = new QHBoxLayout();
        //添加子布局对象
        hbox -> addLayout(vbox1);
        hbox -> addLayout(vbox2);
        //设置主窗口的布局方式
        setLayout(hbox);
    }

Widget::~Widget() {}
```

(4) 其他文件保持不变,运行结果如图 5-5 所示。

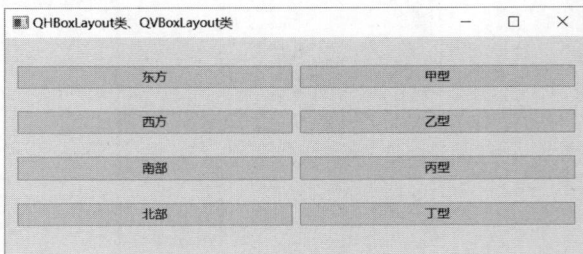

图 5-5 项目 demo4 的运行结果

5.1.3 栅格布局(QGridLayout)

栅格布局也称为网格布局,栅格布局可以把窗口划分为多行多列,从而产生很多单元格,然后将控件或子布局放置到单元格中。在 Qt 6 中,使用 QGridLayout 类表示栅格布局,其构造函数如下:

```
QGridLayout(QWidget * parent = nullptr)
```

其中,parent 表示指向父窗口或父容器的对象指针。

在 Qt 6 中,QGridLayout 类的常用方法见表 5-4。

表 5-4 QGridLayout 类的常用方法

方法及参数类型	说　　明	返回值类型
addWidget(QWidget * w)	在第 1 列的末尾添加控件	
addWidget(QWidget * w, int row, int column, Qt:: Alignment)	在指定的行列位置添加控件	

续表

方法及参数类型	说　　明	返回值类型
addWidget(QWidget * w,int row,int column,int rowSpan,int columnSpan,Qt::Alignment)	在指定的行列位置添加控件,该控件可以跨多行多列	
addLayout(QLayout * lay,int row,int column, Qt::Alignment)	在指定的行列位置添加子布局	
addLayout(QLayout * lay,int row,int column,int rowSpan=1,int columnSpan=1,Qt::Alignment)	在指定的行列位置添加子布局,该子布局可以跨多行多列	
setRowStretch(int row,int stretch)	设置行的伸缩系数	
setColumnStretch(int column,int stretch)	设置列的伸缩系数	
setHorizontalSpacing(int spacing)	设置控件的水平间距	
setVerticalSpacing(int spacing)	设置控件的垂直间距	
setSpacing(int spacing)	设置控件的水平和垂直间距	
rowCount()	获取行数	int
columnCount()	获取列数	int
setRowMinimumHeight(int row,int minSize)	设置行的最小高度	
setColumnMinimumWidth(int column,int miniSize)	设置列的最小宽度	
setGeometry(QRect &r)	设置栅格布局的位置,以及宽和高	
setContentsMargins(int left,int top,int right,int bottom)	设置布局内控件与边框的页边距	
setContentsMargins(QMargins &m)	同上	
setSizeConstraint(QLayout::SizeConstraint)	设置控件随窗口宽和高改变时的变化方式	
cellRect(int row,int column)	获取单元格的矩形区域	QRect

【实例 5-5】 创建一个窗口,该窗口包含 12 个按压按钮,使用栅格布局将这 12 个按钮分为 3 行 4 列,操作步骤如下:

(1) 使用 Qt Creator 创建一个模板为 Qt Widgets Application 的项目,将该项目命名为 demo5,并保存在 D 盘的 Chapter5 文件夹下;在向导对话框中选择基类 QWidget,不勾选 Generate form 复选框。

(2) 编写 widget.h 文件中的代码,代码如下:

```
/* 第 5 章 demo5 widget.h */
#ifndef WIDGET_H
#define WIDGET_H

#include <QWidget>
#include <QPushButton>
#include <QGridLayout>

class Widget : public QWidget
{
    Q_OBJECT
```

```
public:
    Widget(QWidget * parent = nullptr);
    ~Widget();
private :
    QPushButton * btn1, * btn2, * btn3, * btn4, * btn5, * btn6;
    QPushButton * btn7, * btn8, * btn9, * btn10, * btn11, * btn12;
    QGridLayout * grid;
};
#endif //WIDGET_H
```

(3) 编写 widget.cpp 文件中的代码,代码如下:

```
/* 第 5 章 demo5 widget.cpp */
#include "widget.h"

Widget::Widget(QWidget * parent):QWidget(parent)
{
    setGeometry(200,200,560,220);
    setWindowTitle("QGridLayout 类");
    //创建 12 个按压按钮
    btn1 = new QPushButton("0");
    btn2 = new QPushButton("1");
    btn3 = new QPushButton("2");
    btn4 = new QPushButton("3");
    btn5 = new QPushButton("4");
    btn6 = new QPushButton("5");
    btn7 = new QPushButton("6");
    btn8 = new QPushButton("7");
    btn9 = new QPushButton("8");
    btn10 = new QPushButton("9");
    btn11 = new QPushButton(" + ");
    btn12 = new QPushButton(" = ");
    //创建栅格布局对象
    grid = new QGridLayout();
    //添加控件
    grid -> addWidget(btn1,0,0);
    grid -> addWidget(btn2,0,1);
    grid -> addWidget(btn3,0,2);
    grid -> addWidget(btn4,0,3);
    grid -> addWidget(btn5,1,0);
    grid -> addWidget(btn6,1,1);
    grid -> addWidget(btn7,1,2);
    grid -> addWidget(btn8,1,3);
    grid -> addWidget(btn9,2,0);
    grid -> addWidget(btn10,2,1);
    grid -> addWidget(btn11,2,2);
    grid -> addWidget(btn12,2,3);
    //设置主窗口的布局方式
    setLayout(grid);
}

Widget::~Widget() {}
```

（4）其他文件保持不变，运行结果如图 5-6 所示。

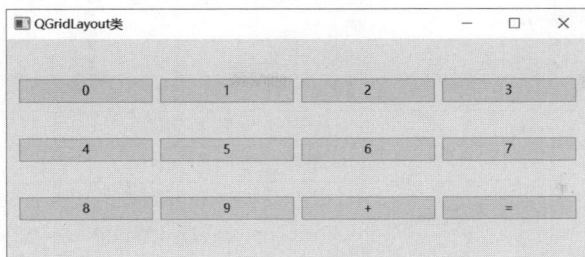

图 5-6　项目 demo5 的运行结果

5.1.4　表单布局（QFormLayout）

表单布局一般由两列多行构成，通常左列放置标签控件，右列放置单行文本框控件或数字输入框控件。在 Qt 6 中，使用 QFormLayout 类表示表单布局，其构造函数如下：

```
QFormLayout(QWidget * parent = nullptr)
```

其中，parent 表示指向父窗口或父容器的对象指针。

在 Qt 6 中，QFormLayout 类的常用方法见表 5-5。

表 5-5　QFormLayout 类的常用方法

方法及参数类型	说　　明	返回值类型
addRow(QWidget * label, QWidget * field)	末尾添加一行，两个控件分别在左右	
addRow(QWidget * label, QLayout * field)	末尾添加一行，控件在左，子布局在右	
addRow(QString &text, QWidget * field)	末尾添加一行，左侧创建名称为 text 的标签控件，右侧为控件	
addRow(QString &text, QLayout * field)	末尾添加一行，左侧创建名称为 text 的标签控件，右侧为子布局	
addRow(QWidget * w)	末尾添加一行，只有一个控件，占据左右两列	
addRow(QLayout * lay)	末尾添加一行，只有一个子布局，占据左右两列	
insertRow(int row, QWidget * l, QWidget * f)	在第 row 行插入一行，两个控件分别在左右	
insertRow(int row, QWidget * l, QLayout * f)	在第 row 行插入一行，控件在左，子布局在右	
insertRow(int row, QString &text, QWidget * f)	在第 row 行插入一行，左侧创建名称为 text 的标签控件，右侧是控件	
insertRow(int row, QString &text, QLayout * f)	在第 row 行插入一行，左侧创建名称为 str 的标签控件，右侧是子布局	
insertRow(int row, QWidget * w)	在第 row 行插入，只有一个控件，占据左右两列	
insertRow(int row, QLayout * lay)	在第 row 行插入，只有一个子布局，占据左右两列	
removeRow(int row)	删除第 row 行及其控件	

续表

方法及参数类型	说　　明	返回值类型
removeRow(QLayOut * lay)	删除子布局	
removeRow(QWidget * w)	删除控件	
setHorizontalSpacing(int spacing)	设置水平方向的间距	
setVerticalSpacing(int spacing)	设置竖直方向的间距	
setRowWrapPolicy(QFormLayout∷RowWrapPolicy)	设置左列控件和右列控件的换行策略,其中 QFormLayout∷DontWrapRows 表示右列的控件始终在左列控件的右侧;QFormLayout∷WrapLongRows 表示若左侧的控件比较长,则会挤压右侧控件,如果左侧控件占据一行,则右侧控件会放在下一行;QFormLayout∷WrapAllRows 表示左侧控件始终在右侧控件之上	
rowCount()	获取表单布局中行的数量	int
setLabelAlignment(Qt∷Alignment)	设置表单布局中左列的对齐方式	
setFormAlignment(Qt∷Alignment)	设置表单布局中右列的对齐方式	
setContentsMargins(int,int,int,int)	设置布局内控件与边框的页边距	
setContentsMargins(QMargins &m)	同上	
setFieldGrowthPolicy(QFormLayout∷FieldGrowthPolicy)	设置可伸缩控件的伸缩方式	
setSizeConstraint(QLayout∷SizeConstraint)	设置控件随窗口大小改变时的改变方式	

在 Qt 6 中,伸缩方式 QFormLayout∷FieldGrowthPolicy 的枚举常量见表 5-6。

表 5-6　QFormLayout∷FieldGrowthPolicy 的枚举常量

枚 举 常 量	说　　明
QFormLayout∷FieldStayAtSizeHint	控件的伸缩量不会超过有效的范围(由 setHint()方法设置)
QFormLayout∷ExpandingFieldsGrowth	如果控件设置了最小伸缩量或使用 setSizePolicy()设置了属性,则使其扩充到可以使用的范围,否则控件在有效的范围内变化
QFormLayout∷AllNonFixedGrow	如果使用 setSizePolicy()方法设置了属性,则使其扩充到可以使用的空间

【实例 5-6】　创建一个窗口,该窗口包含两个标签、两个单行文本框,使用表单布局排列控件,操作步骤如下:

(1) 使用 Qt Creator 创建一个模板为 Qt Widgets Application 的项目,将该项目命名为 demo6,并保存在 D 盘的 Chapter5 文件夹下;在向导对话框中选择基类 QWidget,不勾选 Generate form 复选框。

(2) 编写 widget.h 文件中的代码,代码如下:

```
/ * 第 5 章 demo6 widget.h * /
＃ifndef WIDGET_H
```

```
#define WIDGET_H

#include <QWidget>
#include <QLabel>
#include <QFormLayout>
#include <QLineEdit>

class Widget : public QWidget
{
    Q_OBJECT
public:
    Widget(QWidget *parent = nullptr);
    ~Widget();
private:
    QLabel *name, *code;
    QLineEdit *lineEdit1, *lineEdit2;
    QFormLayout *form;
};
#endif //WIDGET_H
```

（3）编写 widget.cpp 文件中的代码，代码如下：

```
/* 第5章 demo6 widget.cpp */
#include "widget.h"

Widget::Widget(QWidget *parent):QWidget(parent)
{
    setGeometry(200,200,560,220);
    setWindowTitle("QFormLayout 类");
    //创建两个标签、两个单行文本框
    name = new QLabel("账号(UserName):");
    code = new QLabel("密码(Password):");
    lineEdit1 = new QLineEdit();
    lineEdit2 = new QLineEdit();
    //创建表单布局
    form = new QFormLayout();
    //添加行
    form -> addRow(name,lineEdit1);
    form -> addRow(code,lineEdit2);
    //设置主窗口的布局方式
    setLayout(form);
}

Widget::~Widget() {}
```

（4）其他文件保持不变，运行结果如图 5-7 所示。

【实例 5-7】 创建一个窗口，该窗口为一个登录界面，使用表单布局排列控件，操作步骤如下：

（1）使用 Qt Creator 创建一个模板为 Qt Widgets Application 的项目，将该项目命名为 demo7，并保存在 D 盘的 Chapter5 文件夹下；在向导对话框中选择基类 QWidget，不勾选

图 5-7   项目 demo6 的运行结果

Generate form 复选框。

（2）编写 widget.h 文件中的代码，代码如下：

```
/* 第 5 章 demo7 widget.h */
#ifndef WIDGET_H
#define WIDGET_H

#include <QWidget>
#include <QFormLayout>
#include <QLineEdit>
#include <QPushButton>

class Widget : public QWidget
{
    Q_OBJECT
public:
    Widget(QWidget *parent = nullptr);
    ~Widget();
private:
    QLineEdit *lineEdit1, *lineEdit2;
    QPushButton *btn1, *btn2;
    QFormLayout *form;
};
#endif //WIDGET_H
```

（3）编写 widget.cpp 文件中的代码，代码如下：

```
/* 第 5 章 demo7 widget.cpp */
#include "widget.h"

Widget::Widget(QWidget *parent):QWidget(parent)
{
    setGeometry(200,200,560,220);
    setWindowTitle("QFormLayout 类");
    //创建两个单行文本框、两个按压按钮
    lineEdit1 = new QLineEdit();
    lineEdit2 = new QLineEdit();
    btn1 = new QPushButton("确定");
    btn2 = new QPushButton("取消");
    //创建表单布局对象
```

```
    form = new QFormLayout();
    //添加行
    form->addRow("账号(&UserName):",lineEdit1);
    form->addRow("密码(&Password):",lineEdit2);
    form->addRow(btn1);
    form->addRow(btn2);
    //设置主窗口的布局方式
    setLayout(form);
}

Widget::~Widget() {}
```

（4）其他文件保持不变，运行结果如图5-8所示。

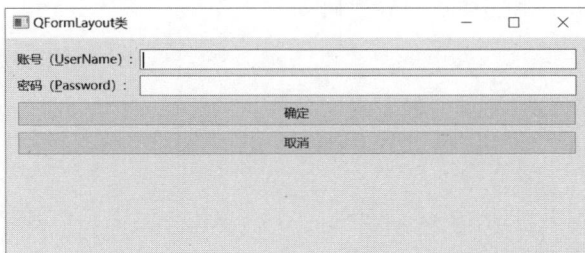

图5-8 项目demo7的运行结果

5.1.5 堆叠布局（QStackedLayout）

在 Qt 6 中，使用 QStackedLayout 类表示堆叠布局。使用堆叠布局可以包含多个页面，但每次只显示其中的一个页面。QStackedLayout 类的构造函数如下：

```
QStackedLayout(QWidget * parent = nullptr)
QStackedLayout(QLayout * parent = nullptr)
```

其中，parent 表示指向父窗口、父容器或父布局的对象指针。

在 Qt 6 中，QStackedLayout 类的常用方法见表5-7。

表 5-7 QStackedLayout 类的常用方法

方法及参数类型	说　明	返回值类型
［slot］setCurrentIndex(int index)	设置当前索引	
［slot］setCurrentWidget(QWidget * w)	设置当前控件	
addWidget(QWidget * w)	添加控件	
addLayout(QLayout * lay)	添加布局	
currentIndex()	获取当前索引	int
currentWidget()	获取当前控件	QWidget *
insertWidget(int index,QWidget * w)	根据索引插入控件	

在 Qt 6 中，QStackedLayout 类的信号见表5-8。

表 5-8　QStackedLayout 类的信号

信 号	说 明
currentChanged(int index)	当前控件发生变化时发送信号
widgetRemoved(int index)	当布局内的控件被移除时发送信号

【实例 5-8】　创建一个窗口,使用堆叠布局使该窗口包含 3 个页面,使用下拉列表切换页面,操作步骤如下:

(1) 使用 Qt Creator 创建一个模板为 Qt Widgets Application 的项目,将该项目命名为demo8,并保存在 D 盘的 Chapter5 文件夹下;在向导对话框中选择基类 QWidget,不勾选Generate form 复选框。

(2) 编写 widget.h 文件中的代码,代码如下:

```cpp
/* 第 5 章 demo8 widget.h */
# ifndef WIDGET_H
# define WIDGET_H

# include < QWidget >
# include < QVBoxLayout >
# include < QLabel >
# include < QComboBox >
# include < QHBoxLayout >
# include < QStackedLayout >

class Widget : public QWidget
{
    Q_OBJECT
public:
    Widget(QWidget * parent = nullptr);
    ~Widget();
private:
    QVBoxLayout * vbox;
    QComboBox * combo1;
    QStackedLayout * stacked1;
    QWidget * page1, * page2, * page3;
    QHBoxLayout * layout1, * layout2, * layout3;
    QLabel * label1, * label2, * label3;
};
# endif //WIDGET_H
```

(3) 编写 widget.cpp 文件中的代码,代码如下:

```cpp
/* 第 5 章 demo8 widget.cpp */
# include "widget.h"

Widget::Widget(QWidget * parent):QWidget(parent)
{
    setGeometry(200,200,560,220);
    setWindowTitle("QStackedLayout 类");
    //窗口使用垂直布局
```

```
vbox = new QVBoxLayout();
setLayout(vbox);
//创建下拉列表对象
combo1 = new QComboBox();
combo1 -> addItem("页面 1");
combo1 -> addItem("页面 2");
combo1 -> addItem("页面 3");
vbox -> addWidget(combo1);
//创建堆叠布局对象
stacked1 = new QStackedLayout();
//创建页面 1
page1 = new QWidget();
layout1 = new QHBoxLayout();
label1 = new QLabel("这是第 1 个页面。");
layout1 -> addWidget(label1);
page1 -> setLayout(layout1);
//创建页面 2
page2 = new QWidget();
layout2 = new QHBoxLayout();
label2 = new QLabel("这是第 2 个页面。");
layout2 -> addWidget(label2);
page2 -> setLayout(layout2);
//创建页面 3
page3 = new QWidget();
layout3 = new QHBoxLayout();
label3 = new QLabel("这是第 3 个页面。");
layout3 -> addWidget(label3);
page3 -> setLayout(layout3);
//向堆叠布局对象中添加页面
stacked1 -> addWidget(page1);
stacked1 -> addWidget(page2);
stacked1 -> addWidget(page3);
//向垂直布局对象中添加堆叠布局
vbox -> addLayout(stacked1);
//使用信号/槽机制
connect(combo1,SIGNAL(activated(int)),stacked1,SLOT(
setCurrentIndex(int)));
}

Widget::~Widget() {}
```

（4）其他文件保持不变,运行结果如图 5-9 所示。

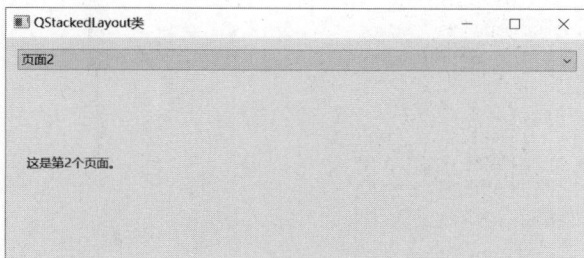

图 5-9　项目 demo8 的运行结果

【实例 5-9】 创建一个窗口,使用堆叠布局使该窗口包含 3 个页面,使用按压按钮切换页面,操作步骤如下:

(1) 使用 Qt Creator 创建一个模板为 Qt Widgets Application 的项目,将该项目命名为 demo9,并保存在 D 盘的 Chapter5 文件夹下;在向导对话框中选择基类 QWidget,不勾选 Generate form 复选框。

(2) 编写 widget.h 文件中的代码,代码如下:

```cpp
/* 第 5 章 demo9 widget.h */
#ifndef WIDGET_H
#define WIDGET_H

#include <QWidget>
#include <QVBoxLayout>
#include <QLabel>
#include <QStackedLayout>
#include <QPushButton>
#include <QHBoxLayout>

class Widget : public QWidget
{
    Q_OBJECT
public:
    Widget(QWidget * parent = nullptr);
    ~Widget();
private:
    QVBoxLayout * vbox;
    QStackedLayout * stacked;
    QWidget * page1, * page2, * page3;
    QHBoxLayout * layout1, * layout2, * layout3, * btn_layout;
    QLabel * label1, * label2, * label3;
    QPushButton * btn1, * btn2, * btn3;
private slots:
    void set_index1();
    void set_index2();
    void set_index3();
};
#endif //WIDGET_H
```

(3) 编写 widget.cpp 文件中的代码,代码如下:

```cpp
/* 第 5 章 demo9 widget.cpp */
#include "widget.h"

Widget::Widget(QWidget * parent):QWidget(parent)
{
    setGeometry(200,200,560,220);
    setWindowTitle("QStackedLayout 类");
    //窗口使用垂直布局
    vbox = new QVBoxLayout();
    setLayout(vbox);
```

```
    //创建堆叠布局对象
    stacked = new QStackedLayout();
    //创建页面 1
    page1 = new QWidget();
    layout1 = new QHBoxLayout();
    label1 = new QLabel("这是第 1 个页面。");
    layout1 -> addWidget(label1);
    page1 -> setLayout(layout1);
    //创建页面 2
    page2 = new QWidget();
    layout2 = new QHBoxLayout();
    label2 = new QLabel("这是第 2 个页面。");
    layout2 -> addWidget(label2);
    page2 -> setLayout(layout2);
    //创建页面 3
    page3 = new QWidget();
    layout3 = new QHBoxLayout();
    label3 = new QLabel("这是第 3 个页面。");
    layout3 -> addWidget(label3);
    page3 -> setLayout(layout3);
    //向堆叠布局对象中添加页面
    stacked -> addWidget(page1);
    stacked -> addWidget(page2);
    stacked -> addWidget(page3);
    vbox -> addLayout(stacked);
    //创建水平布局对象,并添加 3 个按压按钮
    btn_layout = new QHBoxLayout();
    btn1 = new QPushButton("页面 1");
    btn2 = new QPushButton("页面 2");
    btn3 = new QPushButton("页面 3");
    btn_layout -> addWidget(btn1);
    btn_layout -> addWidget(btn2);
    btn_layout -> addWidget(btn3);
    vbox -> addLayout(btn_layout);
    //使用信号/槽机制
    connect(btn1,SIGNAL(clicked(bool)),this,SLOT(set_index1()));
    connect(btn2,SIGNAL(clicked(bool)),this,SLOT(set_index2()));
    connect(btn3,SIGNAL(clicked(bool)),this,SLOT(set_index3()));
}

Widget::~Widget() {}

void Widget::set_index1(){
    stacked -> setCurrentIndex(0);
}

void Widget::set_index2(){
    stacked -> setCurrentIndex(1);
}

void Widget::set_index3(){
    stacked -> setCurrentIndex(2);
}
```

（4）其他文件保持不变,运行结果如图 5-10 所示。

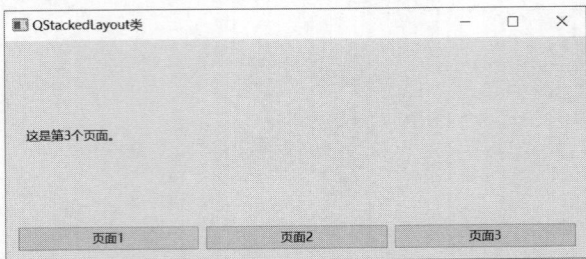

图 5-10　项目 demo9 的运行结果

5.2　容器：装载更多的控件

在 Qt 6 中,可以使用多种容器类创建多种容器控件。可以将其他控件放置到容器控件内,容器控件被作为其他控件的父容器或载体。容器控件可以对其内部控件进行管理。

Qt 6 提供的容器类见表 5-9。

表 5-9　Qt 6 提供的容器类

容 器 类	说　　明	容 器 类	说　　明
QGroupBox	分组框控件	QFrame	框架控件
QScrollArea	滚动区控件	QTabWidget	切换卡控件
QStackedWidget	堆叠控件	QToolBox	工具箱控件
QWidget	容器窗口控件	QMdiArea	多文档区
QDockWidget	停靠窗口控件	QAxWidget	插件窗口控件

表 5-9 中的容器类对应了 Qt Designer 中窗口部件盒的控件,如图 5-11 所示。

本节主要介绍容器类中的 QGroupBox、QFrame、QScrollArea、QTabWidget、QStackedWidget、QToolBox、QAxWidget,其他的容器类将在后面的章节介绍。

图 5-11　Qt Designer 中的容器控件

5.2.1　分组框控件(QGroupBox)

在 Qt 6 中,可以使用 QGroupBox 类创建分组框控件。分组框控件可以容纳一组单选按钮控件或复选框控件,并带有一条边框和标题栏,而且可以为标题栏设置勾选项。

在 Qt 6 中,QGroupBox 类是 QWidget 类的子类,其构造函数如下:

```
QGroupBox(QWidget * parent = nullptr)
QGroupBox(const QString &title,QWidget * parent = nullptr)
```

其中,parent 表示指向父窗口或父容器的对象指针;title 表示分组框控件上显示的文本。

在 Qt 6 中,QGroupBox 类的常用方法见表 5-10。

表 5-10 QGroupBox 类的常用方法

方法及参数类型	说　　明	返回值类型
〔slot〕setCheckable(bool)	设置标题栏上是否有勾选项	
setTitle(QString & title)	设置标题的名称	
title()	获取标题的名称	QString
setFlat(bool)	设置是否处于扁平状态	
isFlat(bool)	获取是否处于扁平状态	bool
isCheckable()	获取标题栏是否有勾选项	bool
setAlignment(Qt::Alignment)	设置标题栏的对齐方式	
alignment()	获取标题栏的对齐方式	Qt::Alignment
setGeometry(int x,int y,int w,int h)	设置分组框控件在父窗口中的位置、宽度、高度	
setGeometry(QRect & r)	设置分组框控件在父窗口中的位置、宽度、高度	
resize(QSize & s)	设置分组框控件的宽度、高度	
resize(int w,int h)	设置分组框控件的宽度、高度	
setLayout(QLayout * lay)	设置分组框中的布局	

【实例 5-10】 创建一个窗口,窗口中有一个分组框控件,分组框控件中有 5 个单选按钮,操作步骤如下:

(1) 使用 Qt Creator 创建一个模板为 Qt Widgets Application 的项目,将该项目命名为 demo10,并保存在 D 盘的 Chapter5 文件夹下;在向导对话框中选择基类 QWidget,不勾选 Generate form 复选框。

(2) 编写 widget.h 文件中的代码,代码如下:

```
/* 第 5 章 demo10 widget.h */
#ifndef WIDGET_H
#define WIDGET_H

#include <QWidget>
#include <QRadioButton>
#include <QGroupBox>
#include <QHBoxLayout>
#include <QFont>

class Widget : public QWidget
{
    Q_OBJECT
public:
    Widget(QWidget * parent = nullptr);
    ~Widget();
private:
    QGroupBox * group;
    QRadioButton * radio1, * radio2, * radio3, * radio4, * radio5;
```

```
    QHBoxLayout * hbox;
};
#endif //WIDGET_H
```

(3) 编写 widget. cpp 文件中的代码,代码如下:

```
/* 第 5 章 demo10 widget.cpp */
#include "widget.h"

Widget::Widget(QWidget * parent):QWidget(parent)
{
    setGeometry(200,200,560,220);
    setWindowTitle("QGroupBox 类");
    setFont(QFont("黑体",14));
    //创建 QGroupBox 对象
    group = new QGroupBox(this);
    group->setTitle("选择北宋时期的人物");
    //创建 5 个单选按钮
    radio1 = new QRadioButton("李白");
    radio2 = new QRadioButton("杜甫");
    radio3 = new QRadioButton("陶渊明");
    radio4 = new QRadioButton("苏轼");
    radio5 = new QRadioButton("司马迁");
    //创建水平布局对象
    hbox = new QHBoxLayout();
    //添加控件
    hbox->addWidget(radio1);
    hbox->addWidget(radio2);
    hbox->addWidget(radio3);
    hbox->addWidget(radio4);
    hbox->addWidget(radio5);
    //设置 group 对象的布局方式
    group->setLayout(hbox);
}

Widget::~Widget() {}
```

(4) 其他文件保持不变,运行结果如图 5-12 所示。

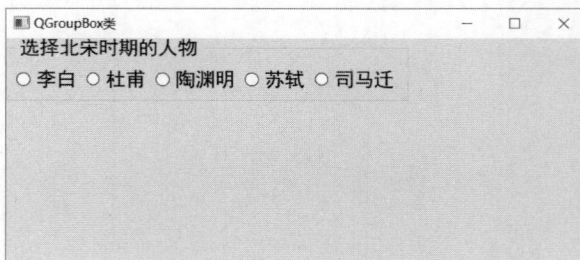

图 5-12　项目 demo10 的运行结果

在 Qt 6 中,QGroupBox 类的信号见表 5-11。

表 5-11 QGroupBox 类的信号

信 号	说 明
clicked(bool checked＝false)	当被单击时发送信号
toggled(bool)	当勾选状态发生变化时发送信号

【实例 5-11】 创建一个窗口,窗口中有一个设置了勾选项的分组框控件,分组框控件中有两个单选按钮。如果切换勾选项的状态,则打印提示信息,操作步骤如下:

(1) 使用 Qt Creator 创建一个模板为 Qt Widgets Application 的项目,将该项目命名为 demo11,并保存在 D 盘的 Chapter5 文件夹下;在向导对话框中选择基类 QWidget,不勾选 Generate form 复选框。

(2) 编写 widget.h 文件中的代码,代码如下:

```
/* 第 5 章 demo11 widget.h */
#ifndef WIDGET_H
#define WIDGET_H

#include <QWidget>
#include <QRadioButton>
#include <QGroupBox>
#include <QHBoxLayout>
#include <QFont>
#include <QDebug>

class Widget : public QWidget
{
    Q_OBJECT
public:
    Widget(QWidget * parent = nullptr);
    ~Widget();
private:
    QGroupBox * group;
    QRadioButton * radio1, * radio2;
    QHBoxLayout * hbox;
private slots:
    void echo_text(bool on);
};
#endif //WIDGET_H
```

(3) 编写 widget.cpp 文件中的代码,代码如下:

```
/* 第 5 章 demo11 widget.cpp */
#include "widget.h"

Widget::Widget(QWidget * parent):QWidget(parent)
{
    setGeometry(200,200,500,200);
    setWindowTitle("QGroupBox 类");
    setFont(QFont("黑体",14));
    //创建 QGroupBox 对象
```

```cpp
    group = new QGroupBox(this);
    group->setTitle("性别");
    group->setCheckable(true);
    //创建两个单选按钮
    radio1 = new QRadioButton("男");
    radio2 = new QRadioButton("女");
    //创建水平布局对象
    hbox = new QHBoxLayout();
    //添加控件
    hbox->addWidget(radio1);
    hbox->addWidget(radio2);
    //设置group对象的布局方式
    group->setLayout(hbox);
    //使用信号/槽机制
    connect(group,SIGNAL(toggled(bool)),this,SLOT(echo_text(bool)));
}

Widget::~Widget() {}

void Widget::echo_text(bool on){
    if(on == true)
        qDebug()<<"已经勾选";
    else
        qDebug()<<"取消勾选";
}
```

(4) 其他文件保持不变,运行结果如图5-13所示。

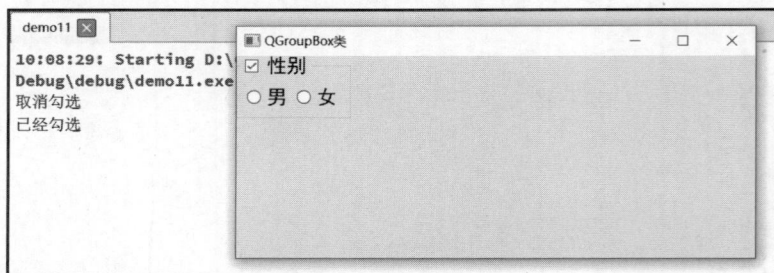

图 5-13　项目 demo11 的运行结果

5.2.2　框架控件(QFrame)

在 Qt 6 中,可以使用 QFrame 类创建框架控件。框架控件可以容纳各种窗口控件,但框架控件没有自己特有的信号或槽函数,不接收用户的输入信息。框架控件可以提供一个框架,可以设置外边框的样式、线宽。

在 Qt 6 中,QFrame 类是 QWidget 类的子类,其构造函数如下:

```cpp
QFrame(QWidget * parent = nullptr,Qt::WindowFlags f = Qt::WindowFlags())
```

其中,parent 表示指向父窗口或父容器的对象指针。

在 Qt 6 中,QFrame 类的常用方法见表 5-12。

表 5-12 QFrame 类的常用方法

方法及参数类型	说　　明	返回值类型
setFrameShadow(QFrame::Shadow)	设置框架控件的阴影形式,参数值为 QFrame::Plain(平面)、QFrame::Raised(凸起)、QFrame::Sunken(凹陷)	
frameShadow()	获取窗口的阴影形式	QFrame::Shadow
setFrameShape(QFrame::Shape)	设置框架控件的边框形状,其中 QFrame::NoFrame:无边框,默认值 QFrame::Box:矩形框,边框内部不填充 QFrame::Panel:面板,边框线内部填充 QFrame::WinPanel:Windows 风格的面板,边框线宽为 2 像素 QFrame::HLine:边框线只在中间有一条水平线 QFrame::VLine:边框线只在中间有一条竖直线 QFrame::StyledPanel:根据当前的 GUI,画矩形面板	
frameShape()	获取框架控件的边框形状	QFrame::Shape
setFrameStyle(int)	设置边框的样式	
frameStyle()	获取边框的样式	int
setLineWidth(int)	设置边框线的宽度	
lineWidth()	获取边框线的宽度	int
setMidLineWidth(int)	设置边框线的中间线的宽度	
midLineWidth()	获取边框线的中间线的宽度	int
frameWidth()	获取边框内线的宽度	int
setFrameRect(QRect &r)	设置边框线所在的范围	
frameRect()	获取框架控件所在的范围	QRect
setLayout(QLayout * lay)	设置框架控件中的布局	
setGeometry(QRect &r)	设置框架控件左上角的位置、宽度、高度	
resize(QSize &s)	设置框架控件的宽度、高度	
resize(int w,int h)	设置框架控件的宽度、高度	

【实例 5-12】 创建一个窗口,窗口中有一个显示边框的框架控件。框架控件内部是一个登录界面,操作步骤如下:

(1) 使用 Qt Creator 创建一个模板为 Qt Widgets Application 的项目,将该项目命名为 demo12,并保存在 D 盘的 Chapter5 文件夹下;在向导对话框中选择基类 QWidget,不勾选 Generate form 复选框。

(2) 编写 widget.h 文件中的代码,代码如下:

```
/* 第5章 demo12 widget.h */
#ifndef WIDGET_H
#define WIDGET_H

#include <QWidget>
#include <QFrame>
#include <QLabel>
#include <QPushButton>
#include <QLineEdit>
#include <QFormLayout>

class Widget : public QWidget
{
    Q_OBJECT
public:
    Widget(QWidget * parent = nullptr);
    ~Widget();
private:
    QFrame * frame1;
    QLabel * name, * code;
    QLineEdit * lineEdit1, * lineEdit2;
    QPushButton * btn1, * btn2;
    QFormLayout * form;
};
#endif //WIDGET_H
```

（3）编写 widget.cpp 文件中的代码，代码如下：

```
/* 第5章 demo12 widget.cpp */
#include "widget.h"

Widget::Widget(QWidget * parent):QWidget(parent)
{
    setGeometry(200,200,560,220);
    setWindowTitle("QFrame 类");
    //创建 QFrame 对象
    frame1 = new QFrame(this);
    frame1 -> setFrameShape(QFrame::Box);
    //创建两个标签控件、两个单行文本框、两个按压按钮
    name = new QLabel("账号(UserName):");
    code = new QLabel("密码(Password):");
    lineEdit1 = new QLineEdit();
    lineEdit2 = new QLineEdit();
    btn1 = new QPushButton("确定");
    btn2 = new QPushButton("取消");
    //创建表单布局对象
    form = new QFormLayout();
    //添加行
    form -> addRow(name,lineEdit1);
    form -> addRow(code,lineEdit2);
    form -> addRow(btn1);
    form -> addRow(btn2);
```

```
    //设置 QFrame 对象的布局方式
    frame1 -> setLayout(form);
}

Widget::~Widget() {}
```

（4）其他文件保持不变,运行结果如图 5-14 所示。

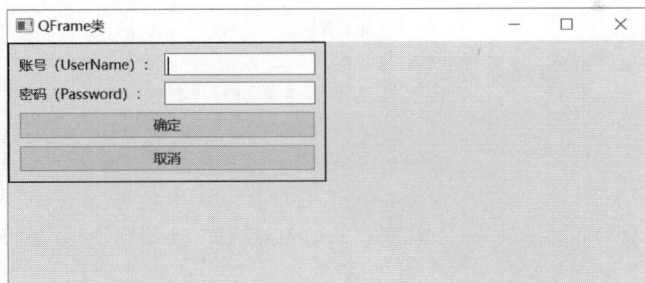

图 5-14　项目 demo12 的运行结果

注意:框架控件的边框线由外线、内线、中间线构成。可使用 setLineWidth()方法设置外线的宽度,使用 setMidLineWidth()方法设置中间线的宽度,使用 frameWidth()获取边框内线的宽度。

5.2.3　滚动区控件(QScrollArea)

在 Qt 6 中,可使用 QScrollArea 类创建滚动区控件。滚动区控件可以容纳其他控件,如果内部控件的宽和高超过滚动区控件的宽和高,则滚动区控件会自动提供水平滚动条、竖直滚动条。用户可通过拖动滚动条的方法,查看滚动区控件内部的所有内容。QScrollArea 类的继承关系如图 5-15 所示。

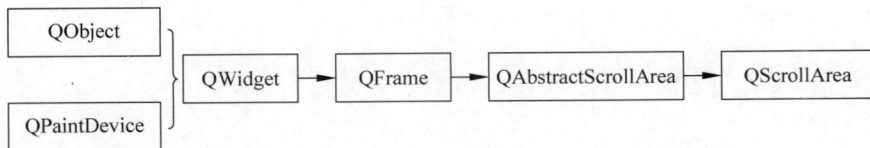

图 5-15　QScrollArea 类的继承关系

在 Qt 6 中,QScrollArea 类的构造函数如下:

```
QScrollArea(QWidget * parent = nullptr)
```

其中,parent 表示指向父窗口或父容器的对象指针。

QScrollArea 类的常用方法见表 5-13。

表 5-13 QScrollArea 类的常用方法

方法及参数类型	说 明	返回值类型
setWidget(QWidget * w)	将某个控件设置为可滚动显示的控件	
widget()	获取可滚动显示的控件	QWidget *
setWidgetResizable(bool)	设置内部控件是否可调节宽和高,尽量不显示滚动条	
widgetResizable()	获取内部控件是否可调节宽和高	bool
setAlignment(Qt::Alignment)	设置内部控件在滚动区控件的对齐方式	
alignment()	获取内部控件在滚动区控件的对齐方式	Qt::Alignment
ensureVisible(int x,int y,int xmargin= 50,int ymargin=50)	自动移动滚动条的位置,确保坐标(x,y)的像素是可见的,并且像素到边框的距离分别为 xmargin、ymargin,其默认值为 50 像素	
ensureWidgetVisible(QWidget * cw, int xmargin=50,int ymargin=50)	自动移动滚动条的位置,确保控件 cw 是可见的	
setHorizontalScrollBarPolicy(Qt:: ScrollBarPolicy)	设置水平滚动条的显示策略	
setVerticalScrollBarPolicy(Qt:: ScrollBarPolicy)	设置竖直滚动条的显示策略	

在表 5-13 中,Qt::ScrollBarPolicy 的枚举常量为 Qt.ScrollBarAdNeeded(根据情况自动调整何时出现滚动条)、Qt::ScrollBarAlwaysOff(从不出现滚动条)、Qt::ScrollBarAlwaysOn(一直出现滚动条)。

【实例 5-13】 创建一个窗口,窗口中有一个滚动区控件。在该控件中显示一张图像,操作步骤如下:

(1)使用 Qt Creator 创建一个模板为 Qt Widgets Application 的项目,将该项目命名为 demo13,并保存在 D 盘的 Chapter5 文件夹下;在向导对话框中选择基类 QWidget,不勾选 Generate form 复选框。

(2)编写 widget.h 文件中的代码,代码如下:

```
/* 第 5 章 demo13 widget.h */
#ifndef WIDGET_H
#define WIDGET_H

#include <QWidget>
#include <QLabel>
#include <QScrollArea>
#include <QPixmap>

class Widget : public QWidget
{
    Q_OBJECT
public:
    Widget(QWidget * parent = nullptr);
```

```
    ~Widget();
private:
    QScrollArea * area;
    QLabel  * label;
};
#endif //WIDGET_H
```

（3）编写 widget.cpp 文件中的代码，代码如下：

```
/* 第5章 demo13 widget.cpp */
#include "widget.h"

Widget::Widget(QWidget * parent):QWidget(parent)
{
    setGeometry(200,200,700,400);
    setWindowTitle("QScrollArea 类");
    //创建滚动区控件
    area = new QScrollArea(this);
    label = new QLabel();
    QPixmap pic("D:/Chapter5/images/cat1.png");
    label -> setPixmap(pic);
    //将标签控件设置成可滚动显示的控件
    area -> setWidget(label);
}

Widget::~Widget() {}
```

（4）其他文件保持不变，运行结果如图 5-16 所示。

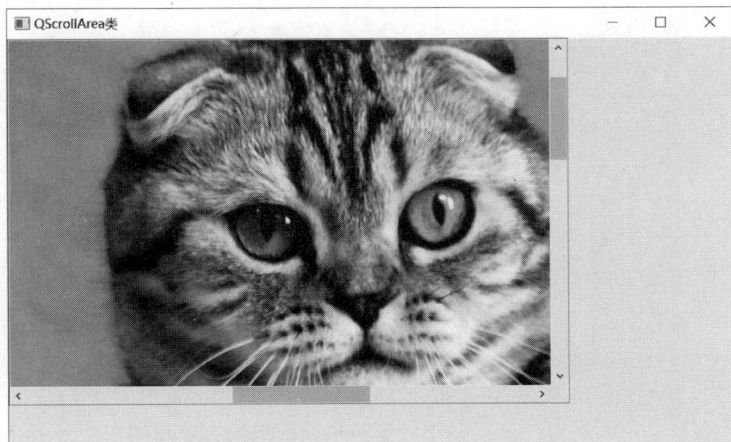

图 5-16　项目 demo13 的运行结果

5.2.4　切换卡控件（QTabWidget）

在 Qt 6 中，可以使用 QTabWidget 类创建切换卡控件。切换卡控件由多张卡片组成，每张卡片都是一个窗口（QWidget）。可以根据实际需求，将不同的控件分别放置到不同的卡片上,这样就可以提高窗口空间的使用效率。

QTabWidget 类是 QWidget 类的子类,其构造函数如下:

```
QTabWidget(QWidget * parent = nullptr)
```

其中,parent 表示指向父窗口或父容器的对象指针。

在 Qt 6 中,QTabWidget 类的常用方法见表 5-14。

表 5-14　QTabWidget 类的常用方法

方法及参数类型	说　　明	返回值类型
[slot]setCurrentIndex(int)	设置当前卡片的索引	
[slot]setCurrentWidget(QWidget * w)	将窗口控件设置成当前卡片	
addTab(QWidget * p,QString &lab)	在末尾添加一张卡片	
addTab (QWidget * p, QIcon &i, QString &lab)	在末尾添加一张卡片	
insertTab(int,QWidget * p,QString &lab)	在索引 int 处插入卡片	
insertTab (int, QWidget * p, QIcon &i, QString &lab)	在索引 int 处插入卡片	
widget(int)	根据索引获取卡片窗口	QWidget *
clear()	清空所有卡片	
count()	获取卡片数量	int
indexOf(QWidget * w)	获取某个窗口对应的卡片索引号	int
removeTab(int)	根据索引移除卡片	
setCornerWidget(QWidget * w,Qt::Corner)	在角位置设置控件,Qt::Corner 的参数值可为 Qt::TopRightCorner、Qt::BottomRightCorner、Qt::TopLeftCorner、Qt::BottomLeftCorner	
cornerWidget(Qt::Corner)	获取角位置的控件	QWidget *
currentIndex()	获取当前卡片的索引	int
currentWidget()	获取当前卡片的窗口控件	QWidget *
setDocumentMode(bool)	设置卡片是否为文档模式	
documentMode()	获取卡片是否为文档模式	bool
setElideMode(Qt.::TextElideMode)	设置卡片标题是否为省略模式,其中 Qt::ElideNone:没有省略号 Qt::ElideLeft:省略号在左侧 Qt::ElideMiddle:省略号在中间 Qt::ElideRight:省略号在右侧	
setIconSize(QSize &s)	设置卡片图标的宽和高	
iconSize()	获取卡片图标的宽和高	QSize
setMovable(bool)	设置卡片之间是否可以交换位置	
isMovable()	获取卡片之间是否可以交换位置	bool
setTabBarAutoHide(bool)	当只有 1 张卡片时,设置卡片标题是否自动隐藏	

续表

方法及参数类型	说　明	返回值类型
tabBarAutoHide( )	获取标题是否为自动隐藏	bool
setTabEnabled(int,bool)	设置是否激活索引为 int 的卡片	
isTabEnabled(int)	获取索引为 int 的卡片是否激活	bool
setTabIcon(int,QIcon &i)	根据索引设置卡片的图标	
tabIcon(int)	根据索引获取卡片的图标	QIcon
setTabPosition(QTabWidget∷TabPosition)	设置标题栏的位置,参数值可为 QTabWidget∷North、QTabWidget∷South、QTabWidget∷East、QTabWidget∷West	
setTabShape(QTabWidget∷TabShape)	设置标题栏的形状,参数值可为 QTabWidget∷Rounded、QTabWidget∷Triangular	
setTabText(int index,QString &label)	根据索引设置卡片的标题名称	
tabText(int index)	根据索引获取卡片的标题名称	QString
setTabToolTip(int index,QString &tip)	根据索引设置卡片的提示信息	
tabToolTip(int index)	根据索引获取卡片的提示信息	QString
setTabVisible(int index,bool visible)	设置切换卡是否可见	
setTabsClosable(bool)	设置卡片标题上是否有关闭标识	
tabsClosable( )	获取卡片是否可以关闭	bool
setUserScrollButtons(bool)	设置是否有滚动按钮	
userScrollButtons( )	获取是否有滚动按钮	bool

【实例 5-14】 创建一个窗口,窗口中有一个切换卡控件。切换卡控件下有 3 张卡片,操作步骤如下:

(1) 使用 Qt Creator 创建一个模板为 Qt Widgets Application 的项目,将该项目命名为 demo14,并保存在 D 盘的 Chapter5 文件夹下;在向导对话框中选择基类 QWidget,不勾选 Generate form 复选框。

(2) 编写 widget.h 文件中的代码,代码如下:

```
/* 第 5 章 demo14 widget.h */
#ifndef WIDGET_H
#define WIDGET_H

#include <QWidget>
#include <QTabWidget>
#include <QLabel>
#include <QHBoxLayout>

class Widget : public QWidget
{
    Q_OBJECT
public:
    Widget(QWidget * parent = nullptr);
    ~Widget();
```

```
private:
    QTabWidget * tab;
    QHBoxLayout * hbox, * layout1, * layout2, * layout3;
    QWidget * page1, * page2, * page3;
    QLabel * label1, * label2, * label3;
};
#endif //WIDGET_H
```

(3) 编写 widget.cpp 文件中的代码,代码如下:

```
/* 第 5 章 demo14 widget.cpp */
#include "widget.h"

Widget::Widget(QWidget * parent):QWidget(parent)
{
    setGeometry(200,200,560,220);
    setWindowTitle("QTabWidget 类");
    //创建切换卡控件
    tab = new QTabWidget();
    //将主窗口设置为水平布局
    hbox = new QHBoxLayout();
    setLayout(hbox);
    hbox -> addWidget(tab);
    //创建页面 1
    page1 = new QWidget();
    layout1 = new QHBoxLayout();
    label1 = new QLabel("这是第 1 个页面。");
    layout1 -> addWidget(label1);
    page1 -> setLayout(layout1);
    //创建页面 2
    page2 = new QWidget();
    layout2 = new QHBoxLayout();
    label2 = new QLabel("这是第 2 个页面。");
    layout2 -> addWidget(label2);
    page2 -> setLayout(layout2);
    //创建页面 3
    page3 = new QWidget();
    layout3 = new QHBoxLayout();
    label3 = new QLabel("这是第 3 个页面。");
    layout3 -> addWidget(label3);
    page3 -> setLayout(layout3);
    //向切换卡控件中添加页面
    tab -> addTab(page1,"页面 1");
    tab -> addTab(page2,"页面 2");
    tab -> addTab(page3,"页面 3");
}

Widget::~Widget() {}
```

(4) 其他文件保持不变,运行结果如图 5-17 所示。

在 Qt 6 中,QTabWidget 类的信号见表 5-15。

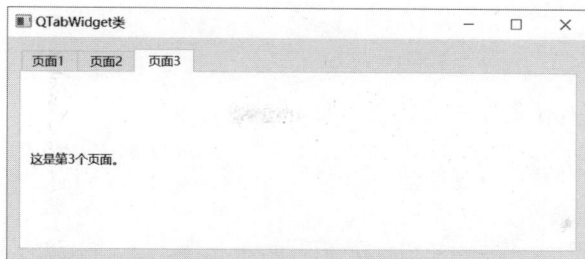

图 5-17　项目 demo14 的运行结果

表 5-15　QTabWidget 类的信号

信号及参数类型	说　　明
currentChanged(int index)	当前卡片改变时发送信号
tabBarClicked(int index)	当单击卡片的标题时发送信号
tabBarDoubleClicked(int index)	当双击卡片的标题时发送信号
tabCloseRequested(int index)	当单击卡片的关闭标识时发送信号

【**实例 5-15**】　创建一个窗口,窗口中有一个切换卡控件。切换卡控件下有 3 张卡片。如果单击卡片的关闭标识,则关闭卡片,操作步骤如下:

(1) 使用 Qt Creator 创建一个模板为 Qt Widgets Application 的项目,将该项目命名为 demo15,并保存在 D 盘的 Chapter5 文件夹下;在向导对话框中选择基类 QWidget,不勾选 Generate form 复选框。

(2) 编写 widget.h 文件中的代码,代码如下:

```
/* 第 5 章 demo15 widget.h */
# ifndef WIDGET_H
# define WIDGET_H

# include < QWidget >
# include < QTabWidget >
# include < QLabel >
# include < QHBoxLayout >

class Widget : public QWidget
{
    Q_OBJECT
public:
    Widget(QWidget * parent = nullptr);
    ~Widget();
private:
    QTabWidget * tab;
    QHBoxLayout * hbox, * layout1, * layout2, * layout3;
    QWidget * page1, * page2, * page3;
    QLabel * label1, * label2, * label3;
private slots:
    void close_tab(int index);
```

```
};
#endif //WIDGET_H
```

(3) 编写 widget.cpp 文件中的代码,代码如下:

```cpp
/* 第5章 demo15 widget.cpp */
#include "widget.h"

Widget::Widget(QWidget *parent):QWidget(parent)
{
    setGeometry(200,200,560,220);
    setWindowTitle("QTabWidget 类");
    //创建切换卡控件
    tab = new QTabWidget();
    tab->setTabsClosable(true);
    //将主窗口设置为水平布局
    hbox = new QHBoxLayout();
    setLayout(hbox);
    hbox->addWidget(tab);
    //创建页面1
    page1 = new QWidget();
    layout1 = new QHBoxLayout();
    label1 = new QLabel("这是第1个页面。");
    layout1->addWidget(label1);
    page1->setLayout(layout1);
    //创建页面2
    page2 = new QWidget();
    layout2 = new QHBoxLayout();
    label2 = new QLabel("这是第2个页面。");
    layout2->addWidget(label2);
    page2->setLayout(layout2);
    //创建页面3
    page3 = new QWidget();
    layout3 = new QHBoxLayout();
    label3 = new QLabel("这是第3个页面。");
    layout3->addWidget(label3);
    page3->setLayout(layout3);
    //向切换卡控件中添加页面
    tab->addTab(page1,"页面1");
    tab->addTab(page2,"页面2");
    tab->addTab(page3,"页面3");
    //使用信号/槽机制
    connect(tab,SIGNAL(tabCloseRequested(int)),this,SLOT(
close_tab(int)));
}

Widget::~Widget() {}

void Widget::close_tab(int index){
    tab->removeTab(index);
}
```

（4）其他文件保持不变，运行结果如图 5-18 所示。

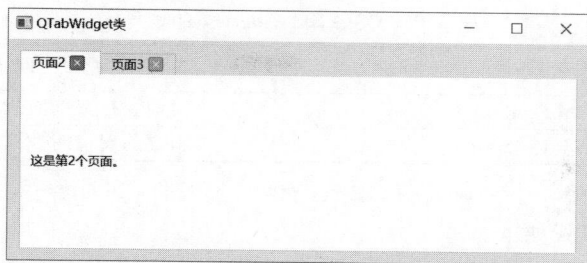

图 5-18　项目 demo15 的运行结果

5.2.5　堆叠控件（QStackedWidget）

在 Qt 6 中，可以使用 QStackedWidget 类创建堆叠控件。堆叠控件在功能上与切换卡控件类似，但需要使用自定义的下拉列表或按钮切换页面，并确定当前页面为要显示的页面。QStackedWidget 类的继承关系如图 5-19 所示。

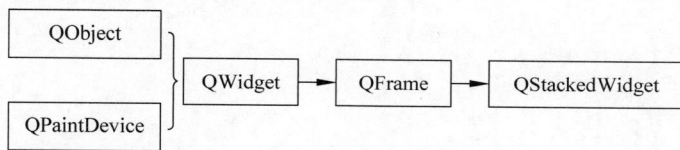

图 5-19　QStackedWidget 类的继承关系

QStackedWidget 类的构造函数如下：

```
QStackedWidget(QWidget * parent = nullptr)
```

其中，parent 表示指向父窗口或父容器的对象指针。

在 Qt 6 中，QStackedWidget 类的常用方法见表 5-16。

表 5-16　QStackedWidget 类的常用方法

方法及参数类型	说　　明	返回值类型
［slot］setCurrentWidget(QWidget * w)	将指定的窗口设置为当前窗口	
［slot］setCurrentIndex(int index)	将索引为 index 的窗口设置为当前窗口	
addWidget(QWidget * w)	在末尾添加窗口，并返回索引	int
insertWidget(int index，QWidget * w)	根据索引插入新窗口	int
widget(int index)	获取索引为 index 的窗口	QWidget *
currentIndex()	获取当前窗口的索引	int
currentWidget()	获取当前的窗口	QWidget *
indexOf(QWidget * w)	获取指定窗口的索引	int
removeWidget(QWidget * w)	移除指定窗口	
count()	获取窗口的数量	int

在 Qt 6 中,QStackedWidget 类的信号见表 5-17。

表 5-17   QStackedWidget 类的信号

信号及参数类型	说　　明
currentChanged(int index)	当前窗口改变时发送信号
widgetRemoved(int index)	当移除窗口时发送信号

【实例 5-16】 创建一个窗口,窗口中有一个堆叠控件,在堆叠控件中使用下拉列表框切换 3 个页面,操作步骤如下:

(1) 使用 Qt Creator 创建一个模板为 Qt Widgets Application 的项目,将该项目命名为demo16,并保存在 D 盘的 Chapter5 文件夹下;在向导对话框中选择基类 QWidget,不勾选Generate form 复选框。

(2) 编写 widget.h 文件中的代码,代码如下:

```
/* 第 5 章 demo16 widget.h */
#ifndef WIDGET_H
#define WIDGET_H

#include <QWidget>
#include <QVBoxLayout>
#include <QHBoxLayout>
#include <QLabel>
#include <QStackedWidget>
#include <QComboBox>

class Widget : public QWidget
{
    Q_OBJECT
public:
    Widget(QWidget * parent = nullptr);
    ~Widget();
private:
    QVBoxLayout * vbox;
    QComboBox * combo1;
    QStackedWidget * stacked1;
    QWidget * page1, * page2, * page3;
    QHBoxLayout * layout1, * layout2, * layout3;
    QLabel * label1, * label2, * label3;
};
#endif //WIDGET_H
```

(3) 编写 widget.cpp 文件中的代码,代码如下:

```
/* 第 5 章 demo16 widget.cpp */
#include "widget.h"

Widget::Widget(QWidget * parent):QWidget(parent)
{
    setGeometry(200,200,560,220);
    setWindowTitle("QStackedWidget 类");
```

```
        //窗口使用垂直布局
        vbox = new QVBoxLayout();
        setLayout(vbox);
        //创建下拉列表对象
        combo1 = new QComboBox();
        combo1 -> addItem("页面 1");
        combo1 -> addItem("页面 2");
        combo1 -> addItem("页面 3");
        vbox -> addWidget(combo1);
        //创建堆叠控件
        stacked1 = new QStackedWidget();
        //创建页面 1
        page1 = new QWidget();
        layout1 = new QHBoxLayout();
        label1 = new QLabel("这是第 1 个页面。");
        layout1 -> addWidget(label1);
        page1 -> setLayout(layout1);
        //创建页面 2
        page2 = new QWidget();
        layout2 = new QHBoxLayout();
        label2 = new QLabel("这是第 2 个页面。");
        layout2 -> addWidget(label2);
        page2 -> setLayout(layout2);
        //创建页面 3
        page3 = new QWidget();
        layout3 = new QHBoxLayout();
        label3 = new QLabel("这是第 3 个页面。");
        layout3 -> addWidget(label3);
        page3 -> setLayout(layout3);
        //向堆叠控件中添加页面
        stacked1 -> addWidget(page1);
        stacked1 -> addWidget(page2);
        stacked1 -> addWidget(page3);
        //向垂直布局中添加堆叠控件
        vbox -> addWidget(stacked1);
        //使用信号/槽机制
        connect(combo1,SIGNAL(activated(int)),stacked1,SLOT(
setCurrentIndex(int)));
}

Widget::~Widget() {}
```

（4）其他文件保持不变，运行结果如图 5-20 所示。

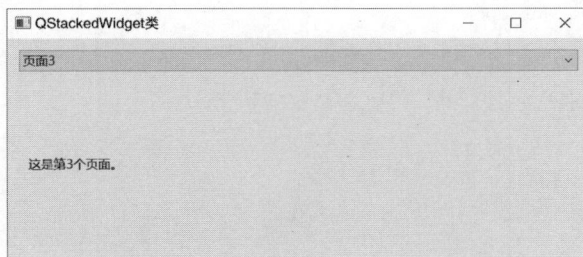

图 5-20　项目 demo16 的运行结果

【实例 5-17】 创建一个窗口,窗口中有一个堆叠控件,在堆叠控件中有 3 个页面。使用按钮切换页面,操作步骤如下:

(1) 使用 Qt Creator 创建一个模板为 Qt Widgets Application 的项目,将该项目命名为 demo17,并保存在 D 盘的 Chapter5 文件夹下;在向导对话框中选择基类 QWidget,不勾选 Generate form 复选框。

(2) 编写 widget.h 文件中的代码,代码如下:

```
/* 第 5 章 demo17 widget.h */
#ifndef WIDGET_H
#define WIDGET_H

#include <QWidget>
#include <QVBoxLayout>
#include <QLabel>
#include <QStackedWidget>
#include <QPushButton>
#include <QHBoxLayout>

class Widget : public QWidget
{
    Q_OBJECT
public:
    Widget(QWidget * parent = nullptr);
    ~Widget();
private:
    QVBoxLayout * vbox;
    QStackedWidget * stacked;
    QWidget * page1, * page2, * page3;
    QLabel * label1, * label2, * label3;
    QHBoxLayout * layout1, * layout2, * layout3, * btnLayout;
    QPushButton * btn1, * btn2, * btn3;
private slots:
    void btn1_clicked();
    void btn2_clicked();
    void btn3_clicked();
};
#endif //WIDGET_H
```

(3) 编写 widget.cpp 文件中的代码,代码如下:

```
/* 第 5 章 demo17 widget.cpp */
#include "widget.h"

Widget::Widget(QWidget * parent):QWidget(parent)
{
    setGeometry(200,200,560,220);
    setWindowTitle("QStackedWidget 类");
    //窗口使用垂直布局
    vbox = new QVBoxLayout();
    setLayout(vbox);
```

```cpp
    //创建堆叠控件
    stacked = new QStackedWidget();
    //创建页面 1
    page1 = new QWidget();
    layout1 = new QHBoxLayout();
    label1 = new QLabel("这是第 1 个页面。");
    layout1 -> addWidget(label1);
    page1 -> setLayout(layout1);
    //创建页面 2
    page2 = new QWidget();
    layout2 = new QHBoxLayout();
    label2 = new QLabel("这是第 2 个页面。");
    layout2 -> addWidget(label2);
    page2 -> setLayout(layout2);
    //创建页面 3
    page3 = new QWidget();
    layout3 = new QHBoxLayout();
    label3 = new QLabel("这是第 3 个页面。");
    layout3 -> addWidget(label3);
    page3 -> setLayout(layout3);
    //向堆叠控件中添加页面
    stacked -> addWidget(page1);
    stacked -> addWidget(page2);
    stacked -> addWidget(page3);
    vbox -> addWidget(stacked);
    //创建水平布局对象，并添加 3 个按压按钮
    btnLayout = new QHBoxLayout();
    btn1 = new QPushButton("页面 1");
    btn2 = new QPushButton("页面 2");
    btn3 = new QPushButton("页面 3");
    btnLayout -> addWidget(btn1);
    btnLayout -> addWidget(btn2);
    btnLayout -> addWidget(btn3);
    vbox -> addLayout(btnLayout);
    //使用信号/槽机制
    connect(btn1,SIGNAL(clicked(bool)),this,SLOT(btn1_clicked()));
    connect(btn2,SIGNAL(clicked(bool)),this,SLOT(btn2_clicked()));
    connect(btn3,SIGNAL(clicked(bool)),this,SLOT(btn3_clicked()));
}

Widget::~Widget() {}

void Widget::btn1_clicked(){
    stacked -> setCurrentIndex(0);
}

void Widget::btn2_clicked(){
    stacked -> setCurrentIndex(1);
}

void Widget::btn3_clicked(){
    stacked -> setCurrentIndex(2);
}
```

（4）其他文件保持不变，运行结果如图 5-21 所示。

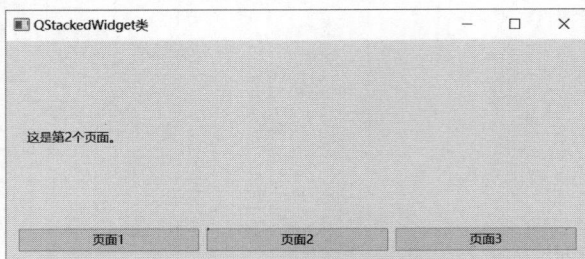

图 5-21　项目 demo17 的运行结果

5.2.6　工具箱控件（QToolBox）

8min

在 Qt 6 中，可以使用 QToolBox 类创建工具箱控件。工具箱控件在功能上与切换卡控件类似，可以显示多种页面，但工具箱控件的页面是从上到下依次排列的。工具箱控件的页面标题呈按钮状，如果单击每页的标题，则会在该标题下显示每页窗口。QToolBox 类的继承关系如图 5-22 所示。

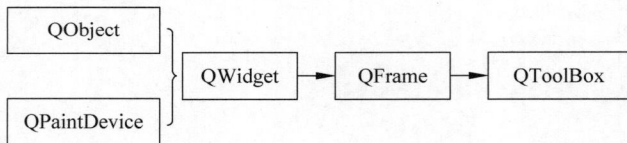

图 5-22　QToolBox 类的继承关系

QToolBox 类的构造函数如下：

```
QToolBox(QWidget * parent = nullptr,Qt::WindowFlags f = Qt::WindowFlags())
```

其中，parent 表示指向父窗口或父容器的对象指针。

在 Qt 6 中，QToolBox 类的常用方法见表 5-18。

表 5-18　QToolBox 类的常用方法

方法及参数类型	说　　明	返回值类型
［slot］setCurrentIndex(int index)	根据索引设置当前项	
［slot］setCurrentWidget(QWidget * w)	设置当前窗口	
addItem(QWidget * w,QString &text)	在末尾添加项，text 表示标题	int
addItem(QWidget * w,QIcon &icon,QString &text)	在末尾添加项，icon 表示图标	int
insertItem(int index,QWidget * w,QString &text)	根据索引插入项	int
insertItem (int index, QWidget * w, QIcon &icon, QString &text)	根据索引插入项	int
currentIndex()	获取当前项的索引	int
currentWidget()	获取当前项的窗口	QWidget *

续表

方法及参数类型	说　　明	返回值类型
widget(int index)	获取索引为 index 的窗口	QWidget *
removeItem(int index)	根据索引移除项	
count()	获取项的数量	int
indexOf(QWidget * w)	获取指定窗口的索引	int
setItemEnabled(int index,bool)	根据索引设置项是否激活	
isItemEnabled(int index)	根据索引获取项是否激活	bool
setItemIcon(int index,QIcon &icon)	根据索引设置项的图标	
itemIcon(int index)	根据索引获取项的图标	bool
setItemText(int index,QString &text)	根据索引设置项的标题名称	
itemText(int index)	根据索引获取项的标题名称	QString
setItemToolTip(int index,QString &t)	根据索引设置项的提示信息	
itemToolTip(int index)	根据索引获取项的提示信息	QString

在 Qt 6 中,QToolBox 类只有一个信号 currentChanged(int index),表示当前项发生变化时发送信号。

【实例 5-18】 创建一个窗口,窗口中有一个工具箱控件,在工具箱控件中有 3 个页面,操作步骤如下:

(1) 使用 Qt Creator 创建一个模板为 Qt Widgets Application 的项目,将该项目命名为 demo18,并保存在 D 盘的 Chapter5 文件夹下;在向导对话框中选择基类 QWidget,不勾选 Generate form 复选框。

(2) 编写 widget.h 文件中的代码,代码如下:

```
/* 第 5 章 demo18 widget.h */
#ifndef WIDGET_H
#define WIDGET_H

#include <QWidget>
#include <QVBoxLayout>
#include <QLabel>
#include <QToolBox>
#include <QHBoxLayout>

class Widget : public QWidget
{
    Q_OBJECT
public:
    Widget(QWidget * parent = nullptr);
    ~Widget();
private:
    QVBoxLayout * vbox;
    QToolBox * tool;
    QWidget * page1, * page2, * page3;
    QHBoxLayout * layout1, * layout2, * layout3;
```

```
    QLabel  * label1, * label2, * label3;
};
#endif //WIDGET_H
```

（3）编写 widget.cpp 文件中的代码，代码如下：

```
/ * 第 5 章 demo18 widget.cpp * /
#include "widget.h"

Widget::Widget(QWidget  * parent):QWidget(parent)
{
    setGeometry(200,200,560,220);
    setWindowTitle("QToolBox类");
    //窗口使用垂直布局
    vbox = new QVBoxLayout();
    setLayout(vbox);
    //创建工具箱控件
    tool = new QToolBox();
    //创建页面 1
    page1 = new QWidget();
    layout1 = new QHBoxLayout();
    label1 = new QLabel("这是第 1 个页面。");
    layout1 - > addWidget(label1);
    page1 - > setLayout(layout1);
    //创建页面 2
    page2 = new QWidget();
    layout2 = new QHBoxLayout();
    label2 = new QLabel("这是第 2 个页面。");
    layout2 - > addWidget(label2);
    page2 - > setLayout(layout2);
    //创建页面 3
    page3 = new QWidget();
    layout3 = new QHBoxLayout();
    label3 = new QLabel("这是第 3 个页面。");
    layout3 - > addWidget(label3);
    page3 - > setLayout(layout3);
    //向工具箱控件中添加页面
    tool - > addItem(page1,"页面 1");
    tool - > addItem(page2,"页面 2");
    tool - > addItem(page3,"页面 3");
    //向垂直布局对象中添加工具箱控件
    vbox - > addWidget(tool);
}

Widget::~Widget() {}
```

（4）其他文件保持不变，运行结果如图 5-23 所示。

5.2.7　单页面容器控件(QAxWidget)

在 Qt 6 中，可以使用 QAxWidget 类创建单页面容器控件。可以使用单页面容器控件访问 ActiveX 控件。QAxWidget 类有一个父类 QAxBase，QAxBase 类提供了 API 初始化和

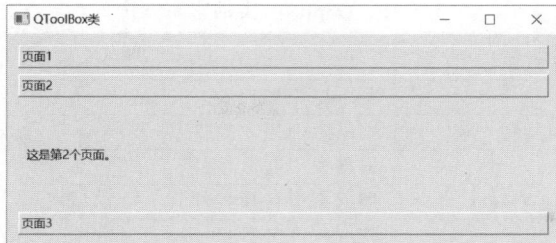

图 5-23　项目 demo18 的运行结果

访问 COM 对象的方法。QAxWidget 从 QAxBase 继承了大部分与 ActiveX 相关的功能。

ActiveX 控件是一种比较老的技术，只有 IE 浏览器对其提供支持。2022 年 6 月 15 日，微软宣布放弃支持 IE 浏览器，转而支持使用 Chromium 内核的 Edge 浏览器，因此，QAxWidget 类在浏览器方面的应用比较少。如果开发浏览器，则推荐支持 Chromium 内核的 QWebEngineView 类。

另外，QAxWidget 类可以与 QAxObject 类搭配使用，用来显示和预览 Office 文档的内容。笔者将在《编程改变生活——用 Qt 6 创建 GUI 程序（进阶篇·微课视频版）》第 11 章中介绍这部分内容。

5.3　分割器控件（QSplitter）

在 Qt 6 中，可以使用 QSplitter 类创建分割器控件。分割器控件可以将窗口分割为多部分，不同的部分之间有一条分割线，可以通过拖曳改变分割线的位置。分割器分为水平分割器和垂直分割器。可以在分割器中加入控件，也可以在分割器中加入分割器，形成多级分割，但不能在分割器中加入布局。QSplitter 类的继承关系如图 5-24 所示。

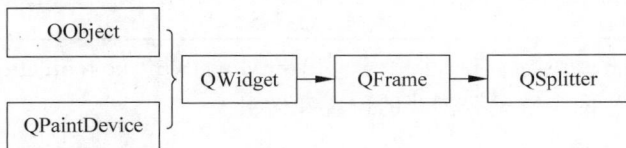

图 5-24　QSplitter 类的继承关系

QSplitter 类的构造函数如下：

```
QSplitter(QWidget * parent = nullptr)
QSplitter(Qt::Orientation orientation,QWidget * parent = nullptr)
```

其中，parent 表示指向父窗口或父容器的对象指针；orientation 表示分割方向，其参数值为 Qt::Vertical 或 Qt::Horizontal。

5.3.1　QSplitter 类的方法和信号

在 Qt 6 中，QSplitter 类的常用方法见表 5-19。

表 5-19　QSplitter 类的常用方法

方法及参数类型	说　明	返回值类型
addWidget(QWidget * w)	在末尾添加控件	
addWidget(int index,QWidget * w)	根据索引插入控件	
widget(int index)	根据索引获取控件	QWidget *
replaceWidget(int index,QWidget * w)	根据索引替换控件	
count()	获取控件的数量	int
indexOf(QWidget * w)	获取控件的索引	int
setOrientation(Qt::Orientation)	设置分割方向	
orientation()	获取分割方向	Qt::Orientation
setOpaqueResize(bool)	当拖动分隔条时,设置是否为动态的	
setStretchFactor(int index,int stretch)	当窗口缩放时,设置分割区的缩放系数	
setHandleWidth(int)	设置分隔条的宽度	
setChildrenCollapsible(bool)	设置内部控件是否可以折叠,默认值为 true	
setCollapsible(int index,bool)	根据索引设置控件是否可以折叠	
setSize(QList < int > &list)	使用列表设置内部控件的宽度(水平分割)、高度(垂直分割)	
size()	获取分割器中控件的宽度列表(水平分割)或高度列表(垂直分割)	QList < int >
setRubberBand(int pos)	将"橡皮筋"设置到指定位置,如果分割线不是动态的,则会看到"橡皮筋"	
moveSplitter(int pos,int index)	将索引为 index 的分割线移动到 pos 处	
getRange(int index,int * min,int * max)	根据索引获取分割线的调节范围	
saveState()	保存分割器的状态	QByteArray
restoreState(QByteArray &state)	恢复保存的状态	bool

在 Qt 6 中,QSplitter 类只有一个信号 splitterMoved(int pos,int index),表示当分割线移动时发送信号,信号的参数是分割线的位置和索引。

5.3.2　QSplitter 类的应用实例

【实例 5-19】　创建一个窗口,使用分割器控件将窗口分割为左右两部分。窗口的左右两部分各显示一张图像,操作步骤如下:

(1) 使用 Qt Creator 创建一个模板为 Qt Widgets Application 的项目,将该项目命名为 demo19,并保存在 D 盘的 Chapter5 文件夹下;在向导对话框中选择基类 QWidget,不勾选 Generate form 复选框。

(2) 编写 widget.h 文件中的代码,代码如下:

```
/* 第 5 章 demo19 widget.h */
#ifndef WIDGET_H
```

```
# define WIDGET_H

# include <QWidget>
# include <QLabel>
# include <QSplitter>
# include <QHBoxLayout>
# include <QPixmap>

class Widget : public QWidget
{
    Q_OBJECT
public:
    Widget(QWidget * parent = nullptr);
    ~Widget();
private:
    QLabel * label1, * label2;
    QPixmap pic1,pic2;
    QSplitter * hsplitter;
    QHBoxLayout * hbox;
};
# endif //WIDGET_H
```

（3）编写 widget.cpp 文件中的代码，代码如下：

```
/* 第 5 章 demo19 widget.cpp */
# include "widget.h"

Widget::Widget(QWidget * parent):QWidget(parent)
{
    setGeometry(300,300,560,220);
    setWindowTitle("QSplitter 类");
    //创建两个标签控件
    label1 = new QLabel();
    label2 = new QLabel();
    pic1 = QPixmap("D:/Chapter5/images/cat1.png");
    pic2 = QPixmap("D:/Chapter5/images/dog1.jpg");
    pic1 = pic1.scaled(260,220);
    pic2 = pic2.scaled(260,220);
    label1 -> setPixmap(pic1);
    label2 -> setPixmap(pic2);
    //创建分割器，将窗口分割为左右两部分
    hsplitter = new QSplitter(Qt::Horizontal);
    hsplitter -> addWidget(label1);
    hsplitter -> addWidget(label2);
    //创建水平布局对象
    hbox = new QHBoxLayout();
    hbox -> addWidget(hsplitter);
    setLayout(hbox);
}

Widget::~Widget() {}
```

（4）其他文件保持不变，运行结果如图 5-25 所示。

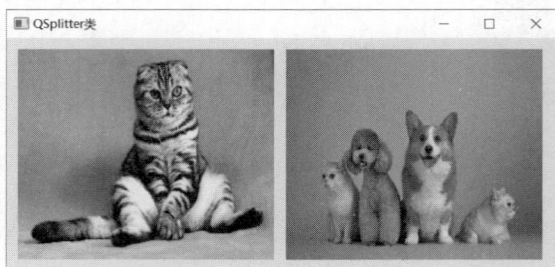

图 5-25　项目 demo19 的运行结果

【实例 5-20】　创建一个窗口，使用分割器控件将窗口分割为上下两部分。窗口的上下两部分各显示一张图像，操作步骤如下：

（1）使用 Qt Creator 创建一个模板为 Qt Widgets Application 的项目，将该项目命名为 demo20，并保存在 D 盘的 Chapter5 文件夹下；在向导对话框中选择基类 QWidget，不勾选 Generate form 复选框。

（2）编写 widget.h 文件中的代码，代码如下：

```
/* 第 5 章 demo20 widget.h */
#ifndef WIDGET_H
#define WIDGET_H

#include <QWidget>
#include <QLabel>
#include <QSplitter>
#include <QVBoxLayout>
#include <QPixmap>

class Widget : public QWidget
{
    Q_OBJECT
public:
    Widget(QWidget * parent = nullptr);
    ~Widget();
private:
    QLabel * label1, * label2;
    QPixmap pic1, pic2;
    QSplitter * vsplitter;
    QVBoxLayout * vbox;
};
#endif //WIDGET_H
```

（3）编写 widget.cpp 文件中的代码，代码如下：

```
/* 第 5 章 demo20 widget.cpp */
#include "widget.h"

Widget::Widget(QWidget * parent):QWidget(parent)
```

```
{
    setGeometry(300,300,600,400);
    setWindowTitle("QSplitter类");
    //创建两个标签控件
    label1 = new QLabel();
    label2 = new QLabel();
    pic1 = QPixmap("D:/Chapter5/images/cat1.png");
    pic2 = QPixmap("D:/Chapter5/images/dog1.jpg");
    pic1 = pic1.scaled(550,200);
    pic2 = pic2.scaled(550,200);
    label1 -> setPixmap(pic1);
    label2 -> setPixmap(pic2);
    //创建分割器,将窗口分割为上下两部分
    vsplitter = new QSplitter(Qt::Vertical);
    vsplitter -> addWidget(label1);
    vsplitter -> addWidget(label2);
    //创建垂直布局对象
    vbox = new QVBoxLayout();
    vbox -> addWidget(vsplitter);
    setLayout(vbox);
}

Widget::~Widget() {}
```

（4）其他文件保持不变,运行结果如图 5-26 所示。

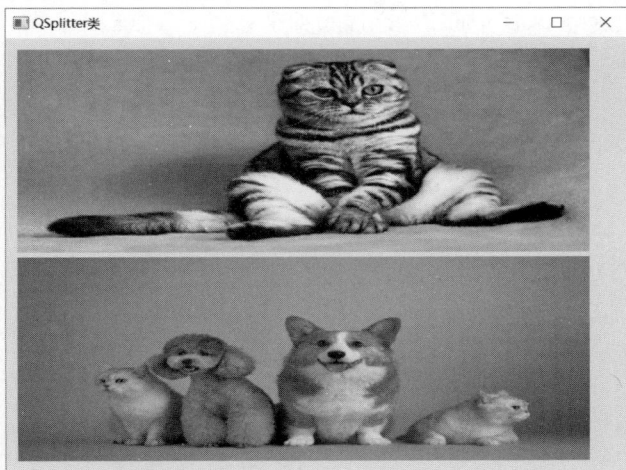

图 5-26　项目 demo20 的运行结果

【实例 5-21】 创建一个窗口,使用分割器控件将窗口分割为三部分。窗口的各部分显示一张图像,操作步骤如下：

（1）使用 Qt Creator 创建一个模板为 Qt Widgets Application 的项目,将该项目命名为demo21,并保存在 D 盘的 Chapter5 文件夹下；在向导对话框中选择基类 QWidget,不勾选Generate form 复选框。

（2）编写 widget.h 文件中的代码，代码如下：

```
/* 第 5 章 demo21 widget.h */
#ifndef WIDGET_H
#define WIDGET_H

#include <QWidget>
#include <QLabel>
#include <QSplitter>
#include <QVBoxLayout>
#include <QPixmap>

class Widget : public QWidget
{
    Q_OBJECT
public:
    Widget(QWidget *parent = nullptr);
    ~Widget();
private:
    QLabel *label1, *label2, *label3;
    QPixmap pic1, pic2, pic3;
    QSplitter *hsplitter, *vsplitter;
    QVBoxLayout *vbox;
};
#endif //WIDGET_H
```

（3）编写 widget.cpp 文件中的代码，代码如下：

```
/* 第 5 章 demo21 widget.cpp */
#include "widget.h"

Widget::Widget(QWidget *parent):QWidget(parent)
{
    setGeometry(200,200,800,500);
    setWindowTitle("QSplitter 类");
    //创建 3 个标签控件
    label1 = new QLabel();
    label2 = new QLabel();
    label3 = new QLabel();
    pic1 = QPixmap("D:/Chapter5/images/cat1.png");
    pic2 = QPixmap("D:/Chapter5/images/dog1.jpg");
    pic3 = QPixmap("D:/Chapter5/images/hill.png");
    pic1 = pic1.scaled(220,200);
    pic2 = pic2.scaled(220,220);
    pic3 = pic3.scaled(500,300);
    label1 -> setPixmap(pic1);
    label2 -> setPixmap(pic2);
    label3 -> setPixmap(pic3);
    //创建分割器,将窗口分割为上下两部分
    vsplitter = new QSplitter(Qt::Vertical);
    vsplitter -> addWidget(label1);
    vsplitter -> addWidget(label2);
```

```
        //创建分割器,将窗口分割为左右两部分
        hsplitter = new QSplitter(Qt::Horizontal);
        hsplitter->addWidget(vsplitter);
        hsplitter->addWidget(label3);
        //创建垂直布局对象
        vbox = new QVBoxLayout();
        vbox->addWidget(hsplitter);
        setLayout(vbox);
    }

    Widget::~Widget() {}
```

（4）其他文件保持不变,运行结果如图 5-27 所示。

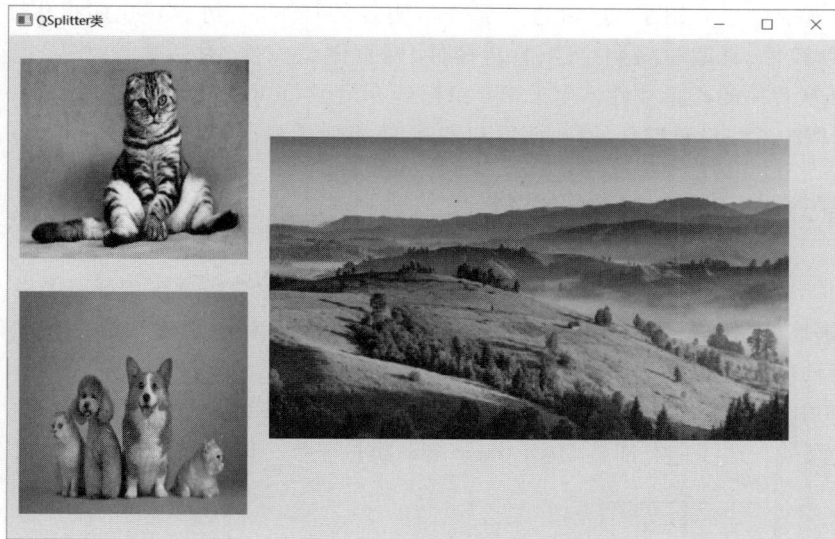

图 5-27　项目 demo21 的运行结果

5.4　小结

本章首先介绍了布局管理的基础知识,然后介绍了 Qt 6 提供的布局管理方法,包括水平布局、垂直布局、栅格布局、表单布局、堆叠布局。

其次介绍了 Qt 6 中的容器控件,包括分组框控件、框架控件、滚动区控件、切换卡控件、堆叠控件、工具箱控件。

最后介绍了 Qt 6 中的分割器控件,并介绍了分割器控件的应用。学习了布局管理和容器控件的相关知识后,在后面的章节中将使用本章的知识编写程序。

常用控件(中)

前面的章节已经介绍了 Qt 6 的一部分常用控件,除此之外,Qt 6 还提供了其他的控件,例如滑动控件、日期时间类控件、日历控件、网页浏览控件、对话框控件等。这些控件都是创建 GUI 从程序的必备控件。由于第 5 章已经介绍了 Qt 6 的布局管理,所以这一章的实例使用布局管理的方法设置控件的位置、宽和高,而不再使用窗口类的 setGeometry()方法。

6.1 滑动控件与转动控件

在 Qt 6 中,有一种特殊的输入控件,可以通过滑动或转动向系统中输入数字,例如滚动条控件、滑块控件、仪表盘控件。可以通过滑动滚动条控件和滑块控件向系统中输入整数,可以通过转动仪表盘控件向系统中输入数字。

在 Qt 6 中,使用 QScrollBar 类创建滚动条控件,使用 QSlider 类创建滑块控件,使用 QDial 类创建仪表盘类。这 3 个类都是 QAbstractSlider 类的子类,其继承关系图如图 6-1 所示。

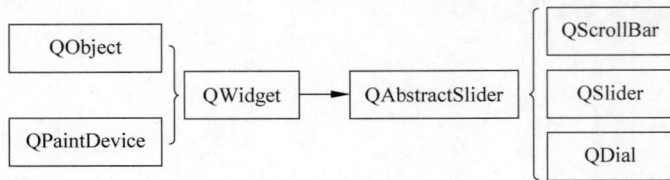

图 6-1 QScrollBar 等类的继承关系图

6.1.1 滚动条控件(QScrollBar)与滑块控件(QSlider)

在 Qt 6 中,使用 QScrollBar 类创建滚动条控件,使用 QSlider 类创建滑块控件。这两个控件都有水平样式和竖直样式,功能相似,外观不同。QScrollBar 类和 QSlider 类的构造函数如下:

```
QScrollBar(QWidget * parent = nullptr)
QScrollBar(Qt::Orientation orientation,QWidget * parent = nullptr)
QSlider(QWidget * parent = nullptr)
QSlider(Qt::Orientation orientation,QWidget * parent = nullptr)
```

22min

其中,parent 表示指向父窗口或父容器的对象指针;orientation 表示控件的样式,参数值可以为 Qt::Horizontal、Qt::Vertical,分别表示水平样式、竖直样式。

QScrollBar 类和 QSlider 类的常用方法见表 6-1。

表 6-1　QScrollBar 类和 QSlider 类的常用方法

方法及参数类型	说　明	返回值的类型
[slot]setOrientation(Qt::Orientation)	设置控件的方向,可设置为水平方向或竖直方向	
[slot]setRange(int,int)	设置控件的最大值和最小值	
[slot]setValue(int)	设置滑块的值	
orientation()	获取控件的方向	Qt::Orientation
setInvertedAppearance(bool)	设置几何外观左右或上下颠倒	
invertedAppearence()	获取几何外观是否颠倒	bool
setInvertedControls(bool)	设置键盘上的 PageDown 键和 PageUp 键是否为逆向控制	
invertedControls()	获取是否进行逆向控制	bool
setMaximum(int)	设置最大值	
maximum()	获取最大值	int
setMinimum(int)	设置最小值	
minimum()	获取最小值	int
setPageStep(int)	设置当单击滑动区域时,控件值的变化量	
pageStep()	获取当单击滑动区域时,控件值的变化量	int
setSingleStep(int)	设置当单击两端的箭头或拖动滑块时,控件值的变化量	
singleStep()	获取当单击两端的箭头或拖动滑块时,控件值的变化量	int
setSliderDown(bool)	设置滑块是否被按下,该值的设置影响 isSliderDown()的返回值	
isSliderDown()	当鼠标移动滑块时返回值为 true,当单击控件两端的箭头或滑块区域时返回值为 false	bool
setSliderPosition(int)	设置滑块的位置	
sliderPosition()	获取滑块的位置	int
setTracing(bool)	设置是否追踪滑块的变化	
value()	获取滑块的值	int
setTickInterval(int)	设置控件两个刻度之间的值,适用于 QSlider 控件	
setTickPosition(QSlider::TickPosition pos)	设置刻度的位置,适用于 QSlider 控件,其参数值可为 QSlider::NoTicks、QSlider::TicksBothSides、QSlider::TicksAbove、QSlider::TicksBelow、QSlider::TicksLeft、QSlider::TicksRight	

【实例 6-1】 创建一个窗口,包含一个水平滚动条控件、一个竖直滚动条控件,操作步骤如下:

(1) 使用 Qt Creator 创建一个模板为 Qt Widgets Application 的项目,将该项目命名为

demo1,并保存在 D 盘的 Chapter6 文件夹下；在向导对话框中选择基类 QWidget,不勾选 Generate form 复选框。

(2) 编写 widget.h 文件中的代码,代码如下:

```
/* 第 6 章 demo1 widget.h */
#ifndef WIDGET_H
#define WIDGET_H

#include <QWidget>
#include <QScrollBar>
#include <QHBoxLayout>

class Widget : public QWidget
{
    Q_OBJECT
public:
    Widget(QWidget * parent = nullptr);
    ~Widget();
private:
    QHBoxLayout * hbox;
    QScrollBar * bar1, * bar2;
};
#endif //WIDGET_H
```

(3) 编写 widget.cpp 文件中的代码,代码如下:

```
/* 第 6 章 demo1 widget.cpp */
#include "widget.h"

Widget::Widget(QWidget * parent):QWidget(parent)
{
    setGeometry(300,300,560,220);
    setWindowTitle("QScrollBar 类");
    //设置主窗口的布局
    hbox = new QHBoxLayout();
    setLayout(hbox);
    //创建水平滚动条控件
    bar1 = new QScrollBar(Qt::Horizontal);
    bar1 -> setRange(0,100);
    //创建竖直滚动条控件
    bar2 = new QScrollBar(Qt::Vertical);
    bar2 -> setRange(0,50);
    hbox -> addWidget(bar1);
    hbox -> addWidget(bar2);
}

Widget::~Widget() {}
```

(4) 其他文件保持不变,运行结果如图 6-2 所示。

【实例 6-2】 创建一个窗口,包含一个水平滑块控件、一个竖直滑块控件,操作步骤如下:

(1) 使用 Qt Creator 创建一个模板为 Qt Widgets Application 的项目,将该项目命名为

图 6-2 项目 demo1 的运行结果

demo2,并保存在 D 盘的 Chapter6 文件夹下；在向导对话框中选择基类 QWidget,不勾选 Generate form 复选框。

（2）编写 widget.h 文件中的代码,代码如下：

```
/* 第 6 章 demo2 widget.h */
#ifndef WIDGET_H
#define WIDGET_H

#include <QWidget>
#include <QSlider>
#include <QHBoxLayout>

class Widget : public QWidget
{
    Q_OBJECT
public:
    Widget(QWidget * parent = nullptr);
    ~Widget();
private:
    QHBoxLayout * hbox;
    QSlider * slider1, * slider2;
};
#endif //WIDGET_H
```

（3）编写 widget.cpp 文件中的代码,代码如下：

```
/* 第 6 章 demo2 widget.cpp */
#include "widget.h"

Widget::Widget(QWidget * parent):QWidget(parent)
{
    setGeometry(300,300,560,220);
    setWindowTitle("QSlider 类");
    //设置主窗口的布局
    hbox = new QHBoxLayout();
    setLayout(hbox);
    //创建水平滑块控件
    slider1 = new QSlider(Qt::Horizontal);
    slider1 -> setRange(0,100);
    slider1 -> setTickInterval(2);
```

```
    slider1 -> setTickPosition(QSlider::TicksBothSides);
    //创建竖直滑块控件
    slider2 = new QSlider(Qt::Vertical);
    slider2 -> setRange(0,50);
    slider2 -> setTickInterval(5);
    slider2 -> setTickPosition(QSlider::TicksBothSides);
    hbox -> addWidget(slider1);
    hbox -> addWidget(slider2);
}

Widget::~Widget() {}
```

（4）其他文件保持不变，运行结果如图 6-3 所示。

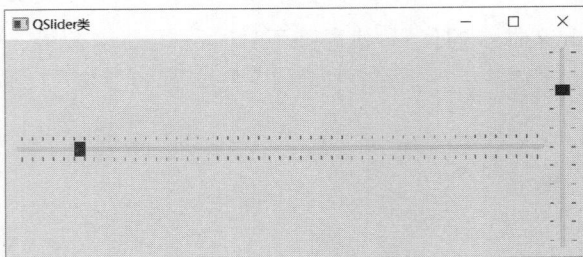

图 6-3　项目 demo2 的运行结果

在 Qt 6 中，QScrollBar 类和 QSlider 类中的信号见表 6-2。

表 6-2　QScrollBar 类和 QSlider 类中的信号

信号及参数类型	说　　明
valueChanged(int value)	当数值发生变化时发送信号
rangeChanged(int min,int max)	当最小值和最大值发生变化时发送信号
sliderMoved(int value)	当滑块移动时发送信号
sliderPressed()	当按下滑块时发送信号
sliderReleased()	当释放滑块时发送信号
actionTriggered(int action)	当用鼠标改变滑块位置时发送信号，参数值可取 QAbstractSlider::SliderNoAction、QAbstractSlider::SliderSingleStepAdd、QAbstractSlider::SliderSingleStepSub、QAbstractSlider::SliderPageStepAdd、QAbstractSlider::SliderPageStepSub、QAbstractSlider::SliderToMinimum、QAbstractSlider::SliderToMaximum、QAbstractSlider::SliderMove，对应的值分别为 0~7

【实例 6-3】　创建一个窗口，包含一个滚动条控件、一个标签控件。当滑动滚动条时，标签显示数值，操作步骤如下：

（1）使用 Qt Creator 创建一个模板为 Qt Widgets Application 的项目，将该项目命名为 demo3，并保存在 D 盘的 Chapter6 文件夹下；在向导对话框中选择基类 QWidget，不勾选 Generate form 复选框。

（2）编写 widget.h 文件中的代码，代码如下：

```
/* 第6章 demo3 widget.h */
#ifndef WIDGET_H
#define WIDGET_H

#include <QWidget>
#include <QScrollBar>
#include <QFormLayout>
#include <QLabel>
#include <QFont>
#include <QString>

class Widget : public QWidget
{
    Q_OBJECT
public:
    Widget(QWidget * parent = nullptr);
    ~Widget();
private:
    QFormLayout * form;
    QScrollBar * bar;
    QLabel * label;
private slots:
    void bar_changed(int value);
};
#endif //WIDGET_H
```

（3）编写 widget.cpp 文件中的代码，代码如下：

```
/* 第6章 demo3 widget.cpp */
#include "widget.h"

Widget::Widget(QWidget * parent):QWidget(parent)
{
    setGeometry(300,300,560,220);
    setWindowTitle("QScrollBar 类");
    //设置主窗口的布局
    form = new QFormLayout();
    setLayout(form);
    //创建水平滚动条控件
    bar = new QScrollBar(Qt::Horizontal);
    bar -> setRange(0,100);
    //创建标签控件
    label = new QLabel("0");
    label -> setFont(QFont("黑体",14));
    form -> addRow(bar);
    form -> addRow("数值:",label);
    //使用信号/槽
    connect(bar,SIGNAL(valueChanged(int)),this,SLOT(bar_changed(int)));
}

Widget::~Widget() {}

void Widget::bar_changed(int value){
```

```
    QString str1 = QString::number(value);
    label -> setText(str1);
}
```

(4) 其他文件保持不变,运行结果如图 6-4 所示。

图 6-4　项目 demo3 的运行结果

【实例 6-4】　创建一个窗口,包含一个滑块控件、一个单行文本框。当滑动滑块时,单行文本框显示数值。当在单行文本框中输入数值时,滑块控件的滑块发生移动,操作步骤如下:

(1) 使用 Qt Creator 创建一个模板为 Qt Widgets Application 的项目,将该项目命名为 demo4,并保存在 D 盘的 Chapter6 文件夹下;在向导对话框中选择基类 QWidget,不勾选 Generate form 复选框。

(2) 编写 widget.h 文件中的代码,代码如下:

```
/* 第 6 章 demo4 widget.h */
# ifndef WIDGET_H
# define WIDGET_H

# include < QWidget >
# include < QSlider >
# include < QFormLayout >
# include < QLineEdit >
# include < QFont >
# include < QString >

class Widget : public QWidget
{
    Q_OBJECT
public:
    Widget(QWidget * parent = nullptr);
    ~Widget();
private:
    QFormLayout * form;
    QSlider * slider;
    QLineEdit * lineEdit;
private slots:
    void slider_changed(int value);
    void lineedit_changed();
};
# endif //WIDGET_H
```

（3）编写 widget.cpp 文件中的代码，代码如下：

```cpp
/* 第 6 章 demo4 widget.cpp */
#include "widget.h"

Widget::Widget(QWidget *parent):QWidget(parent)
{
    setGeometry(300,300,560,220);
    setWindowTitle("QSlider 类");
    //设置主窗口的布局
    form = new QFormLayout();
    setLayout(form);
    //创建水平滑块控件
    slider = new QSlider(Qt::Horizontal);
    slider->setRange(0,100);
    //创建单行文本框
    lineEdit = new QLineEdit();
    lineEdit->setFont(QFont("黑体",14));
    form->addRow("压力:",slider);
    form->addRow("数值:",lineEdit);
    //使用信号/槽
    connect(slider,SIGNAL(valueChanged(int)),this,SLOT(
slider_changed(int)));
    connect(lineEdit,SIGNAL(returnPressed()),this,SLOT(
lineedit_changed()));
}

Widget::~Widget() {}

void Widget::slider_changed(int value){
    QString str1 = QString::number(value);
    lineEdit->setText(str1);
}

void Widget::lineedit_changed(){
    QString str2 = lineEdit->text();
    int value = str2.toInt();
    if (value >= 0 && value <= 100)
        slider->setValue(value);
}
```

（4）其他文件保持不变，运行结果如图 6-5 所示。

图 6-5　项目 demo4 的运行结果

6.1.2　仪表盘控件

在 Qt 6 中,使用 QDial 类创建仪表盘控件。仪表盘控件与滑块控件类似,只是滑块控件的滑槽为直线,而仪表盘控件的滑槽为圆形。QDial 类的构造函数如下:

```
QDial(QDial * parent = nullptr)
```

其中,parent 表示指向父窗口或父容器的对象指针。

QDial 类的常用方法见表 6-3。

表 6-3　QDial 类的常用方法

方法及参数类型	说　　明	返回值类型
[slot]setNotchesVisible(bool visible)	设置刻度是否可见	
[slot]setWrapping(bool on)	设置最大刻度与最小刻度是否重合	
[slot]setValue(int)	设置滑块当前所在的位置	
notchesVisible()	获取刻度是否可见	bool
setNotchTarget(double target)	设置刻度之间的距离,单位为像素	
notchTarget()	获取刻度之间的距离,单位为像素	float
wrapping()	获取最大刻度与最小刻度是否重合	bool
notchSize()	获取相邻刻度之间的值	int
setRange(int min,int max)	设置最小值和最大值	
setMaximum(int)	设置最大值	
setMinimum(int)	设置最小值	
setInvertedAppearance(bool)	设置刻度反向显示	
value()	获取滑块的值	int
setPageStep(int)	设置当按键盘上的 PageUp 键和 PageDown 键时,滑块移动的距离	
setSingleStep(int)	设置按上、下、左、右键时,滑块移动的距离	
setTracking(bool enable)	设置移动滑块时,是否连续发送 valueChanged (int)信号	

【实例 6-5】　创建一个窗口,包含一个仪表盘控件,操作步骤如下:

(1) 使用 Qt Creator 创建一个模板为 Qt Widgets Application 的项目,将该项目命名为 demo5,并保存在 D 盘的 Chapter6 文件夹下;在向导对话框中选择基类 QWidget,不勾选 Generate form 复选框。

(2) 编写 widget.h 文件中的代码,代码如下:

```
/* 第 6 章 demo5 widget.h */
# ifndef WIDGET_H
# define WIDGET_H

# include < QWidget >
# include < QDial >
```

```
# include <QHBoxLayout>

class Widget : public QWidget
{
    Q_OBJECT
public:
    Widget(QWidget * parent = nullptr);
    ~Widget();
private:
    QHBoxLayout * hbox;
    QDial * dial;
};
# endif //WIDGET_H
```

（3）编写 widget.cpp 文件中的代码，代码如下：

```
/ * 第 6 章 demo5 widget.cpp * /
# include "widget.h"

Widget::Widget(QWidget * parent):QWidget(parent)
{
    setGeometry(300,300,560,220);
    setWindowTitle("QDial 类");
    //设置主窗口的布局
    hbox = new QHBoxLayout();
    setLayout(hbox);
    //创建仪表盘控件
    dial = new QDial();
    dial -> setRange(0,100);
    dial -> setNotchesVisible(true);
    hbox -> addWidget(dial);
}

Widget::~Widget() {}
```

（4）其他文件保持不变，运行结果如图 6-6 所示。

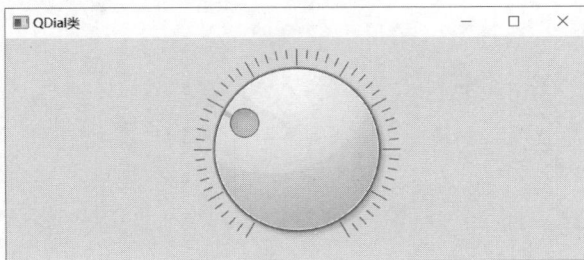

图 6-6 项目 demo5 的运行结果

在 Qt 6 中，QDial 类的信号与 QSlider 类的信号相同，QDial 类的信号可查看表 6-2。

【实例 6-6】 创建一个窗口，包含一个仪表盘控件、一个标签控件。当滑动仪表盘时，标签显示数值，操作步骤如下：

(1) 使用 Qt Creator 创建一个模板为 Qt Widgets Application 的项目,将该项目命名为 demo6,并保存在 D 盘的 Chapter6 文件夹下;在向导对话框中选择基类 QWidget,不勾选 Generate form 复选框。

(2) 编写 widget.h 文件中的代码,代码如下:

```
/* 第 6 章 demo6 widget.h */
# ifndef WIDGET_H
# define WIDGET_H

# include < QWidget >
# include < QDial >
# include < QLabel >
# include < QVBoxLayout >
# include < QString >
# include < QFont >

class Widget : public QWidget
{
    Q_OBJECT
public:
    Widget(QWidget * parent = nullptr);
    ~Widget();
private:
    QVBoxLayout * vbox;
    QDial * dial;
    QLabel * label;
private slots:
    void dial_changed(int value);
};
# endif //WIDGET_H
```

(3) 编写 widget.cpp 文件中的代码,代码如下:

```
/* 第 6 章 demo6 widget.cpp */
# include "widget.h"

Widget::Widget(QWidget * parent):QWidget(parent)
{
    setGeometry(300,300,560,220);
    setWindowTitle("QDial 类");
    //设置主窗口的布局
    vbox = new QVBoxLayout();
    setLayout(vbox);
    //创建仪表盘控件
    dial = new QDial();
    dial -> setRange(0,100);
    dial -> setNotchesVisible(true);
    //创建标签控件
    label = new QLabel("0");
    label -> setFont(QFont("黑体",14));
    vbox -> addWidget(dial);
```

```
    vbox->addWidget(label);
    //使用信号/槽
    connect(dial,SIGNAL(valueChanged(int)),this,SLOT(dial_changed(int)));
}

Widget::~Widget() {}

void Widget::dial_changed(int value){
    QString str1 = QString::number(value);
    label->setText(str1);
}
```

（4）其他文件保持不变，运行结果如图 6-7 所示。

图 6-7 项目 demo6 的运行结果

6.2 日期时间类及其相关控件

在实际应用中，经常需要用到日历、日期、时间。针对这类问题，Qt 6 提供了日期时间类及其相关控件处理此类问题。

6.2.1 日历类（QCalendar）与日期类（QDate）

在 Qt 6 中，使用 QCalendar 类表示日历，使用 QDate 类表示日期。这两个类都位于 Qt 6 的 Qt Core 子模块下。

1. 日历类（QCalendar）

在 Qt 6 中，使用 QCalendar 类确定纪年法，当前通用的是公元纪年法。QCalendar 类的构造函数如下：

```
QCalendar()
QCalendar(QStringView name)
QCalendar(QCalendar::System system)
```

其中，name 表示不同的纪年法，其参数值可为 Julian、Jalali、Islamic Civil、Milankovic、Gregorian、Islamic、islamic-civil、Gregory、Persian；system 的取值为 QCalendar::System 的枚举常量，表示不同的纪年法。QCalendar::System 的枚举常量为 QCalendar::System::

Gregorian、QCalendar：：System：：Julian、QCalendar：：System：：Milankovic、QCalendar：：System：：Jalali、QCalendar：：System：：IslamicCivil,参数 system 的默认值为 QCalendar：：System：：Gregorian。

QCalendar 类的常用方法见表 6-4。

表 6-4　QCalendar 类的常用方法

方法及参数类型	说　　明	返回值类型
[static]availableCalendars()	获取可以使用的日历纪年法	QStringList
name()	获取当前使用的日历纪年法	QString
dateFromParts(int year,int month,int day)	返回指定的年、月、日构成的日期对象	QDate
dayOfWeek(QDate)	获取指定日期在一周的第几天	int
daysInMonth(int month,int year)	获取指定年指定月的总天数	int
daysInYear(int year)	获取指定年的总天数	int
isDateValid(int year,int month,int day)	获取指定的年、月、日是否有效	bool
isGregorian()	确定是否是公历纪年	bool
isLeapYear(int year)	获取某年是否为闰年	bool
isLunar()	获取是否是阴历	bool
isSolar()	获取是否是太阳历	bool
maximumDaysInMonth()	获取月中最大的天数	int
maximumMonthsInYear()	获取年中最大的月数	int
minimumDaysInMonth()	获取月中最小的天数	int

【实例 6-7】　创建一个日历对象,获取并打印当前的纪元法,以及日历对象可表示的纪元法,操作步骤如下:

(1) 使用 Qt Creator 创建一个模板为 Qt Console Application 的项目,将该项目命名为 demo7,并保存在 D 盘的 Chapter6 文件夹下。

(2) 编写 main.cpp 文件中的代码,代码如下:

```
/* 第6章 demo7 main.cpp */
#include <QCoreApplication>
#include <QCalendar>
#include <QDebug>
#include <QString>
#include <QStringList>

int main(int argc, char *argv[])
{
    QCoreApplication a(argc, argv);
    QCalendar calendar1;
    QString str1 = calendar1.name();
    qDebug()<<"当前纪元为"<< str1;
    QStringList list1 = calendar1.availableCalendars();
    qDebug()<<"可表示的纪元为"<< list1;
    return a.exec();
}
```

（3）其他文件保持不变，运行结果如图 6-8 所示。

```
demo7 ☒

15:57:51: Starting D:\Chapter6\build-demo7-Desktop_Qt_6_6_1_MinGW_64_bit-
Debug\debug\demo7.exe...
当前纪元为 "Gregorian"
可表示的纪元为 QList("Gregorian", "gregory", "Islamic", "Islamic Civil", "islamic-civil",
"islamicc", "Jalali", "Julian", "Milankovic", "Persian")
```

图 6-8　项目 demo7 的运行结果

2. 日期类（QDate）

在 Qt 6 中，使用 QDate 类表示日期，即用年、月、日来表示某一天。QDate 类的构造函数如下：

```
QDate()
QDate(int y, int m, int d)
```

其中，y 表示年份；m 表示月份；d 表示日。

QDate 类的常用方法见表 6-5。

表 6-5　QDate 类的常用方法

方法及参数类型	说　　明	返回值类型
［static］currentDate()	获取系统的日期	QDate
［static］fromJulianDay(int jd)	将儒略历日转换为日期	QDate
［static］fromString（QString ＆str，Qt::DateFormat format＝Qt::TextDate)	将字符串转换为日期对象	QDate
［static］fromString（QString ＆str，QString format，QCalendar cal)	将字符串转换为日期对象	QDate
［static］isLeapYear(int year)	获取指定的年份是否为闰年	bool
［static］isValid(int y, int m, int d)	获取指定的年、月、日是否有效	bool
setDate(int year, int month, int day, QCalendar cal)	根据年、月、日设置日期	bool
getDate(int * year, int * month, int * day)	获取年、月、日	
day()、day(QCalendar cal)	获取日数	int
month()、month(QCalendar cal)	获取月份	int
year()、year(QCalendar cal)	获取年份	int
addDays(int days)	获取增加指定天数后的日期，参数值可为负	QDate
addMonths(int months, QCalendar cal)	获取增加指定月数后的日期，参数值可为负	QDate
addMonths(int months)	获取增加指定月数后的日期，参数值可为负	QDate
addYears(int years, QCalendar cal)	获取增加指定年数后的日期，参数值可为负	QDate
addYear(int years)	获取增加指定年数后的日期，参数值可为负	QDate
dayOfWeek(QCalendar cal)	获取记录的日期是一周中的第几天	int
dayOfWeek()	获取记录的日期是一周中的第几天	int
dayOfYear(QCalendar cal)	获取记录的日期是一年中的第几天	int
dayOfYear()	获取记录的日期是一年中的第几天	int

续表

方法及参数类型	说　　明	返回值类型
daysInMonth(QCalendar cal)	获取日期所在月的天数	int
daysInMonth()	获取日期所在月的天数	int
daysInYear(QCalendar cal)	获取日期所在年的天数	int
daysInYear()	获取日期所在年的天数	int
daysTo(QDate d)	获取记录的日期到指定日期的天数	int
isNull()	获取是否不包含日期数据	bool
toJulianDay()	换算成儒略日	int
toString(Qt::DateFormat format=Qt::TextDate)	将日期按照指定的格式转换成字符串	QString
toString(QString &format,QCalendar cal)	将日期按照指定的格式转换成字符串	QString
weekNumber(int * yearNum=nullptr)	获取日期在一年中的第几周	int

在 QDate 类中,可以使用 toString(Qt::DateFormat format=Qt::TextDate)方法将日期对象转换为字符串类型的日期,使用 fromString(QString &str,Qt::DateFormat format=Qt::TextDate)方法将字符串类型的日期转换为日期对象,其中 Qt::DateFormat 是枚举常量,其枚举常量见表 6-6。

表 6-6　Qt::QDateFormat 的枚举常量

枚 举 常 量	日期的格式	枚 举 常 量	日期的格式
Qt::TextDate	Tue May 9 2024	Qt::ISODate	2024-05-09
Qt::ISODateWithMs	2024-05-09	Qt::RFC2822Date	09 May 2024

【实例 6-8】　创建一个日期对象,打印该日期对象。将该日期对象转换为 Qt::DateFormat 格式的字符串,并打印该字符串,操作步骤如下:

(1) 使用 Qt Creator 创建一个模板为 Qt Console Application 的项目,将该项目命名为 demo8,并保存在 D 盘的 Chapter6 文件夹下。

(2) 编写 main.cpp 文件中的代码,代码如下:

```cpp
/* 第 6 章 demo8 main.cpp */
# include <QCoreApplication>
# include <QDate>
# include <QString>
# include <QDebug>

int main(int argc, char * argv[])
{
    QCoreApplication a(argc, argv);
    QDate date1 = QDate::currentDate();
    qDebug()<< date1;
    QString str1 = date1.toString(Qt::TextDate);
    QString str2 = date1.toString(Qt::ISODateWithMs);
    QString str3 = date1.toString(Qt::ISODate);
    QString str4 = date1.toString(Qt::RFC2822Date);
```

```
    qDebug()<< str1;
    qDebug()<< str2;
    qDebug()<< str3;
    qDebug()<< str4;
    return a.exec();
}
```

（3）其他文件保持不变,运行结果如图 6-9 所示。

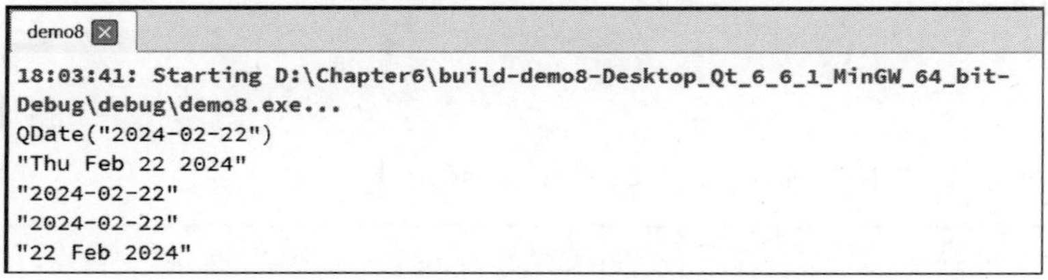

```
demo8 ☒
18:03:41: Starting D:\Chapter6\build-demo8-Desktop_Qt_6_6_1_MinGW_64_bit-
Debug\debug\demo8.exe...
QDate("2024-02-22")
"Thu Feb 22 2024"
"2024-02-22"
"2024-02-22"
"22 Feb 2024"
```

图 6-9 项目 demo8 的运行结果

在 Qt 6 中,也可以自己定义日期格式 format。定义 format 的符号见表 6-7。

表 6-7 定义 format 的符号

日期格式符	说 明
d	天数用 1 到 31 表示,不补 0
dd	天数用 01 到 31 表示,补 0
ddd	天数用英文简写(Mon～Sun)或中文表示
dddd	天数用英文全写(Monday～Sunday)或中文表示
M	月数用 1 到 12 表示,不补 0
MM	月数用 01 到 12 表示,补 0
MMM	月数用英文简写(Jan～Dec)或中文表示
MMMM	月数用英文全写(January～December)或中文表示
yy	年数用 00～99 表示
yyyy	年数用 0000～9999 表示

【实例 6-9】 将 5 种格式的日期字符串转换为 QDate 对象,然后打印 QDate 对象,操作步骤如下:

（1）使用 Qt Creator 创建一个模板为 Qt Console Application 的项目,将该项目命名为 demo9,并保存在 D 盘的 Chapter6 文件夹下。

（2）编写 main.cpp 文件中的代码,代码如下:

```
/* 第 6 章 demo9 main.cpp */
#include < QCoreApplication >
#include < QDate >
#include < QDebug >

int main(int argc, char * argv[])
{
    QCoreApplication a(argc, argv);
```

```
QDate date1 = QDate::fromString("2024/05/09","yyyy/MM/dd");
qDebug()<< date1;
QDate date2 = QDate::fromString("2024-05-09","yyyy-MM-dd");
qDebug()<< date2;
QDate date3 = QDate::fromString("2024年05月09日","yyyy年MM月dd日");
qDebug()<< date3;
QDate date4 = QDate::fromString("20240509","yyyyMMdd");
qDebug()<< date4;
QDate date5 = QDate::fromString("05/09/2024","MM/dd/2024");
qDebug()<< date5;
return a.exec();
}
```

(3)其他文件保持不变,运行结果如图 6-10 所示。

```
demo9 ✕
19:40:59: Starting D:\Chapter6\build-demo9-Desktop_Qt_6_6_1_MinGW_64_bit-
Debug\debug\demo9.exe...
QDate("2024-05-09")
QDate("2024-05-09")
QDate("2024-05-09")
QDate("2024-05-09")
QDate("1900-05-09")
```

图 6-10 项目 demo9 的运行结果

6.2.2 日历控件(QCalendarWidget)

在 Qt 6 中,使用 QCalendarWidget 类创建日历控件。日历控件被用于显示日期、星期、周数。QCalendarWidget 类直接继承自 QWidget 类。QCalendarWidget 类的构造函数如下:

```
QCalendarWidget(QWidget * parent = nullptr)
```

其中,parent 表示指向父窗口或父容器的对象指针。

QCalendarWidget 类的常用方法见表 6-8。

表 6-8 QCalendarWidget 类的常用方法

方法及参数类型	说 明	返回值类型
[slot]setSelectedDate(QDate date)	用代码设置选中的日期	
[slot]setCurrentPage(int year,int month)	设置当前显示的年和月	
[slot]setGridVisible(bool)	设置是否显示网格线	
[slot]setDateRange(QDate min,QDate max)	设置日历控件可选的最小日期和最大日期	
[slot]setNavigationBarVisible(bool)	设置导航条是否可见	
[slot]showSelectedDate()	显示已经选中日期的日历	
[slot]showNextMonth()	显示下个月的日历	
[slot]showNextYear()	显示明年的日历	
[slot]showPreviousMonth()	显示上个月的日历	

续表

方法及参数类型	说　　明	返回值类型
[slot]showPreviousYear()	显示去年的日历	
[slot]showToday()	显示当前日期的日历	
selectedDate()	获取选中的日期	QDate
setCalendar(QCalendar cal)	设置日历	
calendar()	获取日历	QCalendar
setDateTextFormat(QDate,QTextChar-Format)	设置表格的样式	
dateTextFormat(QDate date)	获取表格的样式	QTextCharFormat
setFirstDayOfWeek(Qt::DayOfWeek)	设置一周第1天显示哪天,参数 Qt::DayOfWeek 可取 Qt::Monday~Qt::SunDay	
firstDayOfWeek()	获取一周第1天显示的是哪天	Qt::DayOfWeek
isGridVisible()	获取是否显示网格线	bool
setHorizontalHeaderFormat（QCalen-darWidget::HorizontalHeaderFormat)	设置水平表头的格式,其中 QCalendarWidget::SingleLetterDayNames 表示用单个字母代替全拼,例如 M 代表 Monday;QCalendarWidget::ShortDayNames 表示用缩写代替全拼,例如 Mon 表示 Monday;QCalendarWidget::LongDayNames 表示全名;QCalendarWidget::NoHorizontalHeader 表示隐藏表头	
setVerticalHeaderFormat（QCalendar-Widget::VerticalHeaderFormat)	设置竖直表头的格式,其中 QCalendarWidget::ISOWeekNumbers 表示标准格式的周数;QCalendarWidget::NoVerticalHeader 表示隐藏周数	
setMaximumDate(QDate date)	设置日历控件可选择的最大日期	
maximumDate()	获取日历控件可选择的最大日期	QDate
setMinimumDate(QDate date)	设置日历控件可选择的最小日期	
minimumDate()	获取日历控件可选择的最小日期	QDate
setSelectionMode（QCalendarWidget::SelectionMode)	设置选择模式	
isNavigationBarVisible()	获取导航条是否可见	bool
monthShown()	获取日历显示的月份	int
yearShown()	显示日历显示的年份	int

【实例 6-10】　创建一个窗口,该窗口中有一个日历控件,操作步骤如下:

(1) 使用 Qt Creator 创建一个模板为 Qt Widgets Application 的项目,将该项目命名为 demo10,并保存在 D 盘的 Chapter6 文件夹下;在向导对话框中选择基类 QWidget,不勾选 Generate form 复选框。

(2) 编写 widget.h 文件中的代码,代码如下:

```
/* 第6章 demo10 widget.h */
#ifndef WIDGET_H
#define WIDGET_H

#include <QWidget>
#include <QCalendarWidget>
#include <QVBoxLayout>

class Widget : public QWidget
{
    Q_OBJECT
public:
    Widget(QWidget *parent = nullptr);
    ~Widget();
private:
    QVBoxLayout *vbox;
    QCalendarWidget *cwidget;
};
#endif //WIDGET_H
```

(3) 编写 widget.cpp 文件中的代码,代码如下:

```
/* 第6章 demo10 widget.cpp */
#include "widget.h"

Widget::Widget(QWidget *parent):QWidget(parent)
{
    setGeometry(300,300,560,220);
    setWindowTitle("QCalendarWidget 类");
    //设置主窗口的布局
    vbox = new QVBoxLayout();
    setLayout(vbox);
    //创建日历控件
    cwidget = new QCalendarWidget();
    vbox->addWidget(cwidget);
}

Widget::~Widget() {}
```

(4) 其他文件保持不变,运行结果如图 6-11 所示。

图 6-11 项目 demo10 的运行结果

在 Qt 6 中,QCalendarWidget 类的信号见表 6-9。

表 6-9 QCalendarWidget 类的信号

信号及参数类型	说　明
activated(QDate date)	当双击或按 Enter 键时发送信号
clicked(QDate date)	当单击时发送信号
currentPageChanged(int year,int month)	当更换当前页时发送信号
selectionChanged()	当选中的日期发生变化时发送信号

【实例 6-11】 创建一个窗口,该窗口中有一个日历控件。当单击日历控件上的日期时,打印该日期,操作步骤如下:

(1) 使用 Qt Creator 创建一个模板为 Qt Widgets Application 的项目,将该项目命名为 demo11,并保存在 D 盘的 Chapter6 文件夹下;在向导对话框中选择基类 QWidget,不勾选 Generate form 复选框。

(2) 编写 widget.h 文件中的代码,代码如下:

```
/* 第 6 章 demo11 widget.h */
# ifndef WIDGET_H
# define WIDGET_H

# include < QWidget >
# include < QCalendarWidget >
# include < QString >
# include < QVBoxLayout >
# include < QDebug >

class Widget : public QWidget
{
    Q_OBJECT
public:
    Widget(QWidget * parent = nullptr);
    ~Widget();
private:
    QVBoxLayout * vbox;
    QCalendarWidget * cwidget;
private slots:
    void calendar_clicked(QDate date);
};
# endif //WIDGET_H
```

(3) 编写 widget.cpp 文件中的代码,代码如下:

```
/* 第 6 章 demo11 widget.cpp */
# include "widget.h"

Widget::Widget(QWidget * parent):QWidget(parent)
{
    setGeometry(200,200,500,220);
    setWindowTitle("QCalendarWidget 类");
    //设置主窗口的布局
```

```
    vbox = new QVBoxLayout();
    setLayout(vbox);
    //创建日历控件
    cwidget = new QCalendarWidget();
    vbox -> addWidget(cwidget);
    //使用信号/槽
    connect(cwidget,SIGNAL(clicked(QDate)),this,SLOT(
calendar_clicked(QDate)));
}

Widget::~Widget() {}

void Widget::calendar_clicked(QDate date){
    QString str1 = date.toString("yyyy-MM-dd");
    qDebug()<< str1;
}
```

（4）其他文件保持不变，运行结果如图 6-12 所示。

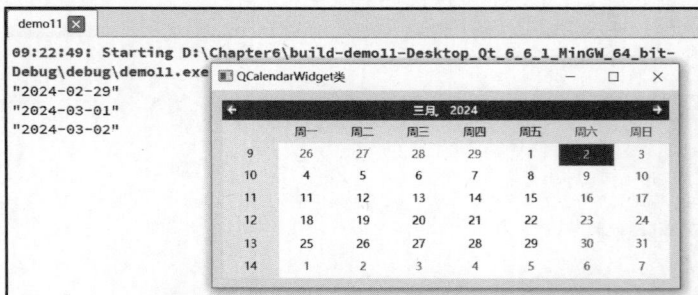

图 6-12　项目 demo11 的运行结果

6.2.3　时间类(QTime)与日期时间类(QDateTime)

1. 时间类(QTime)

在 Qt 6 中，使用 QTime 类表示时间，即用小时、分钟、秒、毫秒表示时间。QTime 类的构造函数如下：

```
QTime()
QTime(int h, int m, int s = 0, int ms = 0)
```

其中，h 表示小时数；m 表示分钟数；s 表示秒数；ms 表示毫秒数。

QTime 类的常用方法见表 6-10。

表 6-10　QTime 类的常用方法

方法及参数类型	说　　明	返回值类型
[static]currentTime()	获取当前系统时间	QTime
[static]fromString(QString &str,Qt::DateFormat format=Qt::TextDate)	将字符串转换成时间对象	QTime

续表

方法及参数类型	说　明	返回值类型
[static]fromString(QString &str,QString &format)	将字符串转换成时间对象	QTime
[static]fromMSecsSinceStartOfDay(int msecs)	返回从 0 时刻到指定毫秒数的时间	QTime
[static]isValid(int h,int m,int s,int ms＝0)	获取给定的时间是否有效	bool
setHMS(int h,int m,int s,int ms＝0)	设置时间,若设置有问题,则返回值为 false	bool
addMSec(int ms)	获取增加毫秒后的时间,ms 可为负值	QTime
addSecs(int secs)	获取增加秒后的时间,secs 可为负值	QTime
hour()	获取小时数	int
minute()	获取分钟数	int
second()	获取秒数	int
msec()	获取毫秒数	int
msecsSinceStartOfDay()	返回获取系统当前时间所需要的毫秒数	int
msecsTo(QTime)	获取当前系统时间与给定的时间的间隔毫秒数	int
secsTo(QTime)	获取当前系统时间与给定的时间的间隔秒数	int
toString(Qt::DateFormat f＝Qt::TextDate)	将时间转换成字符串	QString
toString(QString &format)	将时间转换成字符串	QString
isNull()	获取是否有记录的时间	bool
isValid()	获取记录的时间是否有效	bool

　　在 QTime 类中,可以使用 fromString(QString &str,QString &format)方法将表示时间的字符串转换为时间对象,使用 toString(QString &format)方法将时间对象转换为表示时间的字符串,其中参数 format 表示时间格式。可以定义 format 的时间格式字符,见表 6-11。

表 6-11　可以定义 format 的时间格式字符

时间格式字符	说　明
h	如果显示 am/pm,则小时用 1～12 表示,否则使用 0～23 表示
hh	如果显示 am/pm,则小时用 01～12 表示,否则使用 00～23 表示
H	无论是否显示 am/pm,小时都用 0～23 表示
HH	无论是否显示 am/pm,小时都用 00～23 表示
m	分钟用 0～59 表示,不补 0
mm	分钟用 00～59 表示,补 0
s	秒用 0～59 表示,不补 0
ss	秒用 00～59 表示,补 0
z	毫秒用 0～999 表示,不补 0
zzz	毫秒用 000～999 表示,补 0
t	时区
ap、a	使用 am/pm 表示上午/下午,或使用中文
AM、A	使用 AM/PM 表示上午/下午,或使用中文

【**实例 6-12**】 使用多种方法创建时间对象,并打印时间对象,操作步骤如下:

(1) 使用 Qt Creator 创建一个模板为 Qt Console Application 的项目,将该项目命名为 demo12,并保存在 D 盘的 Chapter6 文件夹下。

(2) 编写 main.cpp 文件中的代码,代码如下:

```
/* 第 6 章 demo12 main.cpp */
# include <QCoreApplication>
# include <QTime>
# include <QDebug>

int main(int argc, char *argv[])
{
    QCoreApplication a(argc, argv);
    QTime time1(0,59,59);
    qDebug()<< time1;
    QTime time2;
    time2.setHMS(1,30,30);
    qDebug()<< time2;
    QTime time3 = QTime::fromString("06:00:00","hh:mm:ss");
    qDebug()<< time3;
    QTime time4 = QTime::fromString("14:30:09","hh:mm:ss");
    qDebug()<< time4;
    return a.exec();
}
```

(3) 其他文件保持不变,运行结果如图 6-13 所示。

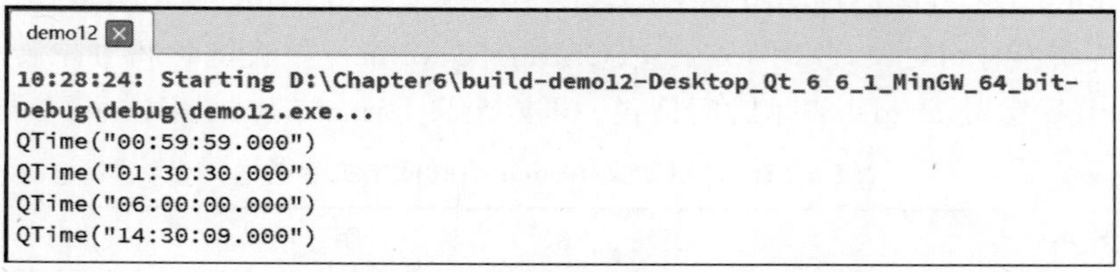

```
demo12 ×
10:28:24: Starting D:\Chapter6\build-demo12-Desktop_Qt_6_6_1_MinGW_64_bit-
Debug\debug\demo12.exe...
QTime("00:59:59.000")
QTime("01:30:30.000")
QTime("06:00:00.000")
QTime("14:30:09.000")
```

图 6-13　代码 demo12 的运行结果

2. 日期时间类(QDateTime)

在 Qt 6 中,使用 QDateTime 类表示日期时间,即用年、月、日、时、分、秒、毫秒记录某个日期的某个时间点。QDateTime 类合并了 QDate 类和 QTime 类的功能。QDateTime 类的构造函数如下:

```
QDateTime()
QDateTime(QDate date,QTime time,const QTimeZone &timeZone)
QDateTime(QDate date,QTime time)
QDateTime(const QDateTime &other)
```

其中,date 表示 QDate 对象;time 表示 QTime 对象;timeZone 表示 QTimeZone 对象,用来表示不同的时区。

注意：UTC 可称为世界统一时间、世界标准时间、国际协调时间。由于英文(CUT)和法文(TUC)的缩写不同，作为妥协，简称 UTC。和北京时间相差 8 小时。对于 QTimeZone 的用法，读者可查看其帮助文档。

在 Qt 6 中，QDateTime 类的大部分方法与 QDate 类、QTime 类相同。QDateTime 类的常用方法见表 6-12。

表 6-12 QDateTime 类的常用方法

方法及参数类型	说 明	返回值类型
[static]currentDateTime()	获取当前系统的日期时间	QDateTime
[static]currentDateTimeUtc()	获取当前世界统一时间	QDateTime
[static]currentSecsSinceEpoch()	获取从 1970 年 1 月 1 日 0 时 0 分到现在为止的秒数	int
[static] currentMSecsSinceEpoch()	获取从 1970 年 1 月 1 日 0 时 0 分到现在为止的毫秒数	int
[static] fromString (QString &str, Qt:: DateFormat format＝Qt::TextDate)	将字符串转换成日期时间对象	QDateTime
[static]fromString(QString &str, QString &format, QCalendar cal)	将字符串转换成日期时间对象	QDateTime
[static] fromSecsSinceEpoch (int secs, QTimeZone &timeZone)	根据指定的秒数创建日期时间对象	QDateTime
[static] fromMSecsSinceEpoch (int secs, QTimeZone &timeZone)	根据指定的毫秒数创建日期时间对象	QDateTime
setDate(QDate date)	设置日期	
setTime(QTime time)	设置时间	
date()	获取日期	QDate
time()	获取时间	QTime
setTimeSpec(Qt::TimeSpec spec)	设置计时准则	
setSecsSinceEpoch(int secs)	设置从 1970 年 1 月 1 日 0 时 0 分开始的时间(秒)	
setMSecsSinceEpoch(int msecs)	将日期时间设置为从 1970 年 1 月 1 日 0 时 0 分开始的时间	
setOffsetFromUtc(int offsetSeconds)	将日期时间设置为世界统一时间偏移 offsetSeconds 秒开始的时间，偏移时间不超过±14	
addYears(int years)	获取增加指定年数后的日期时间	QDateTime
addMonths(int months)	获取增加指定月数后的日期时间	QDateTime
addDays(int days)	获取增加指定天数后的日期时间	QDateTime
addSecs(int secs)	获取增加指定秒数后的日期时间	QDateTime
addMSecs(int msecs)	获取增加指定毫秒数后的日期时间	QDateTime

续表

方法及参数类型	说　明	返回值类型
daysTo(QDateTime)	获取与指定日期的间隔天数	int
secsTo(QDateTime)	获取与指定日期的间隔秒数	int
msecsTo(QDateTime)	获取与指定日期的间隔毫秒数	int
toString(QString &format,QCalendar cal)	根据格式将日期时间对象转换为字符串	QString
toString(Qt::DateFormat format = Qt::TextDate)	同上	QString
toUTC()	转换成世界统一时间	QDateTime
toTimeZone(QTimeZone &timeZone)	转换成指定时区的时间	QDateTime
toSecsSinceEpoch()	返回从 1970 年 1 月 1 日 0 时开始计时的秒数	int
toMSecsSinceEpoch()	返回从 1970 年 1 月 1 日 0 时开始计时的毫秒数	int
toLocalTime()	转换为当地日期时间	QDateTime
isNull()	所记录的日期时间是否为空	bool
isValid()	所记录的日期时间是否有效	bool

【实例 6-13】　使用 4 种方法创建日期时间对象,并打印日期时间对象,操作步骤如下:

(1) 使用 Qt Creator 创建一个模板为 Qt Console Application 的项目,将该项目命名为 demo13,并保存在 D 盘的 Chapter6 文件夹下。

(2) 编写 main.cpp 文件中的代码,代码如下:

```cpp
/* 第 6 章 demo13 main.cpp */
# include < QCoreApplication >
# include < QDate >
# include < QTime >
# include < QDateTime >
# include < QDebug >

int main( int argc, char * argv[])
{
    QCoreApplication a( argc, argv);
    QDateTime dateTime1;
    qDebug( )<< dateTime1;
    QDateTime dateTime2 = QDateTime::fromString("2024 - 10 - 01 12:30:00","yyyy - MM - dd hh:mm:ss");
    qDebug( )<< dateTime2;
    QDate date3(2024,10,1);
    QTime time3(12,30,59);
    QDateTime dateTime3(date3,time3);
    qDebug( )<< dateTime3;
    QDateTime dateTime4(QDate(2025,10,1),QTime(12,30,30));
    qDebug( )<< dateTime4;
    return a.exec( );
}
```

（3）其他文件保持不变,运行结果如图 6-14 所示。

```
demo13
14:41:27: Starting D:\Chapter6\build-demo13-Desktop_Qt_6_6_1_MinGW_64_bit-
Debug\debug\demo13.exe...
QDateTime(Invalid)
QDateTime(2024-10-01 12:30:00.000 中国标准时间 Qt::LocalTime)
QDateTime(2024-10-01 12:30:59.000 中国标准时间 Qt::LocalTime)
QDateTime(2025-10-01 12:30:30.000 中国标准时间 Qt::LocalTime)
```

图 6-14　项目 demo13 的运行结果

6.2.4　日期时间控件(QDateEdit、QTimeEdit、QDateTimeEdit)

在 Qt 6 中,使用 QDateTimeEdit 类创建日期时间控件,用于显示、输入日期时间。QDateTimeEdit 类的继承关系如图 6-15 所示。

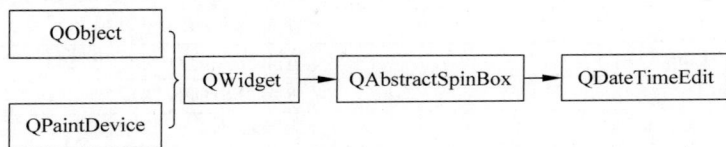

图 6-15　QDateTimeEdit 类的继承关系

在 Qt 6 中,QDateTimeEdit 类还有两个子类:QDateEdit 类、QTimeEdit 类。可以使用 QDateEdit 类创建日期控件,用于显示、输入日期;使用 QTimeEdit 类创建时间控件,用于显示、输入时间。QDateTimeEdit 类、QDateEdit 类、QTimeEdit 类的构造函数如下:

```
QDateTimeEdit(QWidget * parent = nullptr)
QDateTimeEdit(const QDateTime &dt,QWidget * parent = nullptr)
QDateTimeEdit(QDate date,QWidget * parent = nullptr)
QDateTimeEdit(QTime time,QWidget * parent = nullptr)
QDateEdit(QWidget * parent = nullptr)
QDateEdit(QDate date,QWidget * parent == nullptr)
QTimeEdit(QWidget * parent = nullptr)
QTimeEdit(QTime time,QWidget * parent = nullptr)
```

其中,parent 表示指向父窗口或父容器的对象指针;dt 表示 QDateTime 对象;date 表示 QDate 对象;time 表示 QTime 对象。

QDateTimeEdit 类的常用方法见表 6-13。

表 6-13　QDateTimeEdit 类的常用方法

方法及参数类型	说　　明	返回值类型
[slot]setTime(QTime time)	设置时间	
[slot]setDate(QDate date)	设置日期	
[slot]setDateTime(QDateTime &dateTime)	设置日期时间	
time()	获取时间	QTime
date()	获取日期	QDate

续表

方法及参数类型	说　明	返回值类型
dateTime()	获取日期时间	QDateTime
setDateRange(QDate min,QDate max)	设置日期的范围	
setTimeRange(QTime time,QTime max)	设置时间的范围	
setDateTimeRange(QDateTime &min,QDateTime &max)	设置日期时间的范围	
setMaximumDate(QDate max)	设置显示的最大的日期	
setMaximumTime(QTime max)	设置显示的最大的时间	
setMaximumDateTime(QDateTime &dt)	设置显示的最大的日期时间	
setMinimumDate(QDate min)	设置显示的最小的日期	
setMinimumTime(QTime min)	设置显示的最小的时间	
setMinimumDateTime(QDateTime &dt)	设置显示的最小的日期时间	
clearMaximumDate()	清除最大的日期限制	
clearMaximumTime()	清除最大的时间限制	
clearMaximumDateTime()	清除最大的日期时间限制	
clearMinimumDate()	清除最小的日期限制	
clearMinimumTime()	清除最小的时间限制	
clearMinimumDateTime()	清除最小的日期时间限制	
setCalendarPopup(bool)	设置是否有日历控件	
calendarPopup()	获取是否有日历控件	bool
setCalendarWidget(QCalendarWidget * cw)	设置日历控件	
setDisplayFormat(QString &format)	设置显示格式	
displayFormat()	获取显示格式	QString
dateTimeFromText(QString &text)	将字符串转换成日期时间对象	QDateTime
textFromDateTime(QDateTime &dt)	将日期时间对象转换成字符串	QString
setSelectedSection(QDateTimeEdit::Section)	设置被选中的部分	
sectionText(QDateTimeEdit::Section)	获取对应部分的文本	QString
sectionCount()	获取总共分成几部分	int
setTimeSpec(Qt::TimeSpec spec)	设置时间计时参考点	

【实例 6-14】　创建一个窗口,该窗口包含日期控件、时间控件、日期时间控件。当单击日期时间控件时会显示日历,操作步骤如下:

(1) 使用 Qt Creator 创建一个模板为 Qt Widgets Application 的项目,将该项目命名为 demo14,并保存在 D 盘的 Chapter6 文件夹下;在向导对话框中选择基类 QWidget,不勾选 Generate form 复选框。

(2) 编写 widget.h 文件中的代码,代码如下:

```
/* 第6章 demo14 widget.h */
#ifndef WIDGET_H
#define WIDGET_H

#include <QWidget>
```

```
# include < QDateEdit >
# include < QTimeEdit >
# include < QDateTimeEdit >
# include < QHBoxLayout >
# include < QDate >
# include < QTime >
# include < QDateTime >

class Widget : public QWidget
{
    Q_OBJECT
public:
    Widget(QWidget * parent = nullptr);
    ～Widget();
private:
    QHBoxLayout * hbox;
    QDateEdit * dateEdit;
    QTimeEdit * timeEdit;
    QDateTimeEdit * dateTimeEdit;
};
# endif //WIDGET_H
```

(3) 编写 widget.cpp 文件中的代码,代码如下:

```
/* 第 6 章 demo14 widget.cpp */
# include "widget.h"

Widget::Widget(QWidget * parent):QWidget(parent)
{
    setGeometry(200,200,560,220);
    setWindowTitle("QDateEdit、QTimeEdit、QDateTimeEdit");
    //设置主窗口的布局
    hbox = new QHBoxLayout();
    setLayout(hbox);
    //创建日期控件
    QDate date = QDate::currentDate();
    dateEdit = new QDateEdit(date);
    //创建时间控件
    QTime time = QTime::currentTime();
    timeEdit = new QTimeEdit(time);
    //创建日期时间控件
    QDateTime datetime = QDateTime::currentDateTime();
    dateTimeEdit = new QDateTimeEdit(datetime);
    dateTimeEdit -> setCalendarPopup(true);

    hbox -> addWidget(dateEdit);
    hbox -> addWidget(timeEdit);
    hbox -> addWidget(dateTimeEdit);
}

Widget::～Widget() {}
```

（4）其他文件保持不变，运行结果如图 6-16 所示。

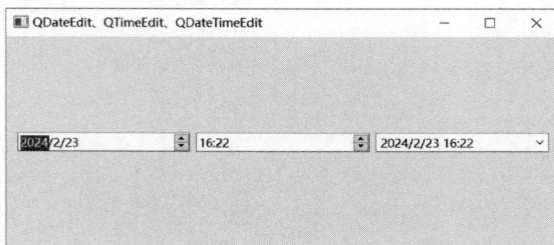

图 6-16　项目 demo14 的运行结果

在 Qt 6 中，QDateTimeEdit 类的信号见表 6-14。

表 6-14　QDateTimeEdit 类的信号

信号及参数类型	说　　明
dateChanged(QDate)	当日期改变时发送信号
timeChanged(QTime)	当时间改变时发送信号
dateTimeChanged(QDateTime &dt)	当日期时间改变时发送信号
editingFinished()	当完成编辑、按 Enter 键或失去焦点时发送信号

【实例 6-15】　创建一个窗口，该窗口包含日期时间控件。当改变日期时间控件的日期时间时打印更改后的日期时间，操作步骤如下：

（1）使用 Qt Creator 创建一个模板为 Qt Widgets Application 的项目，将该项目命名为 demo15，并保存在 D 盘的 Chapter6 文件夹下；在向导对话框中选择基类 QWidget，不勾选 Generate form 复选框。

（2）编写 widget.h 文件中的代码，代码如下：

```
/* 第 6 章 demo15 widget.h */
#ifndef WIDGET_H
#define WIDGET_H

#include <QWidget>
#include <QHBoxLayout>
#include <QDateTimeEdit>
#include <QDateTime>
#include <QDebug>
#include <QString>

class Widget : public QWidget
{
    Q_OBJECT
public:
    Widget(QWidget * parent = nullptr);
    ~Widget();
private:
    QHBoxLayout * hbox;
    QDateTimeEdit * dateTimeEdit;
```

```
private slots:
    void dateTime_changed(QDateTime dateTime);
};
#endif //WIDGET_H
```

（3）编写 widget.cpp 文件中的代码，代码如下：

```
/* 第6章 demo15 widget.cpp */
#include "widget.h"

Widget::Widget(QWidget * parent):QWidget(parent)
{
    setGeometry(200,200,500,200);
    setWindowTitle("QDateTimeEdit");
    //设置主窗口的布局
    hbox = new QHBoxLayout();
    setLayout(hbox);
    //创建日期时间控件
    QDateTime datetime = QDateTime::currentDateTime();
    dateTimeEdit = new QDateTimeEdit(datetime);
    dateTimeEdit -> setCalendarPopup(true);
    hbox -> addWidget(dateTimeEdit);
    //使用信号/槽
    connect(dateTimeEdit,SIGNAL(dateTimeChanged(QDateTime)),this,
SLOT(dateTime_changed(QDateTime)));
}

Widget::~Widget() {}

void Widget::dateTime_changed(QDateTime dateTime){
    QString str1 = dateTime.toString("yyyy-MM-dd hh:mm:ss");
    qDebug()<< str1;
}
```

（4）其他文件保持不变，运行结果如图 6-17 所示。

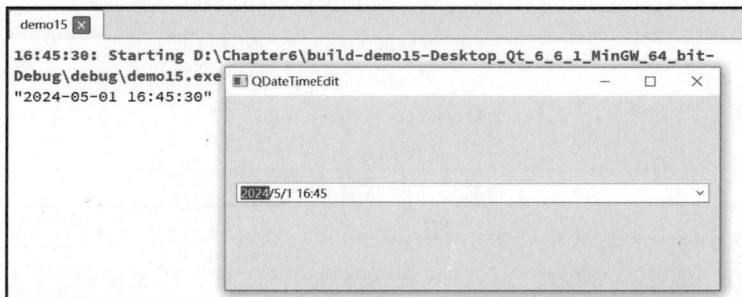

图 6-17　项目 demo15 的运行结果

6.2.5　定时器控件（QTimer）

在 Qt 6 中，使用 QTimer 类创建定时器控件。定时器控件的作用像秒表或闹钟，可以

▶ 10min

设置定时器控件每隔固定的时间间隔发送一次信号,以便执行与信号连接的槽函数。QTimer 类是 QObject 类的子类,QTimer 类的构造函数如下:

```
QTimer(QObject * parent = nullptr)
```

其中,parent 表示父对象指针。

在 Qt 6 中,QTimer 类创建的定时器控件,可以设置只发送一次或多次信号,可以启动发送信号,可以停止发送信号。QTimer 类的常用方法见表 6-15。

表 6-15　QTimer 类的常用方法

方法及参数类型	说　　明	返回值类型
[static]singleShot(int msec,QObject * receiver,char * member)	经过 msec 毫秒后,调用 receiver 的槽函数 member	
[static] singleShot (int msec, Qt:: TimerType tType,QObject * receiver, QChar * member)	经过 msec 毫秒后,执行 receiver 的槽函数 member	
[static] singleShot (Duration msec, Functor && functor)	经过 msec 毫秒后,执行函数 functor	
[slot]start(int msec)	设置经过 msec 毫秒后启动定时器	
[slot]start()	启动定时器	
[slot]stop()	停止定时器	
setInterval(int msec)	设置信号发送的间隔毫秒数	
interval()	获取信号发送的间隔毫秒数	int
isActive()	获取定时器是否激活	bool
remaintingTime()	获取距离下次发送信号的间隔毫秒数	int
setSingleShot(bool)	设置定时器是否为单次发送	
isSingleShot()	获取定时器是否为单次发送	bool
setTimerType(Qt::TimerType atype)	设置定时器的类型	
timerType()	获取定时器的类型,其中 Qt::PreciseTimer:保持 1ms 的定时器,精确; Qt::CoarseTimer:偏差为 5% 的定时器,精确; Qt::VeryCoarseTimer:精确度很差的定时器,精度误差为 500ms 左右	Qt::TimerType
timeId()	获取定时器的 ID 号	int

在 Qt 6 中,QTimer 类只有一个信号 timeout(),当定时器超时时发送信号。

【实例 6-16】　创建一个程序,每过 1s 发送一个信号,并打印文字,操作步骤如下:

(1) 使用 Qt Creator 创建一个模板为 Qt Widgets Application 的项目,将该项目命名为 demo16,并保存在 D 盘的 Chapter6 文件夹下;在向导对话框中选择基类 QWidget,不勾选 Generate form 复选框。

(2) 编写 widget.h 文件中的代码,代码如下:

```
/* 第6章 demo16 widget.h */
#ifndef WIDGET_H
#define WIDGET_H

#include <QWidget>
#include <QTimer>
#include <QString>
#include <QDebug>

class Widget : public QWidget
{
    Q_OBJECT
public:
    Widget(QWidget * parent = nullptr);
    ~Widget();
private:
    QTimer * timer;
private slots:
    void echo_time();
};
#endif //WIDGET_H
```

(3) 编写 widget.cpp 文件中的代码,代码如下:

```
/* 第6章 demo16 widget.cpp */
#include "widget.h"

Widget::Widget(QWidget * parent):QWidget(parent)
{
    setGeometry(200,200,500,200);
    setWindowTitle("QTimer 类");
    //创建定时器控件
    timer = new QTimer(this);
    timer->setTimerType(Qt::PreciseTimer);
    timer->setInterval(1000);
    timer->start();
    connect(timer,SIGNAL(timeout()),this,SLOT(echo_time()));
}

Widget::~Widget() {}

void Widget::echo_time(){
    QString str1 = "1s 已经流逝";
    qDebug()<< str1;
}
```

(4) 其他文件保持不变,运行结果如图 6-18 所示。

6.2.6 液晶显示控件(QLCDNumber)

在 Qt 6 中,使用 QLCDNumber 类创建液晶显示控件。液晶显示控件用来显示数字和一些特殊符号,经常用来显示数值、日期、时间。QLCDNumber 类是 QFrame 类的子类,其

11min

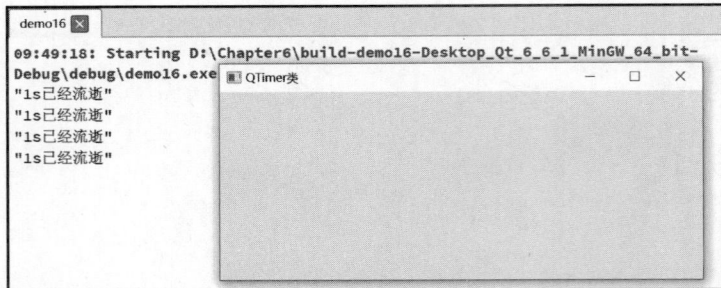

图 6-18　项目 demo16 的运行结果

继承关系如图 6-19 所示。

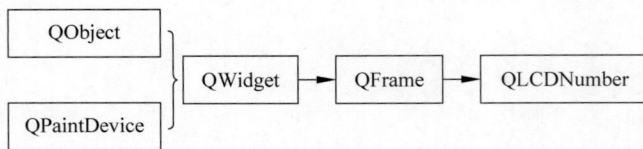

图 6-19　QLCDNumber 类的继承关系

QLCDNumber 类的构造函数如下：

```
QLCDNumber(QWidget * parent = nullptr)
QLCDNumber(uint numDigits,QWidget * parent = nullptr)
```

其中，parent 表示指向父窗口或父容器的对象指针；numDigits 表示能显示的数字个数。

在 Qt 6 中，QLCDNumber 类的常用方法见表 6-16。

表 6-16　QLCDNumber 类的常用方法

方法及参数类型	说　　明	返回值类型
[slot]display(QString &str)	显示字符串	
[slot]display(double num)	显示浮点数	
[slot]display(int num)	显示整数	
[slot]setDecMode()	转换成十进制显示模式	
[slot]setHexMode()	转换成十六进制显示模式	
[slot]setOctMode()	转换成八进制显示模式	
[slot]setBinMode()	转换成二进制显示模式	
[slot]setSmallDecimalPoint(bool)	设置显示小数点是否占用一位	
setDigitCount(int)	设置可以显示的数字个数	
digitCount()	获取可以显示的数字个数	int
setSegmentStyle(QLCDNumber::SegmentStyle)	设置外观样式	
checkOverflow(double)	获取浮点数是否会溢出	bool
checkOverflow(int)	获取整数是否会溢出	bool
intValue()	按四舍五入规则返回整数值,若显示的不是数字,则返回 0	int

续表

方法及参数类型	说　明	返回值类型
value()	返回浮点数	double
setMode(QLCDNumber::Mode)	设置数字的显示模式	

【实例6-17】　创建一个窗口,该窗口包含一个液晶显示控件,显示当前的时间,操作步骤如下:

(1) 使用 Qt Creator 创建一个模板为 Qt Widgets Application 的项目,将该项目命名为 demo17,并保存在 D 盘的 Chapter6 文件夹下;在向导对话框中选择基类 QWidget,不勾选 Generate form 复选框。

(2) 编写 widget.h 文件中的代码,代码如下:

```
/* 第 6 章 demo17 widget.h */
# ifndef WIDGET_H
# define WIDGET_H

# include < QWidget >
# include < QLCDNumber >
# include < QHBoxLayout >
# include < QTime >
# include < QString >

class Widget : public QWidget
{
    Q_OBJECT
public:
    Widget(QWidget * parent = nullptr);
    ~Widget();
private:
    QHBoxLayout * hbox;
    QLCDNumber * lcd;
};
# endif //WIDGET_H
```

(3) 编写 widget.cpp 文件中的代码,代码如下:

```
/* 第 6 章 demo17 widget.cpp */
# include "widget.h"

Widget::Widget(QWidget * parent):QWidget(parent)
{
    setGeometry(300,300,560,220);
    setWindowTitle("QLCDNumber 类");
    //设置主窗口的布局
    hbox = new QHBoxLayout();
    setLayout(hbox);
    //创建时间对象
    QTime time = QTime::currentTime();
    QString str1 = time.toString();
```

```
    //创建液晶显示控件
    lcd = new QLCDNumber(8);
    lcd -> setStyleSheet("color:red");
    lcd -> display(str1);
    hbox -> addWidget(lcd);
}

Widget::~Widget() {}
```

（4）其他文件保持不变，运行结果如图 6-20 所示。

图 6-20　项目 demo17 的运行结果

在 Qt 6 中，QLCDNumber 类只有一个信号 overflow()，当显示的整数部分的长度超过了允许的最大数字个数时发送信号。

6.3　进度条控件（QProgressBar）

在 Qt 6 中，使用 QProgressBar 类创建进度条控件。进度条控件用来显示一项任务完成的进度，例如复制大文件、导出大量的数据。QProgressBar 类是 QWidget 类的子类。

6.3.1　QProgressBar 类

在 Qt 6 中，QProgressBar 类的构造函数如下：

```
QProgressBar(QWidget * parent = nullptr)
```

其中，parent 表示指向父窗口或父容器的对象指针。

【实例 6-18】　创建一个窗口，该窗口包含进度条控件，操作步骤如下：

（1）使用 Qt Creator 创建一个模板为 Qt Widgets Application 的项目，将该项目命名为 demo18，并保存在 D 盘的 Chapter6 文件夹下；在向导对话框中选择基类 QWidget，不勾选 Generate form 复选框。

（2）编写 widget.h 文件中的代码，代码如下：

```
/* 第 6 章 demo18 widget.h */
# ifndef WIDGET_H
# define WIDGET_H
```

```
# include < QWidget >
# include < QProgressBar >
# include < QHBoxLayout >

class Widget : public QWidget
{
    Q_OBJECT
public:
    Widget(QWidget * parent = nullptr);
    ~Widget();
private:
    QHBoxLayout * hbox;
    QProgressBar * bar;
};
# endif //WIDGET_H
```

（3）编写 widget.cpp 文件中的代码，代码如下：

```
/* 第 6 章 demo18 widget.cpp */
# include "widget.h"

Widget::Widget(QWidget * parent):QWidget(parent)
{
    setGeometry(300,300,560,220);
    setWindowTitle("QProgressBar 类");
    //设置主窗口的布局
    hbox = new QHBoxLayout();
    setLayout(hbox);
    //创建进度条控件
    bar = new QProgressBar();
    //设置范围
    bar -> setRange(0,100);
    //设置当前值
    bar -> setValue(50);
    hbox -> addWidget(bar);
}

Widget::~Widget() {}
```

（4）其他文件保持不变，运行结果如图 6-21 所示。

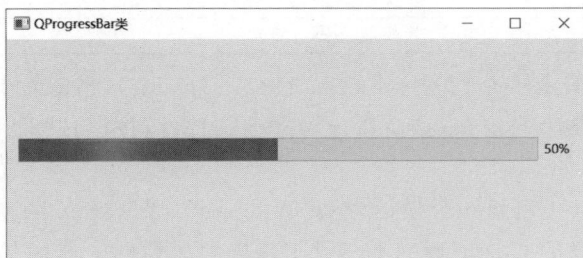

图 6-21　项目 demo18 的运行结果

6.3.2　常用方法与信号

在 Qt 6 中,QProgressBar 类的常用方法见表 6-17。

表 6-17　QProgressBar 类的常用方法

方法及参数类型	说　　明	返回值类型
〔slot〕setMaximum(int)	设置最大值	
〔slot〕setMinimum(int)	设置最小值	
〔slot〕setRange (int,int)	设置取值范围	
〔slot〕setOrientation(Qt∷Orientation)	设置方向,参数值为 Qt∷Horizontal 或 Qt∷Vertical	
〔slot〕setValue(int)	设置当前值	
〔slot〕reset()	重置进度条,返回初始位置	
maximum()	获取最大值	int
minimum()	获取最小值	int
orientation()	获取方向	Qt∷Orientation
setAlignment(Qt∷Alignment)	设置文本的对齐方式	
alignment()	获取文本的对齐方式	Qt∷Alignment
setFormat(QString &format)	设置文本的格式。在文本中使用%p%表示百分比值(默认值),使用%v 表示当前值,使用%m 表示总数	
format()	获取文本的格式	QString
resetFormat()	重置文本格式	
setInvertedAppearance(bool)	设置外观是否反转	
invertedAppearance()	获取外观是否反转	bool
setTextDirection(QProgressBar∷Direction)	设置进度条文本的方向,其中 QProgressBar∷TopToBottom 表示顺时针旋转 90°;QProgressBar∷BottomToTop 表示逆时针旋转90°	
textDirection()	获取进度条文本的方向	QProgressBar∷Direction
setTextVisible(bool)	设置进度条文本是否可见	
isTextVisible()	获取进度条文本是否可见	bool
value()	获取当前值	int
text()	获取文本	QString

QProgressBar 类只有一个信号 valueChanged(int value),当值发生变化时发送信号。

【实例 6-19】　创建一个窗口,该窗口包含进度条控件、按压按钮。当单击按钮时,重置进度条控件,操作步骤如下:

(1) 使用 Qt Creator 创建一个模板为 Qt Widgets Application 的项目,将该项目命名为 demo19,并保存在 D 盘的 Chapter6 文件夹下;在向导对话框中选择基类 QWidget,不勾选 Generate form 复选框。

（2）编写 widget.h 文件中的代码，代码如下：

```
/* 第6章 demo19 widget.h */
#ifndef WIDGET_H
#define WIDGET_H

#include <QWidget>
#include <QProgressBar>
#include <QHBoxLayout>
#include <QPushButton>

class Widget : public QWidget
{
    Q_OBJECT
public:
    Widget(QWidget * parent = nullptr);
    ~Widget();
private:
    QHBoxLayout * hbox;
    QProgressBar * bar;
    QPushButton * btn;
private slots:
    void btn_clicked();
};
#endif //WIDGET_H
```

（3）编写 widget.cpp 文件中的代码，代码如下：

```
/* 第6章 demo19 widget.cpp */
#include "widget.h"

Widget::Widget(QWidget * parent):QWidget(parent)
{
    setGeometry(300,300,560,220);
    setWindowTitle("QProgressBar 类");
    //设置主窗口的布局
    hbox = new QHBoxLayout();
    setLayout(hbox);
    //创建进度条控件
    bar = new QProgressBar();
    bar -> setRange(0,100);
    bar -> setValue(50);
    btn = new QPushButton("重置");
    hbox -> addWidget(bar);
    hbox -> addWidget(btn);
    //使用信号/槽
    connect(btn,SIGNAL(clicked()),this,SLOT(btn_clicked()));
}

Widget::~Widget() {}

void Widget::btn_clicked(){
    bar -> reset();
}
```

（4）其他文件保持不变，运行结果如图 6-22 所示。

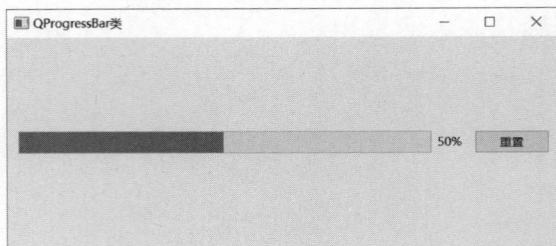

图 6-22　项目 demo19 的运行结果

6.4　网页浏览控件（QWebEngineView）

在 Qt 6 中，使用 QWebEngineView 类创建网页浏览器控件。使用网页浏览器控件可以实现浏览器的功能。QWebEngineView 类是 QWidget 类的子类，其继承关系如图 6-23 所示。

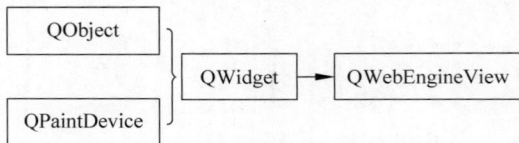

图 6-23　QWebEngineView 类的继承关系

6.4.1　QWebEngineView 类

在 Qt 6 中，QWebEngineView 类位于 Qt 6 的 QtWebEngineWidgets 子模块下，其构造函数如下：

```
QWebEngineView(QWidget * parent = nullptr)
QWebEngineView(QWebEngineProfile * profile,QWidget * parent = nullptr)
QWebEngineView(QWebEnginePage * page,QWidget * parent = nullptr)
```

其中，parent 表示指向父窗口或父容器的对象指针；profile 表示 QWebEngineProfile 对象指针；page 表示 QWebEnginePage 对象指针。

由于 Qt WebEngineWidgets 是附加模块，因此需要在 Qt Creator 下安装 Qt WebEngine 组件，如图 6-24 所示。

开发者如果要使用 QWebEngineView 类，则需要在项目配置文件中添加下面一行语句：

```
QT += webenginewidgets
```

【实例 6-20】　创建一个窗口，该窗口中有一个网页浏览器控件。该网页浏览器控件用于显示某搜索引擎的网页，操作步骤如下：

（1）使用 Qt Creator 创建一个模板为 Qt Widgets Application 的项目，将该项目命名为

图 6-24 安装 Qt WebEngine 组件

demo20,并保存在 D 盘的 Chapter6 文件夹下;在向导对话框中选择基类 QWidget,不勾选 Generate form 复选框。

(2) 在 demo20.pro 文件中添加一行代码,添加的代码如下:

```
QT += webenginewidgets
```

(3) 编写 widget.h 文件中的代码,代码如下:

```
/* 第 6 章 demo20 widget.h */
#ifndef WIDGET_H
#define WIDGET_H

#include <QWidget>
#include <QHBoxLayout>
#include <QWebEngineView>
#include <QUrl>
#include <QString>

class Widget : public QWidget
{
    Q_OBJECT
public:
    Widget(QWidget * parent = nullptr);
    ~Widget();
private:
    QHBoxLayout * hbox;
    QWebEngineView * view;
};
#endif //WIDGET_H
```

(4) 编写 widget.cpp 文件中的代码,代码如下:

```
/* 第 6 章 demo20 widget.cpp */
```

```
# include "widget.h"

Widget::Widget(QWidget * parent):QWidget(parent)
{
    setGeometry(300,300,560,220);
    setWindowTitle("QWebEngineView类");
    //设置主窗口的布局
    hbox = new QHBoxLayout();
    setLayout(hbox);
    //创建网页浏览器控件
    view = new QWebEngineView();
    QString init = "https://www.baidu.com";
    view->load(QUrl(init));
    hbox->addWidget(view);
}

Widget::~Widget() {}
```

（5）运行结果如图 6-25 所示。

图 6-25　项目 demo20 的运行结果

如果读者不能正确地运行项目 demo20，则需先安装 Qt 的 MSVC 2019 64-bit 开发套件，这个套件是 MSVC 2019 64 位编译器编译的开发套件，然后使用该套件编译项目 demo20，安装过程如图 6-26 所示。

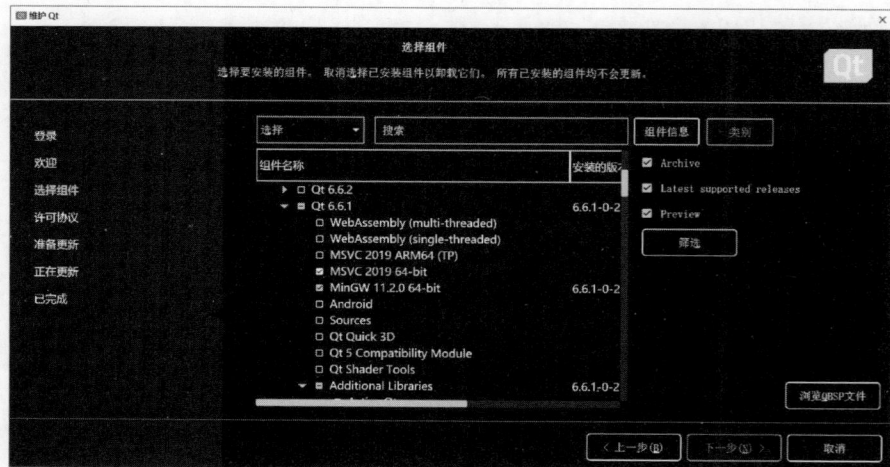

图 6-26　安装 MSVC 2019 64-bit 套件

在 Qt Creator 中，单击窗口左侧的"项目"，然后在窗口的左下侧可设置运行的 MSVC 2019 64-bit 开发套件，如图 6-27 所示。

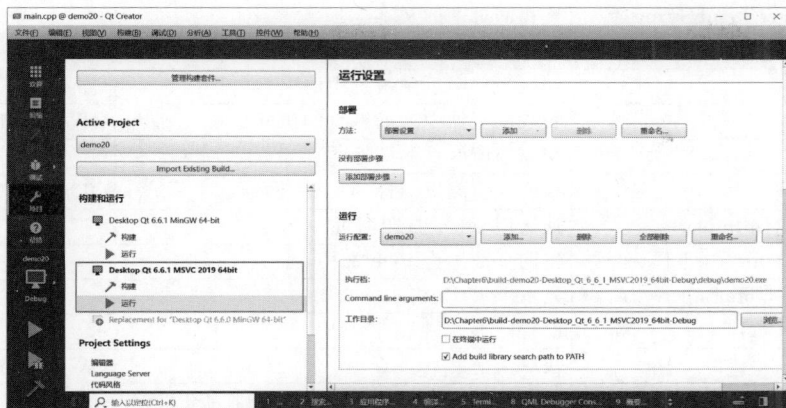

图 6-27　设置 MSVC 2019 64 位构建套件

6.4.2　常用方法和信号

在 Qt 6 中，QWebEngineView 类的常用方法见表 6-18。

表 6-18　QWebEngineView 类的常用方法

方法及参数类型	说　　明	返回值的类型
[static]forPage(QWebEnginePage * p)	获取与网页关联的网页浏览器	QWebEngineView *
[slot]reload()	重新加载网页	
[slot]forward()	向前浏览网页	
[slot]back()	向后浏览网页	
[slot]stop()	停止加载网页	
load(QUrl &url)	加载网页	
setUrl(QUrl &url)	设置网页网址	
url()	获取网页的 URL 网址	QUrl
title()	获取当前网页的标题	QString
createStandardContextMenu()	创建标准的上下文菜单	QMenu *
createWindow(QWebEnginePage∷WebWindowType)	创建 QWebEngineView 类的子类，并重写该函数，用于弹出新窗口，其中 QWebEnginePage∷WebBrowserWindow 表示纯浏览器控件，QWebEnginePage∷WebBrowserTab 表示浏览器切换卡，QWebEnginePage∷WebDialog 表示网页对话框，QWebEnginePage∷WebBrowserBackgroundTab 表示没有隐藏当前可见网页的浏览器控件切换卡	QWebEngineView *

续表

方法及参数类型	说　　明	返回值的类型
findText(QString &subString)	查找网页中的文本	
hasSelection()	获取当前网页中是否有选中的内容	bool
selectedText()	获取当前网页中被选中的内容	QString
history()	获取浏览器中当前网页的访问记录	QWebEngineHistory *
icon()	获取当前网页的图标	QIcon
iconUrl()	获取当前网页图标的 URL 网址	QUrl
print(QPrinter * printer)	默认用 A4 纸打印网页	
printToPdf(QString &filePath)	将网页输出为 PDF 文档	
setHtml(QString &html,QUrl &base)	显示 HTML 格式的文本	
setPage(QWebEnginePage * page)	设置网页	
page()	获取当前网页	QWebEnginePage *
setZoomFactor(float factor)	设置网页的缩放比例,参数范围为 0.25～5.0,默认值为 1.0	
zoomFactor()	获取缩放比例	float

在 Qt 6 中,QWebEngineView 类的信号见表 6-19。

表 6-19　QWebEngineView 类的信号

信号及参数类型	说　　明
urlChanged(QUrl &url)	当网页网址发生改变时发送信号
iconChanged(QIcon &icon)	当网页图标发生变化时发送信号
iconUrlChanged(QUrl &url)	当网页图标的 URL 网址发生改变时发送信号
loadFinished(bool)	当网页加载完成时发送信号,若成功,则参数值为 true,若出现错误,则参数值为 false
loadProgress(int)	当加载网页元素时发送信号,参数的范围为 0～100
loadStarted()	当开始加载网页时发送信号
pdfPrintingFinished(QString &filePath,bool success)	当打印 PDF 完成时发送信号
printRequested()	当请求打印时发送信号
printFinished(bool)	当打印完成时发送信号
selectionChanged()	当网页中选中的内容发生改变时发送信号
titleChanged(QString &title)	当网页的标题名称发生改变时发送信号

6.4.3　创建一个浏览器

在 Qt 6 中,可以使用 QWebEngineView 类创建浏览器。

【实例 6-21】　创建一个浏览器,该浏览器具有前进、后退、重新加载功能,而且有一个单行文本框,用于输入网址,操作步骤如下:

(1) 使用 Qt Creator 创建一个模板为 Qt Widgets Application 的项目,将该项目命名为 demo21,并保存在 D 盘的 Chapter6 文件夹下;在向导对话框中选择基类 QMainWindow,不勾选 Generate form 复选框;选择构建套件为 Desktop Qt 6.6.1 MSVC 2019 64-bit。

（2）在 demo21.pro 中添加一行代码，添加的代码如下：

```
QT += webenginewidgets
```

（3）编写 mainwindow.h 文件中的代码，代码如下：

```
/* 第6章 demo21 mainwindow.h */
#ifndef MAINWINDOW_H
#define MAINWINDOW_H

#include <QMainWindow>
#include <QLineEdit>
#include <QToolBar>
#include <QPushButton>
#include <QWebEngineView>
#include <QUrl>
#include <QSize>
#include <QFont>
#include <QIcon>

class MainWindow : public QMainWindow
{
    Q_OBJECT
public:
    MainWindow(QWidget * parent = nullptr);
    ~MainWindow();
private:
    QToolBar * toolbar;
    QPushButton * backButton, * reloadButton, * forwardButton;
    QPushButton * homeButton, * searchButton;
    QLineEdit * lineEdit;
    QWebEngineView * webEngineView;
private slots:
    void searchBtn();
    void backBtn();
    void forwardBtn();
    void reloadBtn();
    void homeBtn();
};
#endif //MAINWINDOW_H
```

（4）编写 mainwindow.cpp 文件中的代码，代码如下：

```
/* 第6章 demo21 mainwindow.cpp */
#include "mainwindow.h"

MainWindow::MainWindow(QWidget * parent):QMainWindow(parent)
{
    setGeometry(200,200,700,400);
    setWindowTitle("QWebEngineView 类");
    //创建工具栏
    toolbar = new QToolBar();
```

```cpp
    addToolBar(toolbar);
    //创建后退按钮
    backButton = new QPushButton();
    backButton->setIcon(QIcon("D:/Chapter6/webIcons/back.png"));
    backButton->setIconSize(QSize(36,36));
    toolbar->addWidget(backButton);
    connect(backButton,SIGNAL(clicked()),this,SLOT(backBtn()));
    //创建刷新按钮
    reloadButton = new QPushButton();
    reloadButton->setIcon(QIcon("D:/Chapter6/webIcons/reload.png"));
    reloadButton->setIconSize(QSize(36,36));
    toolbar->addWidget(reloadButton);
    connect(reloadButton,SIGNAL(clicked()),this,SLOT(reloadBtn()));
    //创建前进按钮
    forwardButton = new QPushButton();
    forwardButton->setIcon(QIcon("D:/Chapter6/webIcons/forward.png"));
    forwardButton->setIconSize(QSize(36,36));
    toolbar->addWidget(forwardButton);
    connect(forwardButton,SIGNAL(clicked()),this,SLOT(forwardBtn()));
    //创建主页按钮
    homeButton = new QPushButton();
    homeButton->setIcon(QIcon("D:/Chapter6/webIcons/home.png"));
    homeButton->setIconSize(QSize(36,36));
    toolbar->addWidget(homeButton);
    connect(homeButton,SIGNAL(clicked()),this,SLOT(homeBtn()));
    //创建单行文本框
    lineEdit = new QLineEdit();
    lineEdit->setFont(QFont("黑体",16));
    toolbar->addWidget(lineEdit);
    //创建搜索按钮
    searchButton = new QPushButton();
    searchButton->setIcon(QIcon("D:/Chapter6/webIcons/search.png"));
    searchButton->setIconSize(QSize(36,36));
    toolbar->addWidget(searchButton);
    connect(searchButton,SIGNAL(clicked()),this,SLOT(searchBtn()));
    //创建网页浏览器控件
    webEngineView = new QWebEngineView();
    setCentralWidget(webEngineView);
    QString initUrl = "https://www.sogou.com";
    lineEdit->setText(initUrl);
    webEngineView->load(QUrl(initUrl));
}

MainWindow::~MainWindow() {}
//搜索按钮
void MainWindow::searchBtn(){
    QString myurl = lineEdit->text();
    webEngineView->load(QUrl(myurl));
}
//后退按钮
void MainWindow::backBtn(){
    webEngineView->back();
}
```

```
//前进按钮
void MainWindow::forwardBtn(){
    webEngineView->forward();
}
//重新加载按钮
void MainWindow::reloadBtn(){
    webEngineView->reload();
}
//主页按钮
void MainWindow::homeBtn(){
    webEngineView->load(QUrl("https://www.sogou.com"));
}
```

(5) 运行结果如图 6-28 所示。

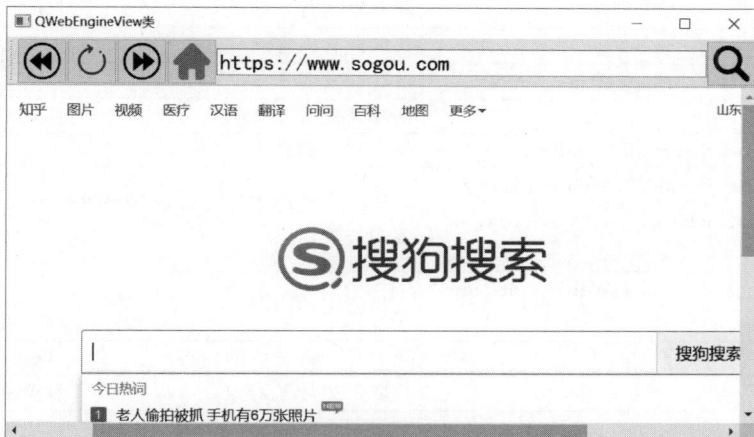

图 6-28 项目 demo21 的运行结果

注意：项目 demo21 中涉及的工具栏控件,将在第 7 章中介绍。

6.4.4 网页类(QWebEnginePage)

在 QWebEngineView 中,使用 page()方法可以获取指向当前网页的对象指针,即 QWebEnginePage 对象指针。QWebEnginePage 类是 QObject 的子类,用于表示网页。 QWebEnginePage 类位于 Qt WebEngine 子模块下,其构造函数如下：

```
QWebEnginePage(QObject *parent = nullptr)
QWebEnginePage(QWebEngineProfile *profile,QObject *parent = nullptr)
```

其中,profile 表示 QWebEngineProfile 对象指针,QWebEngineProfile 对象中包含网页的设置、脚本、缓存地址、cookie 的保存策略等信息；parent 表示父对象指针。

QWebEnginePage 类的常用方法见表 6-20。

表 6-20 QWebEnginePage 类的常用方法

方法及参数类型	说 明	返回值的类型
url()	获取当前网页的地址	QUrl
requestedUrl()	获取当前网页的地址	QUrl
load(QWebEngineHttpRequest &request)	发出指定的请求并加载响应	
load(QUrl &url)	加载网页网址	
setUrl(QUrl &url)	加载指定的网页网址	
isLoading()	获取网页是否在加载	bool
createWindow (QWebEnginePage：：WebWindowType)	创建新网页	QWebEnginePage *
setBackgroundColor(QColor &color)	设置背景颜色	
backgroundColor()	获取网页背景颜色	QColor
contentSize()	获取网页内容的尺寸	QSizeF
setDevToolsPage(QWebEnginePage * dev)	设置开发者工具	
devToolsPage()	获取开发者工具网页	QWebEnginePage *
download(QUrl &url,QString &filename)	将资源下载到文件中	
findText (QString &sub, QWebEnginePage：：FindFlags opt,std::function<void (QWebEngineFindTextResult &)> &result)	调用指定的函数进行查找,函数参数为查找结果	
findText (QString &sub, QWebEnginePage：：FindFlags options)	查找指定的内容	
hasSelection()	获取是否有选中的内容	bool
history()	获取历史导航对象	QWebEngineHistory *
icon()	获取网页的图标	QIcon
iconUrl()	获取图标的地址	QUrl
title()	获取网页的标题	QString
chooseFiles (QWebEnginePage：：FileSelectionMode,QStringList &oldFiles,QStringList &acc)	设置文件的选择模式,用于选择文件,例如上传文件	QStringList
setAudioMuted(bool muted)	设置网页静音状态	
isAudioMuted()	获取是否处于静音状态	bool
setVisible(bool visible)	设置网页是否可见	
isVisible()	获取网页是否可见	bool
printToPdf(QString &filePath)	将网页转换为 PDF 文档	
profile()	获取 QWebEngineProfile	QWebEngineProfile *
recentlyAudible()	获取是否播放音频	bool
renderProcessPid()	获取渲染进度	int
replaceMisspelledWord(QString &replacement)	用指定文本替代不能识别的文本	
runJavaScript(QString &script,int worldId=0,std::function< void (QVarient&)> &result)	运行 JavaScript 脚本	
runJavaScript (QString &script, std::：function< void (QVarient&)> &result)	运行 JavaScript 脚本	

续表

方法及参数类型	说 明	返回值的类型
save（QString ＆filePath，QWebEngineDown-loadRequest∷SavePageFormat)	将网页内容保存到指定的文件中	
scrollPosition()	获取页面内容的滚动位置	QPointF
selectedText()	获取网页上选中的文本	QString
setHtml(QString ＆html，QUrl ＆baseUrl)	显示 HTML 文档	
setWebChannel(QWebChannel ＊ ch，int worldId=0)	设置网络通道	
webChannel()	获取当前的网络通道	QWebChannel ＊
setZoomFactor(float factor)	设置缩放系数	
zoomFactor()	获取缩放系数	float
setting()	获取网页设置	QWebEngineSetting ＊
acceptNavigationRequest(QUrl ＆url，QWebEnginePage∷NavigationType type，bool isMainFrame)	设置导航到新地址的处理方式	bool
setFeaturePermission（QUrl ＆securityOrigin，QWebEnginePage∷Feature feature，QWebEnginePage∷PermissionPolicy policy)	对网页需要的设备进行授权设置	
setUrlRequestInterceptor(QWebEngineUrlRequestInterceptor ＊ interceptor)	设置拦截器	
action(QWebEnginePage∷WebAction action)	获取网页指定的动作	QAction ＊
triggerAction （ QWebEnginePage∷ WebAction action，bool checked=false)	执行指定的动作	

在表 6-20 中，QWebEnginePage∷Feature 类的枚举常量见表 6-21。

表 6-21　QWebEnginePage∷Feature 类的枚举常量

枚 举 常 量	说 明
QWebEnginePage∷Notifications	网站通知最终用户
QWebEnginePage∷Geolocation	本地硬件或服务
QWebEnginePage∷MediaAudioCapture	音频设备，例如话筒
QWebEnginePage∷MediaVideoCapture	视频设备，例如摄像头
QWebEnginePage.∷MediaAudioVideoCapture	音频和视频设备
QWebEnginePage∷MouseLock	将光标锁定在浏览器中，一般用于游戏
QWebEnginePage∷DesktopVideoCapture	视频输出设备
QWebEnginePage∷DesktopAudioVideoCapture	音频和视频输出设备

QWebEngineView 类的信号见表 6-22。

表 6-22　QWebEngineView 类的信号

信号及参数类型	说 明
loadStarted()	当开始加载网页时发送信号
loadProgress(int)	当加载网页元素时发送信号，参数的范围为 0～100

续表

信号及参数类型	说　明
loadFinished(bool)	当网页加载完成时发送信号,若成功,则参数值为true,若出现错误,则参数值为 false
loadingChanged(QWebEngineLoadingInfo & load)	当加载发生改变时发送信号
urlChanged(QUrl & url)	当网页网址发生改变时发送信号
selectionChanged()	当网页所选的内容发生改变时发送信号
iconChanged(QIcon & icon)	当网页图标发生变化时发送信号
iconUrlChanged(QUrl & url)	当网页图标的 URL 网址发生改变时发送信号
titleChanged(QString & title)	当网页标题发生改变时发送信号
visibleChanged(bool)	当网页的可见性发生改变时发送信号
contentsSizeChanged(QSizeF & size)	当网页的尺寸发生改变时发送信号
geometryChangedRequested(QRect & ge)	当网页的位置和尺寸发生改变时发送信号
fullScreenRequested(QWebEngineFullScreenRequest full)	当全屏显示时发送信号
windowCloseRequested()	当关闭窗口时发送信号
audioMutedChanged(bool)	当网页的静音状态发生改变时发送信号
scrollPositionChanged(QPointF & pos)	当网页的滚动位置发生改变时发送信号
linkHovered(QString & url)	当光标悬停到网页中的链接时发送信号
newWindowRequested(QWebEngineNewWindow-Request & req)	当在另一个窗口中加载新网页时发送信号
authenticationRequired(QUrl & u, QAuthenticator * a)	当网页需要授权时发送信号
certificateError(QWebEngineCertificateError & c)	当证书出错时发送信号
featurePermissionRequestCanceled(QUrl & s, QWeb-EnginePage::Feature fea)	当设备不需要授权时发送信号
featurePermissionRequested(QUrl & s, QWebEngine-Page::Feature fea)	当设备需要授权时发送信号
findTextFinished(QWebEngineFindTextResult & res)	当查找结束时发送信号
navigationRequested(QWebEngineNavigationRequest & req)	当调用 acceptNavigationRequest()方法时发送信号
pdfPrintingFinished(QString filePath, bool success)	当转换成 PDF 文档时发送信号
proxyAuthenticationRequired(QUrl & url, QAuthenticator * au, QString & proxyHost)	当需要代理授权时发送信号
recentlyAudibleChanged(bool)	当静音状态发生改变时发送信号
renderProcessPidChanged(int)	当渲染过程发生改变时发送信号
renderProcessTerminated(QWebEnginePage::Render-ProcessTerminationStatus, int exitCode)	当渲染过程出现异常中断时发送信号
selectClientsCertificate(QWebEngineClientCertificate-Selection)	当选择客户证书时发送信号
printRequested()	当请求打印时发送信号

注意：如果将 QWebEngineView 类和 QWebEnginePage 类做对比，则会发现 QWebEnginePage 类处理网页的功能更全面、更细致。

6.5 对话框类控件

在 Qt 6 中，使用 QDialog 类创建对话框窗口。对话框窗口是一个用于完成简单任务的顶层窗口，例如与用户进行通信。QDialog 类有很多子类，用于完成特定任务。QDialog 类的子类如图 6-29 所示。

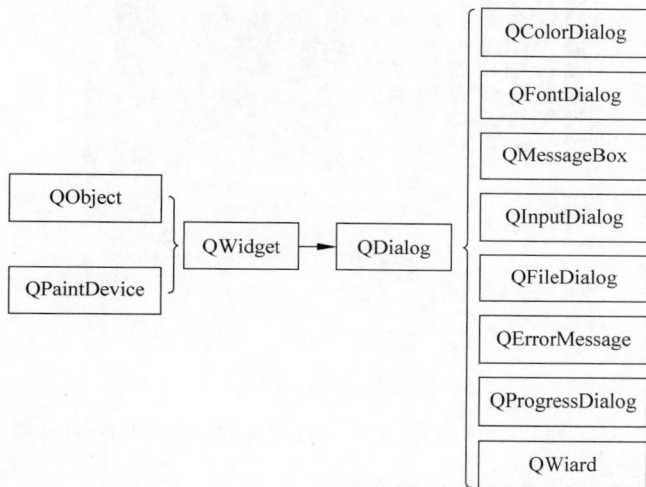

图 6-29 QDialog 类的子类

本节将对这些子类进行逐一介绍。

6.5.1 模式对话框和非模式对话框

在 Qt 6 中，使用 QDialog 类及其子类可以创建对话框窗口。对话框分为模式对话框和非模式对话框。模式对话框（Modal Dialog）会禁止其他程序和可视窗口的操作，例如弹窗警告对话框，只有关闭了警告对话框才能对其他程序和可视窗口进行操作。可以使用 QDialog 类的 setWindowModality(Qt::WindowModality) 设置窗口模式对话框。Qt::WindowModality 的枚举常量见表 6-23。

表 6-23 Qt::WindowModality 的枚举常量

枚 举 常 量	说　　　明
Qt::NoModal	不是模式窗口，不会阻止对其他窗口的操作
Qt::WindowModal	仅阻止与该对话框关联的窗口，例如父窗口、祖父窗口，允许用户使用其他窗口
Qt::ApplicationModal	模式窗口，阻止与程序相关的所有其他窗口的访问

　　非模式对话框(Modalless Dialog)和其他程序、可视窗口是独立的,相互之间无干扰。

　　在 QDialog 类中,可以使用 setModal(bool)或 setWindowModality(bool)设置窗口是否为模式对话框,使用 isModal()或 windowModality()获取对话框是否为模式对话框。

6.5.2　颜色对话框(QColorDialog)

　　在 Qt 6 中,使用 QColorDialog 类创建颜色对话框。颜色对话框是一种标准对话框,用于选择颜色。Qt 6 已经定义了颜色对话框的窗口界面,如图 6-30 所示。

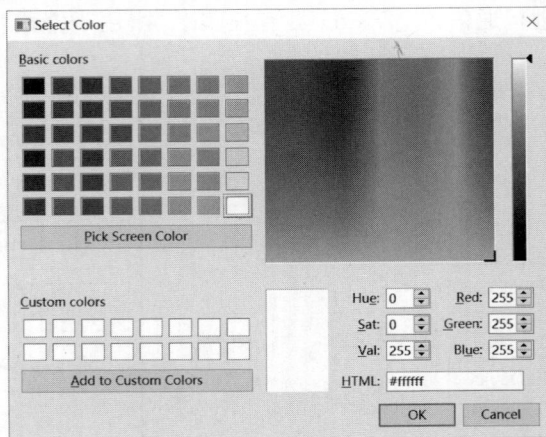

图 6-30　颜色对话框

　　在颜色对话框中,用户可以选择颜色,也可以设定颜色。QColorDialog 类的构造函数如下:

```
QColorDialog(QWidget * parent = nullptr)
QColorDialog(const QColor initial,QWidget * parent = nullptr)
```

　　其中,parent 表示指向父窗口或父容器的对象指针;initial 表示初始颜色。

　　QColorDialog 类的常用方法见表 6-24。

表 6-24　QColorDialog 类的常用方法

方法及参数类型	说　　明	返回值类型
[static]setCustomColor(int index,QColor)	静态方法,设置用户颜色	
[static]customColor(int index)	静态方法,获取用户颜色	QColor
[static]customCount()	静态方法,获取用户颜色的数量	int
[static]setStandardColor(int index,QColor)	静态方法,设置标准颜色	
[static]standardColor(int index)	静态方法,获取标准颜色	QColor
[static]getColor(QColor &initial = Qt::White, QWidget * parent = nullptr, QString &title, QColorDialog::ColorDialogOptions opt)	静态方法,显示对话框,获取选中的颜色	QColor
selectedColor()	获取颜色对话框中单击 OK 按钮后选中的颜色	QColor

续表

方法及参数类型	说　　明	返回值类型
setCurrentColor(QColor &color)	设置颜色对话框的初始颜色和当前颜色	
currentColor()	获取颜色对话框的当前颜色	QColor
setOption（QColorDialog::ColorDialogOption, bool on=true)	设置颜色对话框的选项	
testOption(QColorDialog::ColorDialogOption)	获取是否设置了选项,其中 QColorDialog::ShowAlphaChannel 表示在对话框中显示 Alpha 通道;QColorDialog:: NoButtons 表示不显示 OK 和 Cancel 按钮; QColorDialog::DontUseNativeDialog 表示不使用本机的对话框	bool

【实例 6-22】 创建一个窗口,包含一个多行文本框、一个按钮、一个标签。使用该按钮可以更改文本框中文本的颜色(需要被选中),并在标签中显示选中的颜色,操作步骤如下:

(1) 使用 Qt Creator 创建一个模板为 Qt Widgets Application 的项目,将该项目命名为 demo22,并保存在 D 盘的 Chapter6 文件夹下;在向导对话框中选择基类 QWidget,不勾选 Generate form 复选框。

(2) 编写 widget.h 文件中的代码,代码如下:

```
/* 第6章 demo22 widget.h */
#ifndef WIDGET_H
#define WIDGET_H

#include <QWidget>
#include <QVBoxLayout>
#include <QLabel>
#include <QTextEdit>
#include <QPushButton>
#include <QColorDialog>
#include <QString>

class Widget : public QWidget
{
    Q_OBJECT
public:
    Widget(QWidget * parent = nullptr);
    ~Widget();
private:
    QVBoxLayout * vbox;
    QTextEdit * textEdit;
    QPushButton * btn;
    QLabel * label;
private slots:
    void choose_color();
};
#endif //WIDGET_H
```

（3）编写 widget.cpp 文件中的代码，代码如下：

```
/* 第 6 章 demo22 widget.cpp */
#include "widget.h"

Widget::Widget(QWidget * parent):QWidget(parent)
{
    setGeometry(300,300,560,220);
    setWindowTitle("QColorDialog 类");
    //设置主窗口的布局
    vbox = new QVBoxLayout();
    setLayout(vbox);
    //创建多行文本框
    textEdit = new QTextEdit();
    //创建按钮
    btn = new QPushButton("选择颜色");
    connect(btn,SIGNAL(clicked()),this,SLOT(choose_color()));
    //创建标签
    label = new QLabel("提示");
    label -> setFont(QFont("黑体",14));
    vbox -> addWidget(textEdit);
    vbox -> addWidget(btn);
    vbox -> addWidget(label);
}

Widget::~Widget() {}

void Widget::choose_color(){
    QColor color = QColorDialog::getColor();
    if (color.isValid() == true){
        textEdit -> setTextColor(color);
        QString str1 = color.name();
        label -> setText("提示:选择的颜色为" + str1);
    }
}
```

（4）其他文件保持不变，运行结果如图 6-31 所示。

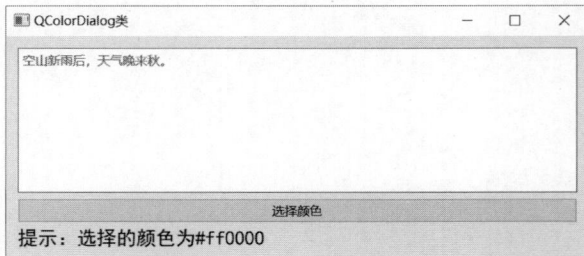

图 6-31　项目 demo22 的运行结果

6.5.3　字体对话框（QFontDialog）

在 Qt 6 中，使用 QFontDialog 类创建字体对话框。字体对话框是一种标准对话框，用

于选择字体。Qt 6 已经定义了字体对话框的窗口界面,如图 6-32 所示。

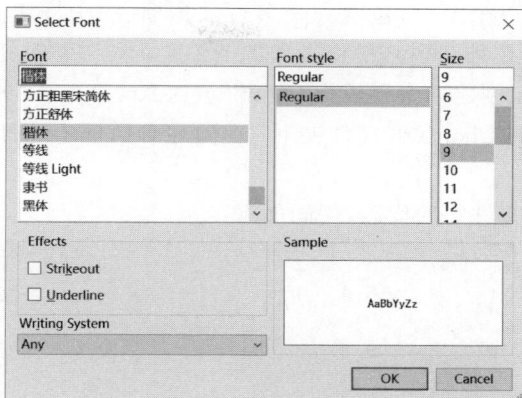

图 6-32　字体对话框

在字体对话框中,用户可以选择字体。QFontDialog 类的构造函数如下:

```
QFontDialog(QWidget * parent = nullptr)
QFontDialog(const QFont &initial,QWidget * parent = nullptr)
```

其中,parent 表示指向父窗口或父容器的对象指针;initial 表示初始字体。

QFontDialog 类的常用方法见表 6-25。

表 6-25　QFontDialog 类的常用方法

方法及参数类型	说　明	返回值类型
[static]getFont(bool * ok,QFont &initial, QWidget * parent=nullptr,QString &title, QFontDialog::FontDialogOption opt)	静态方法,显示模式对话框,获取字体,参数 initial 是初始化字体,title 是对话框标题	QFont
[static] getFont (bool * ok,QWidget * parent==nullptr)		
selectedFont()	获取在对话框中单击 OK 按钮后选中的字体	QFont
setCurrentFont(QFont &font)	设置字体对话框的初始字体和当前字体	
currentFont()	获取字体对话框的当前字体	QFont
setOption (QFontDialog:: FontDialogOption, bool on=true)	设置对话框的选项	
setOptions(QFontDialog::FontDialogOptions)	同上	
testOption(QFontDialog::FontDialogOption)	获取是否设置了选项	bool

在表 6-25 中,QFontDialog::FontDialogOption 的枚举常量为 QFontDialog::NoButtons(不显示 OK 和 Cancel 按钮)、QFontDialog::DontUseNativeDialog(在 Mac 系统上不使用本机字体对话框,使用 Qt 6 的字体对话框)、QFontDialog::ScalableFonts(显示可缩放字体)、QFontDialog::NoScalableFonts(显示不可缩放字体)、QFontDialog::MonospacedFonts(显

示等宽字体)、QFontDialog::ProportionFonts(显示比例字体)。

【实例 6-23】 创建一个窗口,包含一个多行文本框、一个按钮。使用该按钮可以更改文本框中文本的字体(需要被选中),操作步骤如下:

(1) 使用 Qt Creator 创建一个模板为 Qt Widgets Application 的项目,将该项目命名为demo23,并保存在 D 盘的 Chapter6 文件夹下;在向导对话框中选择基类 QWidget,不勾选Generate form 复选框。

(2) 编写 widget.h 文件中的代码,代码如下:

```
/* 第6章 demo23 widget.h */
#ifndef WIDGET_H
#define WIDGET_H

#include <QWidget>
#include <QVBoxLayout>
#include <QTextEdit>
#include <QPushButton>
#include <QFontDialog>
#include <QFont>

class Widget : public QWidget
{
    Q_OBJECT
public:
    Widget(QWidget * parent = nullptr);
    ~Widget();
private:
    QVBoxLayout * vbox;
    QTextEdit * textEdit;
    QPushButton * btn;
private slots:
    void choose_font();
};
#endif //WIDGET_H
```

(3) 编写 widget.cpp 文件中的代码,代码如下:

```
/* 第6章 demo23 widget.cpp */
#include "widget.h"

Widget::Widget(QWidget * parent):QWidget(parent)
{
    setGeometry(300,300,560,220);
    setWindowTitle("QFontDialog类");
    //设置主窗口的布局
    vbox = new QVBoxLayout();
    setLayout(vbox);
    //创建多行文本框
    textEdit = new QTextEdit();
    //创建按钮
    btn = new QPushButton("选择字体");
```

```
    btn->setFont(QFont("黑体",14));
    connect(btn,SIGNAL(clicked()),this,SLOT(choose_font()));
    vbox->addWidget(textEdit);
    vbox->addWidget(btn);
}

Widget::~Widget() {}

void Widget::choose_font(){
    bool ok;
    QFont font = QFontDialog::getFont(&ok,this);
    if (ok){
        textEdit->setCurrentFont(font);
    }
}
```

（4）其他文件保持不变，运行结果如图 6-33 所示。

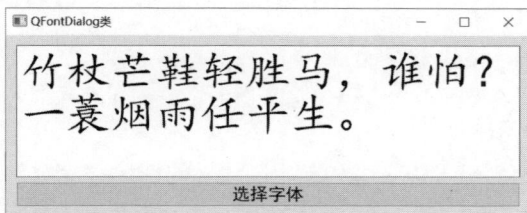

图 6-33　项目 demo23 的运行结果

6.5.4　输入对话框(QInputDialog)

在 Qt 6 中，使用 QInputDialog 类创建输入对话框。输入对话框用于输入简单内容或选择简单内容。输入对话框可用于输入整数、浮点数、单行文本、多行文本，也可以从下拉列表中选择输入内容。

QInputDialog 类的构造函数如下：

```
QInputDialog(QWidget * parent = nullptr,Qt::WindowFlags flags = Qt::WindowFlags())
```

其中，parent 表示指向父窗口或父容器的对象指针；flags 表示确定窗口外观和类型的参数，保持默认即可。

【实例 6-24】　创建一个窗口，包含一个标签、一个单行文本框、一个按钮。如果单击该按钮，则弹出带有下拉列表的输入对话框，操作步骤如下：

（1）使用 Qt Creator 创建一个模板为 Qt Widgets Application 的项目，将该项目命名为 demo24，并保存在 D 盘的 Chapter6 文件夹下；在向导对话框中选择基类 QWidget，不勾选 Generate form 复选框。

（2）编写 widget.h 文件中的代码，代码如下：

```
/* 第6章 demo24 widget.h */
#ifndef WIDGET_H
```

```
# define WIDGET_H

# include < QWidget >
# include < QHBoxLayout >
# include < QLineEdit >
# include < QPushButton >
# include < QInputDialog >
# include < QLabel >
# include < QString >
# include < QStringList >
# include < QFont >

class Widget : public QWidget
{
    Q_OBJECT
public:
    Widget(QWidget * parent = nullptr);
    ~Widget();
private:
    QHBoxLayout  * hbox;
    QLabel  * label;
    QLineEdit  * lineEdit;
    QPushButton  * btn;
private slots:
    void show_dialog();
};
# endif //WIDGET_H
```

(3) 编写 widget.cpp 文件中的代码,代码如下:

```
/ *  第 6 章 demo24 widget.cpp  * /
# include "widget.h"

Widget::Widget(QWidget  * parent):QWidget(parent)
{
    setGeometry(300,300,560,260);
    setWindowTitle("QInputDialog 类");
    //设置主窗口的布局
    hbox = new QHBoxLayout();
    setLayout(hbox);
    //创建标签和单行文本框
    label = new QLabel("选择省份:");
    label -> setFont(QFont("黑体",14));
    lineEdit = new QLineEdit();
    lineEdit -> setFont(QFont("黑体",12));
    //创建按钮
    btn = new QPushButton("选择省份");
    btn -> setFont(QFont("黑体",14));
    connect(btn,SIGNAL(clicked()),this,SLOT(show_dialog()));
    hbox -> addWidget(label);
    hbox -> addWidget(lineEdit);
    hbox -> addWidget(btn);
```

```
    }

    Widget::~Widget() {}

    void Widget::show_dialog(){
        QStringList items = {"河北","山东","江苏","浙江","福建"};
        bool ok;
        QString item = QInputDialog::getItem(this,"Input Dialog","省份列表",items,0,false,&ok);
        if(ok && !item.isEmpty()){
            lineEdit -> setText(item);
        }
    }
```

(4) 其他文件保持不变,运行结果如图 6-34 所示。

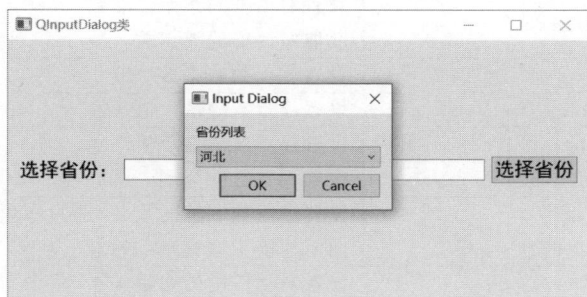

图 6-34　代码 demo24.py 的运行结果

注意:从图 6-34 可知,输入对话框由一个标签、一个输入控件、两个按钮组成。输入的控件可以为下拉列表框、整数输入控件、浮点数输入控件、单行文本框、多行文本框。

在 Qt 6 中,QInputDialog 类的常用方法见表 6-26。

表 6-26　QInputDialog 类的常用方法

方法及参数类型	说　　明	返回值类型
setInputMode(QInputDialog::InputMode)	设置输入对话框的类型,其中 QInputDialog::IntInput 表示整数输入对话框;QInputDialog::DoubleInput 表示浮点数输入对话框;QInputDialog::TextInput 表示文本输入对话框	
setOption(QInputDialog::InputDialogOption,bool on=true)	设置输入对话框的参数	
setOptions(QInputDialog::InputDialogOptions ops)	同上	
testOption(QInputDialog::InputDialogOption)	获取是否设置了某些参数	bool
setLabelText(QString &text)	设置对话框中标签的名称	

续表

方法及参数类型	说　　明	返回值类型
setOKButtonText(QString &text)	设置对话框中 OK 按钮的名称	
setCancelButtonText(QString &text)	设置对话框中 Cancel 按钮的名称	
setIntValue(int)	设置对话框中的初始整数	
intValue()	获取对话框中的整数	int
setIntMaximum(int)	设置整数的最大值	
setIntMinimum(int)	设置整数的最小值	
setIntRange(int min,int max)	设置整数的范围	
setIntStep(int)	设置整数调整的步长(通过单击向上或向下的箭头调整)	
setDoubleValue(double)	设置对话框的初始浮点数	
doubleValue()	获取对话框的浮点数	double
setDoubleDecimals(int)	设置浮点数的小数位数	
setDoubleMaximum(double)	设置浮点数的最大值	
setDoubleMinimum(double)	设置浮点数的最小值	
setDoubleRange(double min,double max)	设置浮点数的范围	
setDoubleStep(double)	设置浮点数调整的步长(通过单击向上或向下的箭头调整)	
setTextValue(QString &text)	设置对话框中的初始文本	
setComboBoxItem(QStringList &items)	设置下拉列表的值	
textValue()	获取对话框中的文本	QString
setTextEchoMode(QLineEdit::EchoMode)	设置单行文本框的输入模式	
comboBoxItems()	获取下拉列表的值	QStringList
setComboBoxEditable(bool)	设置下拉列表是否可编辑,用户是否可以输入数据	
[static]getInt(parameters)		int
[static]getDouble(parameters)	静态方法,显示输入对话框,获取输入的值	double
[static]getText(parameters)		QString
[static]getMultiLineText(parameters)		QString
[static]getItem(parameters)		QString

QInputDialog 类的静态方法的参数如下:

```
getInt(QWidget * parent,QString &title,QString &label, int value = 0, int min =－2147483647,
int max = 2147483647,int step = 1, Qt::WindowFlags flags)

getDouble(QWidget * parent, QString &title, QString &label, double value = 0, double min =
－2147483647, double max = 2147483647, int decimals = 1,bool * ok = nullptr,Qt::WindowFlags
flags,double step = 1)

getText (QWidget * parent, QString &title, QString &label, QLineEdit:: EchoMode mode =
QLineEdit:: Normal, QString &text, bool * ok = nullptr, Qt:: WindowFlags flags, Qt::
InputMethodHints hints = Qt::ImhNone)
```

```
getMultiLineText(QWidget * parent,QString &title,QString &label,QString &text,bool * ok =
nullptr,Qt::WindowFlags flags,Qt:: InputMethodHints hints = Qt::ImhNone)

getItem(QWidget * parent, QString &title, QString &label, QStringList &items, int current = 0,
bool editable = true,bool * ok = nullptr, Qt::WindowFlags flags, Qt::InputMethodHints hints =
Qt::ImhNone)
```

其中,parent 表示指向父窗口或父容器的对象指针；title 表示对话框的标题；label 表示对话框控件的文本。

【实例 6-25】 创建一个窗口,包含一个标签、一个单行文本框、一个按钮。如果单击该按钮,则弹出单行文本输入对话框,操作步骤如下：

(1) 使用 Qt Creator 创建一个模板为 Qt Widgets Application 的项目,将该项目命名为 demo25,并保存在 D 盘的 Chapter6 文件夹下；在向导对话框中选择基类 QWidget,不勾选 Generate form 复选框。

(2) 编写 widget.h 文件中的代码,代码如下：

```cpp
/ * 第 6 章 demo25 widget.h * /
#ifndef WIDGET_H
#define WIDGET_H

#include < QWidget >
#include < QHBoxLayout >
#include < QLineEdit >
#include < QPushButton >
#include < QInputDialog >
#include < QLabel >
#include < QString >
#include < QFont >
#include < QDir >

class Widget : public QWidget
{
    Q_OBJECT
public:
    Widget(QWidget * parent = nullptr);
    ~Widget();
private:
    QHBoxLayout * hbox;
    QLabel * label;
    QLineEdit * lineEdit;
    QPushButton * btn;
private slots:
    void show_dialog();
};
#endif //WIDGET_H
```

(3) 编写 widget.cpp 文件中的代码,代码如下：

```cpp
/ * 第 6 章 demo25 widget.cpp * /
#include "widget.h"
```

```
Widget::Widget(QWidget * parent):QWidget(parent)
{
    setGeometry(200,200,560,260);
    setWindowTitle("QInputDialog 类");
    //设置主窗口的布局
    hbox = new QHBoxLayout();
    setLayout(hbox);
    //创建标签和单行文本框
    label = new QLabel("输入姓名:");
    label -> setFont(QFont("黑体",14));
    lineEdit = new QLineEdit();
    //创建按钮
    btn = new QPushButton("输入");
    btn -> setFont(QFont("黑体",14));
    connect(btn,SIGNAL(clicked()),this,SLOT(show_dialog()));
    hbox -> addWidget(label);
    hbox -> addWidget(lineEdit);
    hbox -> addWidget(btn);
}

Widget::~Widget() {}

void Widget::show_dialog(){
    bool ok;
    QString text = QInputDialog::getText(this,"Input Dialog","输入姓名:",QLineEdit::Normal,
QDir::home().dirName(),&ok);
    if (ok && !text.isEmpty()){
        lineEdit -> setText(text);
    }
}
```

（4）其他文件保持不变,运行结果如图 6-35 所示。

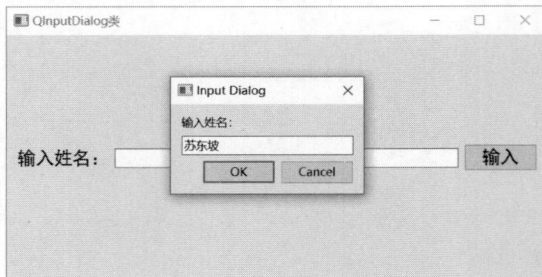

图 6-35　项目 demo25 的运行结果

在 Qt 6 中,QInputDialog 类的信号见表 6-27。

表 6-27　QInputDialog 类的信号

信号及参数类型	说　　明
intValueChanged(int)	当输入对话框中的整数值发生改变时发送信号
intValueSelected(int)	当单击 OK 按钮后发送信号

信号及参数类型	说　明
doubleValueChanged(double)	当输入对话框中的浮点数发生改变时发送信号
doubleValueSelected(double)	当单击 OK 按钮后发送信号
textValueChanged(QString &text)	当输入对话框中的文本发生改变时发送信号
textValueSelected(QString &text)	当单击 OK 按钮后发送信号

【实例 6-26】 创建一个窗口,包含一个标签、一个单行文本框、一个按钮。如果单击该按钮,则弹出浮点数输入对话框,操作步骤如下:

(1) 使用 Qt Creator 创建一个模板为 Qt Widgets Application 的项目,将该项目命名为 demo26,并保存在 D 盘的 Chapter6 文件夹下;在向导对话框中选择基类 QWidget,不勾选 Generate form 复选框。

(2) 编写 widget.h 文件中的代码,代码如下:

```
/* 第 6 章 demo26 widget.h */
#ifndef WIDGET_H
#define WIDGET_H

#include <QWidget>
#include <QHBoxLayout>
#include <QLineEdit>
#include <QPushButton>
#include <QInputDialog>
#include <QLabel>
#include <QFont>
#include <QString>

class Widget : public QWidget
{
    Q_OBJECT
public:
    Widget(QWidget * parent = nullptr);
    ~Widget();
private:
    QHBoxLayout * hbox;
    QLabel * label;
    QLineEdit * lineEdit;
    QPushButton * btn;
private slots:
    void show_dialog();
};
#endif //WIDGET_H
```

(3) 编写 widget.cpp 文件中的代码,代码如下:

```
/* 第 6 章 demo26 widget.cpp */
#include "widget.h"

Widget::Widget(QWidget * parent):QWidget(parent)
```

```
{
    setGeometry(300,300,560,260);
    setWindowTitle("QInputDialog类");
    //设置主窗口的布局
    hbox = new QHBoxLayout();
    setLayout(hbox);
    //创建标签和单行文本框
    label = new QLabel("输入圆周率:");
    label -> setFont(QFont("黑体",14));
    lineEdit = new QLineEdit();
    //创建按钮
    btn = new QPushButton("输入");
    btn -> setFont(QFont("黑体",14));
    connect(btn,SIGNAL(clicked()),this,SLOT(show_dialog()));
    hbox -> addWidget(label);
    hbox -> addWidget(lineEdit);
    hbox -> addWidget(btn);
}

Widget::~Widget() {}

void Widget::show_dialog(){
    bool ok;
    double d = QInputDialog::getDouble(this,"Input Dialog","输入圆周率",0.00,-900,900,2,&ok);
    if (ok){
        QString str1 = QString::number(d);
        lineEdit -> setText(str1);
    }
}
```

(4) 其他文件保持不变,运行结果如图 6-36 所示。

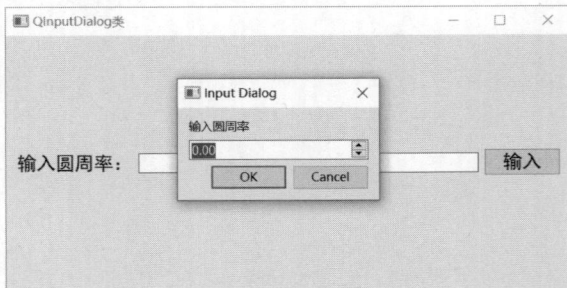

图 6-36   项目 demo26 的运行结果

6.5.5   文件对话框(QFileDialog)

在 Qt 6 中,使用 QFileDialog 类创建文件对话框。当打开或保存文件时,可以使用文件对话框获取文件路径和文件名。在文件对话框中,可以根据文件类型过滤文件,只显示具有特定扩展名的文件。开发者可以选择 Qt 6 提供的文件对话框,也可以选择使用本机操作系统提供的文件对话框。

QFileDialog 类的构造函数如下：

```
QFileDialog(QWidget * parent,Qt::WindowFlags flags)
QFileDialog(QWidget * parent = nullptr,const QString &caption,const QString &directory,const
QString &filter)
```

其中，parent 表示指向父窗口或父容器的对象指针；caption 用于设置对话框的标题；directory 用于设置默认路径；filter 用于设置过滤器，即只显示特定后缀名的文件。

在 Qt 6 中，创建文件对话框有两种方法：第 1 种方法，首先创建 QFileDialog 的实例对象，然后使用 show()、open()或 exec()方法显示文件对话框；第 2 种方法，使用 QFileDialog 类的静态方法创建文件对话框。

QFileDialog 类的常用方法见表 6-28。

表 6-28　QFileDialog 类的常用方法

方法及参数类型	说　　明	返回值类型
setAcceptMode(QFileDialog::AcceptMode)	设置为打开或保存对话框	
setDefaultSuffix(QString &suffix)	设置默认的后缀名	
defaultSuffix()	获取默认的后缀名	QString
saveState()	将对话框状态保存到 QByteArray 中	QByteArray
restoreState(QByteArray &state)	恢复对话框的状态	bool
selectFile(QString &filename)	设置初始选中的文件，可当作默认文件	
selectedFiles()	获取被选中文件的绝对路径列表，若没有选中文件，则返回当前路径	QStringList
selectNameFilter(QString &filter)	设置对话框的文件名过滤器	
selectedNameFilter()	获取当前选择的文件名过滤器	QString
selectUrl(QUrl &url)	设置对话框初始选中的文件	
selectedUrls()	获取被选中文件的绝对路径列表，若没有选中文件，则返回当前路径	QList < QUrl >
directory()	获取对话框的当前路径	QDir
directoryUrl()	同上	QUrl
setDirectory(QString &directory)	设置对话框的初始路径	
setDirectory(QUrl &directory)	同上	
setDirectory(QDir &directory)	同上	
setFileMode(QFileDialog::FileMode)	设置文件模式，对话框被用于选择路径、单个文件或多个文件	
setHistory(QStringList &paths)	设置对话框的浏览记录	
history()	获取对话框的浏览记录列表	QStringList
setLabelText(QFileDialog::DialogLabel,QString &text)	设置对话框上标签或按钮的名称	
labelText(QFileDialog::DialogLabel)	获取对话框上标签或按钮的名称	QString
setNameFilter(QString &filter)	根据文件的扩展名设置过滤器	
setNameFilters(QStringList &filters)	设置多个文件过滤器	

续表

方法及参数类型	说　　明	返回值类型
nameFilters()	获取过滤器列表	QStringList
setOption(QDialog::Option,bool on=true)	设置对话框的外观选项	
setOptions(QDialog::Options)	设置对话框的外观选项	
testOption(QDialog::Option)	获取是否设置了某种外观选项	bool
setViewMode(QFileDialog::ViewMode)	设置对话框中文件的视图方式:QFileDialog::List(列表显示)或 QFileDialog::Detail(详细显示)	
[static]getExistingDirectory(parameters)	静态方法,打开文件对话框,获取路径、文件名	QString
[static] getExistingDirectoryUrl(parameters)		QUrl
[static]getOpenFileName(parameters)		QString
[static] getOpenFileNames(parameters)		QStringList
[static] getOpenFileUrl(parameters)		QUrl
[static] getOpenFileUrls(parameters)		QList＜QUrl＞
[static] getSaveFileName(parameters)		QString
[static] getSaveFileUrl(parameters)		QUrl

在 QFileDialog 类中,其静态方法的参数如下:

```
getExistingDirectory(QWidget * parent = nullptr,QString &caption,QString &dir, QFileDialog::
Option = QFileDialog::ShowDirsOnly)

getExistingDirectoryUrl ( QWidget  *  parent = nullptr, QString &caption,  QString &dir,
QFileDialog::Option option = FileDialog::ShowDirsOnly,QStringList &supportedSchemes)

getOpenFileName(QWidget * parent = nullptr, QString &caption, QString &dir, QString &filter,
QString * selectedFilter = nullptr,QFileDialog::Options options)

getOpenFileNames(QWidget * parent = nullptr, QString &caption, QString &dir, QString &filter,
QString * selectedFilter = nullptr, QFileDialog::Options options)

getOpenFileUrl(QWidget * parent = nullptr,QString &caption,QString &dir,QString &filter,QString *
selectedFilter = nullptr, QFileDialog::Options options,QStringList &supportedSchemes)

getOpenFileUrls(QWidget * parent = nullptr, QString &caption, QString &dir, QString &filter,
QString  *  selectedFilter  =  nullptr,  QFileDialog:: Options  options,  QStringList
&supportedSchemes)

getSaveFileName ( QWidget  *  parent = nullptr, QString &caption, QDir &dir, QString &filter,
QString * selectedFilter = nullptr,QFileDialog::Options options)

getSaveFileUrl(QWidget * parent = nullptr,QString &caption,QUrl &dir,QString &filter,QString
* selectedFilter,QFileDialog::Options option,QStringList &supportedSchemes)
```

其中,parent 表示指向父窗口或父容器的对象指针;caption 表示对话框标题;dir 表示初始路径。

【实例 6-27】 创建一个窗口,包含多行文本框、一个按钮。如果单击该按钮,则弹出文件对话框,选中图片文件,单击"打开"按钮,在多行文本框中显示该图片文件的文件路径,操作步骤如下：

（1）使用 Qt Creator 创建一个模板为 Qt Widgets Application 的项目,将该项目命名为 demo27,并保存在 D 盘的 Chapter6 文件夹下；在向导对话框中选择基类 QWidget,不勾选 Generate form 复选框。

（2）编写 widget.h 文件中的代码,代码如下：

```
/* 第 6 章 demo27 widget.h */
#ifndef WIDGET_H
#define WIDGET_H

#include < QWidget >
#include < QVBoxLayout >
#include < QTextEdit >
#include < QPushButton >
#include < QFileDialog >
#include < QFont >
#include < QString >

class Widget : public QWidget
{
    Q_OBJECT
public:
    Widget(QWidget * parent = nullptr);
    ~Widget();
private:
    QVBoxLayout * vbox;
    QTextEdit * textEdit;
    QPushButton * btn;
private slots:
    void open_file();
};
#endif //WIDGET_H
```

（3）编写 widget.cpp 文件中的代码,代码如下：

```
/* 第 6 章 demo27 widget.cpp */
#include "widget.h"

Widget::Widget(QWidget * parent):QWidget(parent)
{
    setGeometry(200,200,1000,600);
    setWindowTitle("QFileDialog 类");
    //设置主窗口的布局
    vbox = new QVBoxLayout();
    setLayout(vbox);
    //创建多行文本框
    textEdit = new QTextEdit();
    //创建按钮
    btn = new QPushButton("打开文件");
    btn -> setFont(QFont("黑体",14));
    connect(btn,SIGNAL(clicked()),this,SLOT(open_file()));
```

```
        vbox->addWidget(textEdit);
        vbox->addWidget(btn);
    }

    Widget::~Widget() {}

    void Widget::open_file(){
        QString fname = QFileDialog::getOpenFileName(this,"打开文件","../","Images(*.png *
    .jpg)");
        if(fname.isEmpty() == false)
            textEdit->setText(fname);
    }
```

(4) 其他文件保持不变,运行结果如图 6-37 所示。

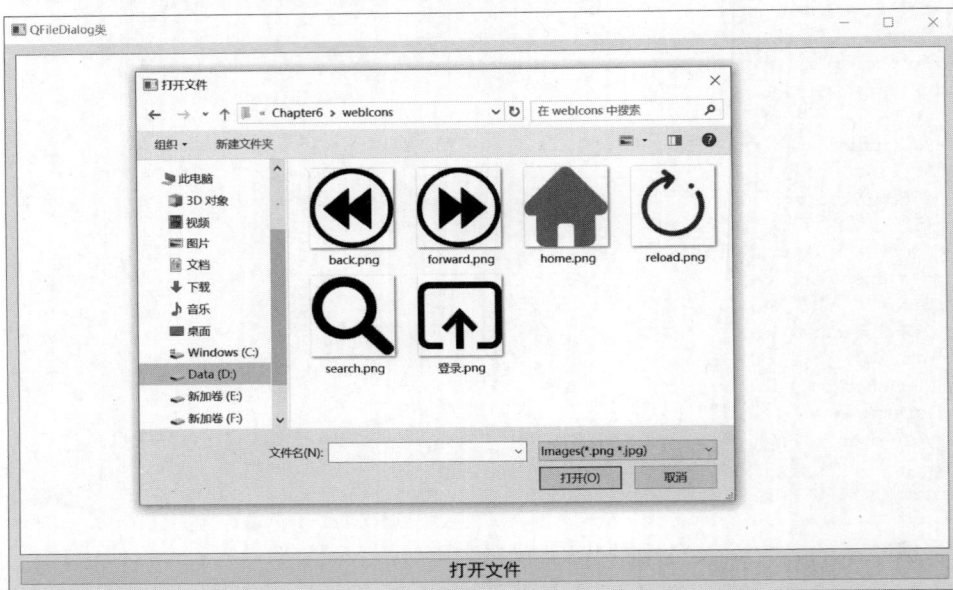

图 6-37　项目 demo27 的运行结果

在 Qt 6 中,QFileDialog 类的信号见表 6-29。

表 6-29　QFileDialog 类的信号

信号及参数类型	说　　明
currentChanged(QString &path)	当选择的文件或路径发生改变时发送信号,参数是当前选择的文件或路径
currentUrlChanged(QUrl &url)	当选择的文件或路径发生改变时发送信号,参数是 url
directoryEntered(QString &dire)	当进入新路径时发送信号,参数是新路径
directoryUrlEntered(QUrl &url)	当进入新路径时发送信号,参数是 url
fileSelected(QString &file)	单击"打开"或"保存"按钮后发送信号,参数是选中的文件
filesSelected(QStringList &files)	单击"打开"或"保存"按钮后发送信号,参数是选中的文件列表

续表

信号及参数类型	说　　明
urlselected(QUrl &url)	单击"打开"或"保存"按钮后发送信号,参数是 url
urlsSelected(QList < QUrl > &urls)	单击"打开"或"保存"按钮后发送信号,参数是 urls
filterSelected(QString &filter)	选择新的过滤器发送信号,参数是新过滤器

【实例 6-28】　创建一个窗口,包含多行文本框、一个按钮。如果单击该按钮,则弹出保存文件对话框,输入保存路径,单击"保存"按钮,多行文本框显示保存路径,操作步骤如下:

(1) 使用 Qt Creator 创建一个模板为 Qt Widgets Application 的项目,将该项目命名为 demo28,并保存在 D 盘的 Chapter6 文件夹下;在向导对话框中选择基类 QWidget,不勾选 Generate form 复选框。

(2) 编写 widget.h 文件中的代码,代码如下:

```cpp
/* 第 6 章 demo28 widget.h */
# ifndef WIDGET_H
# define WIDGET_H

# include < QWidget >
# include < QFileDialog >
# include < QVBoxLayout >
# include < QTextEdit >
# include < QPushButton >
# include < QFont >
# include < QString >

class Widget : public QWidget
{
    Q_OBJECT
public:
    Widget(QWidget * parent = nullptr);
    ~Widget();
private:
    QVBoxLayout * vbox;
    QTextEdit * textEdit;
    QPushButton * btn;
private slots:
    void save_file();
};
# endif //WIDGET_H
```

(3) 编写 widget.cpp 文件中的代码,代码如下:

```cpp
/* 第 6 章 demo28 widget.cpp */
# include "widget.h"

Widget::Widget(QWidget * parent):QWidget(parent)
{
    setGeometry(200,200,1000,600);
    setWindowTitle("QFileDialog 类");
```

```
    //设置主窗口的布局
    vbox = new QVBoxLayout();
    setLayout(vbox);
    //创建多行文本框
    textEdit = new QTextEdit();
    //创建按钮
    btn = new QPushButton("保存文件");
    btn->setFont(QFont("黑体",14));
    connect(btn,SIGNAL(clicked()),this,SLOT(save_file()));
    vbox->addWidget(textEdit);
    vbox->addWidget(btn);
}

Widget::~Widget() {}

void Widget::save_file(){
    QString fname = QFileDialog::getSaveFileName(this,"保存文件","./","All Files( * )");
    if(fname.isEmpty() == false)
        textEdit->setText(fname);
}
```

(4) 其他文件保持不变,运行结果如图 6-38 所示。

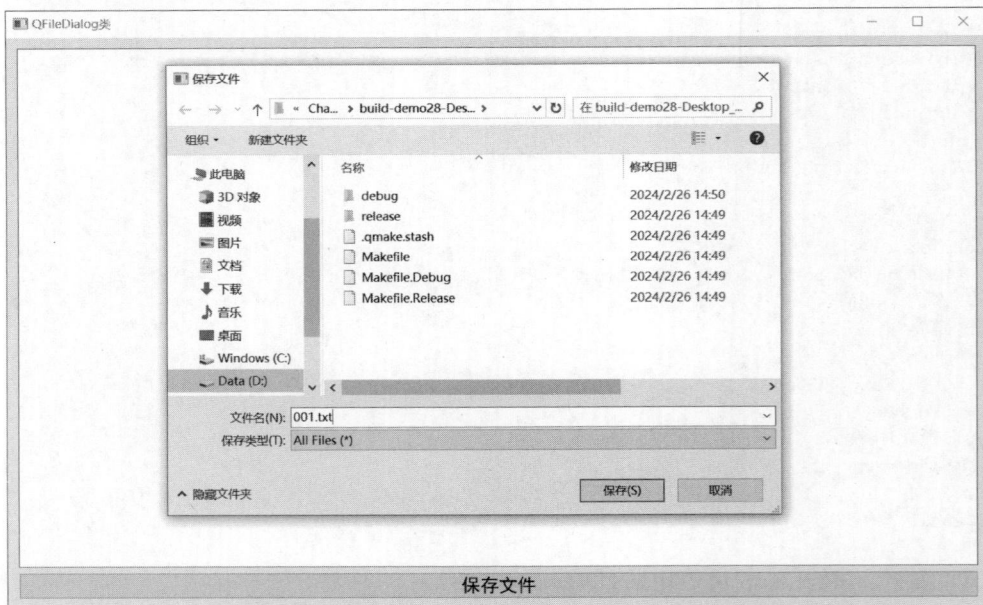

图 6-38　项目 demo28 的运行结果

6.5.6　消息对话框(QMessageBox)

在 Qt 6 中,使用 QMessageBox 类创建消息对话框。消息对话框用于向用户显示一些信息,或咨询用户如何进行下一步操作。QMessageBox 类的构造函数如下:

```
QMessageBox(QWidget * parent = nullptr)
QMessageBox(QMessageBox::Icon icon, const QString &title, const QString &text, QMessageBox::
StandardButton buttons = QMessageBox::NoButton, QWidget * parent = nullptr, Qt::QWindowFlags
f = Qt::Dialog | Qt::MSWindowsFixedSizeDialogHint)
```

其中,parent 表示指向父窗口或父容器的对象指针;icon 表示对话框的图标;title 表示对话框标题文字;text 表示对话框显示的文本;其他参数保持默认即可。

在 Qt 6 中,创建新建对话框有两种方法:第 1 种方法,首先创建 QMessageBox 的实例对象,然后向实例对象中添加图标、文本、按钮,最后使用 show()、open()、exec()方法显示消息对话框;第 2 种方法,使用 QMessageBox 类的静态方法创建消息对话框。

【实例 6-29】 创建一个窗口,包含一个按钮。如果单击该按钮,则显示消息对话框,操作步骤如下:

(1) 使用 Qt Creator 创建一个模板为 Qt Widgets Application 的项目,将该项目命名为demo29,并保存在 D 盘的 Chapter6 文件夹下;在向导对话框中选择基类 QWidget,不勾选Generate form 复选框。

(2) 编写 widget.h 文件中的代码,代码如下:

```
/* 第6章 demo29 widget.h */
#ifndef WIDGET_H
#define WIDGET_H

#include <QWidget>
#include <QHBoxLayout>
#include <QPushButton>
#include <QMessageBox>
#include <QFont>

class Widget : public QWidget
{
    Q_OBJECT
public:
    Widget(QWidget * parent = nullptr);
    ~Widget();
private:
    QHBoxLayout * hbox;
    QPushButton * btn;
private slots:
    void show_dialog();
};
#endif //WIDGET_H
```

(3) 编写 widget.cpp 文件中的代码,代码如下:

```
/* 第6章 demo29 widget.cpp */
#include "widget.h"

Widget::Widget(QWidget * parent):QWidget(parent)
```

```
{
    setGeometry(300,300,560,260);
    setWindowTitle("QMessageBox 类");
    //设置主窗口的布局
    hbox = new QHBoxLayout();
    setLayout(hbox);
    //创建按钮
    btn = new QPushButton("单击我");
    btn -> setFont(QFont("黑体",14));
    connect(btn,SIGNAL(clicked()),this,SLOT(show_dialog()));
    hbox -> addWidget(btn);
}

Widget::~Widget() {}

void Widget::show_dialog(){
    QMessageBox::about(this,"关于对话框","有之以为利,无之以为用。");
}
```

（4）其他文件保持不变,运行结果如图 6-39 所示。

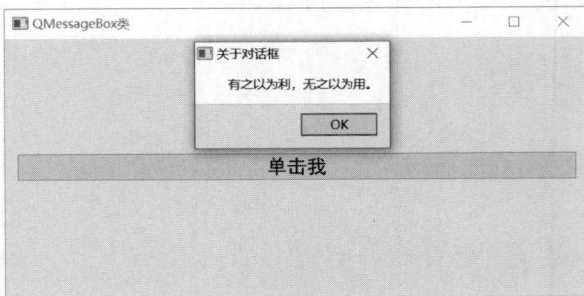

图 6-39　项目 demo29 的运行结果

QMessageBox 类的常用方法见表 6-30。

表 6-30　QMessageBox 类的常用方法

方法及参数类型	说　　明	返回值的类型
setText(QString &text)	设置信息对话框的文本	
text()	获取对话框的文本	QString
setInformativeText(QString &text)	设置对话框的信息文本	
informativeText()	获取信息文本	QString
setDetailedText(QString &text)	设置对话框的详细文本	
detailedText()	获取详细文本	QString
setTextFormat(Qt::TextFormat)	设置文本的格式	
setIcon(QMessageBox::Icon)	设置标准图标	
setIconPixmap(QPixmap &pix)	设置自定义图标	
icon()	获取标准图标的图像	QMessageBox::Icon

续表

方法及参数类型	说 明	返回值的类型
iconPixmap()	获取自定义图标的图像	QPixmap
setCheckBox(QCheckBox * ch)	在对话框中添加复选框控件	
checkBox()	获取复选框控件	QCheckBox *
addButton(QAbstractButton * button, QMessageBox::ButtonRole role)	在对话框中添加按钮,并设置按钮的作用	
addButton(QString &text, QMessageBox::ButtonRole role)	在对话框中添加按钮,并返回该按钮控件	QPushButton *
buttons()	获取对话框中的按钮列表	QList < QAbstractButton * >
button(QMessageBox::StandardButton)	获取对话框中的标准按钮	QAbstractButton
removeButton(QAbstractButton * btn)	移除按钮	
buttonRole(QAbstractButton * btn)	获取按钮的角色	QMessageBox::ButtonRole
setDefaultButton(QPushButton * btn)	设置默认按钮	
setDefaultButton(QMessageBox::StandardButton)	将某个标准按钮设置为默认按钮	
defaultButton()	获取默认按钮	QPushButton *
setEscapeButton(QAbstractButton * btn)	设置 Esc 按键对应的按钮	
setEscapeButton(QMessageBox::StandardButton)	将某个标准按钮设置为 Esc 按键对应的按钮	
escapeButton()	获取按 Esc 键对应的按钮	QAbstractButton *
clickedButton()	获取被单击的按钮	QAbstractButton *
[static]about(parameters)	静态方法,创建关于对话框	
[static]information(parameters)	静态方法,创建消息对话框,并返回被单击的按钮	QMessageBox::StandardButton
[static]question(parameters)		
[static]warning(parameters)		
[static]critical(parameters)		

在 QMessageBox 中,静态方法的参数如下:

```
about(QWidget * parent,QString &title,QString &text)

critical(QWidget * parent,QString &title,QString &text,QMessageBox::StandardButtons buttons = Ok,
QMessageBox::StandardButton defaultButton = NoButton)

information(QWidget * parent, QString &title, QString &text, QMessageBox::StandardButtons
buttons = Ok,QMessageBox::StandardButton defaultButton = NoButton)

question(QWidget * parent, QString &title, QString &text, QMessageBox::StandardButtons buttons =
StandardButtons(Yes|No), QMessageBox::StandardButton defaultButton = NoButton)

warning(QWidget * parent,QString &title,QString &text,QMessageBox::StandardButtons buttons = Ok,
QMessageBox::StandardButton defaultButton = NoButton)
```

其中,parent 表示指向父窗口或父容器的对象指针;title 表示对话框标题;text 表示对话框显示的文本;QMessageBox::StandardButton 表示标准按钮,其具体参数值与对应的角色见表 6-31。

表 6-31　标准按钮与对应的角色

标 准 按 钮	对应的角色	标 准 按 钮	对应的角色
QMessageBox∷OK	AcceptRole	QMessageBox∷Help	HelpRole
QMessageBox∷Open	AcceptRole	QMessageBox∷SaveAll	AcceptRole
QMessageBox∷Save	AcceptRole	QMessageBox∷Yes	YesRole
QMessageBox∷Cancel	RejectRole	QMessageBox∷YesToAll	YesRole
QMessageBox∷Close	RejectRole	QMessageBox∷No	NoRole
QMessageBox∷Discard	DestructiveRole	QMessageBox∷NoToAll	NoRole
QMessageBox∷Apply	ApplyRole	QMessageBox∷Abort	RejectRole
QMessageBox∷Reset	ResetRole	QMessageBox∷Retry	AcceptRole
QMessageBox∷RestoreDefaults	ResetRole	QMessageBox∷Ignore	AcceptRole

在 Qt 6 中,QMessageBox∷ButtonRole 的枚举常量及其说明见表 6-32。

表 6-32　QMessageBox∷ButtonRole 的枚举常量及其说明

枚 举 常 量	说　　明
QMessageBox∷InvalidRole	不起作用的按钮
QMessageBox∷AcceptRole	接受对话框内的信息,例如 Yes 按钮
QMessageBox∷RejectRole	拒绝对话框内的信息,例如 No 按钮
QMessageBox∷DestructiveRole	重构对话框
QMessageBox∷ActionRole	使对话框内的控件发生变化
QMessageBox∷HelpRole	显示帮助按钮
QMessageBox∷YesRole	Yes 按钮
QMessageBox∷NoRole	No 按钮
QMessageBox∷ResetRole	重置按钮,恢复对话框的默认值
QMessageBox∷ApplyRole	确认当前的设置,例如 Apply 按钮

【实例 6-30】　创建一个窗口,包含一个按钮、一个标签。如果单击该按钮,则显示消息对话框。如果单击消息对话框中的按钮,则标签显示提示信息,操作步骤如下:

(1) 使用 Qt Creator 创建一个模板为 Qt Widgets Application 的项目,将该项目命名为demo30,并保存在 D 盘的 Chapter6 文件夹下;在向导对话框中选择基类 QWidget,不勾选Generate form 复选框。

(2) 编写 widget.h 文件中的代码,代码如下:

```
/* 第 6 章 demo30 widget.h */
#ifndef WIDGET_H
#define WIDGET_H

#include < QWidget >
#include < QVBoxLayout >
#include < QPushButton >
#include < QMessageBox >
#include < QLabel >
```

```
♯include <QFont>

class Widget : public QWidget
{
    Q_OBJECT
public:
    Widget(QWidget * parent = nullptr);
    ~Widget();
private:
    QVBoxLayout * vbox;
    QPushButton * btn;
    QLabel * label;
private slots:
    void show_dialog();
};
♯endif //WIDGET_H
```

（3）编写 widget.cpp 文件中的代码，代码如下：

```
/* 第6章 demo30 widget.cpp */
♯include "widget.h"

Widget::Widget(QWidget * parent):QWidget(parent)
{
    setGeometry(300,300,560,260);
    setWindowTitle("QMessageBox 类");
    //设置主窗口的布局
    vbox = new QVBoxLayout();
    setLayout(vbox);
    //创建按钮
    btn = new QPushButton("单击我");
    btn -> setFont(QFont("黑体",14));
    connect(btn,SIGNAL(clicked()),this,SLOT(show_dialog()));
    //创建标签
    label = new QLabel("提示:");
    label -> setFont(QFont("黑体",14));
    vbox -> addWidget(btn);
    vbox -> addWidget(label);
}

Widget::~Widget() {}

void Widget::show_dialog(){
    QMessageBox::StandardButton result1;
    result1 = QMessageBox::question(this,"消息对话框","确定要进行下一步操作?");
    if(result1 == QMessageBox::Yes)
        label -> setText("提示:单击了\"确定\"按钮。");
    else
        label -> setText("提示:单击了\"取消\"按钮。");
}
```

（4）其他文件保持不变，运行结果如图 6-40 所示。

在 Qt 6 中，QMessageBox 类只有一个信号 buttonClicked(QAbstractButton * button)，当

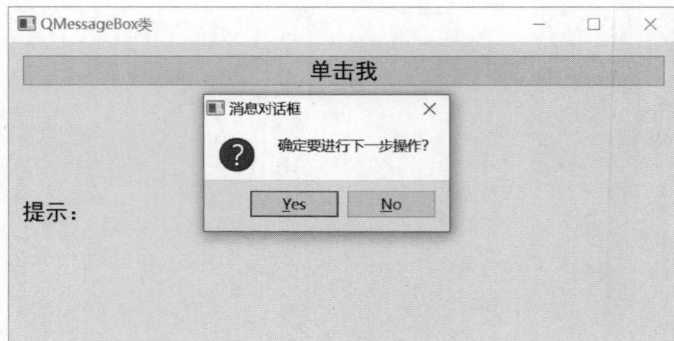

图 6-40　代码 demo30 的运行结果

单击消息对话框的任意按钮时发送信号,参数为被单击的按钮。

6.5.7　错误消息对话框(QErrorMessage)

在 Qt 6 中,使用 QErrorMessage 类创建错误消息对话框。消息对话框用于显示程序运行时出现的错误。QErrorMessage 类的构造函数如下:

```
QErrorMessage(QWidget * parent = nullptr)
```

其中,parent 表示指向父窗口或父容器的对象指针。

QErrorMessage 类的常用方法见表 6-33。

表 6-33　QErrorMessage 类的常用方法

方法及参数类型	说　　明
[slot]showMessage(QString &message)	显示对话框,message 是报错信息
[slot]showMessage(QString &message,QString &type)	同上,type 是错误信息的类型

【实例 6-31】　创建一个窗口,包含一个按钮。如果单击该按钮,则显示错误消息对话框,操作步骤如下:

(1) 使用 Qt Creator 创建一个模板为 Qt Widgets Application 的项目,将该项目命名为 demo31,并保存在 D 盘的 Chapter6 文件夹下;在向导对话框中选择基类 QWidget,不勾选 Generate form 复选框。

(2) 编写 widget.h 文件中的代码,代码如下:

```
/* 第 6 章 demo31 widget.h */
#ifndef WIDGET_H
#define WIDGET_H

#include <QWidget>
#include <QHBoxLayout>
#include <QPushButton>
#include <QErrorMessage>
```

```
class Widget : public QWidget
{
    Q_OBJECT
public:
    Widget(QWidget * parent = nullptr);
    ~Widget();
private:
    QHBoxLayout * hbox;
    QPushButton * btn;
private slots:
    void show_dialog();
};
#endif //WIDGET_H
```

（3）编写 widget.cpp 文件中的代码,代码如下：

```
/* 第6章 demo31 widget.cpp */
#include "widget.h"

Widget::Widget(QWidget * parent):QWidget(parent)
{
    setGeometry(300,300,560,260);
    setWindowTitle("QErrorMessage 类");
    //设置主窗口的布局
    hbox = new QHBoxLayout();
    setLayout(hbox);
    //创建按钮
    btn = new QPushButton("单击我");
    connect(btn,SIGNAL(clicked()),this,SLOT(show_dialog()));
    hbox -> addWidget(btn);
}

Widget::~Widget() {}

void Widget::show_dialog(){
    QErrorMessage * msg = new QErrorMessage(this);
    msg -> showMessage("注意:出现了错误。");
}
```

（4）其他文件保持不变,运行结果如图 6-41 所示。

图 6-41　项目 demo31 的运行结果

6.5.8 进度对话框(QProgressDialog)

在 Qt 6 中,使用 QProgressDialog 类创建进度对话框。进度对话框用于显示正在进行的任务及任务的完成度。QProgressDialog 类的构造函数如下:

```
QProgressDialog(QWidget * parent = nullptr)
QProgressDialog(const QString &labelText, const QString &cancelButtonText, int minimum, int maximum,QWidget * parent,Qt::WindowFlags f)
```

其中,parent 表示指向父窗口或父容器的对象指针;labelText 用于设置对话框中标签的文本;cancelButtonText 用于设置对话框中按钮的文本;minimum 表示进度条的最小值;maximum 表示进度条的最大值。

QProgressDialog 类的常用方法见表 6-34。

表 6-34 QProgressDialog 类的常用方法

方法及参数类型	说　　明	返回值类型
[slot]setValue(int)	设置进度条的当前值	
[slot]setMaximum(int)	设置进度条的最大值	
[slot]setMinimum(int)	设置进度条的最小值	
[slot]setRange(int,int)	设置进度条的最小值和最大值	
[slot]setLabelText(QString &text)	设置进度条中标签的文本	
[slot]setCancelButtonText(QString &t)	设置"取消"按钮显示的文本	
[slot]cancel()	取消对话框	
[slot]forceShow()	强制显示对话框	
[slot]reset()	重置对话框	
setMinimumDuration(int)	设置对话框从创建到显示出来的过渡时间	
minimumDuration()	获取对话框从创建到显示出来的过渡时间	int
value()	获取进度条的当前值	int
maximum()	获取进度条的最大值	int
minimum()	获取进度条的最小值	int
labelText()	获取进度条中标签的文本	QString
wasCanceled()	获取对话框是否被取消	bool
setAutoClose(bool)	当调用 reset()方法时,设置是否自动隐藏	
autoClose()	获取是否自动隐藏	bool
setAutoReset(bool)	当进度条的值最大时,设置是否自动重置	
autoReset()	当进度条的值最大时,获取是否自动重置	bool
setBar(QProgressBar * bar)	重新设置对话框中的进度条	
setCancelButton(QPushButton * can)	重新设置对话框中的"取消"按钮	
setLabel(QLabel * label)	重新设置对话框中的标签	

在 Qt 6 中,进度对话框经常和定时器联系在一起,每隔一段时间,获取某项任务的完成度,然后设置进度条的当前值。创建进度对话框首先要创建 QProgressDialog 对象,然后使

用方法 show()或 setMinimumDuration()显示对话框窗口。

QProgressDialog 有一个独有的信号 canceled(),表示当单击"取消"按钮时发送信号。

【实例 6-32】 创建一个窗口,包含一个按钮。如果单击该按钮,则显示进度对话框,该进度条对话框与定时器相联系,每隔 1s,重置进度条的数值,操作步骤如下:

(1) 使用 Qt Creator 创建一个模板为 Qt Widgets Application 的项目,将该项目命名为 demo32,并保存在 D 盘的 Chapter6 文件夹下;在向导对话框中选择基类 QWidget,不勾选 Generate form 复选框。

(2) 编写 widget.h 文件中的代码,代码如下:

```
/* 第 6 章 demo32 widget.h */
# ifndef WIDGET_H
# define WIDGET_H

# include < QWidget >
# include < QHBoxLayout >
# include < QPushButton >
# include < QProgressDialog >
# include < QFont >
# include < QTimer >

class Widget : public QWidget
{
    Q_OBJECT
public:
    Widget(QWidget * parent = nullptr);
    ~Widget();
private:
    QHBoxLayout * hbox;
    QPushButton * btn;
    QProgressDialog * bar;
    QTimer * timer;
    int steps = 0;
private slots:
    void show_dialog();
    void stop_timer();
    void show_data();
};
# endif //WIDGET_H
```

(3) 编写 widget.cpp 文件中的代码,代码如下:

```
/* 第 6 章 demo32 widget.cpp */
# include "widget.h"

Widget::Widget(QWidget * parent):QWidget(parent)
{
    setGeometry(300,300,560,260);
    setWindowTitle("QProgressDialog 类");
    //设置主窗口的布局
    hbox = new QHBoxLayout();
```

```
        setLayout(hbox);
        //创建按钮
        btn = new QPushButton("单击我");
        btn - > setFont(QFont("黑体",14));
        hbox - > addWidget(btn);
        connect(btn,SIGNAL(clicked()),this,SLOT(show_dialog()));
    }

Widget::~Widget() {}
//显示进度对话框
void Widget::show_dialog(){
    bar = new QProgressDialog("正在复制...","取消",0,100,this);
    connect(bar,SIGNAL(canceled()),this,SLOT(stop_timer()));
    timer = new QTimer(this);
    bar - > show();
    timer - > setInterval(1000);
    connect(timer,SIGNAL(timeout()),this,SLOT(show_data()));
    timer - > start();
}
//重置进度条的数值
void Widget::show_data(){
    bar - > setValue(steps);
    steps = steps + 1;
    int max = bar - > maximum();
    if (steps > max)
        timer - > stop();
}
//按"取消"按钮
void Widget::stop_timer(){
    timer - > stop();
}
```

(4) 其他文件保持不变,运行结果如图 6-42 所示。

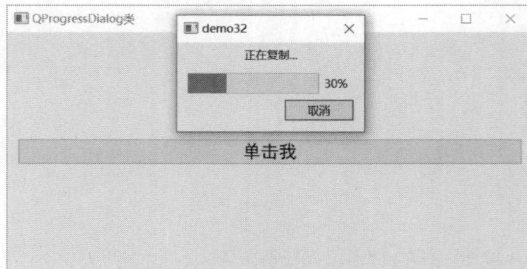

图 6-42　项目 demo32 的运行结果

6.5.9　向导对话框(QWizard)

在 Qt 6 中,使用 QWizard 类创建向导对话框。向导对话框由多个页面组成,可以引导用户完成某项任务。QWizard 类的构造函数如下:

```
QWizard(QWidget * parent = nullptr,Qt::WindowFlags flags)
```

其中,parent 表示指向父窗口或父容器的对象指针;flags 表示窗口的外观和样式,保持默认即可。

　　向导对话框由多个向导页面组成,同一时间只能显示其中的一个页面。用户可以通过单击 Next 按钮或 Back 按钮向前或向后查看页面。对话框中的向导页面是由 QWizardPage 类创建的。向导对话框分配向导页面的 ID 号,从 0 开始。

　　在 Qt 6 中,QWizardPage 类是 QWidget 类的子类,其构造函数如下:

```
QWizardPage(QWidget * parent = nullptr)
```

其中,parent 表示指向父窗口或父容器的对象指针。

　　QWizardPage 类的常用方法见表 6-35。

表 6-35　QWizardPage 类的常用方法

方法及参数类型	说　　明	返回值类型
setButtonText(QWizard::QWizardButton,QString &text)	设置在某种用途的按钮上显示的文字	
buttonText(QWizard::QWizardButton)	获取在某种用途的按钮上显示的文本	QString
setCommitPage(bool)	设置成提交页	
isCommitPage()	获取是否是提交页	bool
setFinalPage(bool)	设置成最后页	
isFinalPage()	获取是否为最后页	bool
setPixmap(QWizard::WizardPixmap,QPixmap &pix)	在指定区域设置图像	
pixmap(QWizard::WizardPixmap)	获取指定区域的图像	QPixmap
setSubTitle(QString &subTitle)	设置子标题	
setTitle(QString &title)	设置标题	
subTitle()	获取子标题	QString
title()	获取标题	QString
registerField(QString &name,QWidget * w,char * property=nullptr,char * changedSignal=nullptr)	创建字段	
setField(QString &name,QVarient &value)	设置字段的值	
field(QString &name)	获取字段的值	QVarient
setDefaultProperty(char * className, char * property,char * changedSignal)	设置某类控件的某个属性与某个信号相关联	
validatePage()	验证向导页中的输入内容,若为 true,则显示下一页	bool
wizard()	获取向导页所在的向导对话框	QWizard *
cleanupPage()	清除页面内容,恢复默认值	
initializePage()	初始化向导页	
isComplete()	获取是否输入完成,若返回值为 true,则激活 Next 按钮或 Finish 按钮	bool
nextId()	获取下一页的 ID 号	int

【**实例 6-33**】 使用 QWizardPage 类创建一个登录界面的窗口,操作步骤如下:

(1) 使用 Qt Creator 创建一个模板为 Qt Widgets Application 的项目,将该项目命名为 demo33,并保存在 D 盘的 Chapter6 文件夹下;在向导对话框中选择基类 QWidget,不勾选 Generate form 复选框。

(2) 编写 widget.h 文件中的代码,代码如下:

```
/* 第 6 章 demo33 widget.h */
#ifndef WIDGET_H
#define WIDGET_H

#include <QWidget>
#include <QWizardPage>
#include <QLineEdit>
#include <QFormLayout>

class Widget : public QWizardPage
{
    Q_OBJECT
public:
    Widget(QWidget * parent = nullptr);
    ~Widget();
private:
    QFormLayout * form;
    QLineEdit * name, * number;
};
#endif //WIDGET_H
```

(3) 编写 widget.cpp 文件中的代码,代码如下:

```
/* 第 6 章 demo33 widget.cpp */
#include "widget.h"

Widget::Widget(QWidget * parent):QWizardPage(parent)
{
    setGeometry(300,300,560,220);
    setWindowTitle("QWizardPage 类");
    form = new QFormLayout();
    setLayout(form);
    name = new QLineEdit();
    number = new QLineEdit();
    form -> addRow("请输入账号:",name);
    form -> addRow("请输入密码:",number);
}

Widget::~Widget() {}
```

(4) 其他文件保持不变,运行结果如图 6-43 所示。

QWizard 类的常用方法见表 6-36。

图 6-43　项目 demo33 的运行结果

表 6-36　QWizard 类的常用方法

方法及参数类型	说　　明	返回值的类型
〔slot〕restart()	回到初始页	
〔slot〕back()	显示上一页	
〔slot〕next()	显示下一页	
〔slot〕setCurrentId(int)	设置当前向导页的 ID	
addPage(QWizardPage * page)	添加向导页，并返回 ID	int
setPage(int id,QWizardPage * page)	使用指定的 ID 添加向导页	
removePage(int id)	移除 ID 为 int 的向导页面	
currentId()	获取当前向导页的 ID 号	int
currentPage()	获取当前向导页	QWizardPage *
hasVisitedPage(int)	获取向导页是否被访问过	bool
page(int id)	获取指定 ID 的向导页	QWizardPage *
pageIds()	获取向导页的 ID 列表	QList < int >
setButton(QWizard::WizardButton which, QAbstractButton * button)	添加某种用途的按钮	
button(QWizard::WizardButton)	获取某种用途的按钮	QAbstractButton *
setButtonLayout (QList < QWizard:: WizardButton > &layout)	设置按钮的布局，相对位置的布局	
setButtonText (QWizard:: WizardButton, QString &text)	设置按钮显示的文本	
buttonText(QWizard::WizardButton)	获取按钮显示的文本	QString
setField(QString &name,QVarient value)	设置字段的值	
field(QString &name)	获取字段的值	QVarient
setOption(QWizard::QWizardOption, bool on=true)	设置向导对话框的选项	
options()	获取向导对话框的选项	QWizard:: QWizardOptions
testOption(QWizard::QWizardOption)	获取是否设置了某个选项	bool
setPixmap (QWizard:: WizardPixmap which, QPixmap &pix)	在对话框的指定区域设置图像	

续表

方法及参数类型	说　明	返回值的类型
pixmap(QWizard∷WizardPixmap)	获取指定位置处的图像	QPixmap
setSideWidget(QWidget * w)	在向导对话框的左侧设置控件	
setStartId(int id)	用指定的 ID 的向导页作为开始页,默认以 ID 最小的页面作为开始页	
startId()	获取开始页的 ID	int
setSubTitleFormat(Qt∷TextFormat format)	设置子标题的格式	
setTitleFormat(Qt∷TextFormat format)	设置标题的格式	
setWizardStyle(QWizard∷WizardStyle style)	设置向导对话框的风格	
wizardStyle()	获取向导对话框的风格	QWizard∷WizardStyle
visitedIds()	获取访问过的向导页的 ID 列表	QList < int >
cleanupPage(int id)	清除内容,恢复默认值	
initializePage(int id)	初始化向导页	
nextId()	获取下一页的 ID	int
validateCurrentPage()	验证当前页的输入是否正确	bool

在 QWizard 类中,使用方法 setOption(QWizard∷WizardOption option,bool on = true)设置向导对话框的选项,参数值为 QWizard∷WizardOption 的枚举常量。QWizard∷WizardOption 的枚举常量见表 6-37。

表 6-37　QWizard∷WizardOption 的枚举常量

枚 举 常 量	说　明
QWizard∷IndependentPages	向导页之间是独立的,不传递参数
QWizard∷IgnoreSubTitles	不显示子标题
QWizard∷ExtendedWatermarkPixmap	将水印图片扩展到窗口边缘
QWizard∷NoDefaultButton	不把 Next 按钮和 Finish 按钮设置为默认按钮
QWizard∷NoBackButtonOnStartPage	在起始页中不显示 Back 按钮
QWizard∷NoBackButtonOnLastPage	在最后页中不显示 Back 按钮
QWizard∷DisabledBackButtonOnLastPage	在最后页中使 Back 按钮失效
QWizard∷HaveNextButtonOnLastPage	在最后页中显示失效的 Next 按钮
QWizard∷HaveFinishedButtonOnEarlyPage	在非最后页中显示失效的 Finish 按钮
QWizard∷NoCancelButton	不显示 Cancel 按钮
QWizard∷CancelButtonOnLeft	将 Cancel 按钮放置在 Back 按钮的左边
QWizard∷HaveHelpButton	显示 Help 按钮
QWizard∷HelpButtonOnRight	将 Help 按钮放到右边
QWizard∷HaveCustomButton1	显示用户自定义的第 1 个按钮
QWizard∷HaveCustomButton2	显示用户自定义的第 2 个按钮
QWizard∷HaveCustomButton3	显示用户自定义的第 3 个按钮
QWizard∷NoCancelButtonOnLastPage	在最后页中不显示 Cancel 按钮

在 QWizard 类中,使用 setButton(QWizard::WizardButton which,QAbstractButton *button)方法在对话框中添加某种用途的按钮,其中使用 QWizard::WizardButton 的枚举常量指定按钮的用途。QWizard::WizardButton 的枚举常量见表 6-38。

表 6-38　QWizard::WizardButton 的枚举常量

枚 举 常 量	说　　明	枚 举 常 量	说　　明
QWizard::BackButton	Back 按钮	QWizard::HelpButton	Help 按钮
QWizard::NextButton	Next 按钮	QWizard::Stretch	布局中的水平伸缩器
QWizard::CommitButton	Commit 按钮	QWizard::CustomButton1	用户自定义的第 1 个按钮
QWizard::FinishButton	Finish 按钮	QWizard::CustomButton2	用户自定义的第 2 个按钮
QWizard::CancelButton	Cancel 按钮	QWizard::CustomButton3	用户自定义的第 3 个按钮

在 Qt 6 中,向导对话框中的向导页之间的数据不能自动通信。如果要在向导页之间实现通信,则可以将向导页中的控件属性定义为字段,并将控件属性与某个信号关联。字段在向导对话框中是全局性的,可以通过字段获取向导页中控件的属性,当控件的属性发生变化时可以发送信号。

在 QWizard 类中可以使用 registerField()方法创建字段,其格式如下:

```
registerField(QString &name,QWidget * widget,char * property = nullptr,char * changedSingal = nullptr)
```

其中,name 表示字段名;widget 表示指向向导页上的控件的指针;property 表示字段的属性;changedSignal 表示与字段属性相关的信号。创建好字段后,可通过 setField(QString &name,QVarient &value)方法设置字段的值,通过方法 field(QString &name)获取字段的值。

在 QWizard 类中,使用 setDefaultProperty(char * className,char * property,char * changedSignal)将某类控件的某个属性与某个信号关联。默认与控件属性关联的信号见表 6-39。

表 6-39　默认与控件属性关联的信号

控　　件	属　　性	关联的信号
QAbstractButton	checked	toggled(bool)
QAbstractSlider	value	valueChanged(int)
QComoBox	currentIndex	currentIndexChanged(int)
QDateTimeEdit	dateTime	dateTimeChanged(QDatetime)
QLineEdit	text	textChanged(QString)
QListWidget	currentRow	currentRowChanged(int)
QSpinBox	value	valueChanged(int)

【实例 6-34】　创建一个窗口,包含一个按钮、一个标签。单击按钮显示向导对话框(学生成绩系统),输入完毕后,标签显示输入信息,操作步骤如下:

(1) 使用 Qt Creator 创建一个模板为 Qt Widgets Application 的项目,将该项目命名为 demo34,并保存在 D 盘的 Chapter6 文件夹下;在向导对话框中选择基类 QWidget,不勾选 Generate form 复选框。

(2) 首先创建 3 个向导页类 Page1、Page2、Page3,这 3 个类的父类都是 QWizardPage 类,其中 Page1 类的头文件如下:

```
/* 第 6 章 demo34 page1.h */
# ifndef PAGE1_H
# define PAGE1_H

# include < QWidget >
# include < QWizardPage >
# include < QLineEdit >
# include < QFormLayout >

class Page1 : public QWizardPage
{
    Q_OBJECT
public:
    explicit Page1(QWidget * parent = nullptr);
signals:
};
# endif //PAGE1_H
```

其中 Page1 类的源文件如下:

```
/* 第 6 章 demo34 page1.cpp */
# include "page1.h"

Page1::Page1(QWidget * parent):QWizardPage{parent}
{
    QFormLayout * form = new QFormLayout(this);
    QLineEdit * name = new QLineEdit();
    QLineEdit * number = new QLineEdit();
    form -> addRow("请输入姓名:",name);
    form -> addRow("请输入学号:",number);
    setTitle("学生成绩系统");
    setSubTitle("登录页面");
    registerField("name",name);
    registerField("number",number);
}
```

(3) 创建向导对话框类 testWizard,该类的父类是 QWizard,其中 testWizard 类的头文件如下:

```
/* 第 6 章 demo34 testwizard.h */
# ifndef TESTWIZARD_H
# define TESTWIZARD_H

# include < QWidget >
```

```
# include < QWizard >
# include < page1. h >
# include < page2. h >
# include < page3. h >
# include < QPushButton >

class testWizard : public QWizard
{
    Q_OBJECT
public:
    explicit testWizard(QWidget * parent = nullptr);
    QPushButton * btnFinish;
signals:
};
# endif //TESTWIZARD_H
```

其中 testWizard 类的源文件如下：

```
/* 第 6 章 demo34 testwizard.cpp */
# include "testwizard.h"

testWizard::testWizard(QWidget * parent):QWizard(parent)
{
    setWizardStyle(QWizard::ModernStyle);
    Page1 * page01 = new Page1(this);
    Page2 * page02 = new Page2(this);
    Page3 * page03 = new Page3(this);
    addPage(page01);
    addPage(page02);
    addPage(page03);
    QPushButton * btnBack = new QPushButton("上一步");
    QPushButton * btnNext = new QPushButton("下一步");
    btnFinish = new QPushButton("完成");
    setButton(QWizard::BackButton,btnBack);
    setButton(QWizard::NextButton,btnNext);
    setButton(QWizard::FinishButton,btnFinish);
}
```

（4）编写 widget.h 文件中的代码，代码如下：

```
/* 第 6 章 demo34 widget.h */
# ifndef WIDGET_H
# define WIDGET_H

# include < QWidget >
# include < QPushButton >
# include < QVBoxLayout >
# include < QString >
# include < QFont >
# include < QLabel >
# include < testwizard.h >

class Widget : public QWidget
```

```
{
    Q_OBJECT
public:
    Widget(QWidget * parent = nullptr);
    ~Widget();
private:
    testWizard * wizard;
    QVBoxLayout * vbox;
    QPushButton * btn;
    QLabel * label;
private slots:
    void show_dialog();
    void btn_finished();
};
# endif //WIDGET_H
```

（5）编写 widget.cpp 文件中的代码，代码如下：

```
/ * 第 6 章 demo34 widget.cpp * /
# include "widget.h"

Widget::Widget(QWidget * parent):QWidget(parent)
{
    setGeometry(300,300,560,260);
    wizard = new testWizard(this);
    connect(wizard -> btnFinish,SIGNAL(clicked()),this,SLOT(
btn_finished()));
    //设置主窗口布局
    vbox = new QVBoxLayout(this);
    //创建按钮
    btn = new QPushButton("输入成绩");
    btn -> setFont(QFont("黑体",14));
    connect(btn,SIGNAL(clicked()),this,SLOT(show_dialog()));
    label = new QLabel("提示:");
    label -> setFont(QFont("黑体",12));
    vbox -> addWidget(btn);
    vbox -> addWidget(label);
}

Widget::~Widget() {}
//显示向导对话框
void Widget::show_dialog(){
    wizard -> setStartId(0);
    wizard -> restart();
    wizard -> open();
}
//标签显示输入信息
void Widget::btn_finished(){
    QString name1 = (wizard -> field("name")).toString();
    QString number1 = (wizard -> field("number")).toString();
    QString chinese1 = (wizard -> field("chinese")).toString();
    QString math1 = (wizard -> field("math")).toString();
    QString english1 = (wizard -> field("english")).toString();
```

```
    QString physics1 = (wizard->field("physics")).toString();
    QString str1 = "姓名:" + name1 + " 学号:" + number1 + " 语文:" + chinese1 + " 数学:" + math1 + " 英
文:" + english1 + " 物理:" + physics1;
    label->setText(str1);
}
```

(6) 其他文件保持不变,运行结果如图 6-44～图 6-47 所示。

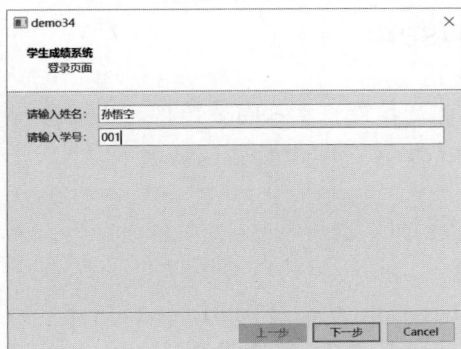

图 6-44 第 1 个向导页面

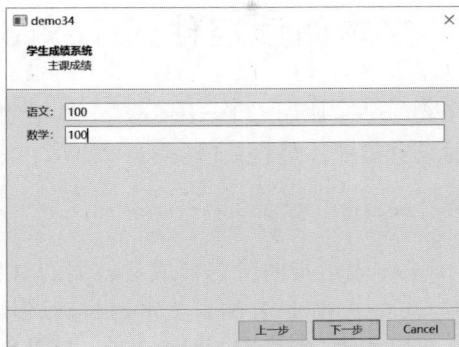

图 6-45 第 2 个向导页面

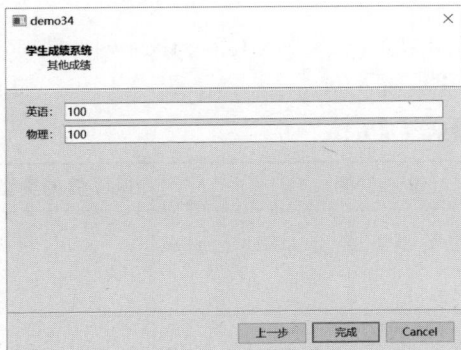

图 6-46 第 3 个向导页面

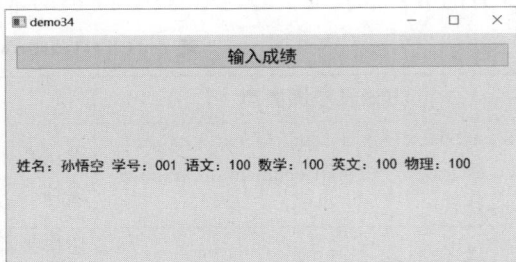

图 6-47 代码 demo34 的运行结果

注意:读者可从本书的附件中获取本章项目 demo34 的源码。

在 Qt 6 中,QWizardPage 类只有一个信号 completeChanged(),当 isCompleted()的返回值发生变化时发送该信号。QWizard 类的信号见表 6-40。

表 6-40 QWizard 类的信号

信号及其参数类型	说　明
currentIdChanged(int id)	当前页发生变化时发送信号,参数为下一页的 ID
customButtonClicked(int which)	当单击自定义按钮时发送信号,参数 which 可能为 CustomButton1、CustomButton2、CustomButton3

续表

信号及其参数类型	说　明
helpRequested()	当单击 Help 按钮时发送信号
pageAdded(int id)	当添加向导页时发送信号,参数为新页的 ID
pageRemoved(int id)	当移除向导页时发送信号,参数为被移除页的 ID

6.6　文本阅读控件(QTextBrowser)

在 Qt 6 中,使用 QTextBrowser 类创建文本阅读控件。文本阅读控件相当于多行文本控件的只读模式。QTextBrowser 类是 QTextEdit 类的子类,其构造函数如下:

```
QTextBrowser(QWidget * parent = nullptr)
```

其中,parent 表示指向父窗口或父容器的对象指针。

在 Qt 6 中,如果要编辑文本,则可以使用 QTextEdit 类或 QTextPlainText 类;如果只显示一小段文本,则使用 QLabel 类;如果要显示一大段文本,则使用 QTextBrowser 类。

6.6.1　方法与信号

在 Qt 6 中,虽然 QTextBrowser 类是 QTextEdit 类的子类,但 QTextBrowser 类有自己独有的方法和信号。QTextBrowser 类的常用方法见表 6-41。

表 6-41　**QTextBrowser 类的常用方法**

方法及参数类型	说　明	返回值的类型
[slot]setSource(QUrl &url,QTextDocument::ResourceType t＝QTextDocument::Unknown-Resource)	尝试以指定的类型在给定 URL 上加载文档	
backward()	切换到前一个打开的文档	
doSetSource(QUrl &url, QTextDocument::ResourceType t＝QTextDocument::Unknown-Resource)	尝试以指定的类型在给定的 URL 上加载文档	
forward()	切换到后一个打开的文档,如果没有,则无任何动作	
home()	若切换到前一个文档,则返回值为 true	bool
reload()	重新加载当前的文档列表	
backwardHistoryCount()	返回历史记录中向后的位置数	int
clearHistory()	清除已访问文档的历史记录,禁用前进和后退导航	
forwardHistoryCount()	返回历史记录中向后的位置数	int
historyTitle(int)	返回历史记录的标题	QString
historyUrl(int)	返回历史记录的 URL	QUrl

续表

方法及参数类型	说　明	返回值的类型
isBackwardAvailable()	如果为文本浏览控件,则可以使用 backward() 在访问历史中向后查找,返回值为 true	bool
isForwardAvailable()	如果为文本浏览控件,则可以使用 forward() 在访问历史中向前查找,返回值为 true	bool
openExternalLinks()	获取使用 openUrl()是否打开外部链接	bool
openLinks()	获取使用鼠标或键盘是否能打开外部链接	bool
searchPaths()	获取访问资源列表	QStringList
setOpenExternalLinks(bool)	设置使用 OpenUrl()是否能打开外部链接	
setOpenLinks(bool)	设置使用鼠标或键盘是否能打开外部链接	
setSearchPaths(QStringList &paths)	设置访问文件的记录列表	
source()	获取访问的资源	QUrl
sourceType()	获取资源的类型	QTextDocument:: ResourceType

QTextBrowser 类的信号见表 6-42。

表 6-42　QTextBrowser 类的信号

信号及其参数类型	说　明
anchorClicked(QUrl &link)	当单击锚点时发送信号
backwardAvailable(bool available)	当通过 backward()打开一个文档的可能性发生变化时发送信号
forwardAvailable(bool available)	当通过 forward()打开一个文档的可能性发生变化时发送信号
highlighted(QUrl &link)	当选中文本但没有激活锚点时发送信号
historyChanged()	当访问记录发生变化时发送信号
sourceChanged(QUrl &src)	当资源路径发生变化时发送信号

6.6.2　应用实例

【实例 6-35】　创建一个窗口,包含一个按钮、一个文本阅读控件。如果单击该按钮,则可以查看 txt 文档,操作步骤如下:

(1) 使用 Qt Creator 创建一个模板为 Qt Widgets Application 的项目,将该项目命名为 demo35,并保存在 D 盘的 Chapter6 文件夹下;在向导对话框中选择基类 QWidget,不勾选 Generate form 复选框。

(2) 编写 widget.h 文件中的代码,代码如下:

```
/* 第 6 章 demo35 widget.h */
#ifndef WIDGET_H
#define WIDGET_H

#include < QWidget >
#include < QVBoxLayout >
#include < QPushButton >
```

```
# include < QTextBrowser >
# include < QFileDialog >
# include < QString >
# include < QTextStream >
# include < QFile >

class Widget : public QWidget
{
    Q_OBJECT
public:
    Widget(QWidget * parent = nullptr);
    ~Widget();
private:
    QVBoxLayout * vbox;
    QTextBrowser * browser;
    QPushButton * btn;
private slots:
    void open_file();
};
# endif //WIDGET_H
```

(3) 编写 widget.cpp 文件中的代码,代码如下:

```
/* 第 6 章 demo35 widget.cpp */
# include "widget.h"

Widget::Widget(QWidget * parent):QWidget(parent)
{
    setGeometry(300,300,560,260);
    setWindowTitle("QTextBrowser 类");
    //设置主窗口的布局
    vbox = new QVBoxLayout(this);
    //创建文本阅读控件
    browser = new QTextBrowser();
    browser -> setAcceptRichText(true);
    browser -> setOpenExternalLinks(true);
    vbox -> addWidget(browser);
    //创建按钮控件
    btn = new QPushButton("打开");
    connect(btn,SIGNAL(clicked()),this,SLOT(open_file()));
    vbox -> addWidget(btn);
}

Widget::~Widget() {}

void Widget::open_file(){
    QString fname = QFileDialog::getOpenFileName(this,"打开文件","../");
    if(fname.isEmpty() == true)
        return;
    QFile file(fname);
    if(!file.open(QIODevice::ReadOnly|QIODevice::Text))
        return;
```

```
    QTextStream in(&file);
    QString line = in.readAll();
    browser -> setText(line);
}
```

（4）其他文件保持不变，运行结果如图 6-48 所示。

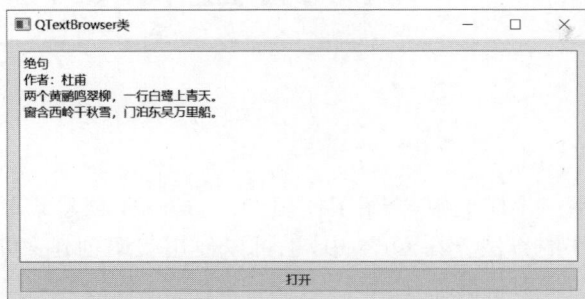

图 6-48 项目 demo35 的运行结果

6.7 小结

本章首先介绍了输入类控件：滚动条控件（QScrollBar）、滑块控件（QSlider）、仪表盘控件（QDial），然后介绍了日期相关类及其控件。

其次介绍了展示类控件：进度条控件（QProgressBar）、网页浏览控件（QWebEngineView），并介绍了使用网页浏览器控件创建浏览器的方法。

最后介绍了 Qt 6 中的 8 种对话框和文本阅读控件（QTextBrowser），其中向导对话框（QWizard）比较有难度。

常用控件（下）

在第 2 章中的最后一个实例中，介绍了使用 Qt Designer 创建菜单栏、菜单、工具栏、工具按钮并添加对应动作的方法。在 Qt 6 中，也可以使用代码创建菜单栏、添加菜单、工具栏、工具按钮，并创建与之对应的动作。

7.1 创建菜单与动作

在一个窗口界面中，窗口的各种操作或命令会集中在菜单栏或工具栏上。在 Qt 6 中，工具栏分为顶部下拉菜单和上下文菜单。对于上下文菜单，可以通过 createPopupMenu() 方法实现，也可以通过重写 contextMenuEvent() 方法实现。

如果要创建顶部下拉菜单，则分为 3 步。首先使用 QMenuBar 类创建菜单栏控件，并将该控件布局到窗口上，然后使用 QMenuBar 类的 addMenu() 方法给菜单栏控件添加菜单；最后使用 QMenu 类的 addAction() 方法给菜单添加动作并返回 QAction 对象，这些动作（QAction 对象）可以关联槽函数。

综合所述，如果在窗口的顶部添加下拉菜单，则需要使用这 3 个类：QMenuBar、QMenu、QAction。

7.1.1 菜单栏（QMenuBar）

在 Qt 6 中，使用 QMenuBar() 类创建菜单栏控件。该控件为菜单的容器，可以向菜单栏控件中添加菜单控件。QMenuBar 类为 QWidget 类的子类，其构造函数如下：

```
QMenuBar(QWidget * parent = nullptr)
```

其中，parent 表示指向父窗口或父容器的对象指针。

QMenuBar 类的常用方法见表 7-1。

表 7-1　QMenuBar 类的常用方法

方法及参数类型	说　　明	返回值类型
[slot]setVisible(bool visible)	设置菜单栏是否可见	
addMenu(QString &title)	使用字符串添加菜单，并返回该菜单对象	QMenu *

续表

方法及参数类型	说 明	返回值类型
addMenu(QMenu * menu)	添加已经存在的菜单对象	QAction *
addMenu(QIcon &icon,QString &title)	用字符串和图标添加菜单,并返回该菜单对象	QMenu *
addAction(QAction * action)	添加已经存在的动作对象	
addActions(QList< QAction > &actions)	添加一系列动作	
insertMenu(QAction * before,QMenu * m)	在某动作之前插入菜单	QAction *
addSeparator()	添加分隔条	QAction *
insertSeparator(QAction * before)	在某动作之前插入分隔条	QAction *
clear()	清空所有的菜单和动作	
setCornerWidget(QWidget * w, Qt::Corner corner=Qt::TopRightCorner)	在菜单栏的角落添加控件,Qt::Corner 可取 Qt::TopLeftCorner、Qt::TopRightCorner、Qt::BottomLeftCorner,Qt::BottomRightCorner	
cornerWidget (Qt:: Corner corner = Qt:: TopRightCorner)	获取角落位置的控件	QWidget *
setActiveAction(QAction * act)	设置高亮显示的动作	
actionAt(QPoint &pt)	获取指定位置处的动作	QAction *
actionGeometry(QAction * act)	获取动作所处的区域	QRect

【实例 7-1】 使用 QWidget 类创建一个窗口,并在这个窗口的顶部添加下拉菜单,操作步骤如下:

(1) 使用 Qt Creator 创建一个模板为 Qt Widgets Application 的项目,将该项目命名为 demo1,并保存在 D 盘的 Chapter7 文件夹下; 在向导对话框中选择基类 QWidget,不勾选 Generate form 复选框。

(2) 编写 widget.h 文件中的代码,代码如下:

```
/* 第 7 章 demo1 widget.h */
#ifndef WIDGET_H
#define WIDGET_H

#include <QWidget>
#include <QTextEdit>
#include <QMenuBar>
#include <QMenu>
#include <QAction>
#include <QVBoxLayout>
#include <QMessageBox>

class Widget : public QWidget
{
    Q_OBJECT
public:
    Widget(QWidget * parent = nullptr);
    ~Widget();
private:
```

```
    QVBoxLayout * vbox;
    QMenuBar * menuBar;
    QTextEdit * textEdit;
    QMenu * fileMenu, * editMenu, * aboutMenu;
    QAction * actionNew, * actionOpen, * actionSave, * actionAbout;
    QAction * actionCopy, * actionCut, * actionPaste;
private slots:
    void file_menu(QAction * action);
    void edit_menu(QAction * action);
    void about_menu(QAction * action);
};
# endif //WIDGET_H
```

(3) 编写 widget.cpp 文件中的代码,代码如下:

```
/ * 第 7 章 demo1 widget.cpp * /
# include "widget.h"

Widget::Widget(QWidget * parent):QWidget(parent)
{
    setGeometry(300,300,560,220);
    setWindowTitle("QMenuBar、QMenu、QAction");
    //设置主窗口的布局
    vbox = new QVBoxLayout();
    setLayout(vbox);
    //创建菜单栏
    menuBar = new QMenuBar();
    vbox - > addWidget(menuBar);
    //创建多行文本输入框
    textEdit = new QTextEdit();
    vbox - > addWidget(textEdit);
    //向菜单栏中添加多个菜单
    fileMenu = menuBar - > addMenu("文件");
    editMenu = menuBar - > addMenu("编辑");
    menuBar - > addSeparator();
    aboutMenu = menuBar - > addMenu("关于");
    //向"文件"菜单中添加动作
    actionNew = fileMenu - > addAction("新建(&Ctrl + N)");
    actionOpen = fileMenu - > addAction("打开(&Ctrl + O)");
    actionSave = fileMenu - > addAction("保存(&Ctrl + S)");
    connect(fileMenu,SIGNAL(triggered(QAction * )),this,SLOT(
file_menu(QAction * )));
    //向"编辑"菜单中添加动作
    actionCopy = editMenu - > addAction("复制(& 快捷键 Ctrl + C)");
    actionCut = editMenu - > addAction("剪切(&Ctrl + X)");
    actionPaste = editMenu - > addAction("粘贴(&Ctrl + V)");
    connect(editMenu,SIGNAL(triggered(QAction * )),this,SLOT(
edit_menu(QAction * )));
    //向"关于"菜单中添加动作
    actionAbout = aboutMenu - > addAction("关于");
    connect(aboutMenu,SIGNAL(triggered(QAction * )),this,SLOT(
about_menu(QAction * )));
```

```
}

Widget::~Widget() {}

void Widget::file_menu(QAction * action){
    if(action == actionNew)
        textEdit->setText("选中了\"新建\"");
    else if(action == actionOpen)
        textEdit->setText("选中了\"打开\"");
    else if(action == actionSave)
        textEdit->setText("选中了\"保存\"");
}

void Widget::edit_menu(QAction * action){
    if(action == actionCopy)
        textEdit->setText("选中了\"复制\"");
    else if(action == actionCut)
        textEdit->setText("选中了\"剪切\"");
    else if(action == actionPaste)
        textEdit->setText("选中了\"粘贴\"");
}

void Widget::about_menu(QAction * action){
    QMessageBox::about(this,"关于对话框","这是个演示程序。");
}
```

（4）其他文件保持不变，运行结果如图 7-1 所示。

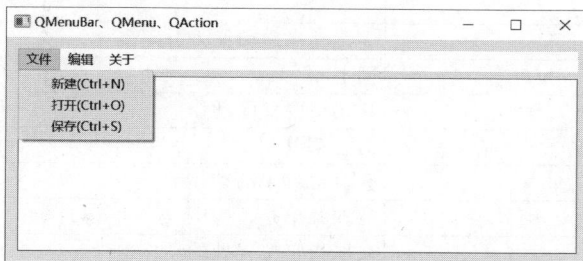

图 7-1　项目 demo1 的运行结果

7.1.2　菜单(QMenu)

在 Qt 6 中，使用 QMenu 类创建菜单控件。可以在菜单控件中添加动作和子菜单。QMenu 类是 QWidget 类的子类，其构造函数如下：

```
QMenu(QWidget * parent = nullptr)
QMenu(const QString &title,QWidget * parent = nullptr)
```

其中，parent 表示指向父窗口或父容器的对象指针；title 表示菜单上显示的文本。

QMenu 类的常用方法见表 7-2。

表 7-2　QMenu 类的常用方法

方法及参数类型	说　　明	返回值的类型
［static］exec()	显示菜单,并返回触发的动作,若没有触发动作,则返回空值	QAction *
［static］exec(QPoint &act,QAction * act = nullptr)	在指定的位置显示菜单	QAction *
［static］ exec(QList < QAction * > &act, QPoint &pos, QAction * at = nullptr, QWidget * parent=nullptr)	在指定的位置显示菜单,如果用 pos 无法确定位置,则使用父控件帮助确定位置	QAction *
addAction(QString &text)	在菜单中添加新动作	QAction *
addAction(QIcon &icon,QString &text)	在菜单中添加新动作,并设置图标	QAction *
addAction(QAction * act)	在菜单中添加已创建的动作对象	QAction *
addMenu(QMenu * m)	在菜单中添加子菜单对象	QAction *
addMenu(QString &title)	在菜单中添加新子菜单对象	QMenu *
addMenu(QIcon &icon,QString &title)	在菜单中添加新子菜单对象,并设置图标	QMenu *
addSection()	添加分隔条	QAction *
addSection(QString &text)	添加分隔条	QAction *
addSection(QIcon &icon,QString &text)	添加分隔条,并设置图标	QAction *
insertMenu(QAction * bef,QMenu * m)	在某动作之前插入子菜单	QAction *
insertSection(QAction * bef,QString &text)	在某动作之前插入分隔条	QAction *
insertSection(QAction * bef,QIcon &icon, QString &text)	在某动作之前插入分隔条,并设置图标	QAction *
insertSection(QAction * bef)	在某动作之前插入分隔条	QAction *
insertSeparator(QAction * bef)	同上	QAction *
removeAction(QAction * act)	从菜单中移除动作	
clear()	清空菜单	
actions()	获取菜单中的动作	QList < QAction * >
isEmpty()	获取菜单是否为空	bool
actionAt(QPoint &pt)	获取指定位置处的动作	QAction *
columnCount()	获取列的数量	int
menuAction()	获取与菜单对应的动作	QAction *
setSeparatorCollapsible(bool)	合并相邻的分隔条,开始和结尾的分隔条不可见	
setTearOffEnabled(bool)	设置成可撕扯的菜单	
showTearOffMenu()	弹出可撕扯的菜单	
showTearOffMenu(QPoint &pos)	在指定的位置弹出可撕扯的菜单	
hideTearOffMenu()	隐藏可撕扯的菜单	
setTitle(QString &title)	设置菜单的标题	
title()	获取菜单的标题	QString
setActiveAction(QAction * act)	将活跃的动作设置为高亮显示	
activeAction()	获取活跃的动作	QAction *

续表

方法及参数类型	说　　明	返回值的类型
setDefaultAction(QAction ＊act)	设置默认动作,并加粗动作的标题	
defaultAction()	获取默认动作	QAction ＊
setIcon(QIcon &icon)	设置菜单的图标	
setToolTipsVisible(bool)	设置提示信息是否可见	
popup(QPoint &p,QAction ＊at＝nullptr)	在指定的位置弹出菜单,并显示动作	

在 Qt 6 中,QMenu 类的信号见表 7-3。

表 7-3　QMenu 类的信号

信号及参数类型	说　　明
aboutToShow()	当菜单将要显示时发送信号
aboutToHide()	当菜单要隐藏时发送信号
hovered(QAction ＊act)	当鼠标滑过或悬停菜单时发送信号
triggered(QAction ＊act)	当动作被触发时发送信号

7.1.3　动作(QAction)

在 Qt 6 中,使用 QAction 类创建动作控件。如果用户有单击菜单的动作,则会触发 triggered()信号,并关联槽函数执行任务。QAction 类是 QObject 类的子类,位于 Qt 6 的 Qt Gui 子模块下。QAction 类的构造函数如下:

```
QAction(QObject ＊parent = nullptr)
QAction(const QString &text,QObject ＊parent = nullptr)
QAction(const QIcon &icon,const QString &text,QObject ＊parent = nullptr)
```

其中,parent 表示父对象指针;text 表示动作上显示的文字;icon 表示动作上显示的图标。

QAction 类的常用方法见表 7-4。

表 7-4　QAction 类的常用方法

方法及参数类型	说　　明	返回值的类型
[slot]setChecked(bool)	设置是否处于勾选状态	
[slot]setDisabled(bool)	设置是否失效	
[slot]setEnabled(bool)	设置是否激活	
[slot]resetEnabled()	恢复激活状态	
[slot]setVisible(bool)	设置是否可见	
[slot]trigger()	发送 triggered()或 triggered(bool)信号	
[slot]hover()	发送 hovered()信号	
[slot]toggle()	发送 toggled(bool)信号	
setText(QString &text)	设置动作的名称	
text()	获取动作的名称	QString

续表

方法及参数类型	说　　明	返回值的类型
setIcon(QIcon &icon)	设置动作的图标	
icon()	获取动作的图标	QIcon
setCheckable(bool)	设置是否可以勾选	
isCheckable()	获取是否可以勾选	bool
isChecked()	获取是否处于勾选状态	bool
setIconVisibleInMenu(bool)	设置在菜单中图标是否可见	
isIconVisibleInMenu()	获取菜单中的图标是否可见	bool
setShortcutVisibleInContextMenu(bool)	设置动作的快捷键在右键的上下文菜单中是否显示	
setFont(QFont &font)	设置字体	
font()	获取字体	QFont
setMenu(QMenu * menu)	将动作添加到菜单中	
menu()	获取动作所在的菜单	QMenu *
setShortCut(QKeySequence &shortcut)	设置快捷键	
setShortCut(QKeySequence::StandardKey)	设置快捷键	
isEnabled()	获取是否处于激活状态	
setActionGroup(QActionGroup * group)	设置动作所在的组	
isVisible()	获取是否可见	bool
setSeparator(bool)	是否将动作设置为分割线	
setAutoRepeat(bool)	当长按快捷键时,设置是否可以重复执行动作,默认值为 true	
autoRepeat()	获取是否可以重复执行动作	bool
setData(QVariant &data)	给动作设置任意类型的数据	
data()	获取动作的数据	QVariant
setPriority(QAction::Priority)	设置动作的优先级	
setToolTip(QString &tip)	设置提示信息	
setStateTip(QString &status)	设置状态提示信息	
setWhatsThis(QString &what)	设置按 Shift+F1 组合键时的提示信息	

在 Qt 6 中,QAction 类的信号见表 7-5。

表 7-5　QAction 类的信号

信号及参数类型	说　　明
hovered()	当光标滑过或有悬停动作时发送信号
triggered()	当有单击动作或按快捷键时发送信号
triggered(bool checked=false)	当有单击动作或按快捷键时发送信号
toggled(bool)	当动作的切换状态发生改变时发送信号
changed()	当动作的属性发生改变时发送信号,例如图标、文本、快捷键、提示信息
checkableChanged(bool)	当动作的勾选状态发生改变时发送信号

信号及参数类型	说 明
enabledChanged(bool)	当动作的激活状态发生改变时发送信号
visibleChanged()	当动作的可见性发生改变时发送信号

【实例 7-2】 使用 QMainWindow 类创建一个窗口,并在这个窗口的顶部添加下拉菜单。要求使用 QAction 类的信号关联槽函数,操作步骤如下:

(1) 使用 Qt Creator 创建一个模板为 Qt Widgets Application 的项目,将该项目命名为 demo2,并保存在 D 盘的 Chapter7 文件夹下;在向导对话框中选择基类 QMainWindow,不勾选 Generate form 复选框。

(2) 编写 mainwindow.h 文件中的代码,代码如下:

```
/* 第 7 章 demo2 mainwindow.h */
#ifndef MAINWINDOW_H
#define MAINWINDOW_H

#include < QMainWindow >
#include < QTextEdit >
#include < QMenuBar >
#include < QMenu >
#include < QAction >
#include < QMessageBox >

class MainWindow : public QMainWindow
{
    Q_OBJECT
public:
    MainWindow(QWidget * parent = nullptr);
    ~MainWindow();
private:
    QMenuBar * menuBar;
    QTextEdit * textEdit;
    QMenu * fileMenu, * editMenu, * aboutMenu;
    QAction * actionNew, * actionOpen, * actionSave, * actionAbout;
    QAction * actionCopy, * actionCut, * actionPaste;
private slots:
    void action_new();
    void action_open();
    void action_save();
    void action_copy();
    void action_cut();
    void action_paste();
    void action_about();
};
#endif //MAINWINDOW_H
```

(3) 编写 mainwindow.cpp 文件中的代码,代码如下:

```
/* 第 7 章 demo2 mainwindow.cpp */
#include "mainwindow.h"
```

```cpp
MainWindow::MainWindow(QWidget * parent):QMainWindow(parent)
{
    setGeometry(300,300,560,220);
    setWindowTitle("QMenuBar、QMenu、QAction");
    //创建菜单栏
    menuBar = new QMenuBar();
    setMenuBar(menuBar);
    //创建多行文本输入框
    textEdit = new QTextEdit();
    setCentralWidget(textEdit);
    //向菜单栏中添加多个菜单
    fileMenu = menuBar -> addMenu("文件");
    editMenu = menuBar -> addMenu("编辑");
    menuBar -> addSeparator();
    aboutMenu = menuBar -> addMenu("关于");
    //向"文件"菜单中添加动作
    actionNew = fileMenu -> addAction("新建(&Ctrl + N)");
    actionOpen = fileMenu -> addAction("打开(&Ctrl + O)");
    actionSave = fileMenu -> addAction("保存(&Ctrl + S)");
    connect(actionNew,SIGNAL(triggered()),this,SLOT(action_new()));
    connect(actionOpen,SIGNAL(triggered()),this,SLOT(action_open()));
    connect(actionSave,SIGNAL(triggered()),this,SLOT(action_save()));
    //向"编辑"菜单中添加动作
    actionCopy = editMenu -> addAction("复制(& 快捷键 Ctrl + C)");
    actionCut = editMenu -> addAction("剪切(&Ctrl + X)");
    actionPaste = editMenu -> addAction("粘贴(&Ctrl + V)");
    connect(actionCopy,SIGNAL(triggered()),this,SLOT(action_copy()));
    connect(actionCut,SIGNAL(triggered()),this,SLOT(action_cut()));
    connect(actionPaste,SIGNAL(triggered()),this,SLOT(action_paste()));
    //向"关于"菜单中添加动作
    actionAbout = aboutMenu -> addAction("关于");
    connect(actionAbout,SIGNAL(triggered()),this,SLOT(action_about()));
}

MainWindow::~MainWindow() {}

void MainWindow::action_new(){
    textEdit -> setText("选中了\"新建\"");
}

void MainWindow::action_open(){
    textEdit -> setText("选中了\"打开\"");
}

void MainWindow::action_save(){
    textEdit -> setText("选中了\"保存\"");
}

void MainWindow::action_copy(){
    textEdit -> setText("选中了\"复制\"");
}
```

```
void MainWindow::action_cut(){
    textEdit->setText("选中了\"剪切\"");
}

void MainWindow::action_paste(){
    textEdit->setText("选中了\"粘贴\"");
}

void MainWindow::action_about(){
    QMessageBox::about(this,"关于对话框","这是一个演示程序。");
}
```

（4）其他文件保持不变，运行结果如图 7-2 所示。

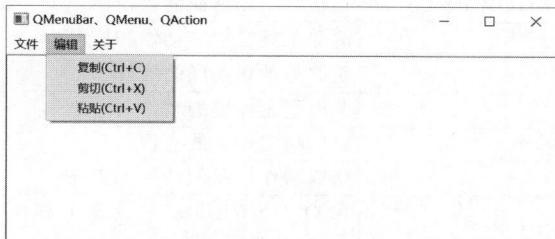

图 7-2 项目 demo2 的运行结果

7.2 工具栏、工具按钮与状态栏

在一个窗口界面中，窗口的各种操作或命令会集中在菜单栏或工具栏上。在工具栏上可以添加动作、工具按钮、其他控件。状态栏一般位于窗口的底部，用于显示程序在运行的过程中的状态信息。

7.2.1 工具栏（QToolBar）

在 Qt 6 中，使用 QToolBar 类创建工具栏控件。工具栏上一般放置动作、工具按钮。动作在工具栏中也呈现按钮状态。QToolBar 类是 QWidget 类的子类，其构造函数如下：

```
QToolBar(QWidget * parent = nullptr)
QToolBar(const QString &title, QWidget * parent = nullptr)
```

其中，parent 表示指向父窗口或父容器的对象指针；title 表示工具栏的标题。

QToolBar 类的常用方法见表 7-6。

表 7-6 QToolBar 类的常用方法

方法及参数类型	说 明	返回值的类型
［slot］setIconSize(QSize &size)	设置图标允许的最大尺寸	
［slot］setToolButtonStyle(Qt::ToolButtonStyle)	设置工具栏上按钮的风格	

续表

方法及参数类型	说　　明	返回值的类型
addAction(QAction * act)	将已创建的动作添加到工具栏	
addAction(QString & text)	将新创建的动作添加到工具栏,并返回新动作对象	QAction *
addAction(QIcon & icon,QString & text)	将新创建的动作添加到工具栏,并设置图标	QAction *
addSeparator()	添加分隔条	QAction *
addWidget(QWidget * w)	添加控件,返回与控件关联的动作	QAction *
insertSeparator(QAction * bef)	在指定动作前面插入分隔条	QAction *
insertWidget (QAction * bef,QWidget * w)	在指定动作前面插入控件	QAction *
clear()	清空工具栏中的动作和控件	
widgetForAction(QAction * act)	获取与动作关联的控件	QWidget *
actionAt(QPoint & pt)	获取指定位置的动作	QAction *
actionAt(int x,int y)	获取指定位置的动作	QAction *
actionGeometry(QAction * act)	获取动作按钮的几何宽和高	QRect
setFloatable(bool)	在 QMainWindow 中设置工具栏是否可以浮动	
isFloatable()	获取工具栏是否可以浮动	bool
isFloating()	获取是否正处于浮动状态	bool
setMovable(bool)	在 QMainWindow 中设置工具栏是否可以拖动	
isMovable()	获取工具栏是否可以拖动	bool
iconSize()	获取图标大小	QSize
setOrientation(Qt::Orientation)	设置工具栏的方向	
orientation()	获取工具栏的方向	Qt::Orientation
toolButtonStyle()	获取工具栏上按钮的风格	Qt::ToolButtonStyle
setAllowedAreas(Qt::ToolBarArea)	设置 QMainWindow 的可停靠区域	
allowedAreas()	获取可以停靠的区域	Qt::ToolBarArea
isAreaAllowed(Qt::ToolBarArea)	获取指定的区域是否可以停靠	bool
toggleViewAction()	切换停靠窗口的可见状态	QAction *

在表 7-6 中,Qt::ToolButtonStyle 的枚举常量为 Qt::QToolButtonIconOnly(只显示图标)、Qt::ToolButtonTextOnly(只显示文本)、Qt::ToolButtonTextBesideIcon(文字在图标的旁边)、Qt::ToolButtonTextUnderIcon(文字在图标的下面)、Qt::ToolButtonFollowStyle(遵循风格设置)。

Qt::ToolBarArea 的枚举常量为 Qt::LeftToolBarArea(左侧)、Qt::RightToolBarArea(右侧)、Qt::TopToolBarArea(顶部,菜单栏下部)、Qt::BottomToolBarArea(底部,状态栏上部)、Qt::AllToolBarAreas(所有区域都可以停靠)、Qt::NoToolBarAreas(所有区域都不可以停靠)

在 Qt 6 中,QToolBar 类的信号见表 7-7。

表 7-7 **QToolBar 类的信号**

信号及参数类型	说　明
actionTriggered(QAction * act)	当动作被触发时发送信号
allowedAreasChanged(Qt::ToolBarAreas)	当允许的停靠区域发生变化时发送信号
iconSizeChanged(QSize & size)	当按钮的尺寸发生变化时发送信号
movableChanged(bool)	当可移动状态发生变化时发送信号
orientationChanged(Qt::Orientation)	当工具栏的方向发生变化时发送信号
toolButtonStyleChanged(Qt::ToolButtonStyle)	当工具栏的风格发生变化时发送信号
topLevelChanged(bool)	当悬浮状态发生变化时发送信号
visibilityChanged(bool)	当可见性发生变化时发送信号

【**实例 7-3**】　使用 QWidget 类创建一个窗口,并在这个窗口的顶部添加工具栏。在工具栏上添加工具按钮,操作步骤如下:

（1）使用 Qt Creator 创建一个模板为 Qt Widgets Application 的项目,将该项目命名为 demo3,并保存在 D 盘的 Chapter7 文件夹下;在向导对话框中选择基类 QWidget,不勾选 Generate form 复选框。

（2）编写 widget.h 文件中的代码,代码如下:

```
/* 第 7 章 demo3 widget.h */
# ifndef WIDGET_H
# define WIDGET_H

# include < QWidget >
# include < QTextEdit >
# include < QToolBar >
# include < QToolButton >
# include < QVBoxLayout >
# include < QIcon >

class Widget : public QWidget
{
    Q_OBJECT
public:
    Widget(QWidget * parent = nullptr);
    ~Widget();
private:
    QVBoxLayout * vbox;
    QToolBar * toolBar;
    QToolButton * toolNew, * toolOpen, * toolSave;
    QTextEdit * textEdit;
private slots:
    void tool_new();
    void tool_open();
    void tool_save();
};
# endif //WIDGET_H
```

（3）编写 widget.cpp 文件中的代码，代码如下：

```
/* 第 7 章 demo3 widget.cpp */
#include "widget.h"

Widget::Widget(QWidget *parent):QWidget(parent)
{
    setGeometry(300,300,560,220);
    setWindowTitle("QToolBar、QToolButton");
    //设置主窗口的布局
    vbox = new QVBoxLayout();
    setLayout(vbox);
    //创建工具栏
    toolBar = new QToolBar();
    vbox->addWidget(toolBar);
    //创建工具按钮
    toolNew = new QToolButton();
    toolNew->setIcon(QIcon("D:/Chapter7/icons/new.png"));
    connect(toolNew,SIGNAL(clicked()),this,SLOT(tool_new()));
    toolOpen = new QToolButton();
    toolOpen->setIcon(QIcon("D:/Chapter7/icons/open.png"));
    connect(toolOpen,SIGNAL(clicked()),this,SLOT(tool_open()));
    toolSave = new QToolButton();
    toolSave->setIcon(QIcon("D:/Chapter7/icons/save.png"));
    connect(toolSave,SIGNAL(clicked()),this,SLOT(tool_save()));
    //向工具栏中添加按钮
    toolBar->addWidget(toolNew);
    toolBar->addWidget(toolOpen);
    toolBar->addWidget(toolSave);
    //创建多行文本控件
    textEdit = new QTextEdit();
    vbox->addWidget(textEdit);
}

Widget::~Widget() {}

void Widget::tool_new(){
    textEdit->setText("单击了\"新建\"");
}

void Widget::tool_open(){
    textEdit->setText("单击了\"打开\"");
}

void Widget::tool_save(){
    textEdit->setText("单击了\"保存\"");
}
```

（4）其他文件保持不变，运行结果如图 7-3 所示。

7.2.2　工具按钮（QToolButton）

在 Qt 6 中，使用 QToolButton 类创建工具按钮控件。工具按钮控件一般显示图标，而不

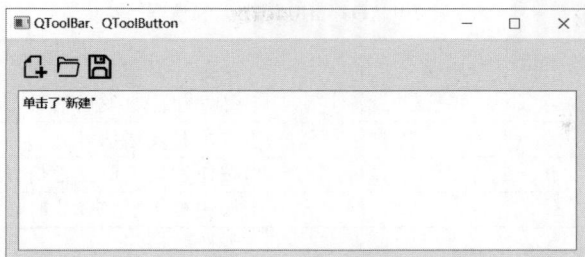

图 7-3 项目 demo3 的运行结果

显示文字。工具按钮经常被放置在工具栏中。QToolButton 类是 QAbstractButton 类的子类,继承了 QAbstractButton 类的方法、属性、信号。QAbstractButton 类的构造方法如下:

```
QToolButton(QWidget * parent = nullptr)
```

其中,parent 表示指向父窗口或父容器的对象指针。

QToolButton 类的常用方法见表 7-8。

表 7-8　QToolButton 类的常用方法

方法及参数类型	说　　明	返回值类型
[slot]showMenu()	显示菜单	
[slot]setDefaultAction(QAction * act)	设置默认动作	
[slot]setToolButtonStyle(Qt::ToolButtonStyle)	设置按钮外观	
[slot]setIconSize(QSize &size)	设置图标大小	
[slot]setChecked(bool)	设置勾选状态	
setMenu(QMenu * menu)	设置菜单	
menu()	获取菜单	QMenu *
setText(QString &text)	设置文本	
text()	获取文本	QString
setIcon(QIcon &icon)	设置图标	
setPopupMode(QToolButton::ToolButtonPopupMode)	设置菜单的弹出方式	
setAutoExcelusive(bool)	设置是否互斥	
setShortcut(QKeySequence &key)	设置快捷键	
setCheckable(bool)	设置是否可勾选	
setArrowType(Qt::ArrowType)	设置箭头形状	

在表 7-8 中,QToolButton::ToolButtonPopupMode 的枚举常量为 QToolButton::DelayedPopup(用鼠标按下按钮一段时间后弹出菜单)、QToolButton::MenuButtonPopup(单击按钮右下角的黑三角,弹出菜单)、QToolButton::InstancePopup(立即弹出菜单)。

Qt.ArrowType 的枚举常量为 Qt::NoArrow、Qt::UpArrow、Qt::DownArrow、Qt::LeftArrow、Qt::RightArrow。

QToolButton 类的信号见表 7-9。

表 7-9　QToolButton 类的信号

信号及参数类型	说　明
triggered(QAction * act)	当触发动作时发送信号
clicked()	当单击时发送信号
pressed()	当按钮被按下时发送信号
released()	当按钮被按下又释放时发送信号

【实例 7-4】　使用 QMainWindow 类创建一个窗口,并在这个窗口的顶部添加工具栏。在工具栏上添加工具按钮,操作步骤如下:

(1) 使用 Qt Creator 创建一个模板为 Qt Widgets Application 的项目,将该项目命名为 demo4,并保存在 D 盘的 Chapter7 文件夹下;在向导对话框中选择基类 QMainWindow,不勾选 Generate form 复选框。

(2) 编写 mainwindow.h 文件中的代码,代码如下:

```
/* 第 7 章 demo4 mainwindow.h */
# ifndef MAINWINDOW_H
# define MAINWINDOW_H

# include < QMainWindow >
# include < QTextEdit >
# include < QToolBar >
# include < QToolButton >
# include < QIcon >

class MainWindow : public QMainWindow
{
    Q_OBJECT
public:
    MainWindow(QWidget * parent = nullptr);
    ~MainWindow();
private:
    QToolBar * toolBar;
    QTextEdit * textEdit;
    QToolButton * toolCopy, * toolCut, * toolPaste;
private slots:
    void tool_copy();
    void tool_cut();
    void tool_paste();
};
# endif //MAINWINDOW_H
```

(3) 编写 mainwindow.cpp 文件中的代码,代码如下:

```
/* 第 7 章 demo4 mainwindow.cpp */
# include "mainwindow.h"

MainWindow::MainWindow(QWidget * parent):QMainWindow(parent)
{
```

```
        setGeometry(300,300,560,220);
        setWindowTitle("QToolBar、QToolButton");
    //创建工具栏
    toolBar = new QToolBar();
    addToolBar(toolBar);
    //创建工具按钮
    toolCopy = new QToolButton();
    toolCopy->setIcon(QIcon("D:/Chapter7/icons/copy.png"));
    connect(toolCopy,SIGNAL(clicked()),this,SLOT(tool_copy()));
    toolCut = new QToolButton();
    toolCut->setIcon(QIcon("D:/Chapter7/icons/cut.png"));
    connect(toolCut,SIGNAL(clicked()),this,SLOT(tool_cut()));
    toolPaste = new QToolButton();
    toolPaste->setIcon(QIcon("D:/Chapter7/icons/paste.png"));
    connect(toolPaste,SIGNAL(clicked()),this,SLOT(tool_paste()));
    //向工具栏中添加按钮
    toolBar->addWidget(toolCopy);
    toolBar->addWidget(toolCut);
    toolBar->addWidget(toolPaste);
    //创建多行文本控件
    textEdit = new QTextEdit();
    setCentralWidget(textEdit);
}

MainWindow::~MainWindow() {}

void MainWindow::tool_copy(){
    textEdit->setText("单击了\"复制\"");
}

void MainWindow::tool_cut(){
    textEdit->setText("单击了\"剪切\"");
}

void MainWindow::tool_paste(){
    textEdit->setText("单击了\"粘贴\"");
}
```

(4) 其他文件保持不变,运行结果如图 7-4 所示。

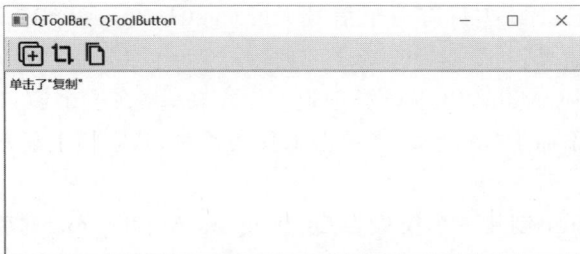

图 7-4　项目 demo4 的运行结果

7.2.3 状态栏(QStatusBar)

在 Qt 6 中,使用 QStatusBar 类创建状态栏控件。状态栏控件一般被放置在窗口的底部,用来显示程序在运行的过程中的状态信息、提示信息,这些信息经过一段时间后会自动消失。当然可以在状态栏控件上添加标签、下拉列表、数字输入框等控件,然后可以使用这些控件显示永久信息。

在 Qt 6 中,QStatusBar 类为 QWidget 类的子类,其构造函数如下:

```
QStatusBar(QWidget * parent = nullptr)
```

其中,parent 表示指向父窗口或父容器的对象指针。

QStatusBar 类的常用方法见表 7-10。

表 7-10 QStatusBar 类的常用方法

方法及参数类型	说　　明	返回值类型
[slot] showMessage (QString &msg, int timeout=0)	显示信息,timeout 表示显示的时间	
[slot]clearMessage()	清空信息	
currentMessage()	获取当前显示的信息	QString
addPermanentWidget (QWidget * w, int stretch=0)	在状态栏的右边添加永久控件	
addWidget(QWidget * w,int stretch=0)	在状态栏的左边添加控件	
insertPermanentWidget (int index, QWidget * w,int stretch=0)	根据索引值,在状态栏的右边插入永久控件	int
insertWidget(int index,QWidget * w,int stretch=0)	根据索引值,在状态栏的左边插入控件	int
removeWidget(QWidget * w)	从状态栏中移除控件	
setSizeGripEnabled(bool)	设置右下角是否有三角形	
isSizeGripEnabled()	获取右下角是否有三角形	bool
hideOrShow()	确保右边的控件可见	

在 Qt 6 中,QStatusBar 类只有一个信号 messageChanged(QString &msg),当显示的信息发生变化时发送信号。

【实例 7-5】 使用 QMainWindow 类创建一个窗口,并在这个窗口的顶部添加工具栏、状态栏。在工具栏上添加工具按钮。当单击工具按钮时,状态栏上显示提示信息,操作步骤如下:

(1) 使用 Qt Creator 创建一个模板为 Qt Widgets Application 的项目,将该项目命名为 demo5,并保存在 D 盘的 Chapter7 文件夹下;在向导对话框中选择基类 QMainWindow,不勾选 Generate form 复选框。

(2) 编写 mainwindow.h 文件中的代码,代码如下:

```
/* 第 7 章 demo5 mainwindow.h */
#ifndef MAINWINDOW_H
#define MAINWINDOW_H

#include <QMainWindow>
#include <QStatusBar>
#include <QToolBar>
#include <QToolButton>
#include <QIcon>

class MainWindow : public QMainWindow
{
    Q_OBJECT
public:
    MainWindow(QWidget * parent = nullptr);
    ~MainWindow();
private:
    QToolBar * toolBar;
    QStatusBar * statusBar;
    QToolButton * toolCopy, * toolCut, * toolPaste;
private slots:
    void tool_copy();
    void tool_cut();
    void tool_paste();
};
#endif //MAINWINDOW_H
```

(3) 编写 mainwindow.cpp 文件中的代码,代码如下:

```
/* 第 7 章 demo5 mainwindow.cpp */
#include "mainwindow.h"

MainWindow::MainWindow(QWidget * parent):QMainWindow(parent)
{
    setGeometry(300,300,560,220);
    setWindowTitle("QToolBar、QToolButton、QStatusBar");
    //创建工具栏
    toolBar = new QToolBar();
    addToolBar(toolBar);
    //创建工具按钮
    toolCopy = new QToolButton();
    toolCopy -> setIcon(QIcon("D:/Chapter7/icons/copy.png"));
    connect(toolCopy, SIGNAL(clicked()),this,SLOT(tool_copy()));
    toolCut = new QToolButton();
    toolCut -> setIcon(QIcon("D:/Chapter7/icons/cut.png"));
    connect(toolCut, SIGNAL(clicked()),this,SLOT(tool_cut()));
    toolPaste = new QToolButton();
    toolPaste -> setIcon(QIcon("D:/Chapter7/icons/paste.png"));
    connect(toolPaste, SIGNAL(clicked()),this,SLOT(tool_paste()));
    //向工具栏中添加按钮
    toolBar -> addWidget(toolCopy);
    toolBar -> addWidget(toolCut);
```

```
    toolBar -> addWidget(toolPaste);
    //创建状态栏控件
    statusBar = new QStatusBar();
    setStatusBar(statusBar);
}

MainWindow::~MainWindow() {}

void MainWindow::tool_copy(){
    statusBar -> showMessage("单击了\"复制\"");
}

void MainWindow::tool_cut(){
    statusBar -> showMessage("单击了\"剪切\"");
}

void MainWindow::tool_paste(){
    statusBar -> showMessage("单击了\"粘贴\"");
}
```

(4) 其他文件保持不变,运行结果如图 7-5 所示。

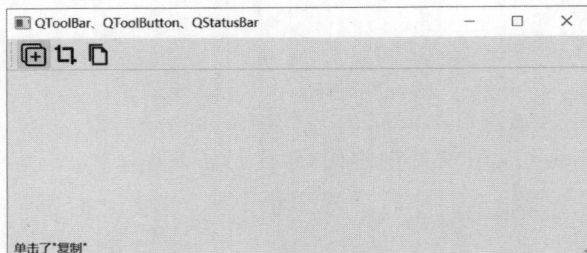

图 7-5　项目 demo5 的运行结果

7.3　多文档区与停靠控件

在第 5 章中介绍了 6 种容器控件。除此之外,Qt 6 还提供了两种特殊的容器控件:多文档区与停靠控件。使用多文档区控件可以同时建立或打开多个相互独立的文档。使用停靠控件可以拖曳其内部的控件。

7.3.1　多文档区(QMdiArea)与子窗口(QMdiSubWindow)

在 Qt 6 中,可以使用 QMainWindow 类创建主窗口界面,同时建立或打开多个相互独立的文档,这些文档共用主窗口的菜单、工具栏、状态栏,这些文档只有一个文档是活跃的文档。

在 Qt 6 中,使用 QMdiArea 类创建多文档区,并在主界面中设置为中心控件,然后可以向多文档区中添加子窗口。子窗口由 QMdiSubWindow 类创建,可以向子窗口中添加相同的控件,也可以添加不同的控件。QMdiArea 类和 QMdiSubWindow 类的继承关系如图 7-6 所示。

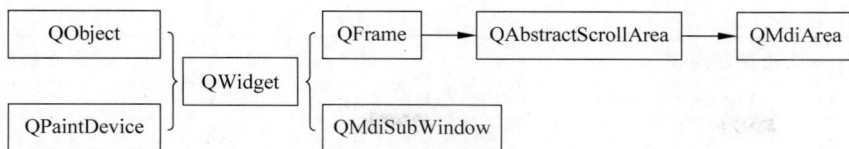

图 7-6 QMdiArea 类和 QMdiSubWindow 类的继承关系

QMdiArea 类和 QMdiSubWindow 类的构造函数如下：

```
QMdiArea(QWidget * parent = nullptr)
QMdiSubWindow(QWidget * parent = nullptr,Qt::WindowFlags flags)
```

其中，parent 表示指向父窗口或父容器的对象指针；flags 表示窗口的样式，采用默认值即可。

QMdiArea 类的常用方法见表 7-11。

表 7-11 QMdiArea 类的常用方法

方法及参数类型	说　　明	返回值的类型
[slot]cascadeSubWindows()	层叠显示窗口	
[slot]titleSubWindows()	平铺显示子窗口	
[slot]closeActiveSubWindows()	关闭活跃的子窗口	
[slot]closeAllSubWindows()	关闭所有的子窗口	
[slot]activateNextSubWindow()	激活下一个子窗口	
[slot]activatePreviousSubWindow()	激活前一个子窗口	
[slot]setActivateSubWindow(QMdiSubWindow * w)	设置活跃的子窗口	
addSubWindow(QWidget * w,Qt::WindowFlags flags)	添加子窗口,并返回该子窗口对象	QMdiSubWindow *
removeSubWindow(QWidget * w)	移除子窗口	
setViewMode(QMdiArea::ViewMode)	设置子窗口的显示样式	
viewMode()	获取子窗口的显示样式	QMdiArea::ViewMode
currentSubWindow()	获取当前的子窗口	QMdiSubWindow *
scrollContentsBy(int dx,int dy)	移动子窗口中的控件	
setActivationOrder(QMdiArea::WindowOrder)	设置子窗口的活跃顺序	
activationOrder()	获取活跃顺序	QMdiArea::WindowOrder
subWindowList(QMdiArea::WindowOrder order=QMdiArea::CreationOrder)	按照指定的顺序获取子窗口列表	QList < QMdiSubWindow * >
activateSubWindow()	获取活跃的子窗口	QMdiSubWindow *
setBackground(QBrush &back)	设置背景颜色,默认为灰色	
background()	获取背景色	QBrush
setOption(QMdiArea::AreaOption,bool on=true)	设置子窗口的选项	
testOption(QMdiArea::AreaOption)	获取是否设置了某选项	bool
setTabPosition(QTabWidget::TabPosition)	设置 Tab 标签的位置	

续表

方法及参数类型	说　明	返回值的类型
setTabShape（QTabWidget：：TabShape）	设置 Tab 标签的形状	
setTabsClosable(bool)	Tab 模式下设置 Tab 标签是否有关闭按钮	
setTabsMovable(bool)	Tab 模式下设置 Tab 标签是否可移动	
setDocumentMode()	Tab 模式下设置 Tab 标签是否为文档模式	
documentMode()	Tab 模式下获取 Tab 标签是否为文档模式	bool
tabPosition()	获取 Tab 标签的位置	QTabWidget：：TabPosition
tabShape()	获取 Tab 标签的形状	QTabWidget：：TabShape
tabsClosable()	获取 Tab 标签是否有关闭按钮	bool
tabsMovable()	获取 Tab 标签是否可移动	bool

QMdiArea 类只有一个信号 subWindowActivated(QMdiSubWindow * window)，当子窗口活跃时发送信号。

在 Qt 6 中，QMdiSubWindow 类的常用方法见表 7-12。

表 7-12　QMdiSubWindow 类的常用方法

方法及参数类型	说　明	返回值类型
［slot］showShaded()	只显示标题栏	
［slot］showSystemMenu()	在标题栏的系统菜单图标下显示系统菜单	
setSystemMenu(QMenu * menu)	设置系统菜单	
setWidget(QWidget * widget)	设置子窗口中的控件	
widget()	获取子窗口中的控件	QWidget *
isShaded()	获取子窗口是否为只显示标题栏的状态	bool
mdiArea()	返回子窗口所在的多文档区域	QMdiArea *
systemMenu()	获取系统菜单	QMenu *
setKeyboardPageStep(int step)	设置用 Page 键控制子窗口移动或缩放的变化步数	
keyboardPageStep()	获取用 Page 键控制子窗口移动或缩放的变化步数	int
setKeyboardSingleStep(int step)	设置用方向键控制子窗口移动或缩放的变化步数	
keyboardSingleStep()	获取用方向键控制子窗口移动或缩放的变化步数	int
setOption（QMdiSubWindow：：SubWindow Option，bool on＝true）	设置选项，bool 的参数值的默认值为 true。QMdiSubWindow Option：：SubWindow 的参数选项为 QMdiSubWindow：：RubberBandResize、QMdiSubWindow：：RubberBandMove	

QMdiSubWindow 类的信号见表 7-13。

表 7-13 QMdiSubWindow 类的信号

信号及参数类型	说　明
aboutToActivate()	当子窗口活跃时发送信号
windowStateChanged（Qt：：WindowStates oldState，Qt：：WindowStates newState）	当主窗口状态发生变化时发送信号，参数值为 Qt：：WindowStates 的枚举常量，其取值为 Qt：：WindowNoState(正常状态)、Qt：：WindowMinimized(最小化状态)、Qt：：WindowMaximized(最大化状态)、Qt：：WindowFullScreen(全屏状态)、Qt：：WindowActive(活跃状态)

【实例 7-6】　使用 QMainWindow 类创建一个窗口，并在这个窗口的顶部添加菜单栏、菜单。使用菜单中的"新建文件"命令可创建多个子窗口文档，操作步骤如下：

（1）使用 Qt Creator 创建一个模板为 Qt Widgets Application 的项目，将该项目命名为demo6，并保存在 D 盘的 Chapter7 文件夹下；在向导对话框中选择基类 QMainWindow，不勾选 Generate form 复选框。

（2）以 QMdiSubWindow 类为父类，创建 SubWindow 类，其中 SubWindow 类的头文件如下：

```
/* 第 7 章 demo6 subwindow.h */
#ifndef SUBWINDOW_H
#define SUBWINDOW_H

#include <QWidget>
#include <QMdiSubWindow>
#include <QTextEdit>

class SubWindow : public QMdiSubWindow
{
    Q_OBJECT
public:
    explicit SubWindow(QWidget * parent = nullptr);
    QTextEdit * textEdit;
signals:
};
#endif //SUBWINDOW_H
```

其中 SubWindow 类的源文件如下：

```
/* 第 7 章 demo6 subwindow.cpp */
#include "subwindow.h"

SubWindow::SubWindow(QWidget * parent):QMdiSubWindow{parent}
{
    textEdit = new QTextEdit();
    setWidget(textEdit);
    setOption(QMdiSubWindow::RubberBandResize);
}
```

(3) 编写 mainwindow.h 文件中的代码,代码如下:

```
/* 第 7 章 demo6 mainwindow.h */
#ifndef MAINWINDOW_H
#define MAINWINDOW_H

#include <QMainWindow>
#include <QStatusBar>
#include <QMenuBar>
#include <QMenu>
#include <QAction>
#include <QMessageBox>
#include <QMdiArea>
#include <QMdiSubWindow>
#include <QFileDialog>
#include <QFile>
#include <QByteArray>
#include <QString>
#include <subwindow.h>

class MainWindow : public QMainWindow
{
    Q_OBJECT
public:
    MainWindow(QWidget * parent = nullptr);
    ~MainWindow();
private:
    QMenuBar * menuBar;
    QMdiArea * mdiArea;
    int subWindowNum;
    QMenu * fileMenu, * editMenu, * aboutMenu;
    QAction * actionNew, * actionOpen, * actionSave, * actionAbout;
    QAction * actionCopy, * actionCut, * actionPaste;
    QStatusBar * statusBar;
    QMdiSubWindow * currentSub;
    SubWindow * current;
private slots:
    void action_new();
    void action_open();
    void action_save();
    void action_copy();
    void action_cut();
    void action_paste();
    void action_about();
};
#endif //MAINWINDOW_H
```

(4) 编写 mainwindow.cpp 文件中的代码,代码如下:

```
/* 第 7 章 demo6 mainwindow.cpp */
#include "mainwindow.h"

MainWindow::MainWindow(QWidget * parent):QMainWindow(parent)
```

```
{
    setGeometry(200,200,800,400);
    setWindowTitle("QMdiArea、QMdiSubWindow");
    //创建菜单栏
    menuBar = new QMenuBar();
    setMenuBar(menuBar);
    //创建多文档区
    mdiArea = new QMdiArea(this);
    setCentralWidget(mdiArea);
    subWindowNum = 0;
    //向菜单栏中添加多个菜单
    fileMenu = menuBar -> addMenu("文件");
    editMenu = menuBar -> addMenu("编辑");
    menuBar -> addSeparator();
    aboutMenu = menuBar -> addMenu("关于");
    //向"文件"菜单中添加动作
    actionNew = fileMenu -> addAction("新建文件");
    actionOpen = fileMenu -> addAction("打开");
    actionSave = fileMenu -> addAction("保存");
    connect(actionNew,SIGNAL(triggered()),this,SLOT(action_new()));
    connect(actionOpen,SIGNAL(triggered()),this,SLOT(action_open()));
    connect(actionSave,SIGNAL(triggered()),this,SLOT(action_save()));
    //向"编辑"菜单中添加动作
    actionCopy = editMenu -> addAction("复制(& 快捷键 Ctrl + C)");
    actionCut = editMenu -> addAction("剪切(&Ctrl + X)");
    actionPaste = editMenu -> addAction("粘贴(&Ctrl + V)");
    connect(actionCopy,SIGNAL(triggered()),this,SLOT(action_copy()));
    connect(actionCut,SIGNAL(triggered()),this,SLOT(action_cut()));
    connect(actionPaste,SIGNAL(triggered()),this,SLOT(action_paste()));
    //向"关于"菜单中添加动作
    actionAbout = aboutMenu -> addAction("关于");
    connect(actionAbout,SIGNAL(triggered()),this,SLOT(action_about()));
    //创建状态栏控件
    statusBar = new QStatusBar();
    setStatusBar(statusBar);
}

MainWindow::~MainWindow() {}

void MainWindow::action_new(){
    SubWindow * subWindow = new SubWindow(this);
    mdiArea -> addSubWindow(subWindow);
    subWindow -> show();
    subWindowNum = subWindowNum + 1;
    QString num = QString::number(subWindowNum);
    QString str1 = "第" + num + "个文档";
    subWindow -> setWindowTitle(str1);
    statusBar -> showMessage(str1);
}

void MainWindow::action_open(){
    QString fname = QFileDialog::getOpenFileName(this,"打开文件","../","文本( * .txt)");
    if (fname.isEmpty() == true)
```

```
        return;
    QFile file(fname);
    if (file.exists() == false)
        return;
    if (!file.open(QIODevice::ReadOnly|QIODevice::Text))
        return;
    QByteArray lines = file.readAll();
    QString text(lines);
    if(mdiArea->subWindowList().isEmpty()){
        SubWindow *subw = new SubWindow();
        mdiArea->addSubWindow(subw);
        currentSub = mdiArea->currentSubWindow();
        currentSub->show();
    }
    else if (mdiArea->currentSubWindow()){
        currentSub = mdiArea->currentSubWindow();
    }
    current = static_cast<SubWindow *>(currentSub);
    current->textEdit->setText(text);
    file.close();
    current->setWindowTitle(fname);
    current->setWindowFilePath(fname);
}

void MainWindow::action_save(){
    currentSub = mdiArea->currentSubWindow();
    if(currentSub == NULL)
        return;
    QString fname = QFileDialog::getSaveFileName(this,"保存文件","../","文本文件(*.txt)");
    if (fname.isEmpty() == true)
        return;
    current = static_cast<SubWindow *>(currentSub);
    QFile file(fname);
    if (!file.open(QIODevice::WriteOnly|QIODevice::Text))
        return;
    QString str2 = current->textEdit->toPlainText();
    QByteArray data = str2.toUtf8();
    file.write(data,data.length());
    file.close();
    QMessageBox::about(this,"保存文件","文件已经被保存");
}

void MainWindow::action_copy(){
    statusBar->showMessage("选中了\"复制\"");
}

void MainWindow::action_cut(){
    statusBar->showMessage("选中了\"剪切\"");
}

void MainWindow::action_paste(){
    statusBar->showMessage("选中了\"粘贴\"");
```

```
}

void MainWindow::action_about(){
    QMessageBox::about(this,"关于对话框","这是个演示程序。");
}
```

（5）其他文件保持不变，运行结果如图 7-7 所示。

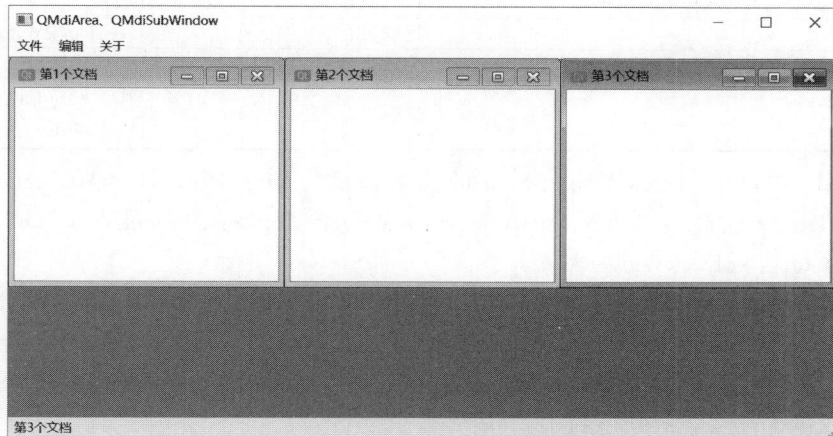

图 7-7　项目 demo6 的运行结果

7.3.2　停靠控件（QDockWidget）

在 Qt 6 中，可以使用 QDockWidget 类创建停靠控件。停靠控件可以放置在 QMainWindow 类创建的主窗口中，停靠控件可以保持浮动状态或作为子窗口固定在指定位置。停靠控件也是一种容器控件，可以添加控件。停靠控件由标题栏和内容区域构成。

QDockWidget 类是 QWidget 类的子类，其构造函数如下：

```
QDockWidget(QWidget * parent = nullptr,Qt::WindowFlags flags)
QDockWidget(const QString &title,QWidget * parent = nullptr,Qt::WindowFlags flags)
```

其中，parent 表示指向父窗口或父容器的对象指针；title 用于设置停靠控件的窗口标题；flags 表示窗口的样式，保持默认值即可。

QDockWidget 类的常用方法见表 7-14。

表 7-14　QDockWidget 类的常用方法

方法及参数类型	说　　明	返回值的类型
setWidget(QWidget * widget)	添加控件	
widget()	获取控件	QWidget *
setTitleBarWidget(QWidget * widget)	设置标题栏中的控件	
titleBarWidget()	获取标题栏中的控件	QWidget *

续表

方法及参数类型	说　明	返回值的类型
toggleViewAction()	获取隐藏或显示的动作	QAction ＊
setFloating(bool)	设置成浮动状态	
isFloating()	获取是否处于浮动状态	bool
setAllowedAreas(Qt：：DockWidgetAreas)	设置可停靠区域	
isAreaAllowed(Qt：：DockWidgetArea)	获取某区域是否允许停靠	bool
allowedAreas()	获取可停靠的区域	Qt：：DockWidgetAreas
setFeatures(QDockWidget：：DockWidgetFeatures)	设置停靠控件的特征	
features()	获取停靠控件的特征	QDockWidget：：DockWidgetFeatures

在表 7-14 中，Qt：：DockWidgetArea 的枚举常量为 Qt：：RightDockWidgetArea、Qt：：LeftDockWidgetArea、Qt：：BottomDockWidgetArea、Qt：：TopDockWidgetArea、Qt：：AllDock-WidgetAreas、Qt：：NoDockWidgetArea。

QDockWidget：：DockWidgetFeatures 的枚举常量为 QDockWidget：：DockWidgetClosable(可关闭的)、QDockWidget：：DockWidgetMovable(可移动的)、QDockWidget：：DockWidget-Floatable(可悬停的)、QDockWidget：：DockWidgetVerticalTitleBar(有竖向标题)、QDockWid-get：：NoDockWidgetFeatures(无特征)。

在使用 QMainWindow 类创建的主窗口区域中，有专门的区域放置停靠控件，如图 7-8 所示。

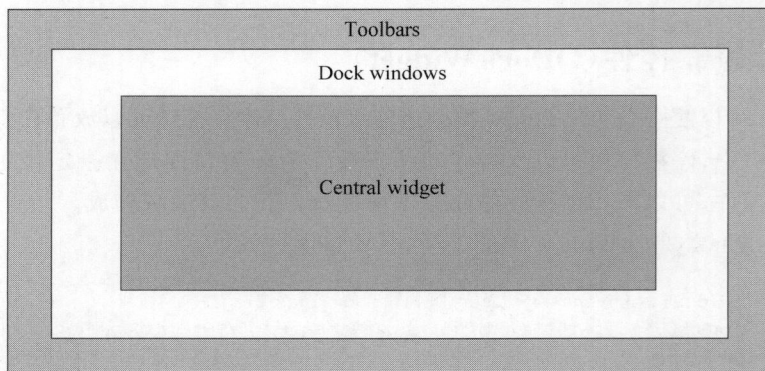

图 7-8　停靠控件的区域

在 Qt 6 中，QDockWidget 类的信号见表 7-15。

表 7-15　QDockWidget 类的信号

信号及参数类型	说　明
topLevelChanged(bool)	当悬浮和停靠状态转变时发送信号
visibilityChanged(bool)	当可见性发生变化时发送信号
allowedAreasChanged(Qt：：DockWidgetAreas)	当允许停靠的区域发生变化时发送信号
dockLocationChanged(Qt：：DockWidgetArea)	当停靠的区域发生变化时发送信号
featuresChanged(QDockWidget：：DockWidgetFeatures)	当控件的特征发生变化时发送信号

【实例 7-7】　使用 QMainWindow 类创建一个窗口,该窗口包含一个可移动的、可悬停的停靠控件。该停靠控件中有一个按钮,操作步骤如下:

(1) 使用 Qt Creator 创建一个模板为 Qt Widgets Application 的项目,将该项目命名为demo7,并保存在 D 盘的 Chapter7 文件夹下;在向导对话框中选择基类 QMainWindow,不勾选 Generate form 复选框。

(2) 编写 mainwindow.h 文件中的代码,代码如下:

```
/* 第 7 章 demo7 mainwindow.h */
#ifndef MAINWINDOW_H
#define MAINWINDOW_H

#include <QMainWindow>
#include <QDockWidget>
#include <QPushButton>

class MainWindow : public QMainWindow
{
    Q_OBJECT
public:
    MainWindow(QWidget * parent = nullptr);
    ~MainWindow();
private:
    QDockWidget * dock;
    QPushButton * btn;
};
#endif //MAINWINDOW_H
```

(3) 编写 mainwindow.cpp 文件中的代码,代码如下:

```
/* 第 7 章 demo7 mainwindow.cpp */
#include "mainwindow.h"

MainWindow::MainWindow(QWidget * parent):QMainWindow(parent)
{
    setGeometry(300,300,560,220);
    setWindowTitle("QDockWidget 类");
    //创建停靠控件
    dock = new QDockWidget("停靠控件");
    dock -> setFeatures(QDockWidget::DockWidgetFloatable|
QDockWidget::DockWidgetMovable);
    addDockWidget(Qt::RightDockWidgetArea,dock);
    //向停靠控件中添加按钮
    btn = new QPushButton("我是位于停靠控件内的按钮");
    dock -> setWidget(btn);
}

MainWindow::~MainWindow() {}
```

（4）其他文件保持不变，运行结果如图 7-9 所示。

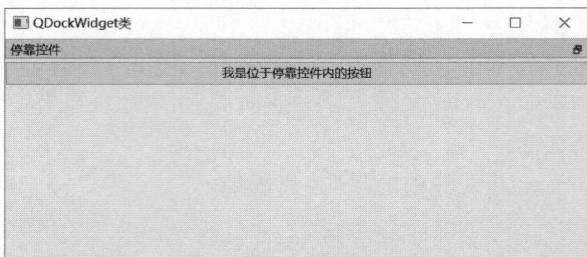

图 7-9　项目 demo7 的运行结果

7.4　按钮容器（QDialogButtonBox）

在 Qt 6 中，使用 QDialogButtonBox 类创建按钮容器。按钮容器用于布局、管理按钮，可以根据不同的操作系统匹配相应的布局，主要的系统布局见表 7-16。

表 7-16　QDialogButtonBox 的系统布局

系 统 布 局	说　　明
QDialogButtonBox::WinLayout	适用于 Windows 中的应用程序策略
QDialogButtonBox::MacLayout	适用于 macOS 中的应用程序策略
QDialogButtonBox::KdeLayout	适用于 KDE 中的应用程序策略
QDialogButtonBox::GnomeLayout	适用于 GNOME 中的应用程序策略
QDialogButtonBox::AndroidLayout	适用于 Android 中的应用程序策略，该枚举值是在 Qt 5.10 中添加的

QDialogButtonBox 类是 QWidget 类的子类，其构造函数如下：

```
QDialogButtonBox(QWidget * parent = nullptr)
QDialogButtonBox(Qt::Orientation orientation,QWidget * parent = nullptr)
QDialogButtonBox(QDialogButtonBox::StandardButtons  buttons,
Qt::Orientation orientation,QWidget * parent = nullptr)
```

其中，parent 表示指向父窗口或父容器的对象指针；orientation 表示排列方向，取值为 Qt::Horizontal 或 Qt::Vertical；buttons 表示标准按钮的 QDialogButtonBox::StandardButtons，其中常用的按钮见表 7-17。

表 7-17　QDialogButtonBox::StandardButtons 常用的按钮

枚 举 常 量	说　　明
QDialogButtonBox::OK	角色为 AcceptRole 的 OK 按钮
QDialogButtonBox::Open	角色为 AcceptRole 的 Open 按钮
QDialogButtonBox::Save	角色为 AcceptRole 的 Save 按钮
QDialogButtonBox::Cancel	角色为 RejectRole 的 Cancel 按钮
QDialogButtonBox::Close	角色为 RejectRole 的 Close 按钮

枚 举 常 量	说　　明
QDialogButtonBox::Yes	角色为 YesRole 的 Yes 按钮
QDialogButtonBox::Apply	角色为 ApplyRole 的 Apply 按钮
QDialogButtonBox::Reset	角色为 ResetRole 的 Reset 按钮
QDialogButtonBox::Help	角色为 HelpRole 的 Help 按钮
QDialogButtonBox::NoButton	无效的按钮

QDialogButtonBox 中的标准按钮及其角色关联了 QDialogButtonBox 类的信号(accepted、rejected)。

7.4.1　常用方法与信号

在 Qt 6 中，QDialogButtonBox 类的常用方法见表 7-18。

表 7-18　**QDialogButtonBox 类的常用方法**

方法及参数类型	说　　明	返回值的类型
addButton(QAbstractButton * b,QDialog-Button::ButtonRole)	添加按钮并设置角色	
addButton(QDialogButtonBox::Standard-Button)	添加标准按钮	QPushButton *
addButton(QString &text,QDialogButton-Box::StandardButton)	添加一个按压按钮,并设置角色	QPushButton *
button(QDialogButtonBox::StandardButton)	获取与标准按钮对应的按压按钮	QPushButton *
buttonRole(QAbstractButton * button)	获取与按钮对应的角色	QDialogButtonBox::ButtonRole
buttons()	获取所有的按钮	QList < QAbstractButton * >
centerButtons()	获取是否有中心按钮	bool
clear()	清空按钮	
orientation()	获取按钮的排列方向	Qt::Orientation
removeButton(QAbstractButton * button)	删除指定的按钮	
setCenterButtons(bool)	设置中心按钮	
setOrientation(Qt::Orientation)	设置排列方向	
setStandardButtons(QDialogButtonBox::StandardButtons buttons)	设置标准按钮	
standardButton (QAbstractButton * button)	获取与按钮对应的标准按钮	QDialogButtonBox::StandardButton
standardButtons()	获取标准按钮	

QDialogButtonBox 类的信号见表 7-19。

表 7-19　**QDialogButtonBox 类的信号**

信号及参数类型	说　　明
accepted()	当角色为 AcceptRole 或 YesRole 的按钮被单击时发送信号

信号及参数类型	说　　明
clicked(QAbstractButton * button)	当按钮被单击时发送信号
helpRequested()	当角色为 HelpRole 的按钮被单击时发送信号
rejected()	当角色为 RejectRole 或 NoRole 的按钮被单击时发送信号

7.4.2　应用实例

在 Qt 6 中,QDialogButtonBox 类有两种应用方法,可以向控件内添加标准按钮,也可以添加自定义按钮。

【实例 7-8】　创建一个窗口,该窗口包含一个按钮容器、一个标签。向该按钮容器中添加 3 种不同角色的标准按钮。如果单击这些按钮,则会显示提示信息,操作步骤如下:

(1) 使用 Qt Creator 创建一个模板为 Qt Widgets Application 的项目,将该项目命名为 demo8,并保存在 D 盘的 Chapter7 文件夹下;在向导对话框中选择基类 QWidget,不勾选 Generate form 复选框。

(2) 编写 widget.h 文件中的代码,代码如下:

```
/* 第 7 章 demo8 widget.h */
#ifndef WIDGET_H
#define WIDGET_H

#include <QWidget>
#include <QDialogButtonBox>
#include <QVBoxLayout>
#include <QLabel>
#include <QFont>
#include <QString>
#include <QPushButton>

class Widget : public QWidget
{
    Q_OBJECT
public:
    Widget(QWidget * parent = nullptr);
    ~Widget();
private:
    QVBoxLayout * vbox;
    QDialogButtonBox * buttonBox;
    QLabel * label;
    QPushButton * ok, * cancel, * help;
private slots:
    void btn_accepted();
    void btn_rejected();
    void btn_requested();
};
#endif //WIDGET_H
```

（3）编写 widget.cpp 文件中的代码，代码如下：

```cpp
/* 第7章 demo8 widget.cpp */
#include "widget.h"

Widget::Widget(QWidget *parent):QWidget(parent)
{
    setGeometry(300,300,560,220);
    setWindowTitle("QDialogButtonBox");
    //设置主窗口的布局
    vbox = new QVBoxLayout();
    setLayout(vbox);
    //创建按钮容器控件
    buttonBox = new QDialogButtonBox();
    buttonBox->setStandardButtons(QDialogButtonBox::Cancel|
QDialogButtonBox::Ok|QDialogButtonBox::Help);
    vbox->addWidget(buttonBox);
    ok = buttonBox->button(QDialogButtonBox::Ok);
    cancel = buttonBox->button(QDialogButtonBox::Cancel);
    help = buttonBox->button(QDialogButtonBox::Help);
    connect(ok,SIGNAL(clicked()),this,SLOT(btn_accepted()));
    connect(cancel,SIGNAL(clicked()),this,SLOT(btn_rejected()));
    connect(help,SIGNAL(clicked()),this,SLOT(btn_requested()));
    //创建标签控件
    label = new QLabel("提示:");
    label->setFont(QFont("黑体",12));
    vbox->addWidget(label);
}

Widget::~Widget() {}

void Widget::btn_accepted(){
    QString str1 = "提示:你单击了角色为 AcceptRole 或 YesRole 的按钮。";
    label->setText(str1);
}

void Widget::btn_rejected(){
    QString str1 = "提示:你单击了角色为 RejectRole 或 NoRole 的按钮。";
    label->setText(str1);
}

void Widget::btn_requested(){
    QString str1 = "提示:你单击了角色为 HelpRole 的按钮。";
    label->setText(str1);
}
```

（4）其他文件保持不变，运行结果如图 7-10 所示。

【实例 7-9】 创建一个窗口，该窗口包含一个按钮容器、一个标签。向该按钮容器中添加自定义的按钮。如果单击这些按钮，则会显示提示信息，操作步骤如下：

（1）使用 Qt Creator 创建一个模板为 Qt Widgets Application 的项目，将该项目命名为 demo9，并保存在 D 盘的 Chapter7 文件夹下；在向导对话框中选择基类 QWidget，不勾选

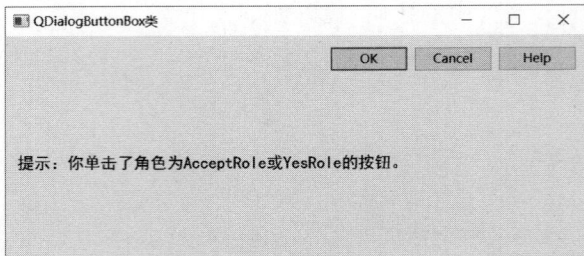

图 7-10　项目 demo8 的运行结果

Generate form 复选框。

（2）编写 widget.h 文件中的代码，代码如下：

```
/* 第 7 章 demo9 widget.h */
#ifndef WIDGET_H
#define WIDGET_H

#include <QWidget>
#include <QDialogButtonBox>
#include <QVBoxLayout>
#include <QPushButton>
#include <QLabel>
#include <QFont>
#include <QString>

class Widget : public QWidget
{
    Q_OBJECT
public:
    Widget(QWidget * parent = nullptr);
    ~Widget();
private:
    QVBoxLayout * vbox;
    QDialogButtonBox * buttonBox;
    QPushButton * btnYes, * btnNo;
    QLabel * label;
private slots:
    void box_clicled(QAbstractButton * button);
};
#endif //WIDGET_H
```

（3）编写 widget.cpp 文件中的代码，代码如下：

```
/* 第 7 章 demo9 widget.cpp */
#include "widget.h"

Widget::Widget(QWidget * parent):QWidget(parent)
{
    setGeometry(300,300,560,220);
    setWindowTitle("QDialogButtonBox 类");
```

```
    //设置主窗口的布局
    vbox = new QVBoxLayout();
    setLayout(vbox);
    //创建按钮容器控件
    buttonBox = new QDialogButtonBox();
    btnYes = new QPushButton("确实");
    btnNo = new QPushButton("取消");
    buttonBox -> addButton(btnYes,QDialogButtonBox::AcceptRole);
    buttonBox -> addButton(btnNo,QDialogButtonBox::RejectRole);
    connect(buttonBox,SIGNAL(clicked(QAbstractButton * )),this,SLOT(
box_clicled(QAbstractButton * )));
    vbox -> addWidget(buttonBox);
    //创建标签控件
    label = new QLabel("提示:");
    label -> setFont(QFont("黑体",12));
    vbox -> addWidget(label);
}

Widget::~Widget() {}

void Widget::box_clicled(QAbstractButton * button){
    if (button == btnYes){
        QString str1 = "提示:你单击了\"确定\"按钮。";
        label -> setText(str1);
    }
    else if (button == btnNo){
        QString str2 = "提示:你单击了\"取消\"按钮。";
        label -> setText(str2);
    }
}
```

（4）其他文件保持不变，运行结果如图 7-11 所示。

图 7-11　项目 demo9 的运行结果

7.5　综合应用——创建一个记事本程序

如果读者已经掌握本章节和前面章节的内容，就可以将所学的内容组合起来，创建一些比较复杂的 GUI 程序。

在 Qt 6 中，可以使用 Qt Designer 创建 UI 界面，然后以编写业务逻辑代码的方法创建程序。

【**实例 7-10**】 创建一个记事本程序,该程序可以设置格式,将文件保存为 txt 文档或 PDF 文档,操作步骤如下:

(1) 使用 Qt Creator 创建一个模板为 Qt Widgets Application 的项目,将该项目命名为 demo10,并保存在 D 盘的 Chapter7 文件夹下。在向导对话框中选择基类 QMainWindow, 并勾选 Generate form 复选框。创建项目完成后,双击项目管理树的 mainwindow.ui 进入 Qt Creator 的设计模式,

(2) 在 Qt Creator 的设计模式中,设计窗口的顶层菜单,并设置快捷键。预览效果如 图 7-12~图 7-15 所示。

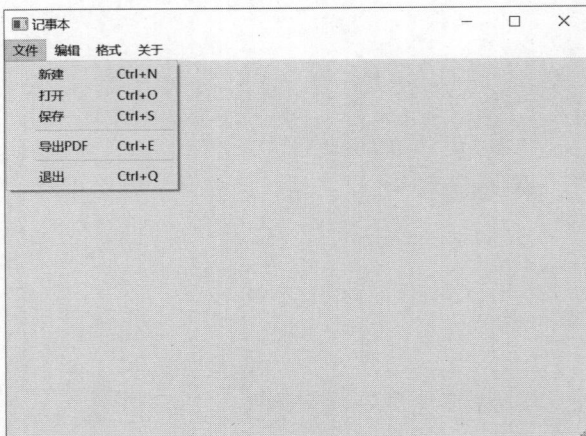

图 7-12 记事本的"文件"菜单

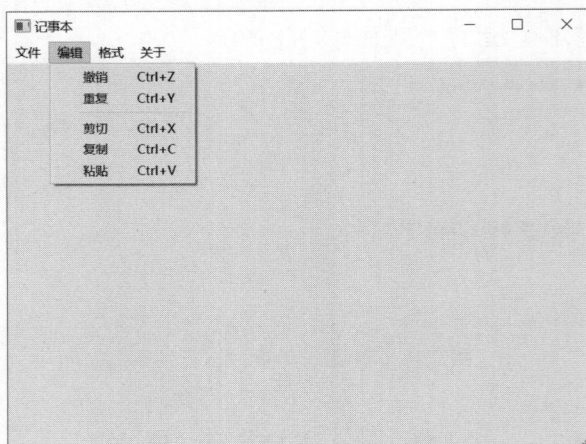

图 7-13 记事本的"编辑"菜单

(3) 在 Qt Creator 的设计模式中,创建资源文件 demo10.qrc,并向资源文件中添加图标文件,然后给菜单命令添加图标并创建工具栏,最后添加多行文本框控件,并设置垂直布局,如图 7-16~图 7-20 所示。

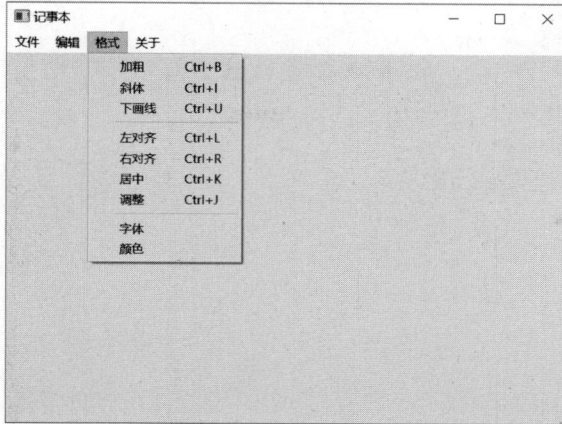

图 7-14 记事本的"格式"菜单

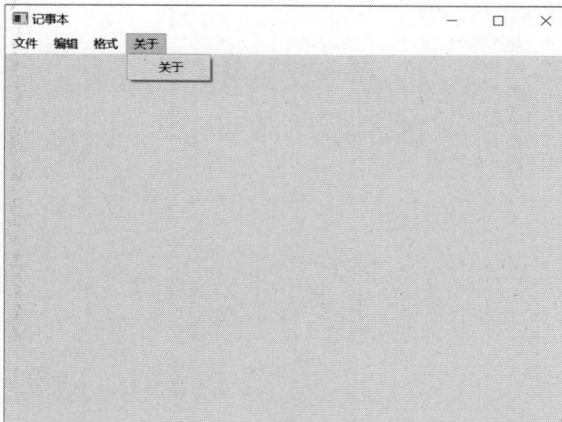

图 7-15 记事本的"关于"菜单

图 7-16 记事本的窗口界面

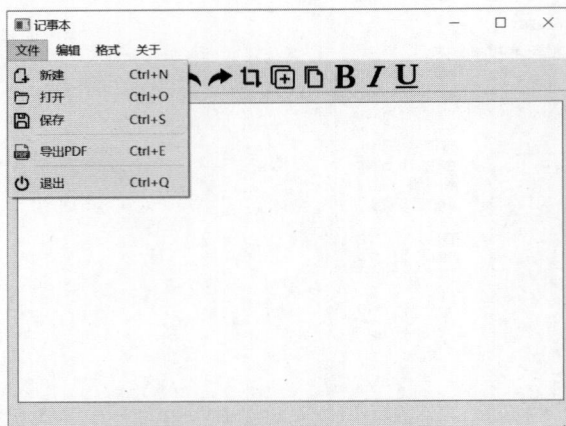

图 7-17　记事本的"文件"菜单

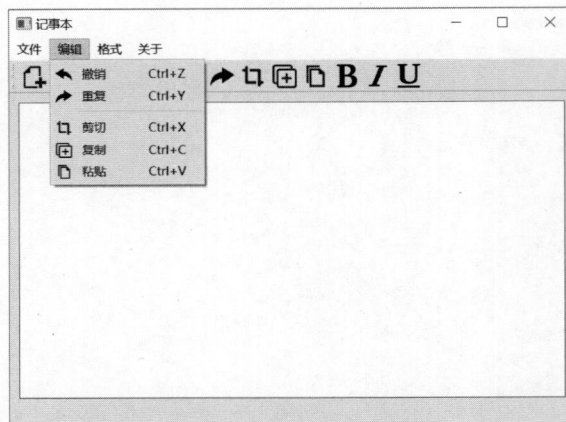

图 7-18　记事本的"编辑"菜单

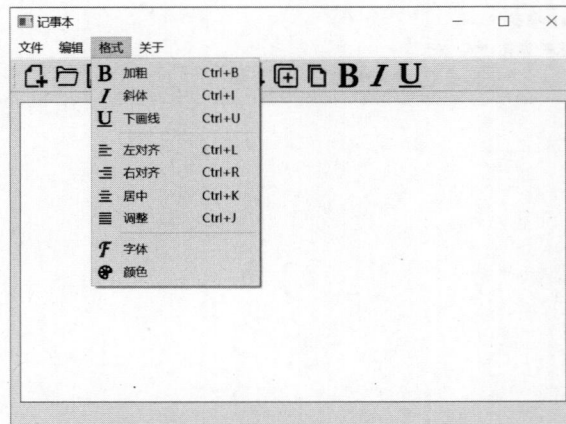

图 7-19　记事本的"格式"菜单

图 7-20　记事本的"关于"菜单

（4）在配置文件 demo10. pro 中添加下面一行语句：

```
QT   += printsupport
```

（5）编写 mainwindow. h 文件中的代码，代码如下：

```
/* 第 7 章 demo10 mainwindow. h */
#ifndef MAINWINDOW_H
#define MAINWINDOW_H

#include <QMainWindow>
#include <QFileDialog>
#include <QMessageBox>
#include <QFontDialog>
#include <QColorDialog>
#include <QPrinter>
#include <QPagedPaintDevice>
#include <QFont>
#include <QFileInfo>
#include <QString>
#include <QColor>

QT_BEGIN_NAMESPACE
namespace Ui {
class MainWindow;
}
QT_END_NAMESPACE

class MainWindow : public QMainWindow
{
    Q_OBJECT
public:
    MainWindow(QWidget * parent = nullptr);
    ~MainWindow();
```

```
private:
    Ui::MainWindow * ui;
    bool is_file();
private slots:
    void open_file();
    void save_file();
    void new_file();
    void export_pdf();
    void exit_app();
    void text_bold();
    void text_italic();
    void underline();
    void align_left();
    void align_right();
    void align_center();
    void align_justify();
    void font_dialog();
    void color_dialog();
    void about();
    void text_undo();
    void text_redo();
    void text_cut();
    void text_copy();
    void text_paste();
};
# endif //MAINWINDOW_H
```

(6) 编写 mainwindow.cpp 文件中的代码,代码如下:

```
/ * 第 7 章 demo10 mainwindow.cpp * /
# include "mainwindow.h"
# include "ui_mainwindow.h"

MainWindow::MainWindow(QWidget * parent):QMainWindow(parent)
, ui(new Ui::MainWindow)
{
    ui - > setupUi(this);
    //"文件"菜单中的命令
    connect(ui - > actionOpen,SIGNAL(triggered()),this,SLOT(open_file()));
    connect(ui - > actionSave,SIGNAL(triggered()),this,SLOT(save_file()));
    connect(ui - > actionNew,SIGNAL(triggered()),this,SLOT(new_file()));
    connect(ui - > actionExportPDF,SIGNAL(triggered()),this,SLOT(
export_pdf()));
    connect(ui - > actionQuit,SIGNAL(triggered()),this,SLOT(exit_app()));
    //"编辑"菜单中的命令
    connect(ui - > actionUndo,SIGNAL(triggered()),this,SLOT(text_undo()));
    connect(ui - > actionRedo,SIGNAL(triggered()),this,SLOT(text_redo()));
    connect(ui - > actionCut,SIGNAL(triggered()),this,SLOT(text_cut()));
    connect(ui - > actionCopy,SIGNAL(triggered()),this,SLOT(text_copy()));
    connect(ui - > actionPaste,SIGNAL(triggered()),this,SLOT(text_paste()));
    //"格式"菜单中的命令
    connect(ui - > actionBold,SIGNAL(triggered()),this,SLOT(text_bold()));
```

```
    connect(ui->actionItalic,SIGNAL(triggered()),this,SLOT(
text_italic()));
    connect(ui->actionUnderline,SIGNAL(triggered()),this,SLOT(
underline()));
    connect(ui->actionLeft,SIGNAL(triggered()),this,SLOT(align_left()));
    connect(ui->actionRight,SIGNAL(triggered()),this,SLOT(
align_right()));
    connect(ui->actionCenter,SIGNAL(triggered()),this,SLOT(
align_center()));
    connect(ui->actionJustify,SIGNAL(triggered()),this,SLOT(
align_justify()));
    connect(ui->actionFont,SIGNAL(triggered()),this,SLOT(font_dialog()));
    connect(ui->actionColor,SIGNAL(triggered()),this,SLOT(
color_dialog()));
    //"关于"菜单中的命令
    connect(ui->actionAbout,SIGNAL(triggered()),this,SLOT(about()));
}

MainWindow::~MainWindow()
{
    delete ui;
}

void MainWindow::open_file(){
    QString fname = QFileDialog::getOpenFileName(this,"打开文件","../","文本(*.txt)");
    if (fname.isEmpty() == true)
        return;
    QFile file(fname);
    if (file.exists() == false)
        return;
    if (!file.open(QIODevice::ReadOnly|QIODevice::Text))
        return;
    QByteArray lines = file.readAll();
    QString text(lines);
    ui->textEdit->setText(text);
    file.close();
}

void MainWindow::save_file(){
    QString fname = QFileDialog::getSaveFileName(this,"保存文件","../","文本文件(*.txt)");
    if (fname.isEmpty() == true)
        return;
    QFile file(fname);
    if (!file.open(QIODevice::WriteOnly|QIODevice::Text))
        return;
    QString str1 = ui->textEdit->toPlainText();
    QByteArray data = str1.toUtf8();
    file.write(data,data.length());
    file.close();
    QMessageBox::about(this,"保存文件","文件已经被保存");
}

bool MainWindow::is_file(){
```

```cpp
    if (ui->textEdit->document()->isModified() == false)
        return true;
    QMessageBox::StandardButton ret;
    ret = QMessageBox::warning(this,"对话框","文件已被改动,\n确定要保存改动?",
QMessageBox::Save|QMessageBox::Discard|QMessageBox::Cancel);
    if (ret == QMessageBox::Save)
        save_file();
    else if (ret == QMessageBox::Cancel)
        return false;
    else
        return true;
}

void MainWindow::new_file(){
    if (is_file() == true)
        ui->textEdit->clear();
}

void MainWindow::export_pdf(){
    QString fn = QFileDialog::getSaveFileName(this,"保存文件","../","PDF文件(*.pdf)");
    if (fn.isEmpty() == true)
        return;
    QFileInfo info(fn);
    if (info.suffix() == "")
        fn = fn + ".pdf";
    QPrinter *printer = new QPrinter(QPrinter::HighResolution);
    printer->setOutputFormat(QPrinter::PdfFormat);
    printer->setOutputFileName(fn);
    QPagedPaintDevice *page = static_cast<QPagedPaintDevice *>(printer);
    ui->textEdit->document()->print(printer);
}

void MainWindow::exit_app(){
    close();
}

void MainWindow::text_bold(){
    QFont font = ui->textEdit->currentFont();
    font.setBold(true);
    ui->textEdit->setFont(font);
}

void MainWindow::text_italic(){
    QFont font = ui->textEdit->currentFont();
    font.setItalic(true);
    ui->textEdit->setFont(font);
}

void MainWindow::underline(){
    QFont font = ui->textEdit->currentFont();
    font.setUnderline(true);
    ui->textEdit->setFont(font);
}
```

```
void MainWindow::align_left(){
    ui->textEdit->setAlignment(Qt::AlignLeft);
}

void MainWindow::align_right(){
    ui->textEdit->setAlignment(Qt::AlignRight);
}

void MainWindow::align_center(){
    ui->textEdit->setAlignment(Qt::AlignCenter);
}

void MainWindow::align_justify(){
    ui->textEdit->setAlignment(Qt::AlignJustify);
}

void MainWindow::font_dialog(){
    bool ok;
    QFont font = QFontDialog::getFont(&ok,this);
    if (ok)
        ui->textEdit->setFont(font);
}

void MainWindow::color_dialog(){
    QColor color = QColorDialog::getColor();
    if (color.isValid() == true)
        ui->textEdit->setTextColor(color);
}

void MainWindow::about(){
    QMessageBox::about(this,"关于程序","这是一个简易的记事本程序。");
}

void MainWindow::text_undo(){
    ui->textEdit->undo();
}

void MainWindow::text_redo(){
    ui->textEdit->redo();
}

void MainWindow::text_cut(){
    ui->textEdit->cut();
}

void MainWindow::text_copy(){
    ui->textEdit->copy();
}

void MainWindow::text_paste(){
    ui->textEdit->paste();
}
```

(7) 其他文件保持不变,运行结果如图 7-21 所示。

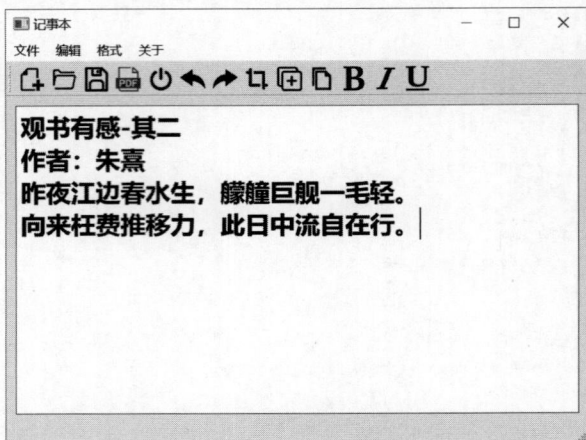

图 7-21　项目 demo10 的运行结果

注意:在项目 demo10 中,应用了 QFile、QByteArray、QPrinter 等类,将在后面的章节中介绍这些类的用法。

7.6　小结

本章首先介绍了如何创建菜单栏,以及在菜单栏上添加菜单和命令的方法,然后介绍了如何创建工具栏和状态栏,以及在工具栏上添加工具按钮的方法。

其次介绍了 Qt 6 中的 3 个控件,分别为多文档区、停靠控件、按钮容器控件。

最后介绍了一个综合应用的案例:创建一个记事本程序。在这个案例中运用了之前介绍的知识。

第8章

使用 QPainter 绘图

前面的章节介绍了 Qt 6 提供的各种控件。如果要在窗口中绘制图像,则应该怎么办?好像之前学过的控件并不能绘图。答案是使用 QPainter 类绘制图形,使用 QPainter 类可以在绘图设备上(窗口、控件、图像)绘制点、线、矩形、椭圆、多边形、文字,并且可以向绘制的图形中填充颜色。

8.1 基本绘图类

在 Qt 6 中,绘制图形需要使用 QPainter 类,设置线条的样式需要使用 QPen 类,向图形中填充颜色需要使用 QBrush 类,如果要填充渐变色,则需使用 QGradient 类。QPainter 类、QPen 类、QBrush 类、QGradient 类都位于 Qt 6 的 Qt Gui 子模块下。

8.1.1 QPainter 类

在 Qt 6 中,可以使用 QPainter 类在绘图设备上绘制图形、文字。绘图设备是指 QPaintDevice 的子类创建的各种控件,包括图像(QPixmap、QImage)、QWidget 类及其子类创建的窗口、控件。QPainter 类的构造函数如下:

```
QPainter()
QPainter(QPaintDevice * device)
```

其中,device 表示指向绘图设备的对象指针,即用 QPaintDevice 及其子类创建的对象指针。

QPainter 类的方法比较多,其中 Painter 类的状态设置的方法见表 8-1。

表 8-1 QPainter 类的状态设置的方法

方法及参数类型	说　明
begin(QPaintDevice * dev)	指定绘图设备,若成功,则返回值为 true
isActive()	是否处于活跃状态,若成功,则返回值为 true
end()	结束绘图
setBackground(QBrush &brush)	设置背景色

续表

方法及参数类型	说　明
setBackgroundMode(Qt::BGMode)	设置透明或不透明的背景模式
setBrush(QBrush &brush)	设置画刷
setBrush(Qt::BrushStyle)	设置画刷
setBrushOrigin(QPointF &pos)	设置画刷的起点
setBrushOrigin(int x,int y)	设置画刷的起点
setClipPath(QPainterPath &path, Qt::ClipOperation op=Qt::ReplaceClip)	设置剪切路径
setClipRect(QRectF &r,Qt::ClipOperation op=Qt::ReplaceClip)	设置剪切的矩形区域
setClipRect(QRect &r,Qt::ClipOperation op=Qt::ReplaceClip)	设置剪切的矩形区域
setClipRect(int x,int y,int w,int h,Qt::ClipOperation op=Qt::ReplaceClip)	设置剪切的矩形区域
setClipRegion(QRegion &region, Qt::ClipOperation op=Qt::ReplaceClip)	设置剪切区域
setClipping(bool)	设置是否启动剪切
setCompositionMode(QPainter::CompositionMode)	设置图像合成模式
setFont(QFont &font)	设置字体
setLayoutDirection(Qt::LayoutDirection)	设置布局方向
setOpacity(float)	设置不透明度
setPen(QPen &pen)	设置钢笔
setPen(QColor &color)	设置钢笔
setPen(Qt::PenStyle)	设置钢笔
setRenderHint(QPainter::RenderHint,bool on=true)	设置渲染模式
setRenderHints(QPainter::RenderHints,bool on=true)	设置多个渲染模式
setTransform(QTransform &transform,bool combine=false)	设置全局变换矩阵
setWorldTransform(QTransform &matrix,bool combine=false)	设置全局变换矩阵
setWorldMatrixEnabled(bool)	设置是否启动全局矩阵变换
setViewTransformEnabled(bool)	设置是否启动视口变换
setViewport(QRect &rect)	设置视口
setViewport(int x,int y,int w,int h)	设置视口
setWindow(QRect &rect)	设置逻辑窗口
setWindow(int x,int y,int w,int h)	设置逻辑窗口
save()	将状态保存到堆栈中
restore()	从堆栈中恢复状态

QPainter 类中绘制矩形的方法见表 8-2。

表 8-2　QPainter 类中绘制矩形方法

绘制单个矩形	绘制多个矩形
drawRect(QRect &rectangle)	drawRects(QList < QRect > &rectangles)
drawRect(QRectF &rectangle)	drawRects(QList < QRectF > rectangles)

续表

绘制单个矩形	绘制多个矩形
drawRect(int x,int y,int w,int h)	drawRects(QRect ∗ rectangles,int rectCount)
	drawRects(QRectF ∗ rectangles,int rectCount)

在 Qt 6 中,使用 QPainter 类绘制图形一般使用 paintEvent()事件,或者由 paintEvent()事件调用的方法。绘制图形首先要创建 QPainter 对象,然后绘制图形。

【实例 8-1】　使用 QPainter 类在窗口中绘制一个矩形,操作步骤如下:

(1)使用 Qt Creator 创建一个模板为 Qt Widgets Application 的项目,将该项目命名为 demo1,并保存在 D 盘的 Chapter8 文件夹下;在向导对话框中选择基类 QWidget,不勾选 Generate form 复选框。

(2)编写 widget.h 文件中的代码,代码如下:

```
/∗ 第 8 章 demo1 widget.h ∗/
#ifndef WIDGET_H
#define WIDGET_H

#include <QWidget>
#include <QPainter>
#include <QPaintEvent>

class Widget : public QWidget
{
    Q_OBJECT
public:
    Widget(QWidget ∗ parent = nullptr);
    ~Widget();
protected:
    void paintEvent(QPaintEvent ∗ event);
};
#endif //WIDGET_H
```

(3)编写 widget.cpp 文件中的代码,代码如下:

```
/∗ 第 8 章 demo1 widget.cpp ∗/
#include "widget.h"

Widget::Widget(QWidget ∗ parent):QWidget(parent)
{
    setGeometry(300,300,560,220);
    setWindowTitle("QPainter");
}

Widget::~Widget() {}

void Widget::paintEvent(QPaintEvent ∗ event){
    QPainter painter(this);
painter.drawRect(80,30,300,100);
event->accept();                //当前窗口接收事件
}
```

（4）其他文件保持不变，运行结果如图 8-1 所示。

图 8-1　项目 demo1 的运行结果

8.1.2　钢笔（QPen）

在 Qt 6 中，使用 QPen 类可以绘制线条，并可以设置线条的颜色、宽度、样式等属性。使用 QPainter 对象的 setPen()方法，可以为 QPainter 对象设置钢笔。QPen 类的构造函数如下：

```
QPen()
QPen(Qt::PenStyle style)
QPen(const QColor &color)
QPen(QPen &pen)
QPen(const QBrush &brush, float width, Qt::PenStyle style = Qt::SolidLine, Qt::PenCapStyle cap =
Qt::SquareCap, Qt::PenJoinStyle join = Qt::BevelJoin)
```

其中，color 表示颜色；brush 表示画刷；width 表示线宽；style 表示线条的样式；cap 表示线条的端点样式；join 表示两线条连接处的样式。

QPen 类的常用方法见表 8-3。

表 8-3　QPen 类的常用方法

方法及参数类型	说　　明	返回值的类型
setStyle(Qt::PenStyle)	设置线条的样式	
style()	获取线条样式	Qt::PenStyle
setWidth(int)、setWidthF(float)	设置线条宽度	
width()、widthF()	获取线条宽度	int、float
isSolid()	获取线条样式是否有实线填充	bool
setBrush(QBrush &brush)	设置画刷	
brush()	获取画刷	QBrush
setCapStyle(Qt::PenCapStyle)	设置线条端点的样式，参数值可取 Qt::FlatCap、Qt::SquareCap、Qt::RoundCap	
capStyle()	获取线条端点的样式	Qt::PenCapStyle
setColor(QColor &color)	设置颜色	
color()	获取颜色	QColor
setCosmetic(bool)	设置是否进行装饰	
isCosmetic()	获取是否进行装饰	bool

续表

方法及参数类型	说　　明	返回值的类型
setDashOffset(float)	设置线条的起点与虚线起点的距离	
setDashPattern(QList < float > &pattern)	设置用户自定义的虚线样式	
dashPattern()	获取自定义样式	QList < float >
setJoinStyle(Qt::PenJoinStyle)	获取相交线条连接点处的样式,参数值可取 Qt::MiterJoin、Qt::BevelJoin、Qt::RoundJoin、Qt::SvgMiterJoin	
setMiterLine(float limit)	设置斜接延长线的长度	

在 QPen 类中,钢笔样式 Qt::PenStyle 的枚举常量见表 8-4。

表 8-4　Qt::PenStyle 的枚举常量

枚 举 常 量	说　　明	枚 举 常 量	说　　明
Qt::NoPen	不绘制线条	Qt::DashDotLine	点画线
Qt::SolidLine	实线	Qt::DashDotDotLine	双点画线
Qt::DashLine	虚线	Qt::CustomDashLine	自定义线
Qt::DotLine	点线		

【实例 8-2】　使用 QPainter 类在窗口中绘制一个矩形,需使用 QPen 类将线条宽度设置为 5,线条样式为虚线,线条颜色为红色,操作步骤如下:

(1) 使用 Qt Creator 创建一个模板为 Qt Widgets Application 的项目,将该项目命名为 demo2,并保存在 D 盘的 Chapter8 文件夹下;在向导对话框中选择基类 QWidget,不勾选 Generate form 复选框。

(2) 编写 widget.h 文件中的代码,代码如下:

```
/* 第8章 demo2 widget.h */
#ifndef WIDGET_H
#define WIDGET_H

#include < QWidget >
#include < QPainter >
#include < QPaintEvent >
#include < QPen >

class Widget : public QWidget
{
    Q_OBJECT
public:
    Widget(QWidget * parent = nullptr);
    ~Widget();
protected:
    void paintEvent(QPaintEvent * event);
};
#endif //WIDGET_H
```

（3）编写 widget.cpp 文件中的代码，代码如下：

```
/* 第 8 章 demo2 widget.cpp */
#include "widget.h"

Widget::Widget(QWidget * parent):QWidget(parent)
{
    setGeometry(300,300,560,220);
    setWindowTitle("QPainter、QPen");
}

Widget::~Widget() {}

void Widget::paintEvent(QPaintEvent * event){
    QPainter painter(this);
    QPen pen(Qt::red,5,Qt::DashLine);
    painter.setPen(pen);
    painter.drawRect(80,30,300,100);
    event->accept();
}
```

（4）其他文件保持不变，运行结果如图 8-2 所示。

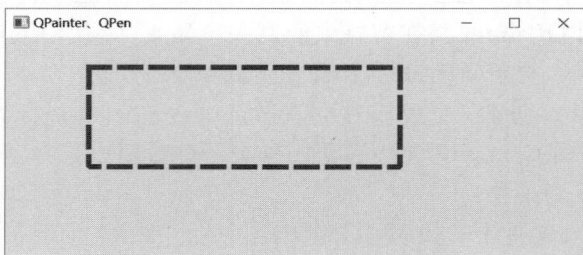

图 8-2　项目 demo2 的运行结果

8.1.3　画刷(QBrush)

在 Qt 6 中，使用 QBrush 类可以向封闭的图形(矩形、椭圆等)内部填充颜色、样式、渐变、纹理、图案。QBrush 类的构造函数如下：

```
QBrush()
QBrush(Qt::BrushStyle style)
QBrush(const QColor &color,Qt::BrushStyle style = Qt::SolidPattern)
QBrush(Qt::GlobalColor color,Qt::BrushStyle style = Qt::SolidPattern)
QBrush(const QColor &color,const QPixmap &pixmap)
QBrush(Qt::GlobalColor color,const QPixmap &pixmap)
QBrush(const QPixmap &pixmap)
QBrush(const QImage &image)
QBrush(const QGradient &gradient)
QBrush(const QBrush &other)
```

其中，color 表示颜色；style 用于设置画刷的风格，其参数值为 Qt::BrushStyle 的枚举常量。

QBrush 类的常用方法见表 8-5。

表 8-5　QBrush 类的常用方法

方法及参数类型	说　　明	返回值的类型
setStyle(Qt::BrushStyle)	设置画刷的风格	
style()	获取画刷的风格	Qt::BrushStyle
setTexture(QPixmap &pixmap)	设置画刷的纹理图片	
setTextureImage(QImage &image)	同上	
texture()	获取画刷的纹理图片	QPixmap
textureImage()	同上	QImage
setColor(Qt::GlobalColor)	设置颜色	
color()	获取颜色	QColor &
gradient()	获取渐变色	QGradient *
setTransform(QTransform &matrix)	设置变换矩阵	
transform()	获取变换矩阵	QTransform
isOpaque()	获取画刷是否透明	bool

在 QBush 类中,画刷风格 Qt::BrushStyle 的枚举常量见表 8-6。

表 8-6　Qt::BrushStyle 的枚举常量

枚 举 常 量	枚 举 常 量	枚 举 常 量	枚 举 常 量
Qt::SolidPattern	Qt::Dense1Pattern	Qt::Dense2Pattern	Qt::Dense3Pattern
Qt::Dense4Pattern	Qt::Dense5Pattern	Qt::Dense6Pattern	Qt::Dense7Pattern
Qt::CrossPattern	Qt::BDiagPattern	Qt::FDiagPattern	Qt::DiagCrossPattern
Qt::NoBrush	Qt::VerPattern	Qt::ConicalGradientPattern	Qt::RadialGradientPattern
Qt::HorPattern	Qt::TexturePattern	Qt::LinearGradientPattern	

【实例 8-3】　使用 QPainter 类在窗口中绘制一个矩形,需使用 QBrush 类设置矩形的填充颜色,操作步骤如下:

(1) 使用 Qt Creator 创建一个模板为 Qt Widgets Application 的项目,将该项目命名为 demo3,并保存在 D 盘的 Chapter8 文件夹下;在向导对话框中选择基类 QWidget,不勾选 Generate form 复选框。

(2) 编写 widget.h 文件中的代码,代码如下:

```
/* 第 8 章 demo3 widget.h */
#ifndef WIDGET_H
#define WIDGET_H

#include <QWidget>
#include <QPainter>
#include <QBrush>
#include <QPaintEvent>

class Widget : public QWidget
```

```
{
    Q_OBJECT
public:
    Widget(QWidget * parent = nullptr);
    ~Widget();
protected:
    void paintEvent(QPaintEvent * event);
};
#endif //WIDGET_H
```

(3) 编写 widget.cpp 文件中的代码,代码如下:

```
/* 第 8 章 demo3 widget.cpp */
#include "widget.h"

Widget::Widget(QWidget * parent):QWidget(parent)
{
    setGeometry(300,300,560,220);
    setWindowTitle("QPainter、QBrush");
}

Widget::~Widget() {}

void Widget::paintEvent(QPaintEvent * event){
    QPainter painter(this);
    QBrush brush(Qt::blue,Qt::SolidPattern);
    painter.setBrush(brush);
    painter.drawRect(80,30,300,100);
    event->accept();
}
```

(4) 其他文件保持不变,运行结果如图 8-3 所示。

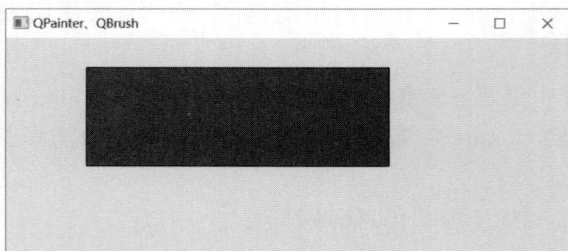

图 8-3 项目 demo3 的运行结果

8.1.4 渐变色(QGradient)

在 Qt 6 中,使用 QGradient 类创建渐变色。渐变色是指在两个不同的点设置不同的颜色,其中一个点是起点,另一个点是终点,这两个点的颜色从起点的颜色过渡到终点的颜色。渐变色分为 3 种:线性渐变 QLinearGradient 类、径向渐变 QRadialGradient 类、圆锥渐变 QConicalGradient 类。这 3 个类都是 QGradient 类的子类,继承了 QGradient 类的属性、方法。

QGradient 类的常用方法见表 8-7。

表 8-7 QGradient 类的常用方法

方法及参数类型	说 明	返回值的类型
setCoordinateMode(QGradient::CoordinateMode)	设置坐标模式	
setColorAt(float pos,QColor &color)	设置指定点的颜色	
setStops(QGradientStops &stops)	替换颜色	
setSpread(QGradient::Spread)	设置扩展方式	
type()	获取类型	QGradient::Type

在 QGradient 类中,QGradient::CoordinateMode 的枚举常量见表 8-8。

表 8-8 QGradient::CoordinateMode 的枚举常量

枚 举 值	说 明
QGradient::LogicalMode	逻辑方式,起点为 0,终点为 1,这是默认值
QGradient::ObjectMode	相对于绘图区域矩形边界的逻辑坐标,左上角的坐标为(0,0),右下角的坐标为(1,1)
QGradient::StretchToDeviceMode	相对于绘图设备矩形边界的逻辑坐标,左上角的坐标为(0,0),右下角的坐标为(1,1)
QGradient::ObjectBoundingMode	该模式与 QGradient::ObjectMode 基本相同,不同之处在于 QBrush::transform()应用于逻辑控件而不是物理空间

在 QGradient 类中,QGradient::Spread 的枚举常量见表 8-9。

表 8-9 QGradient::Spread 的枚举常量

枚 举 常 量	说 明
QGradient::PadSpread	用最近的颜色扩展
QGradient::RepeatSpread	重复渐变
QGradient::ReflectSpread	对称渐变

1. 线性渐变 QLinearGradient

在 Qt 6 中,使用 QLinearGradient 类创建线性渐变色,其构造函数如下:

```
QLinearGradient()
QLinearGradient(const QPointF &start,const QPointF &finalStop)
QLinearGradient(float x1,float y1,float x2,float y2)
```

其中,start 表示起始坐标;finalStop 表示终点坐标。

QLinearGradient 类的常用方法见表 8-10。

表 8-10 QLinearGradient 类的常用方法

方法及参数类型	说 明	返回值的类型
setStart(QPointF &start)	设置起点	
setStart(float x,float y)	设置起点	

续表

方法及参数类型	说　　明	返回值的类型
start()	获取起点	QPointF
setFinalStop(QPointF & stop)	设置结束点	
setFinalStop(float x,float y)	设置结束点	
finalStop()	获取结束点	QPointF

【实例 8-4】　使用 QPainter 类在窗口中绘制一个矩形,要求在矩形内部填充线性渐变色,操作步骤如下:

(1) 使用 Qt Creator 创建一个模板为 Qt Widgets Application 的项目,将该项目命名为 demo4,并保存在 D 盘的 Chapter8 文件夹下;在向导对话框中选择基类 QWidget,不勾选 Generate form 复选框。

(2) 编写 widget.h 文件中的代码,代码如下:

```
/* 第 8 章 demo4 widget.h */
#ifndef WIDGET_H
#define WIDGET_H

#include <QWidget>
#include <QPainter>
#include <QBrush>
#include <QLinearGradient>
#include <QPaintEvent>

class Widget : public QWidget
{
    Q_OBJECT
public:
    Widget(QWidget * parent = nullptr);
    ~Widget();
protected:
    void paintEvent(QPaintEvent * event);
};
#endif //WIDGET_H
```

(3) 编写 widget.cpp 文件中的代码,代码如下:

```
/* 第 8 章 demo4 widget.cpp */
#include "widget.h"

Widget::Widget(QWidget * parent):QWidget(parent)
{
    setGeometry(300,300,560,220);
    setWindowTitle("QPainter、QBrush、QLinearGradient");
}

Widget::~Widget() {}

void Widget::paintEvent(QPaintEvent * event){
```

```
QPainter painter(this);
QLinearGradient grad1(25,25,120,150);
grad1.setColorAt(0.0,Qt::blue);
grad1.setColorAt(0.5,Qt::red);
grad1.setColorAt(1.0,Qt::yellow);
QBrush brush(grad1);
painter.setBrush(brush);
painter.drawRect(80,30,300,100);
event->accept();
}
```

（4）其他文件保持不变，运行结果如图 8-4 所示。

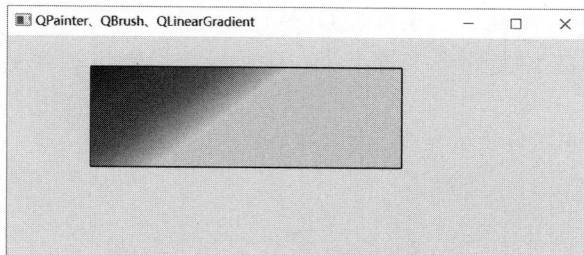

图 8-4 项目 demo4 的运行结果

2. 径向渐变 QRadialGradient

在 Qt 6 中，使用 QRadialGradient 类创建径向渐变色，构建径向渐变色对象需要 4 个几何参数：圆心位置、圆半径、焦点位置、焦点半径。QRadialGradient 类的构造函数如下：

```
QRadialGradient()
QRadialGradient(const QPointF &center,float radius,const QPointF &focalPoint)
QRadialGradient(float cx,float cy,float radius,float fx,float fy)
QRadialGradient(const QPointF &center,float radius)
QRadialGradient(float cx,float cy,float radius)
QRadialGradient(const QPointF &center, float centerRadius, const QPointF &focalPoint, float
focalRadius)
QRadialGradient(float cx,float cy,float centerRadius,float fx,float fy,float focalRadius)
```

其中，center 表示圆心位置；centerRadius 表示圆心半径；focalPoint 表示焦点位置；focalRadius 表示焦点半径。

QRadialGradient 类的常用方法见表 8-11。

表 8-11 QRadialGradient 类的常用方法

方法及参数类型	说　明	返回值的类型
setCenter(QPointF &center)	设置圆心坐标	
setCenter(float x,float y)	设置圆心坐标	
setCenterRadius(float radius)	设置圆半径	
setFocalPoint(QPointF &focalPoint)	设置焦点位置	
setFocalPoint(float x,float y)	设置焦点位置	

方法及参数类型	说　　明	返回值的类型
setFocalRadius(float radius)	设置焦点半径	
center()	获取圆心位置	QPointF
centerRadius()	获取圆半径	float
focalPoint()	获取焦点位置	QPointF
focalRadius	获取焦点半径	float

【实例 8-5】　使用 QPainter 类在窗口中绘制一个矩形,要求在矩形内部填充径向渐变色,操作步骤如下:

(1) 使用 Qt Creator 创建一个模板为 Qt Widgets Application 的项目,将该项目命名为 demo5,并保存在 D 盘的 Chapter8 文件夹下;在向导对话框中选择基类 QWidget,不勾选 Generate form 复选框。

(2) 编写 widget.h 文件中的代码,代码如下:

```
/* 第 8 章 demo5 widget.h */
#ifndef WIDGET_H
#define WIDGET_H

#include <QWidget>
#include <QPainter>
#include <QBrush>
#include <QRadialGradient>
#include <QPaintEvent>

class Widget : public QWidget
{
    Q_OBJECT
public:
    Widget(QWidget * parent = nullptr);
    ~Widget();
protected:
    void paintEvent(QPaintEvent * event);
};
#endif //WIDGET_H
```

(3) 编写 widget.cpp 文件中的代码,代码如下:

```
/* 第 8 章 demo5 widget.cpp */
#include "widget.h"

Widget::Widget(QWidget * parent):QWidget(parent)
{
    setGeometry(300,300,560,220);
    setWindowTitle("QPainter、QBrush、QRadialGradient");
}

Widget::~Widget() {}
```

```
void Widget::paintEvent(QPaintEvent * event){
    QPainter painter(this);
    QRadialGradient grad1(100,100,100);
    grad1.setColorAt(0.4,Qt::blue);
    grad1.setColorAt(0.8,Qt::darkGray);
    grad1.setColorAt(1.0,Qt::yellow);
    QBrush brush(grad1);
    painter.setBrush(brush);
    painter.drawRect(0,0,200,200);
    event->accept();
}
```

（4）其他文件保持不变，运行结果如图 8-5 所示。

3. 锥向渐变 QConicalGradient

在 Qt 6 中，使用 QConicalGradient 类创建圆锥渐变色，构建圆锥渐变色对象需要两个几何参数：圆心坐标位置、起始角度，如图 8-6 所示。

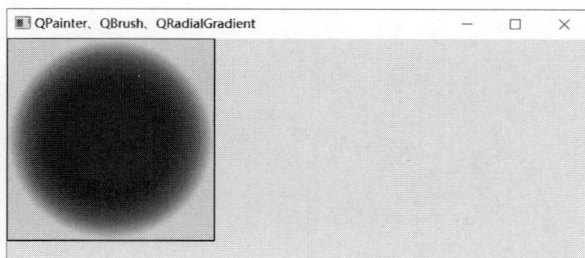

图 8-5　项目 demo5 的运行结果

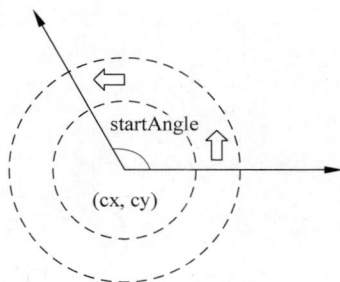

图 8-6　圆锥渐变

QConicalGradient 类的构造函数如下：

```
QConicalGradient()
QConicalGradient(const QPointF &center,float startAngle)
QConicalGradient(float cx,float cy,float startAngle)
```

其中，center 表示圆心坐标位置；startAngle 表示起始角度。

QConicalGradient 类的常用方法见表 8-12。

表 8-12　QConicalGradient 类的常用方法

方法及参数类型	说　　明	返回值的类型
setCenter(QPointF &center)	设置圆心位置	
setCenter(float x,float y)	同上	
setAngle(float)	设置起始角度	
center()	获取圆心位置	QPointF
angle()	获取起始角度	float

【实例 8-6】　使用 QPainter 类在窗口中绘制一个矩形，要求在矩形内部填充锥向渐变

色,操作步骤如下:

(1) 使用 Qt Creator 创建一个模板为 Qt Widgets Application 的项目,将该项目命名为 demo6,并保存在 D 盘的 Chapter8 文件夹下;在向导对话框中选择基类 QWidget,不勾选 Generate form 复选框。

(2) 编写 widget.h 文件中的代码,代码如下:

```
/* 第8章 demo6 widget.h */
#ifndef WIDGET_H
#define WIDGET_H

#include <QWidget>
#include <QPainter>
#include <QBrush>
#include <QConicalGradient>
#include <QPaintEvent>

class Widget : public QWidget
{
    Q_OBJECT
public:
    Widget(QWidget * parent = nullptr);
    ~Widget();
protected:
    void paintEvent(QPaintEvent * event);
};
#endif //WIDGET_H
```

(3) 编写 widget.cpp 文件中的代码,代码如下:

```
/* 第8章 demo6 widget.cpp */
#include "widget.h"

Widget::Widget(QWidget * parent):QWidget(parent)
{
    setGeometry(300,300,560,220);
    setWindowTitle("QPainter、QBrush、QConicalGradient");
}

Widget::~Widget() {}

void Widget::paintEvent(QPaintEvent * event){
    QPainter painter(this);
    QConicalGradient grad1(100,100,1);
    grad1.setColorAt(0.0,Qt::red);
    grad1.setColorAt(0.5,Qt::green);
    grad1.setColorAt(1.0,Qt::blue);
    QBrush brush(grad1);
    painter.setBrush(brush);
    painter.drawRect(0,0,200,200);
    event->accept();
}
```

（4）其他文件保持不变,运行结果如图 8-7 所示。

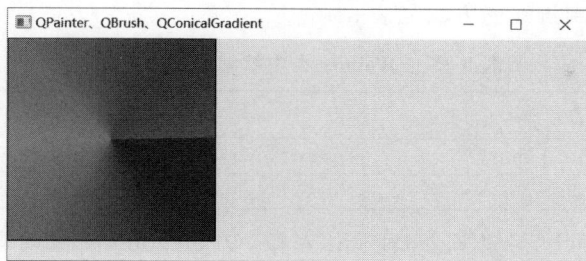

图 8-7 项目 demo6 的运行结果

8.2 绘制几何图形与文本

在 Qt 6 中,可以使用 QPainter 类绘制点、直线、折线、矩形、椭圆、弧、弦等几何图形,也可以绘制文本。

8.2.1 绘制几何图形

1. 绘制点

QPainter 类中绘制点的方法见表 8-13。

表 8-13 QPainter 类中绘制点的方法

绘制单个点的方法	绘制多个点的方法
drawPoint(QPointF &pos)	drawPoints(QPointF * points,int pointCount)
drawPoint(QPoint &pos)	drawPoints(QPolygonF &points)
drawPoint(int x,int y)	drawPoints(QPoint * points,int pointCount)
	drawPoints(QPolygon &points)

2. 绘制直线

QPainter 类中绘制直线的方法见表 8-14。

表 8-14 QPainter 类中绘制直线的方法

绘制单条直线的方法	绘制多条直线的方法
drawLine(QLineF &line)	drawLines(QLineF * line,int lineCount)
drawLine(QLine &line)	drawLines(QList < QLineF > &lines)
drawLine(int x1,int y1,int x2,int y2)	drawLines(QPointF * pointPairs,int lineCount)
drawLine(QPoint &p1,QPoint &p2)	drawLines(QList < QPointF > &pointPairs)
drawLine(QPointF &p1,QPointF &p2)	drawLines(QLine * line,int lineCount)
	drawLines(QList < QLine > &lines)
	drawLines(QPoint * pointPairs,int lineCount)
	drawLines(QList < QPoint > &pointPairs)

3. 绘制折线

QPainter 类中绘制折线的方法见表 8-15。

表 8-15　QPainter 类中绘制折线的方法

绘制折线的方法	绘制折线的方法
drawPolyline(QPolygon &points)	drawPolyline(QPointF * points, int pointCount)
drawPolyline(QPolygonF &points)	drawPolyline(QPoint * points, int pointCount)

其中,QPolygon 对象可以存储多个 QPoint 对象,QPolygonF 对象可以存储多个 QPointF 对象。QPolygon 类和 QPolygonF 类都是 QList 类的子类。

QPolygon 类的构造函数如下:

```
QPolygon()
QPolygon(const QList < QPoint > &points)
QPolygon(const QRect &rectangle, bool closed = false)
```

QPolygonF 类的构造函数如下:

```
QPolygonF()
QPolygonF(const QList < QPointF > &points)
QPolygonF(const QRectF &rectangle)
QPolygonF(const QPolygon &polygon)
```

QPolygon 类和 QPolygonF 类的常用方法见表 8-16。

表 8-16　QPolygon 类和 QPolygonF 类的常用方法

QPolygon 类的方法	说明	QPolygonF 类的方法	说明
append(QList < QPoint > &value)	添加点	append(QList < QPointF > &value)	添加点
insert(int, QPoint)	插入点	insert(int, QPointF)	插入点
setPoint(int index, QPoint &point)	更改点		

QPolygon 类和 QPolygonF 类都可以使用操作符＜＜向实例对象中添加坐标点对象。

【实例 8-7】　使用 QPainter 类在窗口中绘制折线,需创建 QPolygon 对象,操作步骤如下:

(1) 使用 Qt Creator 创建一个模板为 Qt Widgets Application 的项目,将该项目命名为 demo7,并保存在 D 盘的 Chapter8 文件夹下;在向导对话框中选择基类 QWidget,不勾选 Generate form 复选框。

(2) 编写 widget.h 文件中的代码,代码如下:

```
/* 第 8 章 demo7 widget.h */
# ifndef WIDGET_H
# define WIDGET_H

# include < QWidget >
# include < QPainter >
# include < QPen >
```

```
#include <QPolygon>
#include <QPoint>
#include <QPaintEvent>

class Widget : public QWidget
{
    Q_OBJECT
public:
    Widget(QWidget * parent = nullptr);
    ~Widget();
protected:
    void paintEvent(QPaintEvent * event);
};
#endif //WIDGET_H
```

（3）编写 widget.cpp 文件中的代码，代码如下：

```
/ * 第 8 章 demo7 widget.cpp * /
#include "widget.h"

Widget::Widget(QWidget * parent):QWidget(parent)
{
    setGeometry(300,300,560,220);
    setWindowTitle("QPainter、QPen、QPolygon");
}

Widget::~Widget() { }

void Widget::paintEvent(QPaintEvent * event){
    QPainter painter(this);
    QPen pen(Qt::red,5,Qt::SolidLine);
    QPolygon polygon;
    QPoint p1(10,10),p2(110,110),p3(210,10),p4(310,110);
    QPoint p5(410,10),p6(510,110);
    polygon << p1 << p2 << p3 << p4 << p5 << p6;
    painter.setPen(pen);
    painter.drawPolyline(polygon);
    event->accept();
}
```

（4）其他文件保持不变，运行结果如图 8-8 所示。

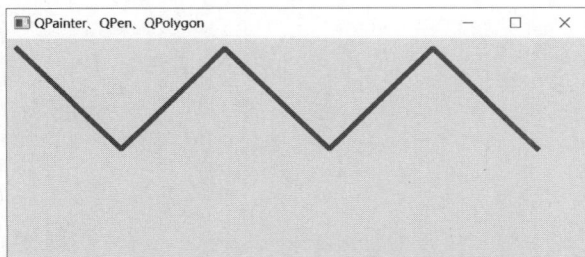

图 8-8　项目 demo7 的运行结果

4. 绘制多边形和凸多边形

QPainter 类中绘制多边形和凸多边形的方法见表 8-17。

表 8-17　QPainter 类中绘制多边形和凸多边形的方法

绘制多边形的方法	绘制凸多边形的方法
drawPolygon(QPointF * pts,int count,Qt::FillRule fillRule=Qt::OddEventFill)	drawConvexPolygon(QPointF * pts,int count)
drawPolygon(QPolygonF &pts,Qt::FillRule fillRule=Qt::OddEventFill)	drawConvexPolygon(QPolygonF &polygon)
drawPolygon(QPoint * pts, int count,Qt::FillRule fillRule=Qt::OddEventFill)	drawConvexPolygon(QPoint * pts,int count)
drawPolygon(QPolygonF * pts,Qt::FillRule fillRule=Qt::OddEventFill)	drawConvexPolygon(QPolygon &polygon)

表 8-17 中的 Qt::FillRule 用于确定一个点是否在图形内部,如果在图形内部区域,则可以进行填充。Qt::FillRule 的枚举常量见表 8-18。

表 8-18　Qt::FillRule 的枚举常量

枚 举 常 量	说　　明
Qt::OddEvenFill	奇偶数填充规则:从该点向图形外引一条水平线,如果该水平线与图形的交点个数为奇数,则该点在图形内
Qt::WindingFill	非零绕组填充规则:从该点向图形外引一条水平线,水平线与图形的边线相交。若这个边线是顺时针绘制的,则记为 1,若是逆时针绘制的,则记为 −1,然后将所有的数值相加。如果结果不为 0,则该点在图形中

【实例 8-8】　使用 QPainter 类在窗口中绘制多边形,并填充颜色,操作步骤如下:

(1)使用 Qt Creator 创建一个模板为 Qt Widgets Application 的项目,将该项目命名为 demo8,并保存在 D 盘的 Chapter8 文件夹下;在向导对话框中选择基类 QWidget,不勾选 Generate form 复选框。

(2)编写 widget.h 文件中的代码,代码如下:

```
/* 第 8 章 demo8 widget.h */
#ifndef WIDGET_H
#define WIDGET_H

#include <QWidget>
#include <QPainter>
#include <QPen>
#include <QBrush>
#include <QPoint>
#include <QPaintEvent>

class Widget : public QWidget
{
```

```
    Q_OBJECT
public:
    Widget(QWidget * parent = nullptr);
    ~Widget();
protected:
    void paintEvent(QPaintEvent * event);
};
#endif //WIDGET_H
```

（3）编写 widget.cpp 文件中的代码，代码如下：

```
/* 第 8 章 demo8 widget.cpp */
#include "widget.h"

Widget::Widget(QWidget * parent):QWidget(parent)
{
    setGeometry(300,300,560,220);
    setWindowTitle("QPainter、QPen、QBrush");
}

Widget::~Widget() {}

void Widget::paintEvent(QPaintEvent * event){
    QPainter painter(this);
    QPen pen(Qt::red,5,Qt::SolidLine);
    QBrush brush(Qt::blue,Qt::SolidPattern);
    QPoint p1(10,10),p2(110,110),p3(210,10),p4(310,110);
    QPoint p5(410,10),p6(510,110);
    QPoint points[6] = {p1,p2,p3,p4,p5,p6};
    painter.setPen(pen);
    painter.setBrush(brush);
    painter.drawPolygon(points,6);
    event->accept();
}
```

（4）其他文件保持不变，运行结果如图 8-9 所示。

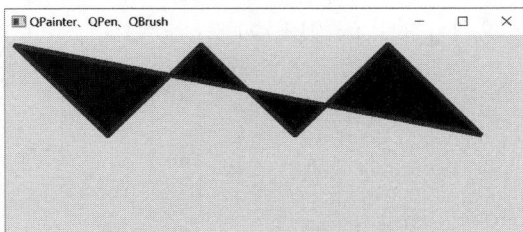

图 8-9　项目 demo8 的运行结果

5. 绘制圆角矩形

QPainter 类中绘制圆角矩形的方法如下：

```
drawRoundedRect ( QRectF &rect, float xRadius, float yRadius, Qt:: SizeMode mode = Qt::
AbsoluteSize)
```

```
drawRoundedRect ( QRect &rect, float xRadius, float yRadius, Qt:: SizeMode mode = Qt::
AbsoluteSize)
drawRoundedRect(int x,int y,int w,int h,float xRadius,float yRadius,Qt::SizeMode mode = Qt::
AbsoluteSize)
```

其中,Qt::SizeMode 的枚举常量为 Qt::AbsoluteSize(半径为绝对值)、Qt::RelativeSize
(半径为相对值)。

【实例 8-9】 使用 QPainter 类在窗口中绘制圆角矩形,操作步骤如下:

(1) 使用 Qt Creator 创建一个模板为 Qt Widgets Application 的项目,将该项目命名为
demo9,并保存在 D 盘的 Chapter8 文件夹下;在向导对话框中选择基类 QWidget,不勾选
Generate form 复选框。

(2) 编写 widget.h 文件中的代码,代码如下:

```
/* 第 8 章 demo9 widget.h */
# ifndef WIDGET_H
# define WIDGET_H

# include < QWidget >
# include < QPainter >
# include < QPen >
# include < QPaintEvent >

class Widget : public QWidget
{
    Q_OBJECT
public:
    Widget(QWidget * parent = nullptr);
    ~Widget();
protected:
    void paintEvent(QPaintEvent * event);
};
# endif //WIDGET_H
```

(3) 编写 widget.cpp 文件中的代码,代码如下:

```
/* 第 8 章 demo9 widget.cpp */
# include "widget.h"

Widget::Widget(QWidget * parent):QWidget(parent)
{
    setGeometry(300,300,560,220);
    setWindowTitle("QPainter、QPen");
}

Widget::~Widget() {}

void Widget::paintEvent(QPaintEvent * event){
    QPainter painter(this);
    QPen pen(Qt::red,5,Qt::SolidLine);
```

```
    painter.setPen(pen);
    painter.drawRoundedRect(80,30,300,100,40,40);
    event->accept();
}
```

（4）其他文件保持不变，运行结果如图 8-10 所示。

图 8-10 项目 demo9 的运行结果

6. 绘制椭圆和扇形

QPainter 类中绘制椭圆和扇形的方法见表 8-19。

表 8-19 QPainter 类中绘制椭圆和扇形的方法

绘制椭圆的方法	绘制扇形的方法
drawEllipse(QRectF &rect)	drawPie(QRectF &rect,int startAngle,int spanAngle)
drawEllipse(QRect &rect)	drawPie(QRect &rect,int startAngle,int spanAngle)
drawEllipse(int x,int y,int w,int h)	drawPie(int x, int y, int w, int h, int startAngle, int spanAngle)
drawEllipse(QPointF &center,float rx,float ry)	
drawEllipse(QPoint &center,int rx,int ry)	

表 8-19 中，绘制扇形的方法 drawPie(QRect &rect,int startAngle,int spanAngle)的参数 startAngle 表示起始角，spanAngle 表示跨度角。起始角和跨度角都是用输入值的 1/16 进行计算的，如果扇形的起始角为 30，跨度角为 90，则需要输入的数据分别为 30×16、90×16。

【实例 8-10】 使用 QPainter 类在窗口中绘制圆和扇形，操作步骤如下：

（1）使用 Qt Creator 创建一个模板为 Qt Widgets Application 的项目，将该项目命名为 demo10，并保存在 D 盘的 Chapter8 文件夹下；在向导对话框中选择基类 QWidget，不勾选 Generate form 复选框。

（2）编写 widget.h 文件中的代码，代码如下：

```
/* 第 8 章 demo10 widget.h */
#ifndef WIDGET_H
#define WIDGET_H

#include <QWidget>
#include <QPainter>
#include <QPen>
```

```
#include <QPaintEvent>

class Widget : public QWidget
{
    Q_OBJECT
public:
    Widget(QWidget *parent = nullptr);
    ~Widget();
protected:
    void paintEvent(QPaintEvent *event);
};
#endif //WIDGET_H
```

(3) 编写 widget.cpp 文件中的代码,代码如下:

```
/* 第8章 demo10 widget.cpp */
#include "widget.h"

Widget::Widget(QWidget *parent):QWidget(parent)
{
    setGeometry(300,300,560,220);
    setWindowTitle("QPainter、QPen");
}

Widget::~Widget() {}

void Widget::paintEvent(QPaintEvent *event){
    QPainter painter(this);
    QPen pen(Qt::red,5,Qt::SolidLine);
    painter.setPen(pen);
    painter.drawEllipse(10,10,200,200);
    painter.drawPie(320,20,200,200,15*16,130*16);
    event->accept();
}
```

(4) 其他文件保持不变,运行结果如图 8-11 所示。

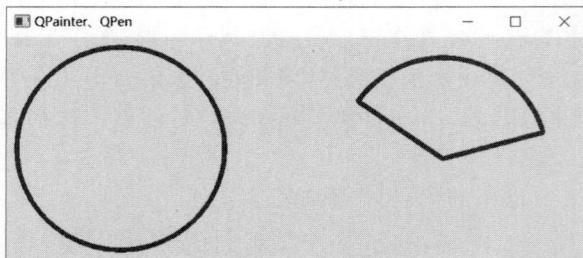

图 8-11　项目 demo10 的运行结果

7. 绘制弧和弦

QPainter 类中绘制弧和弦的方法见表 8-20。

表 8-20　QPainter 类绘制弧和弦的方法

绘制弧的方法	绘制弦的方法
drawArc（QRectF &rect, int startAngle, int spanAngle)	drawChord(QRectF &rect,int startAngle,int spanAngle)
drawArc（QRect &rect, int startAngle, int spanAngle)	drawChord(QRect &rect,int startAngle,int spanAngle)
drawArc(int x,int y,int w,int h,int start,int span)	drawChord(int x,int y,int w,int h,int start,int span)

表 8-20 中的方法的参数和表 8-18 中方法的参数相同,只是从椭圆上截取的部分不同。

【实例 8-11】 使用 QPainter 类在窗口中绘制弧和弦,操作步骤如下:

(1) 使用 Qt Creator 创建一个模板为 Qt Widgets Application 的项目,将该项目命名为 demo11,并保存在 D 盘的 Chapter8 文件夹下;在向导对话框中选择基类 QWidget,不勾选 Generate form 复选框。

(2) 编写 widget.h 文件中的代码,代码如下:

```
/* 第 8 章 demo11 widget.h */
#ifndef WIDGET_H
#define WIDGET_H

#include <QWidget>
#include <QPainter>
#include <QPen>
#include <QPaintEvent>

class Widget : public QWidget
{
    Q_OBJECT
public:
    Widget(QWidget * parent = nullptr);
    ～Widget();
protected:
    void paintEvent(QPaintEvent * event);
};
#endif //WIDGET_H
```

(3) 编写 widget.cpp 文件中的代码,代码如下:

```
/* 第 8 章 demo11 widget.cpp */
#include "widget.h"

Widget::Widget(QWidget * parent):QWidget(parent)
{
    setGeometry(300,300,560,220);
    setWindowTitle("QPainter、QPen");
}
```

```
Widget::~Widget() {}

void Widget::paintEvent(QPaintEvent * event){
    QPainter painter(this);
    QPen pen(Qt::red,5,Qt::SolidLine);
    painter.setPen(pen);
    painter.drawArc(10,10,200,200,15 * 16,150 * 16);
    painter.drawChord(320,20,200,200,15 * 16,150 * 16);
    event - > accept();
}
```

(4) 其他文件保持不变,运行结果如图 8-12 所示。

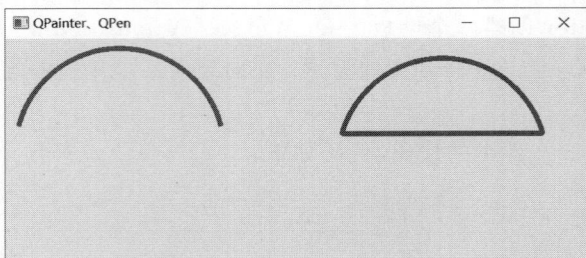

图 8-12　项目 demo11 的运行结果

8. 模糊化处理

使用 QPainter 类绘制图形和文字时,如果线条是斜线,对线条放大后会发现线条呈现锯齿状。如果要防止出现锯齿状,则要对线条边缘进行模糊化处理。QPainter 类中进行抗锯齿处理的方法见表 8-21。

表 8-21　QPainter 类中进行抗锯齿的方法

方　　法	说　　明
setRenderHint(QPainter::RenderHint hint,bool on＝true)	设置是否进行抗锯齿处理
setRenderHints(QPainter::RenderHints hints,bool on＝true)	同上
testRenderHint(QPainter::RenderHint hint)	获取是否设置了抗锯齿算法

表 8-21 中,QPainter::RenderHint 的枚举常量有 QPainter::Antialiasing(启用反锯齿)、QPainter::TextAntialiasing(对文本进行反锯齿)、QPainter::SmoothPixmapTransform(使用平滑的像素算法)、QPainter::LosslessImageRendering(尽可能使用无损图像渲染,适用于 PDF 文档)。

8.2.2　绘制文本

在 Qt 6 中,可以使用 QPainter 类在指定的位置绘制文本。QPainter 类中绘制文本的方法见表 8-22。

表 8-22 **QPainter 类中绘制文本的方法**

方　　法	方　　法
drawStaticText(QPoint topLeft, QStaticText &text)	drawText(QRectF &rect, int flags, QString &text, QRectF * bound=nullptr)
drawStaticText(int left, int top, QStaticText &text)	drawText(QRect &rect, int flags, QString &text, QRect * bound=nullptr)
drawStaticText(QPointF topLeft, QStaticText &text)	drawText(int x, int y, int w, int h, int flags, QString &text, QRect * bund=nullptr)
drawText(QPoint &pos, QString &text)	drawText(QRectF &rect, QString &text, QTextOption &opt)
drawText(int x, int y, QString &text)	drawText(QPointF &pos, QString &text)

表 8-22 中的参数 rect 表示边界矩形(rectangle rect),使用 QPainter 类绘制的文本应该在边界矩形内。QPainter 类获取文本边界矩形的方法见表 8-23。

表 8-23 **QPainter 类获取文本边界矩形的方法**

方　　法	返回值的类型
boundingRect(QRect &rect, int flags, QString &text)	QRect
boundingRect(QRectF &rect, int flags, QString &text)	QRectF
boundingRect(QRectF &rect, QString &text, QTextOption &option)	QRectF
boundingRect(int x, int y, int w, int h, int flags, QString &text)	QRect

在 QPainter 类中,可以使用 setFont(QFont &font)方法设置字体,也可以在矩形框中绘制文本。

【实例 8-12】 使用 QPainter 类在窗口中绘制文本,并在矩形框中绘制文本,操作步骤如下:

(1)使用 Qt Creator 创建一个模板为 Qt Widgets Application 的项目,将该项目命名为 demo12,并保存在 D 盘的 Chapter8 文件夹下;在向导对话框中选择基类 QWidget,不勾选 Generate form 复选框。

(2)编写 widget.h 文件中的代码,代码如下:

```
/* 第 8 章 demo12 widget.h */
# ifndef WIDGET_H
# define WIDGET_H

# include <QWidget>
# include <QPainter>
# include <QFont>
# include <QRect>
# include <QPaintEvent>

class Widget : public QWidget
{
    Q_OBJECT
public:
```

```
        Widget(QWidget * parent = nullptr);
        ～Widget();
protected:
        void paintEvent(QPaintEvent * event);
};
#endif //WIDGET_H
```

(3) 编写 widget.cpp 文件中的代码,代码如下:

```
/* 第8章 demo12 widget.cpp */
#include "widget.h"

Widget::Widget(QWidget * parent):QWidget(parent)
{
    setGeometry(300,300,560,220);
    setWindowTitle("QPainter");
}

Widget::～Widget() {}

void Widget::paintEvent(QPaintEvent * event){
    QPainter painter(this);
    painter.setFont(QFont("楷体",16));
    painter.drawText(50,30,"空山新雨后,天气晚来秋。");
    QRect rect(50,80,300,50);
    painter.drawRect(rect);
    painter.drawText(rect,Qt::AlignCenter,"千山鸟飞绝,万径人踪灭。");
    event->accept();
}
```

(4) 其他文件保持不变,运行结果如图 8-13 所示。

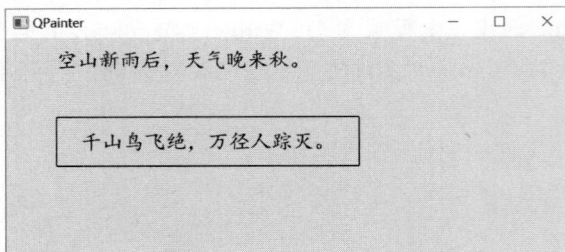

图 8-13 项目 demo12 的运行结果

8.3 绘图路径(QPainterPath)

在 Qt 6 中,可以使用 QPainter 类绘制相互独立的几何图形。如果要绘制首尾相连的图形或将简单的图形组合成复杂且封闭的图形,则需要使用 QPainterPath 类。

使用 QPainterPath 类可以将一些绘图命令按照时间顺序组成有序组合,创建一次后可以反复使用。QPainterPath 类位于 Qt 6 的子模块 Qt Gui 下,QPainterPath 类的构造函数如下:

```
QPainterPath()
QPainterPath(const QPointF &startPoint)
QPainterPath(const QPainterPath &path)
```

其中,startPoint 表示绘图路径的起点。

8.3.1　常用方法

在 QPainterPath 类中,常用的方法见表 8-24。

表 8-24　**QPainterPath 类的常用方法**

方　　法	说　　明
moveTo(QPointF &point)	从当前点移动到下一点,并将该点作为
moveTo(float x,float y)	下一个绘图单元的开始点
currentPosition()	获取当前的开始点 QPointF
arcMoveTo(QRectF &rect,float angle)	从当前点移动到指定矩形框内的椭圆
arcMoveTo(float x,float y,float w,float h,float angle)	上,angle 表示开始角度
lineTo(QPointF &endPoint)	在当前点和指定点之间绘制直线
lineTo(float x,float y)	
arcTo(QRectF &rect,float startAngle,float sweepLength)	在矩形框内绘制圆弧,startAngle 表示
arcTo(float x, float y, float w, float h, float startAngle, float sweepLength)	起始角,sweepLength 表示跨度角
quadTo(QPointF &c,QPointF &endPoint)	在当前点和结束点之间添加二阶贝塞尔
quadTo(float x,float y,float endX,float endY)	曲线,第 1 个点是控制点
cubicTo(QPointF &c1,QPointF &c2,QPointF &endPoint)	在当前点和结束点之间添加三阶贝塞尔
cubicTo(float c1X,float c1Y,float c2X,float c2Y,float endX, float endY)	曲线,前两个点是中间控制点,最后一个点是结束点
addEllipse(QRectF &bound)	绘制封闭的椭圆
addEllipse(float x,float y,float w,float h)	
addEllipse(QPointF &center,float rx,float ry)	
addPolygon(QPolygonF &polygon)	绘制多边形
addRect(QRectF &rect)	绘制矩形
addRect(float x,float y,float w,float h)	
addRoundedRect(QRectF &rect,float xRadius,float yRadius, Qt::SizeMode mode=Qt::AbsoluteSize)	绘制圆角矩形
addRoundedRect(float x,float y,float w,float h,float xRadius, float yRadius, Qt::SizeMode mode=Qt::AbsoluteSize)	
addText(QPointF &point,QFont &font,QString &text)	绘制文本
addText(float x,float y,QFont &font,QString &text)	
addRegion(QRegion &region)	绘制 QRegion 的范围
closePath()	由当前子路径首尾绘制直线,开始新的子路径的绘制

续表

方　　法	说　　明
connectPath(QPainterPath &path)	由当前路径的结束位置和给定路径的开始位置绘制直线
addPath(QPainterPath &path)	添加其他绘图路径
translate(float dx,float dy)	对绘图路径进行平移,dx、dy 分别表示 x
translate(QPointF offset)	方向和 y 方向的移动距离

8.3.2　应用实例

【实例 8-13】　使用 QPainter 类在窗口中绘制矩形,需使用 QPainterPath 类创建绘图路径,操作步骤如下:

(1) 使用 Qt Creator 创建一个模板为 Qt Widgets Application 的项目,将该项目命名为 demo13,并保存在 D 盘的 Chapter8 文件夹下;在向导对话框中选择基类 QWidget,不勾选 Generate form 复选框。

(2) 编写 widget.h 文件中的代码,代码如下:

```
/* 第 8 章 demo13 widget.h */
#ifndef WIDGET_H
#define WIDGET_H

#include <QWidget>
#include <QPainter>
#include <QPainterPath>
#include <QPen>
#include <QPoint>
#include <QPaintEvent>

class Widget : public QWidget
{
    Q_OBJECT
public:
    Widget(QWidget * parent = nullptr);
    ～Widget();
protected:
    void paintEvent(QPaintEvent * event);
};
#endif //WIDGET_H
```

(3) 编写 widget.cpp 文件中的代码,代码如下:

```
/* 第 8 章 demo13 widget.cpp */
#include "widget.h"

Widget::Widget(QWidget * parent):QWidget(parent)
{
    setGeometry(300,300,560,220);
    setWindowTitle("QPainter、QPainterPath");
```

```
    }

    Widget::~Widget() {}

    void Widget::paintEvent(QPaintEvent * event){
        QPainter painter(this);
        QPen pen(Qt::red,5,Qt::SolidLine);
        QPoint p1(30,30),p2(530,30);
        QPoint p3(530,200),p4(30,200);
        QPainterPath path;
        path.moveTo(p1);
        path.lineTo(p2);
        path.moveTo(p2);
        path.lineTo(p3);
        path.moveTo(p3);
        path.lineTo(p4);
        path.moveTo(p4);
        path.lineTo(p1);
        painter.setPen(pen);
        painter.drawPath(path);
        event->accept();
    }
```

（4）其他文件保持不变，运行结果如图 8-14 所示。

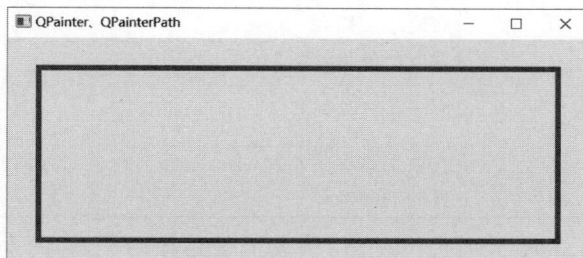

图 8-14　项目 demo13 的运行结果

在 QPainterPath 类中，与查询有关的方法见表 8-25。

表 8-25　QPainterPath 类与查询有关的方法

方法及参数类型	说　　明	返回值的类型
angleAtPercent(float)	获取绘图路径长度百分比处的切向角	float
slopeAtPercent(float)	获取斜率	float
boundingRect()	获取路径所在的边界矩形区域	QRectF
capacity()	返回路径中单元的数量	int
clear()	清空绘图路径中的元素	
contains(QPainterPath &path)	如果指定的点在路径内部，则返回值为 true	bool
contains(QRectF &rect)	如果矩形区域在路径内部，则返回值为 true	bool
contains(QPointF &point)	如果包含指定的路径，则返回值为 true	bool
controlPointRect()	获取包含路径中所有点和控制点组成的矩形	QRectF

续表

方法及参数类型	说　明	返回值的类型
elementCount()	获取绘图路径的单元数量	int
elementAt(int)	获取绘制路径中指定索引的元素类型	QPainterPath::Element
intersected(QPainterPath &p)	获取绘图路径和指定路径填充区域相交的路径	QPainterPath
united(QPainterPath &p)	获取绘图路径和指定路径填充区域合并的路径	QPainterPath
intersects(QRectF &rect)	获取绘图路径与矩形区域是否相交	bool
intersects(QPainterPath &p)	获取绘图路径与指定路径是否相交	bool
subtracted(QPainterPath &p)	获取减去指定路径后的路径	QPainterPath
isEmpty()	获取绘图路径是否为空	bool
length()	获取绘图路径的长度	float
pointAtPercent(float)	获取百分比长度处的点	QPointF
reserve(int size)	在内存中预留指定数量的绘图单元内存空间	
setElementPositionAt (int i, float x, float y)	将索引为 i 的元素的坐标设置为指定值	
setFillRule(Qt::FillRule)	设置填充规则	
simplified()	获取简化后的路径,如果路径元素有交叉或重合,则简化后的路径没有交叉	QPainterPath
swap(QPainterPath &other)	交换绘图路径	
toReversed()	获取顺序反转后的绘图路径	QPainterPath
toSubpathPolygons (QTransform &matrix)	将每个元素转换成 QPolygonF	QList<QPolygon>
translated(float dx, float dy)	获取平移后的路径,dx、dy 分别表示 x 方向、y	QPainterPath
translated(QPointF &offset)	方向的移动量	QPainterPath

在表 8-25 中,QPainterPath::Element 用于表示子路径的类,它的类型是 QPainterPath::ElementType 的枚举常量。QPainterPath::ElementType 的枚举常量为 QPainterPath::MoveToElement(新的子路径)、QPainterPath::LineToElement(一条线)、QPainterPath::CurveToElement(曲线)、QPainterPath::CurveToDataElement(描述曲线所需的额外数据)。

8.4　填充与绘制图像

在 Qt 6 中,可以使用 QPainter 类在指定的范围内填充颜色、渐变色、画刷图案,也将图像绘制在绘图设备上

8.4.1　填充

使用 QPainter 类绘制图形时,如果绘制的图形是封闭的,并且设置了画刷,则系统自动向封闭的图形中填充画刷的图案。如果绘制的图形不是封闭的,则需要使用另外的填充方法向图形中填充颜色,而且可以向指定的矩形区域或路径区域填充颜色、渐变色、画刷图案。

9min

QPainter 类的填充方法见表 8-26。

表 8-26 QPainter 类的填充方法

填 充 方 法	说 明
fillPath(QPainterPath &path,QBrush &brush)	向指定的路径填充颜色、渐变色、画刷图案
fillRect(QRectF &rect,QBrush &brush)	向指定的矩形区域填充画刷图案、颜色、渐
fillRect(int x,int y,int w,int h,QBrush &brush)	变色
eraseRect(QRectF &rect)	擦除指定区域的填充颜色、渐变色、画刷图案
eraseRect(int x,int y,int w,int h)	
setBackground(QBrush &brush)	设置背景
setBackgroundMode(Qt::BGMode)	设置背景模式
setBrushOrigin(QPointF &pos)	设置画刷的起点
setBrushOrigin(int x,int y)	
brushOrigin()	获取起点

【实例 8-14】 使用 QPainter 类在窗口中绘制矩形,并向矩形的一部分区域填充颜色,操作步骤如下:

(1) 使用 Qt Creator 创建一个模板为 Qt Widgets Application 的项目,将该项目命名为 demo14,并保存在 D 盘的 Chapter8 文件夹下;在向导对话框中选择基类 QWidget,不勾选 Generate form 复选框。

(2) 编写 widget.h 文件中的代码,代码如下:

```
/* 第 8 章 demo14 widget.h */
#ifndef WIDGET_H
#define WIDGET_H

#include <QWidget>
#include <QPainter>
#include <QBrush>
#include <QPaintEvent>

class Widget : public QWidget
{
    Q_OBJECT
public:
    Widget(QWidget * parent = nullptr);
    ~Widget();
protected:
    void paintEvent(QPaintEvent * event);
};
#endif //WIDGET_H
```

(3) 编写 widget.cpp 文件中的代码,代码如下:

```
/* 第 8 章 demo14 widget.cpp */
#include "widget.h"
```

```
Widget::Widget(QWidget * parent):QWidget(parent)
{
    setGeometry(300,300,560,220);
    setWindowTitle("QPainter、QBrush");
}

Widget::～Widget() {}

void Widget::paintEvent(QPaintEvent * event){
    QPainter painter(this);
    QBrush brush(Qt::blue,Qt::SolidPattern);
    painter.drawRect(20,20,400,180);
    painter.fillRect(80,30,100,100,brush);
    event->accept();
}
```

（4）其他文件保持不变，运行结果如图 8-15 所示。

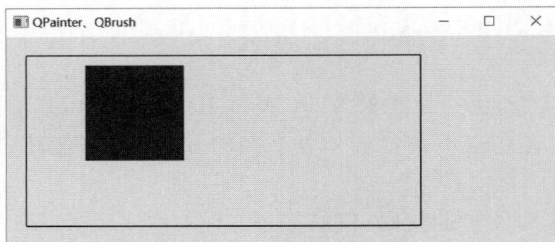

图 8-15   项目 demo14 的运行结果

8.4.2   绘制图像

在 Qt 6 中，使用 QPainter 类不仅可以绘制几何图形、文字，也可以将 QPixmap、QImage、QPicture 图像绘制到绘图设备上。

使用 QPainter 类绘制 QPixmap 图像时，不仅可以按照原尺寸显示，也可以缩放显示，并且可以截取图像的一部分显示。QPainter 类绘制 QPixmap 图像的方法见表 8-27。

表 8-27   **QPainter 类绘制 QPixmap 图像的方法**

方　　法	说　　明
drawPixmap(int x,int y,QPixmap &pix)	指定绘图设备的一个点作为图像的左上角，按照图像的原始尺寸显示
drawPixmap(QPointF &point,QPixmap &pix)	
drawPixmap(int x,int y,int w,int h,QPixmap &pix)	指定绘图设备上的矩形区域，以缩放图像尺寸的方式显示
drawPixmap(QRect &rect,QPixmap &pix)	
drawPixmap(int x,int y,QPixmap &pix,int sx,int sy,int sw,int sh)	指定绘图区域的一个点和图像的矩形区域，裁剪显示图像
drawPixmap(QPointF &point,QPixmap &pix,QRectF &source)	
drawPixmap(int x,int y,int w,int h,QPixmap &pix,int sx,int sy,int sw,int sh)	指定绘图设备上的矩形区域和图像的矩形区域，裁剪并缩放显示图像
drawPixmap(QRectF &target,QPixmap &pix,QRectF &source)	

续表

方　　法	说　　明
drawTiledPixmap(QRect &rect, QPixmap &pix, QPoint &pos)	以平铺样式绘制图像
drawTiledPixmap(QRectF &rect, QPixmap &pix, QPointF &pos)	
drawTiledPixmap(int x, int y, int w, int h, QPixmap &pix, int sx=0, int sy=0)	
drawPixmapFragments(QPainter::PixmapFragment * fragments, int count, QPixmap &pix, QPainter::PixmapFragmentHints hints)	绘制图像的大部分,可以对每部分进行缩放、旋转操作

【实例 8-15】 使用 QPainter 类在窗口中绘制图像,要求完整地显示该图像,操作步骤如下:

(1) 使用 Qt Creator 创建一个模板为 Qt Widgets Application 的项目,将该项目命名为 demo15,并保存在 D 盘的 Chapter8 文件夹下;在向导对话框中选择基类 QWidget,不勾选 Generate form 复选框。

(2) 编写 widget.h 文件中的代码,代码如下:

```
/* 第 8 章 demo15 widget.h */
#ifndef WIDGET_H
#define WIDGET_H

#include <QWidget>
#include <QPainter>
#include <QPixmap>
#include <QRect>
#include <QPaintEvent>

class Widget : public QWidget
{
    Q_OBJECT
public:
    Widget(QWidget * parent = nullptr);
    ~Widget();
protected:
    void paintEvent(QPaintEvent * event);
};
#endif //WIDGET_H
```

(3) 编写 widget.cpp 文件中的代码,代码如下:

```
/* 第 8 章 demo15 widget.cpp */
#include "widget.h"

Widget::Widget(QWidget * parent):QWidget(parent)
{
    setGeometry(300,300,560,220);
    setWindowTitle("QPainter、QPixmap");
}
```

```
Widget::~Widget() {}

void Widget::paintEvent(QPaintEvent * event){
    QPainter painter(this);
    QRect rect(100,10,340,200);
    QPixmap pix("D:/Chapter8/images/hill.png");
    painter.drawPixmap(rect,pix);
    event->accept();
}
```

(4) 其他文件保持不变,运行结果如图 8-16 所示。

图 8-16　项目 demo15 的运行结果

使用 QPainter 类绘制 QImage 图像时,不仅可以按照原尺寸显示,也可以缩放显示,并且可以截取图像的一部分显示。QPainter 类绘制 QImage 图像的方法见表 8-28。

表 8-28　QPainter 类绘制 QImage 图像的方法

方　　法	说　　明
drawImage(QPointF &point, QImage &image)	在指定位置按照图像实际尺寸显示图像
drawImage(QPoint &point, QImage &image)	
drawImage(QRectF &rect, QImage &image)	在指定的矩形区域内缩放显示图像
drawImage(QRect &rect, QImage &image)	
drawImage(QPointF &point, QImage &image, QRectF &source, Qt::ImageConversionFlags flags=Qt::AutoColor)	在指定的位置,截取一部分图像显示
drawImage(QPoint &point, QImage &image, QRect &source, Qt::ImageConversionFlags flags=Qt::AutoColor)	
drawImage(QRectF &target, QImage &image, QRectF &source, Qt::ImageConversionFlags flags=Qt::AutoColor)	从图像上截取一部分,缩放显示在指定的矩形区域内
drawImage(QRect &target, QImage &image, QRect &source, Qt::ImageConversionFlags flags=Qt::AutoColor)	

【实例 8-16】　使用 QPainter 类在窗口中绘制图像,要求完整地显示该图像,操作步骤如下:

(1) 使用 Qt Creator 创建一个模板为 Qt Widgets Application 的项目,将该项目命名为 demo16,并保存在 D 盘的 Chapter8 文件夹下;在向导对话框中选择基类 QWidget,不勾选 Generate form 复选框。

（2）编写 widget.h 文件中的代码，代码如下：

```
/* 第 8 章 demo16 widget.h */
#ifndef WIDGET_H
#define WIDGET_H

#include <QWidget>
#include <QPainter>
#include <QImage>
#include <QRect>
#include <QPaintEvent>

class Widget : public QWidget
{
    Q_OBJECT
public:
    Widget(QWidget * parent = nullptr);
    ~Widget();
protected:
    void paintEvent(QPaintEvent * event);
};
#endif //WIDGET_H
```

（3）编写 widget.cpp 文件中的代码，代码如下：

```
/* 第 8 章 demo16 widget.cpp */
#include "widget.h"

Widget::Widget(QWidget * parent):QWidget(parent)
{
    setGeometry(300,300,560,220);
    setWindowTitle("QPainter、QImage");
}

Widget::~Widget() {}

void Widget::paintEvent(QPaintEvent * event){
    QRect rect(100,10,340,200);
    QImage pic("D:/Chapter8/images/cat1.jpg");
    QPainter painter(this);
    painter.drawImage(rect,pic);
    event->accept();
}
```

（4）其他文件保持不变，运行结果如图 8-17 所示。

图 8-17　项目 demo16 的运行结果

使用 QPainter 类绘制 QPicture 图像时,只能在绘图设备的指定点按照原图像的宽和高进行绘制。QPainter 类绘制 QPicture 图像的方法见表 8-29。

表 8-29　QPainter 类绘制 QPicture 图像的方法

方　　法	说　　明
drawPicture(QPointF &point,QPicture &pic)	在指定的点上,按照图像的原宽和高进行显示
drawPicture(QPoint &point,QPicture &pic)	同上
drawPicture(int x,int y,QPicture &pic)	同上

8.5　裁剪区域(QRegion)

▶8min

在 Qt 6 中,当使用 QPainter 类绘制图像时,如果只要求显示绘图的一部分区域,其他的区域不显示,则需要使用裁剪区域(QRegion)。

8.5.1　设置裁剪区域

在 QPainter 类中,设置裁剪区域的方法见表 8-30。

表 8-30　QPainter 类设置裁剪区域的方法

方　　法	说　　明
setClipping(bool)	设置是否启用裁剪区域
hasClipping()	获取是否有裁剪区域
setClipPath(QPainterPath &path,Qt::ClipOperation op=Qt::ReplaceClip)	用路径设置裁剪区域
setClipRect(QRectF &rect,Qt::ClipOperation op=Qt::ReplaceClip)	用矩形框设置裁剪区域
setClipRect(QRect &rect,Qt::ClipOperation op=Qt::ReplaceClip)	同上
setClipRect(int x,int y,int w,int h,Qt::ClipOperation op=Qt::ReplaceClip)	同上
setClipRegion(QRegion &re, Qt::ClipOperation op=Qt::ReplaceClip)	使用 QRegion 设置裁剪区域
clipBoundingRect()	获取裁剪区域 QRectF
clipPath()	获取裁剪区域的绘图路径 QPainterPath
clipRegion()	获取裁剪区域 QRegion

在表 8-30 中,Qt::ClipOperation 的枚举常量为 Qt::NoClip、Qt::ReplaceClip(替换裁剪区域)、Qt::IntersectClip(与现有裁剪区域取交集)。

8.5.2　应用裁剪区域

在 Qt 6 中,使用 QRegion 类创建裁剪区域。QRegion 类位于 Qt 6 的 Qt Gui 的子模块中。QRegion 类的构造函数如下:

```
QRegion()
QRegion(const QRect &r,QRegion::RegionType t = QRegion::Rectangle)
```

```
QRegion(int x, int y, int w, int h, QRegion::RegionType t = QRegion::Rectangle)
QRegion(const QPolygon &a, Qt::FillRule fillRule = Qt::OddEventFill)
QRegion(const QBitmap &bm)
QRegion(const QRegion &r)
```

其中，t 表示裁剪样式，参数值为 QRegion::RegionType 的枚举常量：QRegion::Rectangle（圆角矩形）、QRegion::Ellipse（椭圆）。

QRegion 类的常用方法见表 8-31。

表 8-31　QRegion 类的常用方法

方法及参数类型	说　　明	返回值的类型
boundingRect()	获取边界	QRect
contains(QPoint &p)	获取是否包含指定的点	bool
contains(QRect &r)	获取是否包含矩形	bool
intersects(QRectF &r)	获取是否与区域相交	bool
intersects(QRegion &r)	同上	bool
isEmpty()	获取是否为空	bool
isNull	获取是否无效	bool
setRects(QRect * rects, int number)	设置多个矩形区域	
rectCount()	获取矩形区域的数量	int
begin()	获取第 1 个非重合矩形	QRect
cbegin()	同上	QRegion::const_iterator
cend()	获取最后一个非重合矩形	
end()	同上	QRect
intersected(QRegion &r)、intersected(QRect &r)	获取相交区域	QRegion
subtracted(QRegion &r)	获取相减区域	QRegion
united(QRegion &r)、united(QRect &r)	获取合并区域	QRegion
xored(QRegion &r)	获取异或区域	QRegion
translated(int dx, int dy)、translated(QPoint &p)	获取平移后的区域	QRegion
swap(QRegion &other)	交换区域	
translate(int dx, int dy)、translate(QPoint &p)	平移区域	

【实例 8-17】　使用 QPainter 类在窗口中绘制图像，要求设置 4 个裁剪区域，操作步骤如下：

（1）使用 Qt Creator 创建一个模板为 Qt Widgets Application 的项目，将该项目命名为 demo17，并保存在 D 盘的 Chapter8 文件夹下；在向导对话框中选择基类 QWidget，不勾选 Generate form 复选框。

（2）编写 widget.h 文件中的代码，代码如下：

```
/* 第 8 章 demo17 widget.h */
#ifndef WIDGET_H
#define WIDGET_H
```

```
# include < QWidget >
# include < QPainter >
# include < QPixmap >
# include < QRegion >
# include < QRect >
# include < QPaintEvent >

class Widget : public QWidget
{
    Q_OBJECT
public:
    Widget(QWidget * parent = nullptr);
    ～Widget();
protected:
    void paintEvent(QPaintEvent * event);
};
# endif //WIDGET_H
```

(3) 编写 widget.cpp 文件中的代码,代码如下:

```
/* 第 8 章 demo17 widget.cpp */
# include "widget.h"

Widget::Widget(QWidget * parent):QWidget(parent)
{
    setGeometry(300,300,560,240);
    setWindowTitle("QPainter、QRegion");
}

Widget::～Widget() {}

void Widget::paintEvent(QPaintEvent * event){
    QPainter painter(this);
    QPixmap pic("D:/Chapter8/images/hill.png");
    QRect rect1(10,10,250,100),rect2(270,10,250,100);
    QRect rect3(10,120,250,100),rect4(270,120,250,100);
    QRegion region1(rect1);
    QRegion region2(rect2,QRegion::Ellipse);
    QRegion region3(rect3,QRegion::Ellipse);
    QRegion region4(rect4);
    QRegion region;
    region = region1.united(region2);
    region = region.united(region3);
    region = region.united(region4);
    painter.setClipRegion(region);
    QRect rect(0,0,560,240);
    painter.drawPixmap(rect,pic);
    event -> accept();
}
```

（4）其他文件保持不变,运行结果如图 8-18 所示。

图 8-18　项目 demo17 的运行结果

8.6　坐标变换

在前面的绘图实例中都使用了窗口坐标系。窗口坐标系的原点在窗口的左上角,x 轴水平向右,y 轴竖直向下。如果使用窗口坐标系绘制对称图形,则会比较麻烦。针对这一问题,QPainter 类提供了坐标系变换的方法,例如平移坐标系的原点。如果要进行更复杂的坐标变换,则可以使用 QTransform 类。

8.6.1　使用 QPainter 的方法进行坐标系变换

在 QPainter 类中,变换坐标系的方法见表 8-32。

表 8-32　QPainter 类变换坐标系的方法

方　　法	说　　明
translate(QPointF &off)、translate(QPoint &off)	平移坐标系
translate(float dx,float dy)	同上
rotate(float)	旋转坐标系
scale(float sx,float sy)	缩放坐标系
shear(float sh,float sv)	错切坐标系
resetTransform()	重置坐标系
save()	保存当前的绘图状态
restore()	恢复绘图状态

当使用 shear(float sh,float sv)进行错切变换时,如果初始坐标为(x_0,y_0),则错切变换后的坐标为$(sh*y_0+x_0,sv*x_0+y_0)$。

【实例 8-18】　创建一个包含 4 个小窗口的窗口程序,每个小窗口中都绘制了一个矩形,这 4 个小窗口中的矩形分别实现旋转、平移、缩放、错切效果,操作步骤如下:

（1）使用 Qt Creator 创建一个模板为 Qt Widgets Application 的项目,将该项目命名为 demo18,并保存在 D 盘的 Chapter8 文件夹下;在向导对话框中选择基类 QWidget,不勾选 Generate form 复选框。

（2）创建一个类 MyRect，使用这个类可绘制不同类型的矩形，MyRect 类的头文件如下：

```cpp
/* 第8章 demo18 myrect.h */
#ifndef MYRECT_H
#define MYRECT_H

#include <QWidget>
#include <QPainter>
#include <QPaintEvent>
#include <QBrush>
#include <QPen>
#include <QPalette>
#include <QTimer>
#include <QPointF>

class MyRect : public QWidget
{
    Q_OBJECT
public:
    explicit MyRect(QWidget * parent = nullptr, bool rotational = false, bool scaled = false,
bool translational = false, bool sheared = false);
    void setShearFactor(float x, float y);
private:
    bool rotational;
    bool scaled;
    bool translational;
    bool sheared;
    float rotation = 0;                    //默认旋转角度
    float scal = 1;                        //默认缩放系数
    float translation = 0;                 //默认平移量
    float sx = 0;                          //默认错切系数
    float sy = 0;                          //默认错切系数
    QTimer * timer;
    QPalette palet;                        //调色板对象
    QPointF center;
protected:
    void paintEvent(QPaintEvent * event);
private slots:
    void time_out();
signals:
};
#endif //MYRECT_H
```

MyRect 类的源文件如下：

```cpp
/* 第8章 demo18 widget.h */
#include "myrect.h"

MyRect::MyRect(QWidget * parent, bool rotational, bool scaled, bool
translational
        , bool sheared):QWidget(parent), rotational(rotational),
```

```
        scaled(scaled),translational(translational),sheared(sheared)
{
    palet = palette();
    palet.setColor(QPalette::Window,Qt::gray);
    setPalette(palet);
    setAutoFillBackground(true);
    timer = new QTimer(this);
    connect(timer,SIGNAL(timeout()),this,SLOT(time_out()));
    timer->setInterval(10);
    timer->start();
}

void MyRect::paintEvent(QPaintEvent * event){
    float w = width()/2;
    float h = height()/2;
    center = QPointF(w,h);
    QPainter painter(this);
    painter.translate(center);              //将坐标系原点平移到窗口中心
    QPen pen;
    pen.setWidth(3);
    pen.setColor(Qt::black);
    painter.setPen(pen);                    //设置钢笔
    QBrush brush(Qt::black,Qt::SolidPattern);
    painter.setBrush(brush);                //设置画刷
    painter.rotate(rotation);               //设置坐标系旋转
    painter.scale(scal,scal);               //设置坐标系缩放
    painter.translate(translation,0);       //设置坐标系平移
    if(sheared == true)
        painter.shear(sx,sy);               //设置坐标系错切变换
    painter.drawRect(-60,60,60,-60);        //绘制矩形
    QWidget::paintEvent(event);
}

void MyRect::time_out(){
    if(rotational){                         //设置坐标系的旋转角度
        if(rotation < -360)
            rotation = 0;
        rotation = rotation - 1;
    }
    if(scaled){                             //设置坐标系的缩放比例
        if(scal > 2)
            scal = 0.2;
        scal = scal + 0.005;
    }
    if(translational){                      //设置坐标系的平移量
        if(width() < height()){
            float tran = width()/2 + width()/3;
            if(translation > tran)
                translation = -width()/2 - width()/3;
        }
        else{
            float tran = width()/2 + height()/3;
```

```
            if(translation > tran)
                translation = - width()/2 - height()/3;
        }
        translation = translation + 1;
    }
    update();
}
//设置错切系数
void MyRect::setShearFactor(float x, float y){
    sx = x;
    sy = y;
}
```

(3) 编写 widget.h 文件中的代码,代码如下:

```
/* 第 8 章 demo18 widget.h */
#ifndef WIDGET_H
#define WIDGET_H

#include <QWidget>
#include <QHBoxLayout>
#include <QSplitter>
#include "myrect.h"

class Widget : public QWidget
{
    Q_OBJECT
public:
    Widget(QWidget * parent = nullptr);
    ~Widget();
private:
    QHBoxLayout * hbox;
    QSplitter * splitter1, * splitter2, * splitter3;
    MyRect * rect1, * rect2, * rect3, * rect4;
};
#endif //WIDGET_H
```

(4) 编写 widget.cpp 文件中的代码,代码如下:

```
/* 第 8 章 demo18 widget.cpp */
#include "widget.h"

Widget::Widget(QWidget * parent):QWidget(parent)
{
    setWindowTitle("旋转、平移、缩放、错切");
    resize(600,400);
    hbox = new QHBoxLayout(this);                //创建垂直布局对象
    splitter1 = new QSplitter(Qt::Horizontal);   //创建水平分割器
    splitter2 = new QSplitter(Qt::Vertical);     //创建竖直分割器
    splitter3 = new QSplitter(Qt::Vertical);     //创建竖直分割器
    hbox -> addWidget(splitter1);
    splitter1 -> addWidget(splitter2);
```

```
        splitter1->addWidget(splitter3);
        rect1 = new MyRect(nullptr,true);                    //第1个矩形,可以旋转
        rect2 = new MyRect(nullptr,false,true);              //第2个矩形,可以缩放
        rect3 = new MyRect(nullptr,false,false,true);        //第3个矩形,可以平行移动
        rect4 = new MyRect(nullptr,false,false,false,true);  //第4个矩形,可以错切
        rect4->setShearFactor(0.4,0.2);                      //设置错切系数
        //向分割器对象中添加控件
        splitter2->addWidget(rect1);
        splitter2->addWidget(rect2);
        splitter3->addWidget(rect3);
        splitter3->addWidget(rect4);
}

Widget::~Widget() {}
```

（5）其他文件保持不变,运行结果如图 8-19 所示。

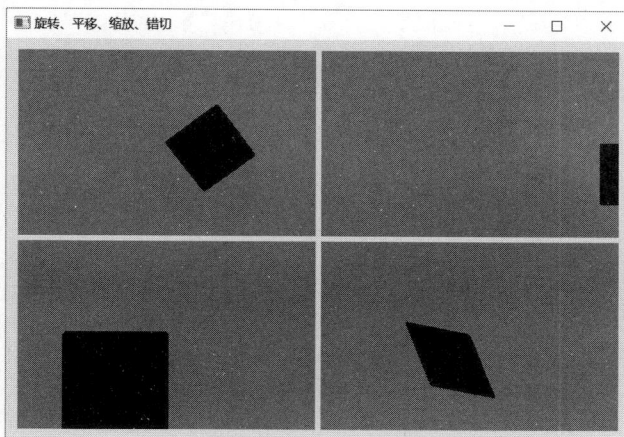

图 8-19　代码 demo18 的运行结果

8.6.2　使用 QTransform 进行坐标变换

在 Qt 6 中,使用坐标变换类 QTransform 类进行比较复杂的变换。QTransform 类位于 Qt 6 的 Qt GUI 的子模块中。QTransform 类的构造函数如下:

```
QTransform()
QTransform(float m11,float m12,float m21,float m22,float dx,float dy)
QTransform(float m11,float m12,float m13,float m21,float m22,float m23,float m31,float m32,
float m33)
```

其中,m11 和 m12 表示沿 x 轴和 y 轴方向的缩放比例;m31 和 m32 表示沿 x 轴和 y 轴的位移 dx 和 dy;m21 和 m12 表示沿 x 轴和 y 轴的错切;m13 和 m23 表示沿 x 轴和 y 轴方向的投影;m33 表示附加投影系数,一般取值为 1。

在实际应用中,经常使用 QTransform 进行二维空间的坐标变换。对于二维控件的某

个坐标(x,y),可以使用(x,y,k)表示,其中k表示一个不为0的缩放比例系数。当$k=1$时,二维空间的坐标点可表示为$(x,y,1)$,通过变换矩阵可以得到新的坐标点$(x',y',1)$,其矩阵表达式为

$$(x',y',1)=(x,y,1)\begin{bmatrix} m_{11} & m_{12} & m_{13} \\ m_{21} & m_{22} & m_{23} \\ m_{31} & m_{32} & m_{33} \end{bmatrix}$$

如果只是沿x轴和y轴方向进行平移,则矩阵表达式为

$$(x',y',1)=(x,y,1)\begin{bmatrix} 1 & 0 & 0 \\ 0 & 1 & 0 \\ dx & dy & 1 \end{bmatrix}=(x+dx,y+dy,1)$$

如果只是沿x轴和y轴方向进行缩放,则矩阵表达式为

$$(x',y',1)=(x,y,1)\begin{bmatrix} \text{scaleX} & 0 & 0 \\ 0 & \text{scaleY} & 0 \\ 0 & 0 & 1 \end{bmatrix}=(x*\text{scaleX},y*\text{scaleY},1)$$

如果绕z轴旋转角度θ,则矩阵表达式为

$$(x',y',1)=(x,y,1)\begin{bmatrix} \cos\theta & \sin\theta & 0 \\ -\sin\theta & \cos\theta & 0 \\ 0 & 0 & 1 \end{bmatrix}$$

如果进行错切变换,则矩阵表达式为

$$(x',y',1)=(x,y,1)\begin{bmatrix} 1 & \text{shearY} & 0 \\ \text{shearX} & 1 & 0 \\ 0 & 0 & 1 \end{bmatrix}$$

如果要进行多次变换,则可以将多个变换矩阵依次相乘,从而得到最终的变换矩阵。QTransform 类的常用方法见表 8-33。

表 8-33   QTransform 类的常用方法

方法及参数类型	说　　明	返回值的类型
[static]fromScale(float sx, float sy)	根据缩放量获取变换矩阵	QTransform
[static]fromTranslate(float dx, float dy)	根据平移量获取变换矩阵	QTransform
setMatrix (float m11, float m12, float m13, float m21, float m22, float m23, float m31, float m32, float m33)	设置变换矩阵的各个值	
m11()、m12()、m13()、m21()、m22()、m23()、m31()、m32()、m33()	获取矩阵的各个值	float
rotate(float a, Qt::Axis axis=Qt::ZAxis)	获取以角度值表示的旋转矩阵,Qt::Axis 的取值为 Qt::XAxis、Qt::YAxis、Qt::ZAxis	QTransform &

续表

方法及参数类型	说　　明	返回值的类型
rotateRadians(float a, Qt::Axis axis = Qt::ZAxis)	获取以弧度值表示的旋转矩阵	QTransform &
scale(float sx, float sy)	获取缩放矩阵	QTransform &
shear(float sx, float sv)	获取错切矩阵	QTransform &
translate(float dx, float dy)	获取平移矩阵	QTransform &
transposed()	获取转置矩阵	QTransform &
isInvertible()	获取变换矩阵是否可逆	bool
inverted(bool * invertible=nullptr)	获取逆矩阵	QTransform
isIdentity()	获取是否为单位矩阵	bool
isAffine()	获取是否为仿射变换	bool
isRotating()	获取是否只是旋转变换	bool
isScaling()	获取是否只是缩放变换	bool
isTranslating()	获取是否只是平移变换	bool
adjoint()	获取共轭矩阵	QTransform
determinant()	获取矩阵的秩	float
reset()	重置矩阵,对角线为1,其他全部为0	
map(float x, float y, float * tx, float * ty)	变换坐标值,即坐标值与变换矩阵相乘	
map(QPointF &p)	变换点	QPointF
map(QPoint &p)	同上	QPoint
map(QLineF &line)	变换线	QLineF
map(QLine &line)	同上	QLine
map(QPolygon &polygon)	将多点变换到多边形	QPolygon
map(QPolygonF &polygon)	将多点变换到多边形	QPolygonF
map(QRegion &region)	变换区域	QRegion
map(QPainterPath &path)	变换路径	QPainterPath
mapRect(QRectF &rect)	变换矩形	QRectF
mapRect(QRect &rect)	同上	QRect
mapToPolygon(QRect &rect)	将矩形变换到多边形	QPolygon

【实例 8-19】　创建一个 QPainter 对象,然后设置该对象进行缩放、旋转、变换,并绘制矩形和文本。要求使用 QTransform,操作步骤如下:

(1) 使用 Qt Creator 创建一个模板为 Qt Widgets Application 的项目,将该项目命名为 demo19,并保存在 D 盘的 Chapter8 文件夹下;在向导对话框中选择基类 QWidget,不勾选 Generate form 复选框。

(2) 编写 widget.h 文件中的代码,代码如下:

```
/* 第 8 章 demo19 widget.h */
#ifndef WIDGET_H
#define WIDGET_H
```

```
# include < QWidget >
# include < QPainter >
# include < QTransform >
# include < QPen >
# include < QFont >
# include < QPaintEvent >
# include < cmath >
const float PI = 3.1415926;

class Widget : public QWidget
{
    Q_OBJECT
public:
    Widget(QWidget * parent = nullptr);
    ~Widget();
protected:
    void paintEvent(QPaintEvent * event);
};
# endif //WIDGET_H
```

（3）编写 widget.cpp 文件中的代码，代码如下：

```
/* 第 8 章 demo19 widget.cpp */
# include "widget.h"

Widget::Widget(QWidget * parent):QWidget(parent)
{
    setGeometry(300,300,560,220);
    setWindowTitle("QTransform");
}

Widget::~Widget() {}

void Widget::paintEvent(QPaintEvent * event){
    float sina = sin(PI/4);
    float cosa = cos(PI/4);
    QTransform scale(0.5,0,0,1.0,0,0);                //缩放矩阵
    QTransform rotate(cosa,sina, -sina,cosa,0,0);      //旋转矩阵
    QTransform translate(1,0,0,1,50.0,50.0);          //变换矩阵
    QTransform transform = scale * rotate * translate; //将矩阵依次相乘
    QPainter painter(this);
    painter.setTransform(transform);
    painter.setFont(QFont("Helvetica",24));
    painter.setPen(QPen(Qt::black,3));
    painter.drawRect(60,10,300,100);
    painter.drawText(20,10,"QTransform");
    event -> accept();
}
```

（4）其他文件保持不变，运行结果如图 8-20 所示。

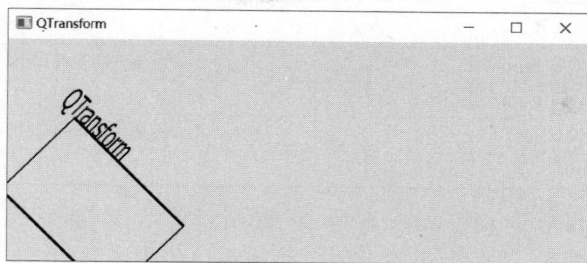

图 8-20 项目 demo19 的运行结果

8.7 视口与逻辑窗口

在前面的绘图实例中都使用了窗口的物理坐标系。除此之外，QPainter 类还提供了视口坐标系和逻辑窗口坐标系。

8.7.1 视口与逻辑窗口的定义

视口表示绘图设备的任意一个矩形区域，它使用物理坐标系。开发者可以选择物理坐标系的任何一个矩形区域来绘图。在默认情况下，视口等于绘图设备的整个矩形区域。

逻辑窗口与视口表示同一矩形区域，但逻辑窗口是采用逻辑坐标定义的坐标系。逻辑窗口可以直接定义逻辑坐标范围。视口与逻辑窗口的示意图如图 8-21 所示。

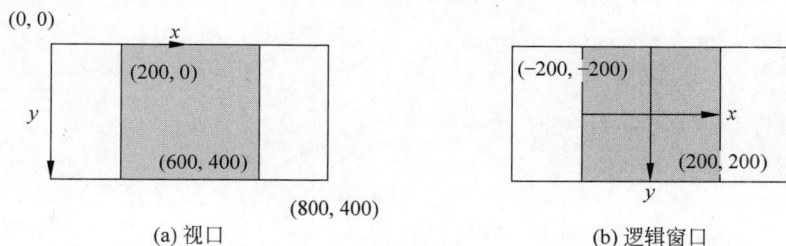

图 8-21 视口与逻辑窗口的示意图

图 8-21(a) 灰色的正方形表示视口，视口左上角的坐标为 (200,0)，右下角的坐标为 (600,400)。图 8-21(b) 灰色的正方形表示逻辑窗口，逻辑窗口的左上角坐标为 (−200,−200)，右上角的坐标为 (200,200)。

8.7.2 设置方法

在 QPainter 类中，设置视口和逻辑窗口的方法见表 8-34。

表 8-34　QPainter 类设置视口和逻辑窗口的方法

方　　法	说　　明
setViewport(QRect &rect)	设置视口的范围
setViewport(int x,int y,int w,int h)	同上
setWindow(QRect &rect)	设置窗口的逻辑坐标
setWindow(int x,int y,int w,int h)	同上

【实例 8-20】 创建一个 QPainter 对象，设置视口的范围，然后绘制视口的矩形范围。在视口内绘制 3 个正方形，这 3 个正方形的中心为视口的中心，操作步骤如下：

(1) 使用 Qt Creator 创建一个模板为 Qt Widgets Application 的项目，将该项目命名为 demo20，并保存在 D 盘的 Chapter8 文件夹下；在向导对话框中选择基类 QWidget，不勾选 Generate form 复选框。

(2) 编写 widget.h 文件中的代码，代码如下：

```
/* 第 8 章 demo20 widget.h */
#ifndef WIDGET_H
#define WIDGET_H

#include <QWidget>
#include <QPainter>
#include <QPen>
#include <QPaintEvent>

class Widget : public QWidget
{
    Q_OBJECT
public:
    Widget(QWidget * parent = nullptr);
    ~Widget();
protected:
    void paintEvent(QPaintEvent * event);
};
#endif //WIDGET_H
```

(3) 编写 widget.cpp 文件中的代码，代码如下：

```
/* 第 8 章 demo20 widget.cpp */
#include "widget.h"

Widget::Widget(QWidget * parent):QWidget(parent)
{
    setGeometry(300,300,560,260);
    setWindowTitle("视口与逻辑窗口");
}

Widget::~Widget() {}

void Widget::paintEvent(QPaintEvent * event){
```

```
    QPainter painter(this);
    painter.setPen(QPen(Qt::blue,3,Qt::SolidLine));
    painter.drawRect(100,0,200,200);                    //绘制矩形
    painter.setViewport(100,0,200,200);                 //设置视口的范围
    painter.setWindow(-100,-100,200,200);               //设置逻辑窗口
    painter.drawRect(-80,-80,160,160);
    painter.drawRect(-50,-50,100,100);
    painter.drawRect(-30,-30,60,60);
    event->accept();
}
```

（4）其他文件保持不变，运行结果如图 8-22 所示。

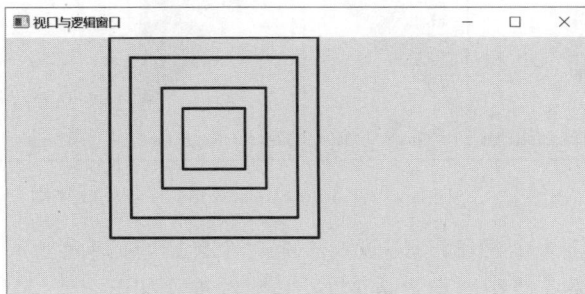

图 8-22　项目 demo20 的运行结果

8.8　图像合成

8min

在 QPainter 类中，可以使用 setCompositionMode(QPainter::CompositionMode mode)对原图像与新图像进行合成处理；可以使用 compositionMode()获取图像的合成模式，返回值为 QPainter::CompositionMode 的枚举常量。合成模式用于指定如何将原图像中的像素与另一张图像（目标）中的像素合并。QPainter::CompositionMode 的常用枚举常量见表 8-35。

表 8-35　QPainter::CompositionMode 的常用枚举常量

枚 举 常 量	枚 举 常 量
QPainter::CompositionMode_Source	QPainter::CompositionMode_SourceOut
QPainter::CompositionMode_Destination	QPainter::CompositionMode_DestinationOut
QPainter::CompositionMode_SourceOver	QPainter::CompositionMode_SourceAtop
QPainter::CompositionMode_DestinationOver	QPainter::CompositionMode_DestinationAtop
QPainter::CompositionMode_SourceIn	QPainter::CompositionMode_Clear
QPainter::CompositionMode_DestinationIn	QPainter::CompositionMode_Xor
QPainter::CompositionMode_Plus	QPainter::CompositionMode_Screen
QPainter::CompositionMode_Multiply	QPainter::CompositionMode_Overlay
QPainter::CompositionMode_Darken	QPainter::CompositionMode_Lighten
QPainter::CompositionMode_ColorDodge	QPainter::CompositionMode_ColorBurn
QPainter::CompositionMode_HardLight	QPainter::CompositionMode_SoftLight
QPainter::CompositionMode_Difference	QPainter::CompositionMode_Excelution

在表 8-35 中,Source 表示原图像;Destination 表示新图像。前 12 个枚举常量的合成效果图如图 8-23 所示。

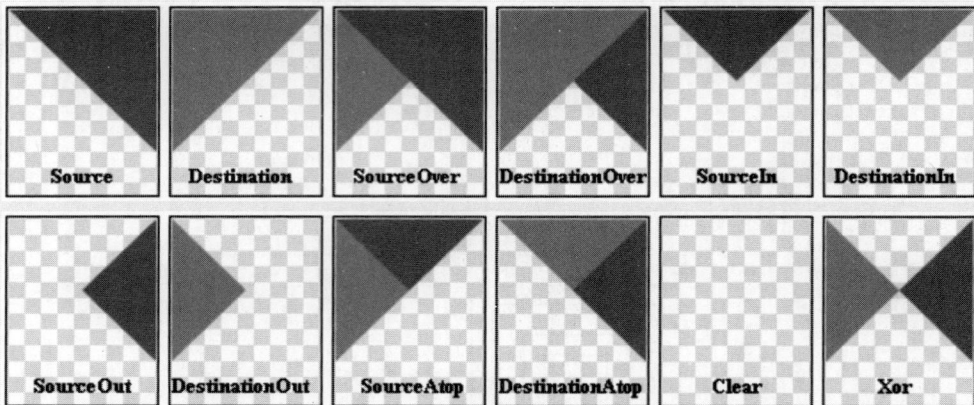

图 8-23　QPainter::CompositionMode 的合成效果图

【实例 8-21】　创建一个窗口程序,窗口中有一个椭圆,椭圆内显示一个图像文件;椭圆外窗口内填充绿色。要求使用图像合成的方法,操作步骤如下:

(1) 使用 Qt Creator 创建一个模板为 Qt Widgets Application 的项目,将该项目命名为 demo21,并保存在 D 盘的 Chapter8 文件夹下;在向导对话框中选择基类 QWidget,不勾选 Generate form 复选框。

(2) 编写 widget.h 文件中的代码,代码如下:

```
/* 第 8 章 demo21 widget.h */
#ifndef WIDGET_H
#define WIDGET_H

#include <QWidget>
#include <QPainter>
#include <QPaintEvent>
#include <QPixmap>
#include <QPainterPath>
#include <QBrush>
#include <QRectF>

class Widget : public QWidget
{
    Q_OBJECT
public:
    Widget(QWidget *parent = nullptr);
    ~Widget();
protected:
    void paintEvent(QPaintEvent *event);
};
#endif //WIDGET_H
```

（3）编写 widget.cpp 文件中的代码，代码如下：

```cpp
/* 第 8 章 demo21 widget.cpp */
#include "widget.h"

Widget::Widget(QWidget * parent):QWidget(parent)
{
    setGeometry(300,300,580,280);
    setWindowTitle("图像合成");
}

Widget::~Widget() {}

void Widget::paintEvent(QPaintEvent * event){
    QPixmap pix("D:/Chapter8/images/hill.png");
    QPainter painter(this);
    painter.drawPixmap(0,0,580,280,pix);                    //绘制图像
    //获取窗口矩形
    float w = width();
    float h = height();
    QRectF rect(0,0,w,h);
    QPainterPath path;                                      //创建绘图路径
    path.addRect(rect);                                     //添加矩形
    path.addEllipse(rect);                                  //添加椭圆
    path.setFillRule(Qt::OddEvenFill);                      //设置填充方式
    QBrush brush(Qt::green,Qt::SolidPattern);               //创建画刷
    painter.setBrush(brush);                                //设置画刷
    //设置图像合成方式
    painter.setCompositionMode(QPainter::CompositionMode_SourceOver);
    painter.drawPath(path);
    event -> accept();
}
```

（4）其他文件保持不变，运行结果如图 8-24 所示。

图 8-24　项目 demo21 的运行结果

注意：在 Qt 6 中，QPainter::CompositionMode 的枚举常量不只是这 12 种，开发者可在其帮助文档中查看其他枚举常量。

8.9　小结

本章首先介绍了使用 QPainter 绘图的基本类：QPainter、QPen、QBrush、QGradient，然后介绍了使用 QPainter 绘制几何图形、文字的方法。

其次介绍了绘图路径(QPainterPath)，以及使用绘图路径绘制图形的方法。

接着介绍了使用 QPainter 填充画刷图案、绘制图像、裁剪区域的方法，以及使用 QPainter 进行坐标变换的方法和使用 QTransform 进行坐标变换的方法。

最后介绍了使用 QPainter 设置视口和逻辑窗口的方法，以及进行图像合成的方法。

第 四 部 分

元对象系统、信号/槽、多线程

Qt 框架对标准 C++进行了扩展,引入了元对象系统。元对象系统有一些特性,例如动态翻译、类型信息、对象树、信号/槽。本章将介绍元对象系统,并重点介绍信号/槽的应用。

在 Qt 6 中,可以使用 QThread 类创建多线程,QThread 是 Qt 6 中所有线程控制的基础,每个 QThread 对象代表并控制一个线程。本章将介绍多线程类 QThread。

9.1 Qt 的元对象系统

Qt 框架中的元对象系统是对标准 C++语言的扩展,增加了动态翻译、信号/槽、对象树等特性。这些特性为编写 GUI 程序提供了巨大的便利。

本节内容是对前面章节的提炼和总结,相对来讲,比较抽象,有一些难度。

9.1.1 概述

当使用 Qt 框架创建 GUI 程序时,元对象系统的功能通过以下 3 个方面来建立:
①QObject 类是使用元对象系统的类的基类;②当继承某个使用元对象系统的类时,必须在这个类的开头部分插入宏 Q_OBJECT,这样操作才能让这个类使用元对象系统的特性;③MOC 编译为所有 QObject 类的子类提供必要的代码以实现元对象系统的功能。

具体来讲,当构建项目时,MOC 会读取 C++源文件,当发现这个类的定义中有 Q_OBJECT 宏时,MOC 会为这个类生成另一个包含元对象系统支持代码的 C++源文件。这个生成的源文件连同类的实现文件一起被标准 C++编译器编译和连接,具体流程如图 1-64 所示。

1. QObject 类

QObject 类是所有使用元对象系统的基类,即当一个类的父类继承自 QObject 类或 QObject 类的派生类时,这个类就可以使用动态翻译、信号/槽、对象树等元对象系统特性。QObject 类位于 Qt Core 子模块下,QObject 类与元对象系统特性相关的一些方法和属性见表 9-1。

表 9-1　QObject 类与元对象系统特性相关的方法和属性

特　　性	方法、属性	说　　明	返回值类型
元对象	metaObject()	获取这个对象的元对象指针	QMetaObject *
	[static]staticMetaObject	静态变量,存储了类的元对象	QMetaObject
类型信息	inherits()	判断该对象是否为某个类的子类的实例	bool
动态翻译	[static]tr()	获取字符串的翻译版本	QString
对象树	children()	获取子对象列表	QObjectList &
	parent()	获取父对象指针	QObject *
	setParent()	设置父对象	
	findChild()	根据对象名查找可被转换为类型 T 的对象	T
	findChildren()	获取符合名称和类型条件的子对象列表	QList < T >
信号与槽	[static]connect()	设置信号与槽的关联	QMetaObject∷Connection
	[static]disconnect()	解除信号与槽的关联	bool
	blockSignals()	设置是否阻止对象发送任何信号	bool
	signalsBlocked()	获取对象是否被阻止发送信号	bool
属性系统	dynamicPropertyNames()	获取所有动态属性的名称	QList < QByteArray >
	setProperty()	设置属性值,或添加动态属性	bool
	property()	获取属性值	QVarient

注意：在表 9-1 中,省略了 QObject 类方法的参数类型。

在 Qt 框架中,元对象系统的特性是通过 QObject 类的一些方法来实现的。

元对象即每个 QObject 及其子类都有一个元对象,这个元对象是动态创建的,静态变量 staticMetaObject 就是这个元对象。获取元对象有两种方式,代码如下：

```
QLabel * label = new QLabel();
const QMetaObject * metaPtr = label->metaobject();          //获取元对象指针
const QMetaObject metaObj = label->staticMetaObject;        //获取元对象
```

类型信息,可以通过 QObject 类的 inherits()方法判断对象是否为从某个类继承的实例。

动态翻译,可以通过 QObject 类的 tr()方法获取一个字符串的翻译版本,在设计多语言界面的应用程序时会用到 tr()方法。

对象树是表示对象间从属关系的树状结构,例如在一个窗口上,每个控件都有父容器,窗口是所有控件的顶层容器,窗口和窗口上的控件构成了对象树,对象树可以体现窗口上控件的层次关系,窗口可以访问窗口上的任何一个控件。当对象树中的某个对象被删除时,它的子对象也会被自动删除,因此当一个窗口被删除时,该窗口上面的所有控件也会被自动删除。

信号与槽是指可以使用 QObject 类的 connect()方法设置信号与槽函数的关联,并可以在类中定义信号、槽函数。

属性系统表示在类的定义代码中可以使用 Q_PROPERTY 定义属性,可以使用 QObject 的 setProperty()方法设置属性值或添加动态属性,使用 property()方法获取属性的值。

2. QMetaObject 类

每个 QObject 及其派生类的实例都有一个自动创建的元对象,元对象就是 QMetaObject 类的实例。元对象存储了类的实例所属类的各种元数据,例如类信息元数据、方法元数据、属性元数据。

QMetaObject 类的常用方法见表 9-2。

表 9-2　QMetaObject 类的常用方法

分　组	方　法	说　明	返回值类型
类的信息	className()	获取该类的类名称	char *
	metaType()	获取该元对象的元类型	QMetaType
	superClass()	获取该类的上层父类的元对象	QMetaObject *
	inherits(QMetaObject * meta)	判断该类是否继承自 meta 描述的类	bool
	newInstance(Args &&...argu)	创建该类的实例,可给构造方法传递最多 10 个参数	QObject *
类信息元数据	classInfo(int index)	根据索引 index 获取一条类信息的元数据,类信息是在类中用宏 Q_CLASSINFO 定义的一条信息	QMetaClassInfo
	indexOfClassInfo(char * name)	根据名称 name 获取类信息的索引	int
	classInfoCount()	获取该类的类信息条数	int
	classInfoOffset()	获取该类的第 1 条信息的索引	int
构造函数元数据	constructorCount()	获取该类的构造函数的个数	int
	constructor(int index)	根据索引获取该类构造函数的元数据	QMetaMethod
方法元数据	indexOfConstructor(char * con)	获取构造函数的索引,con 包括正则化的函数名和参数名	int
	method(int index)	根据索引 index 获取方法的元数据	QMetaMethod
	methodCount()	获取该类中方法的个数,包括基类中定义的方法、一般方法、信号与槽	int
	methodOffset()	获取该类中第 1 种方法的索引	int
	indexOfMethod(char * method)	根据名称 method 获取方法的索引	int
枚举类型元数据	enumerator(int index)	根据索引 index 获取枚举类型的元数据	QMetaEnum
	enumeratorCount()	获取该类的枚举类型的个数	int
	enumeratorOffset()	获取该类第 1 个枚举类型的索引	int
	indexOfEnumerator(char * name)	根据名称获取枚举类型的索引	int
属性元数据	property(int index)	根据索引 index 获取属性的元数据	QMetaProperty
	propertyCount()	获取该类属性的个数	int
	propertyOffset()	获取该类第 1 个属性的索引	int
	indexOfProperty(char * name)	根据名称 name 获取属性的索引	int
信号与槽	indexOfSignal(char * signal)	根据名称 signal 获取信号的索引	int
	indexOfSlot(char * slot)	根据名称 slot 获取槽函数的索引	int

续表

分　组	方　　法	说　　明	返回值类型
静态方法	checkConnectArgs(char * signal,char * method)	检查信号 signal 与槽函数 method 是否兼容	bool
	connectSlotsByName (QObject * object)	迭代搜索 object 的所有子对象,将匹配的信号和槽函数连接起来	
	invokeMethod(QObject * obj, char * mem,Args &&…args)	运行 QObject 对象的某种方法,包括信号、槽函数、成员方法	bool
	normalizedSignature(char * method)	对方法 method 的名称和参数进行字符串正则化,去除多余的空格,获取的结果可用于 checkConnectArgs()、indexOfConstructor() 等方法	QByteArray

3. 获取运行时的信息

在 Qt 框架中,可以使用 QObject 和 QMetaObject 提供的方法,在程序运行时获取某个对象的类名称及其父类的名称,判断是否继承自某个类。要实现这些功能,不需要 C++编译器的运行时的类型信息(Run-Time Type Information)支持。

(1) 可以使用 QMetaObject 类的 className()方法,在程序运行时,获取表示类名称的字符串,示例代码如下:

```
QLabel * label = new QLabel();
const QMetaObject * metaPtr = label->metaObject();        //获取元对象指针
QString str = QString(metaPtr->className());              //str = "QLabel"
```

(2) 可以使用 QObject 类的 inherits()方法,判断一个对象是否继承自某个类的实例,顶层的父类是 QObject,示例代码如下:

```
QLabel * label = new QLabel();
bool result1 = label->inherits("QLabel");                //result1 = true
bool result2 = label->inherits("QObject");               //result2 = true
bool result3 = label->inherits("QWidget");               //result3 = true
bool result4 = label->inherits("QPushButton");           //result4 = false
```

(3) 可以使用 QMetaObject 类的 superClass()方法,获取该元对象所描述类的父类的元对象,通过父类的元对象可获取父类的一些元数据,示例代码如下:

```
QLabel * label = new QLabel();
const QMetaObject * metaPtr = label->metaobject();        //获取元对象指针
QString str1 = QString(metaPtr->className());             //str1 = "QLabel"

const QMetaObject * metaSuper = label->metaobject()->superclass();
QString str2 = QString(metaSuper->className);             //str2 = "QFrame"
```

由于 QLabel 的父类是 QFrame,所以 str1 是"QLabel",str2 是"QFrame"。

4. 动态类型转换

在 Qt 框架中，可使用 qobject_cast() 函数将 QObject 及其派生类的对象进行动态类型转换。qobject_cast() 是头文件< QObject >下定义的一个非成员函数。

如果自定义的类要支持 qobject_cast() 函数，则自定义的类继承自 QObject 及其派生类，并且在类的定义中插入宏 Q_OBJECT。函数 qobject_cast() 的应用方法如下：

```
QObject * obj = new QLabel();                    //创建 QLabel,但使用 QObject 类型指针
const QMetaObject * meta1 = obj->metaObject();
QString str1 = QString(meta->className());       //str1 = "QLabel"

QLabel * label = qobject_cast<QLabel *>(obj);    //动态类型转换
const QMetaObject * meta2 = label->metaObject();
QString str2 = QString(meta2->className());      //str2 = "QLabel"

QPushButton * btn = qobject_cast<QPushButton *>(obj);             //转换失败,btn = nullptr
```

标准 C++语言中也有强制类型转换函数 dynamic_cast()，但使用 qobject_cast() 不需要 C++编译器开启运行时类型信息(RTTI)支持。

9.1.2　属性系统

在 Qt 框架中，属性是基于元对象系统实现的一个特性，标准 C++语言中没有属性。在 QObject 及其派生类中，使用宏 Q_PROPERTY 定义属性，其语法格式如下：

```
Q_PROPERTY(type name
          (READ getFunction [WRITE setFunction] |
           MEMBER memberName [(READ getFunction | WRITE setFunction)])
          [RESET resetFunction]
          [NOTIFY notifySignal]
          [REVISION int | REVISION(int[, int])]
          [DESIGNABLE bool]
          [SCRIPTABLE bool]
          [STORED bool]
          [USER bool]
          [BINDABLE bindableProperty]
          [CONSTANT]
          [FINAL]
          [REQUIRED])
```

宏 Q_PROPERTY 用于定义一个值类型为 type，名字为 name 的属性。使用 READ、WRITE 等关键字分别定义属性的读取、写入函数等操作特性。属性值的类型可以是 QVariant 支持的任何类型，也可以是自定义类型。

宏 Q_PROPERTY 定义属性的一些关键字的说明见表 9-3。

表 9-3　关键字的说明

关　键　字	说　　明
READ	指定一个读取属性值的函数,当没有 MEMBER 关键字时必须设置 READ
WRITE	指定一个设置属性值的函数,只读属性没有 WRITE 配置
MEMBER	指定一个成员变量与属性关联,使之成为可读写的属性,指定后不必再设置 READ 和 WRITE
RESET	可选,用于指定一个设置默认值的函数
NOTIFY	可选,用于设置一个信号,当属性值发生变化时发射该信号
DESIGNABLE	属性是否在 Qt Designer 的默认属性编辑器中可见,默认值为 true
USER	属性是否为用户可编辑的属性,默认值为 false,通常一个类只有一个 USER 设置为 true 的属性
CONSTANT	属性值是一个常数,对于一个对象实例,READ 指定的函数返回值是常数,但每次返回值可以不相同。具有 CONSTANT 关键字的属性不能有 WRITE 和 NOTIFY 关键字
FINAL	表示所定义的属性不能被子类重载

QWidget 类定义属性的示例如下:

```
Q_PROPERTY(bool focus READ hasFocus)
Q_PROOERTY(bool enabled READ isEnabled WRITE setEnabled)
```

1. 应用属性

在 Qt 框架中,很多基于 QObject 类的派生类定义了属性,尤其是基于 QWidget 类的控件类。对于每个控件,Qt Designer 的属性编辑器都显示该控件的各种属性,如果一个属性是可读可写的属性,则控件的方法名与属性名相同,而设置属性值的方法名,通常是在属性名上加 set,例如与 QLabel 控件 font 属性对应的两种方法如下:

```
const QFont & font()              //读取属性值的方法
void setFont(const QFont &)       //设置属性值的方法
```

在实际编程中,开发者是通过属性的读取和设置方法来访问属性值的。除此之外,也可以使用 QObject 类的 property(char * name)方法读取属性值,使用 setProperty(char * name,QVariant & value)方法设置属性值,示例代码如下:

```
bool isDefault = ui -> btn -> property("default").toBool();       //读取属性值
ui -> btn -> setProperty("default",!isDefault);                   //设置属性值
```

其中,ui-> btn 表示窗口上的一个指向 QPushButton 控件的指针,property(char * name)方法的返回值是 QVariant 类型,需要转换为具体的类型。

开发者也可以使用 QMetaObject 类的方法获取元对象所描述类的属性元数据,Qt 提供了 QMetaProperty 类来表示属性元数据,该类提供了一些方法,用于获取属性的一些特性,示例代码如下:

```
const QMetaObject * meta = ui -> label -> metaobject();      //获取 QLabel 控件的元对象
int index = meta -> indexOfProperty("text");                //获取属性 text 的索引
QMetaProperty pro = meta -> property(index);                 //获取属性 text 的元数据
bool res1 = pro.isWritable();                                //获取属性是否可写
bool res2 = pro.isDesignable();                              //获取属性是否可设计
bool res3 = pro.hasNotifySignal();                           //获取是否有反映属性值变化的信号
```

其中,ui-> label 表示窗口上的指向 QLabel 控件的指针。

2. 动态属性

在 Qt 框架中,当使用 QObject 类的 setProperty()设置属性值时,如果属性名不存在,则会为该对象实例定义一个新的属性并设置属性值,此时定义的属性称为动态属性。动态属性是针对类的实例定义的,所以使用 QObject 类的 property()读取动态属性的属性值。

开发者可根据实际需求来灵活地使用动态属性,例如,当窗口上的多个控件与数据库的字段关联时,这些控件用于显示数据,如果某个字段是必填的,则可以为该字段相关联的控件定义一个新的 necessary 属性,并将值设置为 true,示例代码如下:

```
editLine -> setProperty("necessary",true);
comboBox -> setProperty("necessary",true);
```

然后开发者可使用样式表将 necessary 属性值为 true 的控件的背景色设置为指定颜色,样式表的示例代码如下:

```
* [necessary = "true"] {background - color:gray};
```

3. 附件的类信息

在 Qt 框架中,元对象系统也支持使用宏 Q_CLASSINFO 在类中定义一些信息,类信息有名称和值,值只能使用字符串表示,示例代码如下:

```
class MyClass:public QObject
{
    Q_OBJECT
    Q_CLASSINFO("author","Xing")
    Q_CLASSINFO("editor","Zhao")
    Q_CLASSINFO("URL"," http://www.tup.tsinghua.edu.cn/index.html")
    public:
        ...
};
```

开发者可使用 QMetaObject 的方法获取类信息元数据,可使用 QMetaClassInfo 类描述一条类信息,QMetaClassInfo 类的方法如下:

```
char * name()                      //获取类信息的名称
char * value()                     //获取类信息的值
```

9.1.3　对象树

在 Qt 框架中,使用 QObject 类及其派生类创建的对象统称为 QObject 对象,这些

QObject 对象是以对象树的方式来组织的。当创建一个 QObject 对象时,如果给该对象设置一个父对象,则该对象会被添加到父对象的字对象列表中。当一个父对象被删除时,该父对象的全部子对象会被自动删除。

QObject 类的构造函数如下:

```
QObject(QObject * parent = nullptr)
```

其中,parent 表示父对象指针。

1. 获取子对象列表

在 Qt 框架中,可以使用 QObject 类的 children()方法获取该对象的子对象列表,方法的定义如下:

```
const QObjectList & children()
```

其中,返回类型 QObjectList 的定义如下:

```
typedef QList < QObject * > QObjectList;
```

假设某窗口上的分组框控件 groupBox 中有 5 个垂直布局的 QCheckBox 控件,要修改这 5 个 QCheckBox 控件上的文本,示例代码如下:

```
QObjectList objList = ui -> groupBox -> children();          //获取分组框的子对象列表
for( int i = 0; i < objList.size(); i++)                     //列表中有 6 个元素
{
    const QMetaObject * meta = objList.at(i) -> metaobject(); //获取元对象
    QString className = QString(meta -> className);          //子对象类名称
    if (className == "QCheckBox")
    {
        QCheckBox * chb = qobject_cast < QCheckBox *>(objList.at(i));
        QString str = chb -> text();
        chb -> setText(str + ,"复选框");
    }
}
```

分组框控件 groupBox 中除了 5 个 QCheckBox 控件,还有一个垂直布局。

2. findChild()方法

在 Qt 框架中,可以使用 QObject 类的 findChild()方法在该对象的子对象列表中查找可以转换为类型 T 的子对象,该方法的定义如下:

```
template < typename T > T findChild(const QString &name, Qt::FindChildOptions options = Qt::FindChildrenRecursively)
```

其中,name 表示子对象的名称;options 表示查找方式,其参数值为 Qt::FindChildOptions 的枚举常量: Qt::FindChildrenRecursively(在子对象中递归查找,也会查找子对象的子对象)、Qt::FindDirectChildrenOnly(只查找直接子对象)。

假设要查找窗口对象上名称为 btnNo 的 QPushButton 控件,示例代码如下:

```
QPushButton * btn = this - > findChild < QPushButton * >("btnNo");
```

3. findChildren()方法

在 Qt 框架中,可以使用 QObject 类的 findChildren()方法在该对象的子对象列表中查找可以转换为类型 T 的子对象列表,既可以指定对象的名称,也可以使用正则表达式(QRegularExpression)来匹配对象名。该方法的定义如下:

```
QList < T > findChildren(const QString &name,Qt::FindChildOptions options =
Qt::FindChildrenRecursively)
QList < T > findChildren(Qt::FindChildOptions options = Qt::
FindChildrenRecursively)
QList < T > findChildren (const QRegularExpression &re, Qt::FindChildOptions options = Qt::
FindChildrenRecursively)
```

其中,name 是对象名,如果不设置对象名,则会获取所有能转换为类型 T 的对象。

假设某窗口上的分组框控件 groupBox 中有 5 个垂直布局的 QCheckBox 控件,要修改这 5 个 QCheckBox 控件上的文本,示例代码如下:

```
QList < QCheckBox * > chbList = ui - > groupBox - > findChildren < QCheckBox * >();
for (int i = 0;i < btnList.size();i++)
{
    QCheckBox  * chb = chbList.at(i);
    QString str = chb - > text();
    chb - > setText(str + "复选框");
}
```

chbList 是分组框控件 groupBox 中包含所有 QCheckBox 对象指针的列表,不包含垂直布局对象。

【实例 9-1】 创建一个窗口,该窗口中包含 1 个按压按钮、3 个标签。单击该按钮会更改标签上的文本,操作步骤如下:

(1) 使用 Qt Creator 创建一个模板为 Qt Widgets Application 的项目,将该项目命名为demo1,并保存在 D 盘的 Chapter9 文件夹下;在向导对话框中选择基类 QWidget,不勾选Generate form 复选框。

(2) 编写 widget.h 文件中的代码,代码如下:

```
/* 第 9 章 demo1 widget.h */
# ifndef WIDGET_H
# define WIDGET_H

# include < QWidget >
# include < QPushButton >
# include < QLabel >
# include < QHBoxLayout >
# include < QString >
# include < QLabel >
```

```
class Widget : public QWidget
{
    Q_OBJECT
public:
    Widget(QWidget * parent = nullptr);
    ～Widget();
private:
    QHBoxLayout * hbox;
    QPushButton * btn;
    QLabel * label1, * label2, * label3;
private slots:
    void change_label();
};
# endif //WIDGET_H
```

(3) 编写 widget.cpp 文件中的代码,代码如下:

```
/* 第 9 章 demo1 widget.cpp */
# include "widget.h"

Widget::Widget(QWidget * parent):QWidget(parent)
{
    setGeometry(300,300,560,220);
    setWindowTitle("元对象系统");
    hbox = new QHBoxLayout(this);
    btn = new QPushButton("单击我");
    label1 = new QLabel("第 1");
    label2 = new QLabel("第 2");
    label3 = new QLabel("第 3");
    hbox -> addWidget(btn);
    hbox -> addWidget(label1);
    hbox -> addWidget(label2);
    hbox -> addWidget(label3);
    connect(btn,SIGNAL(clicked()),this,SLOT(change_label()));
}

Widget::～Widget() {}

void Widget::change_label(){
    QList < QLabel * > labList = this -> findChildren < QLabel * >();
    for(int i = 0;i < labList.size();i++){
        QLabel * lab = labList.at(i);
        QString str = lab -> text();
        lab -> setText(str + "个标签");
    }
}
```

（4）其他文件保持不变，运行结果如图 9-1 所示。

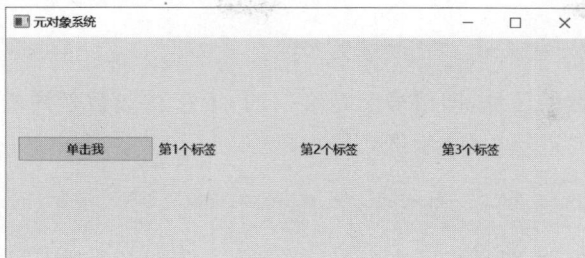

图 9-1 项目 demo1 的运行结果

9.2 信号/槽

在 GUI 编程中，控件之间经常需要通信，一般的 GUI 框架使用回调函数来实现控件之间的通信，例如 Python 的 Tkinter 框架。Qt 框架使用信号/槽机制来代替回调函数，信号/槽机制是 Qt 的核心特性，是由 Qt 的元系统支持而实现的对象间的通信机制。

9.2.1 信号/槽的介绍

在 Qt 6 中，控件之间的通信主要使用了信号/槽机制。信号（signal）是指 Qt 6 的控件（窗口、按钮、标签、文本框、下拉列表框等）在某个动作下或状态改变时发出的一个指令或信号。Qt 6 的控件内置了很多信号，例如 clicked()、triggered() 信号。槽（slot）是指系统对控件发出的信号进行响应，或者产生动作，通常使用槽函数来定义系统的响应或动作。Qt 6 也内置了很多槽函数，例如 QWidget 类的 close()、show()，然后使用 QObject 类的 connect() 函数将信号与槽函数连接起来。

1. connect() 函数的不同参数类型

connect() 函数有静态函数形式，也有一般成员函数形式，其中一种静态函数的定义如下：

```
QMetaObject::Connection connect(const QObject * sender,const char * signal,
const QObject * receiver,const char * method,Qt::ConnectionType type =
Qt::AutoConnection)
```

使用这种参数形式的 connect() 进行信号与槽函数关联时，语法格式如下：

```
connect(sender,SIGNAL(signal()),receiver,SLOT(slot()));
```

上面使用了宏 SIGNAL()、SLOT() 指定信号和槽函数，如果信号与槽函数中有参数，还需要注明参数类型，示例代码如下：

```
connect(spinBox,SIGNAL(valueChanged(int)),this,SLOT(num_changed(int)));
```

connect() 的另一种静态函数的定义如下：

```
QMetaObject::Connection connect (const QObject * sender, const QMetaMethod &signal, const
QObject * receiver,const QMetaMethod &method,
Qt::ConnectionType type = Qt::AutoConnection)
```

对于具有默认参数的信号,即信号名是唯一的,不存在参数不同的其他同名的信号,可以使用函数指针的形式进行关联,示例代码如下:

```
connect(lineEdit,&QLineEdit::textChanged,this,&Widget::text_updated);
```

由于QLineEdit有一个信号textChanged(QString),不存在参数不同的其他textChanged()信号,自定义窗口类Widget中有一个槽函数text_updated(QString),所以可以使用上面的语句将信号和槽函数关联起来。

如果控件的信号是overload型信号,并且与之关联的槽函数也是overload型槽函数,则会出现信号与槽函数无法匹配的情况,这时需要使用模板函数qOverload()来明确参数类型。例如在自定义窗口类中创建了两个自定义槽函数,其中一个有参数,另一个无参数,代码如下:

```
void slot1(bool checked);
void slot1();
```

如果要将窗口中QCheckBox控件的clicked()信号与槽函数关联,则需要使用qOverload()函数,代码如下:

```
connect(this->checkBox,&QCheckBox::clicked,this,qOverload<bool>(&Widget::slot1));
connect(this->checkBox,&QCheckBox::clicked,this,qOverload<>(&Widget::slot1));
```

作为QObject类成员函数的connect()的定义如下:

```
QMetaObject::Connection connect(const QObject * sender,const char * signal,
const char * method,Qt::ConnectionType type = Qt::AutoConnection)
```

这个函数中没有接受者的参数,接收者就是对象本身。如果使用成员函数connect()关联信号和槽函数,则示例代码如下:

```
this->connect(spinBox,SIGNAL(valueChanged(int)),SLOT(num_changed(int)));
```

无论何种形式的connect()函数都有一个参数type。type表示关联方式,其参数值为枚举类型Qt::ConnectionType。Qt::ConnectionType的枚举常量见表9-4。

表 9-4   Qt::ConnectionType 的枚举常量

枚 举 常 量	说　　明
Qt::AutoConnection	默认值,如果信号的发射者和接收者在同一个线程中,则使用Qt::DirectConnection方式,否则使用Qt::QueuedConnection方式,在信号发射时,自动确定关联方式

续表

枚 举 常 量	说 明
Qt::DirectConnection	当信号被发射时槽函数立即执行,槽函数和信号在同一个线程中
Qt::QueuedConnection	当事件循环到接收者线程时运行槽函数,槽函数和信号不在同一线程中
Qt::BlockingQueueConnection	与 Qt::QueuedConnection 相似,但该方式信号线程会阻塞,直到槽函数运行完毕。若信号与槽函数在同一线程中,则不能使用这种方式,否则会造成死锁

2. disconnect()函数的应用

开发者可使用 disconnect()函数解除信号与槽函数的连接,disconnect()函数具有两种成员函数和 4 种静态函数形式,其中 1 种静态函数的定义如下:

```
bool disconnect(const QObject * sender,const char * signal,const QObject * receiver,const
char * method)
```

如果要解除一个发射者所有信号的连接,则示例代码如下:

```
disconnect(myObject,nullptr,nullptr,nullptr);          //静态函数形式
myObject->disconnect();                                //成员函数形式
```

如果要解除与一个特定信号的连接,则示例代码如下:

```
disconnect(myObject,SIGNAL(mySignal()),nullptr,nullptr);          //静态函数形式
myObject->disconnect(SIGNAL(mySignal()));                         //成员函数形式
```

如果要解除与一个特定接收者的所有连接,则示例代码如下:

```
disconnect(myObject,nullptr,myReceiver,nullptr);          //静态函数形式
myObject->disconnect(myReceiver);                         //成员函数形式
```

如果要解除一个特定信号与槽函数的连接,则示例代码如下:

```
disconnect(lineEdit,&QLineEdit::textChanged,label,&QLabel::setText);          //静态函数形式
```

3. 信号/槽机制的特点

信号/槽机制的基本原理是当特定事件发生时发送信号,然后传递给槽函数,由槽函数进行响应或产生动作。前面章节的实例,主要应用了控件的内置信号和自定义槽函数。在 Qt 框架中,QObject 及其派生类都包含信号和槽。当对象状态改变时会根据需要发送信号,这个信号被绑定的槽函数捕捉并执行。信号只负责发送,不负责是否有槽函数接受。槽函数只用来接收信号,不负责连接信号发射。这体现了 Qt 通信机制的独立性和灵活性。

信号/槽是 Qt 的核心机制,也是 Qt 6 编程中对象之间进行通信的机制。信号/槽机制主要具有以下特点:

(1)一个信号可以连接多个槽函数,当发送信号时,插槽将按照它们的连接顺序一个接一个地执行。

(2) 一个信号可以连接另一个信号,即当发射第 1 个信号时,立即发射第 2 个信号。

(3) 信号的参数可以是 QVarient 类型,也可以是自定义类型,信号永远不能有返回类型。

(4) 一个槽可以监听多个信号,信号可能会断开。

(5) 信号/槽机制完全独立于任何 GUI 事件循环。信号与槽的连接方式既可以是同步的,也可以是异步的。信号与槽的连接可能会跨线程。

相比于回调函数,信号/槽机制运行速度稍微慢一些,但更灵活。在实际应用中,两种机制的差距很小。

9.2.2 获取信号发射者

在 QObject 类中,有一个 protected 类型的方法 sender(),使用 sender()可以在槽函数中获取信号发射者的 QObject 对象指针,sender()函数的定义如下:

```
QObject * sender()
```

开发者可根据发射者的类型将 QObject 对象指针转换为指定类型的指针对象,然后使用该对象的方法实现某些功能,示例代码如下:

```
void Widget::button_clicked()
{
    QPushButton btn = qobject_cast < QPushButton * >(sender());   //获取信号发射者
    bool isDefault = btn - > property("default").toBool();
    btn - > setProperty("default",!isDefault);                     //修改按压按钮的 default 属性
}
```

在上面的代码中,使用 qobject_cast()函数将 QObject 对象指针转换为 QPushButton 对象指针。

9.2.3 自定义信号

在 Qt 框架中,开发者可以在自己设计的类中自定义信号,信号就是在类定义里的一个函数;当使用自定义信号时,可使用关键字 emit 发送信号。信号函数必须是无返回值的函数,但可以有参数。

【实例 9-2】 创建一个窗口,该窗口中有一个按压按钮、1 个标签控件。要求创建自定义信号,单击该按钮会发射自定义信号,若发射自定义信号,则标签显示提示信息,操作步骤如下:

(1) 使用 Qt Creator 创建一个模板为 Qt Widgets Application 的项目,将该项目命名为 demo2,并保存在 D 盘的 Chapter9 文件夹下;在向导对话框中选择基类为 QWidget,不勾选 Generate form 复选框。

(2) 编写 widget.h 文件中的代码,代码如下:

```
/* 第 9 章 demo2 widget.h */
# ifndef WIDGET_H
# define WIDGET_H

# include < QWidget >
```

```
# include < QPushButton >
# include < QLabel >
# include < QHBoxLayout >
# include < QString >
# include < QFont >

class Widget : public QWidget
{
    Q_OBJECT
public:
    Widget(QWidget * parent = nullptr);
    ~Widget();
private:
    int total = 0;
    QPushButton * btn;
    QLabel * label;
    QHBoxLayout * hbox;
private slots:
    void btn_clicked();
    void change_label(int i);
signals:
    void numChanged(int i);                //自定义信号
};
# endif //WIDGET_H
```

（3）编写 widget. cpp 文件中的代码，代码如下：

```
/* 第 9 章 demo2 widget.cpp */
# include "widget. h"

Widget::Widget(QWidget * parent):QWidget(parent)
{
    setGeometry(300,300,560,220);
    setWindowTitle("自定义信号");
    hbox = new QHBoxLayout(this);
    btn = new QPushButton("单击我");
    btn - > setFont(QFont("黑体",14));
    label = new QLabel("提示:");
    label - > setFont(QFont("黑体",14));
    hbox - > addWidget(btn);
    hbox - > addWidget(label);
    connect(btn,SIGNAL(clicked()),this,SLOT(btn_clicked()));
    //使用信号/槽，将自定义信号和槽函数关联
    connect(this,SIGNAL(numChanged(int)),this,SLOT(change_label(int)));
}

Widget::~Widget() {}

void Widget::btn_clicked(){
    total++;
    emit numChanged(total);                //发射自定义信号
}
```

```
void Widget::change_label(int i){
    QString num = QString::number(i);
    QString str = "提示:这是第" + num + "个自定义信号";
    label -> setText(str);
}
```

(4) 其他文件保持不变,运行结果如图 9-2 所示。

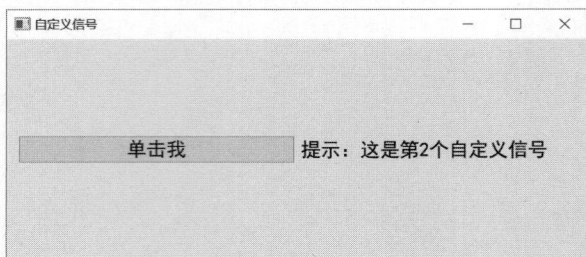

图 9-2　项目 demo2 的运行结果

在实际开发中,不仅可以将自定义信号与自定义槽函数关联,还可以将自定义信号与内置槽函数关联。

【实例 9-3】　创建一个窗口,该窗口中有一个按压按钮。要求创建自定义信号,单击该按钮会发射自定义信号,若发射自定义信号,则关闭窗口,操作步骤如下:

(1) 使用 Qt Creator 创建一个模板为 Qt Widgets Application 的项目,将该项目命名为 demo3,并保存在 D 盘的 Chapter9 文件夹下;在向导对话框中选择基类 QWidget,不勾选 Generate form 复选框。

(2) 编写 widget. h 文件中的代码,代码如下:

```
/* 第 9 章 demo3 widget.h */
#ifndef WIDGET_H
#define WIDGET_H

#include < QWidget >
#include < QVBoxLayout >
#include < QPushButton >
#include < QFont >

class Widget : public QWidget
{
    Q_OBJECT
public:
    Widget(QWidget * parent = nullptr);
    ~Widget();
private:
    QVBoxLayout * vbox;
    QPushButton * btn;
private slots:
```

```
    void btn_clicked();
signals:
    void message();                    //自定义信号
};
#endif //WIDGET_H
```

（3）编写 widget.cpp 文件中的代码,代码如下:

```
/* 第 9 章 demo3 widget.cpp */
#include "widget.h"

Widget::Widget(QWidget * parent):QWidget(parent)
{
    setGeometry(300,300,560,220);
    setWindowTitle("自定义信号");
    vbox = new QVBoxLayout(this);
    btn = new QPushButton("发送信号");
    btn->setFont(QFont("黑体",14));
    vbox->addWidget(btn);
    //使用信号/槽,将自定义信号与内置槽函数关联
    connect(this,SIGNAL(message()),this,SLOT(close()));
    connect(btn,SIGNAL(clicked()),this,SLOT(btn_clicked()));
}

Widget::~Widget() {}

void Widget::btn_clicked(){
    emit message();
}
```

（4）其他文件保持不变,运行结果如图 9-3 所示。

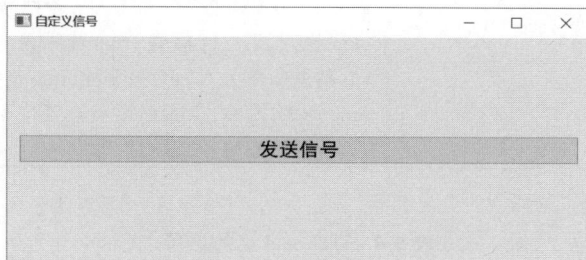

图 9-3　项目 demo3 的运行结果

有了自定义信号的知识,开发者在开发实践中,既可以将内置信号与槽函数关联,也可以创建自定义信号,并将自定义信号与槽函数关联。

9.3　使用 QThread 类创建多线程程序

在 Qt 6 中,可以使用 QThread 类创建多线程,每个 QThread 对象代表并控制着一个线程。QThread 类是 QObject 类的子类,其构造函数如下:

```
QThread(QObject * parent = nullptr)
```

其中,parent 表示指向线程拥有者的指针。

9.3.1 常用方法与信号

QThread 不仅继承了 QObject 类的属性和方法,还有自己独有的方法和信号。QThread 类的常用方法见表 9-5。

表 9-5 QThread 类的常用方法

方　　法	说　　明	返回值的类型
[static]sleep(int secs)	线程静止 secs 秒	
[static]msleep(int msecs)	线程静止 msecs 毫秒	
[static]usleep(int usecs)	线程静止 usecs 微妙	
[static]currentThread()	返回当前执行线程的 QThread 对象指针	QThread *
[static]idealThreadCount()	返回正在运行的线程数量	int
[slot]start(QThread::Priority = QThread::InheritPriority)	启动线程	
[slot]exit(int returncode=0)	终止线程,并返回一个代码	int
[slot]quit()	终止线程	
[slot]terminate()	强行终止正在运行的线程,同时确保使用 terminate()方法后使用 wait()方法	
isFinished()	获取线程是否完成	bool
isRunning()	获取线程是否正在执行	bool
wait(QDeadlineTimer deadline=QDeadlineTimer(QDeadlineTimer::Forever))	阻止线程,直到满足以下条件之一:①与此 QThread 对象关联的线程,若线程已经完成执行,则返回值为 true,若线程尚未启动,则返回值为 false;②等待 time 毫秒,若	bool
wait(unsigned long time)	time 为 ULONG_MAX,则一直等待不会超时,若等待超时,则返回值为 false	bool

QThread 类的信号见表 9-6。

表 9-6 QThread 类的信号

信　　号	说　　明
started()	开始执行 run()函数之前,从相关线程发送此信号
finished()	当程序完成业务逻辑时,从相关线程发送此信号

9.3.2 应用 QThread 类

在 Qt 6 中,使用 QThread 类创建多线程有两种方法:第 1 种方法是创建 QThread 类的子类,这需要重写 QThread 类的 run()函数,并在 run()函数中进行多线程运算;第 2 种方法是创建 QThread 对象,并通过 moveToThread(QThread * targetThread)方法接管多线程。

在 Qt 程序中创建多线程的主要目的是用多线程来处理后台的耗时操作或并发操作，从而让主窗口能及时响应用户的请求操作。

【实例 9-4】 创建一个计时器窗口程序，需使用 QThread 类，操作步骤如下：

（1）使用 Qt Creator 创建一个模板为 Qt Widgets Application 的项目，将该项目命名为 demo4，并保存在 D 盘的 Chapter9 文件夹下；在向导对话框中选择基类 QWidget，不勾选 Generate form 复选框。

（2）创建一个 WorkThread 类，其父类为 QThread，WorkThread 的头文件如下：

```
/* 第 9 章 demo4 workthread.h */
#ifndef WORKTHREAD_H
#define WORKTHREAD_H

#include <QObject>
#include <QThread>
#include <QDebug>

class WorkThread : public QThread
{
    Q_OBJECT
public:
    WorkThread(QObject * parent = nullptr);
    int count = 0;
    bool flag = true;
signals:
    void countSignal(int i);
protected:
    void run();
};
#endif //WORKTHREAD_H
```

WorkThread 的源文件如下：

```
/* 第 9 章 demo4 workthread.h */
#include "workthread.h"

WorkThread::WorkThread(QObject * parent):QThread(parent) {}

void WorkThread::run(){
    while(flag){
        count++;
        emit countSignal(count);
        qDebug()<< count;
        sleep(1);
    }
}
```

（3）编写 widget.h 的代码，代码如下：

```
/* 第 9 章 demo4 widget.h */
#ifndef WIDGET_H
```

```
#define WIDGET_H

#include <QWidget>
#include <workthread.h>
#include <QHBoxLayout>
#include <QPushButton>
#include <QLabel>
#include <QString>
#include <QFont>

class Widget : public QWidget
{
    Q_OBJECT
public:
    Widget(QWidget * parent = nullptr);
    ~Widget();
private:
    WorkThread * thread;
    QHBoxLayout * hbox;
    QPushButton * btnStart, * btnStop;
    QLabel * label;
private slots:
    void label_show(int count);
    void btn_start();
    void btn_stop();
};
#endif //WIDGET_H
```

（4）编写 widget.cpp 的代码,代码如下:

```
/* 第 9 章 demo4 widget.cpp */
#include "widget.h"

Widget::Widget(QWidget * parent):QWidget(parent)
{
    setGeometry(300,300,560,220);
    setWindowTitle("计时器");
    thread = new WorkThread(this);                    //创建多线程
    hbox = new QHBoxLayout(this);
    btnStart = new QPushButton("开始");
    btnStop = new QPushButton("结束");
    label = new QLabel("秒数:");
    label -> setFont(QFont("黑体",18));
    label -> setAlignment(Qt::AlignCenter);
    hbox -> addWidget(btnStart);
    hbox -> addWidget(label);
    hbox -> addWidget(btnStop);
    //使用信号/槽
    connect(thread,SIGNAL(countSignal(int)),this,SLOT(label_show(int)));
    connect(btnStart,SIGNAL(clicked()),this,SLOT(btn_start()));
    connect(btnStop,SIGNAL(clicked()),this,SLOT(btn_stop()));
}
```

```
Widget::~Widget() {}

void Widget::label_show(int count){
    QString num = QString::number(count);
    QString str1 = "秒数:" + num;
    label -> setText(str1);
}

void Widget::btn_start(){
    thread -> start();
    btnStart -> setEnabled(false);
}

void Widget::btn_stop(){
    thread -> flag = false;
    thread -> quit();
    btnStart -> setEnabled(true);
}
```

（5）其他文件保持不变，运行结果如图 9-4 所示。

图 9-4　项目 demo4 的运行结果

9.4　小结

本章首先介绍了 Qt 框架的元对象系统，以及信号/槽机制，然后介绍了应用自定义信号的方法。

本章介绍了 Qt 6 的多线程，包括 QThread 类及其常用方法和信号，以及多线程的应用实例。

事件与事件的处理函数

Qt 6 为事件处理提供了两种机制，第 1 种是信号/槽机制，第 2 种是事件处理机制。事件（Event）与信号（Signal）类似，可以实现窗口控件之间的通信。信号是指当窗口或控件满足一定的条件时，发送一个信号，这个信号与对应的槽函数连接。如果开发者需要处理鼠标单击、滚轮滑动等事件，则需要使用事件处理机制。与信号/槽机制对比，事件处理机制比较底层，信号/槽机制更高级一些。

10.1　事件的类型与处理函数

事件是指将用户对程序的输入事件，例如鼠标操作、键盘操作。事件的处理机制是指对用户的输入进行分类后，根据分类的结果交给不同的函数处理，处理这些事件的函数是固定的。开发者只需重新编写这些函数，例如第 8 章中的 paintEvent()函数。开发者只需重新编写这些函数就可以处理用户输入事件，系统会自动调用这些函数来处理事件。

在前面章节的实例中，每个主程序中都会创建一个 QApplication 对象，然后调用该对象的 exec()方法进入一个主循环。在主循环中，程序会一直监听用户的输入信息。当输入信息满足事件的分类条件时，程序会产生一个事件对象（QEvent）。事件对象会记录用户的输入信息，并将事件对象发送给处理该事件的函数，开发者只需重新编写该函数，就可以处理该事件了。

10.1.1　事件（QEvent）

在 Qt 6 中，QEvent 类是所有事件类（例如 QPaintEvent、QMouseEvent）的基类。当用户向程序输入信息时，程序首先会将输入信息交给 QEvent 进行分类，得到不同类型的事件，然后将事件信息发送给控件或窗口的事件处理函数进行处理，开发者需要重写该事件处理函数来处理用户的输入事件。

【实例 10-1】　创建一个窗口，该窗口包含一个标签。当按住鼠标滑动时，标签显示鼠标的位置坐标，操作步骤如下：

（1）使用 Qt Creator 创建一个模板为 Qt Widgets Application 的项目，将该项目命名为

demo1,并保存在 D 盘的 Chapter10 文件夹下；在向导对话框中选择基类 QWidget,不勾选
Generate form 复选框。

（2）编写 widget.h 文件中的代码,代码如下：

```
/* 第 10 章 demo1 widget.h */
# ifndef WIDGET_H
# define WIDGET_H

# include <QWidget>
# include <QMouseEvent>
# include <QPointF>
# include <QString>
# include <QHBoxLayout>
# include <QLabel>
# include <QFont>

class Widget : public QWidget
{
    Q_OBJECT
public:
    Widget(QWidget * parent = nullptr);
    ~Widget();
private:
    QHBoxLayout * hbox;
    QLabel * label;
protected:
    void mouseMoveEvent(QMouseEvent * event);
};
# endif //WIDGET_H
```

（3）编写 widget.cpp 文件中的代码,代码如下：

```
/* 第 10 章 demo1 widget.cpp */
# include "widget.h"

Widget::Widget(QWidget * parent):QWidget(parent)
{
    setGeometry(300,300,560,220);
    setWindowTitle("QEvent");
    hbox = new QHBoxLayout(this);
    label = new QLabel("坐标:");                    //创建标签控件
    label -> setFont(QFont("黑体",14));
    hbox -> addWidget(label);
}

Widget::~Widget() {}

void Widget::mouseMoveEvent(QMouseEvent * event){
    QPointF pos = event -> position();
    QString x1 = QString::number(pos.x());
    QString y1 = QString::number(pos.y());
```

```
    QString text = "坐标:(" + x1 + "," + y1 + ")";
    label -> setText(text);
    update();
}
```

（4）其他文件保持不变，运行结果如图 10-1 所示。

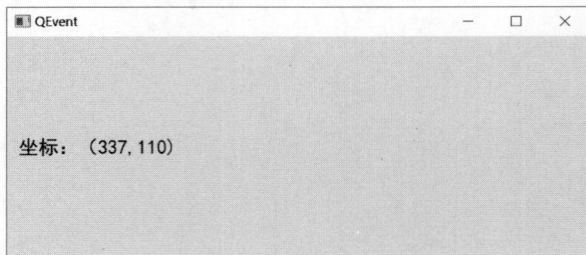

图 10-1　项目 demo1 的运行结果

在 Qt 6 中，QEvent 类的常用方法见表 10-1。

表 10-1　QEvent 类的常用方法

方法及参数类型	说　　明	返回值的类型
[static]registerEventType(int hint=−1)	注册新的事件类型，hint 的取值介于 QEvent::User(1000) 和 QEvent::MaxUser(65535)之间，返回新事件的 ID	int
accept()	事件被接受	
ignore()	事件被拒绝	
isAccepted()	事件是否被接受	bool
setAccepted(bool accepted)	设置事件是否被接受	
clone()	重写该函数，返回事件的复制版本	QEvent *
isPointerEvent()	若是 QPointerEvent 事件，则返回值为 true	bool
isSinglePointerEvent()	若是 QSinglePointerEvent 事件，则返回值为 true	bool
spontaneous()	获取事件是否被立即处理，如果事件被 QWidget 的 event()函数处理，则返回值为 true	bool
type()	获取事件的类型	QEvent::Type

在 QEvent 类中，使用 type()方法可以获取事件的类型。QEvent 定义的主要事件类型见表 10-2。

表 10-2　QEvent 定义的主要事件类型

事件类型常量(QEvent::Type)	说　　明	所属的事件类
QEvent::None	不是一个事件	
QEvent::ActionAdded	一个新的 QAction 对象被添加	QActionEvent
QEvent::ActionChanged	一个 QAction 对象被改变	QActionEvent
QEvent::ActionRemoved	一个 QAction 对象被移除	QActionEvent

续表

事件类型常量（QEvent：：Type）	说　　明	所属的事件类
QEvent：：ActivationChange	顶层窗口的激活状态发生变化	
QEvent：：ApplicationFontChange	程序的默认字体发生变化	
QEvent：：ApplicationLayoutDirctionChange	程序的默认布局方向发生改变	
QEvent：：ApplicationPaletteChange	程序的默认调色板发生变化	
QEvent：：ApplicationStateChange	程序的状态发生变化	
QEvent：：ApplicationWindowIconChange	程序的图标发生变化	
QEvent：：ChildAdded	一个对象获得子事件	QChildEvent
QEvent：：ChildPolished	一个控件的子事件被抛光	QChildEvent
QEvent：：ChildRemoved	一个对象失去子事件	QChildEvent
QEvent：：Clipboard	剪贴板的内容发生变化	
QEvent：：Close	Widget 被关闭	QCloseEvent
QEvent：：CloseSoftwareInputPanel	窗口关闭软件输入面板	
QEvent：：ContentsRectChange	控件内容区外边距发生变化	
QEvent：：ContextMenu	上下文弹出菜单	QContextMenuEvent
QEvent：：CursorChange	控件的光标发生变化	
QEvent：：DeferedDelete	对象被清除后将被删除	QDeferedDeleteEvent
QEvent：：DevicePixelRatioChange	窗口的设备像素比发生改变	
QEvent：：DragEnter	拖放操作时光标进入控件	QDragEnterEvent
QEvent：：DragLeave	拖放操作时光标离开控件	QDragLeaveEvent
QEvent：：DragMove	拖放操作正在进行	QDragMoveEvent
QEvent：：Drop	拖放操作完成	QDropEvent
QEvent：：DynamicPropertyChange	动态属性已添加、更改或删除	
QEvent：：EnabledChange	控件的 enabled 状态已更改	
QEvent：：Enter	光标进入控件的边界	QEnterEvent
QEvent：：EnterEditFocus	编辑控件获得焦点进行编辑	
QEvent：：EnterWhatsThisMode	进入 What's This 模式	
QEvent：：Expose	屏幕内容无效并需要刷新	
QEvent：：FileOpen	文件打开请求	QFileOpenEvent
QEvent：：FocusIn	窗口或控件获得键盘焦点	QFocusEvent
QEvent：：FocusOut	窗口或控件失去键盘焦点	QFocusEvent
QEvent：：FocusAboutToChange	窗口或控件焦点即将改变	QFocusEvent
QEvent：：FontChange	控件的字体发生变化	
QEvent：：Gesture	触发了一个手势	QGestureEvent
QEvent：：GestureOverride	触发了手势覆盖	QGestureEvent
QEvent：：GrabKeyboard	item 获得键盘抓取,仅限于 QGraphicsItem	
QEvent：：GrabMouse	item 获得鼠标抓取,仅限于 QGraphicsItem	
QEvent：：GraphicsSceneContextMenu	在图形场景上弹出右键菜单	QGraphicsSceneContextMenuEvent

续表

事件类型常量(QEvent::Type)	说　　明	所属的事件类
QEvent::GraphicsSceneDragEnter	拖放操作时光标进入场景	QGraphicsSceneDragDropEvent
QEvent::GraphicsSceneDragLeave	拖放操作时光标离开场景	QGraphicsSceneDragDropEvent
QEvent::GraphicsSceneDragMove	在场景上正在进行拖放操作	QGraphicsSceneDragDropEvent
QEvent::GraphicsSceneDrop	在场景上完成拖放操作	QGraphicsSceneDragDropEvent
QEvent::GraphicsSceneHelp	用户请求图形场景的帮助	QHelpEvent
QEvent::GraphicsSceneHoverEnter	光标进入图形场景中的悬停项	QGraphicsSceneHoverEvent
QEvent::GraphicsSceneHoverLeave	光标离开图形场景中的一个悬停项	QGraphicsSceneHoverEvent
QEvent::GraphicsSceneHoverMove	光标在场景的悬停项内移动	QGraphicsSceneHoverEvent
QEvent::GraphicsSceneMouseDouble Click	光标在图形场景中双击	QGraphicsSceneMouseEvent
QEvent::GraphicsSceneMouseMove	光标在图形场景中移动	QGraphicsSceneMouseEvent
QEvent::GraphicsSceneMousePress	光标在图形场景中被按下	QGraphicsSceneMouseEvent
QEvent::GraphicsSceneMouseRelease	光标在图形场景中被释放	QGraphicsSceneMouseEvent
QEvent::GraphicsSceneMove	控件被移动	QGraphicsSceneMoveEvent
QEvent::GraphicsSceneResize	控件已调整大小	QGraphicsSceneResizeEvent
QEvent::GraphicsSceneWheel	鼠标滚轮在图形场景中滚动	QGraphicsSceneWheelEvent
QEvent::Hide	控件被隐藏	QHideEvent
QEvent::HideToParent	子控件被隐藏	
QEvent::HoverEnter	光标进入悬停控件	QHoverEvent
QEvent::HoverLeave	光标离开悬停控件	QHoverEvent
QEvent::HoverMove	光标在悬停控件内移动	QHoverEvent
QEvent::IconDrag	主窗口的图标被拖走	QIconDragEvent
QEvent::InputMethod	正在使用输入法	QInputMethodEvent
QEvent::InputMethodQuery	输入法查询事件	QInputMethodQueryEvent
QEvent::KeyboardLayoutChange	键盘布局已更改	

续表

事件类型常量（QEvent∷Type）	说　　明	所属的事件类
QEvent∷KeyPress	键被按下	QKeyEvent
QEvent∷KeyRelease	键被释放	QKeyEvent
QEvent∷LanguageChange	应用程序的翻译发生变化	
QEvent∷LayoutDirectionChange	布局的方向发生变化	
QEvent∷LayoutRequest	控件的布局需要重做	
QEvent∷Leave	光标离开控件的边界	
QEvent∷LeaveEditFocus	编辑控件失去编辑的焦点	
QEvent∷LeaveWhatsThisMode	程序离开 What's This 模式	
QEvent∷LocalChange	系统区域设置发生改变	
QEvent∷NonClientAreaMouseMove	光标移动发生在客户区域外	QMouseEvent
QEvent∷NonClientAreaMouseButtonPress	按下鼠标发生在客户区域外	QMouseEvent
QEvent∷NonClientAreaMouseButtonRelease	释放鼠标发生在客户区域外	QMouseEvent
QEvent∷NonClientAreaMouseButtonDb Click	双击鼠标发生在客户区域外	QMouseEvent
QEvent∷MacSizeChange	窗口尺寸发生改变,仅适用于 macOS	
QEvent∷MetaCall	使用 QMetaObject∷invokeMethod() 激活异步方法	
QEvent∷ModifiedChange	控件的修改状态发生改变	
QEvent∷MouseButtonDblClick	鼠标再次被按下	QMouseEvent
QEvent∷MouseButtonPress	鼠标被按下	QMouseEvent
QEvent∷MouseButtonRelease	鼠标被释放	QMouseEvent
QEvent∷MouseMove	鼠标移动	QMouseEvent
QEvent∷MouseTrackingChange	鼠标的跟踪状态发生变化	
QEvent∷Move	控件的位置发生变化	QMoveEvent
QEvent∷NativeGesture	系统检测到手势	QNativeGestureEvent
QEvent∷OrientationChange	屏幕的方向发生改变	QScreenOrientationChangedEvent
QEvent∷Paint	屏幕需要更新	QPaintEvent
QEvent∷PaletteChange	控件的调色板发生改变	
QEvent∷ParentAboutToChange	控件的父窗口或父容器即将更改	
QEvent∷ParentChange	控件的父窗口或父容器发生变化	
QEvent∷PlatformPannel	请求一个特定于平台的面板	
QEvent∷PlatformSurface	一个平台表面被创建或摧毁	QPlatformSurfaceEvent
QEvent∷Polish	控件被抛光	
QEvent∷PolishRequest	控件应该被抛光	
QEvent∷QueryWhatsThis	若有 What's This 帮助,则窗口接受事件	QHelpEvent
QEvent∷Quit	退出程序	
QEvent∷ReadOnlyChange	控件的 read-only 状态发生改变	
QEvent∷RequestsSoftwareInputPanel	窗口请求打开软件输入面板	
QEvent∷Resize	控件的大小发生变化	QResizeEvent

续表

事件类型常量(QEvent∷Type)	说　　　明	所属的事件类
QEvent∷ScrollPrepare	对象需要填充它的几何信息	QScrollPreparelEvent
QEvent∷Scroll	对象需要滚动到提供的位置	QScrollEvent
QEvent∷ShortCut	快捷键处理	QShortcutEvent
QEvent∷ShortCutOverride	按下按键,用于覆盖快捷键	QKeyEvent
QEvent∷Show	控件显示在屏幕上	QShowEvent
QEvent∷ShowToParent	子控件被显示	
QEvent∷SockAct	套接字被激活,使 QSocketNotifier 生效	
QEvent∷StateMachineSignal	一个信号被转移到状态机	
QEvent∷StateMachineWrapped	一个信号被封装,包含其他信号	
QEvent∷StatusTip	状态提示请求	QStatusTipEvent
QEvent∷StyleChange	控件的样式发生改变	
QEvent∷TableMove	Wacom 写字板被移动	QTableEvent
QEvent∷TablePress	Wacom 写字板被按下	QTableEvent
QEvent∷TableRelease	Wacom 写字板被释放	QTableEvent
QEvent∷TableEnterProximity	Wacom 写字板进入接近事件	QTableEvent
QEvent∷TableLeaveProximity	Wacom 写字板离开接近事件	QTableEvent
QEvent∷TableTrackingChange	Wacom 写字板的轨迹状态发生改变	
QEvent∷ThreadChange	对象移动到另一个线程	
QEvent∷Timer	定时器事件	QTimerEvent
QEvent∷ToolBarChange	工具条按钮被切换,仅适用于 macOS	
QEvent∷ToolTip	一个 tooltip 请求	QHelpEvent
QEvent∷ToolTipChange	控件的 tooltip 发生改变	
QEvent∷TouchBegin	触摸屏或轨迹板序列的开始	QTouchEvent
QEvent∷TouchCancel	取消触摸事件序列	QTouchEvent
QEvent∷TouchEnd	结束触摸事件序列	QTouchEvent
QEvent∷TouchUpdate	触摸事件序列	QTouchEvent
QEvent∷UngrabKeyboard	Item 失去键盘抓取,仅包括 QGraphicsItem	
QEvent∷UngrabMouse	Item 失去鼠标抓取(QGraphicsItem、QQuickItem)	
QEvent∷UpdateRequest	控件应该被重绘	
QEvent∷WhatsThis	控件显示 What's This 帮助	QHelpEvent
QEvent∷WhatsThisClicked	What's This 帮助链接被单击	
QEvent∷Wheel	鼠标滚轮	QWheelEvent
QEvent∷WinEventAct	特殊窗口发生了激活事件	
QEvent∷WindowActivate	窗口已激活	
QEvent∷WindowBlocked	窗口被模式对话框阻塞	
QEvent∷WindowDeactivate	窗口被停用	
QEvent∷WindowIconChange	窗口的图标发生改变	

续表

事件类型常量（QEvent::Type）	说　　　明	所属的事件类
QEvent::WindowStateChange	窗口的状态（最小化、最大化、全屏）发生改变	QWindowStateChangeEvent
QEvent::WindowTitleChange	窗口的标题发生改变	
QEvent::WindowUnblocked	一种模式对话框退出后，窗口将不被阻塞	
QEvent::WinIdChange	窗口的系统标识符发生改变	
QEvent::ZOrderChange()	窗口的 z 顺序发生改变	

10.1.2　event()函数

在 Qt 6 中，有一个非常重要的函数 event()，该函数是程序事件的集散地。当程序捕捉到事件发生后，首先将事件发送到 QWidget 或其子类的 event()函数中进行处理。如果开发者没有重写 event()函数进行处理，则事件将会被发送到该事件的默认处理函数中，所以函数 event()是事件的发送集散地。

在实际的编程中，开发者可以通过重写 event()函数来截获、处理事件。如果 event()函数的返回值为 true，则表示事件已经处理完毕；如果 event()函数的返回值为 false，则表示事件还没有处理完毕。

【实例 10-2】　创建一个窗口，该窗口包含一个标签控件。当单击鼠标时，标签显示鼠标单击点的窗口坐标；当右击鼠标时，标签显示鼠标右击点的屏幕坐标，操作步骤如下：

（1）使用 Qt Creator 创建一个模板为 Qt Widgets Application 的项目，将该项目命名为 demo2，并保存在 D 盘的 Chapter10 文件夹下；在向导对话框中选择基类 QWidget，不勾选 Generate form 复选框。

（2）编写 widget.h 文件中的代码，代码如下：

```
/* 第 10 章 demo2 widget.h */
#ifndef WIDGET_H
#define WIDGET_H

#include < QWidget >
#include < QHBoxLayout >
#include < QLabel >
#include < QMouseEvent >
#include < QEvent >
#include < QFont >
#include < QPointF >

class Widget : public QWidget
{
    Q_OBJECT
public:
    Widget(QWidget * parent = nullptr);
```

```
    ～Widget();
private:
    QHBoxLayout * hbox;
    QLabel * label;
protected:
    bool event(QEvent * e);
};
# endif //WIDGET_H
```

(3) 编写 widget.cpp 文件中的代码,代码如下:

```
/* 第 10 章 demo2 widget.cpp */
# include "widget.h"

Widget::Widget(QWidget * parent):QWidget(parent)
{
    setGeometry(300,300,560,220);
    setWindowTitle("event()函数");
    hbox = new QHBoxLayout(this);
    label = new QLabel("显示坐标");      //创建标签控件
    label->setFont(QFont("黑体",14));
    hbox->addWidget(label);
}

Widget::～Widget() {}

bool Widget::event(QEvent * e){
    QMouseEvent * even = static_cast<QMouseEvent *>(e);
    if(even->type() == QEvent::MouseButtonPress)
    {
        if (even->button() == Qt::LeftButton){
            QPointF pos1 = even->position();
            QString x1 = QString::number(pos1.x());
            QString y1 = QString::number(pos1.y());
            QString text1 = "窗口坐标:(" + x1 + "," + y1 + ")";
            label->setText(text1);
            return true;
        }
        else if (even->button() == Qt::RightButton){
            QPointF pos2 = even->globalPosition();
            QString x2 = QString::number(pos2.x());
            QString y2 = QString::number(pos2.y());
            QString text2 = "屏幕坐标:(" + x2 + "," + y2 + ")";
            label->setText(text2);
            return true;
        }
        else{
            return true;
        }
    }
    else{//如果不是鼠标按键事件,则交给 QWidget 处理
        bool finished = QWidget::event(even);
```

```
        return finished;
    }
}
```

（4）其他文件保持不变，运行结果如图 10-2 所示。

图 10-2　项目 demo2 的运行结果

10.1.3　常用事件的处理函数

在实际开发中，如果开发者不重写 event()函数，则事件会被传递到该事件的默认处理函数中，开发者可以通过重写该事件的处理函数来处理该事件。在 Qt 6 中，窗口或控件常用的事件处理函数见表 10-3。

表 10-3　窗口或控件常用的事件处理函数

事件处理函数	说　　明
actionEvent(QActionEvent * e)	当增加、插入、删除 QAction 时调用该函数
changeEvent(QEvent * e)	状态发生改变时调用该函数，事件类型包括 QEvent::ToolBarChange、QEvent::ActivationChange、QEvent::EnabledChange、QEvent::FontChange、QEvent::StyleChange、QEvent::PaletteChange、QEvent::WindowTitleChange、QEvent::IconTextChange、QEvent::ModifiedChange、QEvent::MouseTrackingChange、QEvent::ParentChange、QEvent::WindowStateChange、QEvent::LanguageChange、QEvent::LocaleChange、QEvent::LayoutDirectionChange、QEvent::ReadOnlyChange
childEvent(QChildEvent * e)	容器控件中添加或移除子控件时调用该函数
closeEvent(QCloseEvent * e)	关闭窗口时调用该函数
contextMenuEvent(QContextMenuEvent * e)	当窗口或控件的 contextMenuPolicy 属性值为 Qt::DefaultContextMenu 时，右击鼠标弹出菜单时调用该函数
dragEnterEvent(QDragEnterEvent * e)	用鼠标拖曳某个对象进入窗口或控件时调用该函数
dragLeaveEvent(QDragLeaveEvent * e)	用鼠标拖曳某个对象离开窗口或控件时调用该函数
dragMoveEvent(QDragMoveEvent * e)	用鼠标拖曳某个对象在窗口或控件移动时调用该函数
dropEvent(QDropEvent * e)	用鼠标拖曳某个对象在窗口或控件中释放时调用该函数
enterEvent(QEnterEvent * e)	当光标进入窗口或控件时调用该函数

续表

事件处理函数	说　　明
focusInEvent(QFocusEvent * e)	用键盘使窗口或控件获得焦点时调用该函数
focusOutEvent(QFocusEvent * e)	用键盘使窗口或控件失去焦点时调用该函数
hideEvent(QHideEvent * e)	隐藏或最小化窗口时调用该函数
inputMethodEvent(QInputMethodEvent * e)	输入方法的状态发生改变时调用该函数
KeyPressEvent(QKeyEvent * e)	按下键盘的按键时调用该函数
KeyReleaseEvent(QKeyEvent * e)	释放键盘的按键时调用该函数
leaveEvent(QEvent * e)	光标离开窗口或控件时调用该函数
mouseDoubleClickEvent(QMouseEvent * e)	双击鼠标时调用该函数
mouseMoveEvent(QMouseEvent * e)	光标在窗口或控件中移动时调用该函数
mousePressEvent(QMouseEvent * e)	按下鼠标的按键时调用该函数
mouseReleaseEvent(QMouseEvent * e)	释放鼠标的按键时调用该函数
moveEvent(QMoveEvent * e)	移动窗口或控件时调用该函数
paintEvent(QPaintEvent * e)	当控件或窗口需要重新绘制时调用该函数
resizeEvent(QResizeEvent * e)	当窗口或控件的宽和高发生改变时调用该函数
showEvent(QShowEvent * e)	当显示窗口或从最小化恢复到原窗口状态时调用该函数
tableEvent(QTableEvent * e)	平板电脑处理事件
timerEvent(QTimerEvent * e)	用窗口或控件的 startTimer(int interval, Qt::TimerType timerType)方法启动一个定时器时调用该函数
wheelEvent(QWheelEvent)	转动鼠标的滚轮时调用该函数

【实例 10-3】　创建一个窗口,该窗口包含一个标签控件。当滚动滑轮时,标签显示提示信息,操作步骤如下:

(1) 使用 Qt Creator 创建一个模板为 Qt Widgets Application 的项目,将该项目命名为 demo3,并保存在 D 盘的 Chapter10 文件夹下;在向导对话框中选择基类 QWidget,不勾选 Generate form 复选框。

(2) 编写 widget.h 文件中的代码,代码如下:

```
/* 第 10 章 demo3 widget.h */
#ifndef WIDGET_H
#define WIDGET_H

#include < QWidget >
#include < QHBoxLayout >
#include < QLabel >
#include < QFont >
#include < QWheelEvent >
#include < QString >

class Widget : public QWidget
{
    Q_OBJECT
public:
```

```
    Widget(QWidget * parent = nullptr);
    ~Widget();
private:
    QHBoxLayout * hbox;
    QLabel * label;
protected:
    void wheelEvent(QWheelEvent * e);
};
#endif //WIDGET_H
```

（3）编写 widget.cpp 文件中的代码，代码如下：

```
/* 第10章 demo3 widget.cpp */
#include "widget.h"

Widget::Widget(QWidget * parent):QWidget(parent)
{
    setGeometry(300,300,560,220);
    setWindowTitle("wheelEvent()函数");
    hbox = new QHBoxLayout(this);
    label = new QLabel("提示:");    //创建标签控件
    label->setFont(QFont("黑体",14));
    hbox->addWidget(label);
}

Widget::~Widget() {}

void Widget::wheelEvent(QWheelEvent * e){
    QString text = "提示:鼠标的滚轮被转动";
    label->setText(text);
    e->accept();
    update();
}
```

（4）其他文件保持不变，运行结果如图 10-3 所示。

图 10-3　项目 demo3 的运行结果

在 Qt 6 中，每种窗口或控件的功能是不同的，每种窗口或控件处理的事件也是不同的。在实际的编程中，开发者可以通过重写窗口、控件或其子类的事件处理函数来处理事件。每种窗口或控件的事件处理函数见表 10-4。

表 10-4　每种窗口或控件的事件处理函数

窗口或控件	窗口或控件的处理函数
QWidget	event()、actionEvent()、changeEvent()、closeEvent()、contextMenuEvent()、dragEnterEvent()、dragLeaveEvent()、dragMoveEvent()、dropEvent()、enterEvent()、focusInEvent()、focusOutEvent()、hideEvent()、inputMethodEvent()、keyPressEvent()、leaveEvent()、keyReleaseEvent()、mouseDoubleClickEvent()、mouseMoveEvent()、showEvent()、mousePressEvent()、mouseReleaseEvent()、moveEvent()、paintEvent()、resizeEvent()、tableEvent()、wheelEvent()
QMainWindow	event()、contextMenuEvent()
QDialog	event()、closeEvent()、contextMenuEvent()、eventFilter()、keyPressEvent()、resizeEvent()、showEvent()
QLabel	event()、changeEvent()、contextMenuEvent()、focusInEvent()、focusOutEvent()、keyPressEvent()、mouseMoveEvent()、mousePressEvent()、mouseReleaseEvent()、paintEvent()
QLineEdit	event()、changeEvent()、contextMenuEvent()、dragEnterEvent()、dragLeaveEvent()、dragMoveEvent()、dropEvent()、focusInEvent()、focusOutEvent()、paintEvent()、inputMethodEvent()、keyPressEvent()、keyReleaseEvent()、mouseMoveEvent()、mouseDoubleClickEvent()、mousePressEvent()、mouseReleaseEvent()
QTextEdit	event()、changeEvent()、contextMenuEvent()、dragEnterEvent()、dragLeaveEvent()、dragMoveEvent()、dropEvent()、focusInEvent()、focusOutEvent()、paintEvent()、inputMethodEvent()、keyPressEvent()、keyReleaseEvent()、mouseMoveEvent()、mouseDoubleClickEvent()、mousePressEvent()、mouseReleaseEvent()、showEvent()、resizeEvent()、wheelEvent()
QPlainTextEdit	event()、changeEvent()、contextMenuEvent()、dragEnterEvent()、dragLeaveEvent()、dragMoveEvent()、dropEvent()、focusInEvent()、focusOutEvent()、paintEvent()、inputMethodEvent()、keyPressEvent()、keyReleaseEvent()、mouseMoveEvent()、mouseDoubleClickEvent()、mousePressEvent()、mouseReleaseEvent()、showEvent()、resizeEvent()、mouseMoveEvent()、wheelEvent()
QTextBrowser	event()、focusOutEvent()、keyPressEvent()、mouseMoveEvent()、paintEvent()、mousePressEvent()、mouseReleaseEvent()
QComboBox	event()、changeEvent()、contextMenuEvent()、focusInEvent()、focusOutEvent()、hideEvent()、inputMethodEvent()、keyPressEvent()、keyReleaseEvent()、mouseReleaseEvent()、mousePressEvent()、mouseReleaseEvent()、paintEvent()、resizeEvent()、showEvent()、wheelEvent()
QScrollBar	event()、contextMenuEvent()、hideEvent()、mouseMoveEvent()、paintEvent()、mousePressEvent()、mouseReleaseEvent()、wheelEvent()
QSlider	event()、mouseMoveEvent()、mousePressEvent()、mouseReleaseEvent()、paintEvent()
QDial	event()、mouseMoveEvent()、mousePressEvent()、mouseReleaseEvent()、paintEvent()、resizeEvent()
QProgressBar	event()、paintEvent()

窗口或控件	窗口或控件的处理函数
QPushButton	event()、focusInEvent()、focusOutEvent()、keyPressEvent()、mouseMoveEvent()、paintEvent()
QCheckBox	event()、mouseMoveEvent()、paintEvent()
QRadioButton	event()、mouseMoveEvent()、paintEvent()
QCalendarWidget	event()、eventFilter()、keyPressEvent()、mousePressEvent()、resizeEvent()
QLCDNumber	event()、paintEvent()
QDateTimeEdit	event()、focusInEvent()、keyPressEvent()、mousePressEvent()、paintEvent()、wheelEvent()
QGroupBox	event()、childEvent()、changeEvent()、focusInEvent()、resizeEvent()、mouseMoveEvent()、mousePressEvent()、mouseReleaseEvent()、paintEvent()
QFrame	event()、changeEvent()、paintEvent()
QScrollArea	event()、resizeEvent()、eventFilter(QObject * o,QEvent * e)
QTabWidget	event()、changeEvent()、keyPressEvent()、paintEvent()、resizeEvent()、showEvent()
QToolBox	event()、changeEvent()、showEvent()
QSplitter	changeEvent()、childEvent()、event()、resizeEvent()
QWebEngineView	event()、closeEvent()、contextMenuEvent()、dragEnterEvent()、dragLeaveEvent()、dragMoveEvent()、dropEvent()、hideEvent()、showEvent()
QDockWidget	event()、changeEvent()、closeEvent()、paintEvent()
QMdiArea	event()、childEvent()、eventFilter()、paintEvent()、resizeEvent()、showEvent()、timerEvent()、viewportEvent()
QMdiSubWindow	event()、changeEvent()、childEvent()、closeEvent()、contextMenuEvent()、eventFilter()、focusInEvent()、focusOutEvent()、hideEvent()、timerEvent()、keyPressEvent()、leaveEvent()、mouseDoubleClickEvent()、mouseMoveEvent()、mousePressEvent()、mouseReleaseEvent()、moveEvent()、paintEvent()、resizeEvent()、showEvent()
QToolButton	event()、actionEvent()、changeEvent()、enterEvent()、leaveEvent()、timerEvent()、mousePressEvent()、mouseReleaseEvent()、paintEvent()
QToolBar	event()、actionEvent()、changeEvent()、paintEvent()
QMenuBar	event()、actionEvent()、changeEvent()、eventFilter()、focusInEvent()、leaveEvent()、focusOutEvent()、keyPressEvent()、mouseMoveEvent()、mousePressEvent()、mouseReleaseEvent()、paintEvent()、resizeEvent()、timerEvent()
QStatusBar	event()、paintEvent()、resizeEvent()、showEvent()
QTabBar	event()、changeEvent()、hideEvent()、keyPressEvent()、mouseDoubleClickEvent()、mouseMoveEvent()、mousePressEvent()、mouseReleaseEvent()、paintEvent()、resizeEvent()、showEvent()、timerEvent()、wheelEvent()
QListWidget	event()、dropEvent()
QTableWidget	event()、dropEvent()
QTreeWidget	event()、dropEvent()

续表

窗口或控件	窗口或控件的处理函数
QListView	event()、dragLeaveEvent()、dragMoveEvent()、dropEvent()、mouseMoveEvent()、mouseReleaseEvent()、paintEvent()、resizeEvent()、timerEvent()、wheelEvent()
QTreeView	event()、changeEvent()、dragMoveEvent()、keyPressEvent()、mouseDoubleClickEvent()、mouseMoveEvent()、mousePressEvent()、mouseReleaseEvent()、paintEvent()、timerEvent()、viewportEvent()
QTableView	event()、paintEvent()、timerEvent()
QVideoWidget	event()、hideEvent()、moveEvent()、resizeEvent()、showEvent()
QGraphicsView	event()、contextMenuEvent()、dragEnterEvent()、dragLeaveEvent()、dragMoveEvent()、dropEvent()、focusInEvent()、focusOutEvent()、inputMethodEvent()、keyPressEvent()、keyReleaseEvent()、mouseDoubleClickEvent()、paintEvent()、mouseMoveEvent()、mousePressEvent()、mouseReleaseEvent()、resizeEvent()、showEvent()、viewportEvent()、wheelEvent()
QGraphicsScene	event()、focusInEvent()、focusOutEvent()、keyPressEvent()、keyReleaseEvent()、eventFilter(QObject * o, QEvent * e)、inputMethodEvent()、helpEvent(QGraphicsSceneHelpEvent * e)、wheelEvent(QGraphicsSceneWheelEvent * e)、contextMenuEvent(QGraphicsSceneContextMenuEvent * e)、dragEnterEvent(QGraphicsSceneDragDropEvent * e)、dragLeaveEvent(QGraphicsSceneDragDropEvent * e)、dragMoveEvent(QGraphicsSceneDragDropEvent * e)、dropEvent(QGraphicsSceneDragDropEvent * e)、mouseDoubleClickEvent(QGraphicsSceneMouseEvent * e)、mouseMoveEvent(QGraphicsSceneMouseEvent * e)、mousePressEvent(QGraphicsSceneMouseEvent * e)、mouseReleaseEvent(QGraphicsSceneMouseEvent * e)
QGraphicsWidget	event()、changeEvent()、closeEvent()、hideEvent()、showEvent()、polishEvent()、grabKeyboardEvent(QEvent * e)、grabMouseEvent(QEvent * e)、ungrabKeyboardEvent(QEvent * e)、ungrabMouseEvent(QEvent * e)、windowFrameEvent(QEvent * e)、moveEvent(QGraphicsSceneMoveEvent * e)、resizeEvent(QGraphicsSceneResizeEvent * e)
QGraphicsItem	event()、focusInEvent()、focusOutEvent()、inputMethodEvent()、keyPressEvent()、keyReleaseEvent()、sceneEvent()、dropEvent(QGraphicsSceneDragDropEvent * e)、sceneEventFilter(QGraphicsItem * w, QEvent * e)、wheelEvent(QGraphicsSceneWheelEvent * e)、contextMenuEvent(QGraphicsSceneContextMenuEvent * e)、dragEnterEvent(QGraphicsSceneDragDropEvent * e)、dragLeaveEvent(QGraphicsSceneDragDropEvent * e)、dragMoveEvent(QGraphicsSceneDragDropEvent * e)、hoverEnterEvent(QGraphicsSceneHoverEvent * e)、hoverLeaveEvent(QGraphicsSceneHoverEvent * e)、hoverMoveEvent(QGraphicsSceneHoverEvent * e)、mouseDoubleClickEvent(QGraphicsSceneMouseEvent * e)、mouseMoveEvent(QGraphicsSceneMouseEvent * e)、mousePressEvent(QGraphicsSceneMouseEvent * e)、mouseReleaseEvent(QGraphicsSceneMouseEvent * e)

10.2 鼠标事件和键盘事件

在 GUI 程序中,鼠标事件和键盘事件是应用最多的事件。本节主要介绍 Qt 6 中的鼠标事件和键盘事件,其中 QMouseEvent 类和 QWheelEvent 类的继承关系如图 10-4 所示。

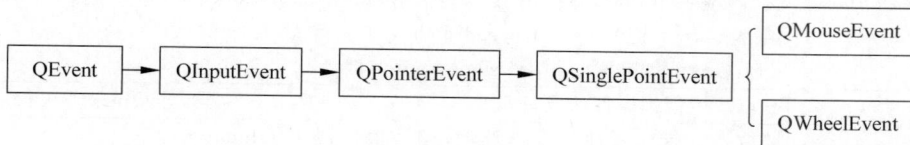

图 10-4 QMouseEvent 类和 QWheelEvent 类的继承关系

10.2.1 鼠标事件(QMouseEvent)

在 Qt 6 中,使用 QMouseEvent 类表示鼠标事件。在实际应用中,鼠标事件还包括移动鼠标、按下鼠标按键、释放鼠标按键、双击鼠标按键。这些鼠标事件对应的事件类型和处理函数见表 10-5。

表 10-5 不同的鼠标事件

鼠标事件类型	说 明	对应的处理函数
QEvent::MouseButtonPress	按下鼠标按键	mousePressEvent(QMouseEvent * e)
QEvent::MouseButtonRelease	释放鼠标按键	mouseReleaseEvent(QMouseEvent * e)
QEvent::MouseButtonMove	移动鼠标	mouseMoveEvent(QMouseEvent * e)
QEvent::MouseButtonDblClick	双击鼠标按键	mouseDoubleClickEvent(QMouseEvent * e)

在 Qt 6 中,QMouseEvent 类常用的方法见表 10-6。

表 10-6 QMouseEvent 类的常用方法

方 法	说 明	返回值的类型
position()	获取相对于控件的鼠标位置	QPointF
scenePosition()	获取相对于接受事件窗口的鼠标位置	QPointF
globalPosition()	获取相对于屏幕的鼠标位置	QPointF
pointingDevice()	获取鼠标事件的来源设备	QPointingDevice *
source()	获取鼠标事件的来源,返回值可以为 Qt::MouseEvent-NotSynthesized(来自鼠标)、Qt::MouseEventSynthesized-BySystem(来自鼠标和触摸屏)、Qt::MouseEventSynthesizedByQt(来自触摸屏)、Qt::MouseEventSynthesizedByApplication(来自应用程序)	Qt::MouseEventSource
button()	获取产生鼠标事件的按键,返回值可以为 Qt::NoButton、Qt::AllButtons、Qt::LeftButton、Qt::RightButton、Qt::MiddleButton、Qt::BackButton、Qt::ForwardButton、Qt::XButton1、Qt::XButton2、Qt::TaskButton、Qt::ExtraButton(i=1,2,…,24)	Qt::MouseButton

续表

方　　法	说　　明	返回值的类型
buttons()	获取当鼠标事件产生时被按下的按键	Qt∷MouseButtons
modifiers()	获取装饰键,返回值可以为 Qt∷Modifier(没有装饰键)、Qt∷ShiftModifier(Shift 键)、Qt∷ControlModifier(Ctrl 键)、Qt∷AltModifier(Alt 键)、Qt∷MetaModifier(Meta 键或 Windows 键)、Qt∷KeypadModifier(小键盘上的键)、Qt∷GroupSwitchModifier(Mode_switch 键)	Qt∷Keyboard Modifiers
device()	获取产生鼠标事件的设备	QInputDevice ＊
deviceType()	获取产生鼠标事件的设备类型,返回值可以为 QInputDevice∷Unknown、QInputDevice∷Mouse、QInputDevice∷TouchScreen、QInputDevice∷TouchPad、QInputDevice∷Stylus、QInputDevice∷Airbrush、QInputDevice∷Puck、QInputDevice∷Keyboard、QInputDevice∷AllDevices	QInputDevice∷DeviceType

【实例 10-4】 创建一个窗口。在该窗口中,可以通过鼠标单击绘制直线,操作步骤如下:

(1) 使用 Qt Creator 创建一个模板为 Qt Widgets Application 的项目,将该项目命名为 demo4,并保存在 D 盘的 Chapter10 文件夹下;在向导对话框中选择基类 QWidget,不勾选 Generate form 复选框。

(2) 编写 widget.h 文件中的代码,代码如下:

```cpp
/＊ 第 10 章 demo4 widget.h ＊/
#ifndef WIDGET_H
#define WIDGET_H

#include <QWidget>
#include <QPainter>
#include <QPen>
#include <QPaintEvent>
#include <QMouseEvent>
#include <QPointF>

class Widget : public QWidget
{
    Q_OBJECT
public:
    Widget(QWidget ＊ parent = nullptr);
    ~Widget();
private:
    QPointF pos1, pos2;
protected:
    void paintEvent(QPaintEvent ＊ e);
    void mousePressEvent(QMouseEvent ＊ e);
    void mouseReleaseEvent(QMouseEvent ＊ e);
};
#endif //WIDGET_H
```

（3）编写 widget.cpp 文件中的代码，代码如下：

```cpp
/* 第10章 demo4 widget.cpp */
#include "widget.h"

Widget::Widget(QWidget * parent):QWidget(parent)
{
    setGeometry(300,300,560,220);
    setWindowTitle("绘制直线");
    setMouseTracking(true);
}

Widget::~Widget() {}

void Widget::mousePressEvent(QMouseEvent * e){
    if(e->button() == Qt::LeftButton)
        pos1 = e->position();
}

void Widget::mouseReleaseEvent(QMouseEvent * e){
    pos2 = e->position();
    update();
}

void Widget::paintEvent(QPaintEvent * e){
    QPainter painter(this);
    QPen pen(Qt::red,5,Qt::SolidLine);
    painter.setPen(pen);
    painter.drawLine(pos1,pos2);
    e->accept();
}
```

（4）其他文件保持不变，运行结果如图 10-5 所示。

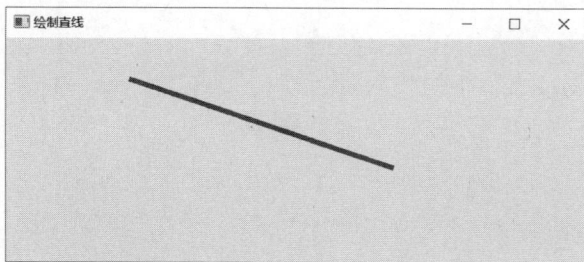

图 10-5　项目 demo4 的运行结果

【实例 10-5】　创建一个窗口，窗口包含一个标签控件。在该窗口中，可以通过右击鼠标创建上下文菜单，如果选中菜单选项，则标签会显示提示信息，操作步骤如下：

（1）使用 Qt Creator 创建一个模板为 Qt Widgets Application 的项目，将该项目命名为 demo5，并保存在 D 盘的 Chapter10 文件夹下；在向导对话框中选择基类 QWidget，不勾选 Generate form 复选框。

（2）编写 widget.h 文件中的代码，代码如下：

```
/* 第 10 章 demo5 widget.h */
#ifndef WIDGET_H
#define WIDGET_H

#include <QWidget>
#include <QHBoxLayout>
#include <QLabel>
#include <QMenu>
#include <QAction>
#include <QCursor>
#include <QFont>
#include <QString>
#include <QMouseEvent>

class Widget : public QWidget
{
    Q_OBJECT
public:
    Widget(QWidget * parent = nullptr);
    ~Widget();
private:
    QHBoxLayout * hbox;
    QLabel * label;
    QMenu * popMenu;
    QAction * actionCut, * actionCopy, * actionPaste;
protected:
    void mousePressEvent(QMouseEvent * e);
private slots:
    void action_cut();
    void action_copy();
    void action_paste();
};
#endif //WIDGET_H
```

（3）编写 widget.cpp 文件中的代码，代码如下：

```
/* 第 10 章 demo5 widget.cpp */
#include "widget.h"

Widget::Widget(QWidget * parent):QWidget(parent)
{
    setGeometry(300,300,560,220);
    setWindowTitle("创建上下文菜单");
    setMouseTracking(true);
    setContextMenuPolicy(Qt::CustomContextMenu);
    hbox = new QHBoxLayout(this);
    //创建标签控件
    label = new QLabel("提示:");
    label -> setFont(QFont("黑体",14));
    hbox -> addWidget(label);
```

```
    //创建上下文菜单
    popMenu = new QMenu();
    actionCut = popMenu->addAction("剪切");
    actionCopy = popMenu->addAction("复制");
    actionPaste = popMenu->addAction("粘贴");
    connect(actionCut,SIGNAL(triggered()),this,SLOT(action_cut()));
    connect(actionCopy,SIGNAL(triggered()),this,SLOT(action_copy()));
    connect(actionPaste,SIGNAL(triggered()),this,SLOT(action_paste()));
}

Widget::~Widget() {}

void Widget::mousePressEvent(QMouseEvent * e){
    if (e->button() == Qt::RightButton)
        popMenu->exec(QCursor::pos());
    e->accept();
}

void Widget::action_cut(){
    QString text = "提示:选中了上下文菜单中的\"剪切\"。";
    label->setText(text);
}

void Widget::action_copy(){
    QString text = "提示:选中了上下文菜单中的\"复制\"。";
    label->setText(text);
}

void Widget::action_paste(){
    QString text = "提示:选中了上下文菜单中的\"粘贴\"。";
    label->setText(text);
}
```

（4）其他文件保持不变,运行结果如图 10-6 所示。

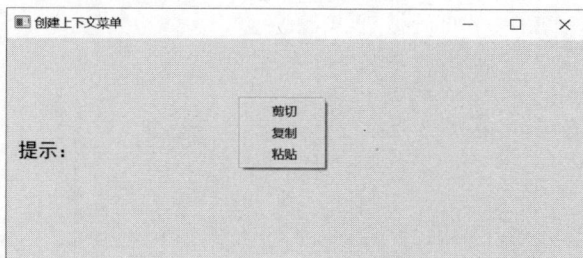

图 10-6　项目 demo5 的运行结果

【实例 10-6】　创建一个窗口,双击该窗口可以打开图像文件,操作步骤如下:

（1）使用 Qt Creator 创建一个模板为 Qt Widgets Application 的项目,将该项目命名为 demo6,并保存在 D 盘的 Chapter10 文件夹下;在向导对话框中选择基类 QWidget,不勾选 Generate form 复选框。

(2) 编写 widget.h 文件中的代码,代码如下:

```
/* 第10章 demo6 widget.h */
#ifndef WIDGET_H
#define WIDGET_H

#include <QWidget>
#include <QFileDialog>
#include <QPainter>
#include <QPixmap>
#include <QRect>
#include <QPaintEvent>
#include <QMouseEvent>

class Widget : public QWidget
{
    Q_OBJECT
public:
    Widget(QWidget * parent = nullptr);
    ~Widget();
private:
    QFileDialog * fileDialog;
    QPixmap pixmap;
    void action_open();
protected:
    void paintEvent(QPaintEvent * e);
    void mouseDoubleClickEvent(QMouseEvent * e);
};
#endif //WIDGET_H
```

(3) 编写 widget.cpp 文件中的代码,代码如下:

```
/* 第10章 demo6 widget.cpp */
#include "widget.h"

Widget::Widget(QWidget * parent):QWidget(parent)
{
    setGeometry(300,300,560,220);
    setWindowTitle("双击打开图像文件");
    //pixmap = new QPixmap();
}

Widget::~Widget() {}

void Widget::paintEvent(QPaintEvent * e){
    QRect rect(0,0,560,220);
    QPainter painter(this);
    painter.drawPixmap(rect,pixmap);
    e->accept();
}

void Widget::mouseDoubleClickEvent(QMouseEvent * e){
```

```
    action_open();
    e - > accept();
}

void Widget::action_open(){
    fileDialog = new QFileDialog(this);
    fileDialog - > setNameFilter("图像文件( * .png * .jpeg * .jpg)");
    fileDialog - > setFileMode(QFileDialog::ExistingFile);
    if (fileDialog - > exec())
        pixmap.load(fileDialog - > selectedFiles()[0]);
    update();
}
```

（4）其他文件保持不变，运行结果如图 10-7 所示。

图 10-7　项目 demo6 的运行结果

10.2.2　滚轮事件（QWheelEvent）

在 Qt 6 中，使用 QWheelEvent 类表示鼠标的滚轮事件，使用 wheelEvent()函数处理鼠标的滚轮事件。QWheelEvent 类的大部分方法与 QMouseEvent 类一致。QWheelEvent 类的常用方法见表 10-7。

表 10-7　QWheelEvent 类的常用方法

方　　法	说　　明	返回值的类型
position()	获取相对于控件的鼠标位置	QPointF
scenePosition()	获取相对于接受事件窗口的鼠标位置	QPointF
globalPosition()	获取相对于屏幕的鼠标位置	QPointF
pointingDevice()	获取鼠标事件的来源设备	QPointingDevice *
source()	获取鼠标事件的来源	Qt::MouseEventSource
button()	获取产生鼠标事件的按键	Qt::MouseButton
modifiers()	获取装饰键	Qt::KeyboardModifiers
device()	获取产生鼠标事件的设备	QInputDevice *
deviceType()	获取产生鼠标事件的设备类型	QInputDevice::DeviceType

续表

方　　法	说　　明	返回值的类型
angleDelta()	使用 angleDelta().y()获取两次事件之间鼠标竖直滚轮旋转的角度,使 angleDelta().x()获取两次事件之间鼠标水平滚轮旋转的角度,若无水平滚轮,则 angleDelta().x()的值为 0。如果返回值为正数,则表示滚轮相对于用户向前滑动,如果返回值为负数,则表示滚轮相对于用户向后滑动	QPoint
pixelDelta()	获取两次事件之间控件在屏幕上的移动距离,单位为像素	QPoint
phase()	获取设备的状态,返回值可以为 Qt::NoScrollPhase(不支持滚动)、Qt::ScrollBegin(开始位置)、Qt::ScrollUpdate(处于滚动状态)、Qt::ScrollEnd(结束位置)、Qt::ScrollMoment(不触碰设备,由于惯性仍处于滚动状态)	Qt::ScrollPhase
inverted()	获取随事件传递的增量值是否反转,通常情况下,如果返回值为正数,则表示滚轮相对于用户向前滑动,如果返回值为负数,则表示滚轮相对于用户向后滑动	bool

【实例 10-7】　创建一个窗口,该窗口包含一个标签。当转动鼠标滚轮时,标签显示竖直方向上的旋转数值,操作步骤如下:

(1) 使用 Qt Creator 创建一个模板为 Qt Widgets Application 的项目,将该项目命名为 demo7,并保存在 D 盘的 Chapter10 文件夹下;在向导对话框中选择基类 QWidget,不勾选 Generate form 复选框。

(2) 编写 widget.h 文件中的代码,代码如下:

```
/* 第 10 章 demo7 widget.h */
#ifndef WIDGET_H
#define WIDGET_H

#include < QWidget >
#include < QHBoxLayout >
#include < QLabel >
#include < QFont >
#include < QString >
#include < QWheelEvent >

class Widget : public QWidget
{
    Q_OBJECT
public:
    Widget(QWidget * parent = nullptr);
    ~Widget();
private:
```

```
    QHBoxLayout * hbox;
    QLabel * label;
protected:
    void wheelEvent(QWheelEvent * e);
};
#endif //WIDGET_H
```

（3）编写 widget.cpp 文件中的代码，代码如下：

```
/* 第 10 章 demo7 widget.cpp */
#include "widget.h"

Widget::Widget(QWidget * parent):QWidget(parent)
{
    setGeometry(300,300,560,220);
    setWindowTitle("滚轮旋转数值");
    hbox = new QHBoxLayout(this);
    //创建标签控件
    label = new QLabel("提示:");
    label -> setFont(QFont("黑体",14));
    hbox -> addWidget(label);
}

Widget::~Widget() {}

void Widget::wheelEvent(QWheelEvent * e){
    int length = e -> angleDelta().y();
    QString num = QString::number(length);
    QString text = "提示:鼠标滚轮竖直旋转数值为" + num;
    label -> setText(text);
}
```

（4）其他文件保持不变，运行结果如图 10-8 所示。

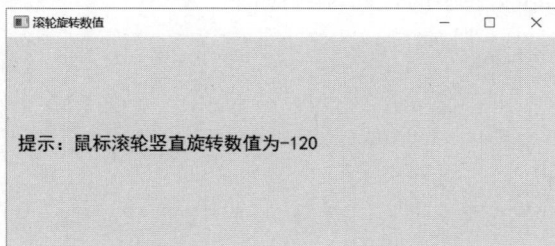

图 10-8 项目 demo7 的运行结果

注意：在 QWheelEvent 中，滚轮的旋转角度为 angleDelta().y() 的八分之一，通常情况下滚轮旋转角度的步长为 $15°$，15×8 为 120。

【**实例 10-8**】 创建一个窗口，该窗口显示一个图像文件。当转动鼠标滚轮时，放大或缩小显示的图像文件，操作步骤如下：

(1) 使用 Qt Creator 创建一个模板为 Qt Widgets Application 的项目,将该项目命名为 demo8,并保存在 D 盘的 Chapter10 文件夹下;在向导对话框中选择基类 QWidget,不勾选 Generate form 复选框。

(2) 编写 widget.h 文件中的代码,代码如下:

```
/* 第 10 章 demo8 widget.h */
#ifndef WIDGET_H
#define WIDGET_H

#include <QWidget>
#include <QPainter>
#include <QPixmap>
#include <QRect>
#include <QPoint>
#include <QPaintEvent>
#include <QWheelEvent>

class Widget : public QWidget
{
    Q_OBJECT
public:
    Widget(QWidget * parent = nullptr);
    ~Widget();
private:
    int translateX = 0;                    //水平缩放距离
    int translateY = 0;                    //竖直缩放距离
protected:
    void paintEvent(QPaintEvent * e);
    void wheelEvent(QWheelEvent * e);
};
#endif //WIDGET_H
```

(3) 编写 widget.cpp 文件中的代码,代码如下:

```
/* 第 10 章 demo8 widget.cpp */
#include "widget.h"

Widget::Widget(QWidget * parent):QWidget(parent)
{
    setGeometry(300,300,560,220);
    setWindowTitle("缩放图像文件");
}

Widget::~Widget() {}

void Widget::paintEvent(QPaintEvent * e){
    QPixmap pix("D:/Chapter10/images/hill.png");
    QPoint point1(0 + translateX,0 + translateY);
    QPoint point2(560 - translateX,220 - translateY);
    QPainter painter(this);
    QRect rect(point1,point2);
```

```
        painter.drawPixmap(rect,pix);
        e->accept();
}

void Widget::wheelEvent(QWheelEvent * e){
        int length = e->angleDelta().y();
        translateX = static_cast<int>(length/12);
        translateY = static_cast<int>(length/6);
        update();
}
```

（4）其他文件保持不变，运行结果如图 10-9 所示。

图 10-9　项目 demo8 的运行结果

10.2.3　鼠标拖放事件（QDropEvent、QDragMoveEvent、QMimeData）

在 GUI 程序中，可以通过鼠标的拖放动作来完成一些操作，例如把图像文件拖放到程序窗口中打开该图像。在 Qt 6 中，拖放事件包括鼠标进入、鼠标移动、鼠标释放、鼠标移出。这些拖放事件对应的事件类型和处理函数见表 10-8。

表 10-8　鼠标拖放事件

鼠标事件类型	说　　明	对应的处理函数
QEvent::DragEnter	鼠标进入	dragEnterEvent(QDragEnterEvent * e)
QEvent::DragMove	鼠标移动	dragMoveEvent(QDragMoveEvent * e)
QEvent::Drop	鼠标释放	dropEvent(QDropEvent * e)
QEvent::DragLeave	鼠标移出	dragLeaveEvent(QDragLeaveEvent * e)

表 10-8 中，QDragEnterEvent 类为 QDropEvent、QDragMoveEvent 类的子类，没有自己独有的方法；QDragMoveEvent 类为 QDropEvent 类的子类，增加了自己独有的方法；QDragLeaveEvent 类为 QEvent 类的子类，没有自己独有的方法。这些类的继承关系如图 10-10 所示。

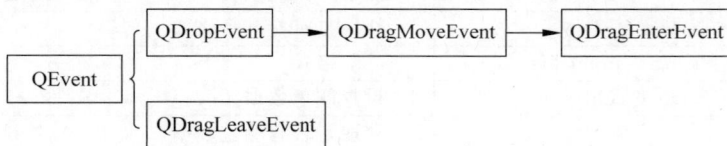

图 10-10　QDragEnterEvent 等类的继承关系

在 Qt 6 中,QDropEvent 类的常用方法见表 10-9。

表 10-9 QDropEvent 类的常用方法

方　　法	说　　明	返回值的类型
position()	获取鼠标释放的位置	QPointF
keyboardModifiers()	获取修饰键	Qt::KeyboardModifiers
mimeData()	获取 mime 数据	QMimeData *
mouseButtons()	获取按下的鼠标按键	Qt::MouseButtons
dropAction()	获取采取的动作	Qt::DropAction
possibleActions()	获取可能实现的动作	Qt::DropActions
proposedAction()	系统推荐的动作	Qt::DropAction
acceptProposedAction()	接受推荐的动作	
setDropAction(Qt::DropAction)	设置释放动作	
source()	获取被拖放的对象	QObject *

在 Qt 6 中,QDragMoveEvent 类的常用方法见表 10-10。

表 10-10 QDragMoveEvent 类的常用方法

方　　法	说　　明	返回值的类型
accept()	在控件或窗口的边界内都可接受移动事件	
accept(QRect &r)	在指定的区域内接受移动事件	
ignore()	在整个边界内忽略移动事件	
ignore(QRect &r)	在指定的区域内忽略移动事件	
answerRect()	获取可以释放的区域	QRect

在 Qt 6 中,如果要在拖放事件中传递数据,则需要使用 QMimeData 类。QMimeData 类可以表示存放在剪贴板上的数据,可以通过拖放事件传递剪贴板上的数据,不仅可以在不同的程序间传递数据,也可以在同一个程序中传递数据。

QMimeData 类位于 Qt 6 的 Qt Core 子模块中,其构造函数为 QMimeData()。可以在 QMimeData 类中存储文本、图像、颜色、地址等数据。QMimeData 类的常用方法见表 10-11。

表 10-11 QMimeData 类的常用方法

方　　法	说　　明	返回值的类型
setData(QString &m,QByteArray &d)	设置某种格式的数据	
data(QString &mimeType)	获取某种格式的数据	QByteArray
clear()	清空格式和数据	
formats()	获取格式列表	QStringList
hasFormat(QString &mimeType)	获取是否有某种格式	bool
removeFormat(QString &mimeType)	移除格式	
setColorData(QVariant &color)	设置颜色数据	
hasColor()	获取是否有颜色数据	bool
colorData()	获取颜色数据	QVariant

续表

方　　法	说　　明	返回值的类型
setHtml(QString &html)	设置 HTML 数据	
hasHtml()	获取是否有 HTML 数据	bool
html()	获取 HTML 数据	QString
setImageData(QVariant &image)	设置图像数据	
hasImage()	获取是否有图像数据	bool
imageData()	获取图像数据	QVariant
setText(QString &text)	设置文本数据	
hasText()	获取是否有文本数据	bool
text()	获取文本数据	QString
setUrls(QList < QUrl > &urls)	设置 URL 数据	
hasUrls()	判断是否有 URL 数据	bool
urls()	获取 URL 数据	QList < QUrl >

针对不同格式的数据,QMimeData 类的处理方法见表 10-12。

表 10-12　QMimeData 类的处理方法

数据格式	是否存在	获取方法	设置方法	应 用 举 例
text/plain	hasText()	text()	setText()	setText("孙悟空")
text/html	hasHtml()	html()	setHtml()	setHtml("< a >猪八戒</a >")
text/url-list	hasUrls()	urls()	setUrls()	setUrls({QUrl("www. qt. io")})
image/ *	hasImage()	imageData()	setImageData()	setImageData(QImage("001. jpg"))
Application/x-color	hasColor()	colorData()	setColorData()	setColorData(QColor(11,22,33))

在 Qt 6 中,如果要使窗口或控件接受拖放操作,则要使用 setAcceptDrops(bool)将其设置为 true。

【实例 10-9】　创建一个窗口,将图像文件拖放到该窗口上,该窗口可以显示拖放的图像文件,操作步骤如下:

(1) 使用 Qt Creator 创建一个模板为 Qt Widgets Application 的项目,将该项目命名为 demo9,并保存在 D 盘的 Chapter10 文件夹下;在向导对话框中选择基类 QWidget,不勾选 Generate form 复选框。

(2) 编写 widget. h 文件中的代码,代码如下:

```
/* 第 10 章 demo9 widget.h */
#ifndef WIDGET_H
#define WIDGET_H

#include < QWidget >
#include < QPainter >
#include < QDragEnterEvent >
#include < QDropEvent >
#include < QPixmap >
#include < QRect >
```

```
# include < QPoint >
# include < QList >
# include < QUrl >
# include < QString >
# include < QMimeData >

class Widget : public QWidget
{
    Q_OBJECT
public:
    Widget(QWidget * parent = nullptr);
    ~Widget();
private:
    QPixmap pix;
protected:
    void paintEvent(QPaintEvent * e);
    void dragEnterEvent(QDragEnterEvent * e);
    void dropEvent(QDropEvent * e);
};
# endif //WIDGET_H
```

(3) 编写 widget.cpp 文件中的代码,代码如下:

```
/* 第 10 章 demo9 widget.cpp */
# include "widget.h"

Widget::Widget(QWidget * parent):QWidget(parent)
{
    setGeometry(300,300,560,220);
    setWindowTitle("拖放图像文件");
    setAcceptDrops(true);
}

Widget::~Widget() {}

void Widget::paintEvent(QPaintEvent * e){
    QPainter painter(this);
    QPoint point1(10,5);
    QPoint point2(540,210);
    QRect rect(point1,point2);
    if (pix.isNull() == false)
        painter.drawPixmap(rect,pix);
    e-> accept();
}

void Widget::dragEnterEvent(QDragEnterEvent * e){
    if (e-> mimeData()-> hasUrls())
        e-> accept();
    else
        e-> ignore();
}
```

```
void Widget::dropEvent(QDropEvent * e){
    QList < QUrl > urls = e-> mimeData()-> urls();
    QString fileName = urls[0].toLocalFile();
    pix.load(fileName);
    update();
}
```

（4）其他文件保持不变，运行结果如图 10-11 所示。

图 10-11　项目 demo9 的运行结果

10.2.4　键盘事件（QKeyEvent）

在 Qt 6 中，使用 QKeyEvent 类表示键盘键的按下和释放事件。与 QKeyEvent 类相关联的事件类型和处理函数见表 10-13。

表 10-13　键盘事件的类型和处理函数

键盘事件类型	说　明	对应的处理函数
QEvent::KeyPress	键盘键被按下	keyPressEvent(QKeyEvent * e)
QEvent::KeyRelease	键盘键被释放	keyReleaseEvent(QKeyEvent * e)
QEvent::ShortcutOverride	按下按键，用于覆盖快捷键	event(QEvent * e)

在 Qt 6 中，QKeyEvent 类是 QInputEvent 类的子类，QKeyEvent 类常用的方法见表 10-14。

表 10-14　QKeyEvent 类的常用方法

方　　法	说　明	返回值的类型
count()	获取按键的数量	int
isAutoRepeat()	获取是否是重复事件	bool
key()	获取按键的代码，不区分大小写	int
text()	返回按键上的字符	QString
modifiers()	获取装饰键	Qt::KeyboardModifiers
matches（QKeySequence:: StandardKey)	如果按键匹配标准的按键，则返回值为 true。常规的按键标准为快捷键 Ctrl＋C 表示复制，Ctrl＋X 表示剪切，Ctrl＋V 表示粘贴，Ctrl＋O 表示打开，Ctrl＋S 表示保存，Ctrl＋W 表示关闭	bool
keyCombination()	获取组合键	QKeyCombination

【实例 10-10】 创建一个窗口,该窗口包含一个标签控件。当单击键盘上的按键时,标签显示按键上的字符,操作步骤如下:

(1) 使用 Qt Creator 创建一个模板为 Qt Widgets Application 的项目,将该项目命名为 demo10,并保存在 D 盘的 Chapter10 文件夹下;在向导对话框中选择基类 QWidget,不勾选 Generate form 复选框。

(2) 编写 widget.h 文件中的代码,代码如下:

```
/* 第 10 章 demo10 widget.h */
#ifndef WIDGET_H
#define WIDGET_H

#include <QWidget>
#include <QHBoxLayout>
#include <QLabel>
#include <QFont>
#include <QString>
#include <QKeyEvent>

class Widget : public QWidget
{
    Q_OBJECT
public:
    Widget(QWidget * parent = nullptr);
    ~Widget();
private:
    QHBoxLayout * hbox;
    QLabel * label;
protected:
    void keyPressEvent(QKeyEvent * e);
};
#endif //WIDGET_H
```

(3) 编写 widget.cpp 文件中的代码,代码如下:

```
/* 第 10 章 demo10 widget.cpp */
#include "widget.h"

Widget::Widget(QWidget * parent):QWidget(parent)
{
    setGeometry(300,300,560,220);
    setWindowTitle("键盘按键");
    hbox = new QHBoxLayout(this);
    //创建标签控件
    label = new QLabel("按键:");
    label->setFont(QFont("黑体",14));
    hbox->addWidget(label);
}

Widget::~Widget() {}

void Widget::keyPressEvent(QKeyEvent * e){
```

```
    QString char1 = e -> text();
    QString text = "按键:" + char1;
    label -> setText(text);
}
```

（4）其他文件保持不变,运行结果如图 10-12 所示。

图 10-12 项目 demo10 的运行结果

10.3 拖曳控件、剪贴板、上下文菜单事件

在实际的编程中,有时需要在程序内部拖曳控件,有时需要创建剪贴板,有时需要处理上下文菜单事件。本节将分别讲解如何在 Qt 6 中处理这些问题。

10.3.1 拖曳控件（QDrag）

在 Qt 6 中,如果要在程序内部拖放控件,则需要将控件定义成可移动控件,也就是在可移动控件内部使用 QDrag 类创建对象。QDrag 类为控件的拖放事件提供了基于 MimeData 数据传输支持。QDrag 类为 QObject 类的子类,其构造函数如下:

```
QDrag(QObject * dragSource)
```

其中,dragSource 表示 QObject 类及其子类创建的对象指针。

QDrag 类的常用方法见表 10-15。

表 10-15 QDrag 类的常用方法

方法及参数类型	说 明	返回值的类型
[static]cancel()	取消拖放	
exec(Qt::DropActions supportedActions＝Qt:: MoveAction)	开始拖动操作,并返回释放时的动作	Qt::DropAction
exec(Qt::DropActions supportedActions, Qt:: DropAction defaultDropAction)	同上	Qt::DropAction
defaultAction()	获取默认的释放动作	Qt::DropAction
setDragCursor(QPixmap &cursor, Qt::DropAction)	设置拖曳时的光标形状	
dragCursor(Qt::DropAction)	获取拖曳时的光标形状	QPixmap

续表

方法及参数类型	说　明	返回值的类型
setHotSpot(QPoint & spot)	设置热点位置	
hotSpot()	获取热点位置	QPoint
setMimeData(QMimeData * data)	设置拖放中传递的数据	
mimeData()	获取数据	QMimeData *
setPixmap(QPixmap & pix)	设置拖曳控件时鼠标显示的图像	
pixmap()	获取数据代表的图像	QPixmap
source()	获取被拖放控件的父控件	QObject *
target()	获取目标控件	QObject *
supportedActions()	获取支持的动作	Qt::DropActions

在 Qt 6 中,QDrag 类的信号见表 10-16。

表 10-16　QDrag 类的信号

信号及参数类型	说　明
actionChanged(Qt::DropAction)	当拖曳动作发生时发送信号
targetChanged(QObject * newTarget)	当拖放目标发生变化时发送信号

【实例 10-11】　创建一个窗口,该窗口包含两个按压按钮。在窗口中,可以随意拖动按钮,操作步骤如下:

(1) 使用 Qt Creator 创建一个模板为 Qt Widgets Application 的项目,将该项目命名为 demo11,并保存在 D 盘的 Chapter10 文件夹下;在向导对话框中选择基类 QWidget,不勾选 Generate form 复选框。

(2) 重新定义按压按钮类 MyPushButton,头文件如下:

```
/* 第 10 章 demo11 mypushbutton.h */
# ifndef MYPUSHBUTTON_H
# define MYPUSHBUTTON_H


# include < QPushButton >
# include < QWidget >
# include < QDrag >
# include < QMimeData >
# include < QMouseEvent >
# include < QPoint >

class MyPushButton : public QPushButton
{
    Q_OBJECT
public:
    MyPushButton(QWidget * parent = nullptr);
    QDrag * drag;
protected:
```

```
    void mousePressEvent(QMouseEvent * e);
    QMimeData * mime;
};
# endif //MYPUSHBUTTON_H
```

MyPushButton 类的源文件如下：

```
/* 第 10 章 demo11 mypushbutton.cpp */
# include "mypushbutton.h"

MyPushButton::MyPushButton(QWidget * parent):QPushButton(parent)
{}
//按键事件
void MyPushButton::mousePressEvent(QMouseEvent * e){
    if (e -> button() == Qt::LeftButton){
        drag = new QDrag(this);
        QPoint pos = e -> position().toPoint();
        drag -> setHotSpot(pos);
        mime = new QMimeData();
        drag -> setMimeData(mime);
        drag -> exec();
    }
}
```

（3）重新定义框架类 MyFrame，头文件如下：

```
/* 第 10 章 demo11 myframe.h */
# ifndef MYFRAME_H
# define MYFRAME_H

# include < QFrame >
# include < QWidget >
# include < mypushbutton.h >
# include < QPoint >
# include < QDragEnterEvent >
# include < QDragMoveEvent >
# include < QDropEvent >

class MyFrame : public QFrame
{
    Q_OBJECT
public:
    MyFrame(QWidget * parent = nullptr);
private:
    MyPushButton * btn1, * btn2, * btnC;
    QWidget * child;
protected:
    void dragEnterEvent(QDragEnterEvent * e);
    void dragMoveEvent(QDragMoveEvent * e);
    void dropEvent(QDropEvent * e);
};

# endif //MYFRAME_H
```

MyFrame 类的源文件如下：

```cpp
/* 第 10 章 demo11 myframe.cpp */
#include "myframe.h"

MyFrame::MyFrame(QWidget *parent):QFrame(parent) {
    setAcceptDrops(true);
    setFrameShape(QFrame::Box);
    btn1 = new MyPushButton(this);
    btn1->setText("孙悟空");
    btn1->move(50,50);
    btn2 = new MyPushButton(this);
    btn2->setText("猪八戒");
    btn2->move(100,100);
}

void MyFrame::dragEnterEvent(QDragEnterEvent *e){
    QPoint pos = e->position().toPoint();
    child = childAt(pos);                       //获取指定位置的控件
    btnC = static_cast<MyPushButton *>(child);
    e->accept();
}

void MyFrame::dragMoveEvent(QDragMoveEvent *e){
    QPoint pos1 = e->position().toPoint();
    if(btnC->isVisible()){
        QPoint pos2 = btnC->drag->hotSpot();
        btnC->move(pos1 - pos2);
    }
}

void MyFrame::dropEvent(QDropEvent *e){
    QPoint pos1 = e->position().toPoint();
    if(btnC->isVisible()){
        QPoint pos2 = btnC->drag->hotSpot();
        btnC->move(pos1 - pos2);
    }
}
```

(4) 编写 widget.h 文件中的代码，代码如下：

```cpp
/* 第 10 章 demo11 widget.h */
#ifndef WIDGET_H
#define WIDGET_H


#include <QWidget>
#include <mypushbutton.h>
#include <myframe.h>
#include <QHBoxLayout>


class Widget : public QWidget
{
```

```
    Q_OBJECT
public:
    Widget(QWidget * parent = nullptr);
    ～Widget();
private:
    MyFrame * frame1;
    QHBoxLayout * hbox;
};
# endif //WIDGET_H
```

（5）编写 widget.cpp 文件中的代码，代码如下：

```
/ * 第 10 章 demo11 widget.cpp * /
# include "widget.h"

Widget::Widget(QWidget * parent):QWidget(parent)
{
    setGeometry(300,300,560,220);
    setWindowTitle("拖放控件");
    setAcceptDrops(true);
    frame1 = new MyFrame(this);
    hbox = new QHBoxLayout(this);
    hbox -> addWidget(frame1);
}

Widget::～Widget() {}
```

（6）其他文件保持不变，运行结果如图 10-13 所示。

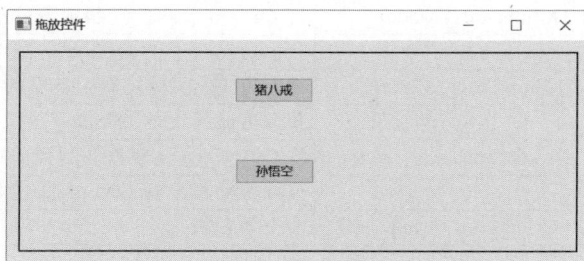

图 10-13　项目 demo11 的运行结果

10.3.2　剪贴板（QClipboard）

在 Qt 6 中，可以使用 QClipboard 类创建剪贴板，剪贴板可以在不同的程序之间使用复制和粘贴来传递数据。QClipboard 类位于 Qt 6 的 Qt GUI 子模块下，其父类为 QObject 类。QClipboard 类的构造函数如下：

```
QClipboard(QObject * parent = nullptr)
```

其中，parent 表示父对象指针。

在实际编程中，可使用 QGuiApplication 类或其子类 QApplication 的静态方法

clipboard()获取 QClipboard 对象,语法格式如下:

```
QClipboard * clipboard()
```

QClipboard 类的常用方法见表 10-17。

表 10-17 QClipboard 类的常用方法

方法及参数类型	说 明	返回值的类型
ownsClipboard()	如果该剪贴板对象拥有剪贴板数据,则返回值为 true	bool
ownsFindBuffer()	如果该剪贴板对象拥有查找缓冲区数据,则返回值为 true	bool
ownsSelection()	如果该剪贴板对象拥有鼠标选择数据,则返回值为 true	bool
supportsFindBuffer()	如果该剪贴板对象支持单独的搜索缓冲区,则返回值为 true	bool
supportsSelection()	如果该剪贴板对象支持鼠标选择,则返回值为 true	bool
setText (QString &text, QClipboard::Mode m = QClipboard::Clipboard)	将文本复制到剪贴板	
text(QClipboard::Mode m=QClipboard::Clipboard)	获取剪贴板上的文本	QString
text (QString &sub, QClipboard::Mode m = QClipboard::Clipboard)	从 sub 指定的数据类型中获取文本,数据类型为 Plain 或 HTML	QString
setPixmap(QPixmap &pix,QClipboard::Mode)	将 QPixmap 图像复制到剪贴板上	
pixmap()	获取剪贴板上的 QPixmap 图像	QPixmap
setImage(QImage &img,QClipboard::Mode)	将 QImage 图像复制到剪贴板上	
image()	获取剪贴板上的 QImage 图像	QImage
setMimeData(QMimeData * src,QClipboard::Mode)	将 QMimeData 数据复制到剪贴板上	
mimeData()	获取剪贴板上的 QMimeData 数据	QMimeData *
clear(QClipboard::Mode m=QClipboard::Clipboard)	清空剪贴板	

在 Qt 6 中,QClipboard 类的信号见表 10-18。

表 10-18 QClipboard 类的信号

信号及参数类型	说 明
changed(QClipboard::Mode mode)	当剪贴板模式发生变化时发送信号
dataChanged()	当剪贴板上的数据发生变化时发送信号
findBufferChanged()	当查找缓冲区更改时发送信号,只适用于 macOS
selectionChanged()	当选择被改变时会发出这个信号。Windows 和 macOS 不支持此选项

在表 10-18 中,QClipboard::Mode 的枚举常量为 QClipboard::Clipboard(表示应该从全局剪贴板存储和检索数据)、QClipboard::Selection(表示应该从全局鼠标选择中存储和

检索数据）、QClipboard::FindBuffer(表示应该从查找缓冲区中存储和检索数据,此模式用于在 macOS 上保存搜索字符串)。

【实例 10-12】　创建一个窗口,该窗口包含两个按压按钮、一个标签。当按顺序单击两个按钮时会复制图像文件并粘贴到窗口上,该窗口会显示该图像文件,操作步骤如下:

(1) 使用 Qt Creator 创建一个模板为 Qt Widgets Application 的项目,将该项目命名为 demo12,并保存在 D 盘的 Chapter10 文件夹下;在向导对话框中选择基类 QWidget,不勾选 Generate form 复选框。

(2) 编写 widget.h 文件中的代码,代码如下:

```
/* 第 10 章 demo12 widget.h */
#ifndef WIDGET_H
#define WIDGET_H

#include <QWidget>
#include <QPushButton>
#include <QHBoxLayout>
#include <QVBoxLayout>
#include <QLabel>
#include <QPixmap>
#include <QClipboard>
#include <QApplication>

class Widget : public QWidget
{
    Q_OBJECT
public:
    Widget(QWidget * parent = nullptr);
    ~Widget();
private:
    QVBoxLayout * vbox;
    QHBoxLayout * hbox;
    QPushButton * btnCopy, * btnPaste;
    QLabel * label;
    QClipboard * clipboard;
private slots:
    void btn_copy();
    void btn_paste();
};
#endif //WIDGET_H
```

(3) 编写 widget.cpp 文件中的代码,代码如下:

```
/* 第 10 章 demo12 widget.cpp */
#include "widget.h"

Widget::Widget(QWidget * parent):QWidget(parent)
{
    setGeometry(300,300,560,220);
    setWindowTitle("QClipboard");
```

```
        vbox = new QVBoxLayout(this);
        //创建按钮控件
        btnCopy = new QPushButton("复制");
        btnPaste = new QPushButton("粘贴");
        hbox = new QHBoxLayout();
        hbox -> addWidget(btnCopy);
        hbox -> addWidget(btnPaste);
        vbox -> addLayout(hbox);
        //创建标签控件
        label = new QLabel("此处显示图像.");
        vbox -> addWidget(label);
        //创建剪贴板
        clipboard = QApplication::clipboard();
        //使用信号/槽
        connect(btnCopy,SIGNAL(clicked()),this,SLOT(btn_copy()));
        connect(btnPaste,SIGNAL(clicked()),this,SLOT(btn_paste()));
    }

Widget::～Widget() {}

void Widget::btn_copy(){
        QPixmap pix("D:/Chapter10/images/hill.png");
        clipboard -> setPixmap(pix);
    }

void Widget::btn_paste(){
        QPixmap pic = clipboard -> pixmap();
        label -> setPixmap(pic);
    }
```

（4）其他文件保持不变，运行结果如图 10-14 所示。

图 10-14　项目 demo12 的运行结果

10.3.3 上下文菜单事件(QContextMenuEvent)

在 Qt 6 中,使用 QContextMenuEvent 类表示上下文菜单事件,上下文菜单通常通过右击鼠标弹出。上下文菜单的事件类型为 QEvent::ContextMenu,处理函数为 contextMenuEvent(QContextMenuEvent * e)。

QContextMenuEvent 类位于 Qt 6 的 Qt GUI 子模块下,其父类为 QInputEvent 类。QContextMenuEvent 类的常用方法见表 10-19。

表 10-19 QContextMenuEvent 类的常用方法

方法及参数类型	说　明	返回值的类型
globalPos()	获取光标的全局坐标	QPoint &
globalX()	获取全局坐标的横坐标值	int
globalY()	获取全局坐标的纵坐标值	int
pos()	获取光标的局部坐标	QPoint &
x()	获取局部坐标的横坐标值	int
y()	获取局部坐标的纵坐标值	int
reason()	获取产生上下文菜单的原因,返回值可能为 QContextMenuEvent::Mouse、QContextMenuEvent::Keyboard、QContextMenuEvent::Other	QContextMenuEvent::Reason
modifiers()	获取修饰键	Qt::KeyboardModifiers

在 Qt 6 中,如果要禁止在窗口或控件中显示上下文菜单,则可以使用 setContextMenuPolicy(Qt::ContextMenuPolicy)方法设置窗口和控件的 contextMenuPolicy 属性。Qt::ContextMenuPolicy 的枚举常量见表 10-20。

表 10-20 Qt::ContextMenuPolicy 的枚举常量

枚举常量	说　明
Qt::NoContextMenu	控件没有上下文菜单,上下文菜单被放置到控件的父窗口下
Qt::DefaultContextMenu	窗口或控件的 contextMenuEvent()被调用
Qt::ActionsContextMenu	将控件的 actions()方法返回的 QActions 当作上下文菜单选项,右击鼠标显示该菜单
Qt::CustomContextMenu	控件发送 customContextMenuRequested(QPoint)信号。若要自定义菜单,则选择该枚举值,并自定义一个处理函数
Qt::PreventContextMenu	控件没有上下文菜单,所有的鼠标右击事件都会被传递到 mousePressEvent()、mouseReleaseEvent()处理函数

【实例 10-13】 创建一个窗口。如果在窗口中右击鼠标,则弹出上下文菜单。一个菜单选项可以打开图像文件,另一个菜单选项可以关闭窗口,操作步骤如下:

(1) 使用 Qt Creator 创建一个模板为 Qt Widgets Application 的项目,将该项目命名为 demo13,并保存在 D 盘的 Chapter10 文件夹下;在向导对话框中选择基类 QWidget,不勾选 Generate form 复选框。

（2）编写 widget.h 文件中的代码，代码如下：

```
/* 第 10 章 demo13 widget.h */
#ifndef WIDGET_H
#define WIDGET_H

#include <QWidget>
#include <QMenu>
#include <QAction>
#include <QContextMenuEvent>
#include <QPaintEvent>
#include <QPainter>
#include <QFileDialog>
#include <QPixmap>

class Widget : public QWidget
{
    Q_OBJECT
public:
    Widget(QWidget * parent = nullptr);
    ~Widget();
private:
    QMenu * contextMenu;
    QAction * actionOpen, * actionClose;
    QPixmap pix;
protected:
    void paintEvent(QPaintEvent * e);
    void contextMenuEvent(QContextMenuEvent * e);
private slots:
    void action_open();
};
#endif //WIDGET_H
```

（3）编写 widget.cpp 文件中的代码，代码如下：

```
/* 第 10 章 demo13 widget.cpp */
#include "widget.h"

Widget::Widget(QWidget * parent):QWidget(parent)
{
    setGeometry(300,300,560,220);
    setWindowTitle("QContextMenuEvent");
}

Widget::~Widget() {}

void Widget::paintEvent(QPaintEvent * e){
    QPainter painter(this);
    if (pix.isNull() == false)
        painter.drawPixmap(0,0,560,220,pix);
    e->accept();
}
```

```
void Widget::contextMenuEvent(QContextMenuEvent * e){
    contextMenu = new QMenu(this);
    actionOpen = contextMenu -> addAction("打开");
    contextMenu -> addSeparator();
    actionClose = contextMenu -> addAction("退出");
    connect(actionOpen, SIGNAL(triggered()),this,SLOT(action_open()));
    connect(actionClose, SIGNAL(triggered()),this,SLOT(close()));
    contextMenu -> exec(e -> globalPos());
}

void Widget::action_open(){
    QFileDialog fileDialog(this);
    fileDialog.setNameFilter("图像文件( * .png * .jpeg * .jpg)");
    fileDialog.setFileMode(QFileDialog::ExistingFile);
    if (fileDialog.exec())
        pix.load(fileDialog.selectedFiles()[0]);
    update();
}
```

(4) 其他文件保持不变,运行结果如图 10-15 所示。

图 10-15   项目 demo13 的运行结果

10.4   窗口和控件的常用事件

在 Qt 6 中,窗口和控件的常用事件包括显示、隐藏、移动、缩放、重绘、关闭、获得焦点、失去焦点等事件。在实际编程中,可以通过重写这些事件处理函数完成比较特殊的功能。

10.4.1   显示事件和隐藏事件

在 Qt 6 中,使用 QShowEvent 类表示显示事件。在调用窗口类的 show()方法或 setVisible(true)显示顶层窗口之前,程序会发生显示事件(QEvent::Show),与之相关的处理函数为 showEvent(QShowEvent * e)。QShowEvent 类为 QEvent 类的子类,没有自己独有的方法和属性。

在 Qt 6 中,使用 QHideEvent 类表示隐藏事件。在调用窗口类的 hide()方法或 setVisible(false)隐藏顶层窗口之前,程序会发生隐藏事件(QEvent::Hide),与之相关的处

理函数为 hideEvent(QHideEvent * e)。QHideEvent 类为 QEvent 类的子类,没有自己独有的方法和属性。

在实际的编程中,可以使用处理函数 showEvent(QShowEvent * e)在窗口显示之前做一些预处理工作,可以使用处理函数 hideEvent(QHideEvent * e)在窗口关闭之前做一些预处理工作。

10.4.2 移动事件和缩放事件

在 Qt 6 中,使用 QMoveEvent 类表示移动事件。当窗口或控件的位置发生变化时会发生移动事件(QEvent::Move),与之相关的处理函数为 moveEvent(QMoveEvent * e)。QMoveEvent 类为 QEvent 类的子类,其常用方法见表 10-21。

表 10-21　QMoveEvent 类的常用方法

方法及参数类型	说　明	返回值的类型
oldPos()	获取移动之前窗口左上角的坐标	QPoint &
pos()	获取移动之后窗口左上角的坐标	QPoint &

在 Qt 6 中,使用 QResizeEvent 类表示缩放事件。当窗口或控件的宽度、高度发生变化时会发生缩放事件(QEvent::Resize),与之相关的处理函数为 resizeEvent(QResizeEvent * e)。QResizeEvent 类为 QEvent 类的子类,其常用方法见表 10-22。

表 10-22　QResizeEvent 类的常用方法

方法及参数类型	说　明	返回值的类型
oldSize()	获取窗口缩放之前的宽和高	QSize &
size()	获取窗口缩放之后的宽和高	QSize &

10.4.3 绘制事件

在 Qt 6 中,使用 QPaintEvent 类表示绘制事件。当窗口首次显示、隐藏、再次显示、缩放、移动控件时会发生绘制事件(QEvent::Paint),当调用窗口类的 update()、repaint()、resize()方法时,也会发生绘制事件。与绘制事件相关的处理函数为 paintEvent(QPaintEvent * e)。QPaintEvent 类为 QEvent 类的子类,其常用方法见表 10-23。

表 10-23　QPaintEvent 类的常用方法

方法及参数类型	说　明	返回值的类型
rect()	获取被重新绘制的矩形区域	QRect &
region()	获取被重新绘制的裁剪区域	QRegion &

10.4.4 进入事件和离开事件

在 Qt 6 中,使用 QEnterEvent 类表示光标进入事件。当光标进入窗口时会发生光标进入事件(QEvent::Enter)。光标进入事件的处理函数为 enterEvent(QEnterEvent * e)。

14min

QEnterEvent 类为 QSinglePointEvent 类的子类，其常用方法见表 10-24。

表 10-24　QEnterEvent 类的常用方法

方法及参数类型	说　明	返回值的类型
globalPosition()	获取在屏幕或虚拟桌面上的坐标	QPointF
position()	获取在窗口或控件上的坐标	QPointF
scenePosition()	获取相对于窗口或场景的坐标	QPointF

在 Qt 6 中，当光标离开窗口时会发生光标离开事件（QEvent::Leave），光标离开事件的处理函数为 leaveEvent(QEvent * e)。

【实例 10-14】　创建一个窗口，该窗口包含一个标签控件。当光标进入窗口时，标签显示光标的坐标，操作步骤如下：

（1）使用 Qt Creator 创建一个模板为 Qt Widgets Application 的项目，将该项目命名为 demo14，并保存在 D 盘的 Chapter10 文件夹下；在向导对话框中选择基类 QWidget，不勾选 Generate form 复选框。

（2）编写 widget.h 文件中的代码，代码如下：

```
/* 第 10 章 demo14 widget.h */
#ifndef WIDGET_H
#define WIDGET_H

#include <QWidget>
#include <QHBoxLayout>
#include <QLabel>
#include <QFont>
#include <QEnterEvent>
#include <QPointF>
#include <QString>

class Widget : public QWidget
{
    Q_OBJECT
public:
    Widget(QWidget * parent = nullptr);
    ~Widget();
private:
    QHBoxLayout * hbox;
    QLabel * label;
protected:
    void enterEvent(QEnterEvent * e);
};
#endif //WIDGET_H
```

（3）编写 widget.cpp 文件中的代码，代码如下：

```
/* 第 10 章 demo14 widget.cpp */
#include "widget.h"
```

```
Widget::Widget(QWidget * parent):QWidget(parent)
{
    setGeometry(300,300,560,220);
    setWindowTitle("QEnterEvent");
    setMouseTracking(true);
    hbox = new QHBoxLayout(this);
    label = new QLabel("坐标:");                    //创建标签控件
    label->setFont(QFont("黑体",14));
    hbox->addWidget(label);
}

Widget::~Widget() {}

void Widget::enterEvent(QEnterEvent * e){
    QPointF pos = e->position();
    QString x1 = QString::number(pos.x());
    QString y1 = QString::number(pos.y());
    QString text = "坐标:(" + x1 + "," + y1 + ")";
    label->setText(text);
    update();
}
```

(4) 其他文件保持不变,运行结果如图 10-16 所示。

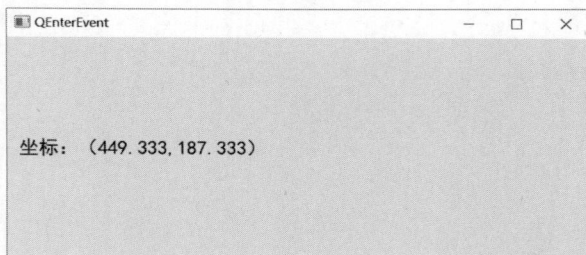

图 10-16　项目 demo14 的运行结果

10.4.5　焦点事件

在 Qt 6 中,使用 QFocusEvent 类表示焦点事件。当一个控件获得键盘输入焦点时会触发焦点进入事件(QEvent::FocusIn)。焦点进入事件的处理函数为 focusInEvent(QFocusEvent * e)。当一个控件失去键盘焦点时会触发焦点离开事件(QEvent::FocusOut)。焦点离开事件的处理函数为 focusOutEvent(QFocusEvent * e)。QFocusEvent 类为 QEvent 类的子类,其常用方法见表 10-25。

表 10-25　QFocusEvent 类的常用方法

方法及参数类型	说　　明	返回值的类型
getFocus()	若事件类型 type() 的返回值为 QEvent::FocusIn,则返回值为 true,否则返回值为 false	bool

续表

方法及参数类型	说 明	返回值的类型
lostFocus()	若事件类型 type()的返回值为 QEvent::FocusOut,则返回值为 true,否则返回值为 false	bool
reason()	获取获得焦点的原因,返回值为 Qt::FocusReason 的枚举常量	Qt::FocusReason

在 Qt 6 中,Qt::FocusReason 的枚举常量见表 10-26。

表 10-26 Qt::FocusReason 的枚举常量

枚 举 常 量	说 明
Qt::MouseFocusReason	由鼠标导致的
Qt::TabFocusReason	由 Tab 键导致的
Qt::BacktabFocusReason	由 Shift+Tab 键或 Ctrl+Shift 键导致的
Qt::OtherFocusReason	由其他原因导致的
Qt::ActiveWindowFocusReason	窗口系统使该窗口处于活动状态或非活动状态
Qt::PopupFocusReason	应用程序打开/关闭一个弹出窗口,该弹出窗口抓取/释放键盘焦点
Qt::ShortcutFocusReason	用户输入标签的快捷方式
Qt::MenuBarFocusReason	菜单栏获取焦点

10.4.6 关闭事件

在 Qt 6 中,使用 QCloseEvent 类表示关闭事件。当单击窗口右上角的关闭按钮或调用窗口类的 close()方法时会发生关闭事件(QEvent::Close)。关闭事件的处理函数为 closeEvent(QCloseEvent * e)。

在实际编程中,可以重写处理函数 closeEvent(QCloseEvent * e),若事件使用 ignore()方法,则什么也不会发生;若使用 accept()方法,则会将窗口隐藏,如果在窗口中使用 setAttribute(Qt::WA_DeleteOnClose,true),则窗口会被删除。

QCloseEvent 类为 QEvent 类的子类,没有自己独有的方法。

10.4.7 定时器事件

在 Qt 6 中,使用 QTimerEvent 类表示定时器事件。只要是从 QObject 类继承的窗口和控件都会触发定时器事件。窗口或控件中与定时器事件相关的方法见表 10-27。

表 10-27 窗口或控件与定时器事件相关的方法

方法及参数类型	说 明	返回值的类型
startTimer(int,Qt::TimerType type= Qt::CoarseTimer)	启动定时器,并返回定时器的 ID,int 表示时间间隔(毫秒)。如果不能启动定时器,则返回值为 0	int
killTimer(int)	停止定时器,参数 int 为定时器的 ID	

在 Qt 6 中,使用处理函数 timerEvent(QTimerEvent * e)处理定时器事件。QTimerEvent 类为 QEvent 类的子类,有一个独有方法 timerId(),使用该方法可获取定时器事件的定时

器 ID,返回值的数据类型为 int。

【**实例 10-15**】 创建一个窗口,该窗口包含两个按钮控件。该窗口会启动两个定时器事件,单击这两个按钮会关闭这两个定时器事件,操作步骤如下:

(1) 使用 Qt Creator 创建一个模板为 Qt Widgets Application 的项目,将该项目命名为 demo15,并保存在 D 盘的 Chapter10 文件夹下;在向导对话框中选择基类 QWidget,不勾选 Generate form 复选框。

(2) 编写 widget.h 文件中的代码,代码如下:

```
/* 第 10 章 demo15 widget.h */
#ifndef WIDGET_H
#define WIDGET_H

#include <QWidget>
#include <QPushButton>
#include <QHBoxLayout>
#include <QTimerEvent>
#include <QString>
#include <QDebug>

class Widget : public QWidget
{
    Q_OBJECT
public:
    Widget(QWidget * parent = nullptr);
    ~Widget();
private:
    QHBoxLayout * hbox;
    QPushButton * btn1, * btn2;
    int id1, id2;
protected:
    void timerEvent(QTimerEvent * e);
private slots:
    void kill_timer1();
    void kill_timer2();
};
#endif //WIDGET_H
```

(3) 编写 widget.cpp 文件中的代码,代码如下:

```
/* 第 10 章 demo15 widget.cpp */
#include "widget.h"

Widget::Widget(QWidget * parent):QWidget(parent)
{
    setGeometry(200,200,500,200);
    setWindowTitle("QTimerEvent");
    hbox = new QHBoxLayout(this);
    //启动两个定时器
    id1 = startTimer(6000,Qt::PreciseTimer);
    id2 = startTimer(12000,Qt::CoarseTimer);
```

```
    btn1 = new QPushButton("停止第 1 个定时器");
    btn2 = new QPushButton("停止第 2 个定时器");
    hbox - > addWidget(btn1);
    hbox - > addWidget(btn2);
    connect(btn1,SIGNAL(clicked()),this,SLOT(kill_timer1()));
    connect(btn2,SIGNAL(clicked()),this,SLOT(kill_timer2()));
}

Widget::～Widget() {}

void Widget::timerEvent(QTimerEvent * e){
    QString num = QString::number(e - >timerId());
    QString text = "这是第" + num + "个定时器.";
    qDebug()<< text;
}

void Widget::kill_timer1(){
    if (id1)
        killTimer(id1);
}

void Widget::kill_timer2(){
    if (id2)
        killTimer(id2);
}
```

（4）其他文件保持不变，运行结果如图 10-17 所示。

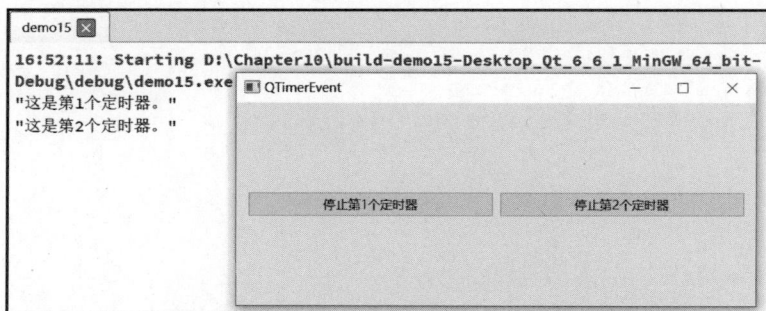

图 10-17　项目 demo15 的运行结果

10.5　事件过滤与自定义事件

在 Qt 6 中，可以使用事件过滤器将控件的某种事件注册给其他控件进行监测、过滤、拦截。如果开发者没有使用 Qt 6 提供的标准事件，则可以自定义事件。

10.5.1　事件过滤

在 Qt 6 中，如果要监测某个控件，则这个被监测的控件需要使用 installEventFilter

15min

(QObject * filterObj)方法安装事件过滤器,其中 filterObj 为管理监测的控件指针。如果要解除某个控件的事件过滤器,则这个被监测的控件可以使用 removeEventFilter(QObject * obj)方法解除监测。

在实际编程中,开发者可通过重写过滤处理函数 eventFilter(QObject * watched, QEvent * event)来处理过滤事件,其中,watched 表示被监测的控件对象指针,event 表示被监测控件的事件类对象指针。如果过滤处理函数的返回值为 true,则表示事件已经被过滤掉了。如果过滤处理函数的返回值为 false,则表示事件没有被过滤。

【实例 10-16】 创建一个窗口,该窗口包含两个框架。每个框架中包含一个按钮。如果拖动一个按钮,则另一个按钮也会同步移动。要求使用事件过滤,操作步骤如下:

(1) 使用 Qt Creator 创建一个模板为 Qt Widgets Application 的项目,将该项目命名为 demo16,并保存在 D 盘的 Chapter10 文件夹下;在向导对话框中选择基类 QWidget,不勾选 Generate form 复选框。

(2) 创建一个自定义按钮类 MyPushButton,头文件如下:

```cpp
/* 第 10 章 demo16 mypushbutton.h */
#ifndef MYPUSHBUTTON_H
#define MYPUSHBUTTON_H

#include <QPushButton>
#include <QWidget>
#include <QDrag>
#include <QMimeData>
#include <QMouseEvent>
#include <QPoint>

class MyPushButton : public QPushButton
{
    Q_OBJECT
public:
    MyPushButton(QWidget * parent = nullptr);
    QDrag * drag;
protected:
    void mousePressEvent(QMouseEvent * e);
    QMimeData * mime;
};
#endif //MYPUSHBUTTON_H
```

MyPushButton 类的源文件如下:

```cpp
/* 第 10 章 demo16 mypushbutton.cpp */
#include "mypushbutton.h"

MyPushButton::MyPushButton(QWidget * parent):QPushButton(parent)
{
    setText("孙悟空");
}
//鼠标按下事件
```

```
void MyPushButton::mousePressEvent(QMouseEvent * e){
    if (e->button() == Qt::LeftButton){
        drag = new QDrag(this);
        QPoint pos = e->position().toPoint();
        drag->setHotSpot(pos);
        mime = new QMimeData();
        drag->setMimeData(mime);
        drag->exec();
    }
}
```

（3）创建自定义框架类 MyFrame，头文件如下：

```
/* 第 10 章 demo16 myframe.h */
#ifndef MYFRAME_H
#define MYFRAME_H

#include <QFrame>
#include <QWidget>
#include <mypushbutton.h>
#include <QPoint>
#include <QDragEnterEvent>
#include <QDragMoveEvent>

class MyFrame : public QFrame
{
    Q_OBJECT
public:
    MyFrame(QWidget * parent = nullptr);
    MyPushButton * btn, * btnC;
    QWidget * child;
protected:
    void dragEnterEvent(QDragEnterEvent * e);
    void dragMoveEvent(QDragMoveEvent * e);
};
#endif //MYFRAME_H
```

MyFrame 类的源文件如下：

```
/* 第 10 章 demo16 myframe.cpp */
#include "myframe.h"

MyFrame::MyFrame(QWidget * parent):QFrame(parent) {
    setAcceptDrops(true);
    setFrameShape(QFrame::Box);
    btn = new MyPushButton(this);
}

void MyFrame::dragEnterEvent(QDragEnterEvent * e){
    QPoint pos = e->position().toPoint();
    child = childAt(pos);                              //获取指定位置的控件
    btnC = static_cast<MyPushButton *>(child);
```

```
        if(btnC -> isVisible())
            e -> accept();
        else
            e -> ignore();
    }

void MyFrame::dragMoveEvent(QDragMoveEvent * e){
    QPoint pos1 = e -> position().toPoint();
    if(btnC -> isVisible()){
        QPoint pos2 = btnC -> drag -> hotSpot();
        btnC -> move(pos1 - pos2);
    }
}
```

（4）编写 widget.h 文件中的代码，代码如下：

```
/* 第 10 章 demo16 widget.h */
# ifndef WIDGET_H
# define WIDGET_H

# include < QWidget >
# include < myframe.h >
# include < QHBoxLayout >
# include < QObject >
# include < QEvent >
# include < QMoveEvent >

class Widget : public QWidget
{
    Q_OBJECT
public:
    Widget(QWidget * parent = nullptr);
    ~Widget();
    MyFrame * frame1, * frame2;
    QHBoxLayout * hbox;
protected:
    bool eventFilter(QObject * watched, QEvent * e);
};
# endif //WIDGET_H
```

（5）编写 widget.cpp 文件中的代码，代码如下：

```
/* 第 10 章 demo16 widget.cpp */
# include "widget.h"

Widget::Widget(QWidget * parent):QWidget(parent)
{
    setGeometry(300,300,560,220);
    setWindowTitle("事件过滤器");
    setAcceptDrops(true);
    hbox = new QHBoxLayout(this);
    frame1 = new MyFrame(this);
```

```
    frame2 = new MyFrame(this);
    hbox->addWidget(frame1);
    hbox->addWidget(frame2);
    //将 btn 的事件注册到该窗口 this 上
    frame1->btn->installEventFilter(this);
    frame2->btn->installEventFilter(this);
}

Widget::~Widget() {}
//事件过滤函数
bool Widget::eventFilter(QObject * watched, QEvent * e){
    if(e->type() == QEvent::Move){
        QMoveEvent * even = static_cast<QMoveEvent *>(e);
        if(watched == frame1->btn){
            frame2->btn->move(even->pos());
            return true;
        }
        else if(watched == frame2->btn){
            frame1->btn->move(even->pos());
            return true;
        }
    }
    else{
        return QObject::eventFilter(watched,e);
    }
}
```

（6）其他文件保持不变，运行结果如图 10-18 所示。

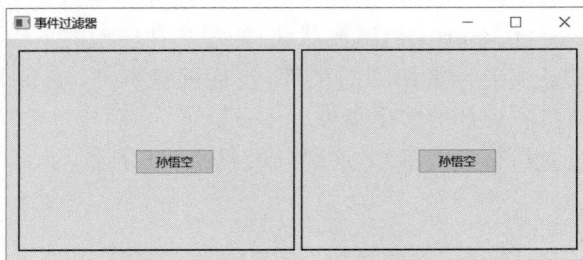

图 10-18　项目 demo16 的运行结果

10.5.2　自定义事件

在 Qt 6 中，开发者不仅可以使用 Qt 6 的标准事件，也可以应用自定义事件。如果开发者应用自定义事件，则不仅要创建自定义事件类，而且要指定事件产生的时机和事件的接收者。应用自定义事件的步骤如下：

第 1 步，创建自定义事件类，该类继承自 QEvent 类。在类中，可以使用 QEvent 类的静态函数 registerEventType(int hint=-1)注册自定义事件的 ID，并检测给定的 ID 是否合适。ID 为 QEvent::User(值为 1000)、QEvent::MaxUser(值为 65535)或介于两者之间的数值。

第2步,使用 QCoreApplication 的 sendEvent(QObject * receiver,QEvent * event)方法或 postEvent(QObject * receiver,QEvent * event)方法发送自定义事件,其中,receiver 表示指向自定义事件接收者的指针,event 表示指向自定义事件的对象指针。这两种方法的不同见表 10-28。

表 10-28　自定义事件的发送方法

方　　法	说　　明
sendEvent(QObject * receiver,QEvent * event)	该方法发送的自定义事件被 QCoreApplication 的 notify()发送给 receiver 指针,返回值为事件处理函数的返回值
postEvent(QObject * receiver,QEvent * event,Qt∷NormalEventPriority)	该方法发送的自定义事件被添加到事件队列中,可以在多线程应用程序中用于线程之间的交换事件

第3步,使用窗口或控件的 customEvent(QEvent * e)或 event(QEvent * e)方法处理自定义事件,形式参数 e 表示指向自定义事件的对象指针。如果要使用 event(QEvent * e)方法,则要根据事件类型进行相应处理。

10.6　小结

本章主要介绍了 Qt 6 的事件处理机制,事件处理机制可以实现控件之间的通信,与信号/槽机制对比,事件处理机制更底层。

本章首先介绍了所有事件类的基类 QEvent、事件处理的集散地 event(QEvent * e)函数。开发者可使用 event(QEvent * e)函数截获、处理各种类型的事件。

然后介绍了在开发过程中经常用到的事件,包括键盘事件、鼠标事件、拖放控件、剪贴板、上下文菜单事件、窗口和控件的常用事件。

最后介绍了事件过滤和自定义事件,这部分内容比较复杂。

附录 A

程序的发布

在实际应用中，如果已经将程序编译完成，应怎样发布该程序？也就是如何让该程序也可以在其他计算机上运行？针对这样的问题，Qt 6 提供了两种发布程序的方法：第 1 种是手动发布，第 2 种是使用 windeployqt 工具自动发布。

无论使用第 1 种还是第 2 种方法都需要使用生成的 Release 版本程序，这是因为 Debug 版本程序比较大，Debug 版本程序中包含了调试信息，可以用来调试；除此之外，还有 Profile 版本程序，Profile 版本程序带有部分调试信息，在 Debug 和 Release 之间取了一个平衡，兼顾了性能和调试。真正发布程序时，需要使用 Release 版本程序，所以在 Qt Creator 中，需要将构建目标设置为 Release，如图 A-1 所示。

图 A-1　将构建目标设置为 Release

以本书实例 4-1 的项目 demo1 为例，使用手动发布程序的操作步骤如下：

（1）在 Qt Creator 中，单击"运行"按钮，编译生成 Release 版本的程序，如图 A-2 所示。

（2）将图 A-2 中的可执行文件 demo1.exe 复制到 D 盘的 myApp1 文件夹下。

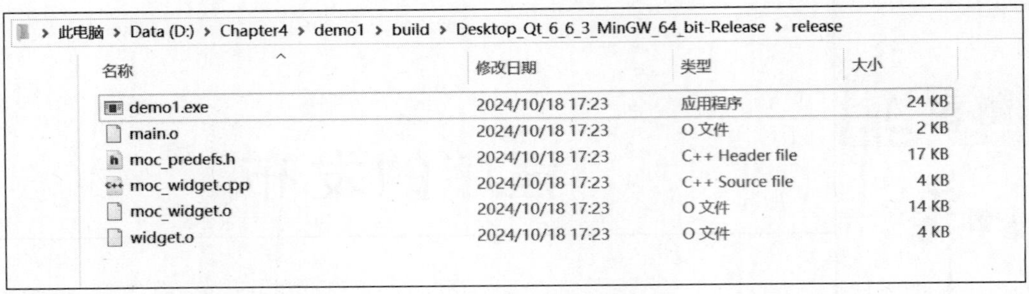

图 A-2 Release 版本程序

（3）如果要使 demo1.exe 可以在其他计算机上运行，那么还需要 6 个 dll 文件：libgcc_s_seh-1.dll、libstdc＋＋-6.dll、libwinpthread-1.dll、Qt6Core.dll、Qt6Gui.dll、QtWidgets.dll，所以在 Qt 6 的安装目录的 bin 文件夹中将这 6 个 dll 文件复制到 D 盘的 myApp1 文件夹下，如图 A-3 所示。

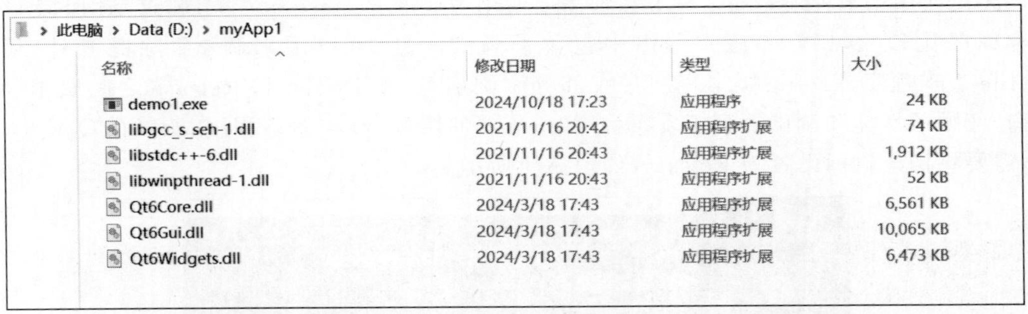

图 A-3 包含 6 个 dll 文件的 myApp1

（4）将 Qt 6 安装目录的 plugins 目录下的 platform 文件夹复制到 D 盘的 myApp1 中，注意不能修改 platform 文件夹的名称，如图 A-4 所示。

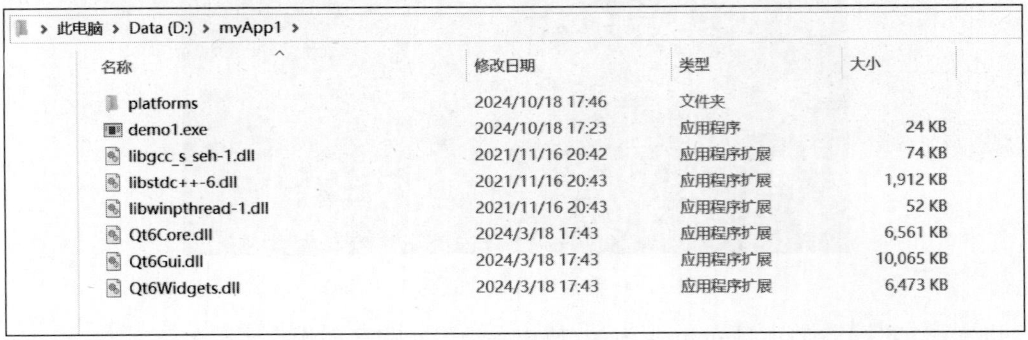

图 A-4 包含 platforms 文件夹的 myApp1

（5）将文件夹 myApp1 压缩、打包，发布出去。当然，如果可执行文件 demo1.exe 中使用了附加模块，那么还需要将这个附加模块的 dll 文件添加到文件夹 myApp1 中。

以本书实例 4-1 的项目 demo1 为例,使用 windeployqt 工具发布程序的操作步骤如下:

(1) 在 Qt Creator 中,单击"运行"按钮,编译生成 Release 版本的程序,如图 A-2 所示。

(2) 将图 A-2 中的可执行文件 demo1.exe 复制到 D 盘的 myApp2 文件夹下。

(3) 在"开始"菜单中,单击菜单选项 Qt 6.6.3(MinGw 11.2.0 64-bit)打开 windeployqt 命令行工具,如图 A-5 所示。

(4) 在 windeployqt 命令行工具中,输入命令 windeployqt d:\myapp2,然后按 Enter 键。windeployqt 工具会将所有可用的文件复制到 myApp2 文件夹中,如图 A-6 和图 A-7 所示。

(5) 将文件夹 myApp2 压缩、打包,发布出去。

另外,在 windeployqt 命令行窗口中,发布程序命令的语法格式如下:

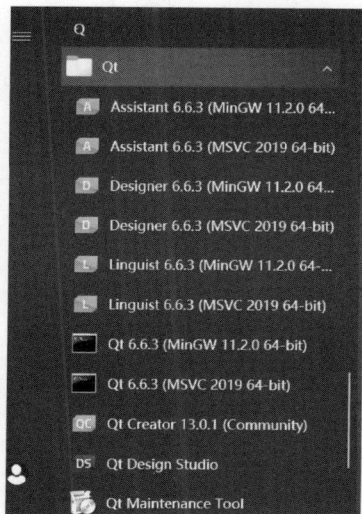

图 A-5　菜单选项 Qt 6.6.3(MinGW 11.2.0 64-bit)

```
windeployqt [options] [files]
```

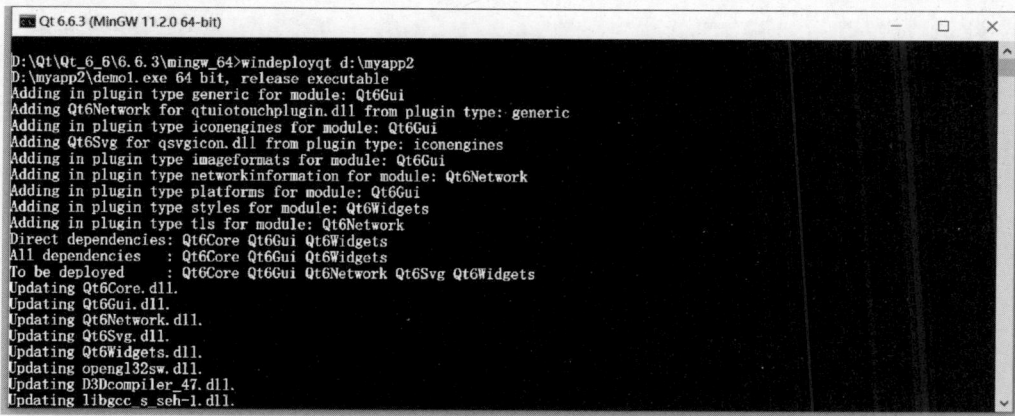

图 A-6　windeployqt 工具

其中,files 表示要生成发布程序的文件名;options 表示一些选项,如果在 windeployqt 命令行中输入命令 windeployqt -h,则可以查看这些选项及其说明,如图 A-8 所示。

在实际应用中,各位读者可根据自己的项目需求选择这些选项发布程序。例如,如果需要忽略 OpenGL 软件渲染、D3D 编译器,则需要使用下面的命令:

```
windeployqt --no-opengl-sw --no-system-d3d-compiler d:\myapp2
```

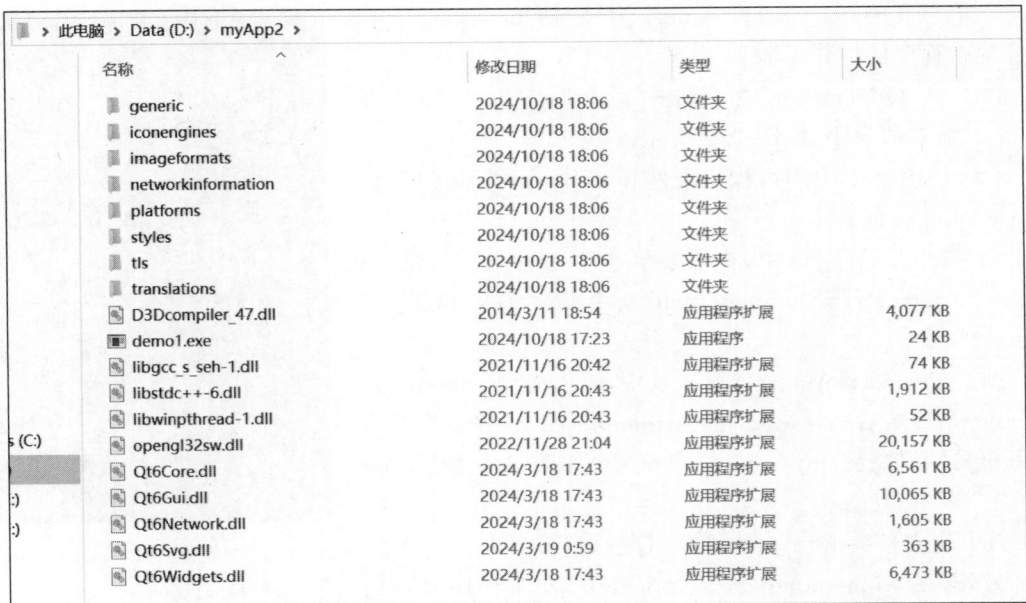

图 A-7　文件夹 myApp2

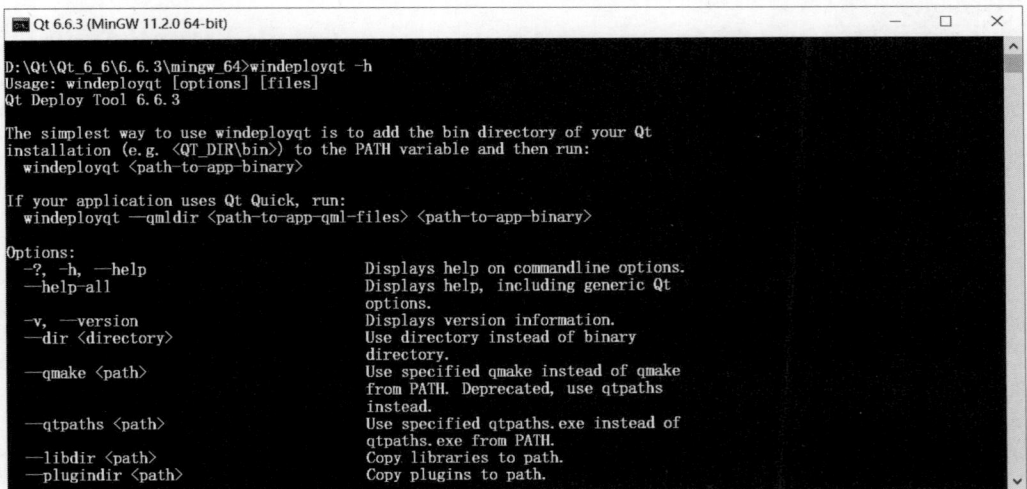

图 A-8　查看选项

图 书 推 荐

书 名	作 者
仓颉语言实战(微课视频版)	张磊
仓颉语言核心编程——入门、进阶与实战	徐礼文
仓颉语言程序设计	董昱
仓颉程序设计语言	刘安战
仓颉语言元编程	张磊杰
仓颉语言极速入门——UI 全场景实战	张云波
HarmonyOS 移动应用开发(ArkTS 版)	刘安战、余雨萍、陈争艳 等
公有云安全实践(AWS 版·微课视频版)	陈涛、陈庭暄
虚拟化 KVM 极速入门	陈涛
虚拟化 KVM 进阶实践	陈涛
移动 GIS 开发与应用——基于 ArcGIS Maps SDK for Kotlin	董昱
Vue+Spring Boot 前后端分离开发实战(第 2 版·微课视频版)	贾志杰
前端工程化——体系架构与基础建设(微课视频版)	李恒谦
TypeScript 框架开发实践(微课视频版)	曾振中
精讲 MySQL 复杂查询	张方兴
Kubernetes API Server 源码分析与扩展开发(微课视频版)	张海龙
编译之旅——打造自己的编程语言(微课视频版)	于东亮
全栈接口自动化测试实践	胡胜强、单镜石、李睿
Spring Boot+Vue.js+uni-app 全栈开发	夏运虎、姚晓峰
Selenium 3 自动化测试——从 Python 基础到框架封装实战(微课视频版)	栗任龙
Unity 编辑器开发与拓展	张寿昆
跟我一起学 uni-app——从零基础到项目上线(微课视频版)	陈斯佳
Python Streamlit 从入门到实战——快速构建机器学习和数据科学 Web 应用(微课视频版)	王鑫
Java 项目实战——深入理解大型互联网企业通用技术(基础篇)	廖志伟
Java 项目实战——深入理解大型互联网企业通用技术(进阶篇)	廖志伟
深度探索 Vue.js——原理剖析与实战应用	张云鹏
前端三剑客——HTML5+CSS3+JavaScript 从入门到实战	贾志杰
剑指大前端全栈工程师	贾志杰、史广、赵东彦
JavaScript 修炼之路	张云鹏、戚爱斌
Flink 原理深入与编程实战——Scala+Java(微课视频版)	辛立伟
Spark 原理深入与编程实战(微课视频版)	辛立伟、张帆、张会娟
PySpark 原理深入与编程实战(微课视频版)	辛立伟、辛雨桐
HarmonyOS 原子化服务卡片原理与实战	李洋
鸿蒙应用程序开发	董昱
HarmonyOS App 开发从 0 到 1	张诏添、李凯杰
Android Runtime 源码解析	史宁宁
恶意代码逆向分析基础详解	刘晓阳
网络攻防中的匿名链路设计与实现	杨昌家
深度探索 Go 语言——对象模型与 runtime 的原理、特性及应用	封幼林
深入理解 Go 语言	刘丹冰
Spring Boot 3.0 开发实战	李西明、陈立为

书　　名	作　　者
全解深度学习——九大核心算法	于浩文
HuggingFace 自然语言处理详解——基于 BERT 中文模型的任务实战	李福林
动手学推荐系统——基于 PyTorch 的算法实现(微课视频版)	於方仁
深度学习——从零基础快速入门到项目实践	文青山
LangChain 与新时代生产力——AI 应用开发之路	陆梦阳、朱剑、孙罗庚、韩中俊
图像识别——深度学习模型理论与实战	于浩文
编程改变生活——用 PySide6/PyQt6 创建 GUI 程序(基础篇·微课视频版)	邢世通
编程改变生活——用 PySide6/PyQt6 创建 GUI 程序(进阶篇·微课视频版)	邢世通
编程改变生活——用 Python 提升你的能力(基础篇·微课视频版)	邢世通
编程改变生活——用 Python 提升你的能力(进阶篇·微课视频版)	邢世通
Python 量化交易实战——使用 vn.py 构建交易系统	欧阳鹏程
Python 从入门到全栈开发	钱超
Python 全栈开发——基础入门	夏正东
Python 全栈开发——高阶编程	夏正东
Python 全栈开发——数据分析	夏正东
Python 编程与科学计算(微课视频版)	李志远、黄化人、姚明菊 等
Python 数据分析实战——从 Excel 轻松入门 Pandas	曾贤志
Python 概率统计	李爽
Python 数据分析从 0 到 1	邓立文、俞心宇、牛瑶
Python 游戏编程项目开发实战	李志远
Java 多线程并发体系实战(微课视频版)	刘宁萌
从数据科学看懂数字化转型——数据如何改变世界	刘通
Dart 语言实战——基于 Flutter 框架的程序开发(第 2 版)	亢少军
Dart 语言实战——基于 Angular 框架的 Web 开发	刘仕文
FFmpeg 入门详解——音视频原理及应用	梅会东
FFmpeg 入门详解——SDK 二次开发与直播美颜原理及应用	梅会东
FFmpeg 入门详解——流媒体直播原理及应用	梅会东
FFmpeg 入门详解——命令行与音视频特效原理及应用	梅会东
FFmpeg 入门详解——音视频流媒体播放器原理及应用	梅会东
FFmpeg 入门详解——视频监控与 ONVIF＋GB28181 原理及应用	梅会东
Python 玩转数学问题——轻松学习 NumPy、SciPy 和 Matplotlib	张骞
Pandas 通关实战	黄福星
深入浅出 Power Query M 语言	黄福星
深入浅出 DAX——Excel Power Pivot 和 Power BI 高效数据分析	黄福星
从 Excel 到 Python 数据分析：Pandas、xlwings、openpyxl、Matplotlib 的交互与应用	黄福星
云原生开发实践	高尚衡
云计算管理配置与实战	杨昌家
HarmonyOS 从入门到精通 40 例	戈帅
OpenHarmony 轻量系统从入门到精通 50 例	戈帅
AR Foundation 增强现实开发实战(ARKit 版)	汪祥春
AR Foundation 增强现实开发实战(ARCore 版)	汪祥春